U0322231

Excel

2013 使用详解 _{修订版}

邓多辉　汤成娟◎编著

人民邮电出版社

北　京

图书在版编目（CIP）数据

Excel 2013使用详解 / 邓多辉，汤成娟编著. -- 修
订本. -- 北京：人民邮电出版社，2017.8
ISBN 978-7-115-46079-0

Ⅰ. ①E… Ⅱ. ①邓… ②汤… Ⅲ. ①表处理软件
Ⅳ. ①TP391.13

中国版本图书馆CIP数据核字(2017)第147406号

内 容 提 要

本书是指导读者学习 Excel 2013 的入门书籍。书中全面介绍了 Excel 2013 的功能、应用案例以及使用技巧等。本书内容翔实，案例实用，图文并茂，能帮助读者快速掌握 Excel 的使用方法，并利用其解决日常工作中遇到的问题。

本书共 19 章，循序渐进地讲解了 Excel 2013 工作簿和工作表、单元格和区域、数据的输入和编辑、工作表的美化、协同处理和数据打印、数据的管理和分析、数据透视表、数据验证、条件格式、模拟分析和规划求解、分析工具库的使用、图表应用、迷你图、Power View 工作表、使用快速分析工具分析数据、插图与艺术字、常用函数详解、宏与 VBA 等内容。

本书讲解通俗易懂，内容系统全面，操作步骤直观具体。本书既适合初学者阅读，也可作为相关培训班的培训教材。

◆ 编　　著　邓多辉　汤成娟

　　责任编辑　马雪伶

　　责任印制　沈　蓉　彭志环

◆ 人民邮电出版社出版发行　　北京市丰台区成寿寺路 11 号

　　邮编　100164　　电子邮件　315@ptpress.com.cn

　　网址　http://www.ptpress.com.cn

　　三河市中晟雅豪印务有限公司印刷

◆ 开本：787×1092　1/16

　　印张：26.5

　　字数：740 千字　　　　　　　　2017 年 8 月第 1 版

　　印数：1 – 2 400 册　　　　　　2017 年 8 月河北第 1 次印刷

定价：59.80 元

读者服务热线：(010)81055410　印装质量热线：(010)81055316
反盗版热线：(010)81055315

前　　言

Excel 是 Office 组件中进行各种数据处理、统计分析和辅助决策的应用程序，它能从大量的数据中获取用户需要的信息，广泛应用于办公、财务、金融、家庭等领域。Excel 2013 是深受广大用户喜爱的办公软件，其简洁的界面中的大量 Excel 应用模板，可以方便、快捷地制作日常办公和生活中的各类表格；强大的数据处理功能可以对表格中的数据进行各种复杂的计算与分析；改进的图表工具能以多种具有专业效果的图形、图表直观、形象地展现数据；使用"快速分析"工具，能够简化数据分析操作的步骤，提高工作效率。Excel 2013 中还有比以前版本更强大的网络功能，用户可以使用微软的"云存储"，将工作簿保存在"OneDrive"中，可以将工作簿发布到 Web，在网页中直接更改、编辑工作簿以及和他人协同处理工作簿。如果您需要经常制作各种表格，需要对数据进行统计、分析处理和提供决策参考，Excel 2013 定能成为您的得力助手。

本书特点

功能全面：本书介绍了 Excel 2013 几乎全部的功能与典型应用，读者能从本书中快速熟悉 Excel 的知识体系、主要功能，并在实际工作中熟练运用。

讲解详细：用详尽的文字叙述理论知识与实际操作，内容有深度，但读起来很轻松。

实例丰富：列举大量实用案例，读者可直接用来解决工作中的特定问题，节约工作时间。

图文结合：以图解的形式直观呈现制作步骤，图文完美结合、步骤完整规范，非常易于读者学习。

一书两用：读者可以按照目录循序渐进、系统地学习 Excel 2013 的功能和应用；也可以按照本书最后提供的"常用功能案例索引"，首先学习 Excel 2013 的精华，快速掌握 Excel 的主要功能和典型应用。

本书内容

本书全面、翔实地介绍了 Excel 2013 的功能、应用与使用技巧，内容涵盖了 Excel 2013 的基本操作、数据处理与分析、网络共享及数据打印、图表与图形应用、常用函数详解等多方面的内容。

为便于读者有针对性地、高效率地学习本书内容，在目录中标注出了重点内容 ★重点 及 Excel 2013 的新增功能 ★新增 。

本书的读者对象

本书中既有所有 Excel 用户都需了解的基础知识，也有一些中高级用户才需了解的复杂操作。因此，如果是 Excel 的初学者，使用本书将开启探索 Excel、掌握 Excel 2013 软件的技能、技巧的大门；如果有一定基础，已经掌握了 Excel 的一些操作，通过有针对性阅读本书中的 Excel 新增功能讲解、实用技巧等内容，可以快速提高应用 Excel 的水平。

如何使用本书

如果系统学习 Excel，建议按顺序进行阅读和学习，以便对 Excel 有一个全面、深入的了解；如果您有一定的基础，也可以根据自己使用 Excel 的情况选择感兴趣的内容有针对性地学习；或者把本书当作案头备查手册，遇到问题时翻阅查看相应内容。

修订版说明

《Excel 2013 使用详解》一书出版以来，受到了广大读者的喜爱。为了更好地满足读者需求，我们在第一版基础上进行了改进升级，编写了本书。与原版相比，修订版的结构更趋合理，修订版不仅调整了原稿的主体构架，还新增了对一些数据分析工具的介绍。考虑到大多数读者并非经常使用 VBA，编者将书中 VBA 部分和绝大部分实例的素材文件进行了整理并保存在云存储中，需要这些内容的读者可发邮件至 excel2013xdb@163.com 下载。

本书由邓多辉、汤成娟编著，由于编者经验有限，书中难免有疏漏和不足之处，恳请广大读者不吝批评指正。本书责任编辑的联系信箱：maxueling@ptpress.com.cn。

编者

目　录

常用功能案例索引

第 **1** 章 Excel 2013 概述

本章主要介绍 Excel 的一般用途，Excel 2013 的安装与卸载、Excel 2013 的工作窗口、功能区中的选项卡、命令控件以及如何利用 Excel 的帮助等知识。

1.1 Excel 的一般用途

Excel 是 Office 办公软件中的电子表格程序，是处理办公事务的重要工具。Excel 不仅提供了数据输入、输出、显示等一般的数据处理功能，还提供了强大的数据计算、组织和分析管理等多种功能。使用 Excel 可以创建工作簿并设置工作簿格式，用以分析数据；可以跟踪数据，对数据进行计算；可以用多种方式透视数据，用各种具有专业外观的图表来显示数据。Excel 的应用非常广泛。Excel 的一般用途通常包括以下方面。

1. 表格制作

Excel 具有强大的表格制作功能，可以制作日常办公和生活中的各类表格。

❖ 各种预算表

用 Excel 可以制作跟踪收入和支出的各种预算表格，例如家庭预算、项目预算等，如图 1-1 所示的"家庭预算"表。

❖ 各种商务表格

用 Excel 可以制作在商务活动中的各种表格，例如账单、销量报告、报销单等，如图 1-2 所示的"销售统计"表。

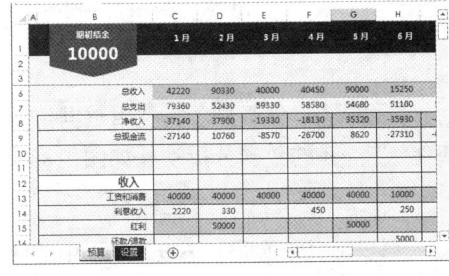

图 1-1 "家庭预算"表

	A	B	C	D	E	F	G	H
1	销售单	地区	销售员	产品名称	数量	单价¥	金额¥	日期
2	000811	成都	陈金	微波炉	6	¥390	¥2,340	2013年2月26日
3	000583	昆明	刘珂	显示器	6	¥1,420	¥8,520	2013年5月18日
4	000570	昆明	章阳	笔记本电脑	6	¥5,000	¥30,000	2013年3月22日
5	000603	昆明	阳春	微波炉	7	¥550	¥3,850	2013年3月9日
6	000601	昆明	马雨	微波炉	8	¥500	¥4,000	2013年2月5日
7	000616	昆明	张伟	电脑桌	8	¥650	¥6,400	2013年3月16日

图 1-2 "销售统计"表

❖ 各种清单

用 Excel 可以制作各种清单，包括购物清单、图书清单、库存清单、待办事项以及员工档案信息表等，如图 1-3 所示的"购物清单"表。

❖ 各种票据

用 Excel 可以制作各种能够计算的票据，包括费用、收据、工资表等，如图 1-4 所示的"工资表"。

❖ 各种日程表

用 Excel 可以制作各种形式的日历、日程表、备忘录等，如图 1-5 所示的"日历表"。

图 1-3 "购物清单"表

图 1-4 工资表

图 1-5 日历表

要查看更多的工作表类型，可在 Excel 的"开始屏幕"中查看。

2. 数据记录

Excel 作为电子表格软件，可以将大量的数据以表格的形式记录并保存下来，如图 1-6 所示的"车辆费用记录"表。

3. 数据处理与计算

Excel 内置大量函数，如图 1-7 所示。借助函数可以执行非常复杂的运算。例如，在财务会计表、统计表、工程计算、大量数据处理中，使用函数可快速对非常复杂的数据进行处理运算。

图 1-6 "车辆费用记录"表

图 1-7 Excel 内置的函数

4. 数据分析

Excel 具备强大的数据分析功能，可以对数据汇总、排序、筛选、分级显示，利用数据工具模拟分析，创建各种可反映数据分析或汇总数据的数据透视表等。Excel 的数据分析功能如图 1-8 所示。

5. 图表制作

在 Excel 中，可以轻松地制作出专业的图表，用以直观、形象地显示数据。Excel 2013 中的图表推荐功能可根据数据推荐合适的图表，生成引人注目的图形图像（如图表、迷你图等），如图 1-9 所示。

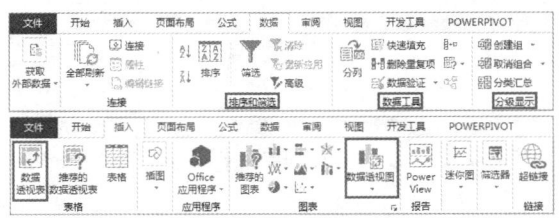

图 1-8 数据分析功能

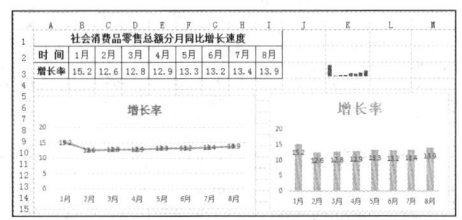

图 1-9 可视化处理数据的各种图表

1.2 Excel 2013 的安装与卸载

Excel 2013 为用户提供了个性化设置和"云存储"功能，要使用 Excel 的完整功能，需注册 Microsoft 账户并登录账户。所谓 Microsoft 账户，是在 Microsoft 网站注册的一个邮件地址。创建的 Microsoft 账户和登录密码，可用来登录所有的 Microsoft 网站和服务，包括 Outlook.com、Hotmail、Messenger 和 OneDrive。利用 Microsoft 账户还可以进入 Microsoft 其他网站，如 Xbox LIVE、Zune 和 Office Live 等。

1.2.1 注册 Microsoft 账户

注册 Microsoft 账户的操作如下。

1 在浏览器的地址栏中输入"https:// login.live.com"，打开"登录 Microsoft 账户"页面，单击右下角的"立即注册"链接，如图 1-10 所示。

2 在打开的"Microsoft 账户"页面中，填写个人信息、账户名等相关内容，账户名为一个电子邮件地址，可以将任何电子邮件地址用作新的 Microsoft 账户的用户名。例如可以创建 outlook.com、hotmail.com、live.cn 或 live.com 电子邮件地址，也可以使用用户现有的电子邮件地址，例如 163、Sina、QQ 等常用的电子邮件地址。按要求输入用于登录 Microsoft 账户的密码，阅读 Microsoft 服务协议和隐私声明。在输入验证字符后单击"接受"按钮，即可注册为 Microsoft 账户，如图 1-11 所示。注册后登录账户，可以完善个人信息，修改登录密码等。

图 1-10 在"登录 Microsoft 账户"中注册

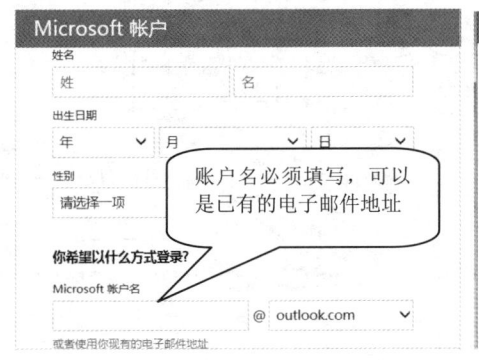

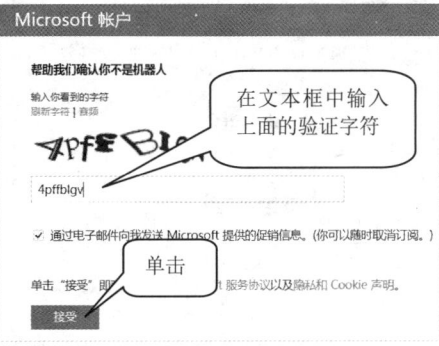

图 1-11 注册 Microsoft 账户

1.2.2　Excel 2013 的安装和激活

要想安装 Excel 2013，首先要启动 Office 2013 的安装程序，按照安装向导的提示来完成 Excel 2013 组件的安装。安装的具体操作如下。

1 将 Office 2013 安装光盘插入计算机的 DVD 光驱中，系统会自动弹出安装启动界面，如图 1-12 所示。如果计算机没有自动弹出安装界面，可双击桌面的"计算机"图标，打开"计算机"文件夹，再双击"DVD 驱动器"图标，在打开的安装光盘中双击"setup.exe"文件。如果是从微软网站下载的 Office 2013 的 IMG 格式的安装文件，可用 WinRAR 等软件解压安装文件，在解压后的文件中双击"setup.exe"文件，启动安装程序。

2 进入"阅读 Microsoft 软件许可证条款"界面，选中"我接受此协议的条款"复选框，单击"继续"按钮，如图 1-13 所示。

图 1-12　Office 2013 安装界面

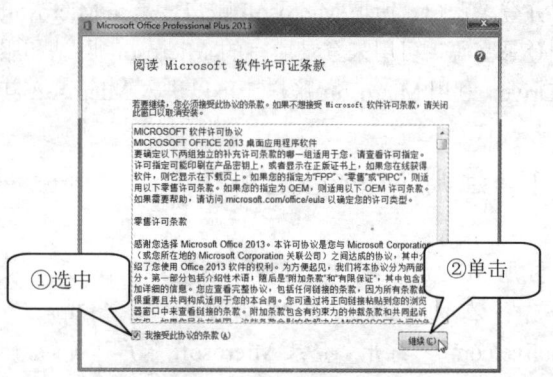
图 1-13　接受此协议的条款

3 打开"选择所需的安装"对话框，有"立即安装"和"自定义"两个按钮。单击"立即安装"按钮，可以将 Office 2013 应用程序以默认方式安装，即在计算机的系统盘上安装全部组件，如图 1-14 所示。

4 如果单击"自定义"按钮，则弹出一个包括"安装选项""文件位置""用户信息"选项卡的对话框，用户可以在这 3 个选项卡中进行自定义设置。

单击"安装选项"选项卡，显示所有的组件列表，用户可以选择安装哪些组件。如果不希望安装某些组件，可单击该组件的下拉按钮，在弹出的下拉列表中选择"不可用"命令。选择了"不可用"的组件会显示"不可用"的标识符✕，将不会安装，如图 1-15 所示。

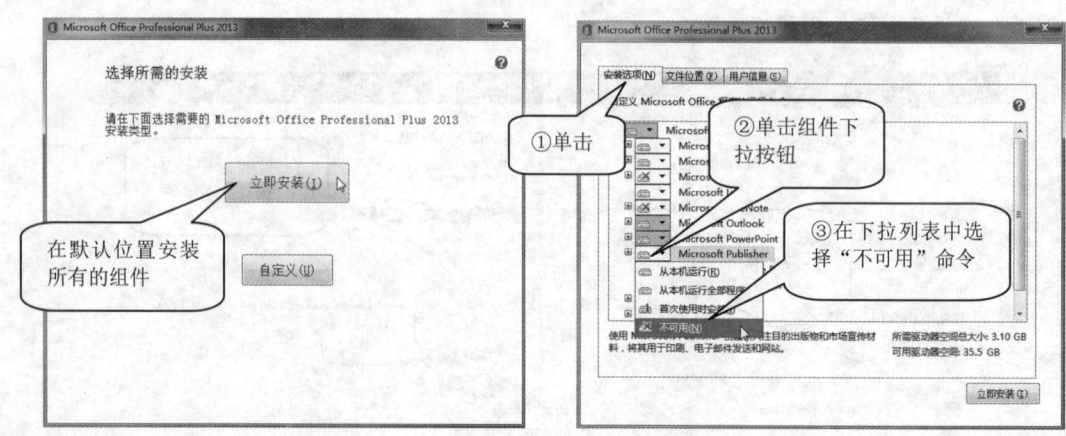
图 1-14　选择安装方式　　　　　　　　　图 1-15　自定义"安装选项"

单击"文件位置"选项卡，可选择安装的文件位置。如果要更改软件安装的默认位置（默认安装在计算机的系统盘中），可单击"浏览"按钮，打开文件位置对话框，然后选择安装的磁盘和文件夹，如图 1-16 所示。

单击"用户信息"选项卡，可以在"全名""缩写""公司/组织"文本框中自定义设置用户的相关信息，如图 1-17 所示。设置完成后，单击"立即安装"按钮。

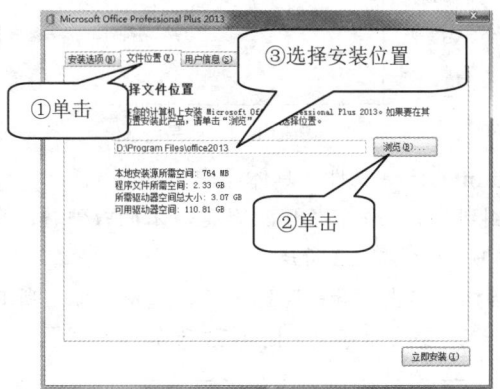

图 1-16　自定义文件位置

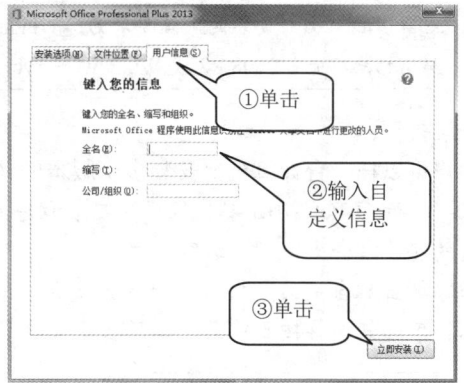

图 1-17　自定义"用户信息"

5　打开"安装进度"界面，出现安装进度条，显示安装的进度，如图 1-18 所示。

6　安装完毕后打开完成界面，单击"关闭"按钮，完成 Office 2013 的安装，如图 1-19 所示。

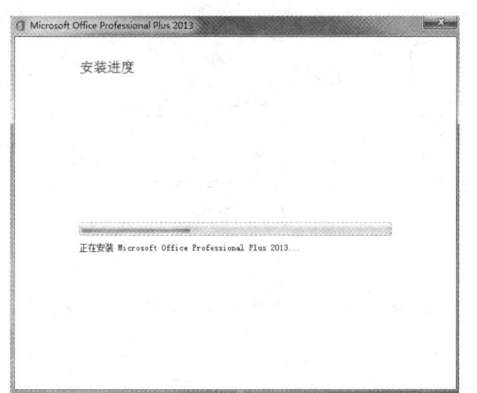

图 1-18　安装进度

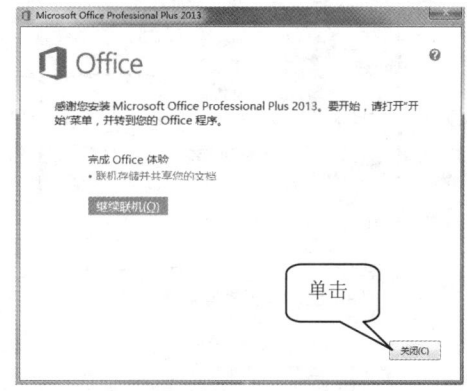

图 1-19　安装完成

7　Office 2013 安装完成后，还需要联机激活 Office 并完成相关设置。启动 Excel 2013（或者安装的其他组件）程序，打开激活向导，使用 OneDrive、Xbox LIVE、Outlook.com 或者注册的 Microsoft 账户登录（用户也可以选择暂时不输入账户名），然后单击"下一步"按钮，系统提示输入产品密钥，如图 1-20 所示。

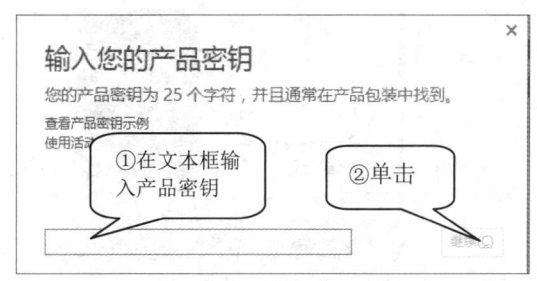

图 1-20　输入产品密钥

8 输入产品密钥后，单击"继续"按钮，可选择激活的方式，通常选择"联网在线激活"方式激活 Office 软件。激活软件后，打开"产品信息"页面，提示"激活的产品"包含的组件和关于软件等信息，如图 1-21 所示。

 ① 安装完成后，没有激活 Office 仅有有限的试用时间。
② Office 2013 安装的系统要求为：Windows 7/8/10、Windows Server 2008 R2 或 Windows Server 2012。

图 1-21　产品信息提示

安装技巧：

用户可以在一台计算机上安装多个版本的 Microsoft Office 软件。具体操作如下。

1 运行 Office 2013 安装程序，安装程序在检测到计算机中有 Office 其他版本的软件时，在选择所需的安装时会出现"升级"和"自定义"两个选项，如图 1-22 所示。

2 单击"自定义"按钮，打开自定义安装对话框，单击"升级"选项卡，选中"保留所有早期版本"单选钮，再按照前面介绍的自定义安装方式继续安装即可，如图 1-23 所示。

 必须首先安装最早版本的 Office。例如想要在同一台计算机上安装 Office 2007 和 Office 2013，则应首先安装 Office 2007。

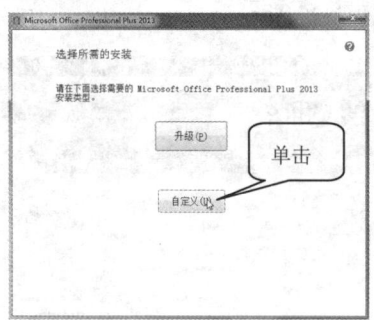

图 1-22　选择"自定义"安装

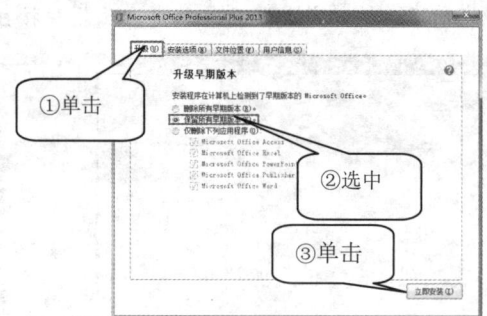

图 1-23　选中"保留所有早期版本"单选钮自定义安装

1.2.3　Excel 2013 的卸载

卸载 Excel 2013 软件的具体操作步骤如下。

1 单击 按钮，打开"开始"菜单，然后单击"控制面板"命令，如图 1-24 所示。如果在计算机桌面上有"控制面板"图标，也可以直接双击该图标，如图 1-25 所示。

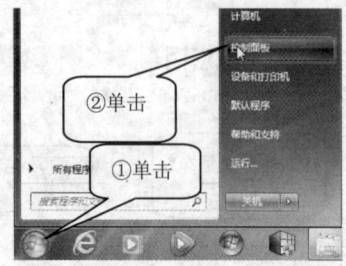

图 1-24　从开始菜单打开控制面板

图 1-25　双击桌面"控制面板"图标

2 打开"调整计算机的设置"页面，单击"程序"下方的"卸载程序"链接，如图1-26所示。

3 在打开的"卸载或更改程序"页面的程序名称列表中，单击"Microsoft Office Professional Plus 2013"程序名称，然后单击上方的"更改"按钮，如图1-27所示。

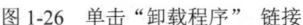
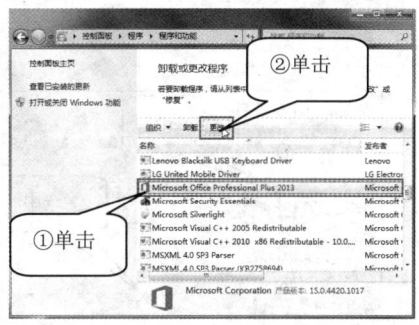

图1-26 单击"卸载程序"链接　　　　图1-27 在"卸载或更改程序"界面中选择卸载的程序名称

4 在弹出的"更改Microsoft Office Professional Plus 2013的安装"对话框中选中"添加或删除功能"单选钮，再单击"继续"按钮，如图1-28所示。

5 打开"安装选项"对话框，单击"Microsoft Excel"左侧的"倒三角形"下拉按钮，在下拉列表中单击"不可用"命令，此时"Microsoft Excel"左侧出现一个红色的叉号"×"，单击"继续"按钮，如图1-29所示。

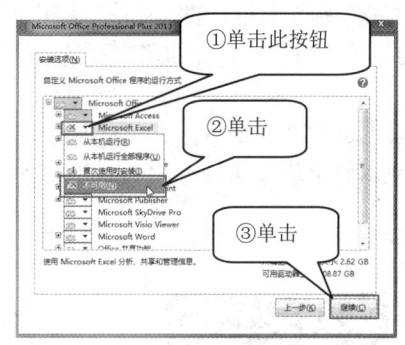

图1-28 选择"添加或删除功能"单选钮　　　　图1-29 选择Microsoft Excel不可用

6 打开"配置进度"界面，如图1-30所示。

7 配置进度完成后，显示完成配置对话框，单击"关闭"按钮，如图1-31所示。退出并重新启动任何打开的Office程序，完成Microsoft Excel的卸载。

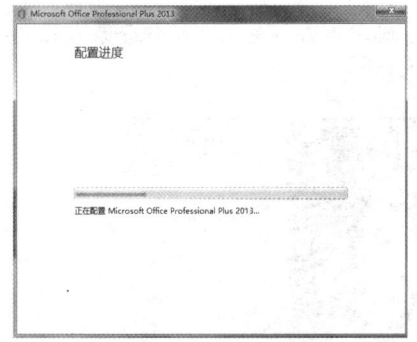
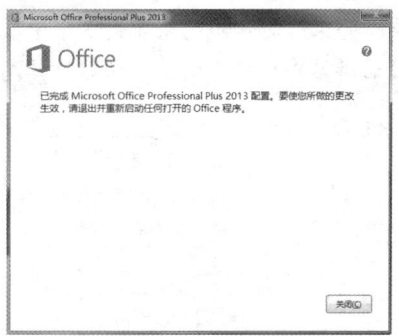

图1-30 配置进度　　　　图1-31 卸载完成

如果要完全卸载 Office 2013，在"卸载或更改程序"页面的"名称"列表中选中"Microsoft Office Professional Plus 2013"程序名称后，单击"卸载"按钮，如图 1-32 所示。然后在弹出的确认对话框中单击"是"按钮，即可完全卸载 Office 2013，如图 1-33 所示。

图 1-32　单击"卸载"按钮

图 1-33　确认卸载 Office 2013

1.3　自定义 Excel 2013 的账户信息

在 Excel 中登录 Microsoft 账户后，Excel 会在"开始屏幕""文件"选项卡的"账户"页面和工作窗口的右上方分别显示用户的账户信息，用户可以自定义 Excel 的"Office 背景"，使用 Microsoft 的"云存储"功能等。为了使自己的账户更具个性化，用户可编辑账户名称、更改图片等，具体的操作如下。

1 启动 Excel 2013 程序，在开始屏幕中单击"登录以充分利用 Office"超链接，打开"登录"对话框，在文本框中输入注册的 Microsoft 账户，单击"下一步"按钮，如图 1-34 所示。

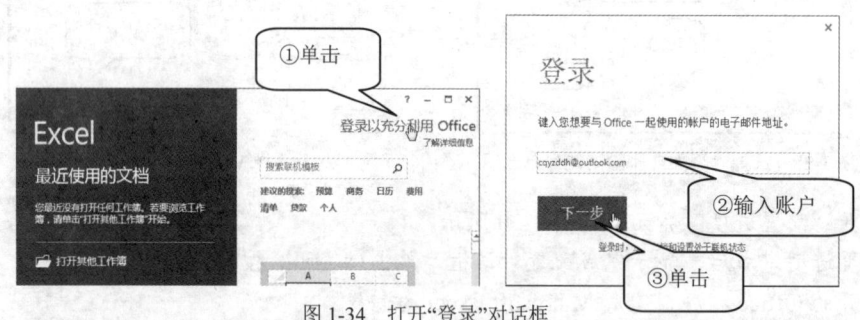

图 1-34　打开"登录"对话框

2 在"登录"对话框的密码文本框中输入账户密码，单击"登录"按钮登录 Microsoft 账户，登录后在开始屏幕中可以看到用户的账户信息，如图 1-35 所示。

图 1-35　登录 Microsoft 账户

3 在开始屏幕中单击"打开其他工作簿"超链接，在打开的视图中单击"账户"命令，在打开的"账户"面板中也可以查看用户信息，如图 1-36 所示。

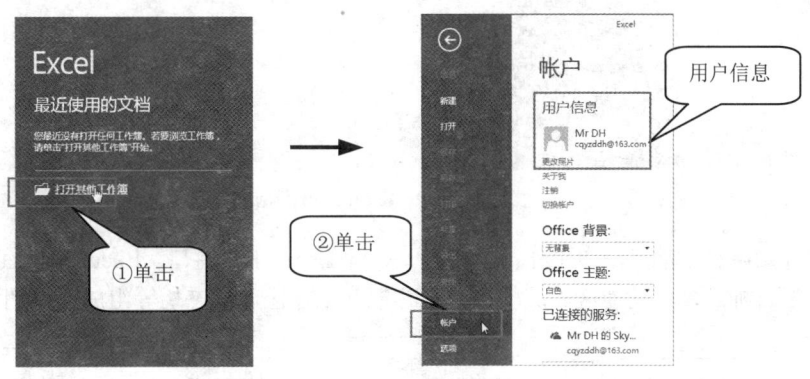

图 1-36　打开"账户"面板

4 在"账户"页面，单击"用户信息"下的"更改照片"超链接，打开"登录"Microsoft 账户界面，输入账户和密码登录后，打开"个人资料"页面。在该页面中，单击账户名右侧的"编辑"按钮，打开"编辑名称"页面，用户可以编辑更改账户的姓、名等信息；单击账户名下方的"更改图片"按钮，打开"图片"页面，用户可以单击"浏览"按钮，选择图片进行更改，编辑完成后单击"保存"按钮，如图 1-37 所示。

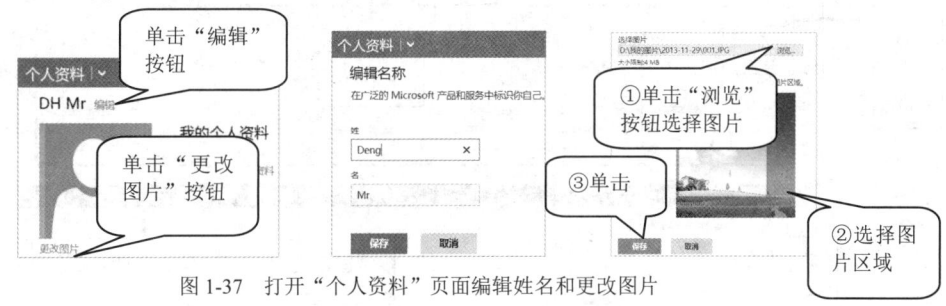

图 1-37　打开"个人资料"页面编辑姓名和更改图片

5 重新启动 Excel，Excel 中账户显示名称和图片随之更改，如图 1-38 所示。

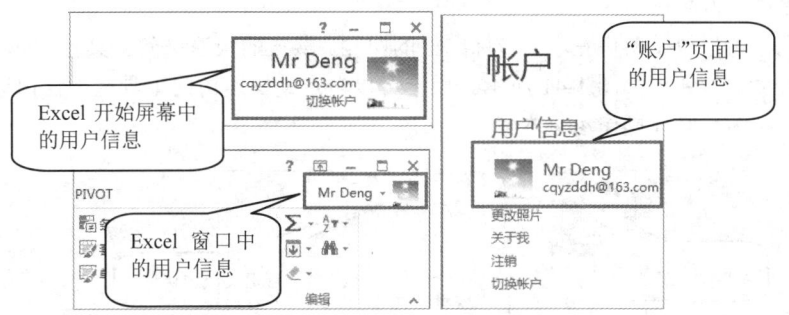

图 1-38　自定义用户信息

1.4　Excel 2013 的工作窗口

启动 Excel 2013，显示开始屏幕，包括"最近使用的文档"、账户信息和有很多种常用的模板等，如图 1-39 所示。

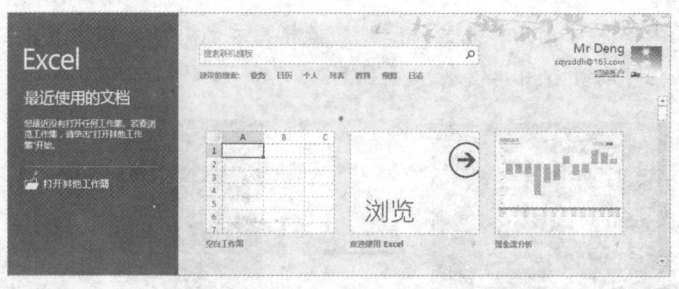

图 1-39　Excel 2013 开始屏幕

单击开始屏幕中的"空白工作簿"模板，打开 Excel 工作窗口。Excel 2013 工作窗口主要由快速访问工具栏、标题栏、功能区、编辑栏、名称框、工作区和状态栏等组成，如图 1-40 所示。

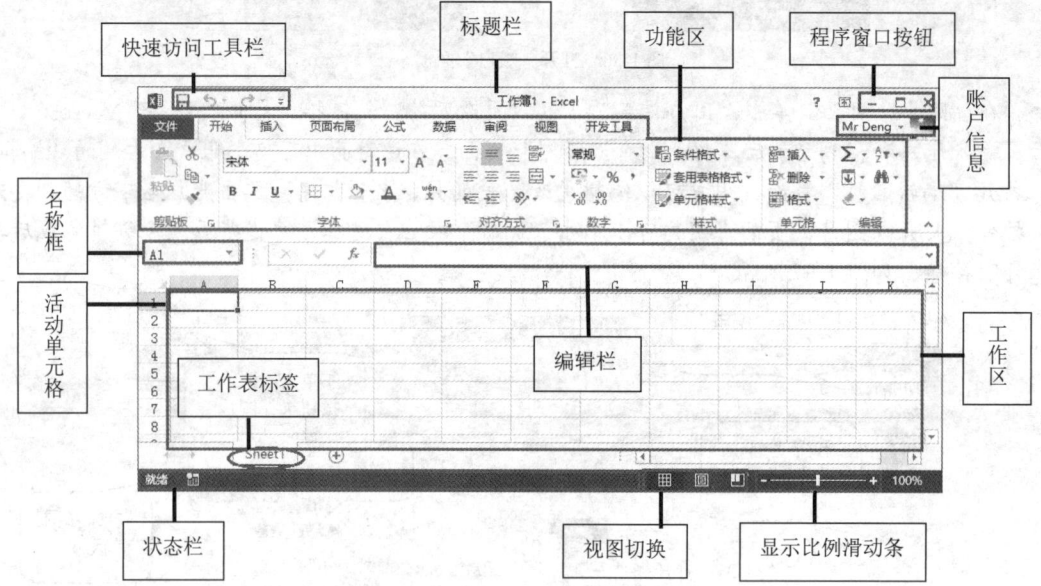

图 1-40　Excel 2013 窗口

❖　**快速访问工具栏**

快速访问工具栏位于窗口左上方，标题栏的左侧。默认的快速访问工具栏中包含"保存""撤销"和"恢复"等命令按钮，如图 1-41 所示。用户可以自定义快速访问工具栏，在快速访问工具栏中添加或删除命令按钮，具体操作参见**本章 1.6 节**。

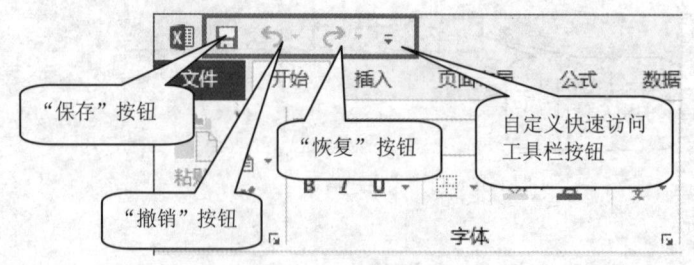

图 1-41　快速访问工具栏

❖　**标题栏**

标题栏位于窗口最上方居中位置，显示工作簿名称、应用程序名称。启动 Excel 时，默认的工作簿名为"工作簿 1-Excel"。标题栏右侧显示了"帮助""功能区显示选项"以及"最小化""最大化"

"关闭" 3 个窗口控制按钮。

❖　功能区

Excel 2013 的功能区由选项卡、组和按钮组成。一个选项卡包括多个命令组，一个命令组包括多个命令按钮。默认状态下，功能区中主要有 "文件" "开始" "插入" "页面布局" "公式" "数据" "审阅" 和 "视图" 选项卡。单击选项卡标签，可以切换到相应的选项卡功能页面，如图 1-42 所示。

图 1-42　功能区

❖　编辑栏和名称框

编辑栏位于功能区与工作区之间，用于输入或编辑单元格和图表中的值或公式。

编辑栏中显示了存储于活动单元格中的值或公式。当某个单元格被激活时，其编号（例如 A1）随即在名称框中出现。此后用户输入的文字或数据将在该单元格与编辑框内同时显示。

名称框和编辑栏之间有 3 个按钮。其中 ✓ 为 "输入" 按钮，用于确认输入单元格的内容，相当于按键盘的<Enter>键；× 为 "取消" 按钮，用于取消本次输入，相当于按<Esc>键；𝑓𝑥 为 "插入函数" 按钮。

❖　工作区

工作区由单元格组成，用于输入和编辑不同的数据类型，创建图表等。

❖　状态栏

状态栏位于应用程序窗口的最下方，用于显示当前数据的编辑状态、选定数据的统计、视图显示方式以及窗口显示比例等。

1.4.1　功能区主要选项卡

功能区是 Excel 2013 窗口界面中的重要元素，由多个选项卡构成。功能区中不同的选项卡会显示不同的命令组合，以下简要介绍功能区的主要选项卡以及所包含的主要命令。

❖　"文件" 选项卡（Excel 2013 Backstage 视图）

打开一个工作簿，单击功能区中的 "文件" 选项卡，可以查看 Backstage 视图。在 Backstage 视图中可以执行管理工作簿的相关操作，包括工作簿的信息、新建、打开、保存、打印、共享、关闭等。在 Backstage 视图中还可以查看用户账户信息，对 Office 进行个性化设置；可以打开 "Excel 选项" 对话框，对 Excel 进行自定义设置等，如图 1-43 所示。

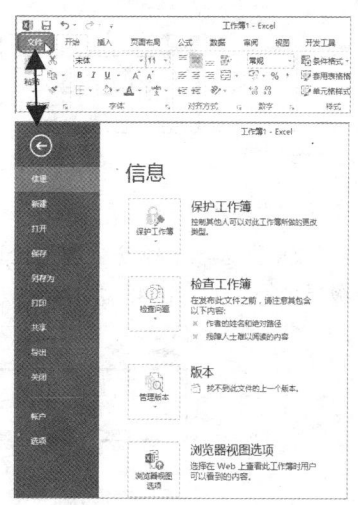

图 1-43　Backstage 视图

 如果要从 Backstage 视图快速返回工作簿，可单击视图中的 "返回" 按钮 ⊙，或者按键盘上的<Esc>键。

❖　"开始" 选项卡

"开始" 选项卡包含一些操作工作簿最常用的命令，包括剪贴板、字体、对齐方式、数字、样式、单元格和编辑等命令组，如图 1-44 所示。

图 1-44 "开始"选项卡

❖ "插入"选项卡

在"插入"选项卡中，包含了可以插入到工作表中的对象，如表格、插图、应用程序、图表、报告、迷你图、筛选器、链接、文本、符号等，如图 1-45 所示。

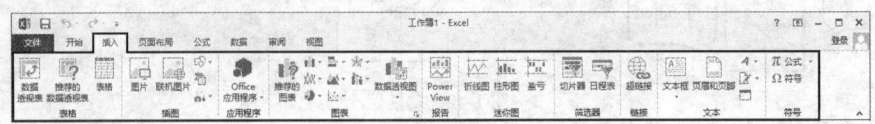

图 1-45 "插入"选项卡

❖ "页面布局"选项卡

"页面布局"选项卡主要包含主题、页面设置、工作表选项、排列等影响工作表外观的命令按钮，如图 1-46 所示。

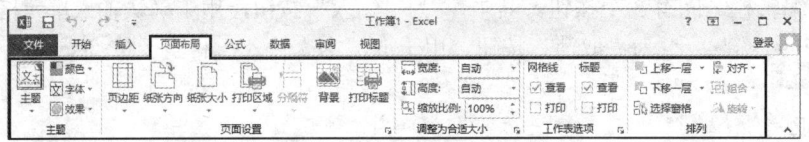

图 1-46 "页面布局"选项卡

❖ "公式"选项卡

"公式"选项卡主要包含函数库、定义的名称、公式审核及计算相关的命令，如图 1-47 所示。

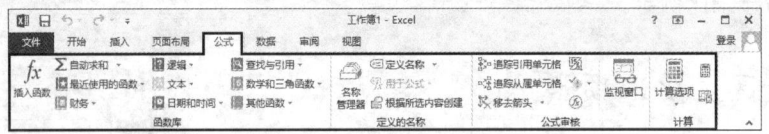

图 1-47 "公式"选项卡

❖ "数据"选项卡

"数据"选项卡包含了数据处理的相关命令，如获取外部数据、连接、排序和筛选、数据工具、分级显示等，如图 1-48 所示。

图 1-48 "数据"选项卡

❖ "审阅"选项卡

"审阅"选项卡主要包含校对、语言、中文繁简转换、批注管理、工作表的权限管理等命令，如图 1-49 所示。

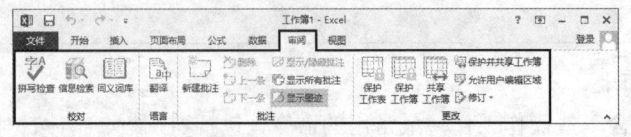

图 1-49 "审阅"选项卡

❖ "视图"选项卡

"视图"选项卡主要包含更改工作簿外观的相关命令，例如工作簿视图、网格线标题等的显示、显示比例的调整、新建窗口、切换窗口和录制宏等命令，如图 1-50 所示。

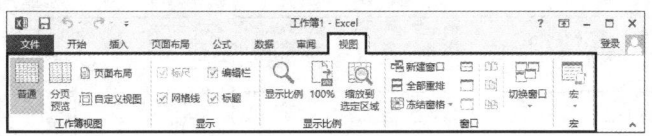

图 1-50 "视图"选项卡

❖ "开发工具"选项卡

"开发工具"选项卡在默认情况下不可见。它主要包含使用 VBA 进行程序开发时需要用到的命令，如图 1-51 所示。显示和隐藏选项卡的操作，请参阅本章的"技高一筹"中的"2.显示和隐藏选项卡"。

图 1-51 "开发工具"选项卡

1.4.2 工具选项卡

在 Excel 2013 中，还有一些选项卡只在进行特定操作时显现，称为"工具选项卡"。

依次单击"文件"选项卡→"选项"命令→"自定义功能区"选项卡，打开"自定义功能区"对话框，单击"自定义功能区（B）"下拉按钮，在打开的下拉列表中单击"工具选项卡"选项，显示工具选项卡列表，包括"图表工具""页眉和页脚工具"等共 13 种工具选项卡，如图 1-52 所示。

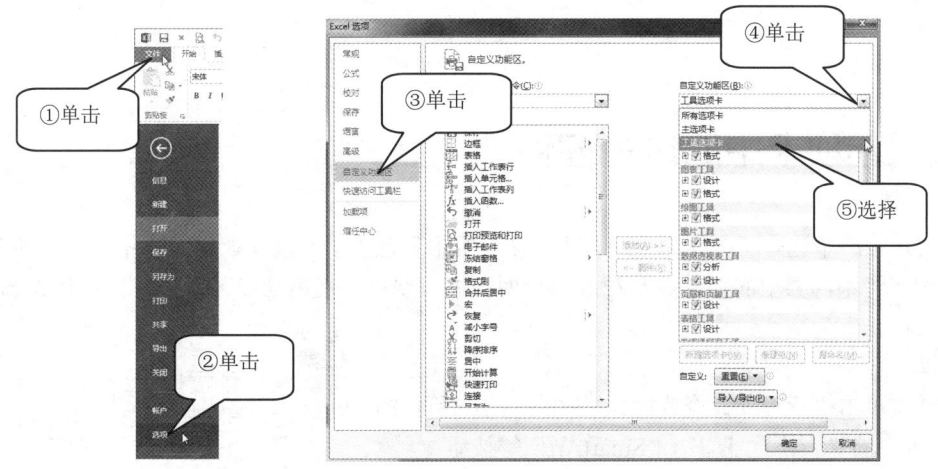

图 1-52 工具选项卡

以下简要介绍两个最常用的工具选项卡，其他的工具选项卡将在以后的实际操作中具体介绍。

❖ "图表工具"选项卡

Excel 2013 的"图表工具"选项卡比以前版本更加简洁。单击图表时，"图表工具"选项卡就会显示。其中包含"设计"和"格式"两个子选项卡，每个子选项卡包含许多命令按钮。单击图表，还会显示新增的"图表元素"按钮➕、"图表样式"按钮🖌和"图表筛选器"按钮▼，可快速对图表进行设置和筛选，如图 1-53 所示。

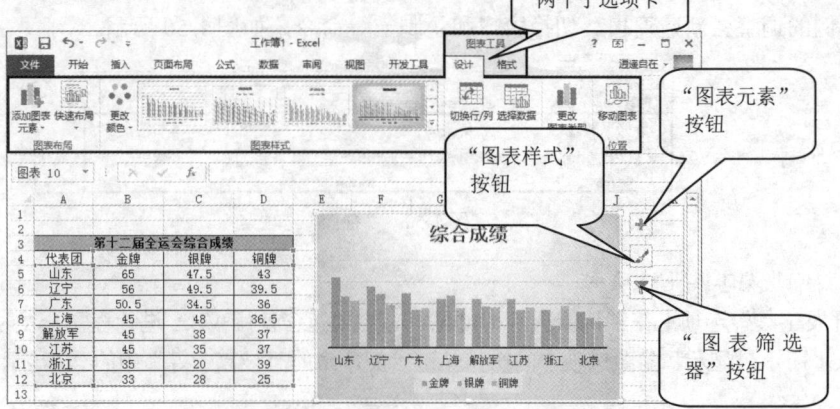

图 1-53　"图表工具"选项卡

❖　"页眉和页脚工具"选项卡

"页眉和页脚工具"选项卡在插入页眉或页脚并进行操作时显示，可用于设置页眉、页脚的内容及格式等，如图 1-54 所示。

图 1-54　"页眉和页脚工具"选项卡

1.5　认识选项卡中的命令控件

功能区的选项卡中包含了多个命令组，每个命令组中又包含了一些功能相近或相互关联的命令，这些命令通过多种不同类型的控件显示在选项卡面板中，要正确使用功能区命令，需先认识选项卡中的各命令控件。

❖　按钮

按钮可通过单击执行一项命令或操作，如图 1-55 所示的"插入"选项卡中的"表格""图片""SmartArt"等按钮。

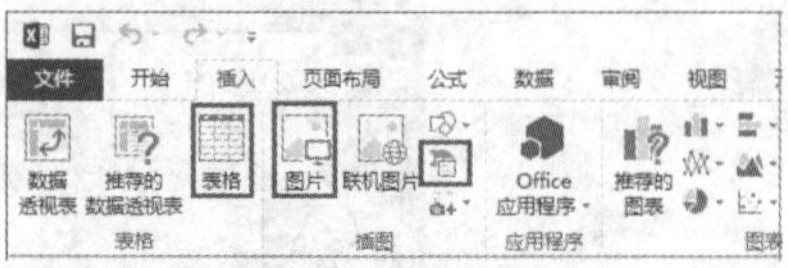

图 1-55　按钮控件

❖　下拉按钮

下拉按钮包含一个黑色倒三角标识符，单击下拉按钮可以显示详细的命令列表或图标库以及多级扩展菜单。图 1-56 所示为"排序和筛选"下拉按钮；图 2-57 所示为"艺术字"下拉按钮；图 1-58 所示为"条件格式"下拉按钮。

图 1-56　"排序和筛选"下拉按钮　　　图 1-57　显示艺术字库的下拉按钮　　　图 1-58　显示多级扩展菜单的下拉按钮

❖　拆分按钮

拆分按钮是由按钮和下拉按钮组合而成的，单击按钮部分可以执行特定的命令；单击下拉按钮部分，可以在打开的下拉列表中进行选择。图 1-59 所示为"开始"选项卡中的"粘贴"拆分按钮和"删除单元格"拆分按钮。

❖　复选框

单击复选框可以在"选中"和"取消选中"两个选项状态之间来回切换，常用于选项设置。图 1-60 所示为"保护工作簿"选项中的"结构"和"窗口"复选框。

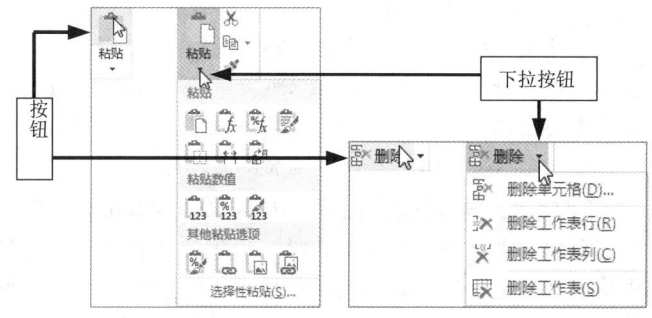

图 1-59　拆分按钮

❖　组合框

组合框常用于多种属性选项的设置，由文本框、下拉按钮和列表框组合而成。单击下拉按钮选取列表项后，选中的列表会同时显示在组合框的文本框中，也可以在文本框中输入特定选项名称后，按<Enter>键确认。图 1-61 所示为"开始"选项卡中的"字体"组合框。

❖　微调按钮

微调按钮包含一对方向相反的三角箭头按钮，单击这对按钮，可以调整命令按钮显示的次序，也可以对文本框中的数值大小进行调节。图 1-62 所示为"图表工具"选项卡中的"大小"微调按钮。

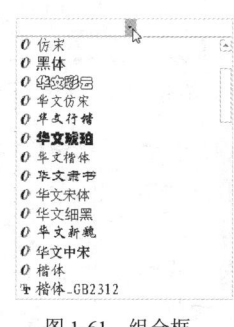
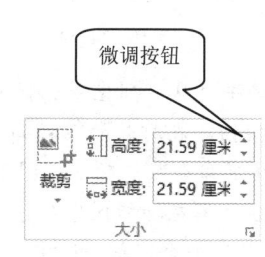

图 1-60　复选框　　　　　　图 1-61　组合框　　　　　　图 1-62　微调按钮

❖　对话框启动器

对话框启动器位于特定命令组的右下角，按钮显示为斜角箭头图标 ，单击此按钮，可以打开与该"命令组"相关的对话框。例如，通过单击"开始"选项卡中"数字"组的"数字格式"对话框启动器按钮，可以打开"设置单元格格式"对话框的"数字"选项卡，如图 1-63 所示。

Excel 2013 使用详解（修订版）

图 1-63　通过"数字格式"对话框启动器按钮打开"设置单元格格式"对话框的"数字"选项卡

1.6　自定义快速访问工具栏

默认的"快速访问工具栏"有"保存""撤销"和"恢复"等常用命令按钮。自定义快速访问工具栏可以将常用的命令添加到"快速访问工具栏"，以提高操作效率；也可以删除"快速访问工具栏"中的命令按钮；还可以调整"快速访问工具栏"在窗口中的位置。

❖　向快速访问工具栏中添加命令按钮

【例 1-1】向快速访问工具栏中添加"朗读单元格"按钮

　　1　单击"快速访问工具栏"右侧的"自定义快速访问工具栏"下拉按钮，在打开的下拉列表中单击"其他命令"选项，打开"Excel 选项"对话框的"快速访问工具栏"选项卡，如图 1-64 所示。

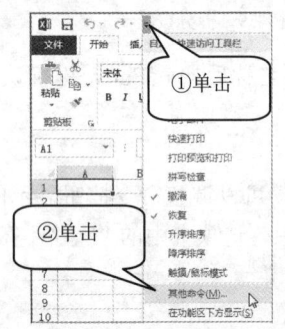
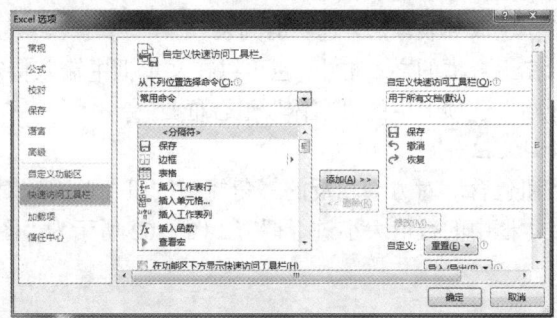

图 1-64　打开"Excel 选项"对话框的"快速访问工具栏"选项卡

　　2　单击"从下列位置选择命令（C）"右侧的下拉按钮，在打开的下拉列表中单击"不在功能区中的命令"选项，如图 1-65 所示。

　　3　在"不在功能区中命令"列表中找到"朗读单元格"命令，单击选中，再单击右侧的"添加"按钮（也可以双击要添加的命令，直接将该命令添加到"自定义快速访问工具栏（O）"列表中）。

　　4　单击"确定"按钮完成操作，在"快速访问工具栏"里即可显示刚添加的"朗读单元格"命令按钮，如图 1-66 所示。

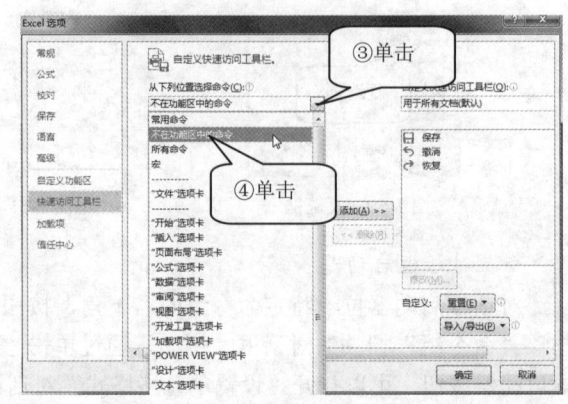

图 1-65　选择"不在功能区中的命令"选项

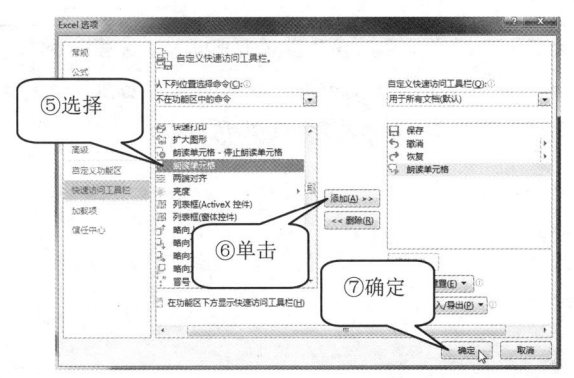

图 1-66　自定义快速工具栏

❖　删除"快速访问工具栏"中的命令按钮

要删除"快速访问工具栏"中的命令按钮，可通过右键菜单删除。

在"快速访问工具栏"中需要删除的命令按钮上单击鼠标右键，在弹出的快捷菜单中单击"从快速访问工具栏删除"命令，即可将该命令从快速访问工具栏中删除，如图 1-67 所示。

单击"自定义快速访问工具栏"下拉按钮，在下拉列表中选中的命令将显示在快速访问工具栏中，单击取消选中则可从快速访问工具栏中删除，再次单击选中即可添加到快速访问工具栏中，如图 1-68 所示。

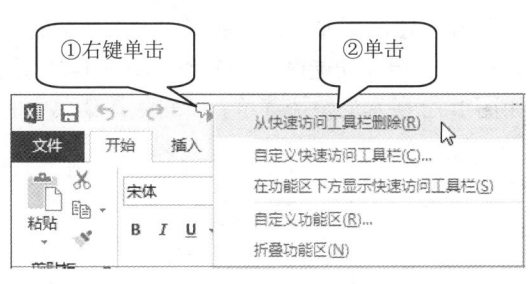

图 1-67　删除快速访问工具栏中的命令　　　图 1-68　快速添加或删除自定义快速访问工具栏中的常用命令

单击"自定义快速访问工具栏"下拉按钮，在下拉列表中单击"在功能区下方显示"命令，快速访问工具栏将显示在功能区下方。要恢复快速访问工具栏的默认显示位置，单击"自定义快速访问工具栏"下拉按钮，在下拉列表中单击"在功能区上方显示"命令即可，如图 1-69 所示。

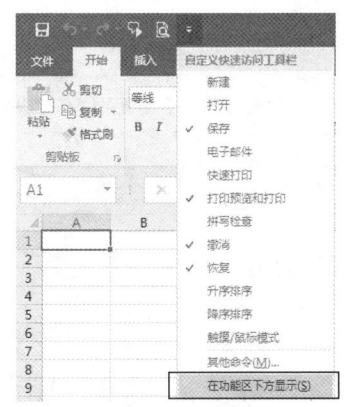
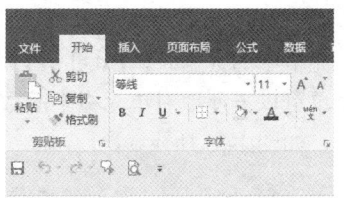

图 1-69　调整快速访问工具栏的位置

Excel 2013 功能区新增"功能区显示选项"按钮回，单击"功能区显示选项"按钮回，可以在下拉列表中的"自动隐藏功能区""显示选项卡"和"显示选项卡和命令"选项中选择功能区的显示方式。例如，单击"显示选项卡"命令，只显示选项卡的名称，效果如图 1-70 所示。

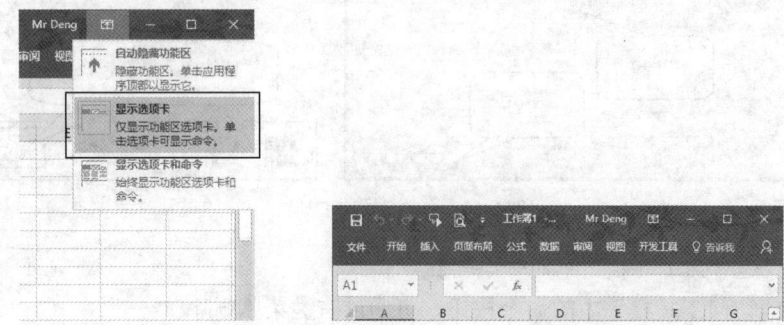

图 1-70　功能区的不同显示效果

1.7　快捷菜单

在 Excel 中，单击鼠标右键，会弹出快捷菜单。利用快捷菜单同使用功能区选项卡一样可以执行许多常用命令，而且使用快捷菜单可以使命令的选择更加方便。例如，在功能区中单击鼠标右键，在弹出的快捷菜单中可以选择"自定义快速访问工具栏""自定义功能区"等命令，如图 1-71 所示。

在工作窗口的单元格中单击鼠标右键，则弹出如图 1-72 所示的快捷菜单。单击快捷菜单中的相应命令，即可执行相关的操作。

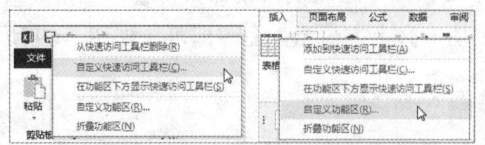

图 1-71　功能区的右键快捷菜单

图 1-72　单元格对象右键快捷菜单

 单击鼠标右键所显示的快捷菜单命令取决于鼠标选定的对象。

在选择了单元格中的数据时，Excel 会自动显示字体浮动菜单，利用字体浮动菜单可以方便地对单元格中的数据设置字体格式、更改字体大小等操作，如图 1-73 所示。

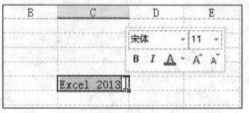

图 1-73　字体浮动菜单

1.8　快速获取 Excel 2013 的帮助

Excel 为用户提供了内容丰富并且易于查阅的帮助信息，这些帮助信息可以指导用户解决在使用 Excel 过程中遇到的常见问题。

1.8.1　使用"Excel 帮助"的途径

使用"Excel 帮助"有以下两种途径。

途径一：单击 Excel 开始屏幕或工作窗口中的"帮助"按钮 ？ ，打开"Excel 帮助"对话框，如图 1-74 所示。

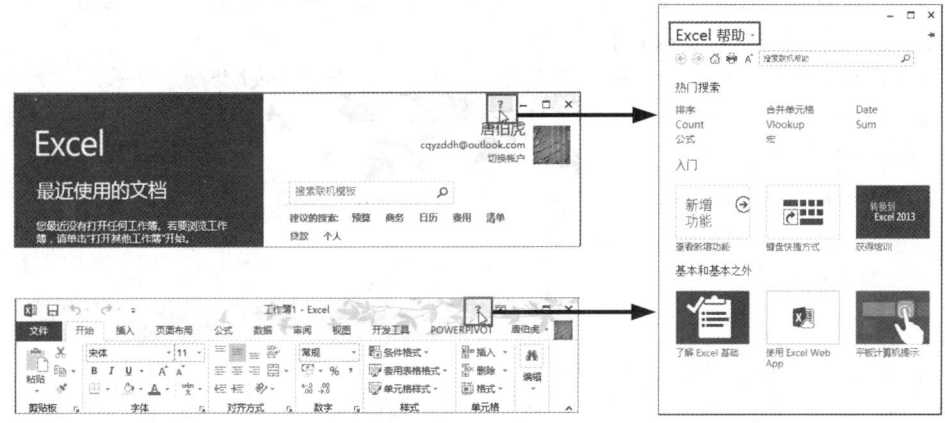

图 1-74　利用"帮助"按钮打开"Excel 帮助"对话框

途径二：将鼠标指针指向 Excel 工作窗口中的命令按钮，窗口中出现屏幕提示，在屏幕提示中如果有"详细信息"按钮 ❓ 详细信息 ，可单击该按钮（或按<F1>键），获得该项功能操作的具体帮助，如图 1-75 所示。

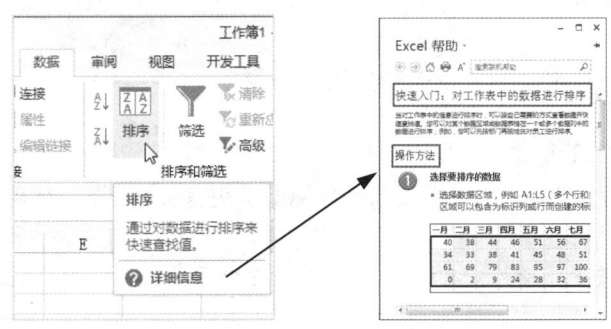

图 1-75　在实际操作中获取具体的帮助信息

打开"Excel 帮助"页面，单击"Excel 帮助"下拉按钮，在打开的下拉列表中显示了两种帮助信息的来源，如图 1-76 所示。在默认情况下选择的是"来自 Office.com 的 Excel 帮助"，使用该帮助的信息更为全面。如果在没有网络连接的情况下使用 Excel 帮助，Excel 将自动使用"来自您计算机的 Excel 帮助"，并在"Excel 帮助"旁边显示"脱机"，如图 1-77 所示。

图 1-76　查看计算机帮助信息来源

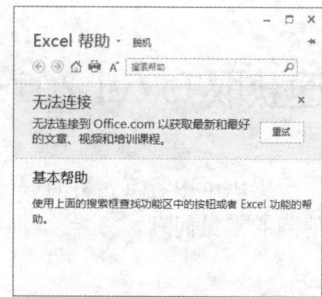

图 1-77　脱机帮助

1.8.2　搜索所需的帮助信息

Excel 2013 没有提供可以逐级浏览的帮助超链接，要查看所需的帮助信息，可以在"Excel 帮助"窗口中进行搜索。具体的操作步骤如下。

1　在 Excel 中单击"帮助"按钮 ?（或者<F1>键），打开"Excel 帮助"页面。

2　在"搜索"文本框中输入搜索的关键字，例如"快速填充"，单击右侧的"搜索"按钮，Excel 将搜索相关的帮助信息，如图 1-78 所示。

3　在搜索结果中单击相关信息的超链接即可查看具体的帮助，如图 1-79 所示。

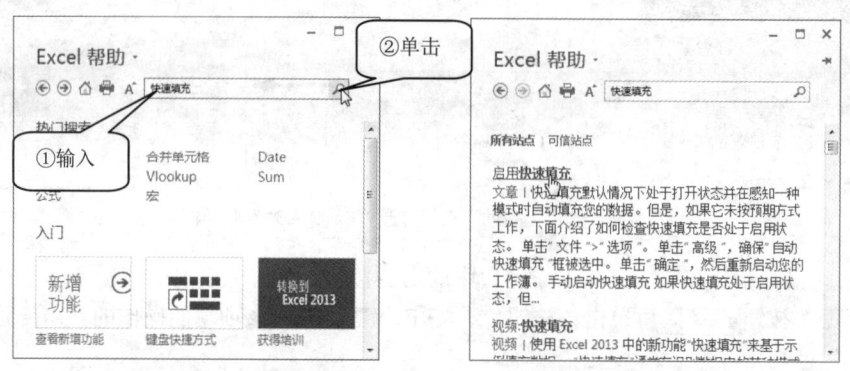

图 1-78　搜索帮助　　　　　　　　　　图 1-79　查看帮助信息

技高一筹

1. 使用键盘执行 Excel 命令

Excel 程序提供了键盘快捷方式，无需借助鼠标即可快速执行任务。使用键盘执行 Excel 命令的操作方法如下。

1　启动 Excel，按下并释放<Alt>键。在当前视图中每个可用功能的上方都显示按键提示，如图 1-80 所示。

2　按下要使用的功能的按键提示中所显示的字母，即可执行相应的操作。例如，按下 <L>键，将新建空白工作簿。继续按下并释放 <Alt> 键，又出现可用的键盘操作提示。例如，按下 <N> 键，将显示"插入"选项卡，并显示插入选项所有的按键提示，要执行某项操作，按所需按钮对应的按键即可，如图 1-81 所示。

图 1-80　开始屏幕的按键提示

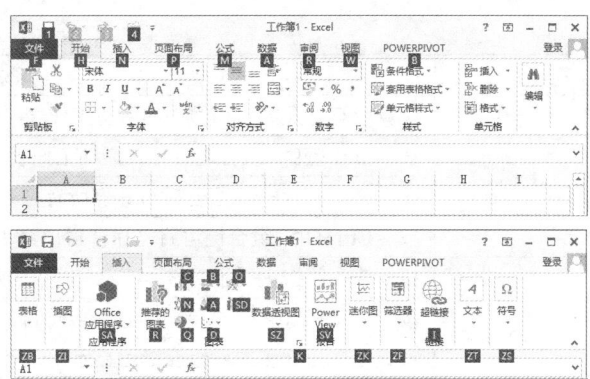

图 1-81　功能区的按键提示

③　利用<Ctrl>或<Alt>开头的组合键执行相关操作。例如，按<Ctrl+C>组合键将选中内容复制到剪贴板，按<Ctrl+V>组合键从剪贴板中进行粘贴，按<Ctrl+W>组合键关闭选定的工作簿窗口，按<Alt>键显示按键提示等。

④　按下 Excel 的<F1>～<F12>功能键可执行特殊的功能操作。例如，按<F1>键显示"Excel 帮助"对话框。

<F1>至<F12>功能键的说明如表 1-1 所示。

表 1-1　　　　　　　　　　　　　　　Excel 功能键说明

按　　键	说　　明
F1	显示"Excel 帮助"对话框
	按 <Ctrl+F1> 组合键将显示或隐藏功能区
	按 <Alt+F1> 组合键可创建当前区域中数据的嵌入图表
	按 <Alt+Shift+F1> 组合键可插入新的工作表
F2	编辑活动单元格并将插入点放置在单元格内容的末尾
	按 <Shift+F2> 组合键可添加或编辑单元格批注
	在 Backstage 视图中，按 <Ctrl+F2> 组合键可显示"打印"选项卡中的打印预览区域
F3	显示"粘贴名称"对话框。仅当工作簿中存在名称时才可用
	按 <Shift+F3> 组合键将显示"插入函数"对话框
F4	使用公式选定单元格引用时，按<F4>键可在绝对引用和相对引用的各种组合中循环切换
	按 <Ctrl+F4> 组合键可关闭选定的工作簿窗口
	按 <Alt+F4> 组合键可关闭 Excel
F5	显示"定位"对话框
	按 <Ctrl+F5> 组合键可恢复选定工作簿口的窗口大小
F6	在工作表、功能区、任务窗格和缩放控件之间切换
	如果打开了多个工作簿窗口，则按 <Ctrl+F6> 组合键可切换到下一个工作簿窗口
F7	显示"拼写检查"对话框，以检查活动工作表或选定范围中的拼写
	如果工作簿窗口未最大化，按 <Ctrl+F7> 组合键可对该窗口执行"移动"命令
F8	打开或关闭扩展模式
	按 <Shift+F8> 组合键，可用箭头键将非邻近单元格或区域添加到单元格的选定范围中
	当工作簿未最大化时，按 <Ctrl+F8> 组合键可执行"大小"命令
	按 <Alt+F8> 组合键可显示用于创建、运行、编辑或删除宏的"宏"对话框

续表

按　　键	说　　明
F9	计算所有打开的工作簿中的所有工作表
	按 <Shift+F9> 组合键可计算活动工作表
	按 <Ctrl+Alt+F9> 组合键可计算所有打开的工作簿中的所有工作表
	按 <Ctrl+F9> 组合键可将工作簿窗口最小化为图标
F10	打开或关闭按键提示（按<Alt>键也能实现同样目的）
	按 <Shift+F10> 组合键可显示选定项目的快捷菜单
	按 <Alt+Shift+F10> 组合键可显示用于"错误检查"按钮的菜单或消息
	按 <Ctrl+F10> 组合键可最大化或还原选定的工作簿窗口
F11	在单独的图表工作表中创建当前范围内数据的图表
	按 <Shift+F11> 组合键可插入一个新工作表
	按 <Alt+F11> 组合键可打开 Microsoft Visual Basic For Applications 编辑器
F12	显示"另存为"对话框

2. 显示和隐藏选项卡

在 Excel 2013 工作窗口中，默认显示"文件""开始""插入""页面布局""公式""数据""审阅"和"视图" 8 个选项卡，其中"文件"选项卡默认始终保持显示。用户可以通过选中（或取消选中）"Excel 选项"对话框中"自定义功能区（B）"下方的各"主选项卡"的复选框来显示（或隐藏）对应的主选项卡。

【例 1-2】在功能区中显示"开发工具"选项卡

1 单击"文件"选项卡，在打开的 Backstage 视图中单击"选项"命令，打开"Excel 选项"对话框。

2 单击"自定义功能区"选项卡，切换到"自定义功能区"对话框（在功能区中单击鼠标右键，在弹出的快捷菜单中选择"自定义功能区"命令，也可以快速打开"自定义功能区"对话框）。

3 在"自定义功能区（B）"下方选中"主选项卡"列表框中的"开发工具"复选框，单击"确定"按钮，即可将"开发工具"选项卡显示在功能区，如图 1-82 所示。

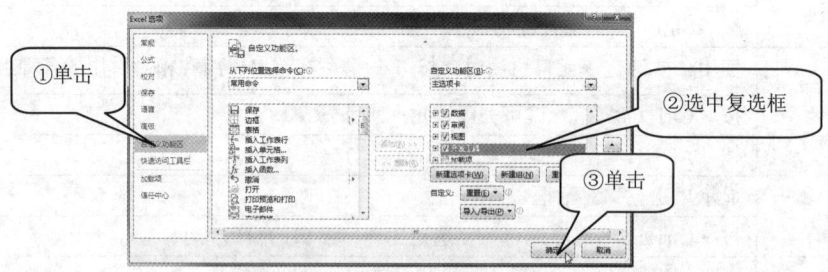

图 1-82　显示"开发工具"选项卡

如果要隐藏选项卡，在图 1-83 中单击需要隐藏的选项卡前的复选框，例如"审阅"选项卡，取消该选项卡的选中，再单击"确定"按钮，"审阅"选项卡便不在功能区中显示。

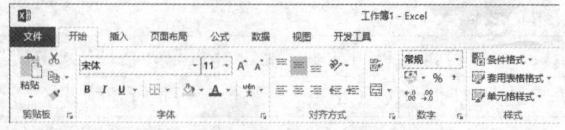

图 1-83　隐藏"审阅"选项卡

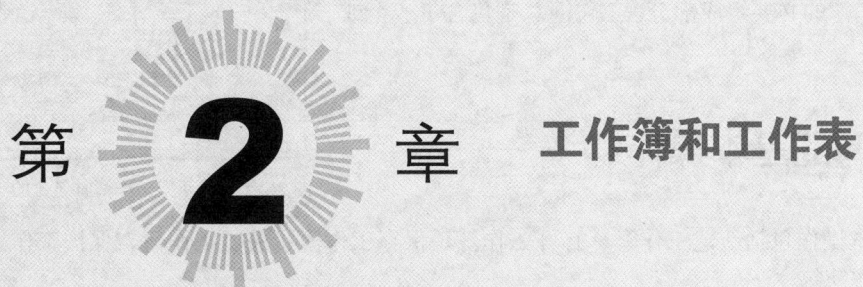

第 **2** 章 **工作簿和工作表**

　　本章主要介绍工作簿的新建、保存，工作表的插入、选定、移动、删除、保护等基础操作，以及工作簿窗口的管理等知识，为进一步学习 Excel 的其他操作打下基础。

2.1　工作簿与工作表的关系

　　工作簿与工作表是两个不同的概念。简单地说，工作簿和工作表的关系就像存放文件的文件夹和文件的关系，工作簿由工作表组成。

1．工作簿

　　Excel 工作簿（Workbook）就是用来存储并处理工作数据的电子表格文件。保存在计算机中的 Excel 工作簿文件都显示 Excel 图标 。启动 Excel 2013，单击"开始屏幕"中的"空白工作簿"命令，Excel 默认会新建一个名称为"工作簿 1-Excel"的空白工作簿，在 Excel 工作窗口上方的居中位置可以看到工作簿名称，如图 2-1 所示。

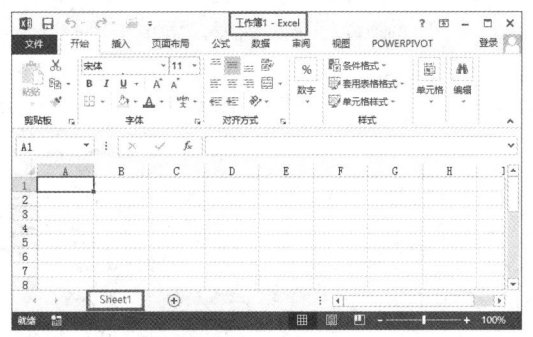

图 2-1　工作簿

2．工作表

　　工作表（WorkSheet）存储在工作簿中，也称为电子表格，由排列成行和列的单元格组成，需要分析处理的数据就包含在工作表中。默认情况下，一个工作簿中包含 1 个工作表 Sheet1。用户可以在"Excel 选项"中设置新建工作簿时包含的工作表数。

　　设置新建工作簿包含的工作表的操作如下。

　　1 单击"文件"选项卡，在打开的 Backstage 视图中单击"选项"命令，打开"Excel 选项"对话框。

　　2 单击"常规"选项卡，拖动右侧窗口的滚动条，在"新建工作簿时"区域的"包含的工作表数"文本框中设置新建工作簿时包含的工作表数（设置数目为 1~255 的整数），单击"确定"按钮保存设置即可，如图 2-2 所示。

一个工作簿中至少包含一个工作表，最多可以包含 255 个工作表。因此，工作表包含于工作簿之中，工作表是构成工作簿的基本单位，是工作簿的必要组成部分，工作簿总是包含了一个或者多个工作表。

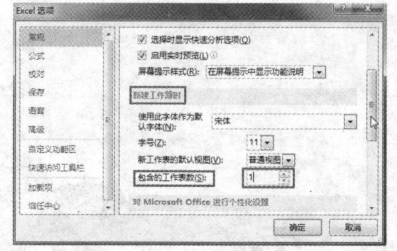

图 2-2　设置新建工作簿时包含的工作表数

2.2　工作簿的基本操作

工作簿的基本操作包括新建工作簿、打开工作簿、保存工作簿、关闭工作簿、保护工作簿、隐藏与取消隐藏工作簿等。

2.2.1　新建空白工作簿

新建空白工作簿有多种方法。

方法一：启动 Excel 程序创建。

利用系统程序菜单或者桌面快捷方式启动 Excel，在开始屏幕中单击"空白工作簿"模板，将自动创建名为"工作簿 1"的空白工作簿。

方法二：利用现有的工作窗口创建。

单击"文件"选项卡，在打开的 Backstage 视图中单击"新建"命令，打开"新建"页面，然后单击"空白工作簿"命令，即可新建空白工作簿，如图 2-3 所示。

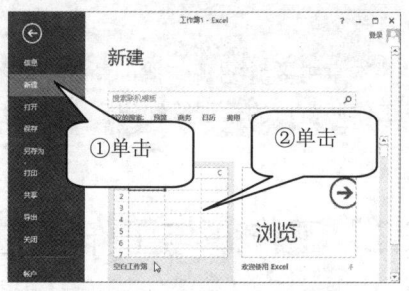

图 2-3　利用"文件"菜单创建工作簿

方法三：通过右键快捷菜单创建。

在计算机桌面或文件夹窗口空白处单击鼠标右键，在打开的快捷菜单中将鼠标指针指向"新建"命令，打开"新建"菜单列表，再单击"Microsoft Excel 工作表"命令，可在当前位置创建一个命名为"新建 Microsoft Excel 工作表.xlsx"的 Excel 工作簿文件，双击新建的文件即可在 Excel 窗口中打开此空白工作簿，如图 2-4 所示。

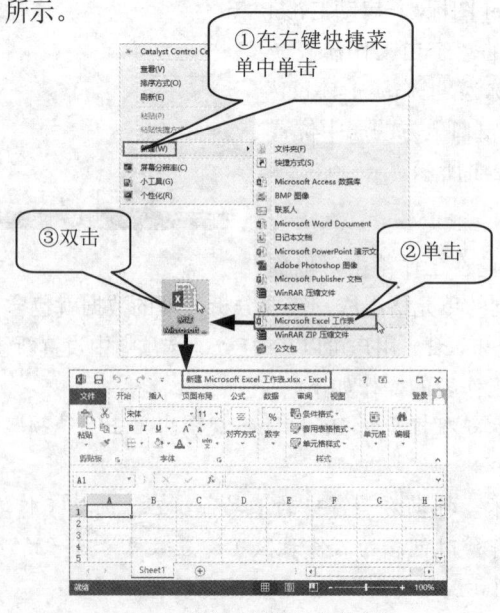

图 2-4　通过右键快捷菜单创建

提示 利用右键快捷菜单创建工作簿时，创建一个默认名称为"新建 Microsoft Excel 工作表.xlsx"的空白工作簿并保存在计算机中创建工作簿时的位置。双击新建的工作簿文件，相当于打开保存在计算机中的 Excel 工作簿。

方法四： 使用组合键创建。

在现有的工作簿窗口中按键盘上的<Ctrl+N>组合键可快速创建新的工作簿。

2.2.2　使用模板新建工作簿

Excel 2013 提供了丰富多样的模板，打开 Excel 2013 时，可以看到包括预算、商务、日历、费用、清单、发票、收据等建议搜索的模板类别，同时包含许多实用的模板，如图 2-5 所示。

例如要创建学院日历，可拖动滚动条在模板中找到"学院日历"，单击选中，打开所选模板的介绍，单击"创建"按钮，便可由模板新建带有格式设置的工作簿，如图 2-6 所示。

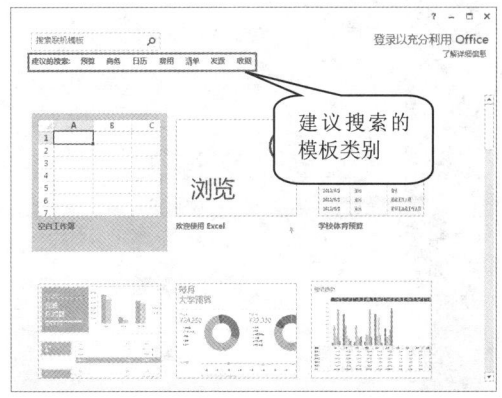

图 2-5　Excel 模板

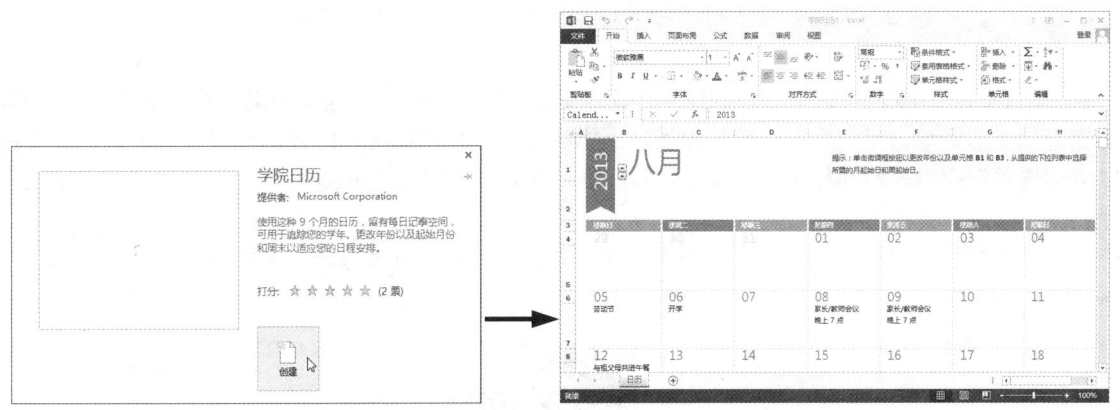

图 2-6　使用模板新建工作簿

如果拖动滚动条找不到需要的工作簿模板，可以通过建议的搜索类别搜索联机模板。联机模板就是在连接网络的情况下，搜索在 Microsoft.com 网站及 Office 2013 产品中的模板。单击建议的搜索中的某个类别，例如"预算"，再单击"搜索"按钮，Excel 会马上自动搜索指定的模板类别并显示搜索到的结果，用户可以在搜索的结果中选择适合的模板，单击"创建"按钮即可创建工作簿，如图 2-7 所示。

用户还可以在"搜索联机模板"文本框中输入要创建工作簿类别的关键字，例如"考勤"，单击"搜索"按钮，在搜索结果中单击一个模板，打开所选模板的介绍。要使用此模板创建工作簿，可单击"创建"按钮，便可下载模板。如果要在搜索到的模板中浏览，可单击模板介绍中的"向左"按钮◉或"向右"按钮◉，浏览模板的介绍和预览模板，找到满意的模板后，单击"创建"按钮即可，如图 2-8 所示。

Excel 2013 使用详解（修订版）

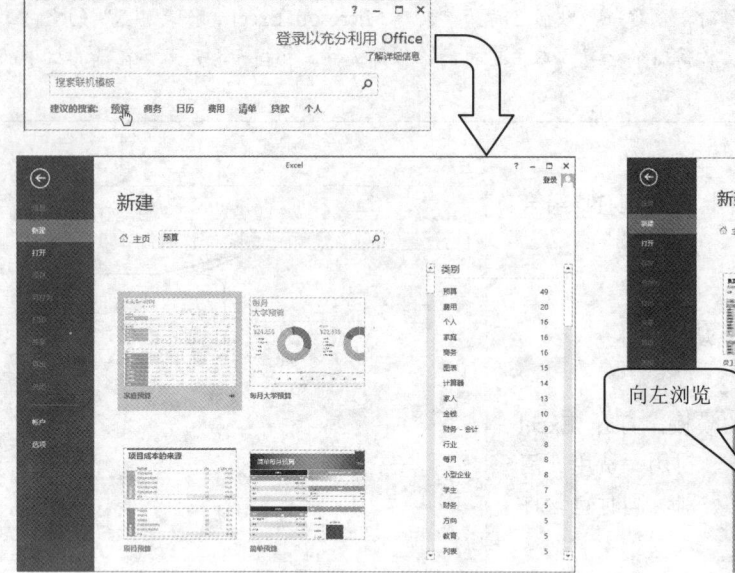

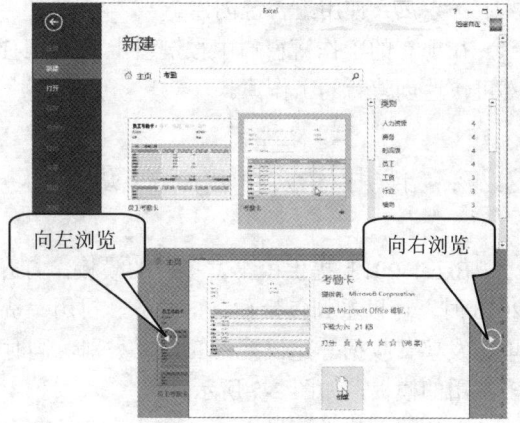

图 2-7　按类别搜索模板
图 2-8　按关键字查找模板

技高一筹

快速新建空白工作簿

启动 Excel 2013 便可选择模板创建工作簿是 Excel 2013 的新增功能。如果要新建空白的工作簿，需在开始屏幕中单击"空白工作簿"模板，这样在不需要使用模板的时候就显得有些烦琐。只需在"Excel 选项"中设置启动程序时不显示开始屏幕，就可以实现启动 Excel 2013 程序时直接新建一个空白的工作簿。具体操作步骤如下。

1　启动 Excel 2013，显示 Excel 开始屏幕，单击"打开其他工作簿"按钮，弹出"打开"页面，如图 2-9 所示。

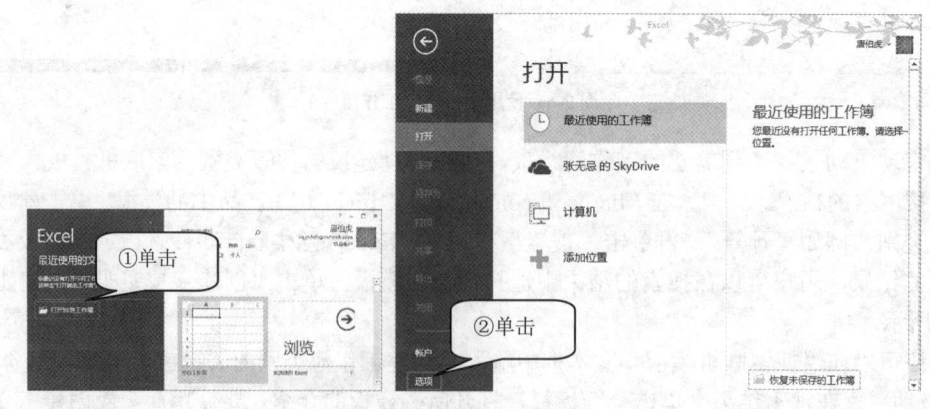

图 2-9　弹出"打开"页面

2　单击左侧的"选项"命令，打开"Excel 选项"对话框，在"常规"选项卡的"启动选项"中取消选中"此应用程序启动时显示开始屏幕"复选框；单击"确定"按钮，如图 2-10 所示。

3　重新启动 Excel 则直接新建空白工作簿，如图 2-11 所示。

图 2-10　取消选中"此应用程序启动时显示开始屏幕"复选框　　　图 2-11　启动 Excel 直接新建空白工作簿

2.2.3　打开工作簿

若要打开以文件形式保存在计算机中的工作簿文件，主要有以下几种方法。

方法一： 直接双击 Excel 工作簿图标，可打开该文件。

方法二： 右键单击 Excel 工作簿图标，在打开的快捷菜单中单击"打开"命令。

方法三： 使用"打开"对话框。

在已经打开的 Excel 工作簿中，可以通过执行"打开"命令打开指定的工作簿，具体的操作步骤如下。

1　单击"文件"选项卡，在打开的 Backstage 视图中单击"打开"命令（或者在工作簿窗口中按<Ctrl+O>组合键），显示如图 2-12 所示的"打开"页面。

2　选择工作簿文件的存放位置。如果单击"计算机"，右侧出现"最近访问的文件夹"和"浏览"选项，单击"浏览"按钮，将打开新的"打开"对话框，如图 2-13 所示。

图 2-12　Backstage 视图中单击"打开"命令　　　　图 2-13　"打开"对话框

3　在目标路径下选中具体文件后单击"打开"按钮（或者直接双击文件图标），可将选中的文件打开。

 按住 <Ctrl> 键后用鼠标选中多个文件，再单击"打开"按钮，可以同时打开多个工作簿。

单击"打开"对话框中"打开"按钮右侧的下拉按钮，展开"打开"下拉菜单列表，从中可以选择不同的打开方式，如图 2-14 所示。

"打开"下拉菜单中各个选项的含义如表 2-1 所示。

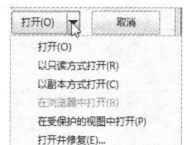

图 2-14　"打开"中的选项

表 2-1   "打开"下拉菜单中各个选项的含义

选　项	含　义
打开	正常打开方式
以只读方式打开	以只读的方式打开目标文件，如果对文件进行编辑和修改，不能直接保存更改。用户可以用"另存为"方式，将当前以"只读方式打开"后进行编辑和修改的文档另存为一份新的文档或保存在其他位置
以副本方式打开	将在包含原始文件的文件夹中创建文件的一个新副本，同时打开这个副本文件，这样用户可以在副本文件上进行编辑而不会对原文件造成任何影响
在浏览器中打开	用 Web 浏览器打开文件，如 IE 浏览器
在受保护的视图中打开	来自 Internet 和其他可能不安全位置的文件可能会包含病毒、蠕虫或其他种类的恶意软件，它们可能会危害计算机。为了保护计算机，来自这些可能不安全位置的文件会在"受保护的视图"中打开
打开并修复	由于某些原因造成用户的工作簿损坏，无法正常打开时，可以用这种方式打开，Excel 会尝试修复并打开受损工作簿。但修复还原并不一定能够与损坏前的文件状态相一致

方法四：以兼容模式打开早期版本工作簿。

Excel 2013 在打开早期版本（文件保存类型为.xls）的工作簿时，会启动"兼容模式"，并且在标题栏显示"兼容模式"字样，如图 2-15 所示。在"兼容模式"下 Excel 2013 的新增和改进功能会受到限制。

如果不希望在兼容模式下操作，可以将工作簿转换为当前文件格式（注意：将兼容模式工作簿转换为当前文件格式，原来的工作簿将被删除，而且无法恢复），具体操作步骤如下。

1 打开要转换为当前文件格式的工作簿（该工作簿是在兼容模式下打开的）。

2 单击"文件"选项卡，打开 Backstage 视图，单击"信息"命令，在右侧的"信息"页面中单击"转换"按钮，如图 2-16 所示。

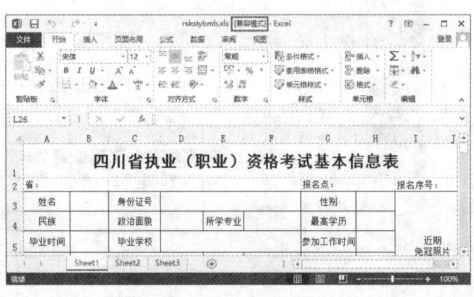

图 2-15　兼容模式

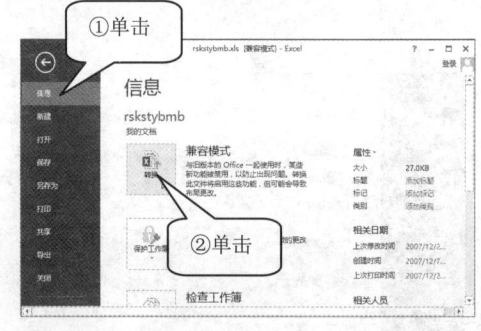

图 2-16　转换工作簿

3 打开询问是否确定转换工作簿的消息提示框，如图 2-17 所示。单击"确定"按钮确定转换。（如果单击"取消"按钮则放弃转换。）

4 打开是否重新打开工作簿的对话框，单击"是"按钮，关闭并重新打开工作簿，完成工作簿转换操作；如果单击"否"按钮，则不关闭工作簿，需用户手动关闭工作簿，在下次打开该工作簿时启用当前文件格式，如图 2-18 所示。

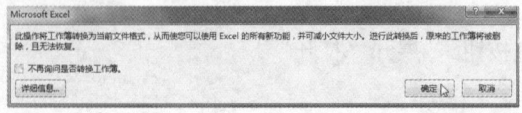

图 2-17　转换工作簿确认

图 2-18　确认完成转换

用户也可以使用"另存为"的方法，将 Excel 早期的版本转换为 Excel 2013 版本，操作方法在下节保存工作簿中进行介绍。

技高一筹

设置最近使用工作簿数

最近使用的工作簿会显示在 Excel 的开始屏幕，单击便可快速访问。用户可以自定义设置最近使用的工作簿数，具体的操作如下。

[1] 单击"文件"选项卡，在打开的 Backstage 视图中单击"选项"命令，打开"Excel 选项"对话框。

[2] 单击"高级"选项卡，在右侧的"显示"区域中，通过单击"显示此数目的'最近使用的工作簿'"的微调按钮，或者直接在文本框中输入 0～50 的整数，设置需要显示的工作簿数（默认个数为 25），设置后单击"确定"按钮保存设置，如图 2-19 所示。

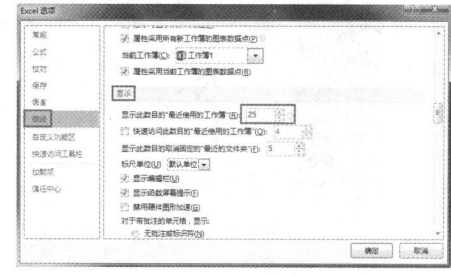

图 2-19　设置显示最近使用的工作簿数

如果考虑保护隐私，即不想让 Excel 显示最近使用的文档，将"显示"区域中的"显示此数目的'最近使用的工作簿'"个数设置为 0 即可。

2.2.4　保存工作簿

"保存"操作是使用工作簿过程中最常用的操作之一，新建的工作簿要经过保存才能成为存储到计算机中的文件，供以后读取和编辑。

1. 保存新建的工作簿

Excel 有两个和保存功能有关的菜单命令，分别是"保存"和"另存为"，对于新创建的工作簿，这两个命令的功能完全相同，都将打开"另存为"页面。

[1] 在已登录 Microsoft 账户的情况下，进行下列操作之一，将打开图 2-20 所示的"另存为"页面。

① 单击"文件"选项卡，在打开的 Backstage 视图中单击"保存"（或"另存为"）命令。

② 单击"快速访问工具栏"中的"保存"按钮 □。

③ 在键盘上按<Ctrl+S>组合键。

[2] 在"另存为"页面中，可以选择保存在"'用户名'的 OneDrive"位置，即微软的云存储。如果用户没有登录 Microsoft 账户，将显示图 2-21 所示的"另存为"页面。要将工作簿存储在"'用户名'的 OneDrive"位置，可单击"添加位置"按钮，在右侧的"添加位置"下单击"OneDrive"（单击"OneDrive"后打开登录对话框，用户登录后将显示与图 2-20 相同的页面），如图 2-22 所示。

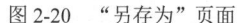

图 2-20　"另存为"页面

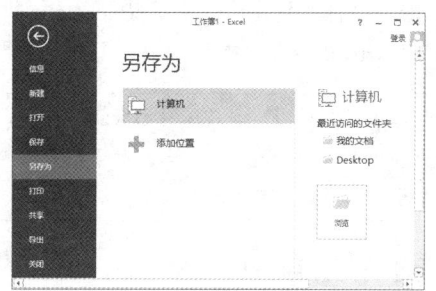

图 2-21　没有登录 Microsoft 账户显示的"另存为"页面

3 单击"另存为"下的"计算机"，则在右侧显示"最近访问的文件夹"和"浏览"选项。如果不保存在最近访问的文件夹中，可单击"浏览"按钮，打开一个新的"另存为"对话框，在其中可以选择保存的具体位置、文件名和保存类型，如图 2-23 所示。

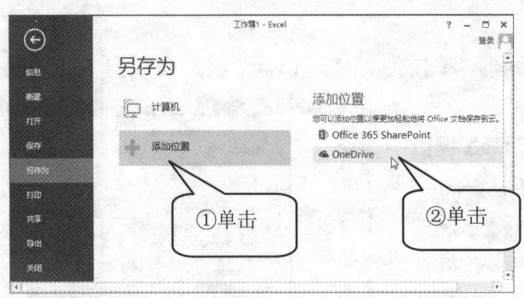

提示 单击此命令，将打开登录对话框，用户需输入 Microsoft 账户和密码登录。

图 2-22　添加 OneDrive 位置

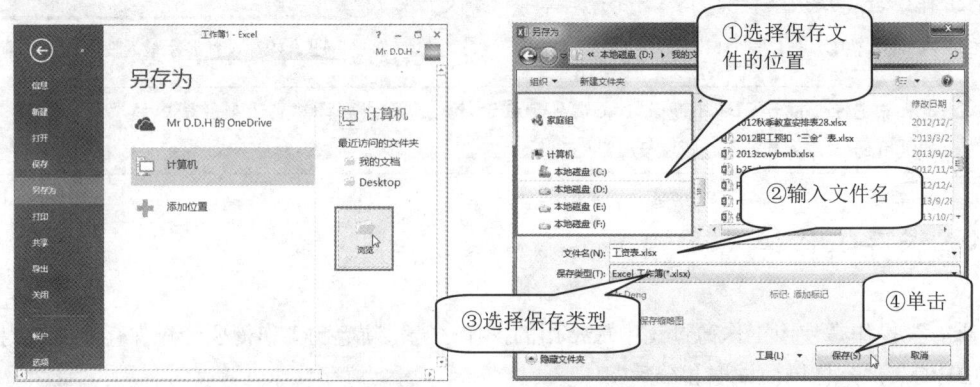

图 2-23　保存工作簿的"另存为"对话框

4 单击"保存"按钮完成工作簿的保存。

提示 通常将工作簿保存为当前文件格式（.xlsx）。如果要在 Excel 的较早版本中使用 Excel 2013 文件，或者需要保存为文本文件、PDF、XPS 等文件格式，需要从"保存类型"下拉列表中选择相应的其他文件格式保存。将工作簿另存为其他文件格式后，可能无法保存 Excel 2013 的某些格式和使用 Excel 2013 的新增功能。

2. 保存已有工作簿

保存已有工作簿时，可单击"保存"按钮，用当前文件名、存放路径和文件格式保存活动工作簿。保存已有工作簿可以使用以下几种方法。

① 单击"快速启动工具栏"中的"保存"按钮 🖫。

② 单击"文件"选项卡，打开 Backstage 视图，再单击"保存"命令。

③ 使用<Ctrl+S>组合键。

提示 如果用"另存为"方式保存已有的工作簿，允许用户重新设置存放路径、重新命名和选择保存类型，得到当前工作簿的一个副本。对于打开的"兼容模式"的工作簿用"另存为"的方式选择保存类型为"Excel 工作簿（*.xlsx）"，既可以将原工作簿转换为 Excel 2013 格式，又可以保留原工作簿。

3. 将工作簿保存到 Web

可以将工作簿方便地"上载"保存到 Web 上的"云"是 Excel 的一项新增功能。注册了 Microsoft

账户的用户只需登录自己账户，便可将工作簿保存到 Web 中的 OneDrive，并随时访问保存到 OneDrive 的工作簿。还可以选择与同事共享工作簿，对同一个工作簿文件同时进行编辑处理。

【例2-1】将工作簿保存到 Web 上的 OneDrive 云存储

下面以将 rsksbmb.xlsx 工作簿保存到用户的 OneDrive 为例，介绍具体的操作步骤。

1　打开要保存到 Web 云存储的 rsksbmb.xlsx 工作簿，单击功能区右上方的"登录"按钮，打开"登录"对话框，输入注册的 Microsoft 账户名，单击"下一步"按钮，在新的"登录"对话框中输入密码，然后单击"登录"按钮登录账户，如图 2-24 所示。

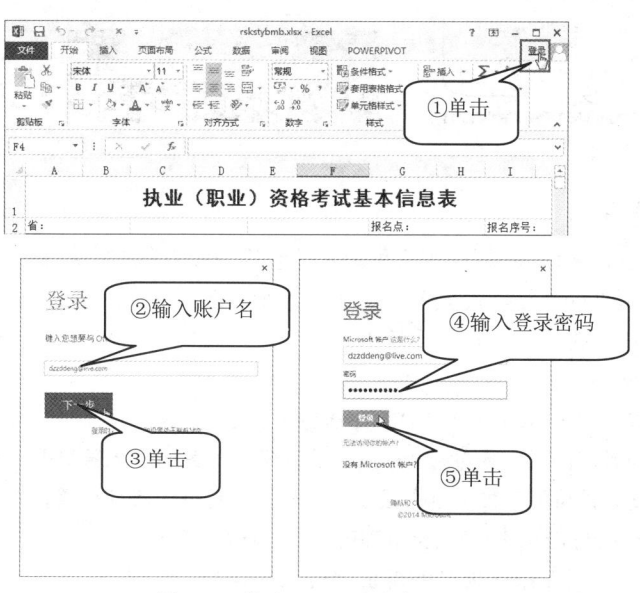

图 2-24　登录 Microsoft 账户

2　登录账户后，单击"文件"选项卡，在打开的 Backstage 视图中单击"另存为"命令，打开"另存为"页面。在"另存为"页面中显示了"登录用户的 OneDrive"位置，如图 2-25 所示。

3　双击"另存为"页面中"另存为"下的"用户名的 OneDrive"，打开"另存为"对话框，在"文件名"文本框中输入名称（也可以保持默认），选择保存类型，然后单击"保存"按钮，如图 2-26 所示。

图 2-25　"另存为"页面中的"登录用户的 OneDrive"位置

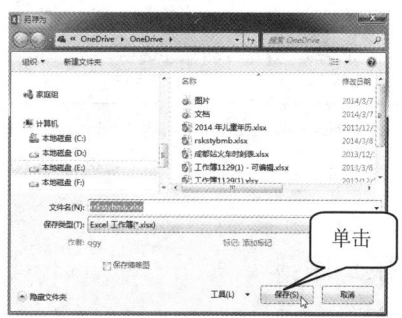

图 2-26　另存为 OneDrive 工作簿

4 Excel 的状态栏显示正在上载和上载进度，如图 2-27 所示。

5 上载完成后，用户可关闭工作簿。双击计算机任务栏中的"Microsoft Office 上载中心"按钮 ⬆，打开"上载中心"页面，在"上载中心"查看刚上载完成的文档，如图 2-28 所示。

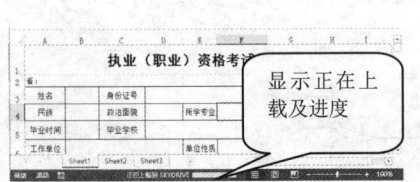

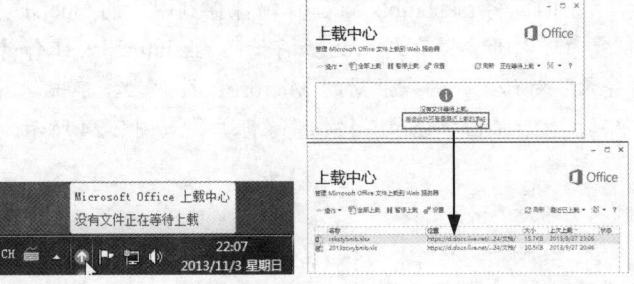

图 2-27　上载文件　　　　　　　　　　图 2-28　上载完成

4．设置自动保存

设置自动保存后，当 Excel 程序因意外退出或者用户没有保存文档就关闭工作簿时，可以选择自动保存的某一个版本进行恢复。设置自动保存的操作步骤如下。

1 单击"文件"选项卡，在打开的 Backstage 视图中单击"选项"命令，打开"Excel 选项"对话框，再单击"保存"选项卡。

2 在"保存工作簿"区域中选中"保存自动恢复信息时间间隔"复选框，用户可以设置从 1～120 分钟之间的整数作为时间间隔，再勾选"如果我没有保存就关闭，请保留上次自动保留的版本"复选框，在下方的"自动恢复文件位置"文本框中显示了自动恢复文件保存的位置，Windows 7 系统默认路径为："C:\Users\用户名\AppData\Roaming\Microsoft\Excel\"，如图 2-29 所示。

3 单击"确定"按钮保存设置并退出"Excel 选项"对话框。

设置了自动保存功能后，在工作簿的编辑修改过程中，Excel 会根据保存间隔的设定自动生成备份副本。单击"文件"选项卡，在打开的 Backstage 视图中单击"信息"命令，可以查看通过自动保存生成的版本信息，如图 2-30 所示。

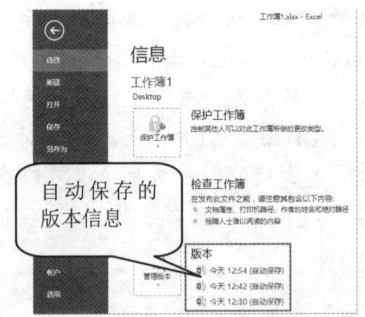

图 2-29　设置自动保存选项　　　　　　图 2-30　查看自动保存生成的备份副本

 自动保存功能不能完全代替用户的手动保存操作，用户要养成定时保存文件的良好习惯，建议每隔 5～10 分钟保存一次，以减少在突然断电等特殊情况下因未及时保存造成的数据丢失等损失。

2.2.5　关闭工作簿

用户可以仅关闭打开的工作簿，也可以选择在关闭工作簿时退出 Excel 程序。

1. 关闭工作簿不退出程序

要关闭工作簿而不退出 Excel 程序，可以使用以下方法。

方法一： 单击"文件"选项卡，在打开的 Backstage 视图中单击"关闭"命令。

方法二： 按<Ctrl+W>组合键。

2. 关闭工作簿并退出 Excel 程序

单击 Excel 开始屏幕右上方的绿色"关闭"按钮 ×，或者在工作窗口中单击标题栏右侧的绿色"关闭"按钮 ×，均可退出 Excel 程序。

 提示

经过编辑但未保存的工作簿，在退出时，Excel 会打开图 2-31 所示的提示对话框，询问用户是否保存文件，单击"保存"按钮，可保存修改；单击"不保存"按钮，将直接关闭工作簿，之前的修改无法保存；单击"取消"按钮，用户可以继续对打开的工作簿文件进行处理。

图 2-31　关闭经过编辑但未保存的
工作簿文件时的警告

技高一筹

快速关闭多个工作簿

单击"文件"选项卡，在打开的 Backstage 视图中单击"关闭"命令或单击功能区应用程序窗口右上角的"关闭"按钮 ×，一次只能关闭一个工作簿，如果打开了多个工作簿并且只想退出 Excel，此操作会很费时。

如果要快速退出 Excel，可以将"退出"命令添加到快速访问工具栏（依次单击"文件"选项卡→"选项"命令→"快速访问工具栏"选项卡，在所有命令中找到"退出"命令并添加到快速访问工具栏。具体操作请参见**第 1 章 1.6 节**自定义快速访问工具栏）。单击"退出"命令可快速退出 Excel，如图 2-32 所示。

当打开多个工作簿并需要快速退出 Excel 时，也可以右键单击 Windows 任务栏上的 Excel 图标，在打开的快捷菜单中选择"关闭所有窗口"命令，如图 2-33 所示。

图 2-32　快速退出 Excel　　　　　图 2-33　在右键快捷菜单中选择"关闭所有窗口"命令

2.2.6　保护工作簿

保护工作簿可以防止对工作表的结构进行意外的更改，如移动、添加或删除工作表等。打开要保护的工作簿，单击"文件"选项卡，打开 Backstage 视图，单击"信息"命令，打开"信息"页面，单击"保护工作簿"下拉按钮，在打开的下拉列表中可选择保护的类型，如图 2-34 所示。

以下简要介绍几种常用的保护工作簿的方式。

Excel 2013 使用详解（修订版）

1. 标记为最终状态

标记为最终状态表明工作簿已完成编辑，这是工作簿的最终版本。单击"保护工作簿"下拉列表中的"标记为最终状态"命令，打开图 2-35 所示的提示对话框，单击"确定"按钮将工作簿标记为最终状态并保存。

将文件标记为最终状态后，将禁用或关闭输入、编辑和校对标记等，并且文件将变为"只读"模式。此外，该文档的状态栏中将显示"标记为最终状态"图标 ，如图 2-36 所示。

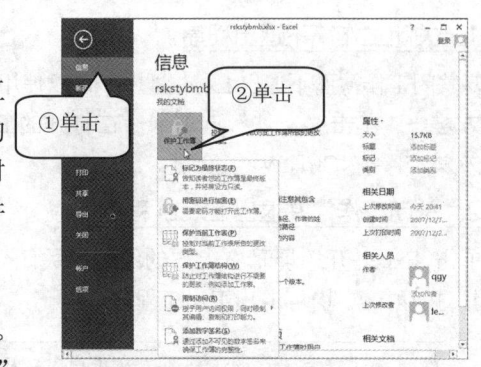

图 2-34 保护工作簿

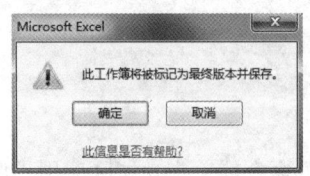

图 2-35 工作簿标记为最终版本确认提示对话框

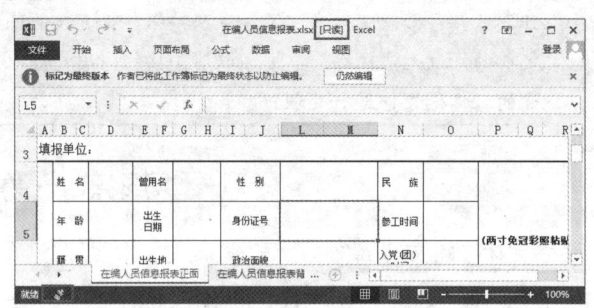

图 2-36 标记为最终状态的工作簿

 "标记为最终状态"命令并非安全功能。对于已标记为最终状态的文件，任何人都可以在工作簿中单击"仍然编辑"按钮，从工作簿中删除"标记为最终状态"状态并进行编辑。

2. 用密码进行加密

在图 2-34 所示的"信息"页面中，单击"保护工作簿"下拉菜单列表中的"用密码进行加密"命令，打开"加密文档"对话框，在"密码"文本框中输入密码，单击"确定"按钮，打开"确认密码"对话框，在"重新输入密码"文本框中重新输入密码，单击"确定"按钮关闭对话框，如图 2-37所示。

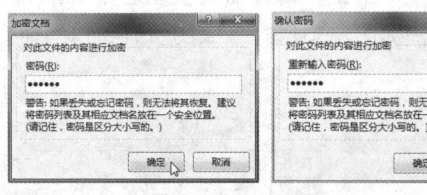

图 2-37 加密文档

关闭工作簿时，打开图 2-38 所示的询问是否保存对工作簿的更改的提示对话框，单击"保存"按钮完成对工作簿"用密码进行加密"设置。用密码对工作簿进行加密后，下次打开工作簿时需要输入密码才能打开，如图 2-39 所示。

图 2-38 保存对工作簿加密的更改

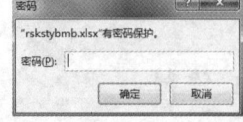

图 2-39 输入密码才能打开用密码进行加密的工作簿

3. 保护工作簿结构

"保护工作簿结构"是指保护工作簿中的工作表不能进行移动、删除、隐藏、取消隐藏或重命名，而且也不能插入新的工作表。在图 2-34 所示的"信息"页面中，单击"保护工作簿"下拉菜单列表中的"保护工作簿结构"命令，打开"保护结构和窗口"对话框，选中"结构"复选框。如果设置密码，可在"密码"文本框中输入密码，单击"确定"
按钮，打开"确认密码"对话框，在"重新输入密码"
文本框中重新输入密码，单击"确定"按钮关闭对话框，
如图 2-40 所示。

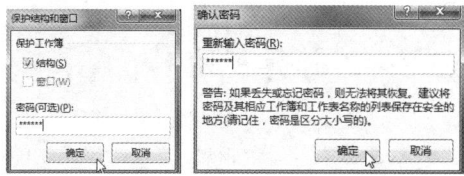

图 2-40　保护工作簿结构

关闭工作簿，打开如图 2-41 所示的询问是否保存对
工作簿的更改的提示对话框，单击"保存"按钮完成对
工作簿"保护工作簿结构"的设置。用密码对工作簿进行"保护工作簿结构"后，用户不能添加工
作表，要撤销工作簿保护，需要输入密码，如图 2-42 所示。

图 2-41　保存对改变"保护工作簿结构"的更改

图 2-42　输入密码撤销保护

提示　如果不输入密码，则在取消工作簿保护时也不需要输入密码。保护工作簿结构之后，工作表标签右键
快捷菜单中的部分命令呈灰色不能使用，如图 2-43 所示。

2.2.7　隐藏和显示工作簿

隐藏和显示工作簿可以通过"视图"选项卡中"窗
口"组的"隐藏工作簿"和"取消隐藏"按钮实现。

1. 隐藏工作簿

隐藏工作簿的具体操作如下。

1 打开需要隐藏的工作簿。

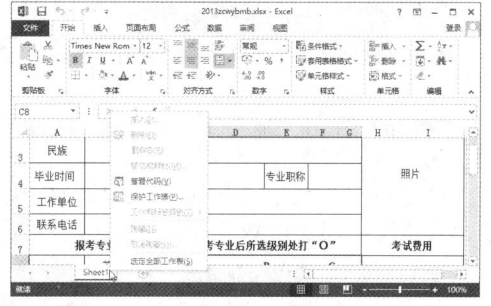

图 2-43　工作表标签上右键快捷菜单中的部分命令变灰

2 单击功能区"视图"选项卡"窗口"组中的"隐藏"按钮 隐藏 ，即可将所选的工作簿隐藏，
如图 2-44 所示。

关闭隐藏的工作簿时，将打开询问是否保存对隐藏工作簿的更改的提示对话框。单击"是"按
钮，那么下次打开该工作簿时，它的窗口仍然处于隐藏状态。

2. 取消工作簿的隐藏

取消隐藏工作簿的具体操作如下。

1 打开隐藏窗口的工作簿，再单击"视图"选项卡"窗口"组中的"取消隐藏"按钮 取消隐藏 ，
打开"取消隐藏"对话框。

2 单击需要显示的被隐藏工作簿的名称，最后单击"确定"按钮（或直接双击需要显示的被
隐藏工作簿的名称）即可，如图 2-45 所示。

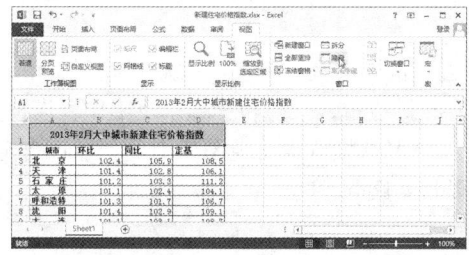

图 2-44　"窗口"菜单上的"隐藏"命令

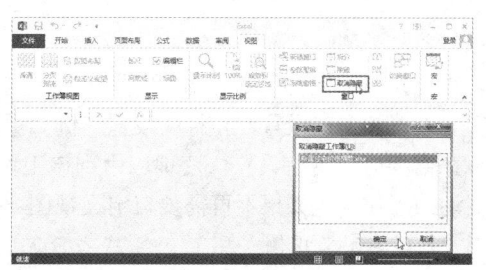

图 2-45　取消隐藏工作簿

2.2.8 工作簿视图

Excel 2013 有多种视图方式，单击功能区中的"视图"选项卡，在"工作簿视图"组中可以看到"普通""分页预览"等视图方式。在 Excel 2013 工作窗口下方的状态栏中有 3 种视图方式按钮，依次是"普通"视图、"页面布局"视图和"分页预览"视图，直接单击相应按钮即可更改视图方式，如图 2-46 所示。

❖ "普通"视图

"普通"视图是显示文本格式设置和简化页面的视图。"普通"视图便于进行大多数编辑和格式设置。Excel 2013 默认视图方式为"普通"视图，如图 2-47 所示。

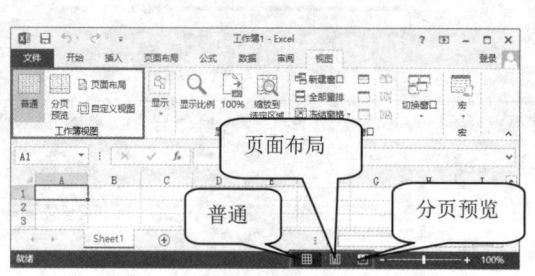

图 2-46 工作簿的多种视图方式

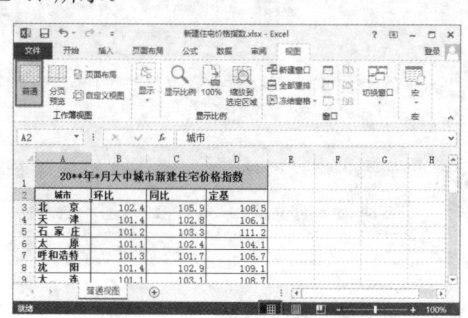

图 2-47 "普通"视图

❖ "页面布局"视图

在"页面布局"视图中，可以使用标尺测量行高和列宽，设置页边距，还可以轻松添加或更改页眉和页脚，如图 2-48 所示。

❖ "分页预览"视图

在"分页预览"视图中可以快速调整"分页符"，例如移动、添加或删除"分页符"。其中虚线是自动分页符，实线是手动分页符，移动自动分页符后即变为手动分页符，如图 2-49 所示。

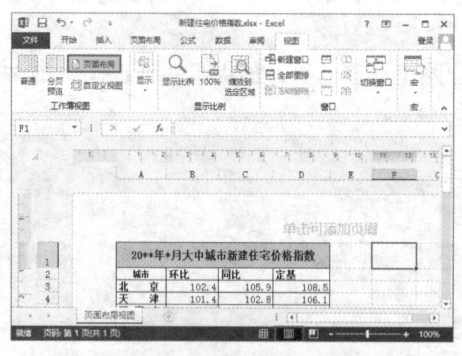

图 2-48 "页面布局"视图

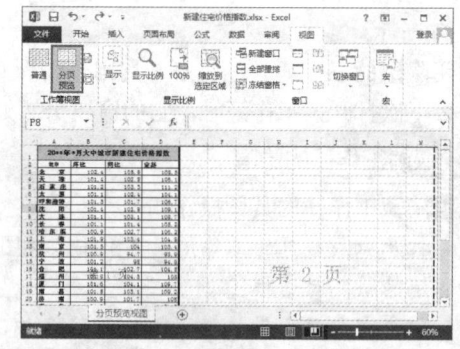

图 2-49 "分页预览"视图

❖ 自定义视图

使用自定义视图可以保存对工作表的特定显示设置（例如列宽、行高、隐藏行和列、单元格选择、筛选设置和窗口设置）和打印设置（例如页面设置、页边距、页眉和页脚以及工作表设置），以便可以在需要时将这些设置快速地应用到该工作表。用户可以将自定义视图应用到创建该自定义视图时活动的工作表。如果不再需要自定义视图，则可以将其删除。

❖ 创建自定义视图

1 在工作表上更改要在自定义视图中保存的显示和打印设置。

2 在"视图"选项卡上的"工作簿视图"组中，单击"自定义视图"按钮，打开"视图管理器"对话框，如图 2-50 所示。

3 单击"添加"按钮，打开"添加视图"对话框。在"名称"文本框中输入该视图的名称。在"视图包括"下选中要包含的设置的复选框，单击"确定"按钮，如图 2-51 所示。

❖ 删除自定义视图

1 打开添加了自定义视图的工作簿，在"视图"选项卡的"工作簿视图"组中，单击"自定义视图"按钮，打开"视图管理器"对话框。

2 在"视图"列表框中单击要删除的视图的名称，然后单击"删除"按钮，打开是否删除视图的提示对话框，单击"是"按钮，删除自定义视图，如图 2-52 所示。

 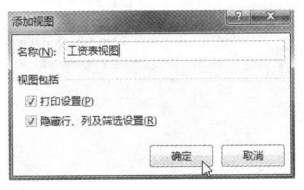 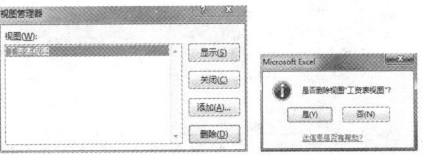

图 2-50 "视图管理器"对话框   图 2-51 "添加视图"对话框   图 2-52 删除自定义视图

2.2.9 自定义默认工作簿

用户可以根据需要自定义新建工作簿时工作簿所包含工作表的数量、默认的字体及字号。

【例 2-2】自定义默认工作簿

1 单击"文件"选项卡，在打开的 Backstage 视图中单击"选项"命令，打开"Excel 选项"对话框。

2 在"常规"选项卡的"新建工作簿时"区域，单击"使用此字体作为默认字体"右侧的下拉按钮，选择一种字体，例如选择"新宋体"为工作簿的默认字体。

3 单击"字号"右侧的下拉按钮，例如选择 12 号字体为工作簿默认的字号。

4 单击"新工作表默认视图"右侧的下拉按钮，设置工作簿的默认视图。

5 在"包含的工作表数"文本框中设置所需的个数。设置完成后单击"确定"按钮保存设置，如图 2-53 所示。

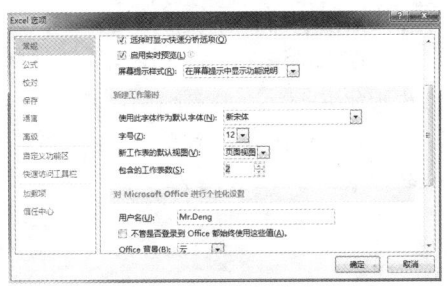

图 2-53 自定义默认工作簿

2.3 工作簿窗口的管理

工作簿窗口的管理主要包括新建窗口、重排窗口、并排查看、拆分窗格、冻结窗格以及切换工作簿等。

2.3.1 新建窗口

使用"新建窗口"命令，可以打开一个包含当前文档的新窗口。当需要用多个窗口来观察同一个工作簿时，可以新建窗口。要新建窗口，单击"视图"选项卡，再单击"窗口"组中的"新建窗口"按钮 新建窗口 即可，如图 2-54 所示。

创建新窗口后，原有工作簿窗口和新建的工作簿窗口都会相应地更改标题栏中的名称，如果原工作簿名称为"1 月价格变动情况.xlsx-Excel"，在新建窗口后，原工作簿标题变为"1 月价格变动情况.xlsx:1-Excel"，新工作簿窗口标题为"1 月价格变动情况.xlsx:2-Excel"，如图 2-55 所示。

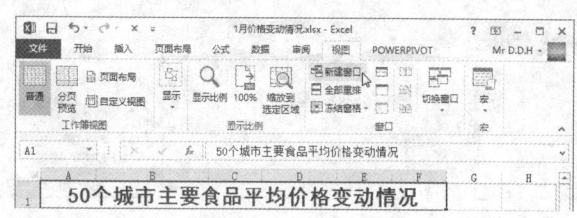

图 2-54　新建窗口

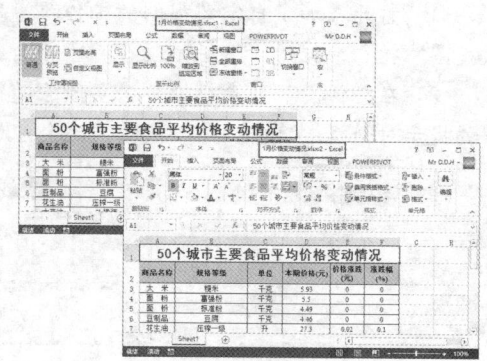

图 2-55　为同一个工作簿创建新的视图窗口

 在一个窗口中所进行的更改也会体现在其他的窗口中，这是因为它们均属于同一工作簿，只是使用了不同的窗口而已。

2.3.2　重排窗口

当 Excel 中打开了多个工作簿窗口时，利用"重排窗口"命令可以方便、快捷地把堆叠打开的多个窗口一次全部查看。

如图 2-56 所示，一共打开了 4 个 Excel 工作簿，要一次查看这 4 个工作簿所有的窗口，具体操作步骤如下。

1 选择任一工作簿，单击"视图"选项卡"窗口"组中的"全部重排"命令，打开图 2-57 所示的"重排窗口"对话框。

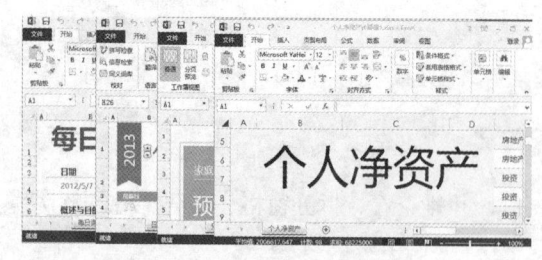

图 2-56　同时打开的 4 个独立的工作簿

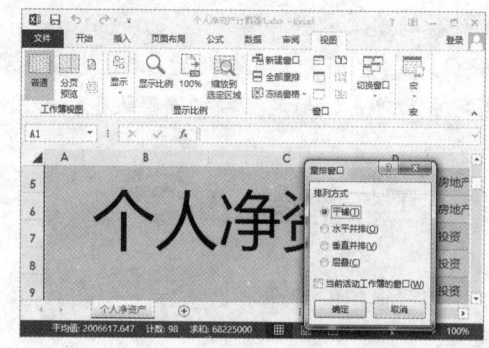

图 2-57　"重排窗口"对话框

2 用户可以根据需要选择一种排列方式，如"平铺"，然后单击"确定"按钮，4 个工作簿便平铺在计算机窗口中。4 个工作簿相对独立，在每个工作簿中拖动滚动条可以分别查看，如图 2-58 所示。

如果只是要同时显示当前工作簿中的所有窗口，则可在"重排窗口"对话框中选中"当前活动工作簿的窗口"复选框。重排后的窗口会最大化显示在计算机窗口中。

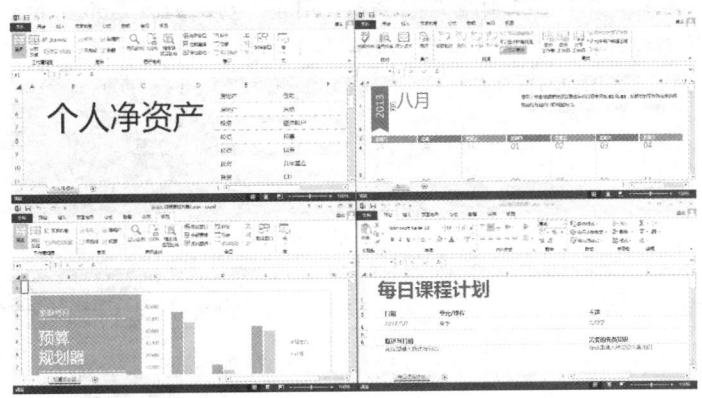

图 2-58　平铺窗口

2.3.3　并排查看

并排查看工作簿可以更加方便地查看两个工作簿之间的差异，用户可以同时滚动浏览两个工作簿。

【例 2-3】并排查看工作簿

1　打开需要并排查看的两个工作簿。

2　在活动工作簿的"视图"选项卡"窗口"组中单击"并排查看"按钮，立即显示并排查看的状态。如果同时打开了两个以上的工作簿，在单击"并排查看"按钮时，则打开"并排比较"对话框，用户需要在其中选择进行并排查看的目标工作簿，然后单击"确定"按钮，进入并排查看状态，如图 2-59 所示。

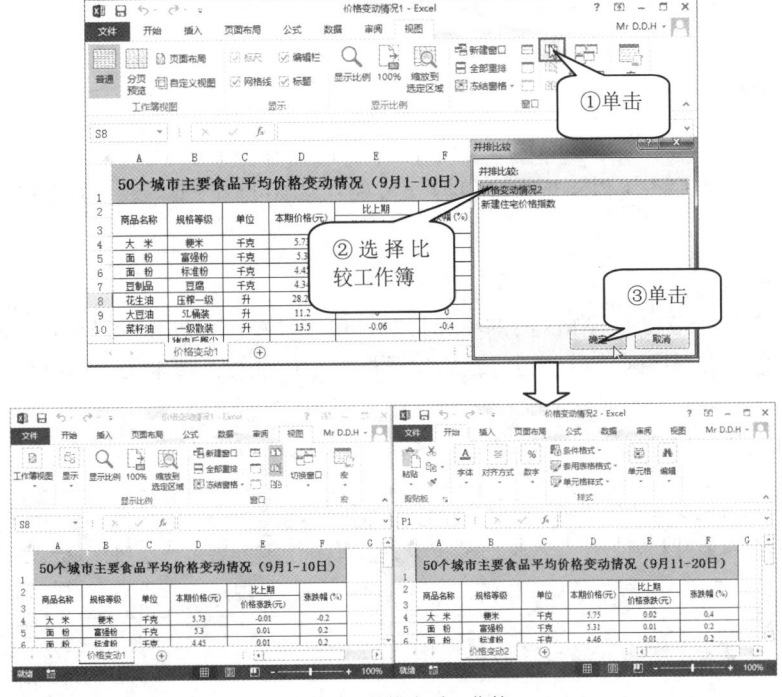

图 2-59　并排查看工作簿

3 要同时滚动两个工作簿，则单击"同步滚动"按钮。这样，当用户在一个工作簿工作窗口中滚动浏览内容时，另一个工作簿工作窗口也会随之同步滚动，如图 2-60 所示。

对于并排查看的工作簿，用户可以用鼠标拖动其中一个工作簿来调整"并排查看"的排列方式（横排并列或竖排并列），如图 2-61 所示。

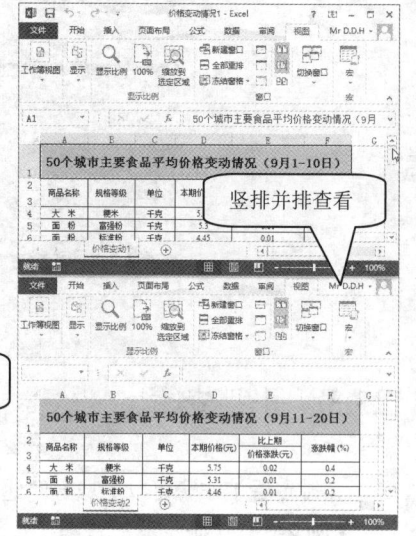

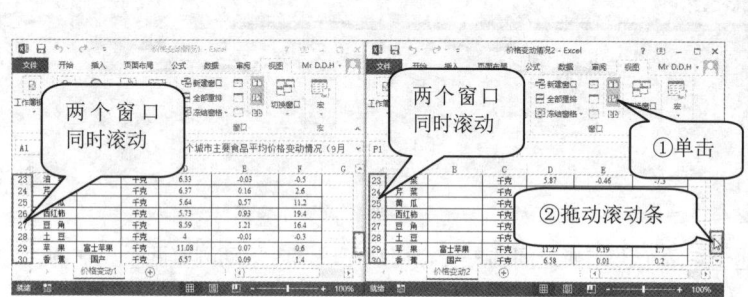

图 2-60　同步滚动　　　　　　图 2-61　调整并排比较显示的方式

4 单击"视图"选项卡中"并排查看"按钮，则可停止并排查看工作簿。单击工作表窗口中的"最大化"按钮，不会取消"并排查看"。

如果当前 Excel 工作窗口中只打开了一个工作簿窗口，则"并排查看"命令会因为没有比较对象呈现灰色状态，即不可选。

2.3.4　拆分窗口

使用"拆分窗口"命令可以将现有窗口拆分为多个大小可调的工作表，并能同时查看分隔较远的工作表部分。

1. 拆分窗口

当鼠标指针定位于 Excel 工作区内的单元格时，单击"视图"选项卡"窗口"组中的"拆分"按钮，可以将当前表格区域沿着当前激活单元格的左边框和上边框的方向拆分为 4 个窗格，如图 2-62 所示。

将鼠标指针定位到拆分条上，按住鼠标左键即可上、下、左、右移动拆分条，改变窗格布局。

根据鼠标指针定位位置的不同，拆分操作也可能只将表格区域拆分为水平或垂直的两个窗格。例如，鼠标指针定位在行标题上时，为水平拆分的两个窗格；鼠标指针定位在列标题上时，为垂直拆分的两个窗格。

拖动滚动条调整 4 个窗格，显示的效果如图 2-63 所示。

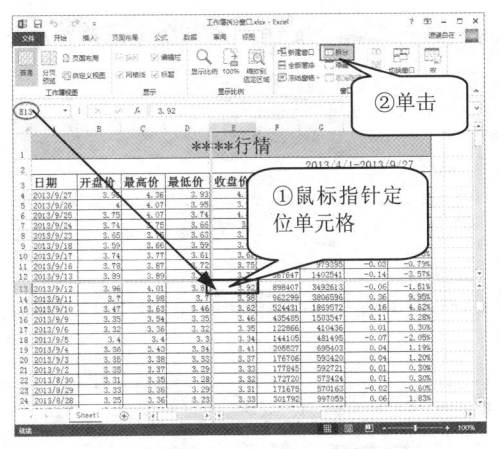

图 2-62　使用"拆分"按钮拆分窗口

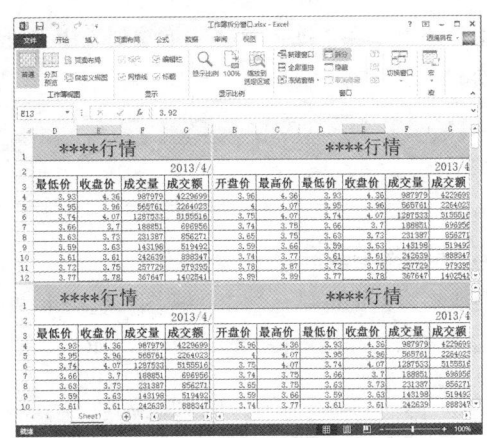

图 2-63　拆分窗格的显示效果

2. 删除窗口中的拆分

要删除窗口中的拆分，可以使用以下方法。

方法一：单击"视图"选项卡中的"拆分"按钮进行状态切换。

方法二：要恢复已拆分为两个可滚动区域的窗口，可双击拆分窗格的分割条的任意部分。

方法三：要恢复已拆分为 4 个可滚动区域的窗口，可双击拆分窗格的分割条的交汇部分。

2.3.5　冻结窗格

使用"冻结窗格"命令可以保持工作表的某一部分在其他部分滚动时保持固定可见。

1. 冻结窗格

【例 2-4】冻结标题行和首列

例如在"员工缴纳'三金'个人部分统计表"中，要始终保持前 4 行和 A 列的信息可见，可使用"冻结窗格"命令。具体的操作步骤如下。

1　选中单元格 B5，以便冻结 B5 单元格左侧的 A 列和上方的 4 行。

2　在功能区中单击"视图"选项卡的"冻结窗格"下拉按钮 冻结窗格▾，在打开的下拉列表中单击"冻结拆分窗格"命令，如图 2-64 所示。

拖动垂直滚动条向下移动，可以看到 1~4 行被锁定，并一直保持可见，如图 2-65 所示。

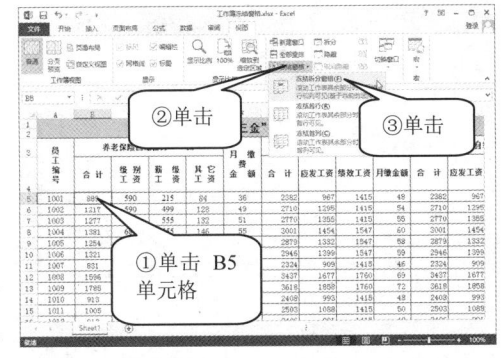

图 2-64　窗口菜单中的"冻结窗格"命令

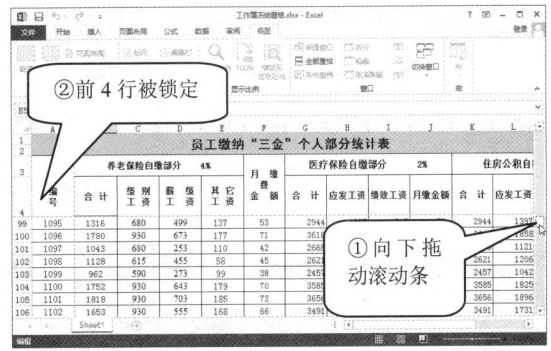

图 2-65　所选单元格上面的行被锁定

拖动水平滚动条向右移动，可以看到 A 列被锁定，如图 2-66 所示。

Excel 2013 使用详解（修订版）

用户还可以在"冻结窗格"下拉列表中选择"冻结首行"或"冻结首列"命令，执行冻结首行或首列的操作。

 如果要变换冻结位置，需要先取消冻结，然后再执行一次冻结窗格操作，但"冻结首行"或者"冻结首列"不受此限制。

2. 取消冻结窗格

要取消窗格的冻结，单击"视图"选项卡"窗口"组中的"冻结窗格"按钮，在打开的下拉列表中选择"取消冻结窗格"命令即可，如图 2-67 所示。

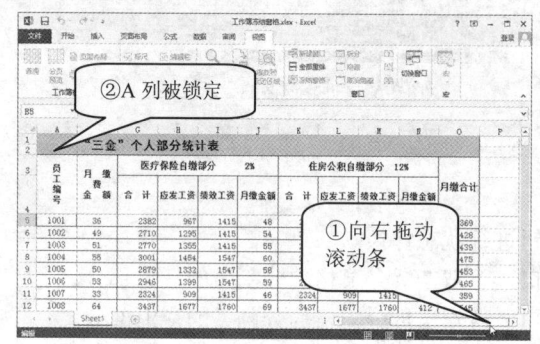

图 2-66　所选单元格左侧的列被锁定

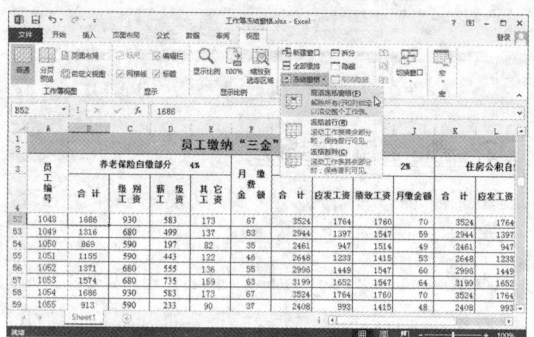

图 2-67　窗口菜单中的"取消冻结窗格"命令

2.3.6　切换窗口

同时打开多个 Excel 工作簿时，用户可以通过"切换窗口"操作将其他工作簿窗口选定为当前工作簿窗口，具体操作如下。

单击"视图"选项卡"窗口"组中的"切换窗口"下拉按钮，在打开的下拉列表中显示了已打开工作簿窗口的名称，单击相应工作簿名称即可将其切换为当前工作簿窗口，如图 2-68 所示。

"切换窗口"下拉列表最多能列出 9 个工作簿名称，若打开的工作簿多于 9 个，"切换窗口"下拉列表则包含一个名为"其他窗口"的选项，单击此选项会打开"激活"对话框，在"激活"对话框的列表框内会显示全部的工作簿窗口，从中选定工作簿窗口，单击"确定"按钮，即可切换至目标工作簿窗口，如图 2-69 所示。

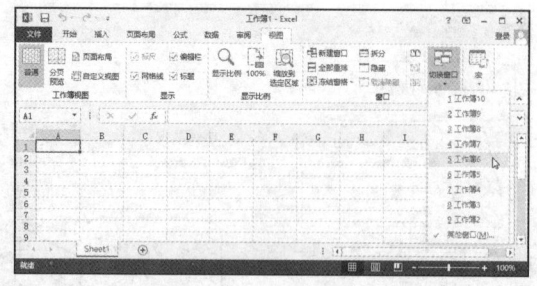

图 2-68　多窗口切换

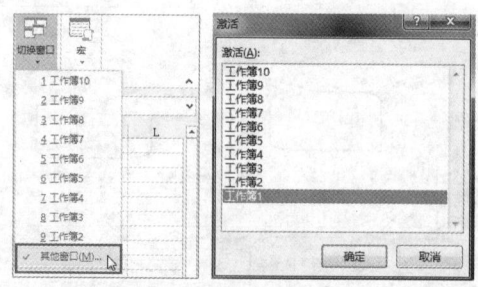

图 2-69　"激活"对话框

 在 Windows 任务栏中，将鼠标指针移到 Excel 图标上，将显示打开的多个工作簿窗口，单击相应的工作簿，即可切换工作簿窗口，如图 2-70 所示。

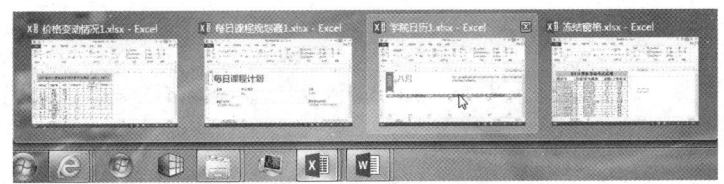

图 2-70 使用 Windows 任务栏切换工作簿

2.4 工作表的基本操作

工作表包含于工作簿之中，是工作簿的必要组成部分，本节将介绍工作表的基本操作。

2.4.1 新建工作表

默认情况下，Excel 在创建工作簿时自动包含了名为"Sheet1"的 1 张工作表。用户可以自定义新建工作簿时所包含的工作表数目。具体方法请参见 **2.1** 节。

多数情况下，用户的工作簿中并没有包含太多工作表的必要，空白的工作表会造成不必要的存储容量占用，因此，工作簿内工作表的设置一般保持默认。

若要在当前工作簿中新建工作表，可以使用以下几种方法。

方法一： 使用添加"新工作表"按钮 ⊕ 添加新工作表。

单击工作表标签右侧的"新工作表"按钮 ⊕，则在活动工作表之后快速添加一个新工作表，如图 2-71 所示。

方法二： 使用功能区菜单命令插入新工作表。

单击"开始"选项卡"单元格"组中的"插入"下拉按钮，在下拉列表中单击"插入工作表"命令，则会在当前工作表之前插入新的工作表，如图 2-72 所示。

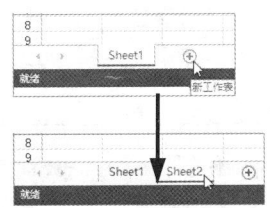

图 2-71 使用"新工作表"按钮添加新工作表

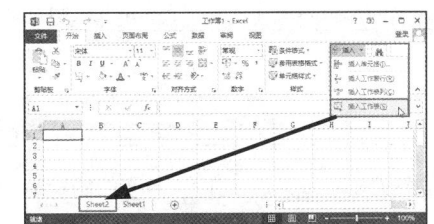

图 2-72 通过"插入"菜单命令插入新工作表

方法三： 使用工作表标签上的右键快捷菜单。

在当前工作表标签上单击鼠标右键，在打开的快捷菜单中单击"插入"命令，打开"插入"对话框，选中"工作表"，单击"确定"按钮，则在选定的工作表前插入一个新工作表，如图 2-73 所示。

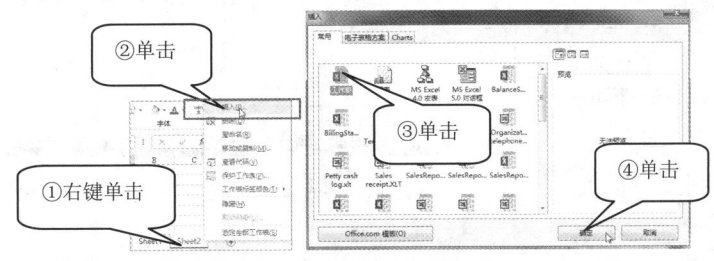

图 2-73 右键快捷菜单上的插入新工作表

按<Shift+F11>组合键，可在当前工作表前插入一个新工作表。

使用"插入"方式插入的工作表均以活动工作表为参照，并插入到活动工作表之前，新插入的工作表自动地成为活动工作表。

使用添加"新工作表"方式添加的工作表是以原活动工作表为参照，并添加到原活动工作表之后成为活动工作表。

新建工作表的操作无法通过"撤销"按钮进行撤销，可以在工作表标签上单击鼠标右键，在打开的快捷菜单中执行"删除"命令删除工作表。

2.4.2 选定工作表

既可以选定单张工作表，也可以同时选中多张工作表。表 2-2 列举了常用工作表的选定方法。

表 2-2　　　　　　　　　　　　工作表的选定方法

选定工作表	方　　法
单张工作表	单击工作表标签
两张以上相邻的工作表	选定第一张工作表，按住<Shift>键再单击最后一张工作表
两张以上不相邻的工作表	选定第一张工作表，按住<Ctrl>键再单击其他的工作表
选定当前工作表和下一张工作表	按<Shift+Ctrl+Page Down>组合键
选定当前工作表和上一张工作表	按<Shift+Ctrl+Page Up>组合键
工作簿中所有的工作表	右键单击工作表标签，选择快捷菜单中的"选定全部工作表"命令

多个工作表被同时选中后，工作表顶部的标题栏中会出现"[工作组]"字样。被选定的工作表标签下方会显示一条绿线，如图 2-74 所示。

要取消对多张工作表的选取，如果工作簿中有未选取的工作表标签，则单击任意一个未选取的工作表标签即可；如果工作表标签全部处于选定状态，则单击任意一个工作表标签（或使用鼠标右键单击任意一个被选取的工作表的标签，在打开的快捷菜单中单击"取消组合工作表"命令）即可。

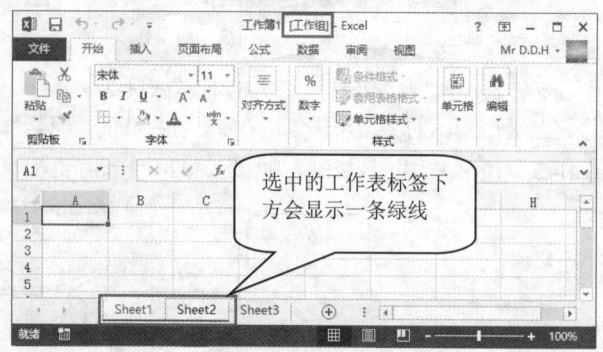

图 2-74　同时选取多个工作表成为工作组

2.4.3 移动或复制工作表

在 Excel 中，可以在同一工作簿内移动或复制工作表，也可以将工作表移动或复制到其他的工作簿或者是新工作簿中。

方法一：使用鼠标拖动工作表标签操作。

如果是在当前工作簿中移动工作表，在需要移动的工作表标签上按下鼠标左键，此时鼠标指针显示为"文档"图标，同时显示黑色三角形标识此工作表的位置。按住鼠标左键移动，当黑色三角形标识移动到需要的位置时，释放鼠标按键即完成工作表移动，如图 2-75 所示。

如果要复制工作表，在要复制的工作表标签上按住鼠标左键的同时按住<Ctrl>键，此时鼠标指针的文档图标上出现一个"+"标识，以此来表示当前操作方式为"复制"。同时显示黑色三角形标识此工作表的位置。当黑色三角形标识到达指定位置时释放鼠标按键和<Ctrl>键，即可完成工作表复制，如图 2-76 所示。

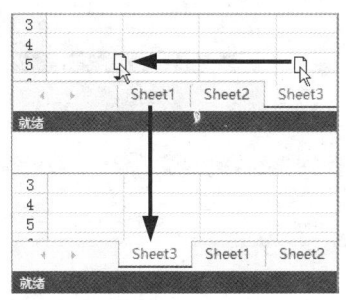

图 2-75　拖曳移动工作表

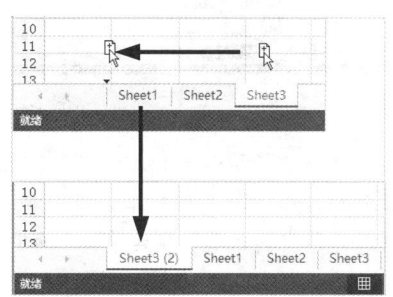

图 2-76　拖曳复制工作表

如果要在不同的工作簿之间用拖动的方式复制或移动，在选定源工作簿和目标工作簿后，执行窗口"并排查看"或"全部重排"命令，然后按上述方式在不同的工作簿之间复制或移动，如图 2-77 所示。

在复制和移动过程中，如果当前工作表与目标工作簿的工作表名称相同，则会自动重新命名，如"Sheet3"会更名为"Sheet3(2)"。

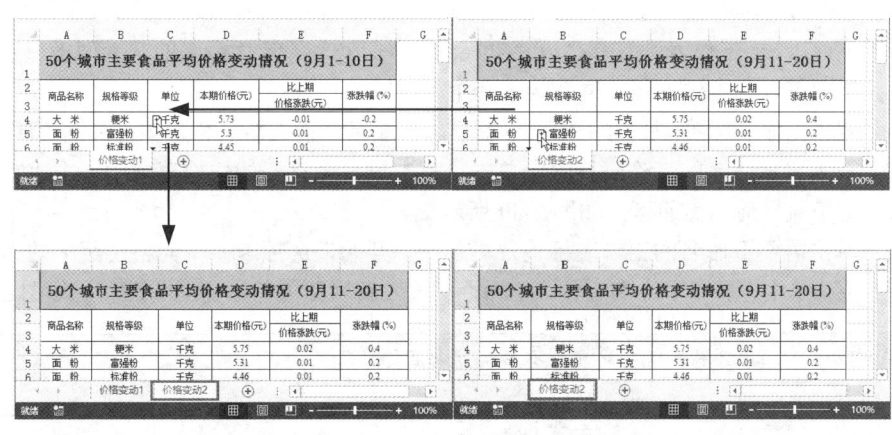

图 2-77　在不同的工作簿之间复制

方法二：使用"移动或复制工作表"命令。

【例 2-5】使用菜单命令移动或复制工作表

1　选定要复制或移动的工作表标签。

2　单击"开始"选项卡"单元格"组中的"格式"下拉按钮，在下拉菜单中选择"移动或复制工作表"命令（或者在需要移动或复制的工作表标签上单击鼠标右键，在快捷菜单中选择"移动或复制工作表"命令），如图 2-78 所示。

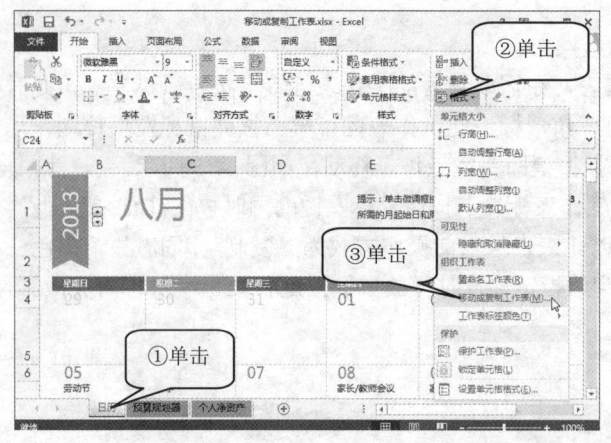
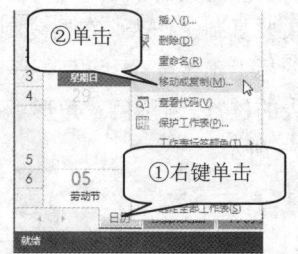

图 2-78　移动或复制工作表

3 在打开的"移动或复制工作表"对话框中，选择是移至别的工作簿还是在本工作簿内移动，再选择工作表在工作簿中的位置，最后单击"确定"按钮，即可在不同工作簿之间或工作簿内进行移动或复制，如图 2-79 所示。

 选中"建立副本"复选框，则为复制工作表，否则为移动工作表。

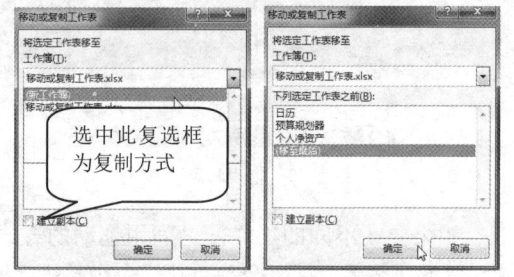

图 2-79　"移动或复制工作表"对话框

2.4.4　重命名工作表标签

默认情况下，Excel 工作表标签都是以"Sheet+数字序号"的形式命名的。为便于识别每个工作表中的信息，用户可以为工作表标签重命名。操作方法如下。

方法一： 双击工作表标签，此时工作表标签呈黑色显示，输入新名称覆盖当前名称即可。

方法二： 在需要重命名的工作表标签上单击鼠标右键，在打开的快捷菜单中单击"重命名"命令，输入新名称覆盖当前名称即可，如图 2-80 所示。

方法三： 单击需要重命名的工作表标签，再单击"开始"选项卡"单元格"组中的"格式"下拉按钮，在下拉菜单中选择"重命名工作表"命令，输入新名称覆盖当前名称即可，如图 2-81 所示。

 为工作表重命名时不得与工作簿中现有的工作表名称重名。

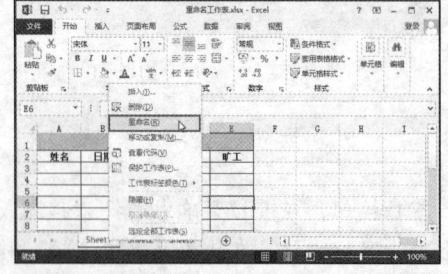
图 2-80　使用工作表标签上的右键快捷菜单重命名

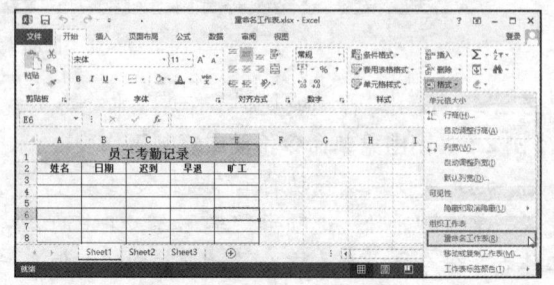
图 2-81　使用菜单命令重命名

2.4.5　删除工作表

用户可以将工作簿中的空白工作表或者不需要保存的工作表删除，主要有如下方法。

方法一： 在需要删除的工作表标签上单击鼠标右键，在打开的快捷菜单中单击"删除"命令，如图 2-82 所示。

方法二： 选定需要删除的工作表，单击"开始"选项卡"单元格"组中的"删除"拆分按钮 ，在打开的下拉菜单中选择"删除工作表"命令，如图 2-83 所示。

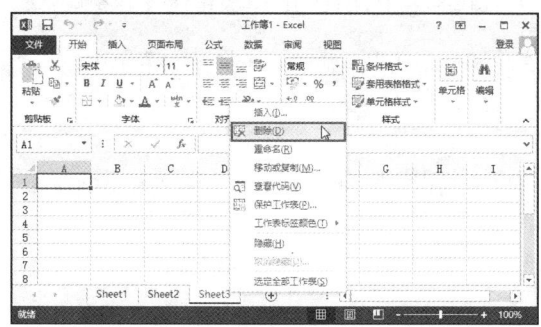

图 2-82　使用右键快捷菜单命令删除工作表

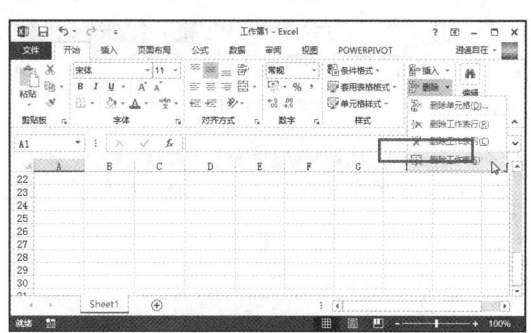

图 2-83　使用菜单命令删除工作表

如果要删除的工作表中包含有数据，Excel 将显示图 2-84 所示的警告提示对话框。如果确定需要删除，则可单击"删除"按钮，否则单击"取消"按钮。

图 2-84　删除有数据工作表的提示对话框

工作簿中至少包含一张工作表，当工作窗口中只剩下一张工作表时，无法删除唯一的工作表。删除工作表是永久性删除，不可用"撤销"命令来撤销，因此，在删除时要特别谨慎。

2.4.6　设置工作表标签颜色

为工作表标签设置不同的颜色，可以方便用户对工作表进行辨识。设置工作表标签颜色的操作步骤如下。

1 选定需要添加工作表标签颜色的工作表。

2 在"开始"选项卡"单元格"组中单击"格式"按钮，在打开的下拉菜单中单击"工作表标签颜色"命令，如图 2-85 所示。

3 在颜色列表中单击所需的颜色即可。

图 2-85　设置工作表标签颜色

在工作表标签上单击鼠标右键，在打开的快捷菜单中将鼠标指针指向"工作表标签颜色"命令，在展开的颜色列表中单击所需颜色可快速设置工作表标签颜色，如图 2-86 所示。

2.4.7 显示和隐藏工作表

用户可以使用工作表的隐藏功能，将一些重要的工作表隐藏，或者恢复显示隐藏的工作表。

1. 隐藏工作表

要隐藏选定的工作表，常用以下两种方法。

方法一： 使用功能区菜单命令。

在"开始"选项卡的"单元格"组中，单击

图 2-86 使用右键快捷菜单设置工作表标签颜色

"格式"下拉按钮，在下拉菜单中将鼠标指针指向"隐藏和取消隐藏"命令，在打开的菜单中单击"隐藏工作表"命令，如图 2-87 所示。

方法二： 右键快捷菜单。

在工作表标签上单击鼠标右键，在打开的快捷菜单中单击"隐藏"命令，如图 2-88 所示。

图 2-87 隐藏工作表

图 2-88 使用右键快捷菜单隐藏工作表

不能隐藏工作簿中的所有工作表。当工作簿中只有一张显示的工作表时，执行隐藏操作，则打开如图 2-89 所示的警告提示对话框。

2. 取消工作表的隐藏

要取消工作表的隐藏状态，有以下两种方法。

方法一： 使用功能区菜单命令。

1 打开隐藏了工作表的工作簿，单击"开始"选项卡"单元格"组中的"格式"下拉按钮，在下拉菜单中单击"隐藏和取消隐藏"命令，在展开的菜单中单击"取消隐藏工作表"命令。

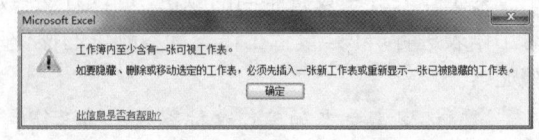

图 2-89 只有一张工作表不能执行隐藏操作

2 打开"取消隐藏"对话框，选择需要取消隐藏的工作表。

3 单击"确定"按钮完成操作，如图 2-90 所示。

方法二： 使用右键快捷菜单。

在工作表标签上单击鼠标右键，在打开的快捷菜单中选择"取消隐藏"命令，在打开的"取消隐藏"对话框中选择需要取消隐藏的工作表，最后单击"确定"按钮完成操作，如图 2-91 所示。

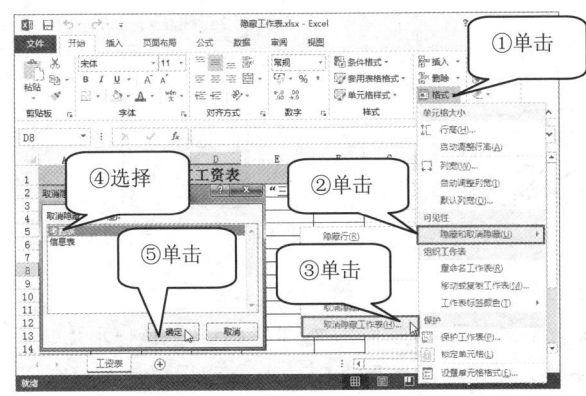

图 2-90　通过选项卡中命令取消隐藏工作表

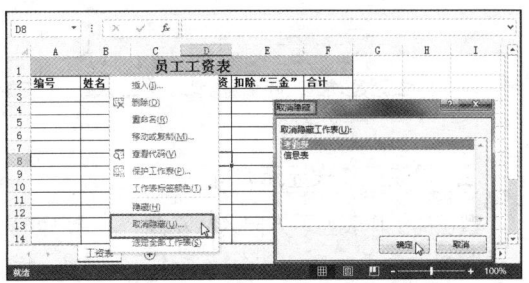

图 2-91　使用右键快捷菜单取消隐藏工作表

 工作表的隐藏操作不改变工作表的排列顺序。如果工作簿中没有隐藏的工作表，则"取消隐藏"命令呈灰色不可用状态。用户也无法一次性取消多张工作表的隐藏。

2.4.8　同时对多个工作表进行相同的操作

用户如果需要对多个工作表进行相同的操作，可以采用以下方法。

*方法一：*利用工作组同时对多个工作表进行相同的操作。

当需要对多个结构相同的工作表进行相同的操作时，可以借助工作组的方式实现。

在工作表标签上单击鼠标右键，在打开的快捷菜单中选择"选定全部工作表"命令，当看到标题栏中增加了"[工作组]"字样时，就可以对当前选中的工作表进行相同的操作，所有的操作都会对工作组中的所有工作表产生作用，如图 2-92 所示。

*方法二：*选定多个工作表的同时进行相同的操作。

按住<Ctrl>键不放，选中需要进行相同操作的工作表标签，再在任意一张工作表的单元格中输入内容，输入完成后按<Enter>键即可。

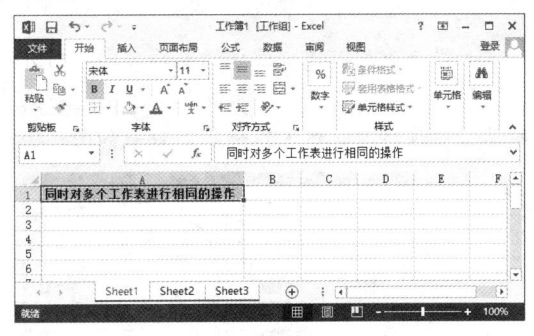

图 2-92　同时对多个工作表进行相同的操作

2.4.9　工作表外观的操作

用户可以调整工作表的显示比例和更改工作表的显示方向。

1. 调整显示比例

单击工作表右下方的"缩小"按钮、"放大"按钮或拖动"缩放"滑块，可以调整工作表的显示比例，如图 2-93 所示。

如果单击"缩放比例"按钮，将打开"显示比例"对话框，用户可以在其中快速设置缩放比例，如图 2-94 所示。

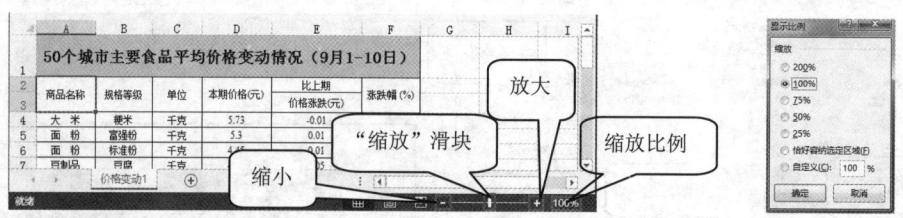

图 2-93　调整显示比例　　　　　　　　　　　　图 2-94　"显示比例"对话框

2. 更改工作表显示方向

默认的工作表显示方向为从左到右，用户可以设置工作表显示方向为从右到左。具体的操作步骤如下。

打开需要更改显示方向的工作表，单击"文件"选项卡，在打开的 Backstage 视图中单击"选项"命令，打开"Excel 选项"对话框，单击"高级"选项卡，在"此工作表的显示选项"区域中选中"从右到左显示工作表"复选框，单击"确定"按钮保存设置，如图 2-95 所示。

更改方向后的工作表显示效果如图 2-96 所示。

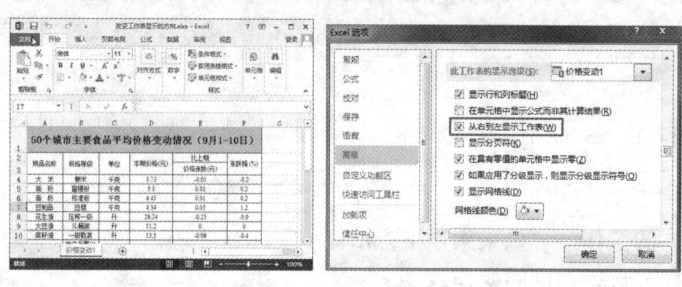 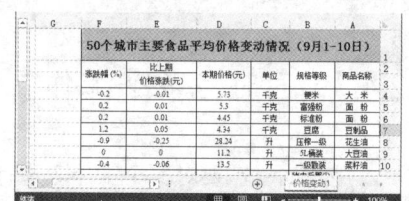

图 2-95　更改工作表显示方向　　　　　　　图 2-96　从"右到左"显示工作表

如果要更改工作簿默认的显示方向，打开"Excel 选项"对话框，单击"高级"选项卡，在"显示"区域的"默认方向"选项中，选中"从右到左"单选钮，单击"确定"按钮保存设置，如图 2-97 所示。更改后，新建工作簿显示效果如图 2-98 所示。

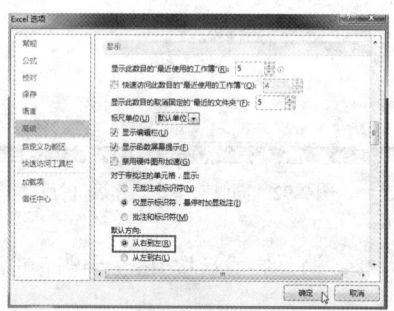 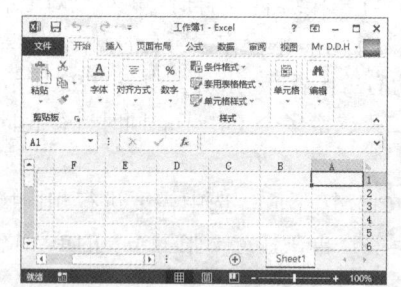

图 2-97　设置工作簿默认的显示方向　　　　图 2-98　设置工作簿默认"从右到左"方向显示

2.4.10　保护与撤销工作表保护

在 Excel 中，不仅可以保护工作簿，也可以单独保护工作表，以防止他人偶然或恶意更改、移动或删除重要数据。

1. 保护工作表

【例 2-6】保护工作簿中的工作表

1　打开 Excel 工作簿，单击需要保护的工作表标签，然后单击"审阅"选项卡"更改"组中的

"保护工作表"按钮。

　　2　在打开的"保护工作表"对话框中，选中"保护工作表及锁定的单元格内容"复选框，在"取消工作表保护时使用的密码"文本框中输入取消保护的密码。

　　3　单击"确定"按钮，打开"确认密码"对话框，重新输入密码后单击"确定"按钮完成操作，如图 2-99 所示。

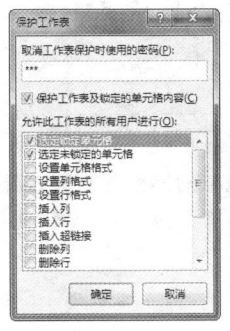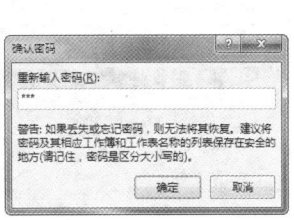

图 2-99　保护工作表

　　用户也可以在"文件"选项卡的"信息"页面中设置保护当前工作表。

　　单击"文件"选项卡，在打开的 Backstage 视图中单击"信息"命令，打开"信息"页面。单击"保护工作簿"按钮，在打开的下拉菜单中单击"保护当前工作表"命令，打开"保护工作表"对话框，选中"保护工作表及锁定的单元格内容"复选框，按提示设置密码，最后单击"确定"按钮完成操作，如图 2-100 所示。

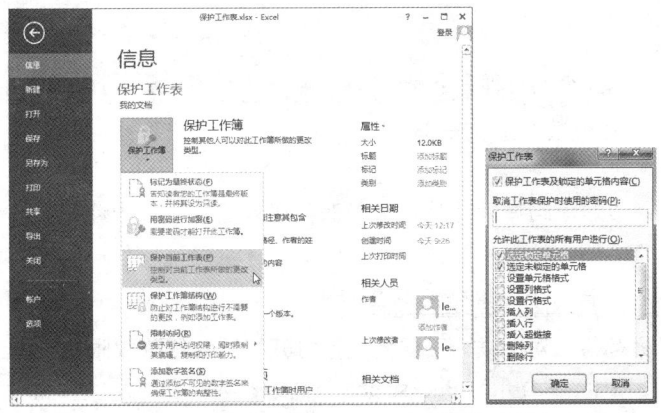

图 2-100　在"信息"页面中设置保护工作表

　　当更改"受保护的工作表"中的数据时，Excel 会打开相应的提示信息，提示试图更改的单元格或图表是受保护的，从而避免工作成果被他人修改，如图 2-101 所示。

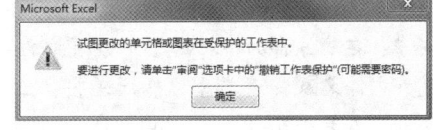

2. 撤销工作表保护

　　如果需要撤销工作表保护，只需在"审阅"选项卡"更改"组中单击"撤销工作表保护"按钮，如果

图 2-101　更改"受保护的工作表"时打开的提示信息

设置了保护密码，则打开"撤销工作表保护"对话框，输入正确的密码后单击"确定"按钮，即可撤销已经设置了"保护工作表"的工作表的保护，此时就可以对工作表进行编辑更改，如图 2-102 所示。

Excel 2013 使用详解（修订版）

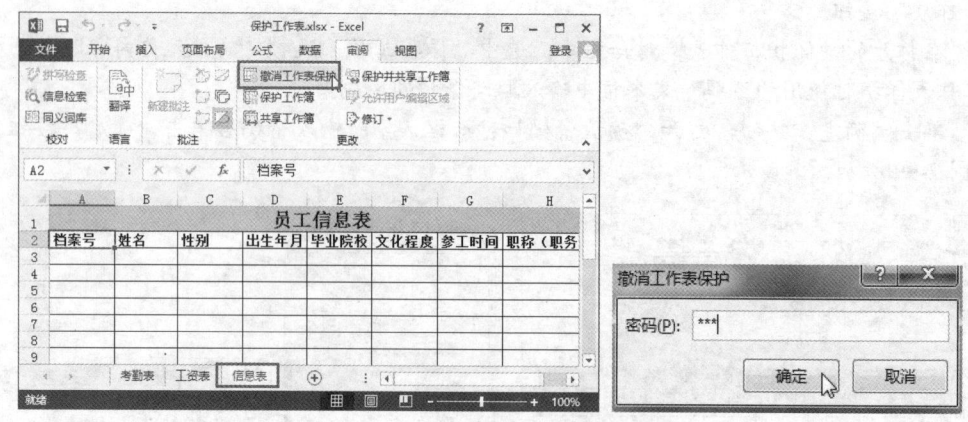

图 2-102　"撤销工作表保护"对话框

技高一筹

1. 怎样设置安全的密码

在工作簿和工作表的保护中，都会涉及设置密码进行保护的操作，为了提高密码的安全性，在设置密码时要注意以下事项。

❖　组合数字、大小写字母和字符

密码中使用的字符种类越多就越难以破解，密码字符组成最好同时包含数字、混合大小写字母和使用<Shift>键并按住其他键来输入的字符。尽量不用英文单词、生日、电话号码之类的信息做密码。

❖　使用长密码

密码长度每增加一个字符就能带来更高的安全性，因此在设置密码时，通常密码长度至少为 6 位，而 14 个字符或更长的位数会更加安全。

❖　密码管理

设置好密码后要管理好密码，最好是将密码保存在自己的记忆中或记录在纸上，不要存储在计算机上，以防泄密。

2. 使用"另存为"对话框设置密码保护工作簿

【例 2-7】使用"另存为"对话框为工作簿设置打开权限和修改权限

1　单击"文件"选项卡，在打开的 Backstage 视图中单击"另存为"命令，打开"另存为"页面，单击"计算机"选项，然后单击右侧"计算机"下面的"浏览"按钮，打开"另存为"对话框，如图 2-103 所示。

2　在"另存为"对话框中设置文件的保存位置、文件名及保存类型，然后单击"工具"下拉按钮，在打开的下拉菜单中单击"常规选项"命令，打开"常规选项"对话框，设置"打开权限密码"及"修改权限密码"，如图 2-104 所示。

图 2-103　"另存为"页面

3　单击"确定"按钮，打开"确认密码"对话框。重新输入打开权限密码和修改权限密码，单击"确定"按钮如图 2-105 所示。最后单击"保存"按钮保存工作簿。

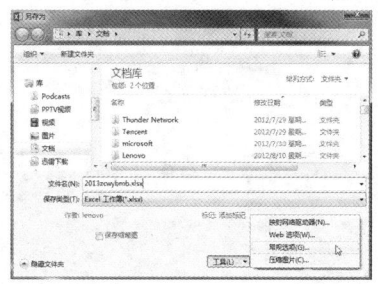
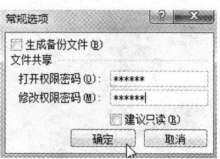

图 2-104　在"常规选项"对话框中分别输入打开权限和修改权限密码

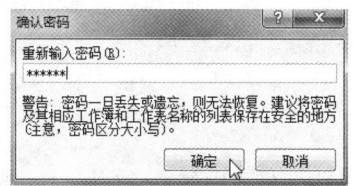
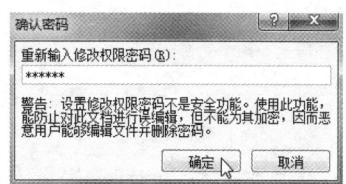

图 2-105　确认密码

对于设置了"打开权限密码"的工作簿，在下次打开此工作簿时，必须输入正确的密码才可以打开工作簿。如果密码丢失，则无法打开该工作簿。

对于设置了"修改权限密码"的工作簿，在下次打开此工作簿后，需要输入正确的密码才能保存用户对文件所做的更改。如果不能提供正确的密码，则只可以在只读方式下打开工作簿浏览其中的内容，而不能保存用户对文件所做的更改。如果以只读方式打开并修改工作簿，则必须以其他名称保存该工作簿副本。

第 **3** 章　行、列、单元格和区域

　　行、列、单元格是工作表的组成元素。本章主要认识工作表中的行、列、单元格和单元格区域，介绍行、列、单元格和单元格区域的基本操作。

3.1　行、列的基本操作

　　行、列是单元格的组成元素。本节主要介绍行（列）的选定、插入、删除、移动、隐藏与取消隐藏以及设置行高与列宽等基本操作。

3.1.1　认识行与列

　　Excel 是电子表格程序，Excel 的工作区就是由横线和竖线交叉而构成的格子。在 Excel 工作表中，行是指由横线间隔出来的区域，由一组垂直的灰色标签中的阿拉伯数字标识出行标题，通常用 R 表示行；列是指由竖线分隔出来的区域，由一组水平的灰色标签中的英文大写字母标识出列标题，通常用 C 表示列。行与列互相交叉而形成的格子就是单元格。一个工作表由若干个行与列组成，行标题和列标题相交处的按钮称为"全选"按钮，如图 3-1 所示。

　　如果 Excel 界面中不显示"行标题"和"列标题"，显示效果如图 3-2 所示。

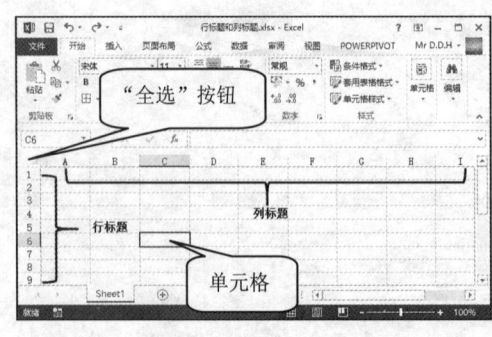

图 3-1　行与列

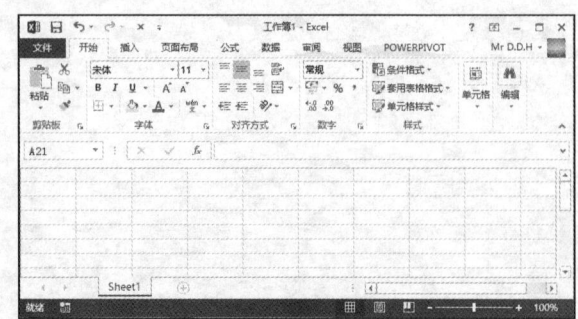

图 3-2　没有显示行、列标题的工作表

要恢复显示工作表的行和列标题，可以单击"文件"选项卡，在打开的 Backstage 视图中单击"选项"命令，打开"Excel 选项"对话框，在"高级"选项卡的"此工作表的显示选项"下拉列表中选择需要显示行号和列标的工作表名称，选中"显示行和列标题"复选框，再单击"确定"按钮关闭"Excel选项"对话框，如图 3-3 所示。

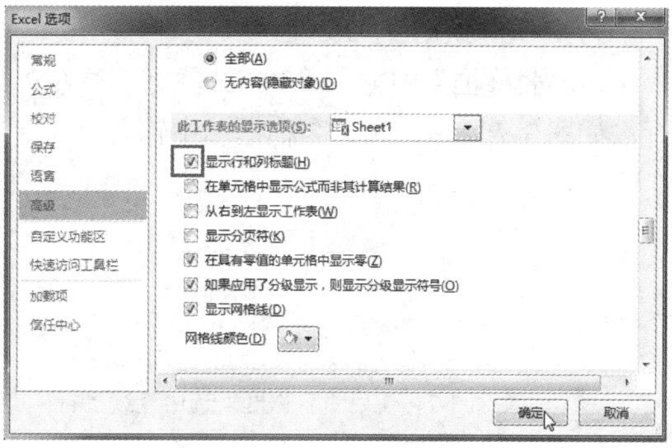

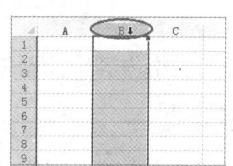

图 3-3　设置显示行和列标题

3.1.2　行、列选定

根据需要可以选定单行（列）、选定相邻连续的多行（列）、选定不相邻的多行（列）。

1．选定单行或者单列

单击一个行标题或者列标题，即可以选中相应的整行或整列。选中某行后，该行的行标题、所有的列标题以及该行除了活动单元格以外的所有单元格会加深颜色突出显示，选中行的单元格四周显示一条绿色的实线框，表示该行处于选中状态。例如，单击行标题 2 便可选中第 2 行，如图 3-4 所示；同样，选中某列后，该列的列标题、所有的行标题以及该列除了活动单元格以外的所有单元格会加深颜色突出显示，选中列的单元格四周显示一条绿色的实线框，表示该列处于选中状态。例如，单击列标题 B，便可以选中 B 列，如图 3-5 所示。

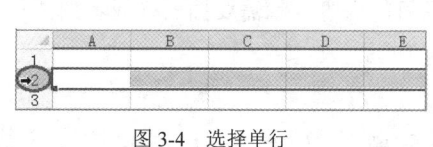

图 3-4　选择单行

图 3-5　选择单列

2．选定相邻连续的多行或者多列

选定相邻连续的多行或者多列有以下几种方法。

方法一：使用鼠标操作。

单击某行的行标题，按住鼠标左键，向下或向上拖动即可选中与此行相邻的连续多行。鼠标单击某列的列标题，按住鼠标左键，向右或向左拖动即可选中与此列相邻的连续多列。拖动鼠标时，行或者列标题旁会出现一个带数字和字母内容的提示框，显示当前选中的行或者列数。其中，R 表示选中的行数，例如 3R 表示选中了 3 行；C 表示选中的列数，例如 16384C 表示选中了 16384 列，如图 3-6 所示。

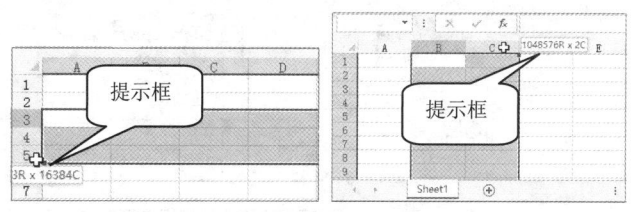

图 3-6　选中连续的多行或者多列

选中需要选定连续多行（列）的第一行（列），按住<Shift>键，再单击要选定的最后一行（列），也可快速选定相邻连续的多行（列）。

方法二: 使用"名称框"。

在"名称框"中输入"3:5"（注意：须在英文半角状态下输入冒号），按<Enter>键，可以选中 3 至 5 行，如图 3-7 所示。在"名称框"中输入"B:D"，按<Enter>键，可以选中 B 列到 D 列，如图 3-8 所示。

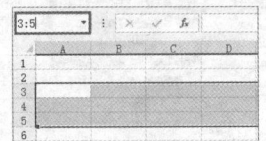
图 3-7　使用"名称框"选中连续多行

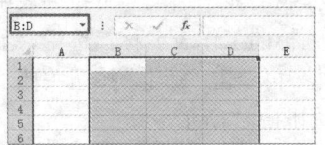
图 3-8　使用"名称框"选中连续多列

 单击 Excel 工作表的"全选"按钮，可选中工作表中的所有行和列。

3. 选定不相邻的多行、多列

选中某一行（列）之后按住<Ctrl>键不放，再单击其他的行（列）标签，然后放开<Ctrl>键，即可完成不相邻的多行（或者多列）的选择。

 在选定多行、多列时，按<Shift>键为连续选定，按<Ctrl>键为不连续选定。

3.1.3　插入行、列

如果要在现有的表格内容中间新增一些条目的内容，就需要插入行或者列。

1. 单行、单列的插入

单行、单列的插入主要有以下方法。

方法一: 在需要插入行（列）的行（列）标题（例如第 6 行的行标题上）上单击鼠标右键，在弹出的快捷菜单中单击"插入"命令，插入行（列）后，单击"插入选项"按钮，可以设置插入的行（列）的格式，如图 3-9 所示。

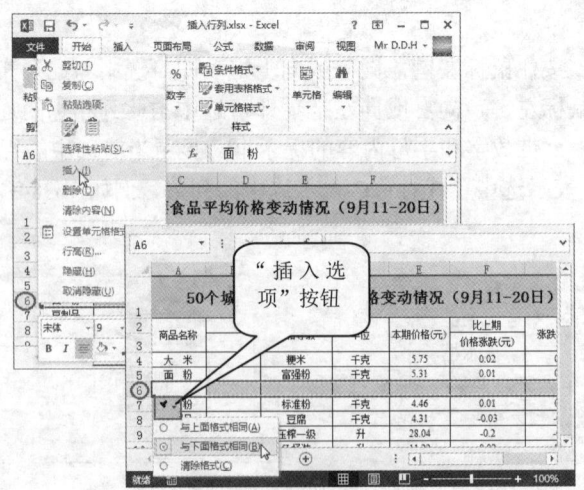
图 3-9　使用行号上的右键快捷菜单命令插入行

方法二: 右键单击要在之前插入行（列）的某行（列）的任意一个单元格，在弹出的快捷菜单中单击"插入"命令，弹出"插入"对话框，选中"整行"或"整列"单选钮，然后单击"确定"按钮。插入行（列）后，单击"插入选项"按钮，可以设置插入的行（列）的格式，如图3-10所示。

方法三：单击某行（列）标题，选中该行（列），再单击功能区"开始"选项卡"单元格"组中的"插入"按钮，如图3-11所示。

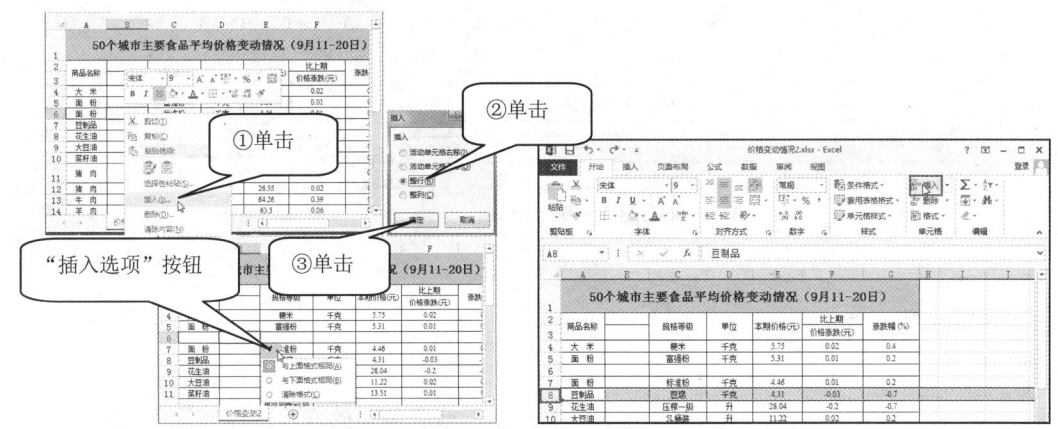

图3-10 使用"插入"对话框插入行列　　图3-11 利用功能区"单元格"组中的"插入"按钮

2. 行、多列的插入

在工作表中，一次性插入多行、多列的操作方法如下。

1　选定需要插入的新行（新列）之下（右侧）相邻的若干行（列）。例如选中第2行，按住鼠标左键顺着行号向下拖动鼠标，到第5行时释放鼠标左键。在拖动时，会有相应的指示提醒选中的行数（如4R×16384C，4R表示选中了4行，16384C表示当前工作表有16384列）。也可选中第2行，按住<Shift>键，然后单击第5行，放开<Shift>键，如图3-12所示。

2　单击"开始"选项卡"单元格"组中的"插入"按钮（或在选定行上单击鼠标右键，在弹出的快捷菜单中单击"插入"命令），即可在第2行开始插入4行新行，如图3-13所示。

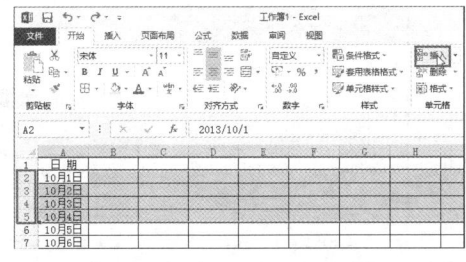
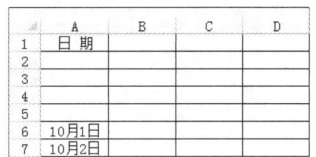

图3-12 选定连续的多行　　图3-13 同时插入连续多行的工作表

注意 选定的行（列）数应与要插入的行（列）数相等。

如果选中任意一列的连续单元格，单击"开始"选项卡"单元格"组中的"插入"按钮，在弹出的菜单中单击"插入工作表行"（或"插入工作表列"）命令，也可快速插入多行（列），但用户在拖动鼠标选定单元格区域时没有行数指示，需要自行判断，如图3-14所示。

提示 快速插入行（列）的技巧
选中整行（列），然后按下<Ctrl+"+">快捷键（这里的"+"为小键盘上的加号键），可以快速插入行（列）。
如果未选中整行（列），那么按下<Ctrl+"+">快捷键时，将显示用于插入空白单元格的"插入"对话框。

> **注意** 当插入行或列时，后面的行或列会自动向下或向右移动。如果表格的最后一行或者最后一列不为空，则不能执行插入新行或新列的操作。

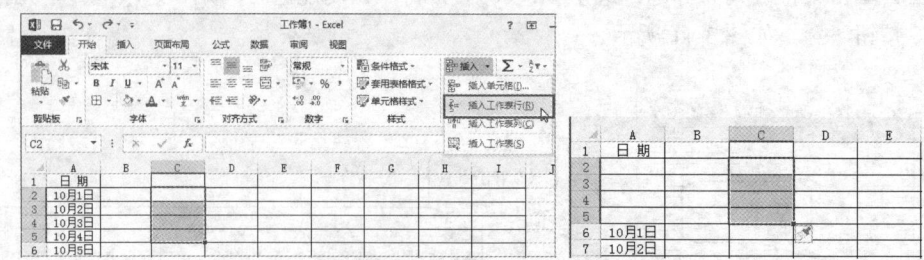

图 3-14　选中单元格插入多行

3.1.4　删除行、列

用户可以对不再需要的行、列内容通过选择删除整行或者整列的方式进行清除。删除行（列）的操作方法如下。

选定要删除的行（列）的标题，单击"开始"选项卡"单元格"组中的"删除"按钮。或者单击鼠标右键，在弹出的快捷菜单中选择"删除"命令，如图 3-15 所示。

如果选定的目标不是整行（列），而是行(列)中的单元格，在单击鼠标右键执行"删除"命令时，会弹出图 3-16 所示的"删除"对话框，选择"整行（列）"单选钮，然后单击"确定"按钮，即可完成目标行（列）的删除。

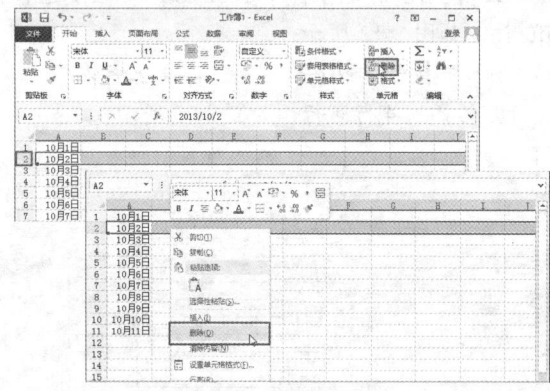

图 3-15　删除行

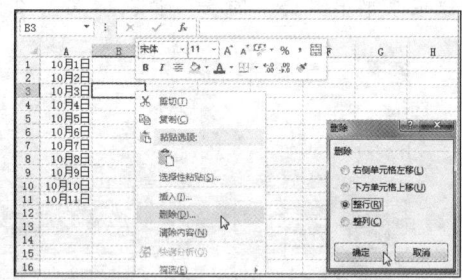

图 3-16　"删除"对话框

删除行（列）之后，工作表后面的各行（列）依次上移（左移），Excel 的行列的总数保持不变。

> **提示** 选定要删除的行（列）的行号（列标），按下快捷键<Ctrl+"-">，即可删除选定的行（列）。如果未选中整行（列），那么按下快捷键<Ctrl+"-">时，将显示用于删除选定单元格的"删除"对话框。

3.1.5　移动行、列

在工作表中，如果需要调整行、列内容的放置位置或顺序，可以"移动"行列。"移动"行或列可以使用菜单方式，也可以使用鼠标拖动方式。

方法一：菜单方式。

【例3-1】使用菜单方式移动行或列

1 选中需要移动的行（列），例如第 7 行。

2 单击"开始"选项卡"剪贴板"组中的"剪切"按钮 ✂，选定的第 7 行显示虚线框。

3 选定需要移动的目标位置行（列），本例选定第 3 行。

4 单击"开始"选项卡"单元格"组中的"插入"按钮 🔓 插入，即可完成移动行（列）的操作，将第 7 行移动到第 3 行的位置，如图 3-17 所示。

方法二：鼠标拖动方式。

选定需要移动的行，将鼠标指针放置在选定行的绿色边框上，当鼠标指针显示为黑色十字箭头图标时，按住鼠标左键，同时按键盘中的<Shift>键拖动鼠标，此时出现一条绿色实线，在移动过程中，绿色的实线下显示了移动行(列)的目标插入位置，到达需要移动的目标位置后释放鼠标左键和<Shift>键，即可完成选定行（列）的移动。使用此种方式相当于剪切插入行的操作，如图 3-18 所示。

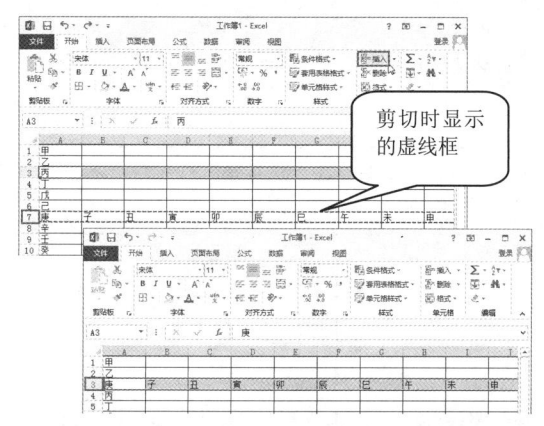

图 3-17　利用菜单方式移动行

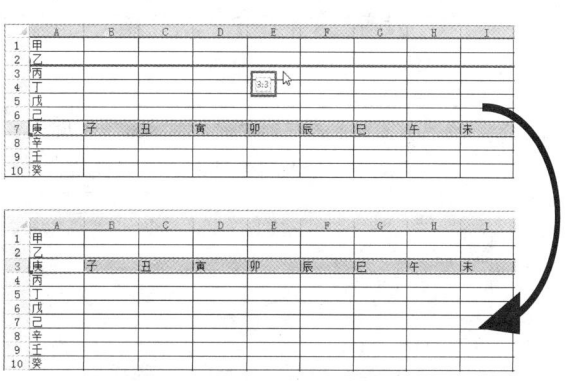

图 3-18　使用鼠标拖动方式移动行

3.1.6　设置行高与列宽

工作表中的行高默认为 13.50（18 像素），如图 3-19 所示；列宽 8.38（72 像素），如图 3-20 所示。当行高（列宽）不能满足输入内容需要时，可调整大小。更改行高与列宽可以通过菜单命令和使用鼠标操作来完成。

1. 更改行高

❖ 使用鼠标操作

使用鼠标操作可以快速更改单行、

图 3-19　工作表默认行高　　图 3-20　工作表默认列宽

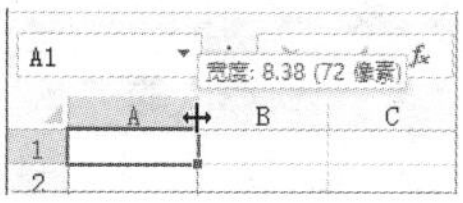

多行以及工作表中所有的行高，可以设置最合适的行高，具体的更改、设置行高的操作方式如表 3-1 所示。

表 3-1　　　　　　　　　　　　　更改、设置行高的操作

目　　的	操　　作
更改单行的行高	拖动行标题的下边界来设置所需的行高，拖动时会显示行高的数值大小 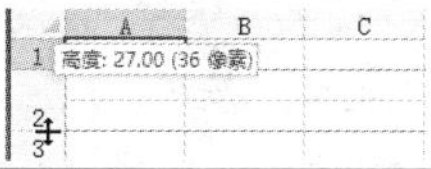

续表

目　　的	操　　作
更改多行的行高	选择需要更改行高的行，然后拖动所选的任意一行标题的下边界，拖动时会显示行高的数值大小
更改工作表中所有行的高度	单击"全选"按钮，然后拖动任意行标题的下边界
设置最适合的行高	双击行标题的下边界
对工作表中的所有行设置最适合的行高	单击"全选"按钮，然后双击某一行标题的下边界

❖　精确设置行高

1　选择要更改行高的行。

2　单击"开始"选项卡"单元格"组中的"格式"下拉按钮，在下拉菜单中单击"行高"命令，弹出"行高"对话框。

3　在"行高"文本框中输入所需设定的行高的具体数值，然后单击"确定"按钮完成操作，如图 3-21 所示。

> **提示**　选定行后，单击鼠标右键，在弹出的快捷菜单中选择"行高"命令，弹出"行高"对话框，然后在"行高"文本框中输入所需设定的具体数值，也可以精确设置行高，如图 3-22 所示。

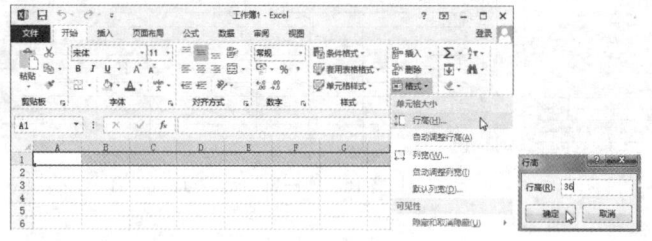

图 3-21　使用菜单命令设置"行高"

图 3-22　通过右键快捷菜单设置行高

2. 更改列宽

❖　使用鼠标操作

用鼠标操作更改列宽的方法如表 3-2 所示。

表 3-2　　　　　　　　　　更改、设置列宽的操作

目　　的	操　　作
更改单列列宽	拖动列标题右边界更改所需的列宽，拖动时会显示列宽度的数值大小
更改多列的列宽	选择需要更改列宽的列，然后拖动所选列标题右边的边界，拖动时会显示列宽度的数值大小
更改工作表中所有列的列宽	单击"全选"按钮，然后拖动任意一个列标题的边界
设置最适合的列宽	双击列标题右边的边界
对工作表中的所有列设置最适合的列宽	单击"全选"按钮，然后双击某一列标题右边的边界

❖　精确设置列宽

精确设置列宽的方法与精确设置行高的方法相同。

1　选择要更改列宽的列。

2　单击"开始"选项卡"单元格"组中的"格式"下拉按钮，在下拉菜单中单击"列宽"命令，弹出"列宽"对话框。

3　在"列宽"文本框中输入所需设置列宽的具体数值，然后单击"确定"按钮完成操作，如图 3-23 所示。

选择列后通过单击右键精确设置列宽的方法，与精确设置行高的操作方法相同。

3. 自动调整行高和列宽

选择需要调整行高（列宽）的多行（多列），单击"开始"选项卡"单元格"组中的"格式"按钮，在下拉菜单中单击"自动调整行高"（"自动调整列宽"）命令。这样就可以将选定的行高（列宽）调整到"最合适"的高度（宽度），如图 3-24 所示。

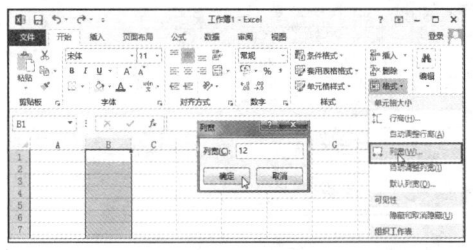

图 3-23　使用菜单命令设置"列宽"

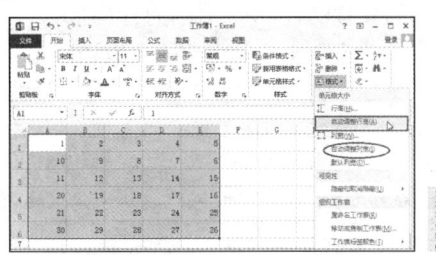
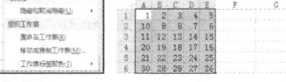

图 3-24　自动调整行高（列宽）

3.1.7　行列隐藏与取消隐藏

用户可以隐藏未被使用或不希望其他用户看到的行和列。

1. 隐藏指定行或列

隐藏指定行或列有以下方法。

方法一：选定要隐藏的行（列），单击"开始"选项卡"单元格"组中的"格式"下拉按钮，在下拉菜单"隐藏和取消隐藏"中选择"隐藏行"或"隐藏列"命令。

方法二：如果选定的对象是整行（列），单击鼠标右键，在弹出的快捷菜单中单击"隐藏"命令。

方法三：在选中行（列）的任意一行（列）下（右）边界线上（左）按住鼠标左键拖动鼠标，待指示的行（列）高度（宽度）为 0 时释放鼠标左键，如图 3-25 所示。

隐藏行（列）后，会在隐藏行（列）相邻行号（列标）间显示双横线（双竖线）的隐藏标记，如图 3-26 所示。

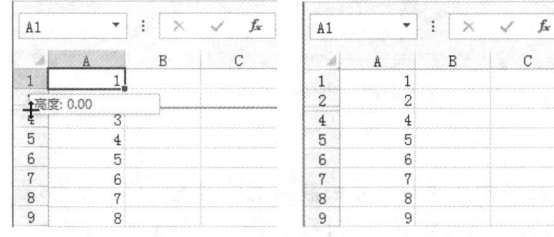

图 3-25　鼠标拖动方式隐藏行（列）

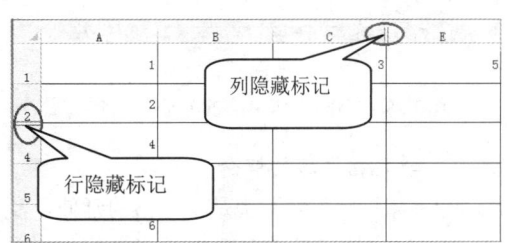

图 3-26　隐藏行（列）的标记

2．显示隐藏的行或列

隐藏行列后，包含隐藏行（列）处的行号或者列标签不再显示连续序号，要取消隐藏的行或列，有以下几种操作方法。

方法一：用"自动调整行高（列宽）"命令取消隐藏。

选定包含隐藏行（列）的区域后，单击"开始"选项卡"单元格"组中的"格式"按钮，在下拉菜单中单击"自动调整行高"（"自动调整列宽"）命令，即可将隐藏的行（列）恢复显示。

方法二：使用"取消隐藏"命令。

选择希望显示的隐藏的行（列）两侧的行（列），单击"开始"选项卡"单元格"组中的"格式"按钮，在下拉菜单"隐藏和取消隐藏"中选择"取消隐藏行"或"取消隐藏列"命令，如图 3-27 所示。

方法三：使用右键快捷菜单命令。

选择希望显示的隐藏的行（列）两侧的行（列），单击鼠标右键，在弹出的快捷菜单中单击"取消隐藏"命令。

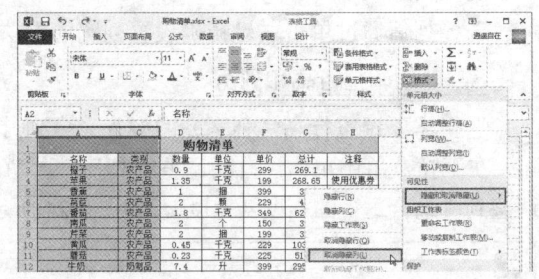

图 3-27　用菜单命令取消隐藏

> **提示**　按组合键 <Ctrl+Shift+"（"（左括号）> 可以取消选定区域内的所有隐藏行的隐藏状态，按下组合键 <Ctrl+Shift+"）"（右括号）> 可以取消选定区域内所有隐藏列的隐藏状态。

3.2　单元格和单元格区域的基本操作

单元格和区域是工作表的最基础的构成元素和操作对象。

❖　单元格

单元格是 Excel 电子表格中最基础的组成单位，行和列相互交叉所形成的一个个格子即为单元格。在 Excel 2013 中，最大行号为 1048576，最大列标为 16384，因此，默认每张工作表所包含的单元格数目共有 17179869184 个，如图 3-28 所示。

每个单元格都可以通过单元格地址来进行标识，单元格地址由它所在列的列标题和所在行的行标题组成，通常为"字母+数字"形式。例如，地址为"B3"的单元格表示位于 B 列第 3 行位置的单元格。

❖　活动单元格

选中任意一个单元格后，该单元格即成为活动单元格。活动单元格的边框显示为绿色矩形线框，单元格所在的行和列的标题会突出显示，在 Excel 工作窗口的"名称框"中会显示此活动单元格的地址，在"编辑栏"会显示此单元格中的内容，如图 3-29 所示。

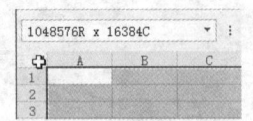

图 3-28　工作表默认包含的单元格数目

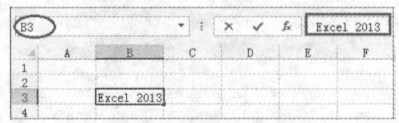

图 3-29　活动单元格

❖　单元格区域的概念

"单元格区域"实际上是单元格的延伸，多个单元格所构成的单元格群组就被称为"单元格区域"。

构成单元格区域的多个单元格之间可以是连续的，连续单元格区域的地址形式为"左上角单元格地址：右下角单元格地址"。例如，连续单元格地址为"B1:E5"，表示此区域包含了从 B1 单元格到 E5 单元格的矩形区域,高度为 5 行,宽度为 4 列,共包含 20 个连续单元格,如图 3-30 所示。单元格区域之间也可以是相互独立不连续的,如图 3-31 所示。

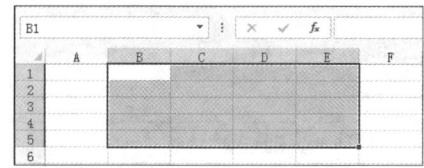 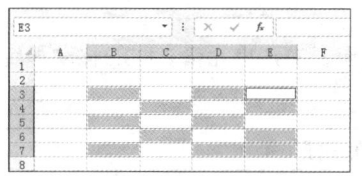

图 3-30　连续单元格组成的区域　　　　图 3-31　相互不连续单元格组成的区域

要注意区分选定的连续单元格区域和活动单元格。选定的连续单元格区域的四周也会显示绿色框线,但选定区域的活动单元格只有一个。

了解了单元格和单元格区域的基本概念后,接下来主要介绍单元格和单元格区域的一些基本操作。

3.2.1　单元格或单元格区域的选取

选取单元格区域后,可以对区域内的所有单元格同时执行相关命令操作。在选取的目标区域中,总是包含了一个活动单元格,工作窗口“名称框”中显示的是当前活动单元格的地址,编辑栏中显示的也是当前活动单元格的内容。表 3-3 列出了工作表中单元格及区域选取的基本方法。

表 3-3　　　　　　　　　　选择单元格或单元格区域的方法

选 择 对 象	操 作 方 法
单个单元格	单击相应的单元格
某个单元格区域	单击区域的第一个单元格,再拖动鼠标到最后一个单元格
较大的单元格区域	单击区域中的第一个单元格,再按住<Shift>键单击区域中的最后一个单元格
工作表中所有的单元格	单击“全选”按钮;或者按<Ctrl+A>组合键(如果工作表中包含数据,按<Ctrl+A>组合键将选择当前区域,再次按<Ctrl+A>组合键将选择整个工作表)
不相邻的单元格或单元格区域	先选中第一个单元格或单元格区域,再按住<Ctrl>键选中其他的单元格或单元格区域
整个行或列	单击行或列标题
相邻的行或列	在行标题或列标题中拖动鼠标;或者先选中起始行或起始列,再按住<Shift>键选中最后一行或最后一列
增加或减少活动区域中的单元格	按住<Shift>键单击需要包含在新选定区域中的最后一个单元格。在活动单元格与所单击的单元格之间的矩形区域将成为新的选定区域
多表区域的选取	在当前工作表中选定某个区域,按<Shift>键再选中其他工作表

活动单元格与选定区域中的其他单元格显示风格不同,区域中所包含的其他单元格会呈灰色显示,而当前活动单元格还是保持正常显示,以此来标识活动单元格的位置,选定区域后,区域中包含的单元格所在的行列标签也会显示不同的颜色。

利用“名称框”选取单元格或单元格区域:在工作窗口的“名称框”中直接输入目标单元格或单元格区域的地址后按<Enter>键,也可以快速选取目标单元格或单元格区域,如图 3-32 所示。

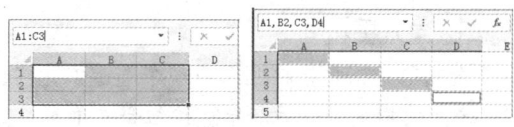

图 3-32　利用“名称框”选取

3.2.2　单元格之间的移动

在工作表中，单元格之间的移动和定位常用的方法如表 3-4 所示。

表 3-4　　　　　　　　　　　　　单元格之间的移动和定位

快 捷 键	功 能
Home	移到当前行的第一个单元格
End+ "→"	移到当前行的最后一个单元格
End+ "↑"	移到当前列的第一个单元格
End+ "↓"	移到当前列的最后一个单元格
Ctrl+Home	移到单元格 A1
Tab	在选定区域中从左向右移动。如果选定单列中的单元格，则向下移动
Shift+Tab	在选定区域中从右向左移动。如果选定单列中的单元格，则向上移动
Enter	在选定区域内从上往下移动
Shift+Enter	在选定区域内从下往上移动

默认情况下，在当前活动单元格中按<Enter>键之后，将会向下移动到下一个单元格。如果要使活动单元格不移动，则可按下<Ctrl+Enter>组合键。

如果要快速移到当前数据区域的边缘，有以下几种操作方法。

方法一： 按下快捷键 < Ctrl+ "箭头键"（↑、↓、←、→）>。

方法二： 双击任意一个单元格的边框线。

将鼠标指针放置于选定单元格的某一边框线，注意选择的边框线要与移动方向一致，即如果要向下移动，就将鼠标指针放置于单元格的下边框线；如果要向右移动，就将鼠标指针放置于单元格的右边框线，这时鼠标指针出现上、下、左、右 4 个方向的箭头，如图 3-33 所示。双击选择的单元格边框线，鼠标指针将沿选定的方向移动到数据区域的边缘。

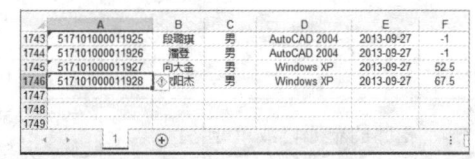

图 3-33　双击单元格下框线移动活动单元格

 <Ctrl+Shift+ "箭头键" > 组合键用于将选定区域扩展到与活动单元格在同一列或同一行的最后一个非空单元格。此快捷键在选取工作表中的大量数据时非常有效。例如，在工作表中，选定单元格 A1，按下 <Ctrl+Shift+→> 组合键，再按下 <Ctrl+Shift+↓> 组合键，即可选定工作表中从 A1 开始的所有非空单元格区域。

3.2.3　合并与取消单元格合并

1. 合并单元格

合并单元格是指将两个或多个选定单元格合并为一个单元格。

❖　使用"合并后居中"按钮合并单元格

1　选择要合并的单元格区域，如 A1:C1。

② 单击"开始"选项卡"对齐方式"组中的"合并后居中"按钮，即可合并选定的单元格区域，如图 3-34 所示。

如果选择要合并的单元格区域后，单击"开始"选项卡"对齐方式"组中的"合并后居中"拆分按钮，可以选择合并后的显示形式，如图 3-35 所示。

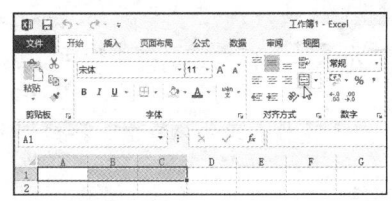
图 3-34　合并单元格

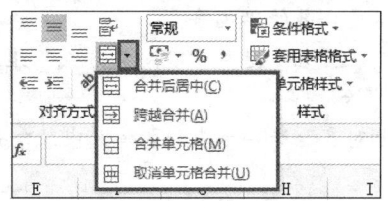
图 3-35　合并单元格的方式

选择"合并后居中"合并单元格时，选择的单元格区域合并成一个单元格，单元格中的文本居中显示；选择"跨越合并"，将选择的单元格区域每行合并成一个单元格，假如选择的区域有 5 行，则合并为 5 个单元格；选择"合并单元格"，将选择区域合并为一个单元格，单元格中的文本左对齐。这几种合并方式的效果如图 3-36 所示。

用户可以单击"开始"选项卡"对齐方式"组中的"左对齐""居中"和"右对齐"等按钮来更改已合并单元格中的文本对齐方式。如果需要对文本对齐方式进行其他更改（包括垂直对齐），可以打开"单元格格式"对话框的"对齐"选项卡进行设置。

图 3-36　合并单元格的 3 种方式显示的效果

 如果在合并单元格时，有多个单元格包含数据，合并到一个单元格后只能保留左上角单元格的数据，并弹出提示对话框，如图 3-37 所示。

❖　使用菜单命令

【例 3-2】使用菜单命令合并单元格

① 选择要合并的单元格区域。

② 单击"开始"选项卡"对齐方式"组中的"对齐设置"对话框启动器按钮，打开"设置单元格格式"对话框的"对齐"选项卡。

③ 在"文本对齐方式"中为"水平对齐"和"垂直对齐"设置对齐方式，选中"文本控制"中的"合并单元格"复选框，单击"确定"按钮，如图 3-38 所示。

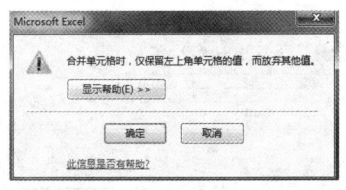
图 3-37　有多个单元格包含数据进行合并时的提示对话框

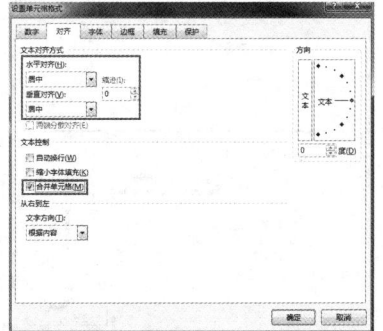
图 3-38　合并单元格

2. 取消单元格合并

取消单元格合并的方法有以下两种。

方法一： 使用"开始"选项卡"对齐方式"组中的"合并后居中"按钮。

1 选择已合并的单元格。

2 在"开始"选项卡"对齐方式"组中单击"合并后居中"按钮，即可取消单元格合并。

方法二： 使用菜单命令。

1 选择已合并的单元格。

2 单击"开始"选项卡"对齐方式"组中的"对齐设置"对话框启动器按钮，打开"设置单元格格式"对话框。

3 在"对齐"选项卡中，取消选中"合并单元格"复选框，单击"确定"按钮，完成操作。

3.2.4 插入与删除单元格

1. 插入单元格

例如要在单元格 A1 的左方插入一个单元格，使原单元格 A1 右移至单元格 B1 的位置，操作步骤如下。

1 选定 A1 单元格，使该单元格成为活动单元格。

2 单击"开始"选项卡"单元格"组中的"插入"拆分按钮，在下拉菜单中单击"插入单元格"命令，弹出"插入"对话框。

3 选中"活动单元格右移"单选钮，然后单击"确定"按钮。操作完成之后单元格 A1 中的内容就会向右移动到单元格 B1 中，如图 3-39 所示。

要插入单元格，还可以使用单元格右键快捷菜单中的"插入"命令来完成；或者按下<Ctrl+"+">组合键打开"插入"对话框，在该对话框中进行相应的操作。

2. 删除单元格

删除单元格的操作和插入单元格的操作类似。例如，要将单元格 C4 的数据输入到单元格 C3 中，只要将单元格 C3 删除即可，而不必在单元格 C3 中重新输入一遍单元格 C4 的内容。具体操作步骤如下。

1 选定要删除的单元格 C3。

2 单击"开始"选项卡"单元格"组中的"删除"拆分按钮，在打开的下拉菜单中单击"删除单元格"命令，打开"删除"对话框。

3 选中"下方单元格上移"单选钮，单击"确定"按钮完成操作，如图 3-40 所示。

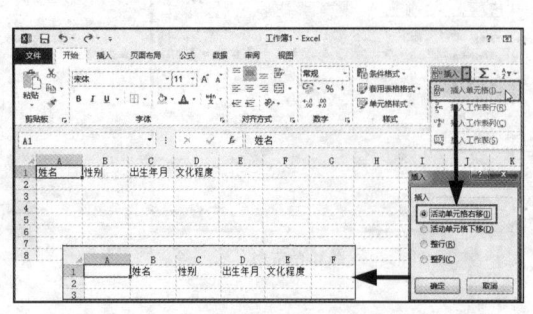

图 3-39　插入新单元格

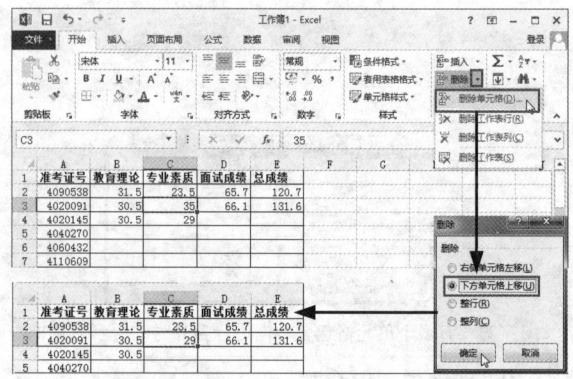

图 3-40　删除单元格

要删除单元格，也可以使用单元格右键快捷菜单中的"删除"命令，或者按下<Ctrl+"-">组合键打开"删除"对话框，在该对话框中进行相应的操作。

3. 清除单元格内容

如果只是删除单元格内容，不引起表格的结构变化，可以选中目标单元格，然后按<Delete>键将单元格内容删除。要全部清除单元格格式、内容、批注、超链接等，可以在选定目标单元格后，单击"开始"选项卡"编辑"组中的"清除"下拉按钮，

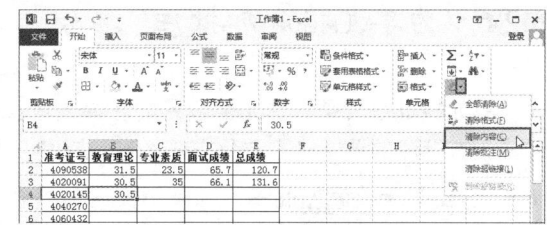

图 3-41　清除单元格内容

单击"全部清除"命令即可删除单元格的内容、格式等。如果只是清除单元格的内容，可以选择"清除内容"命令，如图 3-41 所示。

 注意　"清除单元格内容"并不等同于"删除单元格"操作，"删除单元格"操作会引起整个表格结构变化。"删除单元格"操作后，下方单元格的内容会上移或右侧单元格会左移。

3.2.5　移动和复制单元格

在 Excel 中，可以将选定单元格移动或复制到当前工作表、其他工作表或者其他工作簿中。

1. 移动单元格

移动单元格主要有以下两种方法。

方法一： 选定要移动的单元格，单击"开始"选项卡中的"剪切"按钮 ✂，选择要粘贴的单元格，单击"粘贴"按钮 📋。

方法二： 选定单元格，然后移动鼠标指针到单元格边框上，按住鼠标左键并拖动到新位置，释放鼠标即可完成单元格的移动，如图 3-42 所示。

2. 复制单元格

复制单元格主要有以下两种方法。

方法一： 选定要复制的单元格，单击"开始"选项卡"剪贴板"组中的"复制"按钮 📄，选择要粘贴的单元格，再单击"开始"选项卡"剪贴板"组中的"粘贴"按钮 📋。

完成复制操作后，按下<Esc>键可以取消选定区域的活动选定框。

方法二： 选定单元格，然后移动鼠标指针到单元格边框上，按下鼠标左键并拖动到新位置，在释放鼠标之前按下<Ctrl>键。

例如，要将 A1 单元格的内容复制到 C3 单元格，可以选定 A1 单元格，移动鼠标指针到单元格边框上，按下<Ctrl>键并按下鼠标左键，此时鼠标指针右上方出现一个"+"号，拖动鼠标到 C3 单元格（拖动时会显示位置提示）后释放鼠标左键，完成复制，结果如图 3-43 所示。

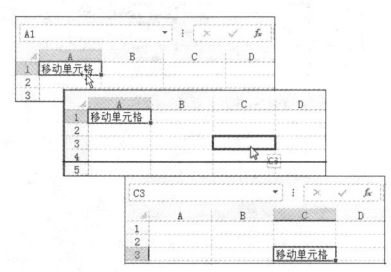

图 3-42　拖动方式移动单元格

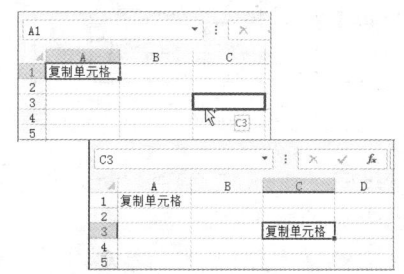

图 3-43　拖动鼠标复制单元格内容

3.2.6　为单元格添加批注

单元格批注就是为单元格输入的注释或者说明，以方便自己或者其他用户理解单元格中内容的含义。有批注的单元格右上角有一个红色三角形标识符。

1. 给单元格添加批注

【例 3-3】给单元格添加批注

1　选中要添加批注的单元格。

2　单击"审阅"选项卡"批注"组中的"新建批注"按钮 ，或者用鼠标右键单击要添加批注的单元格，在弹出的快捷菜单中选择"插入批注"命令，如图 3-44 所示。

3　在弹出的批注框中输入文本后单击批注框外部的工作表区域即可，如图 3-45 所示。

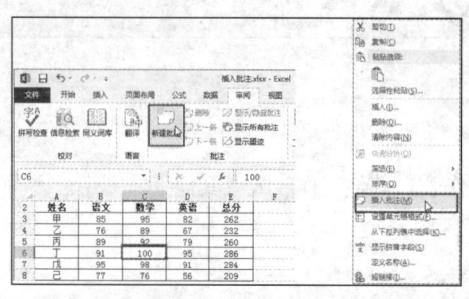

图 3-44　新建批注

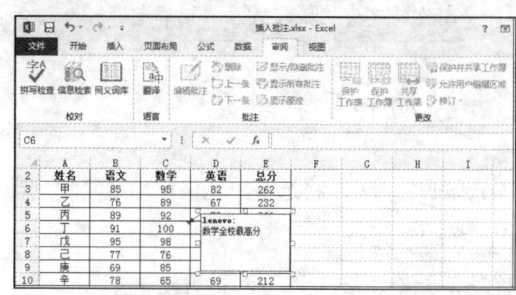

图 3-45　在批注框中输入文本

添加批注后，单元格的右上角会出现一个红色的三角形标识符。鼠标指针悬停在有批注的单元格上时，会显示批注的内容。

2. 编辑批注

【例 3-4】编辑单元格批注

1　选中需要编辑批注的单元格。

2　单击"审阅"选项卡"批注"组中的"编辑批注"按钮 ，如图 3-46 所示。

3　在弹出的批注框中进行编辑，结束编辑之后，单击批注框外的任意位置即可，如图 3-47 所示。

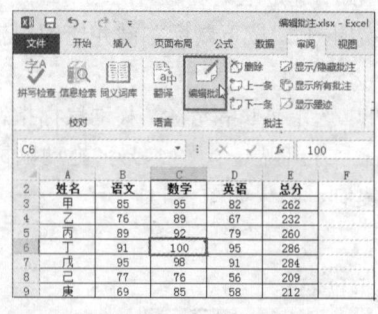

图 3-46　选择编辑批注

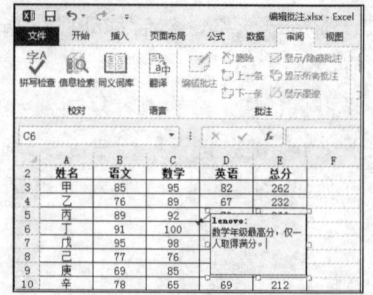

图 3-47　编辑批注

3. 删除批注

删除单个批注的操作如下。

1　选定要删除的批注所在的单元格。

2　单击"审阅"选项卡"批注"组中的"删除批注"按钮 。

若要删除工作表中的所有批注，操作步骤如下。

1 单击"开始"选项卡"编辑"组中的"查找和选择"下拉按钮（或按 <F5> 键）。

2 在打开的下拉菜单中选择"定位条件"命令，打开"定位条件"对话框。

3 在"定位条件"对话框中选中"批注"单选钮，然后单击"确定"按钮，如图 3-48 所示。此时工作表中的所有批注将被选中。

4 单击"审阅"选项卡"批注"组中的"删除"按钮 删除 即可。（也可以单击"开始"选项卡"编辑"组中的"清除"下拉按钮，在弹出的下拉菜单中单击"清除批注"命令，如图 3-49 所示。）

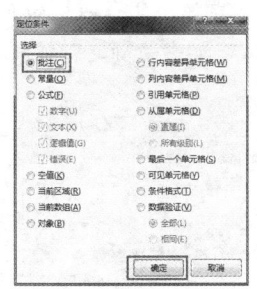

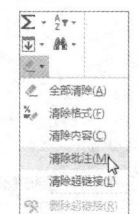

图 3-48　选择"批注"单选钮　　　　图 3-49　选择"清除批注"命令

4. 显示/隐藏批注

有批注的单元格的左上角有一个红色的标识符，要查看单元格中批注的内容，可将鼠标指针指向该单元格，屏幕上即刻显示出该单元格的批注内容框。将鼠标指针移开后，该批注内容框随即消失。用户可以设置显示/隐藏批注。

要显示/隐藏单独的批注，可使用以下方法。

方法一: 用鼠标右键单击包含批注标识符的单元格，在弹出的快捷菜单中单击"显示/隐藏批注"命令。

方法二: 单击"审阅"选项卡"批注"组中的"显示/隐藏批注"命令。

要显示/隐藏所有批注，可使用以下方法。

方法一: 单击"审阅"选项卡"批注"组中的"显示所有批注"切换按钮，即可在显示或隐藏之间切换。

方法二: 单击"文件"选项卡，在打开的 Backstage 视图中单击"选项"命令，打开"Excel 选项"对话框。单击"高级"选项卡，在"显示"选项区域中，如需显示所有批注，在"对于带批注的单元格，显示"选项中选中"批注和标识符"单选钮，最后单击"确定"按钮确认操作，如图 3-50 所示。

如需隐藏所有批注和标识符，在图 3-50 中则选择"无批注或标识符"单选钮，最后单击"确定"按钮确认操作即可。

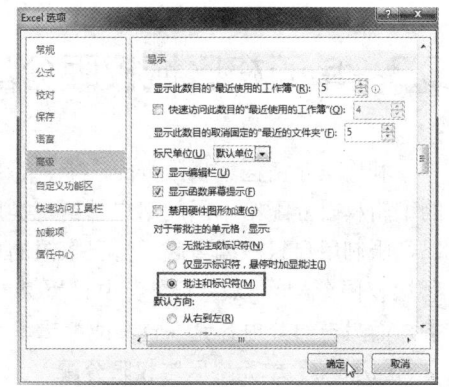

图 3-50　设置显示所有批注

3.2.7　保护部分单元格

执行"保护工作表"命令后，工作表中所有单元格都将无法进行编辑。在实际工作中，可以设置只需要对一部分单元格进行保护，其余单元格可以正常编辑。

【例 3-5】保护部分单元格

1 选中工作表中的所有单元格，单击"开始"选项卡"单元格"组中的"格式"下拉按钮，在下拉菜单中单击"设置单元格格式"命令，打开"设置单元格格式"对话框，单击"保护"选项卡，取消"锁定"复选框的勾选，单击"确定"按钮关闭"设置单元格格式"对话框。

2 在工作表中选中需要进行保护的单元格区域（例如 D3:G20），打开"设置单元格格式"对话框，在"保护"选项卡中选中"锁定"复选框，单击"确定"按钮"关闭设置单元格格式"对话框，如图 3-51 所示。

3 单击"审阅"选项卡中的"保护工作表"按钮，在弹出的话框中输入密码，单击"确定"按钮，在弹出的"确认密码"对话框中输入密码进行确认，单击"确定"按钮关闭对话框完成设置，如图 3-52 所示。

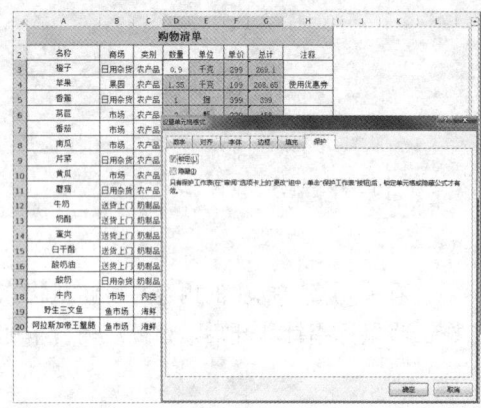

图 3-51 选定需要锁定的单元格区域　　　　　　图 3-52 执行工作表保护

设置保护后，如果对"D3:G20"单元格区域中的单元格进行编辑，就会弹出提示对话框，告知单元格是被保护的，不能进行修改，如图 3-53 所示。"D3:G20"单元格区域以外的单元格可以正常编辑。

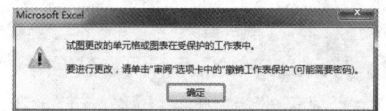

图 3-53 编辑"受保护单元格区域"的提示

3.3 单元格区域权限分配

利用单元格区域权限分配功能，可以把单元格区域的编辑权限分配给不同的用户并给每类用户设置编辑密码，限制用户只能编辑属于自己权限的单元格。单元格区域权限分配可以在工作表中设置某一部分内容被保护，而另一部分内容允许查看或编辑。

【例 3-6】单元格区域权限分配

1 打开需要设置单元格区域权限分配的工作表，然后单击"审阅"选项卡"更改"组中的"允许用户编辑区域"按钮，如图 3-54 所示。

2 在打开的"允许用户编辑区域"对话框中单击"新建"按钮，弹出"新区域"对话框，如图 3-55 所示。

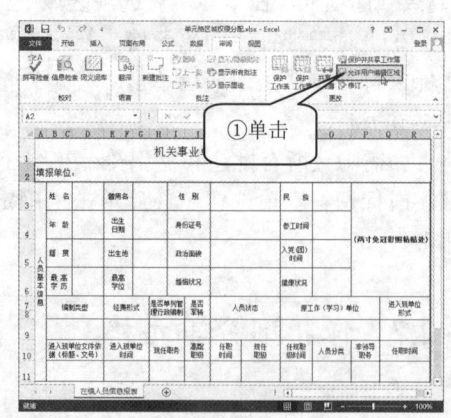

图 3-54 在工作表中选择别人可以编辑的单元格区域

3 单击"新区域"对话框中的"引用单元格"折叠按钮，按住<Ctrl>键在工作表中选取可以让别人修改编辑的单元格区域，然后单击"引用单元格"折叠按钮展开"新区域"对话框，单击"确定"按钮返回到"允许用户编辑区域"对话框，如图3-56所示。

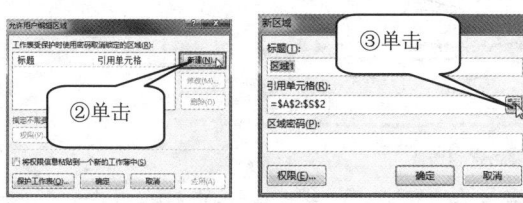

图 3-55　设置允许用户编辑的单元格区域

图 3-56　选择用户可编辑区域

4 在"允许用户编辑区域"对话框中单击"保护工作表"按钮，打开"保护工作表"对话框，选中"保护工作表及锁定的单元格内容"复选框，在"取消工作表保护时使用的密码"文本框中输入密码，单击"确定"按钮，弹出"确认密码"对话框，重新输入密码后单击"确定"按钮关闭对话框完成设置，如图3-57所示。

图 3-57　输入密码保护工作表及锁定的单元格内容

设置权限后，当编辑者试图更改"允许用户编辑区域"以外的单元格时，则弹出"试图更改的单元格或图表在受保护的工作表中"警告提示，如图3-58所示。

在图3-54所示的"机关事业单位在编人员信息表"中，如果需要保护表中所列的项目不被更改，表中需要填写内容的一部分要由用户本人编辑，一部分由人事管理人员编辑，并且可编辑人员之间不能超出自己的编辑范围，可以在工作表中为每类编辑人员指定编辑区域和编辑密码。具体操作如下。

1 打开需要设置单元格区域权限分配的工作表，单击"审阅"选项卡"更改"组中的"允许用户编辑区域"命令，打开"允许用户编辑区域"对话框，再单击"新建"按钮，打开"新区域"对话框，如图3-59所示。

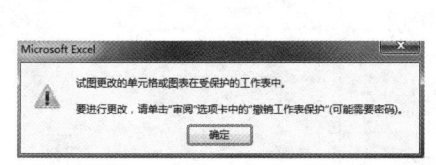

图 3-58　试图更改"允许用户编辑区域"
　　　　　以外的单元格时的提示

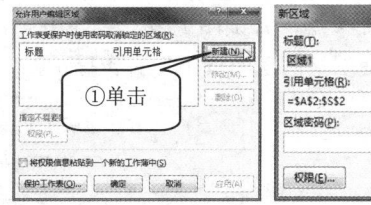

图 3-59　打开新区域对话框

2 在"新区域"对话框的"标题"文本框中输入"用户编辑区域"，在"引用单元格"文本框中按住<Ctrl>键在工作表中选取可以让用户修改、编辑的单元格区域的地址，在"区域密码"文本框中输入在"用户编辑区域"时编辑的密码，单击"确定"按钮，弹出"确认密码"对话框，重新输入密码后返回"允许用户编辑区域"对话框，如图 3-60 所示。

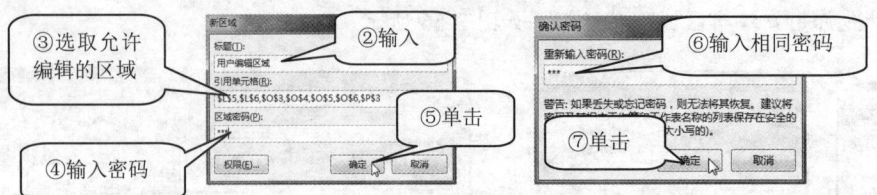

图 3-60　设置用户编辑区域和密码

3　在"允许用户编辑区域"对话框中，单击"新建"按钮，打开"新区域"对话框。按同样的方法在"新区域"对话框的"标题"文本框中输入"人事行政部门负责人编辑区域"，在"引用单元格"文本框中输入可以让人事行政部门负责人修改编辑的单元格区域的地址，在"区域密码"文本框中输入在"人事行政部门负责人编辑区域"编辑时的密码，单击"确定"按钮，如图 3-61 所示，在"确认密码"对话框中重新输入密码后返回"允许用户编辑区域"对话框。

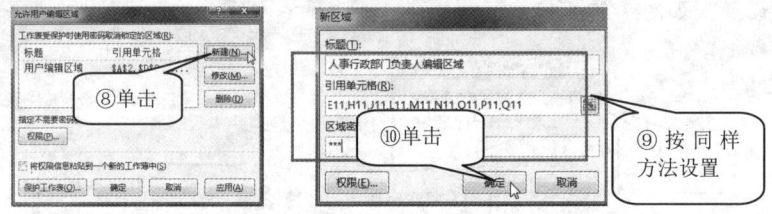

图 3-61　设置人事行政部门负责人编辑区域和密码

4　在"允许用户编辑区域"对话框中单击"保护工作表"按钮，打开"保护工作表"对话框，选中"保护工作表及锁定的单元格内容"复选框，在"取消工作表保护时使用的密码"文本框中输入密码，单击"确定"按钮，弹出"确认密码"对话框，重新输入密码，单击"确定"按钮关闭对话框完成设置，如图 3-62 所示。

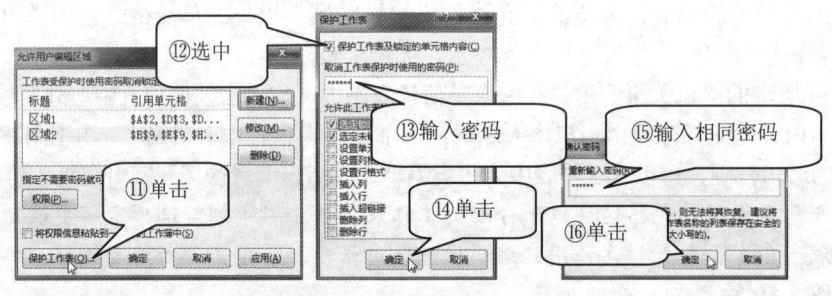

图 3-62　保护工作表

设置完成后，如果编辑者试图更改"允许用户编辑区域"以外的单元格时，则弹出"试图更改的单元格或图表在受保护的工作表中"警告提示，如图 3-63 所示。

图 3-63　不能编辑的警告提示

当用户在允许的编辑区域编辑时，需输入密码才能编辑（编辑者知道自己编辑区域的密码），如图 3-64 所示。

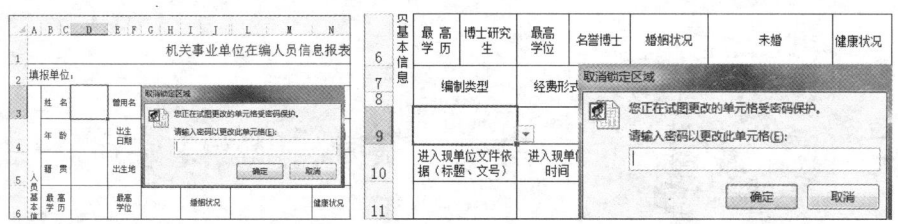

图 3-64　输入密码编辑指定单元格区域

技高一筹

绘制斜线表头

在很多报表中往往需要制作斜线表头，下面介绍如何制作斜线表头。

【例 3-7】绘制单斜线表头

1　选定目标单元格，单击"开始"选项卡"单元格"组中的"格式"下拉按钮，在下拉菜单中单击"设置单元格格式"命令，打开"设置单元格格式"对话框。

2　在"边框"选项卡中选取合适的线条样式和颜色，单击"边框"区域中的"斜线"按钮，最后单击"确定"按钮完成设置，如图 3-65 所示。

3　在单斜线表头单元格内输入表头标题"学科姓名"，把光标定位在"学科"和"姓名"之间，然后按<Alt+Enter>组合键在单元格内换行，使"学科"和"姓名"分行显示，调整两行文字位置与单元格斜线相匹配，完成制作，效果如图 3-66 所示。

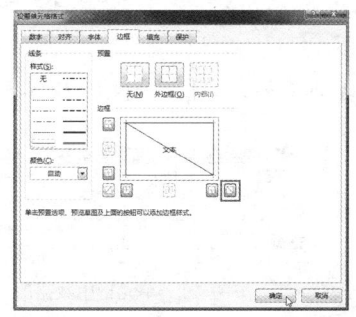

图 3-65　使用"边框"制作单斜线表头

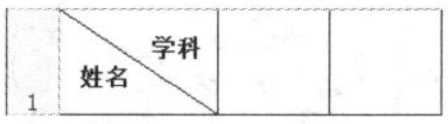

图 3-66　制作斜线表头

【例 3-8】绘制多斜线表头

1　在表头标题单元格内输入文本，例如"学科姓名考号"，按 <Alt+Enter> 组合键在单元格内进行换行。

2　单击"插入"选项卡中"插图"组中的"形状"下拉按钮，在"样式库"中选择"直线"，在单元格中绘制相应的斜线，然后选中绘制的斜线，设置斜线的颜色及粗细，如图 3-67 所示。

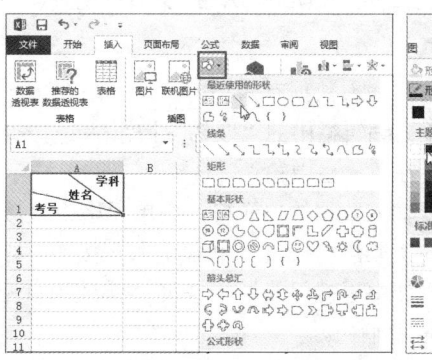

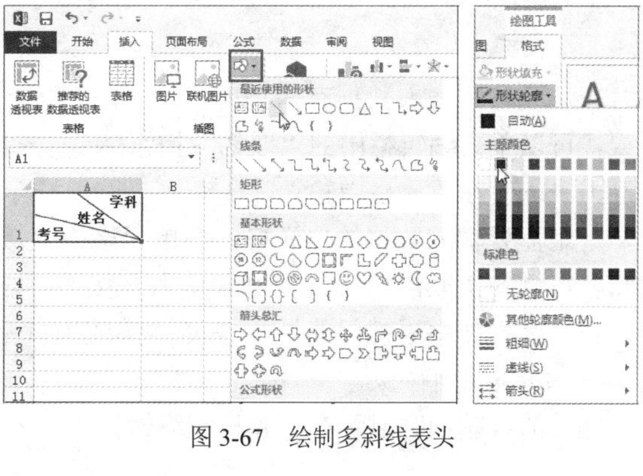

图 3-67　绘制多斜线表头

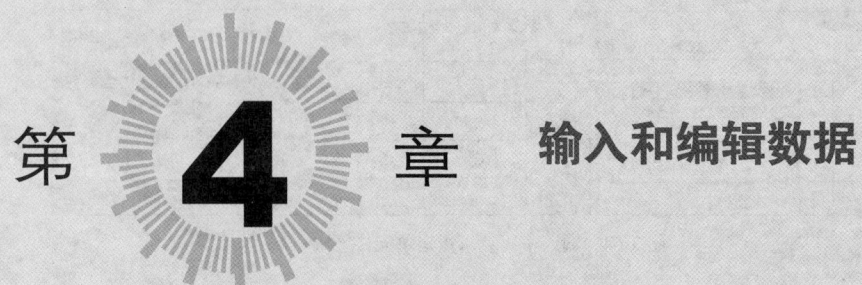

第 **4** 章 输入和编辑数据

在工作表中输入和编辑数据是用户使用 Excel 时最基础的操作。正确、快速地输入和编辑数据，对于工作表的数据采集和分析处理具有十分重要的意义。本章主要介绍如何在工作表中输入和编辑数据，以及数据输入和编辑的技巧等知识。

4.1 输入数据

单元格是 Excel 中最小的存储单位，单元格中可以输入数字、字母、符号或汉字等各种形式的数据，还可以输入公式，对工作表中的数据进行计算。

在单元格中可以输入和保存的数据主要有 4 种基本类型：数值、日期、文本和公式。此外还有逻辑值、错误值等特殊的数值类型。根据不同的数据类型，输入到单元格中的数据分别显示为"左对齐""居中"和"右对齐"3 种形式。默认情况下，在 Excel 中输入的文本靠左对齐，数值靠右对齐，逻辑值和错误值居中对齐，如图 4-1 所示。

图 4-1 单元格中数据的对齐方式

4.1.1 在单元格中输入数据的方式

在单元格中输入数据有两种方式：一是在单元格中直接输入，二是在编辑栏中输入。如果输入错误，可以单击编辑栏中的"取消"按钮 × 或按<Esc>键、<Ctrl+Z>组合键取消输入。

方式一： 在单元格中输入。

选定需要输入数据的单元格，在单元格中直接输入数据，输入结束时，光标在单元格内闪动，编辑栏左侧的"取消"按钮 × 和"输入"按钮 ✓ 被激活。单击"输入"按钮 ✓，确认当前输入的内容，在实际操作中更常用的是按<Enter>键或用鼠标单击其他单元格进行确认。如果单击"取消"按钮 ×，表示取消输入。

输入的数据同时显示在单元格和编辑栏中，如图 4-2 所示。

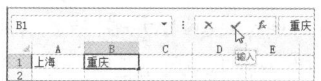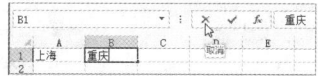

图 4-2　在单元格中直接输入数据

方式二： 在编辑栏中输入。

选定需要输入数据的单元格，然后单击编辑栏并输入数据，输入结束时，光标在编辑栏内闪动，单击"输入"按钮 ✓，确认当前输入的内容，在实际操作中通常按<Enter>键确认。如果单击"取消"按钮 ✕，表示取消输入，如图 4-3 所示。

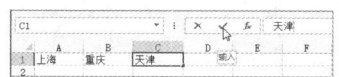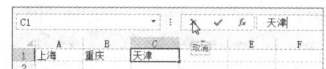

图 4-3　在编辑栏中输入数据

 单击"输入"按钮 ✓ 只能对输入内容进行确认，不会改变当前的活动单元格。按<Enter>键，不仅可以对输入的内容进行确认，而且 Excel 会自动将下一个单元格激活为活动单元格。

用户可以在"Excel 选项"对话框"高级"选项卡的"编辑选项"中设置"按 Enter 键移动所选内容"的方向。

【例 4-1】设置按<Enter>键后移动所选内容的方向

1　单击"文件"选项卡，在打开的 Backstage 视图中单击"选项"命令，打开"Excel 选项"对话框。

2　单击"高级"选项卡，在右侧的"编辑选项"区域中选中"按 Enter 键后移动所选内容"（默认已勾选）复选框，在"方向"下拉列表中选择移动方向（向下、向右、向上、向左），最后单击"确定"按钮关闭"Excel选项"对话框，如图 4-4 所示。

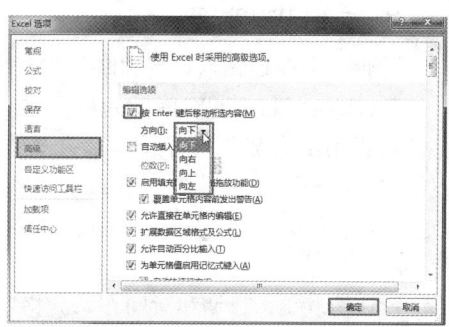

图 4-4　设置按 <Enter> 键后激活单元格的方向

4.1.2　特殊类型数据的输入

在了解了数据的输入方法后，下面介绍几种特殊数据的输入方法。

1．输入分数

【例 4-2】快速输入分数的常用方法

如果直接在单元格中输入"1/2"时，Excel 会将该数字识别为日期，显示为"1 月 2 日"。在单元格中若要输入分数，可以使用多种方法，下面介绍两种常用的输入分数的方法。

方法一： 按"整数位+空格+分数"的形式输入。

例如要输入"$\frac{1}{3}$"，可以输入"0 1/3"；如果要输入"$1\frac{1}{3}$"，可以输入"1 1/3"。输入时整数部分和分数部分之间应包含一个空格，如果输入的分数分子大于分母，或者分子和分母有大于 1 的公约数，Excel 会自动换算，如图 4-5 所示。

方法二： 设置单元格格式。

例如要输入"$\frac{1}{2}$"，可以选中需输入数据的单元格，单击"开始"选

A	B
1	分数的输入	
2	显示的数据	说　明
3	1月3日	在A3单元格输入1/3
4	1/3	在A4单元格输入0 1/3
5	2 1/3	在A5单元格输入1 4/3

图 4-5　在单元格中输入分数

项卡"数字"组中的"数字格式"对话框启动器按钮，打开"设置单元格格式"对话框，在"数字"选项卡中单击"分类"列表框中的"分数"选项，在"类型"列表框中单击选择一种分数类型，如图4-6所示。

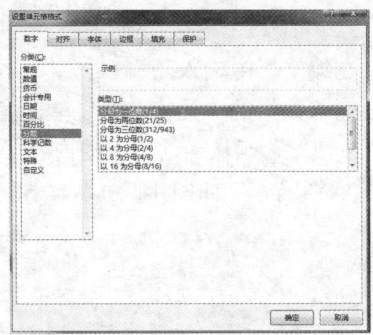

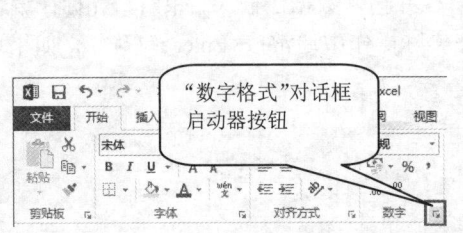

图4-6　设置分数格式输入分数

设置完成后，在单元格中输入"0.5"或"1/2"，即可按选择的分数类型显示为"$\frac{1}{2}$"。

 如果希望显示假分数，在"设置单元格格式"的"数字"选项卡中，选中"分类"列表框中的"自定义"选项，在右侧"类型"文本框中输入"?/?"，再单击"确定"按钮关闭对话框，如图4-7所示。

2. 输入日期和时间

【例4-3】快速输入日期和时间

Excel 是将日期和时间视为特殊数值类型处理的，它能够识别出大部分用普通表示方法输入的日期和时间格式。用户可以用斜杠"/"或者"-"来分隔日期中的年、月、日部分。正确的中文日期格式为 2013/1/1 或者 2013-1-1。

默认情况下，日期和时间在单元格中右对齐。如果用户使用分隔符"."来输入日期，如"2013.1.1"，这样输入的数据不被识别为日期或时间格式，只会将被视为文本格式，并在单元格中左对齐，如图4-8所示。

在 Excel 中，当用户输入的数据只包含月份和日期时，Excel 会自动以系统当年年份作为这个日期的年份

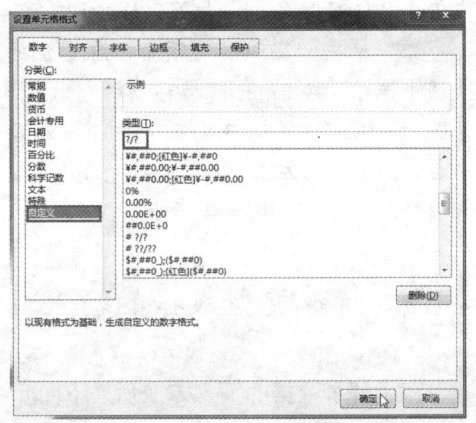

图4-7　自定义分数格式

值。用户也可以只输年份后两位。两位年份值为00～29，表示 2000 到 2029 年。两位年份值为30～99，则表示 1930 到 1999 年。

例如，在单元格 A3 中输入"1-1"时，单元格中会显示"1 月 1 日"，编辑栏中显示"2013/1/1"（当前年份）；在单元格 A4 中输入"29/1/1"时，单元格内容会自动改变为"2029/1/1"；在单元格 A5 中输入"92/1/1"时，单元格内容会自动改变为"1992/1/1"。因此，如果要输入 1900～1929 的年份，就应输入完整的 4 位年数，如图4-9所示。

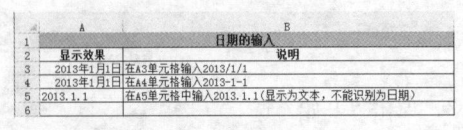

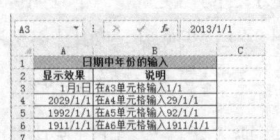

图4-8　在单元格中输入日期　　　　　　　图4-9　年份的输入

提示　按下 <Ctrl+;> 组合键可以输入当前日期，按下<Ctrl+:>组合键可以输入当前时间。

在 Excel 中，日期和时间可视为数字进行处理，可以进行加减运算。Excel 实际上支持两种日期系统：1900 年日期系统和 1904 年日期系统。在 1900 年日期系统中，1900 年的 1 月 1 日为第一天，其存储的日期系列编号为 1；在 1904 年日期系统中，1904 年的 1 月 1 日为第一天，其存储的日期系列编号为 0；两种日期系统的最后一天都是 9999 年 12 月 31 日。Excel 中默认的日期系统是 1900 年日期系统。

用户可以通过进行以下操作来更改日期系统。

1　单击"文件"选项卡，在打开的 Backstage 视图中单击"选项"命令，打开"Excel 选项"对话框。

2　单击"高级"选项卡，在右侧的"计算此工作簿时"选项中，选择所需的工作簿，然后选中或取消选中"使用 1904 日期系统"复选框，单击"确定"按钮保存设置，如图 4-10 所示。

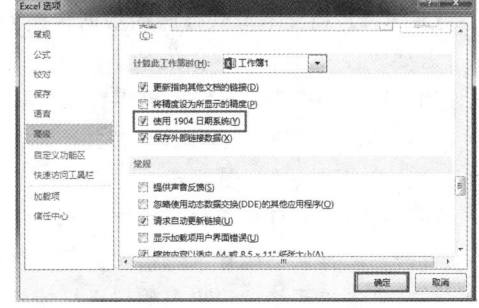

图 4-10　在"Excel 选项"对话框中更改日期系统

3. 输入 0 开头的数据

在输入账号、序号等数据时，常常要输入 0 开头的数据，可以使用以下 3 种方法。

方法一： 先将需要输入数据的单元格设置为文本格式，然后在设置为文本格式的单元格中输入 0 开头的数据。

方法二： 先输入单引号"'"（注意：要在半角状态下输入），再输入数据。

方法三： 自定义需要输入数据的单元格格式，单击"开始"选项卡"数字"组中的"数字格式"对话框启动器按钮，打开"设置单元格格式"对话框，在"分类"列表框中单击"自定义"选项，在"类型"文本框中输入"000"，单击"确定"按钮保存设置，如图 4-11 所示，然后输入数据。

提示　0 的个数要与需要输入的数据的位数相同，当输入的数据位数不足时，Excel 会自动在数据前面加 0 补足位数。例如，要显示 3 位数，在自定义数字格式"类型"文本框中输入"000"后，在单元格中输入"1""01"或"001"，都显示为"001"；如果需要输入的数据的位数不固定，可在自定义数字"类型"文本框中输入一个"@"。设置后可以在单元格中输入 01、001、0001 等位数不固定的以 0 开头的数。输入后的数据以文本格式显示。

用上述 3 种方法在单元格中输入以 0 开头的数据的显示结果如图 4-12 所示。

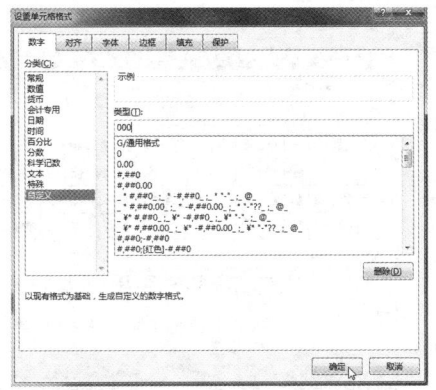

图 4-11　自定义数字类型

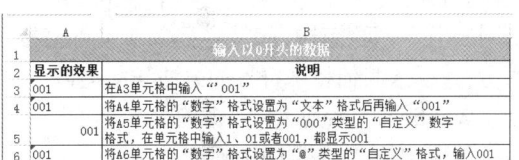

图 4-12　输入以 0 开头的数据

Excel 2013 使用详解（修订版）

 在图 4-12 所示的工作表单元格 A7 中，输入求和公式"=SUM(A3:A6)"，此公式的计算结果显示为 1，原因在于设置文本格式的单元格不参与计算。

技高一筹

将文本形式存储的数据转换为数字

【例 4-4】将文本形式存储的数据转换为数字

若要"以文本形式存储的数字"参与计算，需要将"以文本形式存储的数字"转换为数字，可以使用"错误检查"功能进行转换，具体操作如下。

1 单击"文件"选项卡，在打开的 Backstage 视图中单击"选项"命令，打开"Excel 选项"对话框，单击"公式"选项卡。

2 选中"允许后台错误检查"复选框（默认状态已选择）。

3 在工作表中选择单元格左上角有绿色错误指示符的单元格。

4 单击单元格旁边出现的错误提示按钮①，在下拉列表中单击"转换为数字"命令，如图 4-13 所示。

4. 输入 11 位以上的数字

【例 4-5】在单元格中完整显示 18 位身份证号码

在 Excel 中，直接输入超过 11 位的数字，会自动转换为科学计数格式。在实际工作中，输入身份证号码、银行账号等数据时，如果直接在单元格中输入，就会变为科学计数法显示，如图 4-14 中 A3 单元格所示。如果要让这些数据完整地显示，可以在输入之前先输入一个半角单引号"'"（必须在英文状态下输入），或者先将单元格数字格式设置为文本格式，然后在带格式的单元格中输入数据即可。在 A4、A5 单元格中输入了 18 位的数字，都完整地显示在单元格中，如图 4-14 所示。

图 4-13 使用"错误检查"功能将
"以文本形式存储的数字"转换为数字

图 4-14 输入 11 位以上的数据

5. 输入●★✓特殊符号

单击"插入"选项卡"符号"组中的"符号"按钮，打开如图 4-15 所示的"符号"对话框，通过选择不同的"字体"、不同"子集"和不同进制，几乎可以找到任何在计算机上使用的字符。例如要插入★号，选择"Windings"字体，拖动右侧的滚动条，在符号集中单击"★"，再单击"插入"按钮，即可将选择的符号插入（也可直接双击选择的符号）。插入其他特殊符号的方法与此类似。

在"Windings"系列字体（共有 3 个）中，可选择许多可爱的图形字符，如图 4-16 所示。

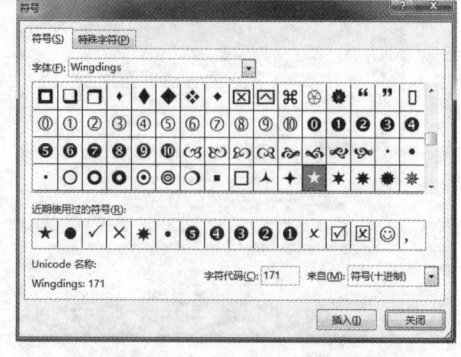

图 4-15 "符号"对话框

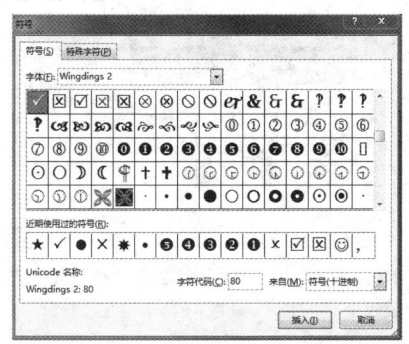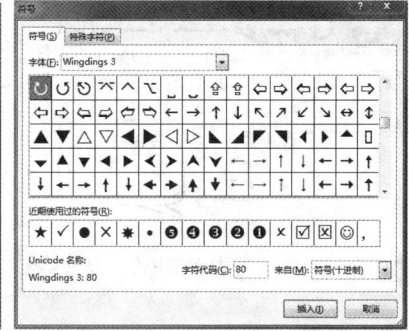

图 4-16 图形字符

 按住 <Alt> 键,然后使用数字小键盘输入(使用笔记本电脑的用户切换到数字键盘模式输入)"41420",松开 <Alt> 键,可以快速插入"√";使用 <Alt+41409> 可以快速插入叉号"×"。

4.1.3　快速填充、自动拆分与自动合并

"快速填充"是 Excel 2013 的新增功能。它能让一些不太复杂的字符串处理工作变得更简单。在第 1 章介绍 Excel 2013 的新增功能时提及了新增的"快速填充"功能,这里进行具体介绍。

在 Excel 2013 之前的版本中,使用"自动填充"功能可以进行复制、填充序列以及填充格式等。Excel 2013 新增的"快速填充"除了具备上述功能以外,还能实现单元格内容的拆分、字符串的分列、合并等特殊功能。"快速填充"会根据从数据中识别的模式,进行自动填充、自动拆分、自动合并,快速输入众多数据。

"快速填充"必须是在数据区域的相邻列内才能使用,在横向填充中不起作用。要使用"快速填充"功能,主要有以下几种方法。

方法一: Excel 能自动识别有规律的数据,在用户输入开头数据后,给出填充建议,如果接受快速填充建议,只需按<Enter>键即可,如图 4-17 所示。

方法二:选中填充起始单元格以及需要填充的目标区域,然后在"数据"选项卡"数据工具"组中单击新增的"快速填充"按钮,如图 4-18 所示。

图 4-17　按 <Enter> 键即可快速填充

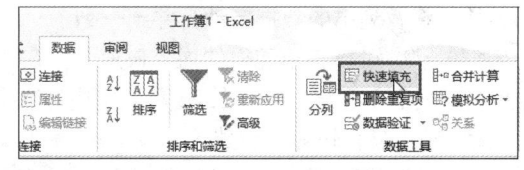

图 4-18　"数据工具"组中新增的"快速工具"按钮

方法三:选中填充起始单元格,使用双击或拖曳填充柄(鼠标指针移至单元格右下角,出现黑色十字形图标)的方式填充至目标区域,在填充完成后会在右下角显示"自动填充选项"按钮,单击按钮出现下拉列表,在下拉列表中单击"快速填充"单选钮,如图 4-19 所示。

方法四:选中填充起始单元格以及需要填充的目标区域,按 <Ctrl+E> 组合键。

在快速填充数据之后,在填充区域的右侧会显示"快速填充选项"按钮,此时可以在这个选项中选择是否接受 Excel 的自动处理,如图 4-20 所示。

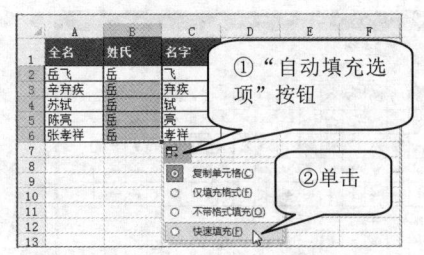
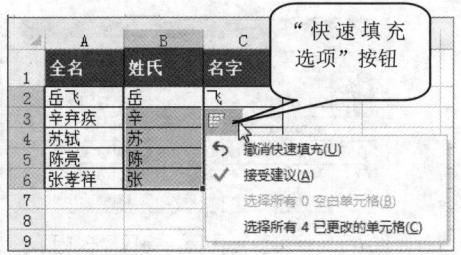

图4-19　"自动填充选项"下拉列表中的"快速填充"命令　　图4-20　"快速填充选项"按钮

1. 自动填充

【例4-6】为单元格区域快速自动填充数据

在填充数据时，如果拥有类似的序列，可以暂时输入第一个单元格数据，然后单击"数据"选项卡"数据工具"组中的"快速填充"按钮 ，即可自动填充剩余数据。也可以向下拖曳填充柄进行复制，再单击"自动填充选项"按钮 ，在下拉列表中单击"快速填充"单选钮，如图4-21所示。

2. 自动拆分

【例4-7】快速从一列数据中自动拆分

"快速填充"可以将姓氏和名字等自动拆分到单独的列。在4-22所示的工作表中，要将A列姓名中的"名"拆分到B列，在B2单元格输入"俊峰"，按<Enter>键进入下一单元格,当在B3单元格输入"素"字时，马上显示了快速填充建议，只需按<Enter>键即可完成剩下单元格的快速填充，从第一列的姓名中拆分出名。同样，使用快速填充可以对日期、地址、产品型号等进行自动拆分。

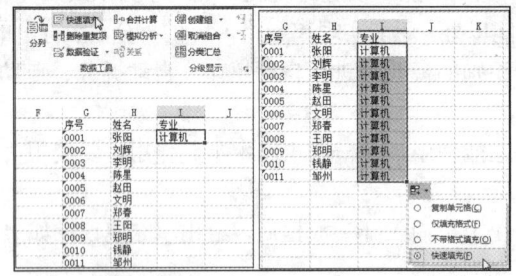
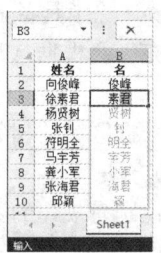

图4-21　快速自动填充　　　　　　　　图4-22　自动拆分

3. 自动合并

【例4-8】快速将两列中的数据自动合并到一列

使用"快速填充"，可以将单元格的内容快速合并在一起。如图4-23所示，要把D列的省份和E列的市区合并到F列的单元格中，可在F3单元格中输入"重庆奉节"，按<Enter>键进入下一单元格，输入"天津"后，马上显示快速填充建议，按<Enter>键即可完成剩下单元格的快速填充。或者在F3单元格中输入"重庆奉节"，按<Enter>键进入下一单元格，单击"数据"选项卡"数据工具"组中的"快速填充"按钮 ，也可以完成这两列内容的自动合并。

4. 自动拆分合并

"快速填充"可以将"部分内容合并"。这是一种将拆分功能和合并功能同时组合在一起的使用方式，将拆分的部分内容再进行合并，Excel依然能够智能地识别这其中的规律，在快速填充时依照这个规律处理其他的相应内容。

【例4-9】快速将多列数据中的部分内容自动拆分合并

在图4-24所示的工作表中，E2单元格中输入的内容是B2单元格第2个字符后面的字符+C2单元格的月份和日期数据+D2 单元格内容，其中还包含了新加入的短横线分隔符，在快速填充过程中，Excel 会依照上面这种组合规律，相应地处理 B、C、D 列的其他单元格内容快速进行填充。

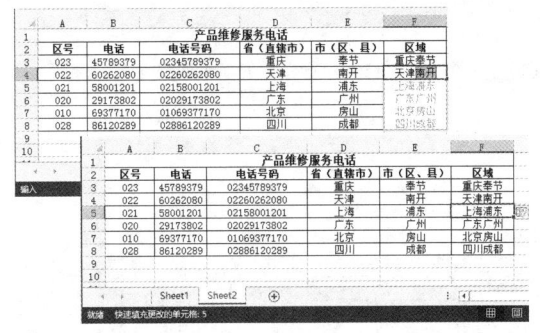

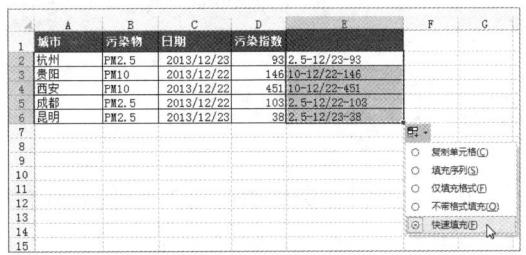

图 4-23　自动合并　　　　　　　　　图 4-24　自动拆分合并

4.2　数据输入技巧

数据输入是使用 Excel 过程中最常用的操作之一，学习和掌握数据输入技巧，能够简化数据输入操作，提高效率。

4.2.1　快速换行

在使用 Excel 制作表格时，经常会遇到需要在一个单元格中输入多行文本的情况，如果输入一行文本之后按<Enter>键，就会移到下一单元格，而不是换行。如果为单元格设置自动换行，虽可将文本显示为多行，但换行的位置是根据单元格的列宽来决定的，换行的位置不受用户控制。要实现用户可以控制单元格中文本换行位置的快速换行，可在选定单元格并输入第一行内容后，在需要换行处按 <Alt+Enter> 组合键，即可在同一单元格内快速换行输入下一行内容，如图 4-25 所示。

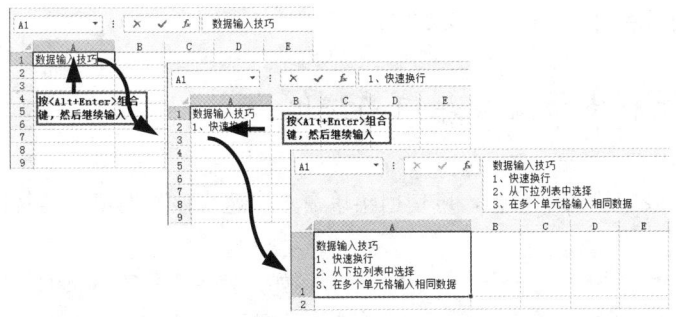

图 4-25　使用 <Alt+Enter> 组合键快速换行

 使用了<Alt+Enter>组合键快速换行的单元格，Excel 会自动选中"自动换行"复选框。如果用户取消选中"自动换行"复选框，则使用 <Alt+Enter> 组合键快速换行的单元格会重新显示为单行文字，但编辑栏中仍然保留换行后的显示效果，如图 4-26 所示。

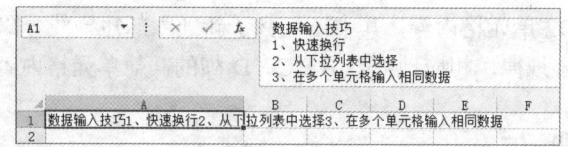

图 4-26　取消使用 <Alt+Enter> 组合键快速换行时选中的"自动换行"后的显示效果

4.2.2　从下拉列表中选择

如果某些单元格区域中要输入的数据很有规律，如文化程度（小学，初中，高中，中专，大专，本科，硕士，博士）、职称（技术员，助理工程师，工程师，高级工程师）等，为减少手工录入的工作量，可以从下拉列表中选择输入。

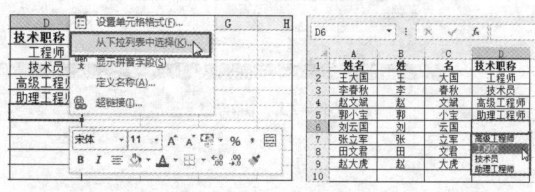

图 4-27　右键快捷菜单中的"从下拉列表中选择"命令

以图 4-27 所示的工作表为例，当 D 列的职称名称全部出现后，在 D6 单元格中输入职称时，单击鼠标右键，在打开的快捷菜单中单击"从下拉列表中选择"命令，出现下拉列表，用户可以在下拉列表中用鼠标单击选中内容自动输入。

4.2.3　在多个单元格中输入相同的数据

要在多个单元格中输入相同的数据，只需以下两步便可完成。

1　选择要输入相同数据的单元格区域。

2　在活动单元格中输入文本或公式，按 <Ctrl+Enter>组合键。

例如，要在单元格 B3、B6、B9 中输入"工程师"，操作步骤如下。

1　选中单元格 B3，按住<Ctrl>键，单击单元格 B6、B9，将这些单元格选中。

2　在活动单元格 B9 中输入"工程师"，按下<Ctrl+Enter>组合键，所选单元格即可同时输入相同内容，如图 4-28 所示。

图 4-28　在多个单元格中输入相同数据

4.2.4　在其他工作表中输入相同的数据

如果在一个工作表中输入了数据，可使用菜单命令快速将该数据填充到其他工作表中的相同单元格区域。

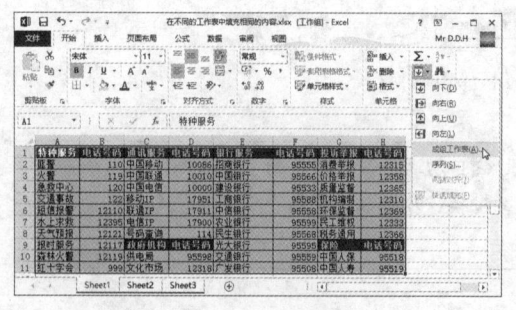

图 4-29　选中工作表

例如，要用工作表 Sheet1 中 A1:H11 单元格区域的内容填充工作表 Sheet2 和 Sheet3 中的相同单元格区域，操作步骤如下。

1　按 <Ctrl> 键选中含有输入数据的源工作表 Sheet1，以及复制数据的目标工作表 Sheet2 和 Sheet3。

2　在 Sheet1 工作表中选定单元格区域 A1:H11，单击"开始"选项卡"编辑"组中的"填充"下拉按钮，再单击"成组工作表"命令，如图 4-29 所示。

③ 在打开的"填充成组工作表"对话框中选中"全部"单选钮，如果只是填充内容，不包括格式，可选中"内容"单选钮。然后单击"确定"按钮，如图 4-30 所示。

操作完成后，工作表 Sheet2 和 Sheet3 上的 A1:H11 单元格区域就会填充上与工作表 Sheet1 上的 A1:H11 单元格区域相同的内容和格式，如图 4-31 所示。

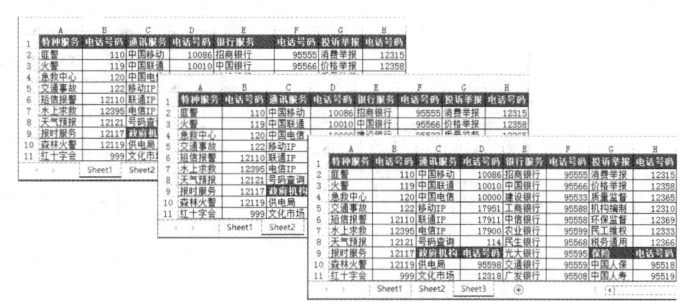

图 4-30　"填充成组工作表"对话框　　　　图 4-31　在多个工作表中填充相同数据

4.2.5　自动填充数据

如果要输入的数据本身包含某些顺序上的关联性，比如表格中的行或列的部分数据形成了一个序列，在若干连续的单元格中需要输入相同的数据或输入有规律的数据或公式时，就可以使用 Excel 提供的自动填充功能快速录入数据。

❖　填充柄自动填充

选中一个单元格，其右下角会出现一个小黑方块，它就是填充柄。将鼠标指针指向填充柄时，鼠标指针变为黑色的十字形➕，拖动填充柄可以向上、下、左、右 4 个方向自动填充。

如果没有显示填充柄，可以单击"文件"选项卡，在打开的 Backstage 视图中单击"选项"命令，打开"Excel 选项"对话框，单击"高级"选项卡，在"编辑选项"区域中选中"启用填充柄和单元格拖放功能"复选框，如图 4-32 所示。

例如，在单元格 D5 中输入"2013/10/8"，分别向上、下、左、右 4 个方向拖动填充柄，结果如图 4-33 所示。

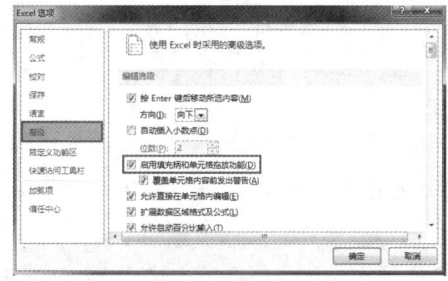

图 4-32　设置填充柄和单元格拖放功能　　　　图 4-33　拖动填充柄向上、下、左、右 4 个方向填充数据

常用的填充方法主要有以下几种。

方法一： 使用鼠标左键拖动填充柄。

对于一些简单序列的填充，使用鼠标左键拖动填充柄进行填充的方法十分便捷。

例如，要在单元格区域 A1:A10 中顺次输入 1、2、3……10 数字，操作步骤如下。

① 在单元格 A1 中输入"1"，A2 中输入"2"。

2 选中 A1:A2 单元格区域，将鼠标指针移至选中区域的黑色边框的右下角，出现黑色的十字形填充柄 "**+**"，按住鼠标左键向下拖动填充柄，直到 A10 单元格时松开鼠标左键。

在拖动过程中会出现屏幕提示，告诉用户每行即将填充的内容，如图 4-34 所示。

1、2、3……10 数字填充完成，显示结果如图 4-35 所示。

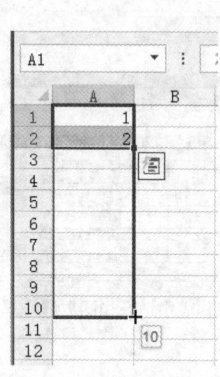

图 4-34　填充提示

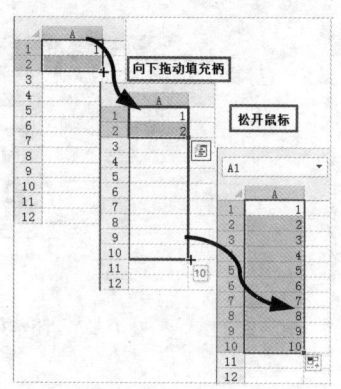

图 4-35　填充数字

如果只在起始单元格输入数据，使用自动填充功能在单元格区域 A1:A10 中顺次输入 1、2……10，操作步骤如下。

1 在单元格 A1 中输入 "1"。

2 将鼠标指针悬停在该单元格的右下角，直至出现黑色的十字形填充柄 "**+**"，然后按住<Ctrl>键，此时十字形 "**+**" 右上方又出现一个 "**+**"，用鼠标拖动填充柄到单元格 A10，松开鼠标，结果如图 4-36 所示。

如果没有按住 <Ctrl> 键，那么拖动结束后变成复制，可以单击 "自动填充选项" 智能标记右侧的下拉箭头按钮，在下拉列表中单击 "填充序列" 单选钮即可，如图 4-37 所示。

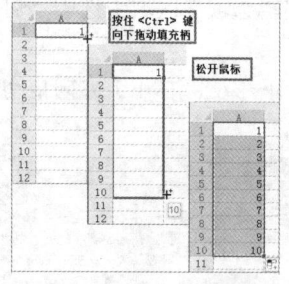

图 4-36　按住 <Ctrl> 键填充

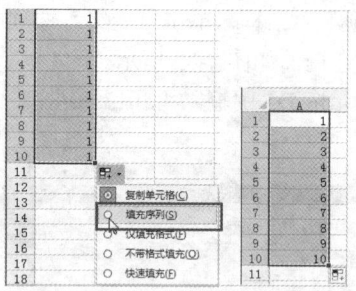

图 4-37　填充序列

要想得到等差数列，需要在前面的两个单元格中输入等差数列的前两个数据，然后选定它们。

例如，要在单元格区域 A1:A10 中填充一个步长为 2 的等差序列，操作步骤如下。

1 在单元格 A1 中输入 "1"，在 A2 中输入 "3"，通过输入这两个数字，建立 Excel 能够识别的一种等差模式。

2 选中单元格区域 A1:A2，将鼠标指针悬停在单元格区域的右下角，直至出现黑色的十字形填充柄 "**+**"，按住鼠标左键向下拖动填充柄，到单元格 A10 时松开鼠标左键，结果如图 4-38 所示。

方法二: 使用鼠标右键。

使用鼠标右键填充的操作步骤如下。

1 在单元格内输入数据。

2 将鼠标指针定位到该单元格的右下角,直至出现黑色的十字形填充柄"**+**",然后按住鼠标右键,沿着填充的方向拖动填充柄到需要的位置,释放鼠标右键,打开图 4-39 所示的快捷菜单。

3 在快捷菜单中,根据需要单击相应的填充(例如以月填充)选项即可。

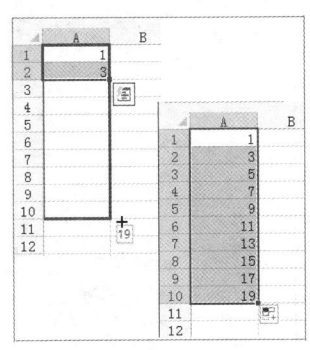

图 4-38　等差序列的填充

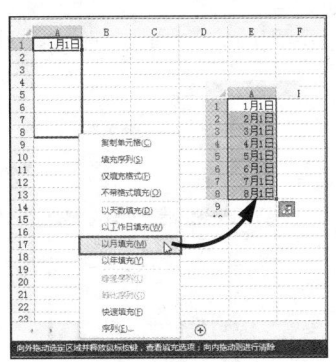

图 4-39　右键快捷菜单中的填充选项

方法三: 使用快捷键。

常用的填充快捷键有 <Ctrl+D>和<Ctrl+R>。

快捷键<Ctrl+D>的功能是:使用"向下填充"命令将选定范围内最顶层单元格的内容和格式复制到下面的单元格中。

快捷键<Ctrl+R>的功能是:使用"向右填充"命令将选定范围内最左边单元格的内容和格式复制到右边的单元格中。

例如,要在单元格区域 A1:A10 中填充相同的文字"Excel",操作步骤如下。

在单元格 A1 中输入"Excel",选中单元格区域 A1:A10,按下<Ctrl+D>快捷键,结果如图 4-40 所示。

 如果要填充的单元格不连续时,需要注意选定的先后顺序,要先选定需要填充的单元格区域,将用于填充的单元格最后选定。

例如,要将单元格 A1 中的"Excel"填充到单元格 A3、A5、A7、A9 中,操作步骤如下。

选中单元格 A3,按住<Ctrl>键,再选中单元格 A5、A7、A9,最后选中 A1 单元格,释放<Ctrl>键,按下<Ctrl+D>组合键,结果如图 4-41 所示。

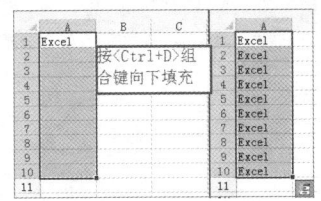

图 4-40　使用快捷键连续向下填充　　　　图 4-41　使用快捷键不连续向下填充

方法四: 使用菜单命令。

若遇到复杂一些的数据,仅用鼠标拖动填充柄或快捷键不能完成填充,此时需要使用菜单命令来完成。

例如,要在单元格区域 A1:A5 中填充等比数列"2、8、32、128、512",操作步骤如下。

1 在 A1 单元格中输入"2"。

2 选择 A1:A5 单元格区域(注意:不是使用拖动填充句柄来选择)。

3 单击"开始"选项卡"编辑"组中的"填充"下拉按钮 🔽，在打开的下拉菜单中选择"序列"命令，打开"序列"对话框。

4 在"序列"对话框中，设置"序列产生在"为"列"，"类型"为"等比序列"，"步长值"为"4"，如图 4-42 所示。

5 单击"确定"按钮，结果如图 4-43 所示。

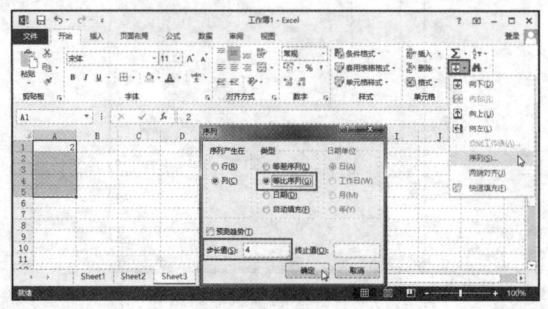

图 4-42 "序列"对话框

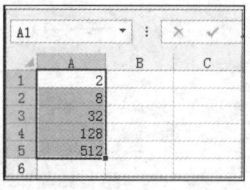

图 4-43 填充等比数列

方法五：双击填充柄。

双击填充柄可快速填充有规律的数据或公式。

如图 4-44 所示的工作表，在单元格 A2 中输入序号"0001"，在 A3 单元格中输入"0002"，拖动鼠标选择 A2 和 A3 单元格，用鼠标双击 A3 单元格右下角的填充柄"＋"，即可根据单元格 A3 的内容，按顺序填充 A4:A12 单元格区域。

如图 4-45 所示的工作表，将鼠标指针定位到单元格 D2 的右下角，然后双击填充柄"＋"，即可将单元格 D2 中的公式"＝B2*C2"复制到单元格区域 D3:D6 中。从填充后的图中可见，单元格区域 D3:D6 均用公式计算出了每种物品的"金额"。

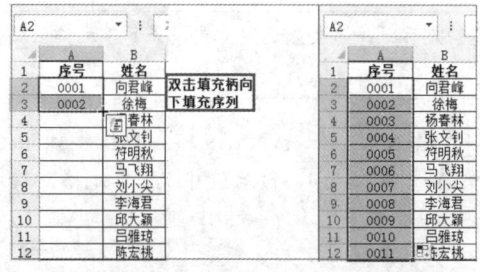

图 4-44 双击填充柄填充

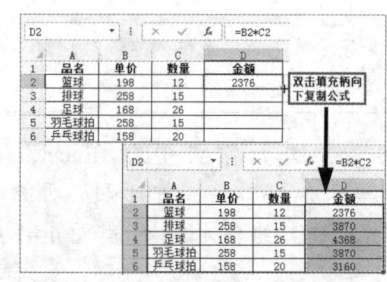

图 4-45 双击填充柄填充公式

4.2.6 创建自定义填充序列

Excel 可以自动识别多种填充序列（例如时间、日期、月份和连续的数字），用户也可以通过工作表中现有的数据项或以临时输入的方式，为常用文本创建自定义填充序列。

【例 4-10】创建自定义填充序列

1 单击"文件"选项卡，在打开的 Backstage 视图中单击"选项"命令，打开"Excel 选项"对话框，单击"高级"选项卡，在右侧（"常规"区域中）单击"编辑自定义列表"按钮，打开"自定义序列"对话框，如图 4-46 所示。

2 选择"自定义序列"列表框中的"新序列"选项，然后在"输入序列"列表框中输入新的序列，如"教授""副教授""讲师"和"助理讲师"。序列间以半角逗号分隔，也可以在输入每一项后按<Enter>键，这样就可以不必输入分隔符号，如图 4-47 所示。

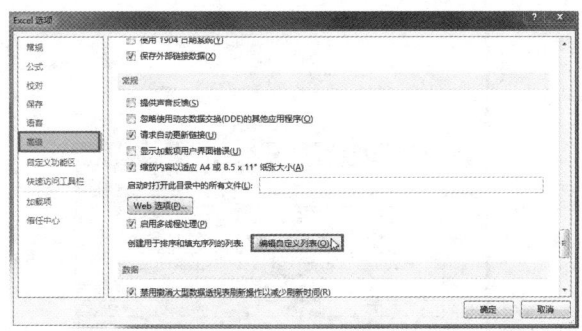

图 4-46　编辑自定义列表

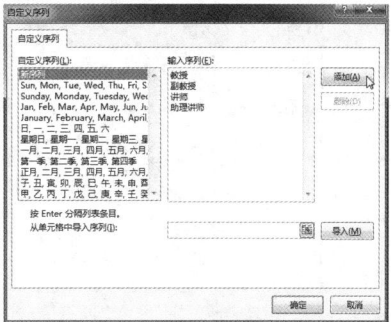

图 4-47　自定义数列

③　序列输入完毕单击"添加"按钮，新的自定义填充序列就会出现在左侧"自定义序列"列表的最下方。

④　依次单击"确定"按钮，关闭对话框。

如果工作表中已经输入了将要作为自定义序列的内容，则可在已经输入了序列的工作表中导入该序列，操作如下。

①　选中作为填充序列的 A1:A4 单元格区域。

②　单击"文件"选项卡，在打开的 Backstage 视图中单击"选项"命令，打开"Excel 选项"对话框，单击"高级"选项卡，在右侧（"常规"区域中）单击"编辑自定义列表"按钮，打开"自定义序列"对话框。

③　在"自定义序列"对话框中，选中作为填充序列的单元格区域 A1:A4 的地址出现在"从单元格中导入序列"文本框中，单击"导入"按钮，再单击"确定"按钮，选定的内容会导入到"自定义序列"列表框中（如果先没有选择作为填充序列的单元格区域，可以单击"从单元格中导入序列"文本框的"折叠"按钮，然后按住鼠标左键拖动鼠标在工作表中选择导入的区域），如图 4-48 所示。

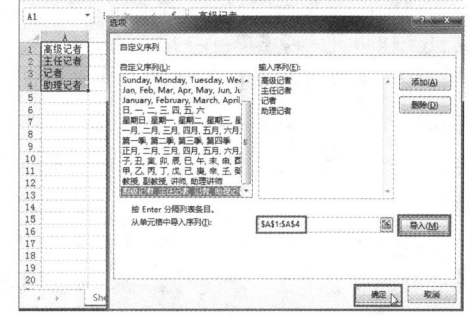

图 4-48　导入序列

4.2.7　快速为数字添加单位

有时需要给输入的数字加上单位，少量的可以直接输入，而大量的如果一个一个地输入就显得麻烦。快速为数字添加单位可以通过以下操作完成。

①　选取需要添加同一单位的单元格区域，单击"开始"选项卡"数字"组中的"数字格式"对话框启动器按钮，打开"设置单元格格式"对话框。

②　在"数据"选项卡"分类"列表中单击"自定义"选项，在右侧"类型"列表框中选择"0"选项，在"类型"文本框中"0"后输入单位，例如"枚"，单击"确定"按钮，如图 4-49 所示。

 提示　为单元格中的数据添加单位后，在编辑栏中可以看到单元格中存储的其实还是数字格式，这些单元格仍然可以进行类似求和等运算。

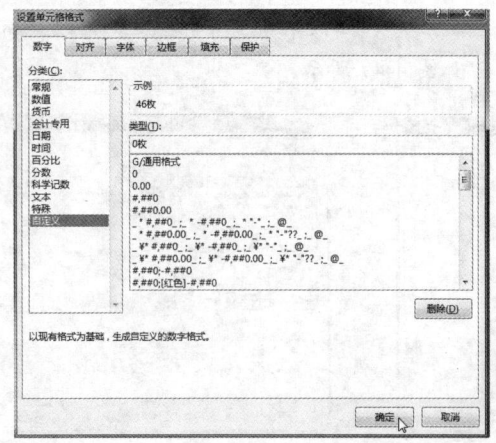

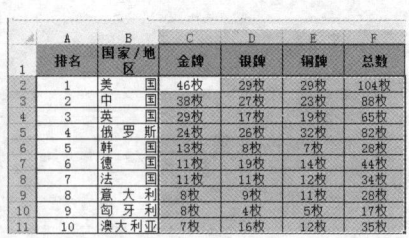

图 4-49　快速为数字添加单位

4.2.8　巧用选择性粘贴

复制与粘贴是 Excel 中常见的操作之一，如果不希望把原始区域的所有信息都复制到目标区域，可以使用选择性粘贴来实现。

1. 只复制数据，不复制公式

如果不需要复制公式，可以将公式转换为数值，只复制数据，操作步骤如下。

1 选择复制的内容，单击"开始"选项卡"剪贴板"组中的"复制"按钮。

2 选中目标区域，单击"开始"选项卡"剪贴板"组中的"粘贴"下拉按钮，在下拉菜单中单击"选择性粘贴"命令，打开"选择性粘贴"对话框。

3 在"选择性粘贴"对话框中选中"数值"单选钮，最后单击"确定"按钮，如图 4-50 所示。

2. 复制时进行运算

复制时进行计算可以将文本型数字转换为数值。图 4-51 所示的数据是文本型数字，文本型数字不能参与计算。将文本型数字转换为数值性数字，可以通过"选择性粘贴"的"运算"功能来实现。

图 4-50　选择性粘贴

【例 4-11】复制时进行计算

1 选择一个空白单元格（运算时数值相当于 0），单击"开始"选项卡"剪贴板"组中的"复制"按钮。

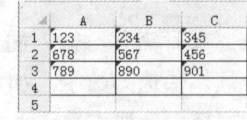

图 4-51　文本型数字

2 选中 A1:C3 单元格区域，单击"开始"选项卡"剪贴板"组中的"粘贴"下拉按钮，在下拉菜单中单击"选择性粘贴"命令，打开"选择性粘贴"对话框，单击"运算"选项中的"加"单选钮，单击"确定"按钮关闭对话框，如图 4-52 所示。

3 进行"选择性粘贴-加"运算后，文本型数字转换为数值性数字，如图 4-53 所示。

3. 行列位置互换

利用"选择性粘贴"的"转置"功能可以让原始区域在复制后行列互换，而且自动调整所有公式，以便在粘贴后仍能继续进行正常计算。

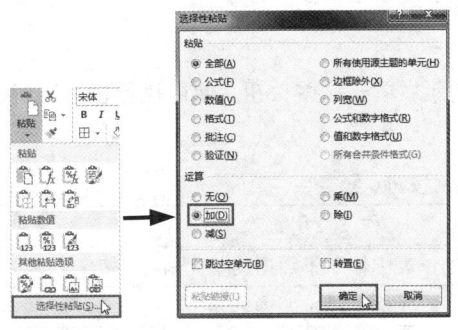

图 4-52　打开"选择性粘贴"对话框

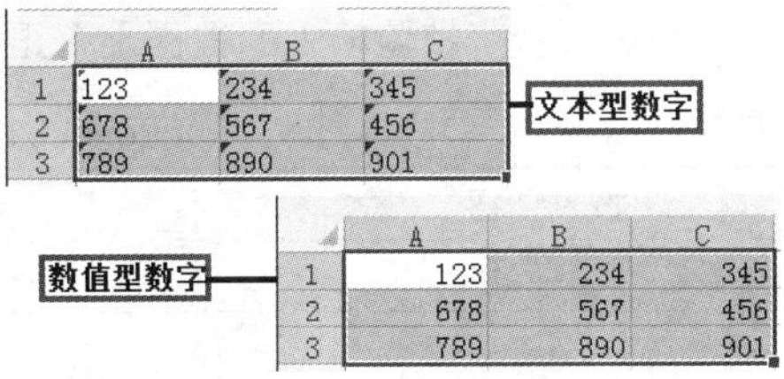

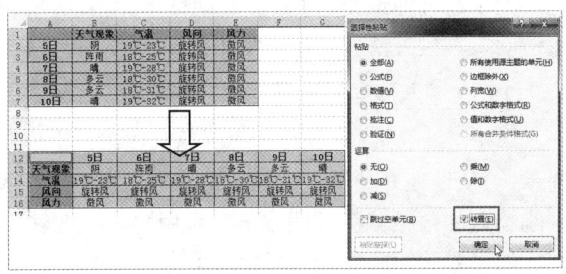

图 4-53　复制时进行运算

【例 4-12】转置单元格区域

1 选择复制的内容，单击"开始"选项卡"剪贴板"组中的"复制"按钮。

2 选中目标区域起始单元格，单击"开始"选项卡"剪贴板"组中的"粘贴"下拉按钮，在下拉菜单中选择"选择选择性粘贴"命令，打开"选择性粘贴"对话框。

3 在"选择性粘贴"对话框中选中"运算"区域中的"转置"复选框，最后单击"确定"按钮，如图 4-54 所示。

从图 4-54 中可以看出，转置后，行标题变成了列标题，实现了行列位置互换。

图 4-54　行列位置互换

4.2.9　取消单元格中的超链接

要取消一个单元格的超链接，可以右键单击单元格，在打开的快捷菜单中选择"取消超链接"命令。

批量取消超链接的操作步骤如下。

1 选定任意一个空白无格式单元格，单击"文件"选项卡"剪贴板"组中的"复制"按钮进行复制。

2 按 <Ctrl> 键，单击所有需要取消超链接的单元格，使它们都处于选中状态。

3 单击"粘贴"下拉按钮，在下拉菜单中选择"选择性粘贴"命令，打开"选择性粘贴"对话框，选中"运算"区域中的"加"单选钮，单击"确定"按钮完成操作，如图 4-55 所示。

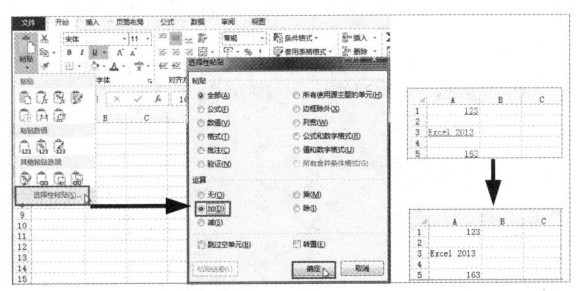

图 4-55　取消单元格超链接

4.2.10　开启朗读单元格功能校验输入数据

Excel 2013 具有一套语音朗读控制按钮，如表 4-1 所示。单击这些按钮，便可执行相关语音朗读的操作，通过语音来校验输入的数据是否正确。

表 4-1　　　　　　　　　　　　　Excel 2013 语音朗读控制按钮

按　　钮	作　　用
	朗读工作表中输入了数据的单元格
	朗读单元格—停止朗读单元格
	按 \<Enter\> 键开始朗读单元格
	按行的顺序朗读单元格
	按列的顺序朗读单元格

为了能方便地使用 Excel 的朗读单元格功能，可以将语音朗读控件添加到快速工具栏（自定义快速访问工具栏方法参见**第 1 章 1.6 节**）中，如图 4-56 所示。

1．在输入数据时进行朗读校对

单击"按 Enter 开始朗读单元格"按钮，此时发出语音

图 4-56　添加语音控制按钮到快速访问工具栏

提示："从现在开始输入的单元格内容将被朗读出来"。此后，在单元格中输入数据后按\<Enter\>键，刚刚输入的数据就会被朗读出来，用户可以在输入数据的同时通过语音进行校对，提高输入的准确性。如果要关闭此功能，可再次单击"按 Enter 开始朗读单元格"按钮，此时发出语音提示："在输入时关闭朗读功能"。

2．对已输入的数据进行朗读校对

用户如果要对工作表中已存在的数据进行校对，可使用"朗读单元格"功能。

【例 4-13】朗读工作表中已输入的数据进行校对

①　选定数据所在的单元格区域，然后单击快速访问工具栏中的"按行朗读单元格"按钮或"按列朗读单元格"按钮，确定朗读的方向。

②　单击"快速访问工具栏"中的"朗读单元格"按钮，则可按选定的朗读方向从选定区域的第一个单元格依次朗读单元格中的内容，如图 4-57 所示。

③　如果要停止朗读，可单击"朗读单元格—停止朗读单元格"按钮停止语音朗读。

图 4-57　按顺序朗读单元格

4.3　获取外部数据

Excel 具有直接导入常用数据库文件的功能。用户可以从 Microsoft　Access 数据库导入数据、从 Web 网页及文本文件中导入外部数据。

4.3.1　从 Access 获取外部数据

Access 是数据库管理软件，可以将 Access 数据库文件中的数据导入 Excel 工作表中，具体的操

作如下。

1　新建一个 Excel 空白工作簿，在"数据"选项卡中单击"自 Access"按钮，打开"选取数据源"对话框，选中目标文件，单击"打开"按钮，如图 4-58 所示。

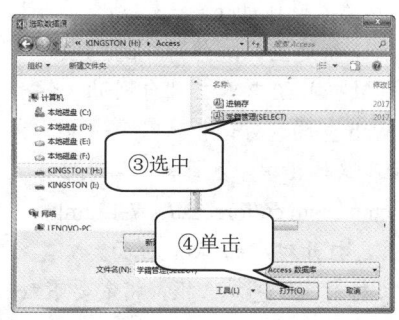

图 4-58　打开选取数据源对话框并选取目标文件

2　打开"选择表格"对话框，选择数据源所在表格的名称，如"学生成绩"，单击"确定"按钮关闭"选择表格"对话框，如图 4-59 所示。

3　打开"导入数据"对话框，在"请选择该数据在工作簿中的显示方式"下方选中"表"单选钮，在"数据的放置位置"下方选中"现有工作表"单选钮，设置导入数据的起始单元格为 A1 单元格，如图 4-60 所示。

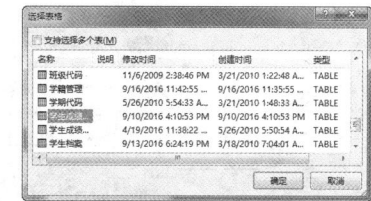

图 4-59　选择表格

4　单击"确定"按钮，完成数据的导入。当用户首次打开已经导入外部数据的工作簿时，显示"安全警告"的提示栏，单击"启用内容"按钮即可，如图 4-61 所示。

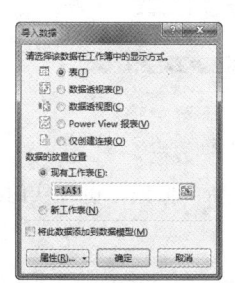
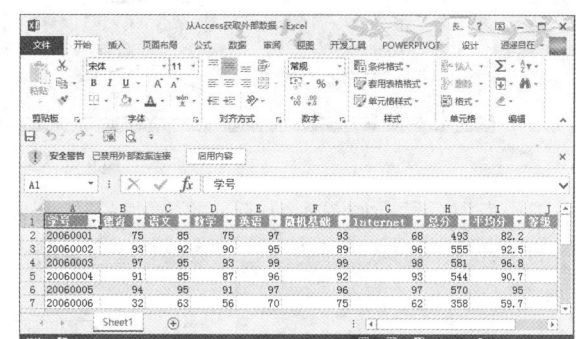

图 4-60　"导入数据"对话框　　　　　图 4-61　启用导入的数据

提示　　在图 4-60 所示的"导入数据"对话框中，单击"属性"按钮，打开"连接属性"对话框，如果选中"打开文件时刷新数据"复选框，每次打开导入外部数据的工作簿时，将自动更新外部数据。

4.3.2　从网页导入数据

Excel 不仅可以从外部数据库中获取数据，也可以从 Web 网页中轻松地获取数据。

【例 4-14】将气象服务网站数据导入 Excel 工作表

用户可以直接将 Web 页面中的天气预报、股票行情等数据信息导入 Excel 工作表中。导入数据后，在连接网络的情况下，使用"数据"选项卡中的"全部刷新"功能可以实现数据的实时刷新。

图 4-62 所示为气象服务网站的西南地区 12 月 23 日的天气预报数据页面，如果要快速将数据导入 Excel 工作表中，具体的操作如下。

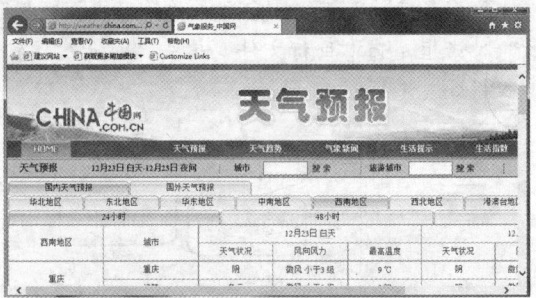

图 4-62　从 Web 导入的天气预报数据

1 启动 Excel，新建空白工作簿，在"数据"选项卡"获取外部数据"组中单击"自网站"按钮，打开"新建 Web 查询"对话框。

2 在"地址"文本框中输入目标网络地址，如"http://weather.china.com.cn/forecast/ 1-7-1.html"，单击"转到"按钮，打开对应的 Web 页面。

3 选中"目标箭头" 复选框，指定要下载的数据表区域，然后单击"导入"按钮，打开"导入数据"对话框。

4 指定数据的放置位置的起始单元格，默认选择"现有工作表"的"$A$1"，单击"确定"按钮关闭对话框，如图 4-63 所示。

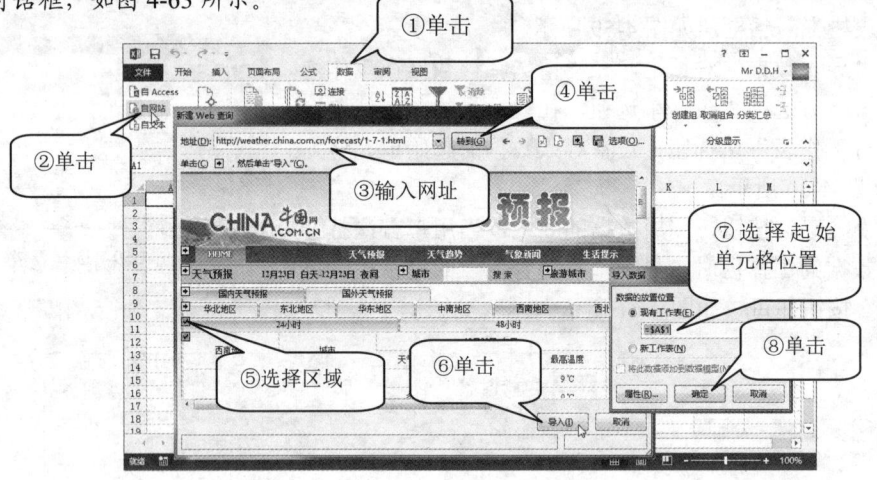

图 4-63　导入 Web 数据

此时，在工作表中会显示如图 4-64 所示的提示信息，提示正在获取数据。

导入具体的 Web 页面的数据后，单击"数据"选项卡的"全部刷新"按钮，可以实时刷新数据，如图 4-65 所示。

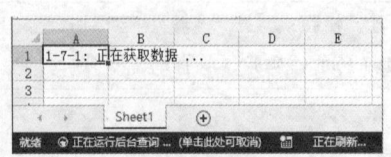

图 4-64　导入数据的提示信息

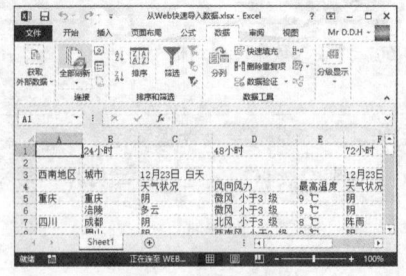

图 4-65　刷新数据

从 Web 网页获取的数据，可以设置自动刷新数据，具体的操作步骤如下。

【例 4-15】自动刷新 Web 数据

1 选中数据区域的任意单元格。

2 单击"数据"选项卡"连接"组中的"属性"按钮，打开"外部数据区域属性"对话框。

3　选中"刷新控件"区域的"打开文件时刷新数据"复选框，单击"确定"按钮关闭"外部数据区域属性"对话框，如图 4-66 所示。

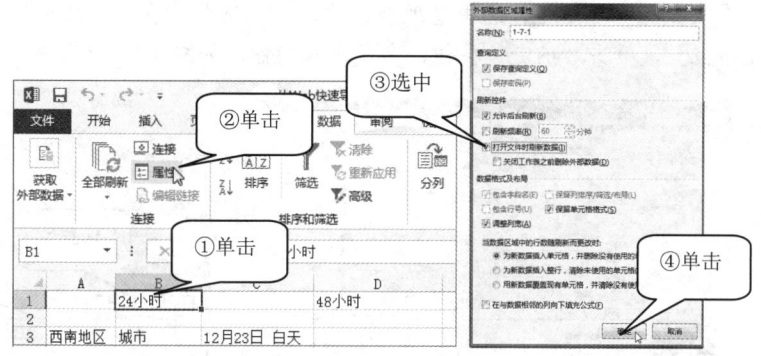

图 4-66　设置"打开文件时刷新数据"

设置后，打开工作簿时就会自动刷新数据，得到即时的天气预报信息。

4.3.3　导入文本数据

以文本文件格式（.txt 文件）存储的文本数据，也可以导入 Excel 中，形成数据列表。导入文本数据的具体操作如下。

1　启动 Excel，新建空白工作簿，在"数据"选项卡"获取外部数据"组中单击"自文本"按钮，打开"导入文本文件"对话框，选择需要导入的文本文件，单击"导入"按钮。如图 4-67 所示。

2　打开"文本导入向导-第 1 步，共 3 步"对话框，单击"分隔符号"单选钮，设置"导入起始行"为"1"（如不需导入标题行，可将该值设置为"2"），如图 4-68 所示。

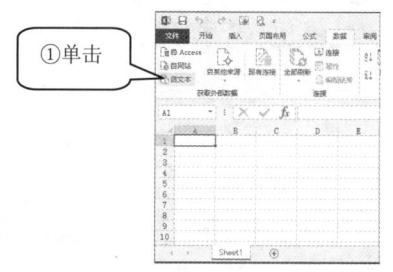

图 4-67　打开"导入文本文件"对话框并选择要导入的文本文件

3　单击"下一步"按钮，打开"文本导入向导-第 2 步，共 3 步"对话框，设置"分隔符号"后，单击"下一步"按钮，如图 4-69 所示。

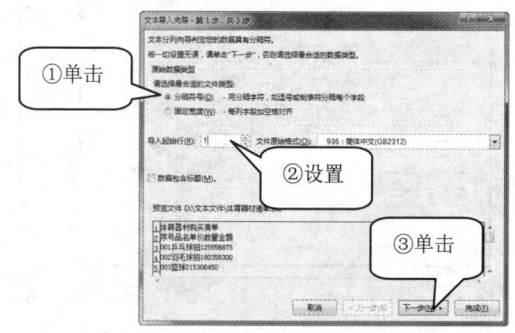
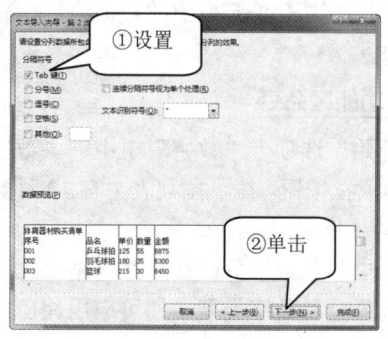

图 4-68　"文本导入向导"第 1 步　　　　　图 4-69　"文本导入向导"第 2 步

Excel 2013 使用详解（修订版）

4　打开"文本导入向导-第 3 步，共 3 步"对话框，分列后，可以通过"列数据格式"对每列数据进行格式设置，单击"完成"按钮，如图 4-70 所示。

5　打开"导入数据"对话框，选中"现有工作表"单选钮，在下方的编辑框中输入导入数据存放的起始单元格位置，单击"确定"按钮，完成导入操作，如图 4-71 所示。

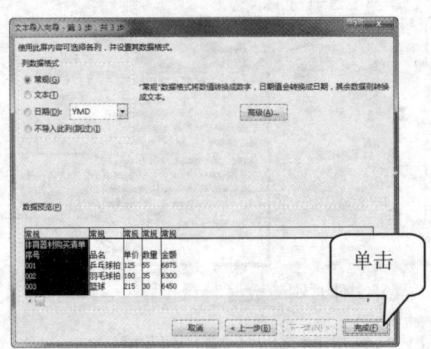

图 4-70　"文本导入向导"第 3 步

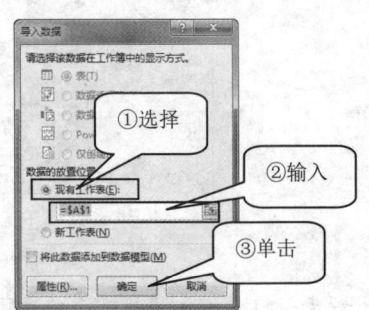

图 4-71　确定导入数据

6　Excel 导入文本文件的效果如图 4-72 所示。

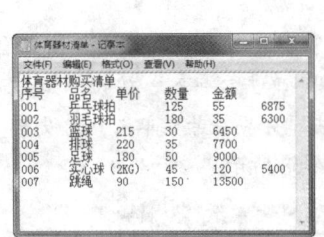

图 4-72　文本数据导入效果

4.4　为数据应用正确的数字格式

在大多数情况下，输入到单元格中的数据是没有格式的，Excel 提供了多种对数据进行格式化的功能，用户可以根据数据和需求来调整显示外观，提高数据的可读性。要对单元格中的数据应用格式，有以下几种方法。

1. 使用功能区命令

单击"开始"选项卡"数字"组中的"数字格式"列表框的下拉按钮，在下拉列表中有 12 种数字格式，如图 4-73 所示。

在工作表中输入数字后，在"数字格式"下拉列表中单击选择一种数字类型，便可应用相应的数字格式。

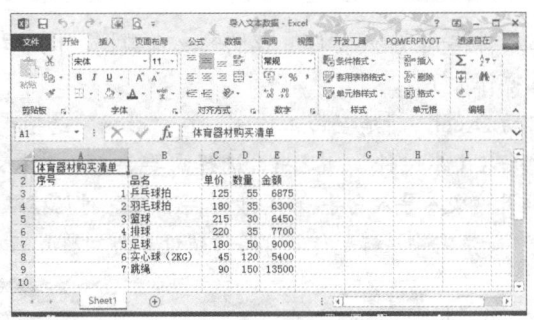

图 4-73　"数字格式"下拉列表中的 12 种数字格式效果

"数字"组的"数字格式"列表框下预置了 5 个较为常用的数字格式按钮,包括"会计数字格式""百分比样式""千位分隔样式""增加小数位数"和"减少小数位数",如图 4-74 所示。

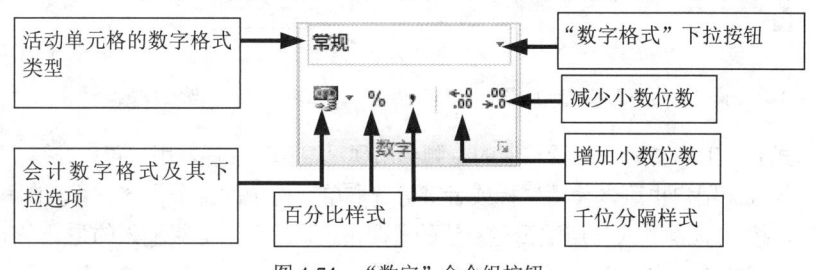

图 4-74　"数字"命令组按钮

2. 使用"单元格格式"对话框设置数字格式

可以通过"单元格格式"对话框中的"数字"选项卡进行数字格式设置。单击"开始"选项卡"数字"组中的"数字格式"对话框启动器按钮,打开"设置单元格格式"对话框,在"数字"选项卡中可以设置数字格式。

3. 使用快捷键设置数字格式

使用键盘中的快捷键也可以对目标单元格和单元格区域设定数字格式。常用的一些快捷键及功能说明如表 4-2 所示。

表 4-2　　　　　　　　　　　　设置数字格式的快捷键

快 捷 键	作　用
Ctrl+Shift+~	设置为常规格式(不带格式)
Ctrl+Shift+%	设置为百分数格式,无小数部分
Ctrl+Shif+^	设置为科学计数法格式,含两位小数
Ctrl+Shift+#	设置为短日期格式
Ctrl+Shif+@	设置为时间格式,包含小时和分钟显示
Ctrl+Shif+!	设置为千位分隔符显示格式,不带小数

4.5　编辑单元格的内容

已经输入数据的单元格,用户可以在激活目标单元格后,重新输入新的内容来替换原有数据。如果只想对其中的部分内容进行编辑修改,则可以激活单元格进入编辑模式,在单元格或编辑栏中进行编辑。

1. 在单元格中编辑数据

双击单元格后,在单元格中的原有内容后面会出现竖线闪烁光标,提示当前进入编辑模式,光标所在的位置为数据插入位置,按左、右方向键可在单元格内移动,移动光标到所需位置即可对输入的数据进行编辑,如图 4-75 所示(光标在单元格内闪烁)。

2. 在编辑栏中编辑数据

选定待编辑数据所在的单元格,单击编辑栏,光标在编辑栏中闪动。移动光标到所需位置即可对输入的数据进行编辑,如图 4-76 所示(光标在编辑栏内闪烁)。

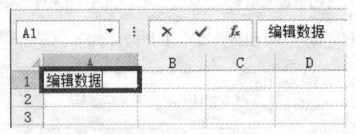

图 4-75 在单元格中直接编辑数据

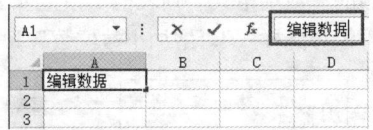

图 4-76 在编辑栏中编辑数据

进入编辑模式后，工作窗口底部状态栏的左侧会出现"编辑"字样，用户可以在键盘中按<Insert>键切换到"改写"模式。用户也可以使用鼠标或者键盘选取单元格中的部分内容进行复制和粘贴操作。在编辑修改完成后，按<Enter>键或使用编辑栏左边的✓按钮确认输入。如果输入的是一个错误数据，可以再次输入正确的数据覆盖，也可以使用"撤销"功能撤销本次输入。执行"撤销"命令可以单击快速访问工具栏中的"撤销"按钮，或者按 <Ctrl+Z> 组合键。

要使用改写模式，需在状态栏中单击鼠标右键，在打开的快捷菜单中单击"改写模式"命令，此时"改写模式"前出现一个对号"✓"，表示启用改写模式，如图 4-77 所示。

用户单击一次快速访问工具栏上的"撤销"按钮，只能撤销一步操作。如果需要撤销多步操作，可以多次单击"撤销"按钮，也可以单击"撤销"下拉按钮，在下拉菜单中将鼠标指针移动到需要撤销返回的具体操作，如图 4-78 所示。

可以在单元格中直接对内容进行编辑的操作有赖于"允许直接在单元格内编辑"功能的开启（默认状态下已开启），该功能的开关位于"Excel 选项"对话框中"高级"选项卡的"编辑选项"区域，选中"允许直接在单元格内编辑"复选框即可直接在单元格内编辑，如图 4-79 所示。

图 4-77 启用"改写"模式

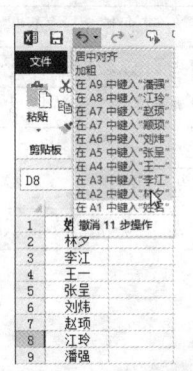

图 4-78 撤销多步操作

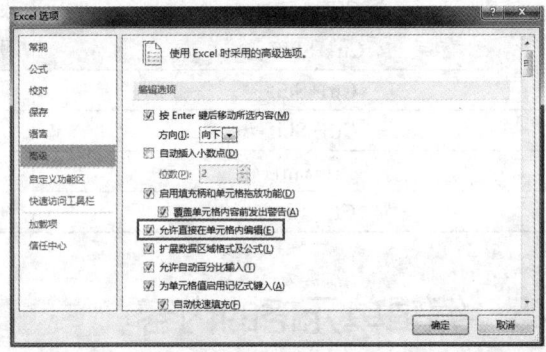

图 4-79 设置"允许直接在单元格内编辑"

技高一筹

利用"自动更正"功能提高数据输入效率

【例 4-16】巧用"自动更正"功能快速输入数据

运用"自动更正"功能可以用简化的文本替代长文本，提高输入效率。例如，可以设置用"XJ"自动替换"Excel 2013 使用详解"，设置完成后在工作表中输入"XJ"将自动替换成"Excel 2013 使用详解"。具体的操作步骤如下。

1 单击"文件"选项卡，在打开的 Backstage 视图中单击"选项"命令，打开"Excel 选项"对话框，单击"校对"选项卡，在右侧单击"自动更正选项"按钮，如图 4-80 所示。

2 在打开的"自动更正"对话框的"替换"文本框中输入"XJ"，在"为"文本框中输入"Excel 2013 使用详解"，单击"添加"按钮，完成新条目的添加，如图 4-81 所示。

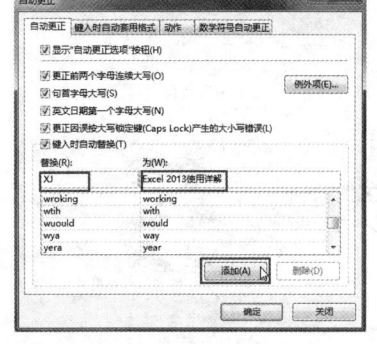

图 4-80　打开自动更正选项　　　　　图 4-81　添加"自动更正"项目

3 单击"确定"按钮关闭"自动更正"对话框，再次单击"确定"按钮，关闭"Excel 选项"对话框。此后在 Excel 中输入"XJ"后，将自动替换成"Excel 2013 使用详解"，如图 4-82 所示。

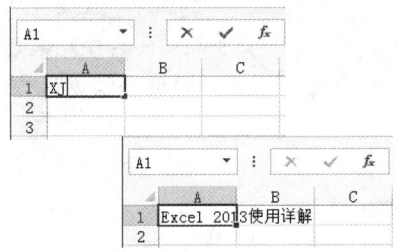

图 4-82　自动更正效果

第 **5** 章　美化工作表

Excel 2013 为工作表的格式设置提供了方便的操作方法和多项设置功能，用户可以根据需要对工作表进行美化，使工作表更形象和美观。本章将具体介绍美化工作表的基本操作。

5.1　设置单元格格式

单元格是 Excel 工作表的基本组成部分，设置单元格格式是美化工作表的最基本操作。设置单元格格式主要包括设置数据显示格式、字体样式、文本对齐方式、边框样式以及单元格填充颜色等。其中设置数据显示格式在第 4 章已经作了介绍，本章将不再讲解。

5.1.1　设置单元格格式的方法

对单元格格式的设置和修改，主要有以下几种方法。

方法一： 使用"开始"选项卡的命令组按钮。

"开始"选项卡有多个命令组用于设置单元格格式，包括"字体""对齐方式""数字"以及"样式"等，使用相关命令按钮可以对单元格的字体、样式等进行设置，如图 5-1 所示。

方法二： 使用"设置单元格格式"对话框。

"设置单元格格式"对话框包括"数字""对齐""字体""边框""填充""保护"等选项卡。利用"设置单元格格式"对话框，可以设置单元格格式。进行下列操作之一，可以打开如图 5-2 所示的"设置单元格格式"对话框。

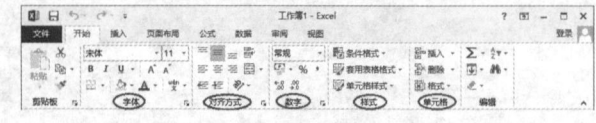

图 5-1　设置单元格格式的"开始"选项卡的命令组

1. 在任意一个单元格上单击鼠标右键，在打开的快捷菜单中选择"设置单元格格式"命令。
2. 单击"开始"选项卡"单元格"组"格式"按钮，在打开的菜单上单击"设置单元格格式"命令。
3. 单击"开始"选项卡"字体"组的"设置字体"对话框启动器按钮。
4. 单击"开始"选项卡"对齐方式"组的"对齐设置"对话框启动器按钮。
5. 单击"开始"选项卡"数字"组的"数字格式"对话框启动器按钮。

按下快捷键<Ctrl+1>。

> **提示**　根据不同的操作，可能打开"设置单元格格式"对话框的选项卡有所不同。

方法三： 右键快捷菜单的"浮动工具栏"。

在选中的单元格上单击鼠标右键，打开快捷菜单，同时出现"浮动工具栏"，在"浮动工具栏"中包含了常用的单元格设置命令，如图 5-3 所示。

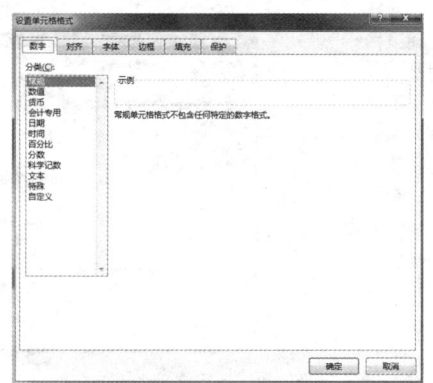

图 5-2　"设置单元格格式"对话框

图 5-3　右键快捷菜单中的"浮动工具栏"

5.1.2　设置字体、字号和字体颜色

默认情况下，在 Excel 2013 表格中的字体格式是"黑色（自动）、宋体、11 号"，如图 5-4 所示。用户可以根据需要对字体格式、字号加以更改。

1. 字体的设置

Excel 2013 中包含多种字体，除默认的"宋体"外，还有"黑体""隶书""楷体"等，要设置字体，主要有以下三种方法。

方法一： 使用功能区命令。

选择需要设置字体的单元格（或区域），在"开始"选项卡中单击"字体"组中的"字体"列表框右侧的"字体"下拉按钮 ，在打开的下拉列表中选择需要的字体即可，如图 5-5 所示。

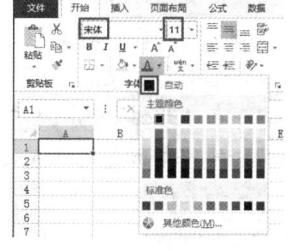

图 5-4　Excel 默认的字体、字号及颜色

方法二： 使用"浮动工具栏"。

在要设置字体的单元格上单击鼠标右键，打开快捷菜单，单击浮动工具栏中的"字体"下拉按钮 ，在打开的字体列表中选择所需的字体格式，如图 5-6 所示。

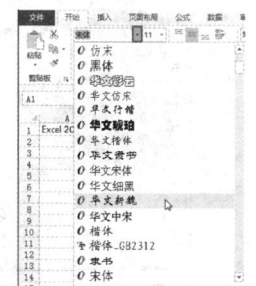

图 5-5　使用功能区"字体"组命令设置字体

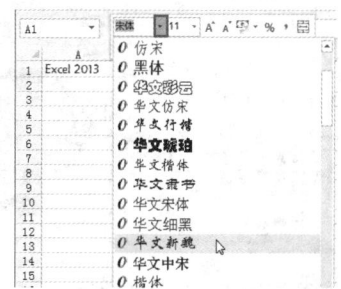

图 5-6　使用"浮动工具栏"设置字体

方法三： 使用"设置单元格格式"对话框的"字体"选项卡。

单击"开始"选项卡"字体"组中右下角的"设置字体"对话框启动器按钮，打开"设置单元格格式"对话框的"字体"选项卡，在"字体"选项卡中设置字体格式，如图 5-7 所示。

2. 字号的设置

在 Excel 2013 中，字体的默认字号是 11 号。如果用数字表示，字号数值越大，显示的字体就越大。对字号进行设置的操作方法与设置字体的方法相同，如图 5-8 所示。

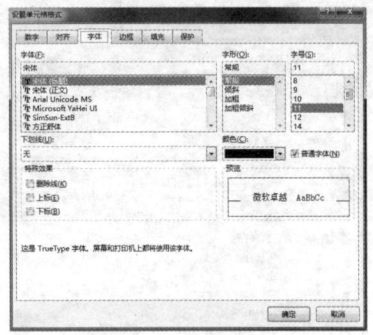

图 5-7　使用"设置单元格格式"
对话框的"字体"选项卡设置字体

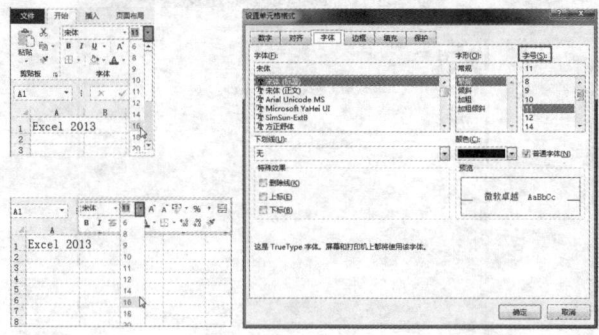

图 5-8　设置字号大小

此外，选择需要改变字号大小的单元格，单击"开始"选项卡"字体"组中的"增大字号"按钮 A 或"减小字号"按钮 A，可以在原字号的基础上增大或减小字号。

用户可以更改 Excel 默认的字体和字号，具体操作参见**第 2 章 2.2.9 小节**。

3. 设置字体颜色

默认情况下，在 Excel 2013 表格中的字体颜色是黑色的，用户可以为字体设置需要的颜色，设置字体颜色的操作步骤如下。

1　选择需要设置字体颜色的单元格或区域。

2　在"开始"选项卡中单击"字体"组中"字体颜色"右侧的"字体颜色"下拉按钮，在打开的颜色库中单击需要设置的字体主题颜色或标准色即可，如图 5-9 所示。

3　如果在颜色库中没有所需的颜色，可单击"其他颜色"命令，打开"颜色"对话框，如图 5-10 所示。

4　在"标准"选项卡中选择需要的颜色，或者在"自定义"选项卡中，调整适合的颜色，单击"确定"按钮，应用重新设置的字体颜色，如图 5-11 所示。

用户也可以在"设置单元格格式"对话框的"字体"选项卡中单击"颜色"下拉按钮，设置字体颜色。

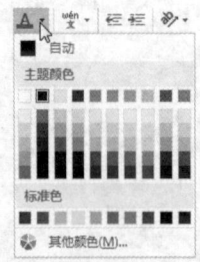

图 5-9　设置字体颜色

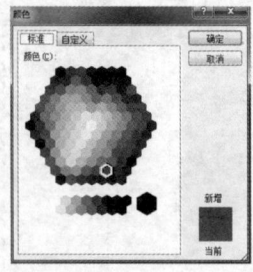

图 5-10　字体颜色对话框

图 5-11　"自定义"颜色选项卡

5.1.3　设置对齐方式

设置对齐方式，可以使用"开始"选项卡"对齐方式"组中的命令按钮进行设置，也可以打开"设置单元格格式"对话框，在"对齐"选项卡中进行设置。

方法一：利用"开始"选项卡"对齐方式"组中的命令按钮设置对齐方式。

"开始"选项卡"对齐方式"组中的命令按钮如图 5-12 所示，使用这些按钮可快速设置对齐方式。各种按钮的功能如表 5-1 所示。

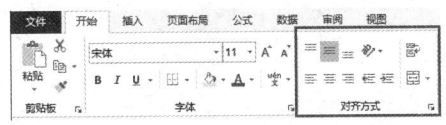

图 5-12　"对齐方式"组按钮

表 5-1　　　　　　　　　　　　　　　"对齐方式"组按钮的功能

按　　钮	功　　能
	顶端对齐，可使选定的单元格或单元格区域内的数据沿单元格顶端对齐
	垂直居中，对齐文本，使其在单元格内上下居中
	底端对齐，可使选定的单元格或单元格区域内的数据沿单元格底端对齐
	方向对齐，单击此按钮会打开如图 5-13 所示的下拉菜单，用户可根据各个选项左侧显示的样式进行选择
	文本左对齐，可使选定的单元格或单元格区域内的数据在单元格内左对齐
	居中对齐，可使选定的单元格或单元格区域内的数据在单元格内水平居中显示
	文本右对齐，可使选定的单元格或单元格区域内的数据在单元格内右对齐
	减少缩进量，可以减少边框与单元格文字间的边距
	增加缩进量，可以增加边框与单元格文字间的边距
自动换行	自动换行，可使单元格中的所有内容以多行的形式全部显示出来
合并后居中	合并后居中，可使选定的各单元格合并成一个较大的单元格，并将合并后的单元格内容水平居中显示
合并后居中 ▾	合并后居中下拉按钮，单击此按钮，可打开如图 5-14 所示的下拉菜单，用来设置合并的形式

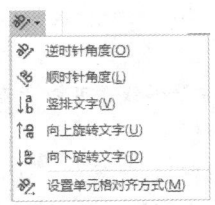

图 5-13　方向下拉菜单

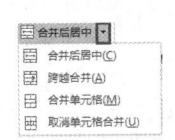

图 5-14　"合并后居中"下拉菜单

合并后居中的具体操作参见**第 3 章 3.2.3** 合并与取消单元格合并。

方法二：使用"设置单元格格式"对话框的"对齐"选项卡。

单击"开始"选项卡"对齐方式"组中的"对齐设置"对话框启动器按钮，打开"设置单元格格式"对话框的"对齐"选项卡，设置单元格文本的对齐方式。

【例 5-1】　让姓名分散对齐

在单元格中输入姓名时，为了美观，一般要在两个字的姓名中间空出一个字的间距。这时可将姓名列设置为"分散对齐"。

例如，要将图 5-15 所示的工作表 A 列的姓名设置为"分散对齐"，具体操作如下。

<u>1</u> 选中 A 列姓名列。

<u>2</u> 单击"开始"选项卡"对齐方式"组中的"对齐设置"对话框启动器按钮，打开"设置单元格格式"对话框的"对齐"选项卡。

<u>3</u> 单击"水平对齐"的下拉按钮，在展开的下拉列表中选择"分散对齐"，如图 5-16 所示。

图 5-15　原始表格

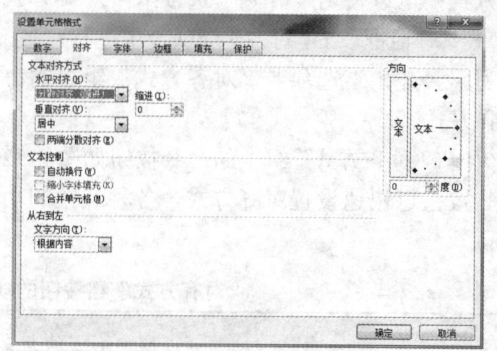

图 5-16　设置"分散对齐"

<u>4</u> 单击"确定"按钮，关闭"设置单元格格式"对话框，完成设置。完成设置后的效果如图 5-17 所示。

5.1.4　设置单元格的边框

边框常用于划分表格区域，增加单元格的视觉效果。

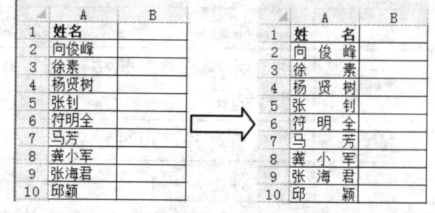

图 5-17　设置姓名为"分散对齐"

❖　应用单元格边框

为单元格或单元格区域添加边框的操作步骤如下。

<u>1</u> 选择要添加边框的单元格区域。

<u>2</u> 单击"开始"选项卡"数字"组中的"数字格式"对话框启动器按钮，打开"设置单元格格式"对话框。

<u>3</u> 单击"边框"选项卡，先选择线条样式，然后单击"颜色"下拉按钮，选择边框线颜色。单击"预置"中的"外边框"选项，可以为单元格区域添加一个外边框；单击"内部"选项，可以为单元格区域内的所有单元格添加内部边框。

<u>4</u> 分别单击"边框"中的上、中、下、左、中、右等框线，可以单独取消或添加选中的框线，或者为选中的框线单独设置框线格式。

<u>5</u> 设置好样式、颜色及需要显示的边框线后单击"确定"按钮，如图 5-18 所示。

在"开始"选项卡的"字体"组中，单击"边框"下拉按钮，在下拉菜单中提供了 13 种边框设置方案，选择某一种即可快速为单元格应用边框样式，如图 5-19 所示。

❖　删除单元格边框

选定单元格或单元格区域，单击"开始"选项卡"字体"组中的"边框"下拉按钮，在打开的下拉菜单中选择"无框线"命令，即可删除单元格或单元格区域的边框，如图 5-20 所示。在没有选定单元格或单元格区域的情况下，单击"开始"选项卡"字体"组中的"边框"下拉按钮，在打开的下拉菜单中选择"擦除边框"命令，鼠标指针将变成橡皮擦形状，按住鼠标左键，在需要删除边框的单元格上拖动擦除，也可以删除单元格边框（如果单元格中输入了数据，此种方法会擦除单元格中的数据），如图 5-21 所示。

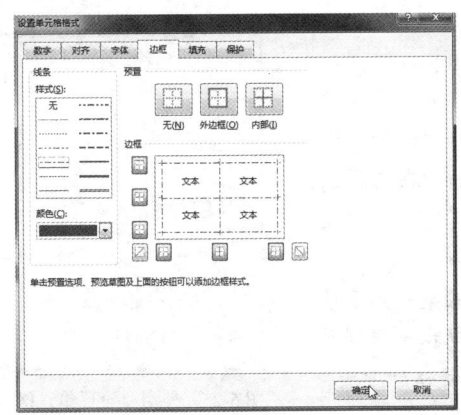

图 5-18　"边框"选项卡　　　　　　　　　　图 5-19　边框设置

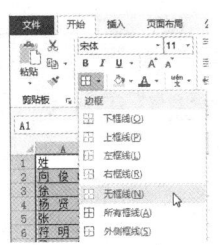

图 5-20　删除单元格边框

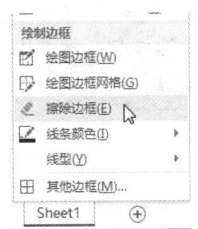

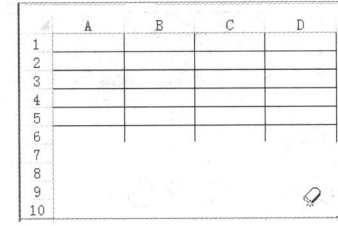

图 5-21　擦除边框

5.1.5　设置文本的方向

在 Excel 2013 中，文本除了默认的水平显示外，用户还可以调整文本方向，使其以多角度显示在表格中。

❖　使用功能区按钮进行设置

例如要将图 5-22 所示的"购物清单"中"名称"列字体的方向设置为"逆时针角度"，使用功能区的命令进行操作的步骤如下。

1　选择 A2:A12 单元格区域。

2　单击"开始"选项卡"对齐方式"组中的"方向"下拉按钮，在打开的下拉菜单中选择"逆时针角度"命令即可，如图 5-23 所示。

3　设置后的效果如图 5-24 所示。

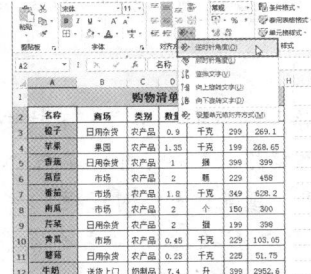

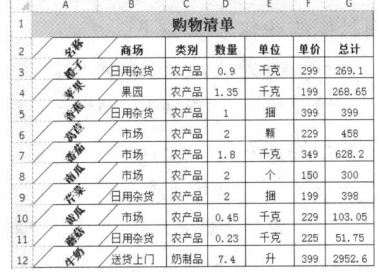

图 5-22　购物清单　　　　　　图 5-23　设置文本方向　　　　图 5-24　更改了名称列的方向的购物清单表

❖　使用"设置单元格格式"对话框的"对齐"选项卡进行设置

具体操作步骤如下。

1 选择 A2:A12 单元格区域。

2 单击"开始"选项卡"对齐方式"组中右下角的"对齐设置"对话框启动器按钮 （或者单击"开始"选项卡"对齐方式"组中的"方向"下拉按钮 ，在打开的下拉菜单中选择"设置单元格对齐方式"命令），打开"设置单元格格式"对话框的"对齐"选项卡。

3 在"方向"下方的"度"文本框中输入某一角度值（-90 ~ 90 之间的整数），或者按住鼠标左键拖动指示器到所需要的角度，或者使用度的"微调"按钮设置旋转的度数，然后单击"确定"按钮关闭"设置单元格格式"对话框，如图 5-25 所示。

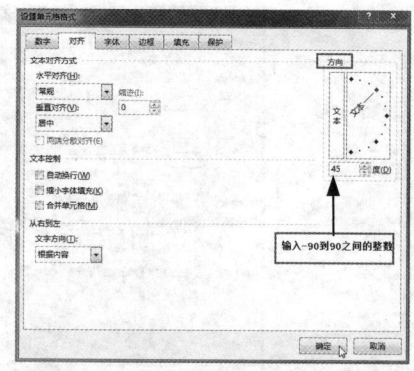

图 5-25 使用"设置单元格格式"对话框的"对齐"选项卡设置方向

提示 在"度"文本框中输入正数，可使所选文本在单元格中从左下角向右上角旋转；输入负数，可使文本在所选单元格中从左上角向右下角旋转。

5.1.6　设置填充颜色

要使单元格的外观更漂亮，可以为单元格设置填充颜色。设置单元格填充颜色有两种方式：一种是利用"开始"选项卡"字体"组中的"填充颜色"下拉按钮 ，为单元格快速设置背景颜色，如图 5-26 所示；另一种是使用"设置单元格格式"对话框的"填充"选项卡。

通过"设置单元格格式"对话框的"填充"选项卡，可在"背景色"区域中选择多种填充颜色；也可单击"填充效果"按钮，打开"填充效果"对话框，在该对话框中设置渐变色；还可以在"图案样式"下拉列表中选择单元格图案填充，并可以单击"图案颜色"按钮，设置填充图案的颜色，如图 5-27 所示。

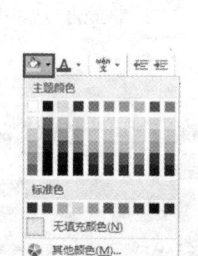

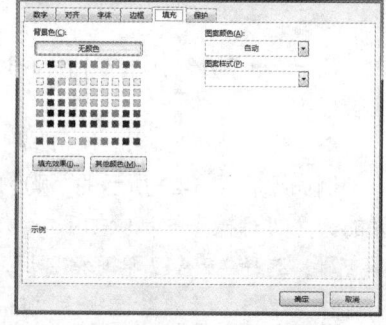

图 5-26 快速设置填充颜色　　　图 5-27 "填充"选项卡

【例 5-2】设置单元格填充颜色

如果要将图 5-22 所示的"购物清单"设置为"金色"渐变填充，"底纹样式"为"角部辐射"，则具体的操作步骤如下。

1 选择 A1:G12 单元格区域。

2 单击"开始"选项卡"单元格"组中的"格式"下拉按钮，在打开的下拉菜单中选择"设置单元格格式"命令，打开"设置单元格格式"对话框，单击"填充"选项卡。

3 单击"填充效果"按钮，打开"填充效果"对话框。

4 单击"颜色"选项中的"颜色 2"下拉按钮，在"主题颜色"中选择"金色 着色 1 淡色 40%"，"颜色 1"保持默认设置，在"底纹样式"选项中选择"角部辐射"单选钮，单击"确定"按钮，关闭"填充效果"对话框，如图 5-28 所示。

5 返回"设置单元格格式"对话框，单击"确定"按钮关闭"设置单元格格式"对话框，完成设置，效果如图 5-29 所示。

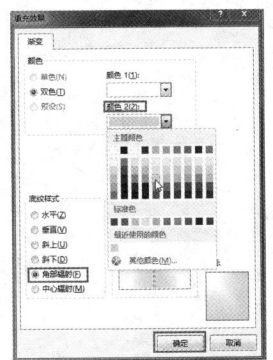

图 5-28　设置"渐变"填充效果　　　　图 5-29　设置了渐变填充效果的"购物清单"表

5.2　快速套用单元格样式

Excel 中预置了一些典型的样式，可以直接套用单元格样式来快速设置单元格格式。

5.2.1　使用内置单元格样式

【例 5-3】套用 Excel 内置的单元格样式

1　选定需要套用单元格样式的单元格或单元格区域。

2　单击"开始"选项卡"样式"组中的"单元格样式"下拉按钮 ，打开"单元格样式"样式库。

3　将鼠标指针停在样式库中的某个样式上方时，选中的单元格区域会实时显示应用此样式后的效果，单击选择所需的样式即可应用此样式，如图 5-30 所示。

对于内置的单元格样式，用户可以进行自定义修改，具体的操作步骤如下。

1　在希望修改的单元格内置样式名称上单击鼠标右键，在打开的快捷菜单中单击"修改"命令，打开"样式"对话框。

2　根据需要对"样式"对话框中的"数字""对齐""字体""边框""填充""保护"等单元格格式进行修改，最后单击"确定"按钮即可，如图 5-31 所示。

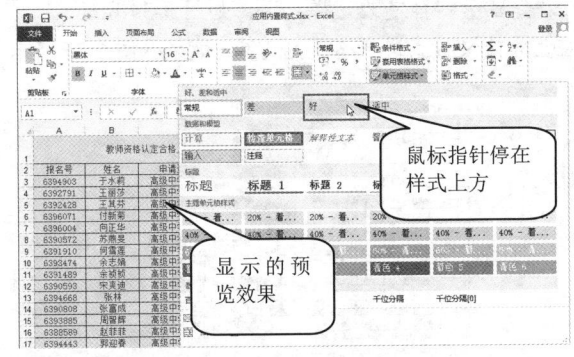

图 5-30　使用内置单元格样式

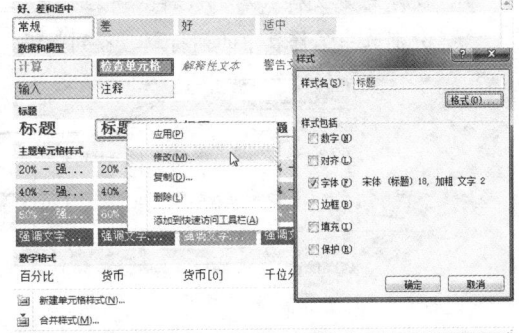

图 5-31　修改内置样式

修改后的自定义样式只能应用于当前进行自定义设置的工作簿，不能直接用于新建的工作簿或打开的其他工作簿，要使用自定义样式请参见 **5.2.3** 小节。

5.2.2　新建单元格样式

如果内置单元格样式不能满足需要，用户可以新建单元格样式。

【例 5-4】新建单元格样式

图 5-32 所示的工作表，需要按以下要求进行设置。

（1）将列标题设置为 Excel 内置的"标题"样式。

（2）"准考证号"数据设置为"数字常规"、字体为"黑体"、12 号字、水平和垂直方向上均居中、边框为"外边框"。

（3）"毕业学校"数据设置字体为"楷体"、12 号字、水平和垂直两个方向上均居中，边框为"外边框"，填充为"金色"，"角部辐射"渐变填充"底纹样式"。

（4）"报考岗位"数据设置字体为"华文新魏"、12 号字、水平和垂直方向均居中，边框为"外边框""蓝色""角部辐射"渐变填充"底纹样式"。

（5）"总成绩"采用 Excel 内置的"汇总"样式。

具体操作步骤如下。

1　单击"开始"选项卡"样式"组中的"单元格样式"下拉按钮，打开"单元格样式"样式库，然后单击"新建单元格格式"命令，打开"样式"对话框。

2　在"样式"对话框中的"样式名"文本框中输入样式的名称，如"准考证号"，单击"格式"按钮，打开"设置单元格格式"对话框，按要求设置字体、字号、边框、填充、对齐方式等。

3　按同样的方法继续新建"毕业学校""报考岗位"的样式，如图 5-33 所示。

图 5-32　未设置格式的数据表

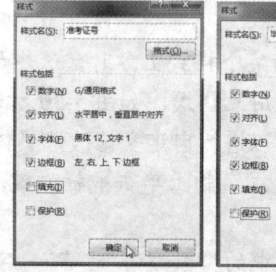
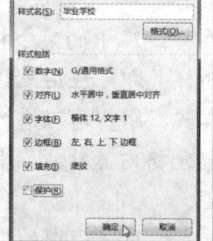
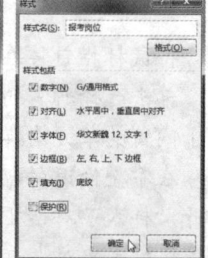

图 5-33　自定义单元格样式

4　新建自定义样式后，在样式下拉列表库上方会显示"自定义"样式区，如图 5-34 所示。

5　分别选中工作表中的列标题、各列数据，应用自定义样式进行格式化设置，效果如图 5-35 所示。

图 5-34　单元格自定义样式

图 5-35　应用单元格自定义样式

5.2.3　合并样式

创建的自定义样式只会保存在当前工作簿中，如果需要在其他工作簿中使用当前新创建的自定义样式，可以使用"合并样式"命令。

【例 5-5】合并样式

1　打开样式模板工作簿，然后打开需要合并样式的工作簿。

2　在需要合并样式的工作簿中单击"开始"选项卡"样式"组中的"单元格样式"下拉按钮 ，打开"单元格样式"库，然后单击"合并样式"命令，打开"合并样式"对话框。

3　在"合并样式"对话框中，选中包含自定义样式的工作簿，单击"确定"按钮完成样式合并，如图 5-36 所示。

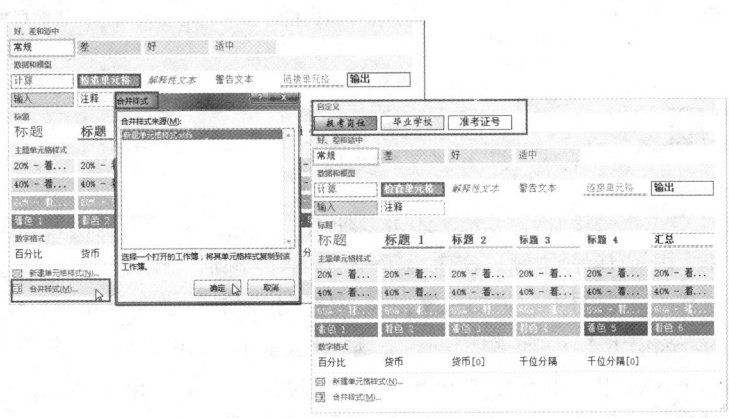

图 5-36　合并样式

5.3　套用表格格式

Excel 预置了 60 种常用的表格格式，用户可以自动套用这些预先定义好的格式，美化工作表。

【例 5-6】套用表格格式

1　选中数据表的任一单元格，单击"开始"选项卡"样式"组中的"套用表格格式"下拉按钮 ，打开"套用表格格式"样式库，单击需要套用的表格样式，如图 5-37 所示。

2　在打开的"套用表格式"对话框中，自动选择了表数据的来源，单击"确定"按钮套用表格格式，如图 5-38 所示。

3　此时在功能区中显示"表格工具"的"设计"选项卡，单击"设计"选项卡"工具"

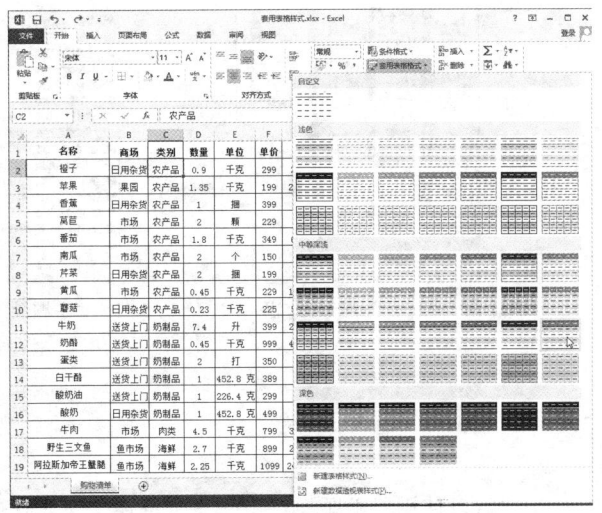

图 5-37　选择套用的表格样式

组中的"转换为区域"命令，在打开的确认提示框中单击"是"按钮，可以将表格转换为普通数据表，转换后，数据和格式得到保留，但单击表格，功能区中不再显示"表格工具"选项卡，如图5-39所示。

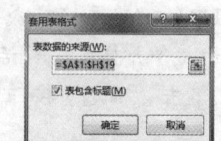

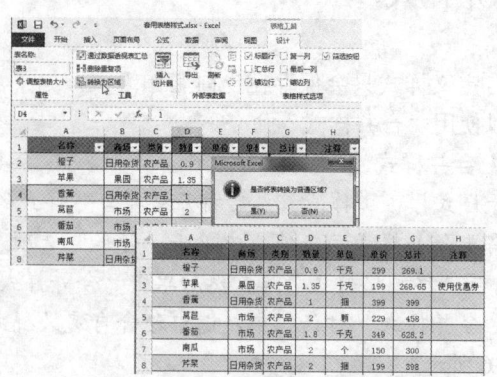

图5-38　确定套用表格式　　　　图5-39　将表格转换为应用了格式的普通数据表区域

5.4　使用主题

除了可以使用"样式"来美化工作表，还可以使用"主题"来美化工作表。主题是一组格式选项组合，Excel 2013中内置18种主题。在应用了一种内置主题后，用户还可以分别设置该主题的颜色、字体和效果，这样工作表的主题更加丰富，从而使工作簿具有专业外观。

单击"页面布局"选项卡"主题"组中的"主题"下拉按钮，可打开"主题"样式库，如图5-40所示。单击"颜色"下拉按钮，可打开"主题颜色"下拉列表，如图5-41所示。单击"字体"下拉按钮，可打开"主题字体"下拉列表，如图5-42所示。在样式库或列表中选择一种样式，即可应用所选择的主题或效果。

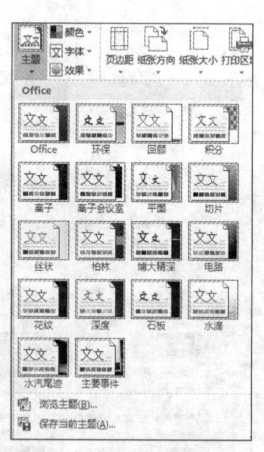  

图5-40　"主题"样式库　　　图5-41　"主题颜色"下拉列表　　　图5-42　"主题字体"下拉列表

5.4.1　应用文档主题

用户可以使用"主题"对工作表进行快速格式化，如果要对图5-43所示的工作表应用主题，操作步骤如下。

1 单击"开始"选项卡"样式"组中的"套用表格格式"下拉按钮，选择套用一种表格式，然后将表格转化为区域，效果如图 5-44 所示。

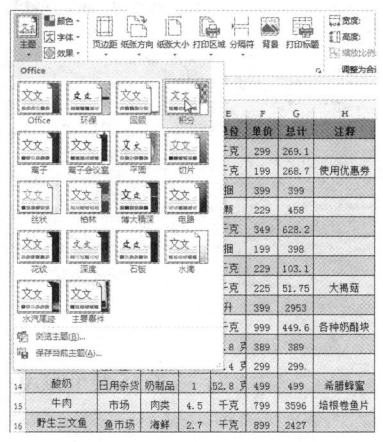

图 5-43　原始表格　　　　　　　　　图 5-44　格式化数据表

2 单击"页面布局"选项卡"主题"组中的"主题"下拉按钮，打开"主题"样式库。将鼠标指针悬停在一种主题上，工作表会显示该种主题的预览。选择一种主题，例如"积分"，即可应用该主题。工作表颜色、字体等立即发生变化，"积分"主题效果如图 5-45 所示。

3 应用了内置主题后，用户还可以继续单击"页面布局"选项卡"主题"组中的"颜色"下拉按钮，在"主题颜色"下拉列表中选择应用一种主题颜色，如图 5-46 所示。

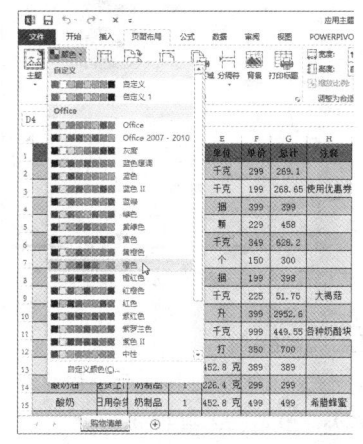

图 5-45　使用主题美化工作表　　　　图 5-46　选择应用主题颜色

4 用户还可以继续单击"页面布局"选项卡"主题"组中的"字体"下拉按钮，在"主题字体"下拉列表中选择应用一种主题字体。

 "套用表格式"格式化数据表，只能设置数据表的颜色，不能改变字体。使用"主题"可以对整个数据表的颜色、字体等进行快速格式化。

5.4.2　自定义主题

用户可以自定义主题，更改已使用的颜色、字体和填充效果。新创建的主题颜色和主题字体只作用于当前工作簿，如果要应用到其他工作簿，可以保存为新的主题。

1. 自定义主题颜色

选择一种主题后，单击"页面布局"选项卡"主题"组中的"颜色"下拉按钮 ，打开主题颜色下拉列表，当鼠标指针悬停在一种颜色样式上时，工作表会显示该种颜色样式的预览。用户可以自定义主题颜色。自定义主题颜色的操作步骤如下。

1 单击"页面布局"选项卡"主题"组中的"颜色"下拉按钮█ ▓色▾，在打开的下拉列表中单击"自定义颜色"命令，打开"新建主题颜色"对话框。

2 在"新建主题颜色"对话框中，用户可以设置需要的包括文字背景、着色、超链接等主题颜色。

3 在"名称"文本框中，为新主题颜色输入适当的名称，然后单击"保存"按钮，如图 5-47 所示。

2. 自定义主题字体

选择一种内置主题后，用户可以单击"页面布局"选项卡"主题"组中的"字体"下拉按钮文 字体▾，在字体样式库中应用字体样式，也可以自定义主题字体。自定义主题字体的操作步骤如下。

1 单击"页面布局"选项卡"主题"组中的"字体"下拉按钮文 字体▾，在展开的下拉列表库中单击"自定义字体"命令。

2 在打开的"新建主题字体"对话框中，用户可以设置需要的标题字体和正文字体。

3 在"名称"文本框中，为新建的主题字体输入适当的名称，然后单击"保存"按钮，如图 5-48 所示。

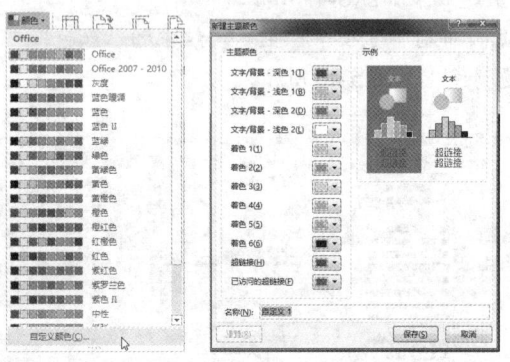

图 5-47　自定义主题颜色

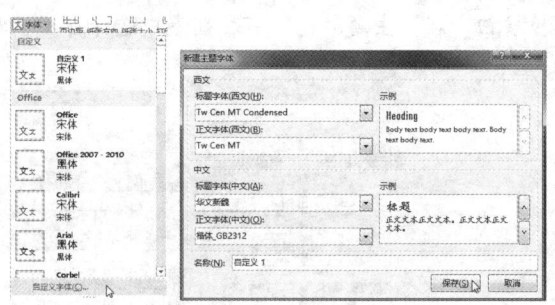

图 5-48　新建主题字体

3. 保存当前主题

用户如果希望将自定义主题用于更多的工作表，可以将当前的主题保存为主题文件，保存的主题文件扩展名为".thmx"，操作步骤如下。

1 在创建了自定义主题的工作簿中单击"页面布局"选项卡"主题"组中的"主题"下拉按钮。

2 在打开的下拉列表中选择"保存当前主题"命令，打开"保存当前主题"对话框。

3 在"文件名"文本框中为该主题输入名称，然后单击"保存"按钮，如图 5-49 所示。

自定义的文档主题保存在"文档主题"文件夹中，并且将自动添加到可用的自定义主题列表中，如图 5-50 所示。

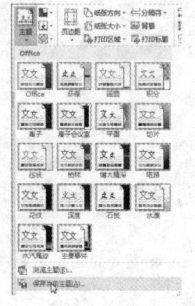
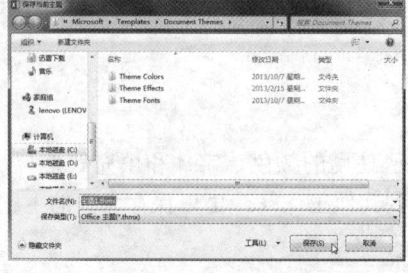

图 5-49　保存当前主题

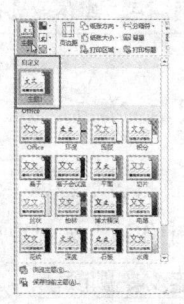

图 5-50　自定义主题

5.5　工作表背景

用户可以为工作表插入"背景"，美化工作表。

【例 5-7】插入工作表背景

1　单击"页面布局"选项卡"页面设置"组中的"背景"按钮，打开"加载图片"对话框，如图 5-51 所示。

2　选择要搜索的背景图片来源，例如选择"Office.com 剪贴画"，在"搜索"文本框中输入搜索关键字，单击"搜索"按钮搜索图片，如图 5-52 所示。

图 5-51　为工作表插入背景

图 5-52　搜索背景图片

3　在查找到的图片库中选择图片，单击"插入"按钮插入背景图片，如图 5-53 所示。背景图片下载完成后的效果如图 5-54 所示。

 如果在加载图片时选择脱机工作，或者计算机没有连接互联网，只能在本地计算机中选择背景图片插入。插入图片的具体介绍参见**第 17 章 17.1 节**。

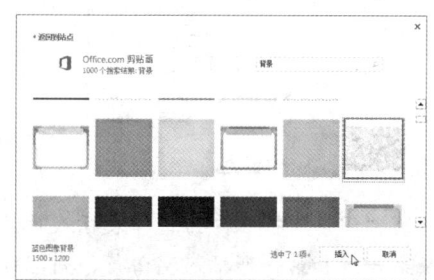

图 5-53　插入背景图片

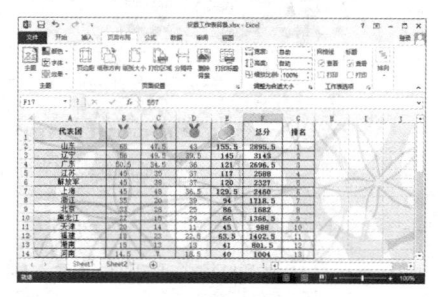

图 5-54　下载背景

为了增强背景图片的显示效果，用户可以在"视图"选项卡的"显示"组中，取消选中"网格线"复选框，关闭网格线的显示，设置单元格"边框"为"无框线"，如图 5-55 所示。

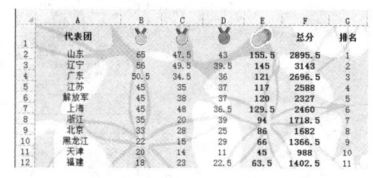

图 5-55　关闭网格线增强背景图片效果

技高一筹

在特定单元格区域设置背景

在通常情况下，为工作表插入背景会填充整张工作表，用户可以设置只在选定的区域显示背景。

例如，要在图 5-55 所示的工作表中，指定只在数据区域内显示背景。

【例 5-8】在指定的工作表区域设置图片背景

1 单击工作表的"全选"按钮选中整张工作表，然后单击"开始"选项卡"单元格"组中的"格式"下拉按钮，在下拉菜单中选择"设置单元格格式"命令，打开"设置单元格格式"对话框。单击"填充"选项卡，设置填充颜色为"白色"，单击"确定"按钮关闭"设置单元格格式"对话框，如图 5-56 所示。

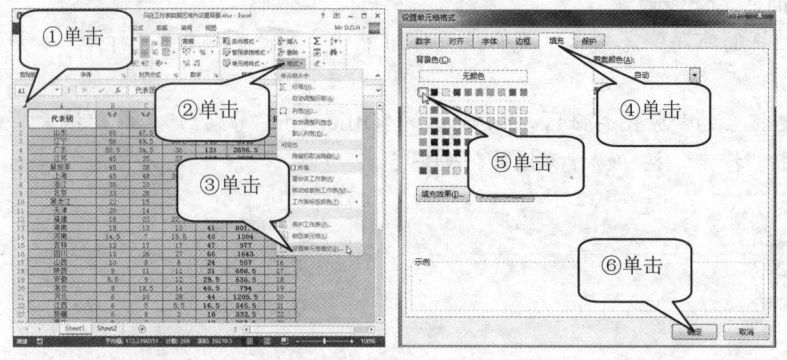

图 5-56 设置工作表的填充颜色为白色

2 选定工作表中需要设置背景的单元格区域，例如 A1:G39，然后打开"设置单元格格式"对话框，在"填充"选项卡中设置所选区域的填充为"无颜色"，单击"确定"按钮关闭"设置单元格格式"对话框，如图 5-57 所示。

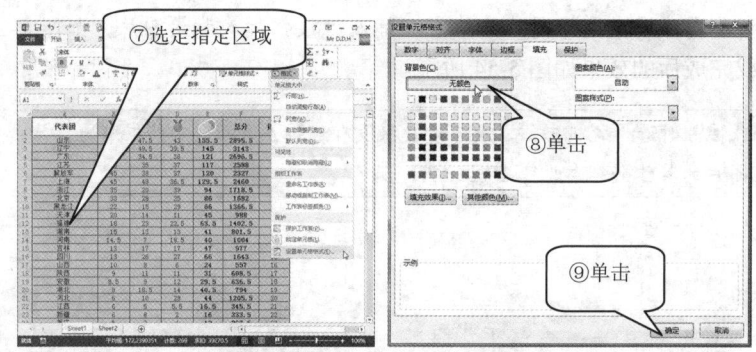

图 5-57 把需要设置背景的单元格区域设置为"无颜色"

3 单击"页面视图"选项卡"页面布局"组中的"背景"按钮，为工作表插入背景图片。插入背景图片后，只在选定的区域显示了背景。如果在第一行和第一列插入空白行、列，可增强显示的效果，如图 5-58 所示。

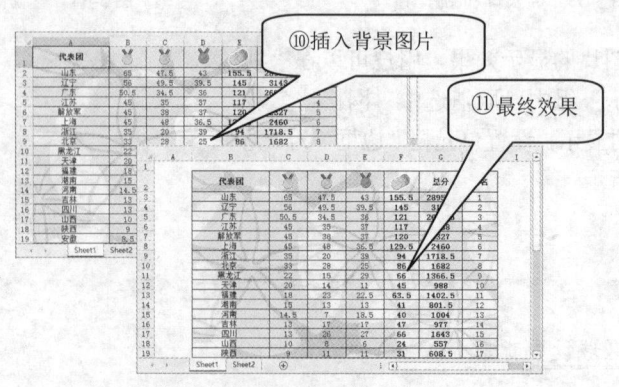

图 5-58 只在选定的区域显示背景

第 **6** 章 　Excel 协同与工作表打印

Excel 2013 改进了用于发布、编辑以及共享工作簿的方法。借助网络，用户可以方便地存储自己的工作成果、与同事共享数据以及协作处理数据。打印工作表也是 Excel 的基本操作，本章主要介绍 Excel 协同处理和数据打印的知识。

6.1　Excel 网络协同

Excel 2013 中有比以前版本更强大的网络功能，用户可以将工作簿设置为共享；可以将工作簿发布到 Web 中，在网页中更改、编辑工作簿以及和他人协同处理工作簿；可以以电子邮件的方式发送工作簿等。

6.1.1　在局域网中共享工作簿

局域网是指在家庭或企业内部由多台电脑互联成的组，通过局域网可共享 Excel 工作簿。如果在局域网中已经创建了共享文件夹，只需将需要共享的 Excel 工作簿复制或者移动到已共享的文件夹中即可。例如把"销量报告 1"工作簿复制到 E 盘的"共享文件夹"中即可在局域网中共享该工作簿，如图 6-1 所示。

如果局域网中没有共享文件夹，需要先创建一个文件夹并将该文件夹设置为共享，然后将需要共享的工作簿复制或移动到共享文件夹中。也可以把要共享的工作簿复制或移动到文件夹中，再将包含工作簿的文件夹共享。

【例 6-1】设置共享文件夹

1　在要共享的文件夹上单击鼠标右键，在打开的快捷菜单中单击共享的"特定用户"命令，如图 6-2 所示。

2　在打开的"文件共享"页面中单击文本框右侧的下拉按钮，在下拉列表中选择"Everyone"选项，然后单击"添加"按钮，如图 6-3 所示。

3　在列表中单击用户右侧的"下拉"按钮，可设置用户的访问权限，如果允许用户对工作簿进行更改，可选择"读/写"权限，然后单击"共享"按钮，如图 6-4 所示。

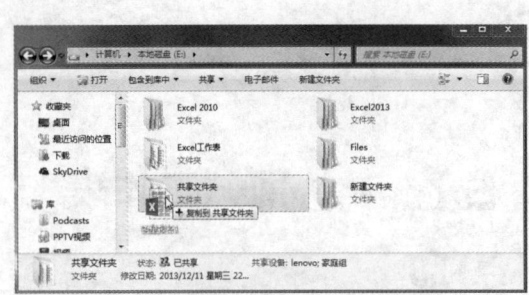

图 6-1　将工作簿复制到共享文件夹

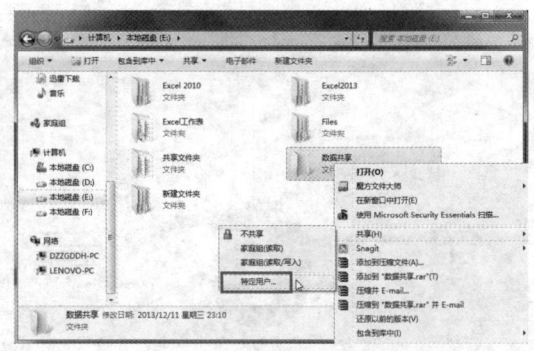

图 6-2　选择"特定用户"命令

4　在显示"您的文件夹已共享"的页面中，显示了共享文件夹所在的网络位置，单击"完成"按钮，关闭文件共享页面，如图 6-5 所示。

文件夹被设置为共享文件夹后，共享的用户就可以查看该文件夹和其中的文件，如图 6-6 所示。

图 6-3　选择用户

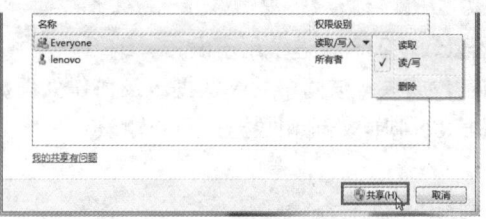

图 6-4　设置访问权限

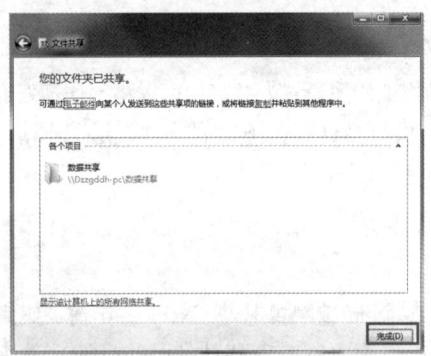

图 6-5　完成文件夹共享

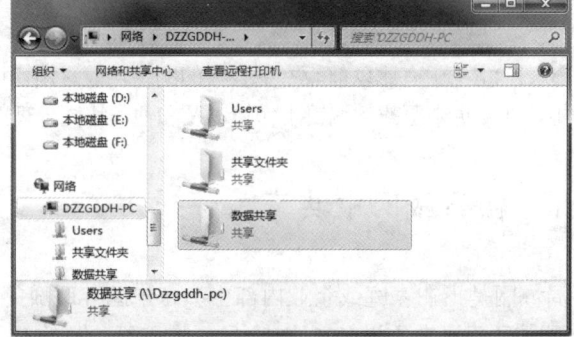

图 6-6　在网络位置查看共享文件夹

6.1.2　在局域网中允许多人同时编辑工作簿

直接将工作簿放置到共享文件夹中，在同一时间内共享工作簿只能被一个人编辑。如果要查看工作簿，只能以"只读"或"通知"的方式打开工作簿，如图 6-7 所示。

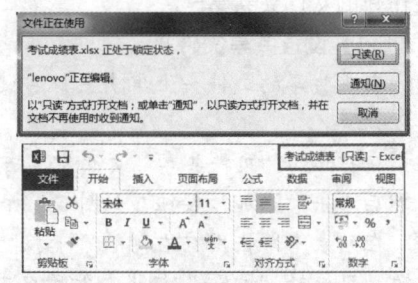

图 6-7　以只读或通知方式打开共享文档

提示 以只读方式打开共享文档，在编辑后不能对原工作簿进行保存，只能保持为工作簿副本。

　　如果要实现多人同时查看编辑一个共享工作簿，可以将工作簿设置为"允许多用户同时编辑，同时允许工作簿合并"。

【例 6-2】多用户同时编辑合并工作簿

　　1 打开需要设置允许多人同时编辑的共享工作簿，在"审阅"选项卡的"更改"组中单击"共享工作簿"按钮，如图 6-8 所示。

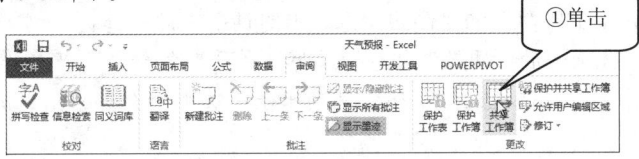

图 6-8　单击"共享工作簿"按钮

　　2 在打开的"共享工作簿"对话框的"编辑"选项卡上，选中"允许多用户同时编辑，同时允许工作簿合并"复选框，单击"确定"按钮，打开"此操作将导致保存文档，是否继续？"的提示框，单击"确定"按钮完成设置。再次打开"共享工作簿"对话框，在"编辑"选项卡就可以看到当前哪些用户在查看该工作簿，如图 6-9 所示。

 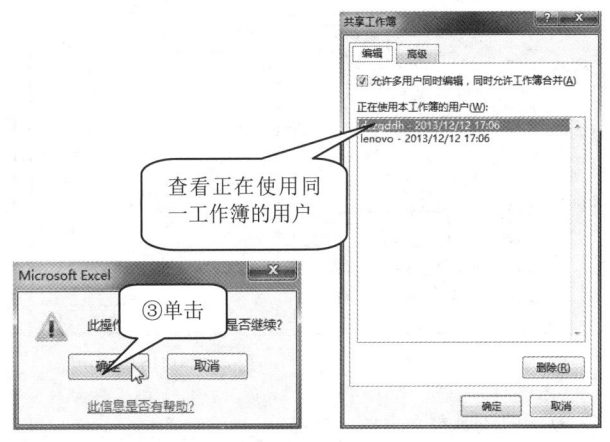

图 6-9　允许多用户同时编辑共享工作簿

　　当有多个用户查看工作簿时，如果要删除某个正在查看工作簿的用户，可在"共享工作簿"对话框的"编辑"选项卡中选中该用户，然后单击"删除"按钮，在打开的提示对话框中单击"确定"按钮进行删除，如图 6-10 所示。

 提示 正在编辑工作簿的用户被删除后，可以继续查看编辑工作簿，但不能将更改保存在原工作簿上，如果要保存对工作簿的更改，只能以其他名称保存工作簿副本，如图 6-11 所示。

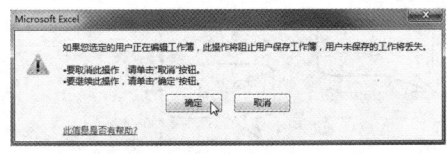 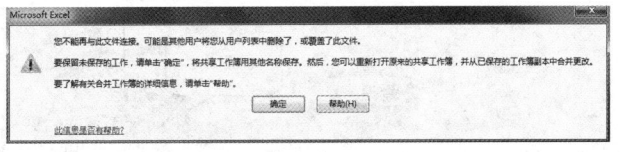

图 6-10　删除某个正在查看工作表的用户　　　　图 6-11　保存工作簿副本

6.1.3　修订工作簿

用户可以使用修订在每次保存工作簿时记录有关工作簿修订的详细信息。修订的历史记录可以帮助用户标识对工作簿中的数据所做的修订，用户还可以选择接受或拒绝修订。

1. 启用修订功能

修订功能只能在共享工作簿中可用。启用修订功能有以下两种方法。

方法一： 通过"共享工作簿"的"高级"选项卡对话框来启用修订。

1　单击"审阅"选项卡的"更改"组的"共享工作簿"按钮，打开"共享工作簿"对话框。

2　在"共享工作簿"对话框的"编辑"选项卡上，选中"允许多用户同时编辑，同时允许工作簿合并"复选框。

3　单击"高级"选项卡，在"修订"下选中"保存修订记录"的单选钮，默认天数为 30 天，用户也可以在天数框中键入要保留修订历史记录的天数。

4　单击"确定"按钮保存设置。如果系统提示保存工作簿，单击"确定"按钮保存工作簿，如图 6-12 所示。

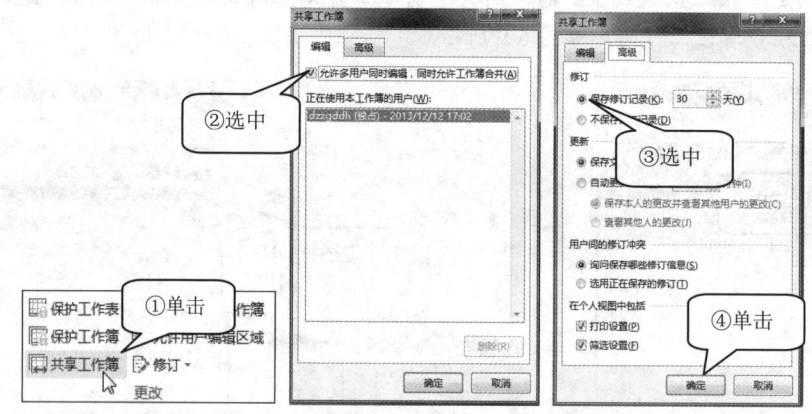

图 6-12　启用修订功能

方法二： 突出显示修订。

1　在"审阅"选项卡的"更改"组中，单击"修订"按钮，在下拉列表中单击"突出显示修订"命令。

2　在打开的"突出显示修订"对话框中，选中"编辑时跟踪修订信息，同时共享工作簿"复选框，然后可分别设置"时间""修订人""位置"等要突出显示的修订选项。

3　选中"在屏幕上突出显示修订"复选框。

4　最后单击"确定"按钮突出显示修订对话框，如图 6-13 所示。

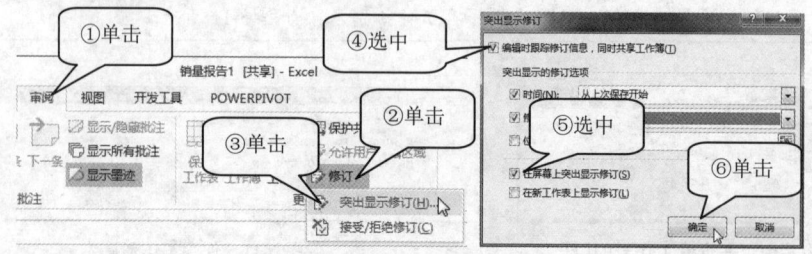

图 6-13　启用突出显示修订功能

2. 查看修订

要查看工作簿中的修订，具体的操作如下。

在"审阅"选项卡上的"更改"组中，单击"修订"按钮，然后在下拉菜单中单击"突出显示修订"命令，如图 6-14 所示。

如果要选择希望看到的修订，可执行下列操作：

①如果要查看已跟踪的所有修订，选中"时间"复选框，单击"时间"列表中的"全部"，然后清除"修订人"和"位置"复选框，如图 6-15 所示。

②如果要查看特定用户所做的修订，选中"修订人"复选框，然后在"修订人"列表中单击要查看其修订的用户，如图 6-16 所示。

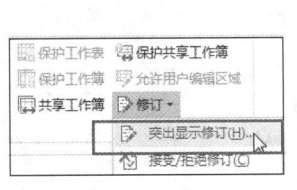

图 6-14　突出显示修订

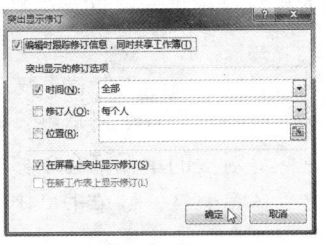

图 6-15　查看已跟踪的所有修订

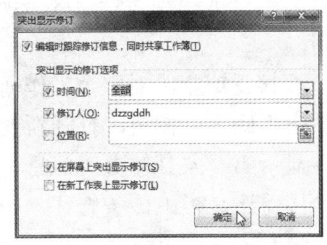

图 6-16　查看特定用户所做的修订

③如果要查看某个特定日期之后所做的修订，选中"时间"复选框，单击"时间"列表中的"起自日期"，然后键入要查看相应修订的最早日期。

④如果要查看特定单元格区域的修订，选中"位置"复选框，然后键入该工作表区域的单元格引用。用户也可单击"位置"框右侧的"压缩对话框"按钮，然后在工作表上选择要使用的区域。完成后，再次单击"压缩对话框"按钮，以显示整个对话框。

⑤如果要指定希望查看修订的方式，可执行下列操作：

❖　如果要在工作表上突出显示修订，选中"在屏幕上突出显示修订"复选框。选中后能通过将指针悬停在突出显示的单元格上来查看有关修订的详细信息，如图 6-17 所示。

❖　如果要在单独的工作表中创建修订的列表，选中"在新工作表上显示修订"复选框以显示历史记录工作表，如图 6-18 所示。

图 6-17　查看修订的详细信息

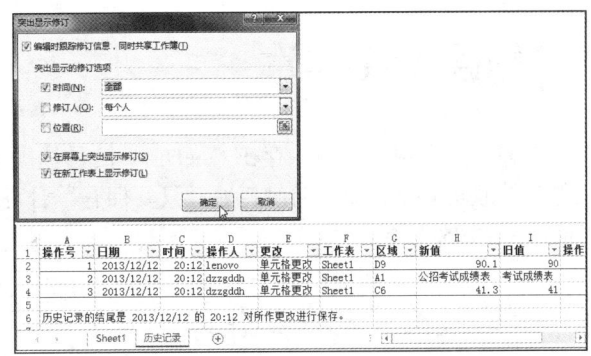

图 6-18　在新工作表中显示修订

注意　"在新工作表上显示修订"复选框仅在打开修订并保存包含至少一个可跟踪的修订的文件之后才可用。

3. 接受或拒绝修订

用户在查看有修订的工作簿时可以选择接受还是拒绝各处的修订，具体的操作如下。

在"审阅"选项卡上的"更改"组中，单击"修订"按钮，然后在下拉菜单中单击"接受或拒绝修订"命令，打开"接受或拒绝修订"对话框，如图 6-19 所示。

在"接受或拒绝修订"对话框中，执行下列操作：

① 要接受或拒绝在特定日期之后所做的修订，可选中"时间"复选框，单击"时间"列表中的"起自日期"，然后键入要审阅其修订的最早日期。

图 6-19　接受或拒绝修订

② 要接受或拒绝另一用户所做的修订，选中"修订人"复选框，然后在"修订人"列表中单击要审阅其修订的用户。

③ 要接受或拒绝所有用户所做的修订，清除"修订人"复选框。

④ 要接受或拒绝对特定区域所做的修订，请选中"位置"复选框，然后键入工作表区域的单元格引用。

⑤ 要接受或拒绝对整个工作簿所做的修订，清除"位置"复选框。

单击"确定"按钮，打开新的"接受或拒绝修订"对话框，对话框中显示了文档中更改的总条数，并显示第一条具体更改信息，同时修订对应的单元格会以移动的虚线边框突出显示，用户可以决定是接受还是拒绝该条修订，如果接受该条修订，则单击"接受"按钮，若拒绝该条修订，则单击"拒绝"按钮，如图 6-20 所示。

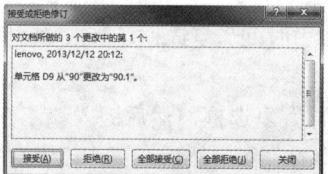

2	准考证号	教育理论	专业素质	面试成绩	总分
3	4030193	31.5	42.8	95.9	170.2
4	4070480	36.5	43	90.5	170
5	4030214	33	42.8	92.5	168.3
6	4030180	30.5	41.3	94.4	166.2
7	4030226	31.5	41	93.4	165.9
8	4010027	35.8	42.5	88.3	166.6
9	4010010	36	39.5	90.1	165.6
10	4050337	33	45	84.6	162.6

图 6-20　接受或拒绝修订

　必须接受或拒绝某项修订，才能前进到下一项修订。如果拒绝某条修订，拒绝后的单元格的数据会返回到修订之前数据。通过单击"全部接受"或"全部拒绝"，可以一次接受或拒绝所有剩余的修订。

审阅完所有修订后之后，工作表中只会显示判断为"接受"的修订。

6.2　联机共享工作簿

在第 2 章介绍了将工作簿保存在 OneDrive 的具体操作方法。将工作簿保存在 OneDrive 后可以实现工作簿的联机共享，无论何时何地，只要拥有一台可连接至互联网的设备，就可以访问用户保存在 OneDrive 中的文档。

6.2.1　邀请联系人共享工作簿

用户可以邀请联系人共享工作簿。对方收到邮件后通过链接地址即可在浏览器中打开链接的工作簿。在发送工作簿链接时，用户可以设置收到链接的人对此工作簿的权限，也可以在共享后取消某个人的权限。

【例 6-3】邀请联系人共享工作簿

1 单击"文件"选项卡，打开 Backstage 视图，然后单击"打开"命令，切换到"打开"页面，在最近访问的文件夹下单击用户的 OneDrive 文件夹，如图 6-21 所示。

2　打开"打开"对话框，单击"文档"文件夹（如果工作簿没有在"文档"文件夹，可以直接选择工作簿），然后单击"打开"按钮，如图 6-22 所示。

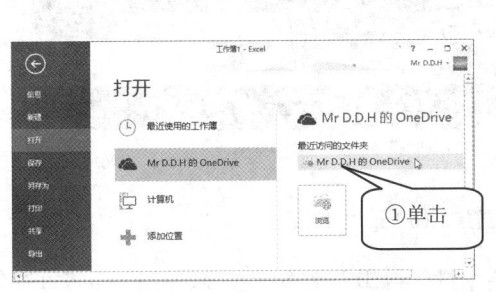
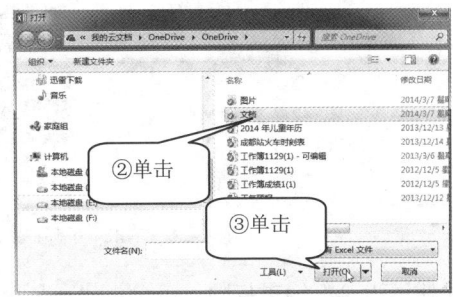

图 6-21　单击用户的 OneDrive 文件夹　　　　图 6-22　打开 OneDrive 文件夹中的文档

3　在打开的文档列表中选择要共享的工作簿，单击"打开"按钮，在新窗口中打开工作簿，如图 6-23 所示。

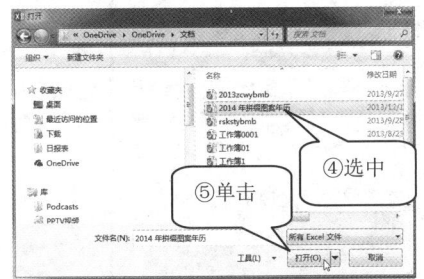
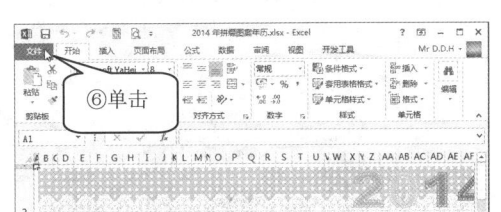

图 6-23　打开要共享的工作簿

4　单击"文件"选项卡，在打开的 Backstage 视图中单击"共享"命令，打开"共享"页面。

5　单击"邀请他人"命令，在右侧"键入姓名或电子邮件地址"文本框中输入收件人的电子邮件地址，可以是 Outlook、163、Sina、QQ、Hotmail 等任何浏览器支持的邮件地址。

6　单击电子邮件地址右侧"可编辑"的下拉按钮，选择接收邮件人对共享工作簿的权限是"可编辑"还是"可查看"。

7　如果只希望让自己发送邮件的收件人才能查看文档，可选中"要求用户在访问文档之前登陆"复选框。

8　单击"共享"按钮，完成邀请，如图 6-24 所示。

9　电子邮件发送完毕，Backstage 视图"共享"页面会显示该文档的共享者和共享权限，如图 6-25 所示。

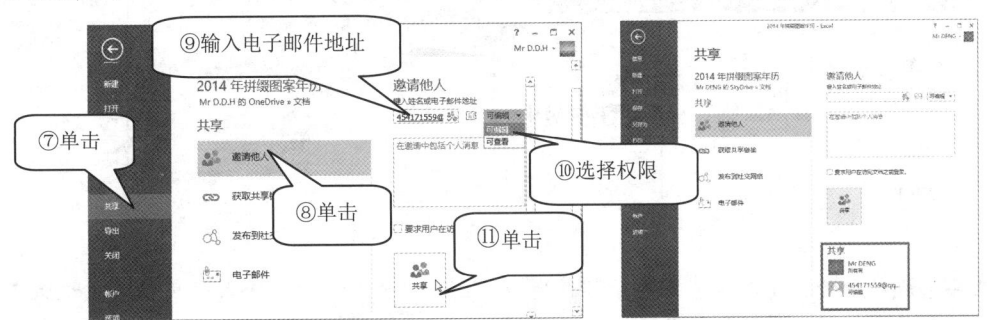

图 6-24　邀请他人共享工作簿　　　　　　图 6-25　工作簿的共享者和共享权限

被邀请人收到电子邮件后，单击邮件中"Excel"图标的链接，即可在 Web App 的 OneDrive 中打开工作簿，如图 6-26 所示。

图 6-26　单击电子邮件中的链接 Web App 中打开工作簿

如果邀请人具有编辑权限，可单击"在浏览器中进行编辑"命令，在 Web App 中打开功能菜单或者选择在 Excel 中打开工作簿进行编辑，如图 6-27 所示。

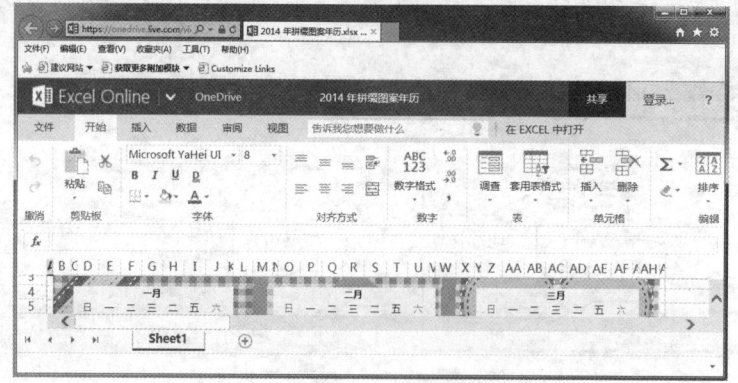

图 6-27　在 WebApp 上共享编辑工作簿

用户也可以在 Web App 的 OneDrive 中邀请联系人共享工作簿，具体的操作如下。

1　在 OneDrive 中打开需要共享的工作簿，例如"2014 年拼缀图案年历"工作簿，单击鼠标右键，在打开的快捷菜单中选择"共享"命令。

2　在打开的"共享"页面中的"邀请联系人"对话框中输入收件人的电子邮件地址，可以是Outlook、163、Sina、QQ、Hotmail 等任何浏览器支持的邮件地址，如果要发送给多人，可按<Enter>键进行分隔。

3　为收件人选择权限和是否需要登录微软账户后，单击"共享"按钮，如图 6-28 所示。

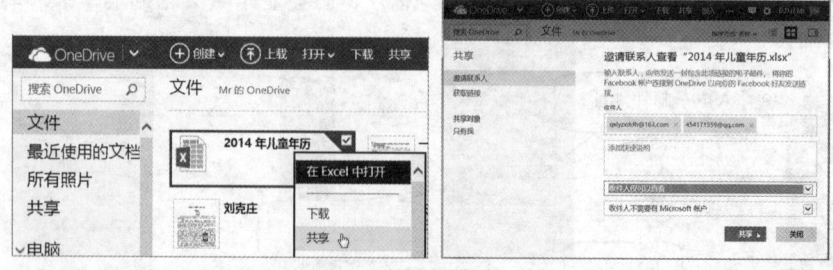

图 6-28　发送电子邮件共享工作簿

4　在共享成功后会显示共享者和电子邮件地址，用户可以针对每一个共享用户更改权限或者停止共享，最后单击"关闭"按钮完成操作，如图 6-29 所示。

对方收到邮件后，打开邮件中的 Excel 图标形式的超链接，即可在浏览器中打开对应的工作簿，如图 6-30 所示。

图 6-29　成功发送电子邮件链接地址

图 6-30　在邮件中单击超链接图标

6.2.2　使用邮件发送

用户可以将工作簿通过电子邮件发送给其他人。发送电子邮件有"作为附件发送""发送链接""以 PDF 形式发送""以 XPS 形式发送"和"以 Internet 传真形式发送"5 种不同的方式，每种方式有自己的特点，下面以"作为附件发送"的方式介绍具体的操作步骤。

1　打开需要发送的工作簿，单击"文件"选项卡，在打开的 Backstage 视图中单击"共享"命令，打开"共享"页面。单击"共享"下的"电子邮件"命令，右侧显示了 5 种发送方式，如图 6-31 所示。

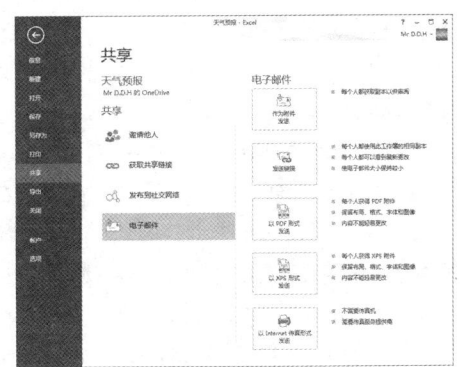

图 6-31　打开"电子邮件"发送页面

2　选择一种发送方式，例如选择"作为附件发送"方式，此时电脑上设置的电子邮件客户端程序将启动（如 Microsoft Outlook、OutlookExpress 等），并创建了一份将当前工作簿文件作为附件的邮件。在收件人地址栏内输入一个或多个收件人的邮件地址，单击"发送"按钮即可，如图 6-32 所示。如果使用 Outlook，在初次使用时需要配置账户信息。

3　用户收到邮件后下载附件即可获得工作簿的副本，如图 6-33 所示。

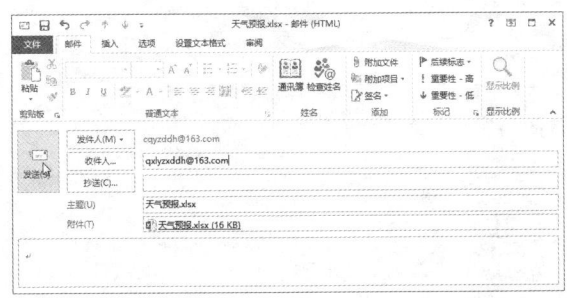

图 6-32　发送工作簿

图 6-33　下载附件

如果打开的工作簿没有保存在共享位置，在打开"共享"页面单击"电子邮件"命令，不能使用"发送链接的方式"发送电子邮件，如图 6-34 所示。

5 种电子邮件发送方式的特点，可参见每种方式右边的说明，如果不想让工作簿内容轻易被更改，可以选择"以 PDF 形式发送"或者"以 XPS 形式发送"电子邮件。

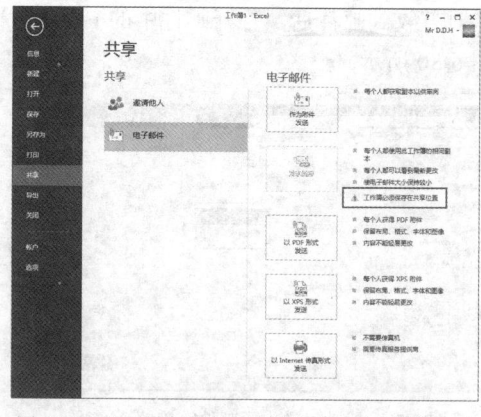

图 6-34　没有保存在共享位置的电子邮件发送方式

6.2.3　获取共享链接

采用"邀请他人"和使用"电子邮件"发送的方式共享工作簿都需要知道联系人和收件人的电子邮件地址。当工作簿要和很多人共享，或者不知

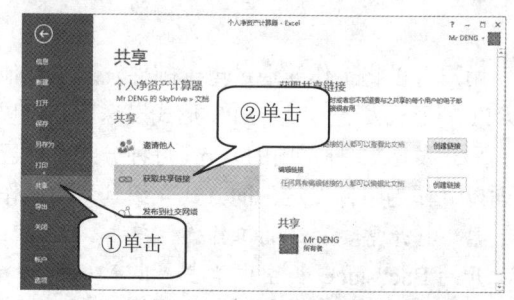

图 6-35　在共享页面单击获取共享链接命令

道要共享的对方的电子邮件时，可以通过"获取共享链接"的方式让查看到链接的用户查看或者编辑工作簿。获取共享链接主要有以下两种方法。

方法一：利用 Backstage 视图共享页面中的"获取共享链接"命令。

【例 6-4】在共享页面中"获取共享链接"

1 在 Excel 中打开保存在 OneDrive 中的需要共享的工作簿，单击"文件"选项卡，在 Backstage 视图中单击"共享"命令，打开"共享"页面，然后单击"共享"下的"获取共享链接"命令，如图 6-35 所示。

2 如果要创建"查看链接"，可单击"查看链接"右侧的"创建链接"按钮，程序会在"查看链接"下面的文本框中创建与工作簿链接的 URL 地址，右键单击 URL 地址，可以选中并可在打开的快捷菜单中单击"复制"命令复制 URL 地址，然后将复制的 URL 粘贴到微博、QQ 等自己想分享的地方即可，如图 6-36 所示。

3 如果要创建"编辑链接"，可单击"编辑链接"右侧的"创建链接"按钮，程序会在"编辑链接"下面的文本框中创建与工作簿链接的 URL 地址，右键单击 URL 地址可以选中并可在打开的快捷菜单中单击"复制"命令复制 URL 地址，然后将复制的 URL 地址粘贴到微博、QQ 等自己想分享的地方即可，如图 6-37 所示。

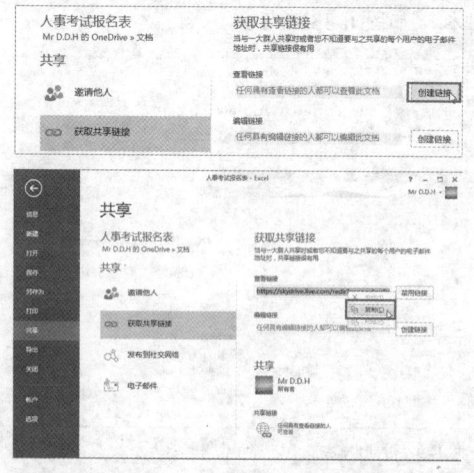

图 6-36　创建并复制查看链接地址

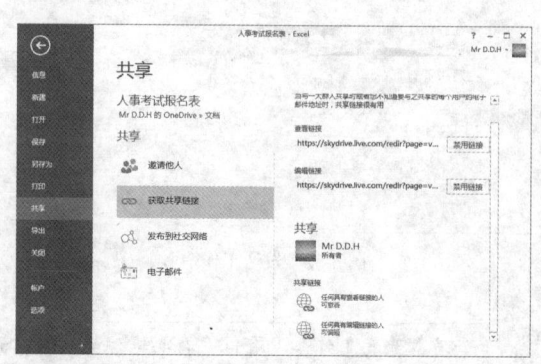

图 6-37　创建编辑链接并复制链接地址

如果不再共享工作簿，可单击"禁用链接"按钮禁用查看链接或者编辑链接。

方法二： 在 OneDrive 中创建链接。

【例 6-5】 在 OneDrive 中创建链接

1　在 OneDrive 中右键单击需要创建链接的工作簿，在打开的快捷菜单中单击"共享"命令，如图 6-38 所示。

2　在打开的"共享"页面中单击"获取链接"命令，然后在右侧"选择一个选项"下面的文本框中选择"仅查看""编辑"和"公共"中的一个选项，然后单击"创建链接"按钮，如图 6-39 所示。

图 6-38　在 OneDrive 中打开工作簿

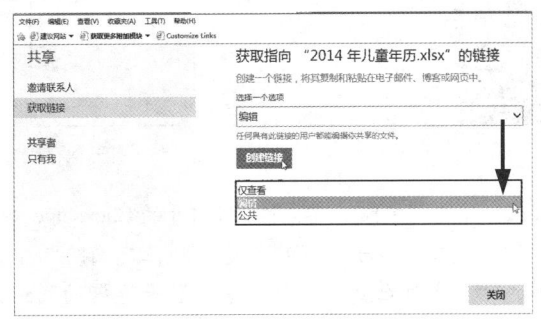

图 6-39　选择创建链接的选项

3　创建该工作簿的 URL 地址的链接显示在选择的选项下的文本框中，右键单击文本框中的地址选中并复制地址，如图 6-40 所示。

4　单击地址下面的"新浪微博"的链接，登录"微博"后，粘贴复制的地址，然后单击"分享"按钮，如图 6-41 所示。

图 6-40　复制地址

图 6-41　在"微博"中分享工作簿链接

5　用户可以按上面的方式继续创建链接，最后单击"关闭"按钮完成操作，如图 6-42 所示。

6.2.4　发布到社交网络

用户可以把保存在 OneDrive 中的工作簿以链接的形式发布到社交网络，例如新浪微博、Linked in、Google 等。

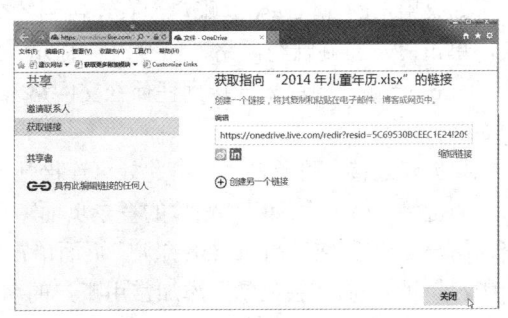

图 6-42　关闭打开的"共享"页面

【例6-6】发布到社交网络

1 在 Excel 中打开保存在 OneDrive 中的工作簿，如图 6-43 所示。

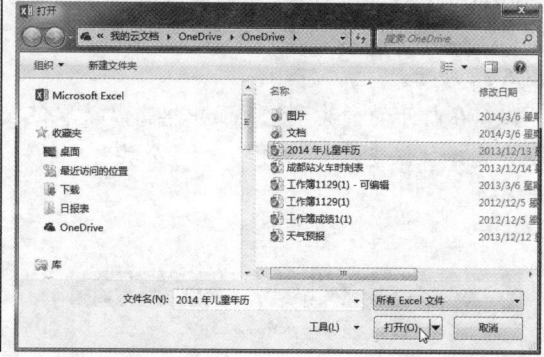

图 6-43　打开保存在 OneDrive 中的工作簿

2 单击"文件"选项卡，在打开的 Backstage 视图中单击"共享"命令，打开"共享"页面。

3 单击"共享"下的"发布到社交网络"命令，如果用户的微软账户已连接到社交网络，在右侧的"发布到社交网络"下方将显示连接的网络的名称，如果只连接到一个社交网站，默认状态下已经选中。

4 在选定的网络下方单击"组合框"的下拉按钮，选择"可查看"或者"可编辑"权限，在权限下的文本框中可以输入个人信息或说明。

5 单击"发布"按钮将工作簿的链接发布到选择的网络，如图 6-44 所示。发布后在"共享"页面可以查看发布的网络和权限，如图 6-45 所示。

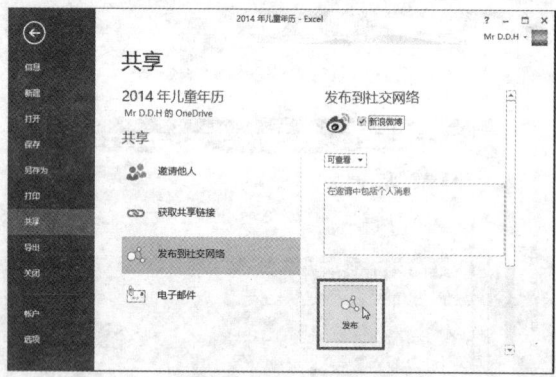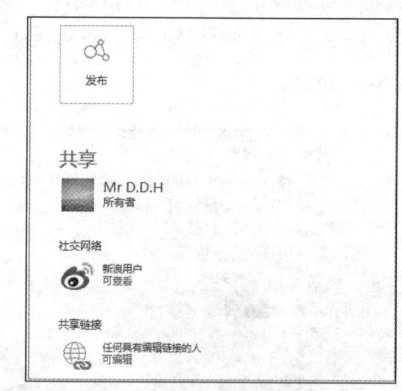

图 6-44　发布到网络　　　　　　图 6-45　显示发布的网络和用户权限

如果用户的 Microsoft 账户没有连接到社交网络，单击"发布到社交网络"命令时会提示："您的 Microsoft 账户当前未连接到任何社交网络"，如图 6-46 所示。

要创建连接，可单击"单击此处可连接社交网络"的链接，转入登录用户账户的登录页面，重新登录用户账户后，在"Microsoft 账户"页面单击"添加账户"命令，右侧会显示可添加常用账户的名称，如图 6-47 所示。

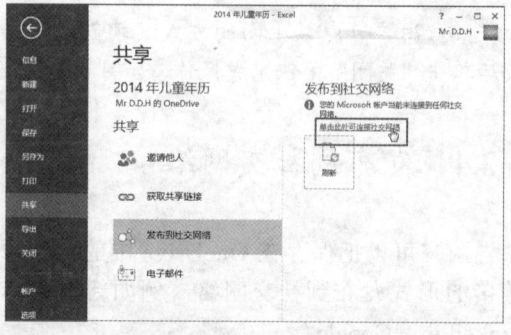

图 6-46　Microsoft 账户没有连接到社交网络的提示信息

单击要添加的常用账户，例如"新浪微博"，打开"共享到新浪微博"页面，如图 6-48 所示。

图 6-47　在 Microsoft 账户中添加账户

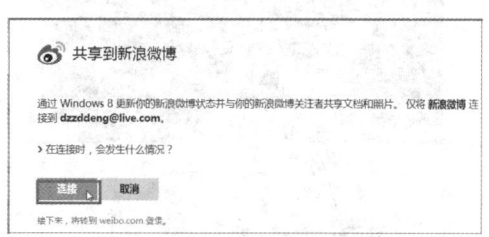

图 6-48　共享到新浪微博

单击"连接"按钮，打开应用授权——新浪微博账号的登录页面，输入用户自己的账号和密码，然后单击"登录"按钮，如图 6-49 所示。

登录后，会显示自己的账户已连接到新浪微博，单击"完成"按钮，关闭页面，如图 6-50 所示。

图 6-49　登录自己的新浪微博账号

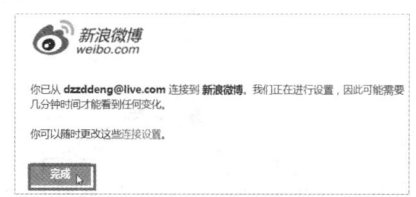

图 6-50　完成社交网络连接

返回到 Excel 共享页面，在右侧的"发布到社交网络"下方单击"刷新"按钮，刚连接的社交网络会显示在共享页面中，如图 6-51 所示。

图 6-51　刷新新连接的社交网络

6.3　在 OneDrive 桌面应用中共享工作簿

如果用户经常通过浏览器进入自己的 OneDrive 进行各种共享工作簿的操作，可以下载一个免费的 OneDrive 桌面应用。OneDrive 桌面应用能在电脑与 OneDrive 之间自动同步文件。32 位或 64 位版本的 Windows 8、Windows 7 或 Windows Vista Service Pack 2 的操作系统的电脑均可安装（Windows 8 系统已内置 OneDrive 桌面应用程序）。

【例 6-7】使用 OneDrive 桌面应用

用户可从"https://onedrive.live.com/ about/zh-cn/ download/"网站下载 OneDrive 桌面应用程序，如图 6-52 所示。

双击下载的 OneDrive 桌面应用软件，启动安装程序，如图 6-53 所示。

图 6-52　下载 OneDrive 桌面应用

图 6-53　启动安装程序

在欢迎使用 OneDrive 的界面单击"开始"按钮，打开登录 Microsoft 账户窗口，在登录窗口输入 Microsoft 账户和密码，单击"登录"按钮，如图 6-54 所示。

图 6-54　登录 Microsoft 账户

登录后在"正在引入你的 OneDrive 文件夹"页面中可以更改在电脑中存放 OneDrive 文件夹的位置，如图 6-55 所示。

单击"下一步"按钮，打开仅同步你需要的内容页面，用户可以选择需要同步文件夹，最后单击"确定"按钮，如图 6-56 所示。

图 6-55　更改 OneDrive 文件夹存放的位置

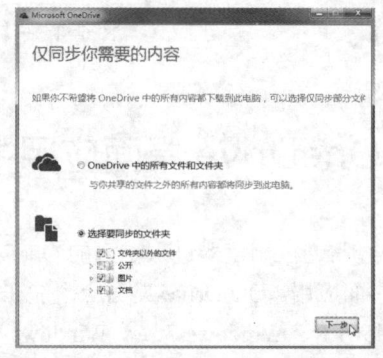

图 6-56　选择同步的文件夹

在"从任何位置获取你的文件"页面中单击"完成"按钮，完成程序的安装和设置，选择的文件夹即可同步在电脑中的 OneDrive 文件夹中，如图 6-57 所示。

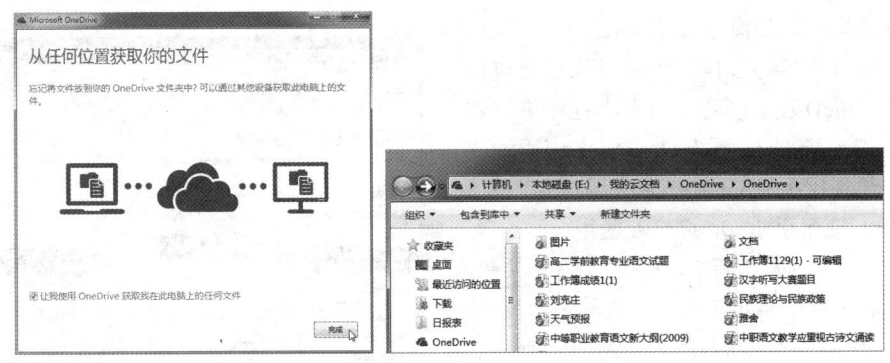

图 6-57　同步文件

如果要将某个工作簿存放在 OneDrive 中，只需将工作簿复制到电脑中的 OneDrive 文件夹中，在联网的情况下 OneDrive 会自动查找更新，将工作簿上载到 OneDrive 中。打开任务栏的上载中心，可以查看最新上载的文件，如图 6-58 所示。

图 6-58　将电脑中的文件上载到 OneDrive

在电脑中的 OneDrive 文件夹里的工作簿可以快捷地实现共享。在某个工作簿名称上单击鼠标右键，在打开的快捷菜单中单击 "OneDrive→共享" 命令，浏览器便会自动启动并打开共享页面供用户进行下一步的操作，如图 6-59 所示。

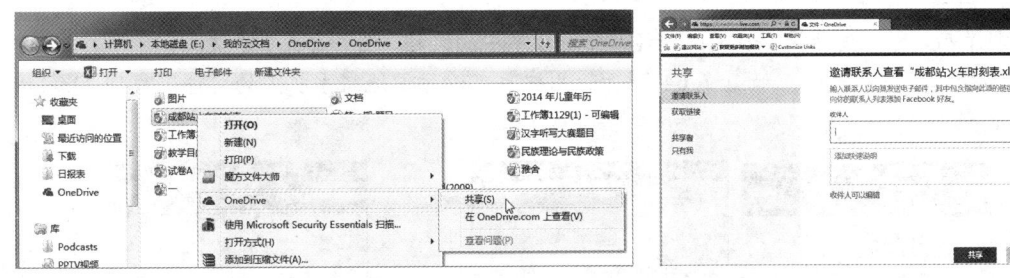

图 6-59　快捷实现工作簿的共享

6.4　通过手机等移动设备共享工作簿

用户可以为自己的 Windows Phone、Android 或 iOS 操作系统的手机或移动设备获取 OneDrive 应用程序，在手机上安装 OneDrive 应用后，可以在所需的任意位置，查看、共享或上载所需的任何文件。

如果要在电脑中下载 OneDrive 移动访问，可以在浏览器地址栏中输入以下网址：https://onedrive.live.com/about/zh-cn/download/，在打开的页面中根据自己使用手机选择相关操作系统的应用程序的超链接进行下载安装，如图 6-60 所示。

用户也可以直接通过自己手机搜索适合自己操作系统的 OneDrive 移动访问应用程序进行安装。下面以安装 Android 系统 OneDrive 应用为例介绍怎样安装使用手机 OneDrive 应用。

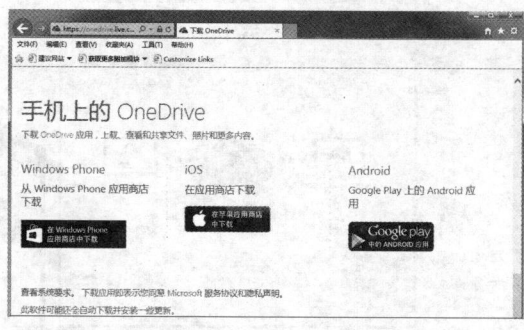

图 6-60　在电脑中下载 OneDrive 移动访问

【例 6-8】使用手机 OneDrive 应用

1　打开手机的应用商店，单击"搜索"按钮，在搜索文本框中输入"OneDrive"，再单击"搜索"按钮，找到 OneDrive 应用程序，如图 6-61 所示。

2　单击"安装"按钮，OneDrive 应用程序会自动安装到手机中，安装完成后显示 OneDrive 应用程序功能介绍，如图 6-62 所示。

3　单击"启动"按钮，启动 OneDrive 应用程序，显示登录页面，单击"登录"按钮，打开"登录"对话框，输入 Microsoft 账户和密码后单击"登录"按钮，如图 6-63 所示。

图 6-61　搜索应用程序　　图 6-62　安装 OneDrive 应用程序　　　　图 6-63　登录账户

4　登录后，可以查看保存在 OneDrive 应用程序中的文档、图片等。单击文档，可以打开查看、编辑或者选择保存在本手机，如图 6-64 所示。用户也可以方便地将手机中的文件上载到 OneDrive 中，如图 6-65 所示。

 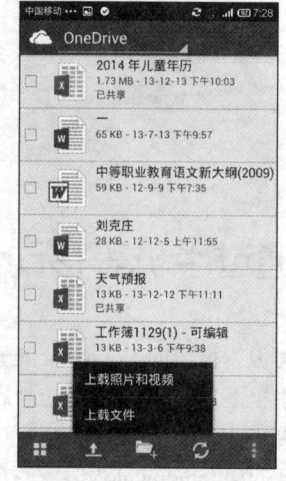

图 6-64　查看文件　　　　　　　　　　图 6-65　选择上载文件

6.5　合并比较工作簿

如果一个工作簿需要多个审阅者审阅和修订后才能确定最终版本，可以将工作簿同时发送给审阅者，在收到审阅者的修订后使用"合并比较工作簿"功能。

【例 6-9】合并比较工作簿

1　将原始的工作簿设置为共享工作簿，并放置在一个文件夹中。

2　使用邮件发送发式将工作簿发送到审阅者处，发送的方法参见 **6.2.2** 小节。

3　审阅者收到请求邮件后打开附件进行审阅，此时工作簿只能以只读方式打开，审阅者下载邮件修改完成后，可以使用电子邮件将审阅文件发送回审阅请求者。

4　审阅请求者收到所有审阅者回复的工作簿文件后，将它们保存在原始工作簿的同一个文件夹。

5　通过自定义快速访问工具栏，将"比较和合并工作簿"添加到"快速访问工具栏"，如图 6-66 所示。

6　激活原工作簿文件，单击"比较和合并工作簿"按钮，打开"将选定文件合并到当前工作簿"对话框。定位保存审阅文件的文件夹，选择一个或多个文件后，单击"确定"按钮，如图 6-67所示。

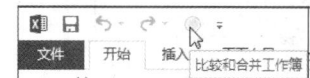

图 6-66　将"比较和合并工作簿"添加到"快速访问工具栏"

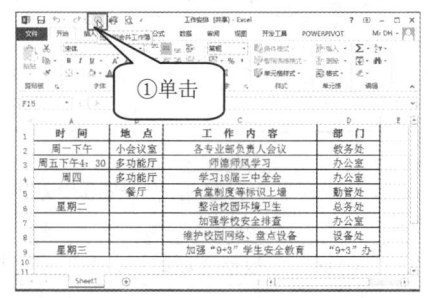

图 6-67　"将选定文件合并到当前工作簿"对话框

合并后，审阅者所做的修订合并到原工作簿，修订记录将突出显示，如图 6-68 所示。

6.6　不同文档间的协同

Office 软件中包含了 Excel、Word、PowerPonit 等多个程序组件，Excel 可以方便地和 Word、PowerPonit 等程序数据共享。

图 6-68　审阅者所做的修订将合并到原工作簿

6.6.1　Word 与 Excel 的协同

在 Word 中，可以将 Excel 中的数据复制或链接到 Word 中，也可以在 Word 中插入 Excel 电子表格。

1. 复制 Excel 表格数据到 Word 文档

复制 Excel 表格数据到 Word 文档的操作如下。

1 选择需要复制的 Excel 单元格区域，单击鼠标右键，在打开的快捷菜单中选择"复制"命令。

2 激活 Word 文档中需粘贴的位置，单击"开始"选项卡的"剪贴板"组的"粘贴下拉"按钮，在下拉菜单中单击"选择性粘贴"命令，打开"选择性粘贴"对话框，选择一种粘贴形式，单击"确定"按钮，如图 6-69 所示。

如果选择"HTML 格式"粘贴的效果如图 6-70 所示。

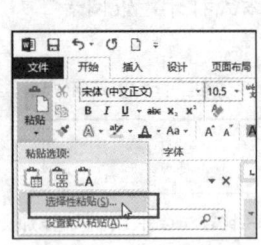
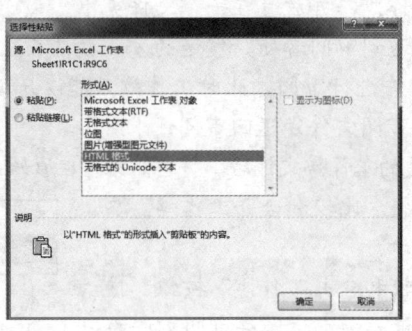
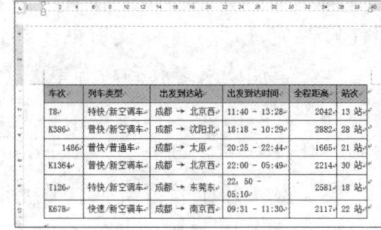

图 6-69 在 Word 中执行选择性粘贴   图 6-70 复制 Excel 表格数据到 Word 文档

 如果希望粘贴后的内容能够随"源数据"的变化而更新，可以使用"粘贴链接"方式进行粘贴。

有关粘贴形式的用途如表 6-1 所示。

表 6-1   粘贴的不同形式的用途

形　　式	用　　途
Microsoft Excel 工作表对象	作为一个完整的 Excel 工作表对象进行嵌入，在 Word 中双击该对象可以像在 Excel 中一样进行编辑处理
带格式文本（RTF）	成为带格式的文本表格，将保留源数据区域的行、列及字体格式
无格式文本	成为普通文本，没有任何格式
位图	成为 BMP 图片文件
图片（增加型图元文件）	成为 EMF 图片文件，占用文件体积比位图小
HTML 格式	成为 HTML 格式的表格，在格式上比 RTF 更接近源数据区域
无格式的 Unicode 文本	成为 Unicode 编码的普通文本，没有任何格式

2. 复制 Excel 图表

复制 Excel 工作表中的图表，然后在 Word 中单击"开始"选项卡的"剪贴板"组的"粘贴"下拉按钮，在下拉菜单中单击"选择性粘贴"命令，打开"选择性粘贴"对话框，如图 6-71 所示。选择一种粘贴形式，单击"确定"按钮即可。

3. 在 Word 中插入 Excel 电子表格

单击"插入"选项卡的"表格"组的下拉按钮，在下拉列表中单击"Excel 电子表格"命令，将在 Word 文档中插入 Excel 工作表。

插入的 Excel 电子表格如果不被激活，则只显示为表格。双击它可以激活对象，进行编辑，此时 Word 的功能区变成了 Excel 的功能区，如图 6-72 所示。

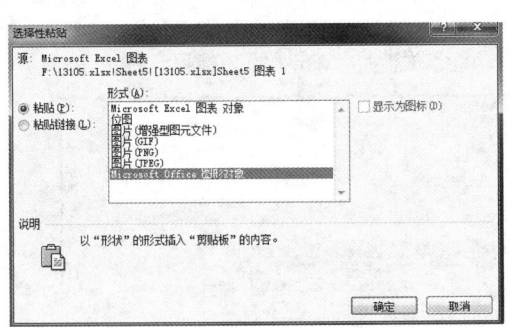

图 6-71　选择性粘贴图表

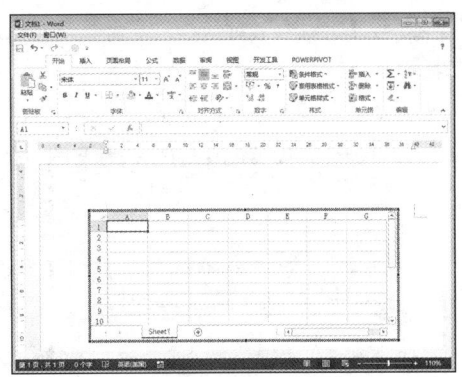

图 6-72　在 Word 中插入 Excel 电子表格

6.6.2　Excel 与 PPT 数据共享

将 Excel 数据移植到 PowerPoint 中和将 Excel 工作表移植到 Word 中的操作和结果基本相同，这里简要介绍链接 Excel 图表到 PPT 演示文稿中。

1　选择要复制的 Excel 图表，单击右键执行复制操作。

2　定位到 PPT 演示文稿中需粘贴位置，单击"开始"选项卡的"剪贴板"组的"粘贴"下拉按钮，在下拉菜单中单击"选择性粘贴"命令，在打开的"选择性粘贴"对话框中，单击"粘贴链接"单选钮，如图 6-73 所示。

单击"确定"按钮。图表粘贴到 PPT 中，如图 6-74 所示。当"源图表"发生变化以后，PPT 中的图表也能更新。在图表中单击鼠标右键，可以执行相关的链接命令。

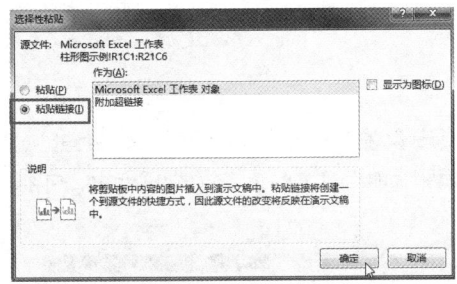

图 6-73　粘贴 Excel 图表链接到演示文稿中

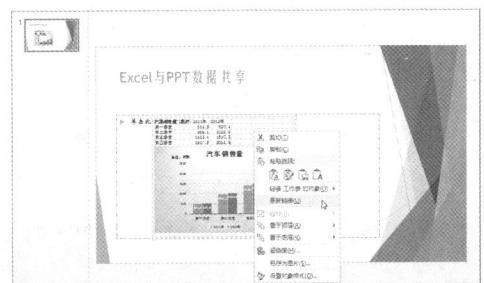

图 6-74　将 Excel 图表链接在 PPT 中

6.6.3　在 Excel 中使用其他 Office 应用程序数据

利用"选择性粘贴"功能和"粘贴选项"按钮，用户可以将其他 Office 应用程序的数据复制到 Excel 中。方法与 Excel 数据复制到其他 Office 应用程序类似。

在 Excel 中，也可以使用插入对象的方式，插入其他 Office 应用程序文件，作为工作表的一部分。在 Excel 中插入 Word 文档的操作如下。

1　在 Excel 中单击"插入"选项卡的"文本"组的"对象"按钮，如图 6-75 所示。

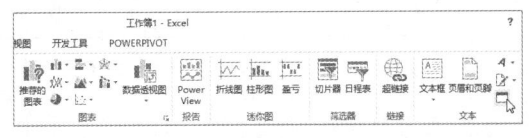

图 6-75　插入对象

2 打开"对象"对话框，在对象类型列表中选择"Microcoft Word Document"，单击"确定"按钮，即可插入 Word 对象，如图 6-76 所示。

双击插入的文档可执行 Word 编辑，此时，Excel 功能区成为了 Word 的功能区，如图 6-77 所示。

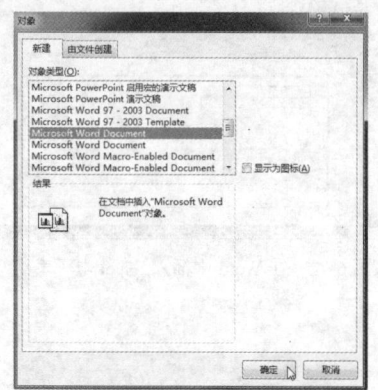

图 6-76　选择插入 Word 文档

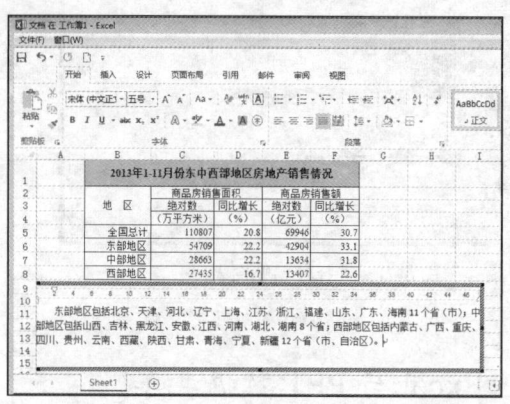

图 6-77　在 Excel 中编辑 Word 文档

6.7　打印工作表

编辑完成的工作表可以存储在电脑或发送到互联网。很多时候也需要将工作表打印输出。因此需掌握打印工作表时如何进行页面设置以及调整打印设置等相关知识。

6.7.1　打印工作表的基本步骤

在 Excel 中，打印工作表的基本步骤如下。

1 设置页面布局和打印选项。

单击"页面布局"选项卡的"页面设置"组的"页面设置"对话框启动器按钮，打开如图 6-78 所示的"页面设置"对话框，在"页面""页边距""页眉/页脚""工作表"等选项卡中，可根据需要设置打印方向、纸张大小、页边距以及页眉页脚等。

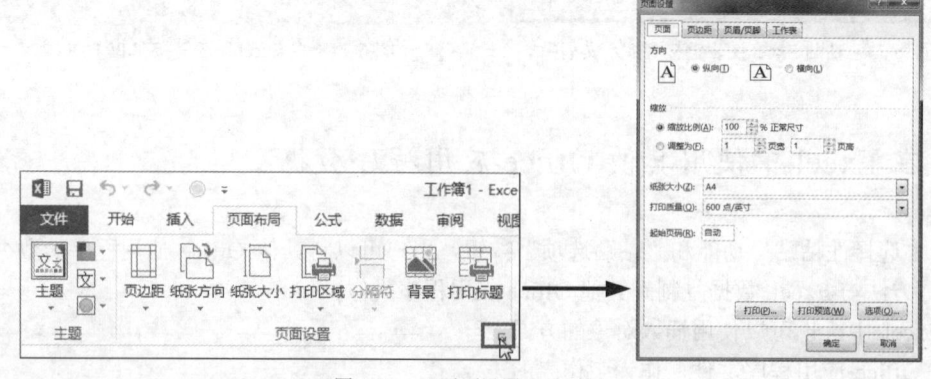

图 6-78　"页面设置"对话框

2 查看打印效果。

设置完成后，可在"页面设置"对话框中单击"打印预览"命令，进入"打印预览"窗口查看每页的打印效果。若不满意，可重新调整页面布局和打印选项，直至满意为止。

3　打印输出。

单击"文件"选项卡，在打开的 Backstage 视图中单击"打印"命令或按下<Ctrl+P>组合键，打开如图 6-79 所示的"打印"页面，用户可选择"打印机"、设置打印份数等，准备好打印后，单击"打印"按钮开始打印。

如果不需要从打印选项菜单中设置打印参数，可将"快速打印"添加进"自定义快速访问工具栏"，准备好打印后，直接单击"快速访问工具栏"上的"快速打印"按钮，打印工作表，如图 6-80 所示。

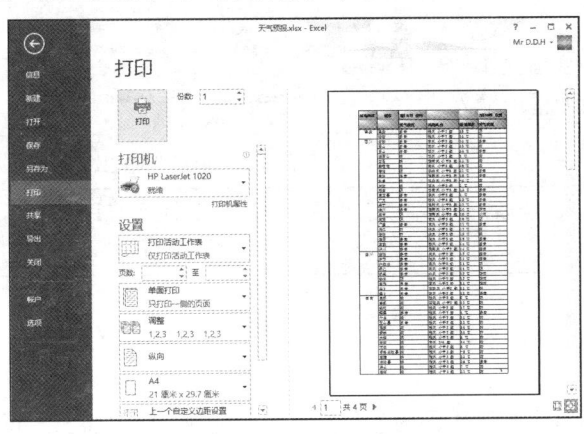

图 6-79　"打印"工作表

图 6-80　快速打印按钮

6.7.2　横向打印

在 Excel 中，页面设置方向默认为"纵向"，用户可以根据实际情况进行调整。一般来说，包含多列的工作表适合横向打印。

设置横向打印有多种方法。

方法一：单击"页面布局"选项卡中的"页面设置"组的"纸张方向"按钮，在下拉列表中选择"横向"命令，如图 6-81 所示。

方法二：单击"文件"选项卡，在打开的 Backstage 视图中单击"打印"命令，打开"打印"页面，单击"设置"区域中的"纵向"下拉按钮，在下拉列表中单击"横向"命令，如图 6-82 所示。

方法三：单击"页面布局"选项卡的"页面设置"组的"页面设置"对话框启动器按钮，打开"页面设置"对话框，在"页面"选项卡的"方向"选项中选中"横向"单选钮，再单击"确定"按钮，如图 6-83 所示。

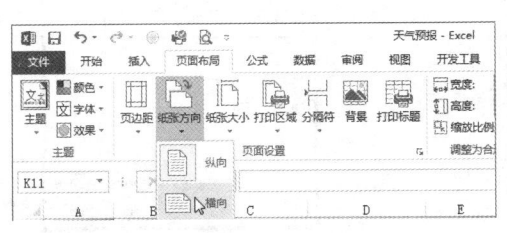

图 6-81　设置纸张方向为横向

图 6-82　设置"横向"打印

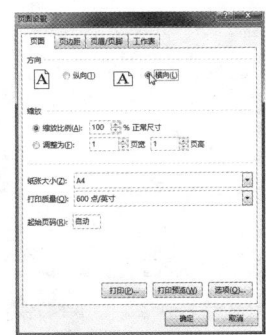

图 6-83　更改页面打印方向

6.7.3 设置打印缩放比例

如果工作表中的内容不能按所需的页码打印输出，可以进行调整或缩放，使其能够以比正常比例略大或略小的方式打印。

有些时候，在"页边距"选项卡上，调整"上""下""左""右"框中的尺寸指定数据与打印页面边缘的距离之后，工作表中仍有部分内容无法打印在同一页上，这时只要稍微调整一下"缩放比例"即可解决问题，具体操作如下。

单击"页面布局"选项卡的"调整为合适大小"组的"缩放比例"的微调按钮，或者在微调框中输入一个合适的比例即可，如图 6-84 所示。

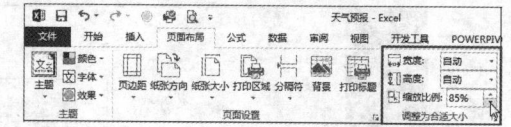

图 6-84　调整"缩放比例"

 使用"缩放比例"功能时，需将工作表"宽度"和"高度"设置为"自动"。打开"页面设置"对话框，同样可以设置缩放比例。

6.7.4 压缩打印内容到一页

如果要打印的表格内容超过一页，而且第二页中的内容只有几行或几列，可以将第二页中的内容打印到第一页上。

方法一： 使用功能区菜单设置。

分别单击"页面布局"选项卡的"调整为合适大小"组的"宽度"和"高度"下拉按钮，将"宽度"和"高度"都设置为 1 页，如图 6-85 所示。

方法二： 在"文件"选项卡的"打印"页面设置。

单击"文件"选项卡，在打开的 Backstage 视图中单击"打印"命令，打开"打印"页面，在"设置"中单击"无缩放"下拉按钮，可执行"将工作表调整为一页""将所有列调整为一页"等命令，如图 6-86 所示。

方法三： 利用"页面设置"对话框设置。

1 单击"页面布局"选项卡的"页面设置"组的"页面设置"对话框启动器按钮，打开"页面设置"对话框。

2 在"页面设置"对话框中单击"页面"选项卡，在"缩放"区域选中"调整为"单选钮，在"调整为"旁边的第一个微调框中输入"1"（表示一页宽），然后在第二个微调框中输入"1"（表示一页高），单击"确定"按钮，如图 6-87 所示。

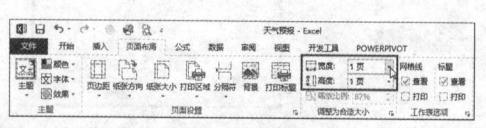

图 6-85　压缩打印内容

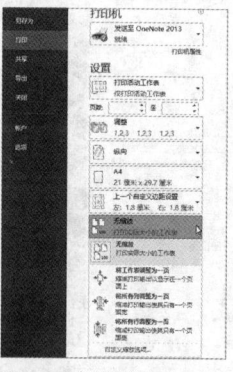

图 6-86　调整缩放为一页

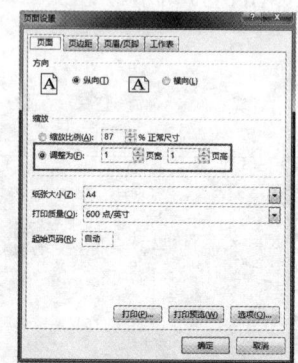

图 6-87　在"页面设置"对话框中设置

6.7.5　工作表居中打印

有些时候，特别是当工作表中需要打印的内容不是很多时，这些内容可能会集中打印在纸张的左端或顶端，看起来不美观，此时可设置让工作表居中打印，操作步骤如下。

1　单击"页面布局"选项卡的"页面设置"对话框启动器按钮，打开"页面设置"对话框。

2　单击"页边距"选项卡，在"居中方式"下选中"水平"或"垂直"复选框，单击"确定"按钮，如图 6-88 所示。

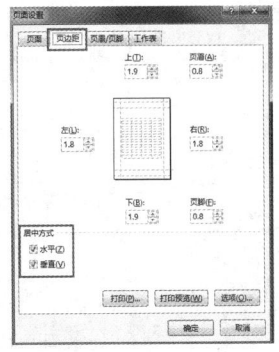

图 6-88　设置"居中方式"

 提示　如果希望工作表中的数据在左右页边距之间水平居中，则选中"水平"复选框，如果希望工作表中的数据在上下页边距之间垂直居中，则选中"垂直"复选框。也可以同时选中这两个复选框，以便在页边距内居中显示页面数据。

6.7.6　在打印中添加页眉和页脚

页眉可由文本或图形组成，出现在每页的顶端。页脚出现在每页的底端。页眉和页脚通常包括页码、标题、日期和作者姓名等内容。

1.　添加系统内置的页眉页脚

在 Excel 2013 中，系统将可能作为备注的信息智能存储为内置的页眉和页脚，并带有一定的样式，以便用户快速添加。下面以为图 6-89 所示的"考勤卡"工作表添加系统内置的页眉和页脚为例，介绍具体的操作方法。

1　在"考勤卡"工作表中，单击"插入"选项卡的"文本"组中的"页眉和页脚"按钮，打开"页眉和页脚工具"的"设计"选项卡，进入页眉编辑状态，如图 6-90 所示。

图 6-89　考勤卡工作表

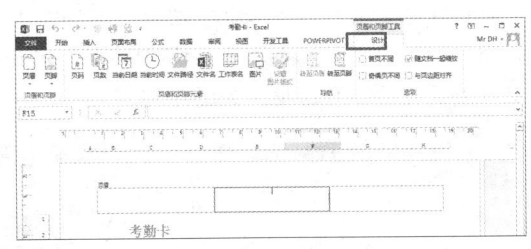

图 6-90　插入页眉和页脚

2　在"页眉和页脚工具"的"设计"选项卡中单击"页眉"按钮，在下拉列表中选择合适的内置页眉样式，用户也可以在"页眉和页脚元素"组中，在页眉的左、中、右分别选择页眉元素，如图 6-91 所示。

3　在"页眉和页脚工具"的"设计"选项卡中单击"导航"组的"转至页脚"按钮，切换到页脚编辑状态，单击"页脚"下拉按钮，在下拉列表中选择合适的内置页脚样式。用户也可以在"页眉和页脚元素"组中，在页眉的左、中、右分别选择页脚元素，如图 6-92 所示。

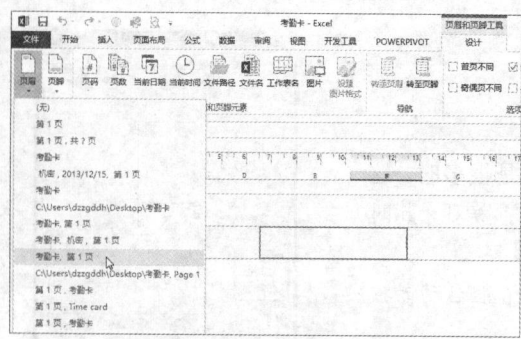

图 6-91　添加内置页眉

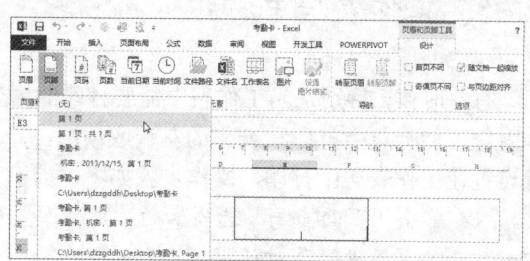

图 6-92　添加内置的页脚

2. 创建自定义页眉

下面以图 6-93 所示的表格为例创建自定义页眉。

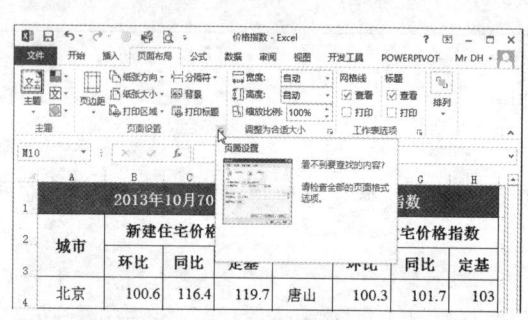

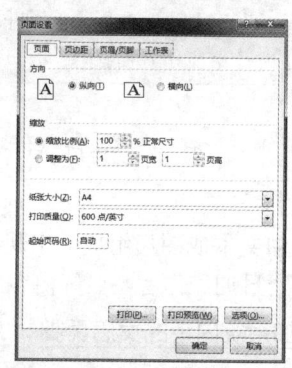

图 6-93　打开"页面设置"对话框

【例 6-10】自定义页眉/页脚

1 单击"页面布局"选项卡的"页面设置"组的"页面设置"对话框启动器按钮，打开"页面设置"对话框。

2 在"页面设置"对话框中单击"页眉/页脚"选项卡，再单击"自定义页眉"按钮，将打开"页眉"对话框，如图 6-94 所示。

3 在"页眉"对话框中，在"左""中""右"文本框中分别输入内容，分别选中输入的内容，然后单击"格式文本"按钮，打开"字体"对话框，编辑字体格式，编辑完成后单击"确定"按钮，返回"页面设置"对话框，如图 6-95 所示。

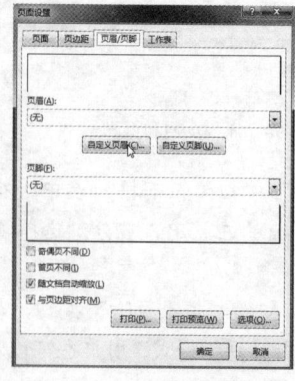

图 6-94　自定义页眉

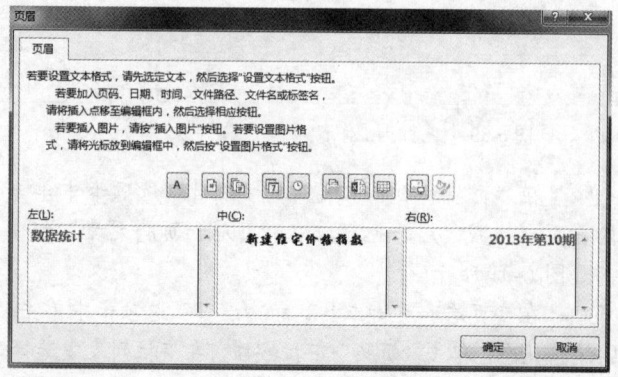

图 6-95　编辑"自定义页眉"

4 在"页面设置"的"页眉/页脚"对话框中单击"自定义页脚"按钮,打开"页脚"对话框,在左文本框中输入"数据分析",在中文本框中插入"日期",在右文本框依次插入"页码""/"和"总页数",插入后,可以自定义文本格式,设置完成后单击"确定"按钮返回"页面设置"对话框,如图 6-96所示。

5 在"页面设置"对话框中单击"确定"按钮关闭对话框完成设置,如图 6-97 所示。在"页面布局"视图或者打印预览下可以查看自定义页眉页脚效果,如图 6-98 所示。

如果在"页面设置"的"页眉/页脚"对话框中选择了"奇偶页不同"或"首页不同",可以分别对"奇数页眉"和"偶数页眉"进行设置,如图 6-99 所示。

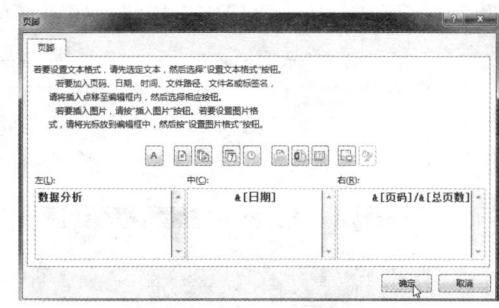

图 6-96 自定义页脚

 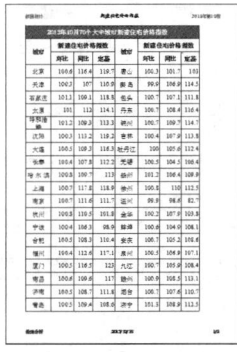 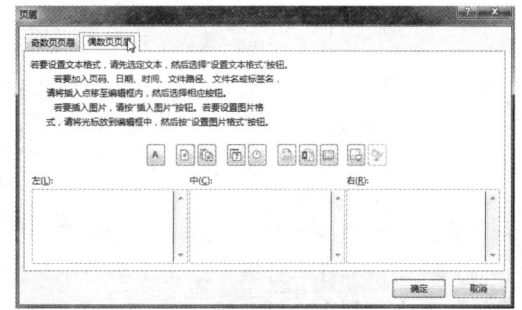

图 6-97 完成设置　　　图 6-98 自定义页眉效果　　　图 6-99 设置奇偶页页眉

3. 删除页眉、页脚

要删除页眉、页脚,在"页面设置"对话框中的"页眉/页脚"选项卡中,单击"页眉"框旁边的箭头,在下拉列表中选择"(无)"选项,再单击"确定"按钮便可删除页眉。删除"页脚"的方法相同,如图 6-100 所示。

在"页面布局"视图下选中添加的页眉页脚内容,直接按<Delete>键也可以将选中的页眉页脚删除。

图 6-100 删除页眉

6.7.7 设置和取消打印区域

所谓打印区域,是指在不需要打印整个工作表时,需打印的一个或多个单元格区域。

1. 设置打印区域

设置打印区域主要有 2 种方法。

方法一: 使用菜单命令。

1 选中需要打印的单元格区域,例如 A1:F9 单元格区域。

2 在"页面布局"选项卡的"页面设置"组单击"打印区域"下拉按钮,在下拉列表中选择"设置打印区域",如图 6-101 所示。

方法二： 使用 "页面设置" 对话框。

在 "页面设置" 对话框中单击 "工作表" 选项卡，在 "打印区域" 右侧的文本框中输入要打印的工作表区域，单击 "确定" 按钮，如图 6-102 所示。

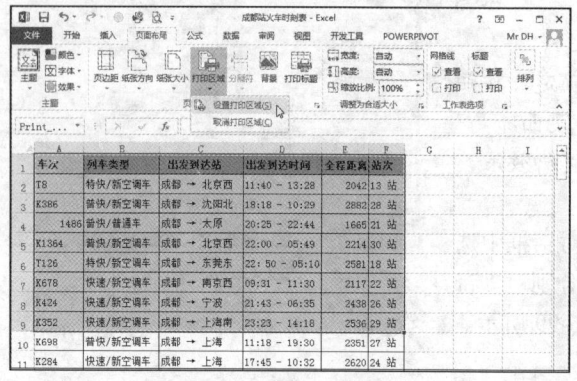

图 6-101　设置打印区域

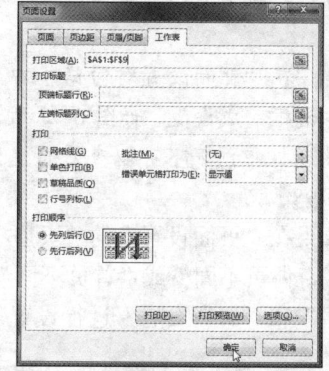

图 6-102　在 "页面设置" 对话框中设置打印区域

 可以从工作表中通过选择单元格来输入打印区域。单击 "打印区域" 右端的 "压缩对话框" 按钮，此时将临时收缩 "页面设置" 对话框，拖动鼠标选择要打印的工作表区域，区域选择好之后单击 "展开对话框" 按钮，再次显示 "页面设置" 对话框，最后单击 "确定" 按钮即可。

如果只是临时需要打印工作表中选定的单元格区域，可以不用设置固定的打印区域，操作如下。

1　拖动鼠标在工作表中选定需要打印的区域。

2　单击 "文件" 选项卡，在打开的 Backstage 视图中单击 "打印" 命令，打开 "打印" 页面，单击 "设置" 下的 "打印活动工作表" 下拉按钮，在下拉列表中选择 "打印选定区域" 命令，最后单击 "打印" 按钮，如图 6-103 所示。

2. 清除打印区域设置

单击 "页面布局" 选项卡的 "页面设置" 组的 "打印区域" 下拉按钮，在下拉列表中单击 "取消打印区域" 命令即可。

图 6-103　打印 "选定区域"

6.7.8　在每一页上都打印标题

在每一页上重复标题可明确数据的内容，使得打印的工作表更容易理解。

【例 6-11】 在每一页都打印标题

1　单击 "页面布局" 选项卡的 "页面设置" 组的 "打印标题" 按钮，打开 "页面设置" 的 "工作表" 选项卡对话框。

2　在 "打印标题" 下的 "顶端标题行" 文本框中键入表格的标题行引用，例如 "$1:$2"。

3　如果左端有标题列，在 "左端标题列" 文本框中键入标题列引用，例如 "$A:$A"，单击 "确定" 按钮，如图 6-104 所示。

完成设置后执行 "打印" 命令，在打印输出的页面上，显示纵向内容的每页都有相同内容的列标题，显示横向内容的每页都有相同的行标题，如图 6-105 所示。

图 6-104　设置打印标题

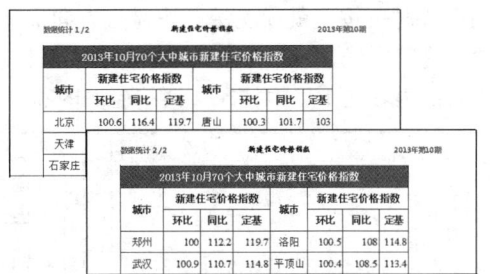

图 6-105　设置标题栏的打印效果

6.7.9　打印工作表中的批注

默认情况下，在工作表中设置的批注是不打印的。要使批注能被打印出来，操作步骤如下。

1　单击需打印批注的工作表。

2　单击"页面布局"选项卡的"页面设置"组的"页面设置"对话框启动器按钮，打开"页面设置"对话框。

3　在"页面设置"对话框中单击"工作表"选项卡，在"批注"选项的下拉列表中有 3 个选项，分别是"无""工作表末尾""如同工作表中的显示"，如图 6-106 所示。

4　根据需要选择"工作表末尾"或"如同工作表中的显示"，单击"确定"按钮。

图 6-106　"批注"下拉列表

　如果要在工作表中出现批注的原地点打印批注，就选择"如同工作表中的显示"；如果要在工作表的底部打印批注，就选择"工作表末尾"。

完成设置后执行"打印"命令，批注就可以被打印出来了。

6.7.10　分页预览

使用"分页预览"的视图模式可以很方便地显示当前工作表的打印区域以及分页设置，单击"视图"选项卡中的"分页预览"按钮，即可进入"分页预览"模式，如图 6-107 所示。

❖　调整打印区域

在图 6-107 所示的分页预览视图中，被粗实线框所围起来的白色表格区域是打印区域，框线外的灰色区域是非打印区域。

将鼠标指针移至粗实线边框上，当鼠标指针显示为黑色双向箭头时可按住鼠标左键，然后拖动鼠标即可调整打印区域的范围大小。

❖　分页符设置

在图 6-107 所示的"分页预览"视图中，打印区域中粗虚线的名称为"自动分页符"，是 Excel 根据打印区域和页面范围自动设置的分页标志。在虚线框上方的表格区域中，背景上的灰色水印显示了此区域的页次为"第 1 页"，在虚线下方的表格区域中则有"第 2 页"的灰色水印显示。

Excel 2013 使用详解（修订版）

用户可以对自动产生的"分页符"位置进行调整，将鼠标指针移至粗虚线上，当鼠标指针显示为黑色双向箭头时可按住鼠标左键，按箭头方向拖动鼠标移动分页符的位置。移动后的"分页符"由粗虚线改变为粗实线显示。在图 6-107 所示的工作表中，由于第 2 页内容较少，可以向下拖动分页符，使工作表的内容在 1 页中打印，调整后如图 6-108 所示。

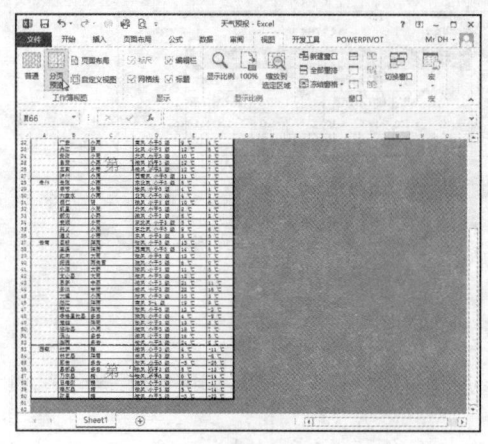
图 6-107　分页预览模式下的视图显示

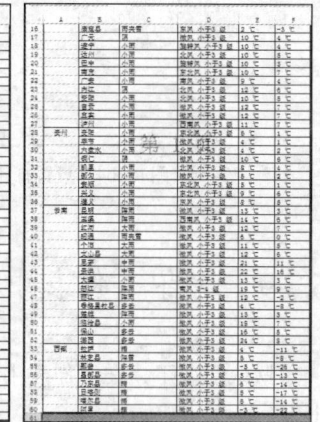
图 6-108　调整"分页符"位置

❖　插入水平分页符

插入水平"分页符"可将多行的内容划分在不同页面上，具体操作如下。

1　选定要插入水平分页符的下一行的最左侧单元格。

2　单击鼠标右键，在打开的快捷菜单中单击"插入分页符"命令，Excel 将沿选定单元格的边框上插入一条水平方向的分页符实线，如图 6-109 所示。

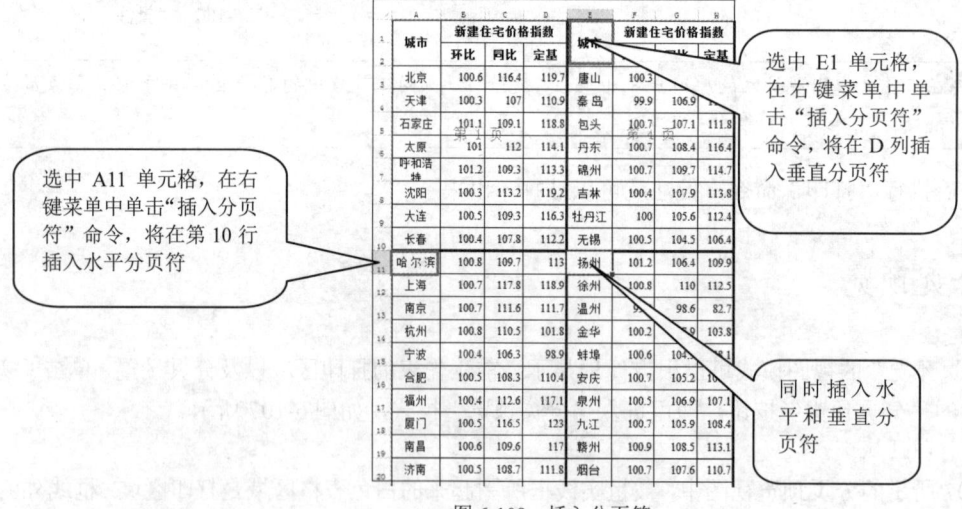
图 6-109　插入分页符

❖　插入垂直分页符

1　选定要插入垂直分页符的右侧列的最顶端单元格。

2　单击鼠标右键，在打开的快捷菜单中单击"插入分页符"命令，Excel 将沿选定单元格的左侧边框插入一条垂直方向的分页符实线，如图 6-109 所示。

❖　同时插入水平和垂直分页符

如果选定的单元格不是处于打印区域的边缘，则在选择"插入分页符"命令后，会沿着单元格的左侧边框和上侧边框同时插入垂直分页符和水平分页符，如图 6-109 所示。

在"普通视图"中选定单元格，例如"F7"，单击"页面布局"选项卡的"分隔符"下拉按钮，在下拉菜单中单击"插入分页符"的命令，也可以同时插入水平和垂直分页符，如图 6-110 所示。

❖　删除人工分页符

删除人工分页符，只需选定要删除的水平分页符下方的单元格或垂直分页符右侧的单元格，单击鼠标右键，在打开的快捷菜单中单击"删除分页符"命令即可。

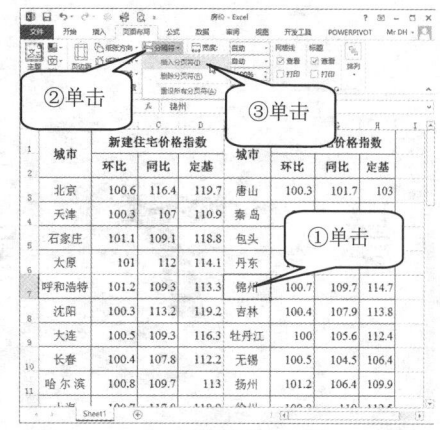

图 6-110　利用功能区菜单命令插入分页符

6.7.11　一次打印多份工作表

若要一次打印多份工作表，具体的操作步骤如下。

1　单击"文件"选项卡，在打开的 Backstage 视图中单击"打印"命令，打开"打印"页面。

2　在打印"份数"微调框中，单击数值调节按钮或直接输入数字，然后单击"确定"按钮即可，如图 6-111 所示。

6.7.12　一次打印多个工作表

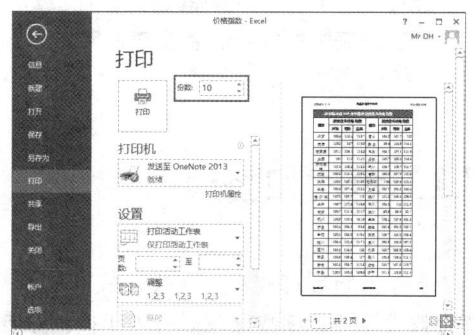

图 6-111　一次打印多份工作表

若要一次打印多个工作表，操作步骤如下。

1　按住<Ctrl>键，单击选中需要打印的每张工作表的标签。

2　单击"文件"选项卡上的"打印"命令，打开"打印"页面。

3　在设置区域单击选中"打印活动工作表"，再单击"打印"按钮即可。

6.7.13　一次打印整个工作簿

打印整个工作簿是指打印当前活动工作簿窗口中的所有工作表。如果要一次打印活动工作簿中的工作表，操作步骤如下。

1　单击"文件"选项卡，在打开的 Backstage 视图中单击"打印"命令，打开"打印"页面。

2　在"设置"下方单击"打印活动工作表"按钮，在下拉列表中单击"打印整个工作簿"命令，再单击"打印"按钮即可，如图 6-112 所示。

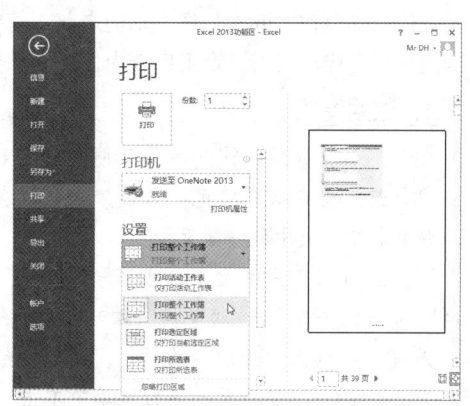

图 6-112　打印整个工作簿

第 **7** 章　管理和分析数据

已经录入到工作表中的数据，需要进一步进行整理和分析。本章主要介绍如何进一步处理已经录入到工作表中的数据，包括查找和替换、排序、数据筛选、分类汇总和合并计算等。

7.1　查找和替换

在数据整理过程中，查找、替换是一项非常重要和常用的功能。在数据量大的表格中，如果需要查找具体某一项数据或者替换里面的数据，使用 Excel 的查找和替换功能可以方便地查找和替换需要的数据。

7.1.1　常规数据查找和替换

在 Excel 中，"查找"和"替换"是同一个对话框中的两个不同选项卡。打开"查找和替换"对话框，用户可以在"查找"与"替换"选项卡中进行切换。

在使用"查找"或"替换"功能之前，需要先选定查找的目标范围。如果要在整个工作表或工作簿的范围内进行查找，只需选定工作表内任一单元格即可，如果只在指定区域查找，则需选取要查找的区域。

1. 数据查找

在 Excel 中进行查找的操作步骤如下。

1 选定要查找的单元格区域。如果要在整个工作表中查找，则单击工作表中任一单元格。

2 使用以下方式之一，打开如图 7-1 所示的"查找和替换"对话框并定位到"查找"选项卡。

方式一： 单击"开始"选项卡"编辑"组中的"查找和选择"下拉按钮 ，在打开的下拉菜单中单击"查找"命令。

方式二： 按 <Ctrl+F> 组合键或者<Shift+F5>组合键。

3 在"查找内容"文本框中输入要查找的内容，或单击"查找内容"右侧的下拉按钮，从下

图 7-1　"查找和替换"对话框的
"查找"选项卡

拉列表中选择最近的某个查找。

4　单击"查找下一个"按钮，就可以定位到工作表中第一个包含查找内容的单元格。如果单击"查找全部"按钮，对话框将扩展显示出所有符合条件结果的列表，如图 7-2 所示。

在查找结果列表框中单击其中一项，即可定位到对应单元格，按<Ctrl+A>组合键可以在工作表中选中列表中查找到的所有单元格，如图 7-3 所示。

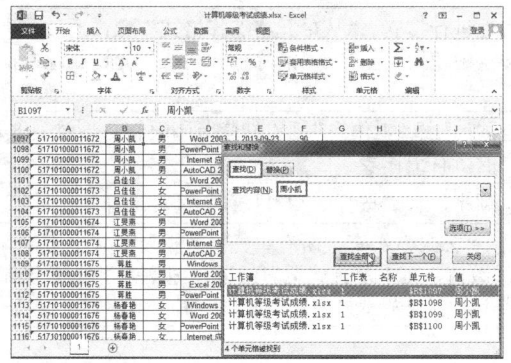

图 7-2　查找全部

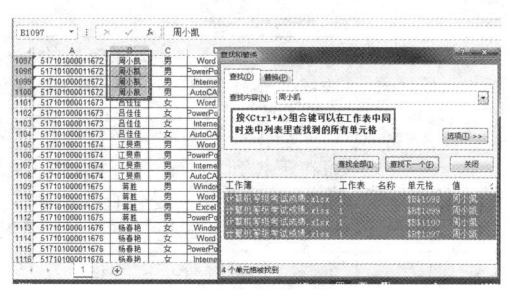

图 7-3　同时选中列表中查找到的所有单元格

如果查找结果列表中包含多个工作表的匹配单元格，只能同时选中单个工作表中的匹配单元格，而无法一次性同时选中不同工作表的单元格。

2. 数据替换

如果要进行数据替换，则可进行如下操作。

1　选定要替换的单元格区域，也可选定多个工作表。

2　单击"开始"选项卡"编辑"组中"查找和选择"下拉按钮，在打开的菜单中选择"替换"命令（或按<Ctrl+H>组合键），打开"查找和替换"对话框并定位到"替换"选项卡，如图 7-4 所示。

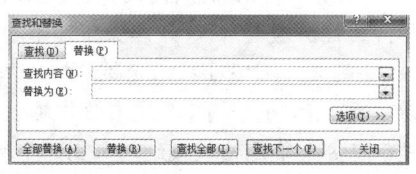

图 7-4　"查找和替换"对话框的"替换"选项卡

3　在"查找内容"文本框中输入要查找的内容，在"替换为"文本框中输入要替换的内容。

4　如果用户希望对查找到的数据逐个判断是否进行替换，可单击"查找下一个"按钮，定位到第一个查找目标，然后依次对查找结果中的数据进行确认，需要替换时可单击"替换"按钮，不需要替换时，可单击"查找下一个"按钮定位到下一个数据。如果单击"全部替换"按钮，则将目标区域中所有满足"查找内容"条件的数据全部替换为"替换为"文本框中的内容。

5　单击"关闭"按钮，关闭"查找和替换"对话框。

若要从文档中删除某些内容，可以在"查找内容"文本框中输入希望删除的内容，保持"替换为"文本框为空后单击"替换"或"全部替换"即可。

7.1.2　高级模式查找和替换

在"查找和替换"对话框中，单击"选项"按钮，进入"查找和替换"高级模式，可以显示更多的查找和替换选项，如图 7-5 所示。

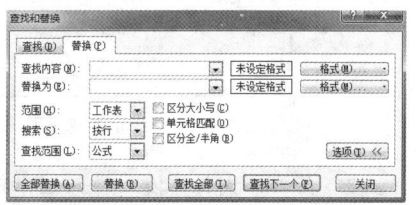

图 7-5　更多的查找和替换选项

"查找和替换"对话框中各选项的含义如表 7-1 所示。

表 7-1　　　　　　　　　　"查找和替换"对话框中各选项的含义

选　项	含　义
查找内容	输入要搜索的信息
未设定格式	表示未指定格式参数
格式	选择"格式"以根据单元格的格式属性进行搜索。"从单元格选择格式"允许通过单击符合格式条件的单元格来设置要在本搜索中使用的格式。"清除查找格式"允许删除以前的搜索条件
范围	可以在下拉列表里选择查找的目标范围，选择"工作表"则将搜索范围限制在当前工作表，选择"工作簿"则搜索活动工作簿中的所有工作表
搜索	可以在下拉列表里选择查找时的搜索顺序，有"按行"和"按列"两种选择
查找范围	可在下拉列表中选择查找对象的类型。"公式"指查找所有单元格数据及公式中所包含的内容。"值"指的是仅查找单元格中的数值、文本及公式运算结果。"批注"指的是仅在批注内容中进行查找。在"替换"模式下，查找范围只有"公式"一种方式
区分大小写	可选择是否区分英文字母大小写
单元格匹配	搜索与"查找内容"文本框中指定的内容完全匹配的内容
选项	显示高级搜索选项。显示高级选项时此按钮将更改为"选项<<"。单击"选项<<"按钮可隐藏高级选项
区分全/半角	可以选择是否区分全角和半角字符

【例 7-1】查找并替换数据

以图 7-6 所示的表格为例，如果需要查找单元格区域 A1:B5 中的"19"，并将其替换为"91"，具体操作如下。

图 7-6　原始数据表

1 按 <Ctrl+F> 组合键，打开"查找和替换"对话框并定位到"查找"选项卡。在"查找内容"文本框中输入"19"，单击"查找全部"按钮，Excel 提示有 8 个单元格被找到，如图 7-7 所示。如果进行替换操作，则这 8 个单元格中的内容将被替换，很明显这不符合要求。

2 单击"查找和替换"对话框的"选项"按钮，进入高级查找模式，选中"单元格匹配"复选框（搜索与"查找内容"文本框中指定的内容完全匹配的字符），然后单击"查找全部"按钮，则提示 3 个单元格被找到，如图 7-8 所示。

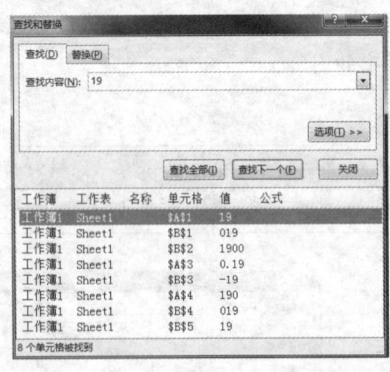

图 7-7　8 个单元格被找到

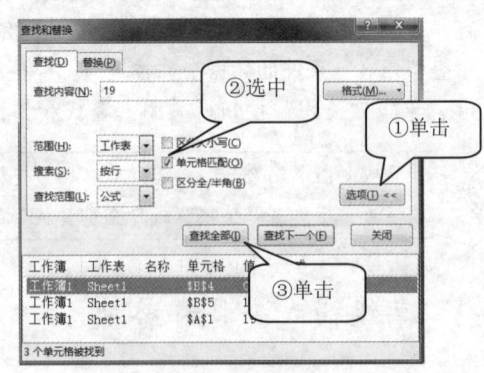

图 7-8　3 个单元格被找到

3 在"查找和替换"对话框中单击"格式"按钮，打开"查找格式"对话框，如图 7-9 所示，在"数字"选项卡的分类"列表框中选择"常规"选项，单击"确定"按钮。

4 在"查找和替换"对话框中单击"查找全部"按钮，由于单元格 B5 为特殊格式，与设定的"常规"格式不符，因此最终只有 A1、B5 两个单元格被找到，如图 7-10 所示。

图 7-9　"查找格式"对话框

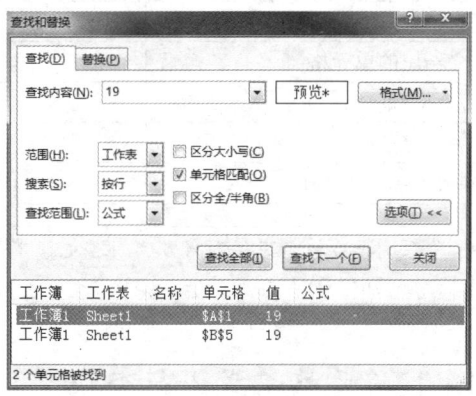

图 7-10　2 个单元格被找到

5 单击"替换"选项卡，在"替换为"文本框中输入数"91"，如图 7-11 所示。

6 单击"全部替换"按钮，打开图 7-12 所示的完成替换提示框，单击"确定"按钮关闭提示框，然后单击"查找和替换"对话框的"关闭"按钮，关闭"查找和替换"对话框。

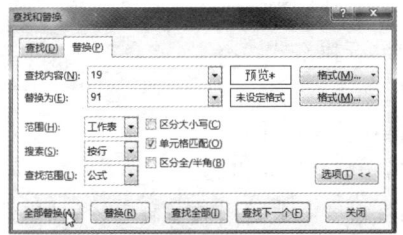

图 7-11　输入替换内容

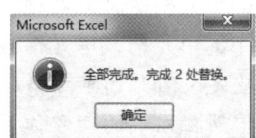

图 7-12　完成替换

在查找替换大量数据时，应注意查找内容的匹配问题，否则有可能产生意外错误。

7.1.3　使用通配符模糊查找

在 Excel 中可以使用包含通配符的模糊查找方式来完成更为复杂的查找要求。Excel 支持的通配符包括半角问号"?"和星号"*"。问号"?"可以代替任意单个字符。星号"*"可以替代任意数目的字符，可以是单个字符、多个字符或者无字符。

使用通配符进行查找时，按 <Ctrl+F> 组合键，打开"查找和替换"对话框并定位到"查找"选项卡。在"查找内容"文本框中输入包括通配符的查找内容，例如要查找以"a"开头，以"e"结尾的所有组合，在"查找内容"文本框中输入"a*e"，此时表格中包含了"activate""active""adage""acute""agate"等单词的单元格都会被查找到。如果仅希望查找以"act"开头，以"e"结尾的 6 个字母单词，则可以在"查找内容"文本框中输入"act??e"，以两个"?"代表两个任意字符，此时查找结果在以上 5 个单词中就只会找到"active"。使用通配符查找要注意单元格匹配，例如，在"查找内容"文本框中输入"张*"，将查找所有包含"张"的单元格。若只需要查找以"张"开头的单元格，则需在高级查找模式中选中"单元格匹配"复选框（默认设置下没有选中"单元格匹配"复选框，如图 7-5 所示）。更多的匹配规则如表 7-2 所示。

表 7-2　　　　　　　　　　使用通配符查找时单元格匹配规则

查找目标	查找内容写为	备　注
以"王"开头的单元格	王*	选中"单元格匹配"复选框
以"e"结尾的单元格	*e	选中"单元格匹配"复选框
包含"666"的电话号码	666	取消选中"单元格匹配"复选框
"李"姓双名的姓名	李??	选中"单元格匹配"复选框
任意单姓，单名为"平"的人名	?平	选中"单元格匹配"复选框

 如果需要查找字符"?"或"*"本身，而不是它所代表的通配符，则需在字符前加上波浪线符号"~"，如"~?""~*"；如果需要查找字符"~"，则需要在其前面加一个"~"。

7.1.4　按单元格格式进行查找

对于设置了单元格格式的工作表，还可以按照单元格格式进行查找。如图 7-13 所示是一个数据区域，其中数值大于 80 的单元格填充红色背景，数值大于 60 且不大于 80 的单元格填充蓝色背景，其他单元格无填充色。如果希望对具有相同填充色的数据进行进一步分析（例如统计其个数、平均值、求和等），可以通过查找格式，将具有相同格式的单元格定义为名称，以便作进一步处理。

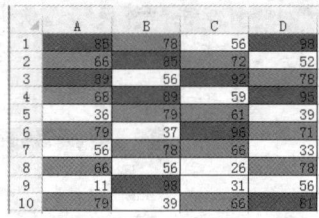

图 7-13　标记了不同格式的数据表

为工作表中的单元格或单元格区域定义名称的操作步骤如下。

1　选择要定义名称的单元格、单元格区域或不相邻的选定内容。

2　单击编辑栏左端的"名称框"，输入引用选定内容时要使用的名称，然后按< Enter >键即可。把一个选定的区域定义名称后，要引用这个区域时，可直接使用已定义名称。

【例 7-2】按单元格格式进行查找

1　选中目标数据区域，比如 A1:D10 单元格区域，按<Ctrl+F>组合键打开"查找和替换"对话框，然后单击"选项"按钮，进入"查找和替换"高级模式。

2　在"查找"选项卡中依次单击"格式"按钮，"从单元格选择格式"命令，此时，光标变成吸管形状，单击含有目标格式的单元格（如 A1 单元格）提取"查找格式"。

3　单击"查找全部"按钮，此时在对话框下方会列出所有符合条件的单元格。按<Ctrl+A>组合键，此时，工作表中所有符合条件的单元格都处于选中状态。单击"关闭"按钮关闭"查找和替换"对话框，如图 7-14 所示。

4　在"名称框"中输入名称，例如"红色单元格"，按<Enter>键完成定义名称。此时，定义名称"红色单元格"统一引用当前处于选中状态的所有单元格，如图 7-15 所示。

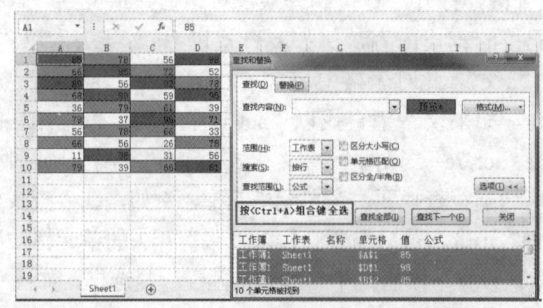

图 7-14　根据单元格格式查找目标单元格

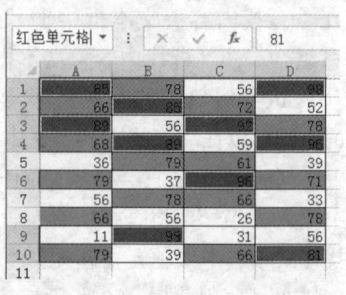

图 7-15　为选中单元格定义名称

5　使用同样的方法为蓝色单元格定义名称"蓝色单元格"。

6　经以上操作后，就可以直接使用函数公式来处理这些分散的数据了，如图 7-16 所示。

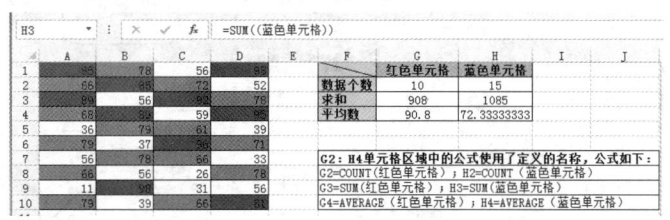

图 7-16　对相同格式的数据进行统计处理

COUNT 函数用于计算区域中包含数字的单元格个数，SUM 函数用于计算选定单元格区域中所有数值的和，AVERAGE 函数用于计算算术平均值。有关函数公式的具体介绍请参见第 18 章。

7.1.5　替换单元格格式

利用"查找和替换"功能不仅可以查找应用了特定格式的单元格，还可以对查找到的单元格进行快速地格式设置，从而完成单元格格式的替换。

【例 7-3】利用"查找和替换"功能替换单元格格式

图 7-17 所示的表格中一些单元格设置了绿色填充色，如果要查找有绿色填充色的单元格并将填充色替换为蓝色填充色，具体的操作步骤如下。

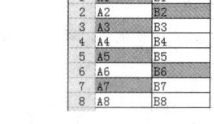

图 7-17　包含绿色填充的单元格区域

1　选中工作表中的任意一个单元格，按<Ctrl+H>组合键打开"查找和替换"对话框并定位到"替换"选项卡，单击"选项"按钮，进入"查找和替换"高级模式。

2　单击"查找内容"右侧的"格式"按钮，打开"查找格式"对话框。

3　单击"填充"选项卡，选择"绿色"填充色，然后单击"确定"按钮关闭"查找格式"对话框，如图 7-18 所示。

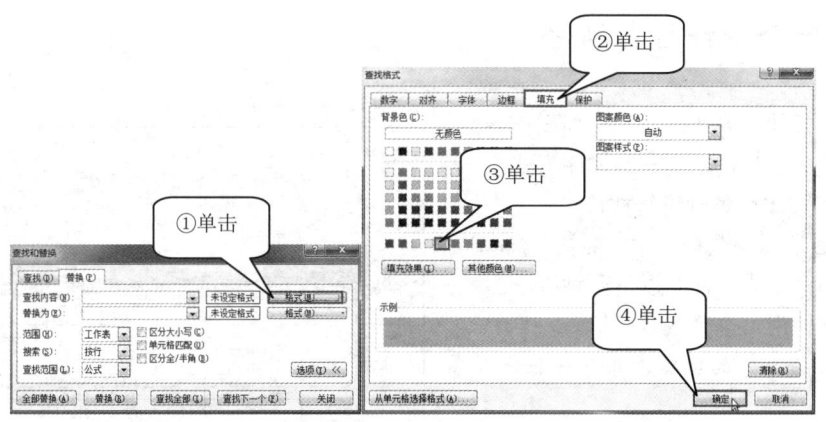

图 7-18　查找绿色填充的单元格

4　按照同样的方法，将"替换为"格式设置为蓝色填充色，单击"确定"按钮，如图 7-19 所示。

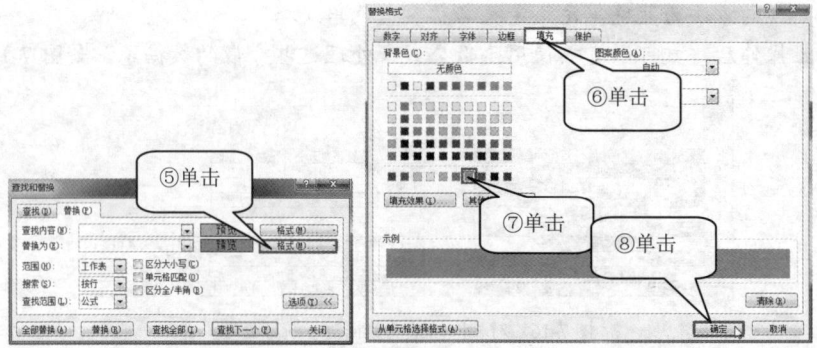

图 7-19　设置将查找的填充颜色替换为蓝色

5　单击"全部替换"按钮执行格式替换，打开确认提示对话框，单击"确定"按钮关闭提示对话框，如图 7-20 所示。

6　单击"关闭"按钮关闭"查找和替换"对话框，最终效果如图 7-21 所示。

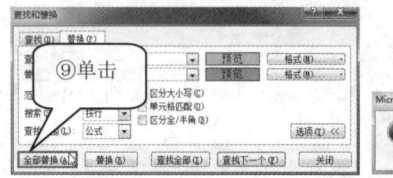

图 7-20　全部替换格式

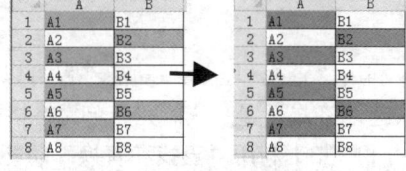

图 7-21　替换单元格格式的效果

7.2　排序

对 Excel 数据分析会经常运用到排序。Excel 中提供了对数据列表进行排序的多种方式，可以根据需要按行或列、按升序或降序进行排序，也可以使用自定义排序命令进行排序，还可以按单元格内的背景颜色及字体、颜色、数字进行排序等。

7.2.1　按单个条件进行排序

使用单个条件，按"升序"或"降序"排序是数据分析中经常使用的一种排序方式。

【例 7-4】按单个条件进行排序

在图 7-22 所示的数据表中，要按"金牌"数量执行"降序"排序，有以下两种方法。

方法一： 使用"排序"对话框。

1　在需要排序的数据表中单击任一单元格。

2　单击"数据"选项卡"排序和筛选"组中的"排序"按钮，打开"排序"对话框。

3　在"主要关键字"下拉列表中单击"金牌"选项，在"次序"下拉列表中选中"降序"选项，如图 7-23 所示。

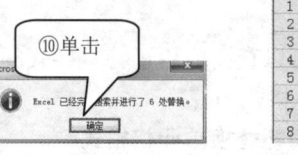

图 7-22　未经排序的工作表

④ 单击"确定"按钮，工作表中的数据已按"金牌"数量进行了"降序"排序。在 G 列的排名中填充序号，排序结果如图 7-24 所示。

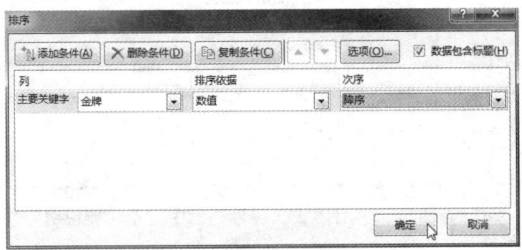

图 7-23　设置排序选项　　　　　　　　　　　　图 7-24　用"排序"对话框排序

如果工作表有标题，在排序时需在"排序"对话框中选中"数据包含标题"复选框。

方法二： 使用功能区中的排序按钮。

① 选中 B2 单元格。

② 单击"数据"选项卡"排序和筛选"组中的"降序"按钮，即可按"金牌"数量执行降序排列，如图 7-25 所示。

对于熟悉功能区各选项卡内的按钮并习惯使用按钮操作的用户而言，这种方法较为简便。

新用户在使用 Excel 时，如果不知道功能区某个按钮的作用，或对功能区选项卡中某些选项按钮（如"升序排序"按钮、"降序排序"按钮）不能区分，可利用 Excel 的"在屏幕提示中显示功能说明"的功能，将鼠标指针指向功能区按钮，稍作停留，就会出现图 7-26 所示的框线内的功能说明，功能说明有助于用户了解按钮的主要功能，以便正确使用功能区的按钮。

图 7-25　用排序按钮排序

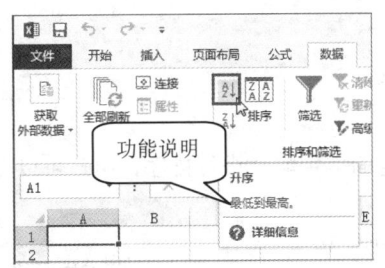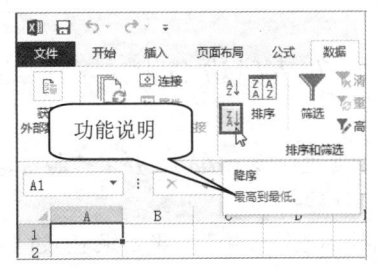

图 7-26　Excel 的屏幕提示

 启用"在屏幕提示中显示功能说明"功能的操作步骤如下。

① 单击"文件"选项卡，在打开的 Backstage 视图中单击"选项"命令，打开"Excel 选项"对话框。

② 在"常规"选项卡的"用户界面选项"区域中，单击"屏幕提示样式"下拉按钮，选中"在屏幕提示中显示功能说明"选项，最后单击"确定"按钮，如图 7-27 所示。

图 7-27　启用“在屏幕提示中显示功能说明”功能

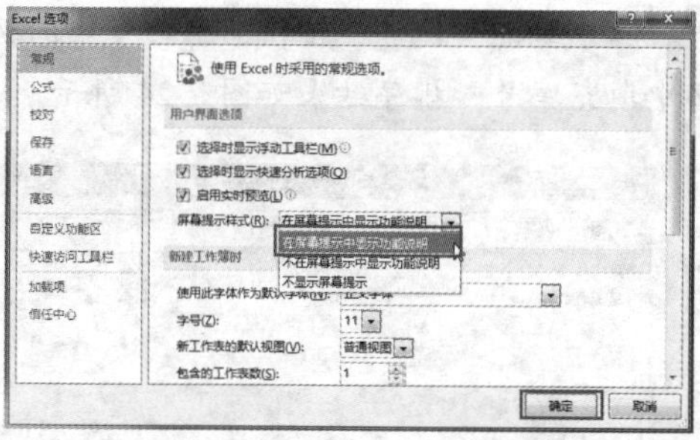

7.2.2　按多个关键字进行排序

在对单元格区域进行排序时，时常会遇到用单个条件无法处理的情况，这时就要使用多个关键字进行排序。

【例 7-5】多个关键字排序

在图 7-24 所示的工作表中，江苏、解放军、上海代表队的金牌数相同，但在排名上却分别排名 4、5、6 位。如果设定在金牌数相同的情况下要按“银牌”进行降序排序，就可以对工作表中的数据重新进行降序排列，具体操作步骤如下。

1　在需要排序的区域中单击任一单元格。

2　单击“数据”选项卡中的“排序”按钮，打开“排序”对话框。

3　在“排序”对话框中选择“主要关键字”为“金牌”，“排序依据”为“数值”，选择“次序”为“降序”，然后单击“添加条件”按钮。

4　在“次要关键字”下拉列表中选择“银牌”选项，“排序依据”为“数值”，选择“次序”为“降序”，如图 7-28 所示。

5　单击“确定”按钮，工作表中的数据按照设置的排序条件进行了多个关键字的排列，4、5、6 位的排名由江苏、解放军、上海代表队变为上海、解放军、江苏代表队，结果如图 7-29 所示。

图 7-28　设置排序选项

	A	B	C	D	E	F	G
1	代表团	金牌	银牌	铜排	奖牌总数	总分	排名
2	山东	65	47.5	43	155.5	2895.5	1
3	辽宁	56	49.5	39.5	145	3143	2
4	广东	50.5	34.5	36	121	2696.5	3
5	上海	45	48	36.5	129.5	2460	4
6	解放军	45	38	37	120	2327	5
7	江苏	45	35	37	117	2588	6
8	浙江	35	20	39	94	1718.5	7
9	北京	33	28	25	86	1682	8
10	黑龙江	22	15	29	66	1366.5	9
11	天津	20	14	11	45	988	10

图 7-29　多条件排序结果

从图 7-29 中可见，工作表中的数据按照“金牌”降序排序，“金牌”相同按“银牌”数降序排列。

7.2.3　按自定义序列进行排序

如果排序的选项包括多个类别，要求按照特定的类别顺序进行排序，用户可以创建自定义序列，按自定义序列进行排序。

在图 7-30 所示的工作表中，如果要求 Excel 按照“语文，数学，英语”的特定顺序排列工作表数据，前面介绍的方法就无能为力了。这种情况可以用自定义序列的方法。

【例 7-6】自定义序列排序

1　创建自定义序列(“语文，数学，英语”)。有关创建自定义序列的方法，可参阅**第 4 章 4.2.6** 小节。

2　单击 D2 单元格，然后单击“数据”选项卡“排序和筛选”组中的“排序”按钮，打开“排序”对话框。

	A	B	C	D
1	教师资格认定合格人员名单			
2	报名号	姓名	申请资格种类	任教学科
3	6389780	廖沁源	高级中学教师资格	数学
4	6388844	曾智婷	高级中学教师资格	英语
5	6394439	覃誉钦	高级中学教师资格	数学
6	6394443	郭迎春	高级中学教师资格	数学
7	6388589	赵菲菲	高级中学教师资格	语文
8	6393885	周智辉	高级中学教师资格	英语
9	6390808	张富成	高级中学教师资格	英语
10	6394668	张林	高级中学教师资格	英语
11	6390593	宋爽迪	高级中学教师资格	英语
12	6391489	余祯桢	高级中学教师资格	语文
13	6393474	余志娟	高级中学教师资格	语文
14	6391910	何雪莲	高级中学教师资格	英语
15	6390572	苏燕旻	高级中学教师资格	英语
16	6396004	向正华	高级中学教师资格	数学
17	6396071	付新菊	高级中学教师资格	英语

图 7-30　需要按任教学科排序的工作表

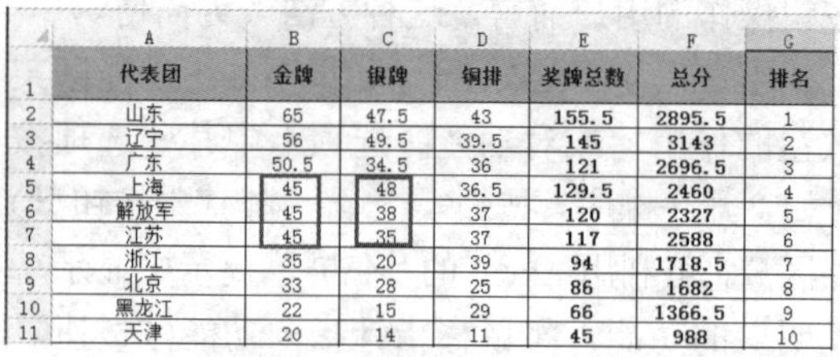

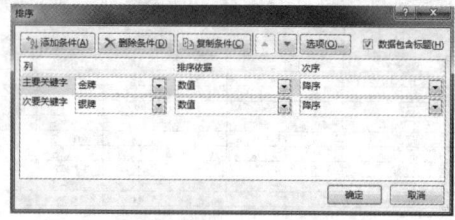

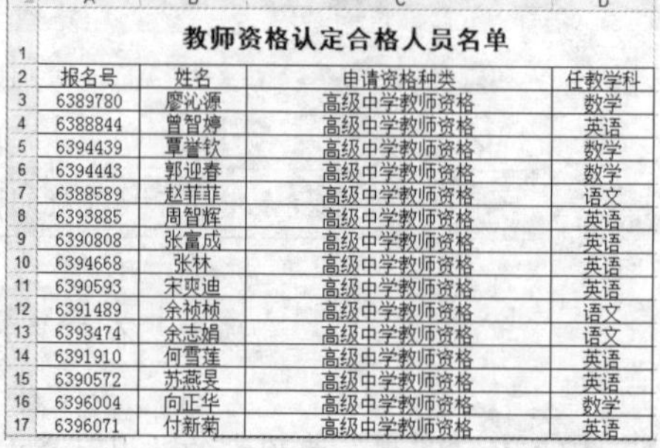

3　选择“主要关键字”为“任教学科”，“排序依据”为“数值”，“次序”为“自定义序列”。

4　在“自定义序列”对话框中，拖动“自定义序列”右侧的滚动条，从中选择自定义序列，本例选择“语文，数学，英语”，然后单击“确定”按钮，返回“排序”对话框，如图 7-31 所示。

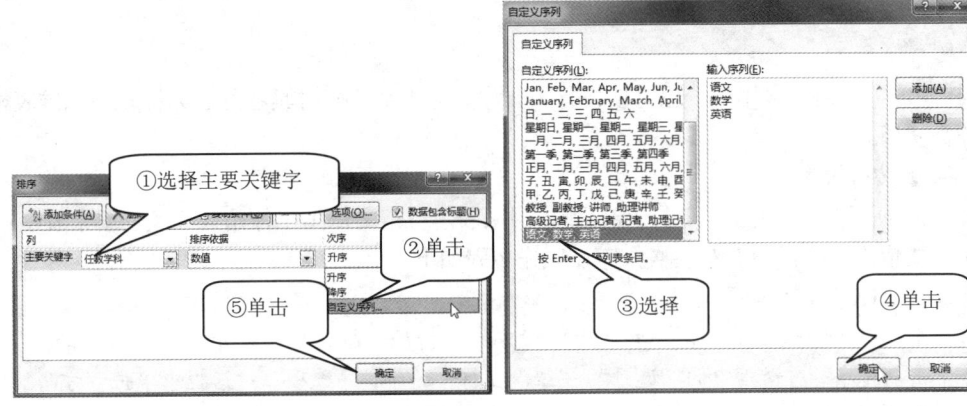

图 7-31　设置自定义排序选项

5　在“排序”对话框中单击“确定”按钮，关闭“排序”对话框。Excel 将按照“语文，数学，英语”的顺序进行排序，如图 7-32 所示。

教师资格认定合格人员名单

报名号	姓名	申请资格种类	任教学科
6388589	赵菲菲	高级中学教师资格	语文
6391489	余祯桢	高级中学教师资格	语文
6393474	余志娟	高级中学教师资格	语文
6394903	于水莉	高级中学教师资格	语文
6389780	廖沁源	高级中学教师资格	数学
6394439	覃誉钦	高级中学教师资格	数学
6394443	郭迎春	高级中学教师资格	数学
6396004	向正华	高级中学教师资格	数学
6392428	王其芬	高级中学教师资格	数学
6392791	王丽莎	高级中学教师资格	数学
6388844	曾智婷	高级中学教师资格	英语
6393885	周智辉	高级中学教师资格	英语
6390808	张富成	高级中学教师资格	英语
6394668	张林	高级中学教师资格	英语

图 7-32　按自定义序列进行排序结果表

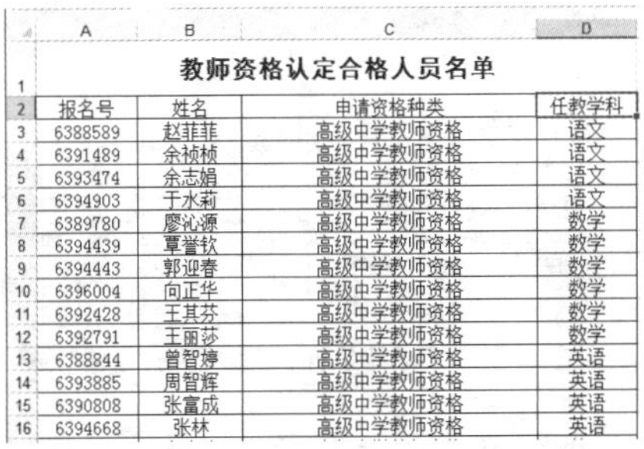

7.2.4　按笔划排序

在默认情况下，Excel 对汉字的排序方式是按汉语拼音的第一个字母在 26 个英文字母中出现的顺序进行排列。然而在工作中经常需要按笔划排序的情况，这在 Excel 中也是可以做到的。

【例 7-7】按笔划排序

如果要对上图 7-32 所示的工作表的 B 列“姓名”按“笔划”排序方式升序排序，操作步骤如下。

1　单击所要排序的区域中的任一单元格。

2　单击“数据”选项卡“排序和筛选”组中的“排序”按钮，打开“排序”对话框。

3　在“主要关键字”下拉列表中选择“姓名”，“排序依据”保持 Excel 根据当前数据区域默认推荐的“数值”形式，选择“次序”为“升序”。

4　在“排序”对话框中单击“选项”按钮，打开“排序选项”对话框。

5　在“排序选项”对话框中，选中“方法”下的“笔划排序”单选钮，单击“确定”按钮返回“排序”对话框，如图 7-33 所示。

6　在“排序”对话框中单击“确定”按钮，关闭“排序”对话框，排序结果如图 7-34 所示。

图 7-33　“排序选项”对话框

教师资格认定合格人员名单

报名号	姓名	申请资格种类	任教学科
6394903	于水莉	高级中学教师资格	语文
6392791	王丽莎	高级中学教师资格	数学
6392428	王其芬	高级中学教师资格	数学
6396071	付新菊	高级中学教师资格	英语
6396004	向正华	高级中学教师资格	数学
6390572	苏燕昊	高级中学教师资格	英语
6391910	何雪莲	高级中学教师资格	英语
6393474	余志娟	高级中学教师资格	语文
6391489	余祯桢	高级中学教师资格	语文
6390593	宋爽迪	高级中学教师资格	英语
6394668	张林	高级中学教师资格	英语
6390808	张富成	高级中学教师资格	英语
6393885	周智辉	高级中学教师资格	英语
6388589	赵菲菲	高级中学教师资格	语文

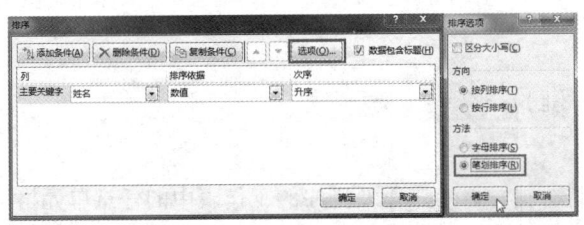

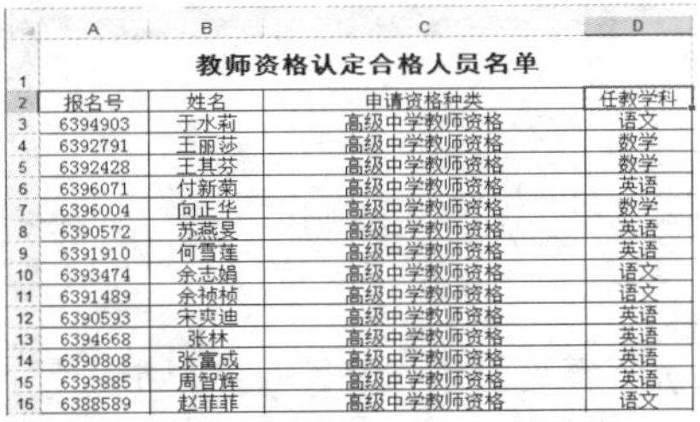

图 7-34　按笔划排序的结果

排序时 Excel 依次按照姓名中第一个字、第二个字、第三个字的笔划顺序排序，而不是按照姓名的总笔划来排序。

7.2.5　按行排序

Excel 既可以根据列来排序，也可以按行来排序。对于某些同时具备行、列标题的二维表格，按行排序非常实用。

【例 7-8】按行排序

在图 7-35 所示的表格中，A 列是行标题，用来表示城市名，第 1 行是列标题，用来表示日期。如果需要依次按"日期"对表格排序，操作步骤如下。

1　选定 B1:G8 单元格区域。

2　单击"数据"选项卡"排序和筛选"组中的"排序"按钮 ，打开"排序"对话框。

3　单击"排序"对话框中的"选项"按钮，在打开的"排序选项"对话框中单击"方向"区域中的"按行排序"单选钮，如图 7-36 所示，单击"确定"按钮关闭"排序选项"对话框。

图 7-35　同时具备行、列标题的二维表格

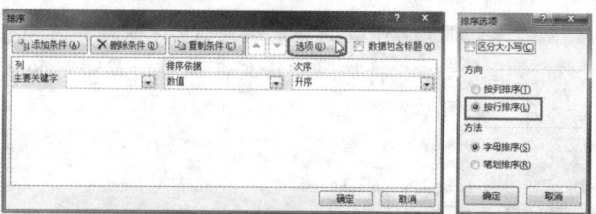

图 7-36　设置排序选项

4　在"排序"对话框中，由按"列"排序改变为按"行"排序。单击"主要关键字"下拉按钮，选择"主要关键字"为"行 1"，设置"排序依据"为"数值"，次序为"升序"，单击"确定"按钮关闭"排序"对话框，结果如图 7-37 所示。

 使用按行排序时，不能像"使用按列排序"一样选定整个目标区域。因为 Excel 的排序功能中没有"行标题"的概念，所以如果选定全部数据区域再按行排列，包含行标题的数据列也会参与排序而出现意外的结果。因此，排序时只选定行标题所在列以外的数据区域。

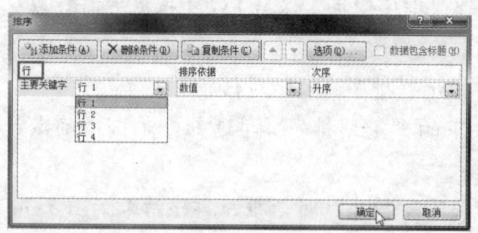

图 7-37　按行排序的结果

7.2.6　按月、星期、季度等进行排序

如果需要对工作表按月、星期、季度等进行排序，单击需要排序的工作表中的任意单元格，然后单击"数据"选项卡"排序和筛选"组中的"排序"按钮，打开"排序"对话框，在对话框中单

击“次序”下拉按钮，选择“自定义序列”，展开如图 7-38 所示的“自定义序列”对话框，从中选择不同的序列，可以按月、星期、季度等进行排序。

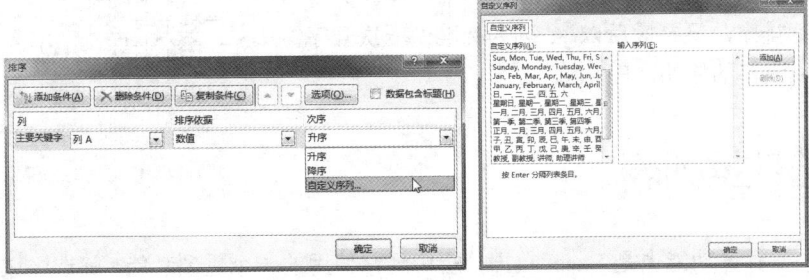

图 7-38　打开“自定义序列”对话框选择日期排序

7.2.7　按单元格颜色或字体颜色排序

对于设置了字体颜色或单元格颜色的表格，可以按颜色的次序来排列数据。

【例 7-9】按颜色排序

如图 7-39 所示的表格包含红、绿、蓝 3 种单元格颜色，用户可以选择按照单元格颜色对工作表进行排序。

如果要对工作表按单元格红、蓝、绿的顺序排列，操作步骤如下。

1　选中表格中的任意一个单元格，如 A2 单元格。

2　单击“数据”选项卡“排序和筛选”组中的“排序”按钮，打开“排序”对话框，设置“主要关键字”为“科目”，“排序依据”为“单元格颜色”，“次序”为红色“在顶端”。

3　单击“复制条件”按钮，分别设置蓝色和绿色为次级次序，最后单击“确定”按钮关闭对话框，如图 7-40 所示。

排序完成后的效果如图 7-41 所示。

	A	B	C	D	E
1	档案号	姓名	性别	科目	分数
2	101000001	向文风	男	Windows XP	85
3	101000001	向文风	男	Excel 2003	77.5
4	101000001	徐素梅	女	Word 2003	90
5	101000001	杨春林	男	Word 2003	95
6	101000001	杨春林	男	Excel 2003	100
7	101000001	张大钊	男	Windows XP	77.5
8	101000001	张大钊	男	Word 2003	92.5
9	101000001	符明霞	女	Word 2003	85
10	101000001	符明霞	女	Excel 2003	75
11	101000001	马飞翔	男	Windows XP	32.5
12	101000001	马飞翔	男	Word 2003	85
13	101000001	龚小尖	男	Windows XP	70
14	101000001	龚小尖	男	Word 2003	85
15	101000001	张海君	女	Windows XP	-1
16	101000001	邱颖	女	Windows XP	57.5
17	101000001	邱颖	女	Word 2003	47.5
18					
19					

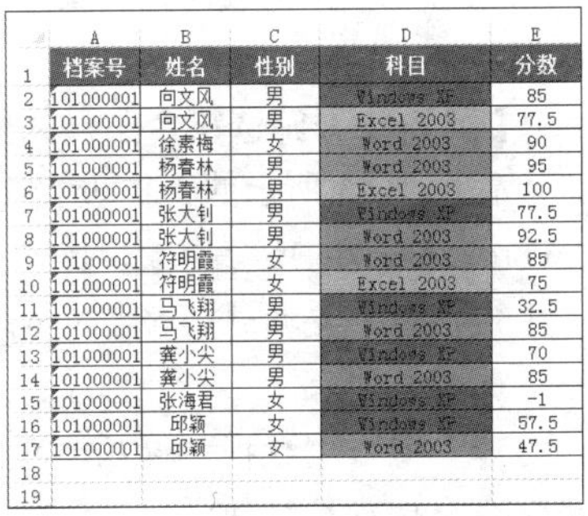

图 7-39　包含 3 种单元格颜色的表格

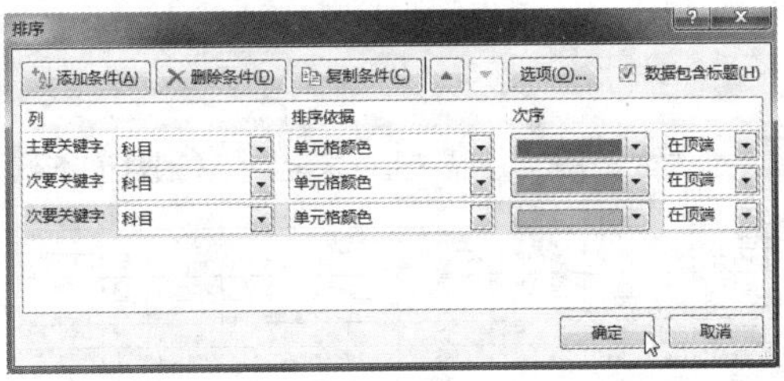

图 7-40　设置不同颜色的排序次序

	A	B	C	D	E
1	档案号	姓名	性别	科目	分数
2	101000001	向文风	男	Windows XP	85
3	101000001	张大钊	男	Windows XP	77.5
4	101000001	马飞翔	男	Windows XP	32.5
5	101000001	龚小尖	男	Windows XP	70
6	101000001	张海君	女	Windows XP	-1
7	101000001	邱颖	女	Windows XP	57.5
8	101000001	徐素梅	女	Word 2003	90
9	101000001	杨春林	男	Word 2003	95
10	101000001	张大钊	男	Word 2003	92.5
11	101000001	符明霞	女	Word 2003	85
12	101000001	马飞翔	男	Word 2003	85
13	101000001	龚小尖	男	Word 2003	85
14	101000001	邱颖	女	Word 2003	47.5
15	101000001	向文风	男	Excel 2003	77.5
16	101000001	杨春林	男	Excel 2003	100
17	101000001	符明霞	女	Excel 2003	75

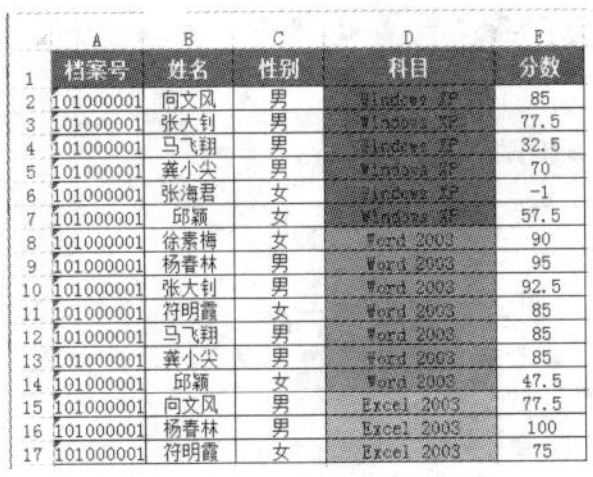

图 7-41　按多种颜色排序后的表格

除了字体颜色外，Excel 还能根据单元格颜色和单元格图标进行排序，方法与字体颜色排序相同。

7.2.8　返回排序前的表格

为防止用户对数据进行多次排序之后，数据的原有次序被打乱，难以恢复到排序前的状态，可在排序之前，在数据的左侧或右侧插入一列，并填充一组连续的“ID 号”。这样无论如何排序，只要最后再对“ID 号”做一次排序，就能恢复到排序前的状态。

在图 7-42 所示的工作表中，A 列为新插入的列，并在每一条记录前加入了“ID 号”记录数据的当前次序。无论对表格怎样进行排序，只要最后以 A 列为标准做一次升序排列，就能返回表格的原始次序。

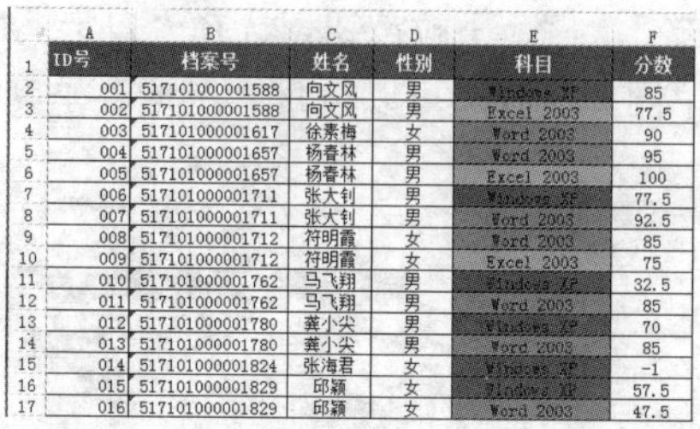

	A	B	C	D	E	F
1	ID号	档案号	姓名	性别	科目	分数
2	001	517101000001588	向文风	男	Windows XP	85
3	002	517101000001588	向文风	男	Excel 2003	77.5
4	003	517101000001617	徐素梅	女	Word 2003	90
5	004	517101000001657	杨春林	男	Word 2003	95
6	005	517101000001657	杨春林	男	Excel 2003	100
7	006	517101000001711	张大钊	男	Windows XP	77.5
8	007	517101000001711	张大钊	男	Word 2003	92.5
9	008	517101000001712	符明霞	女	Word 2003	85
10	009	517101000001712	符明霞	女	Excel 2003	75
11	010	517101000001762	马飞翔	男	Windows XP	32.5
12	011	517101000001762	马飞翔	男	Word 2003	85
13	012	517101000001780	龚小尖	男	Windows XP	70
14	013	517101000001780	龚小尖	男	Word 2003	85
15	014	517101000001824	张海君	女	Windows XP	-1
16	015	517101000001829	邱颖	女	Windows XP	57.5
17	016	517101000001829	邱颖	女	Word 2003	47.5

图 7-42　使用辅助列记录表格当前次序

7.3　筛选数据列表

同排序一样，筛选功能也是 Excel 数据分析中经常使用的一个重要功能。筛选区域仅显示满足条件的行，该条件由用户针对某列指定，其余的所有内容都会隐藏起来。

Excel 提供了两种筛选方式：筛选和高级筛选。筛选适用于简单的筛选条件，高级筛选适用于复杂的筛选条件。

7.3.1　筛选符合条件的数据

在管理数据列表时，如果需要根据某种条件筛选出匹配的数据，利用 Excel 的“筛选”功能就可以解决。

【例 7-10】筛选符合条件的数据

在图 7-43 所示的工作表表中，如果要筛选“科目”为“Word 2003”的所有记录，操作步骤如下。

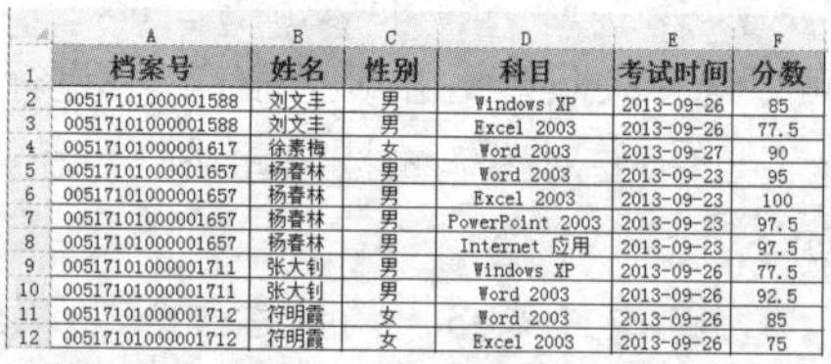

	A	B	C	D	E	F
1	档案号	姓名	性别	科目	考试时间	分数
2	00517101000001588	刘文丰	男	Windows XP	2013-09-26	85
3	00517101000001588	刘文丰	男	Excel 2003	2013-09-26	77.5
4	00517101000001617	徐素梅	女	Word 2003	2013-09-27	90
5	00517101000001657	杨春林	男	Word 2003	2013-09-23	95
6	00517101000001657	杨春林	男	Excel 2003	2013-09-23	100
7	00517101000001657	杨春林	男	PowerPoint 2003	2013-09-23	97.5
8	00517101000001657	杨春林	男	Internet 应用	2013-09-23	97.5
9	00517101000001711	张大钊	男	Windows XP	2013-09-26	77.5
10	00517101000001711	张大钊	男	Word 2003	2013-09-26	92.5
11	00517101000001712	符明霞	女	Word 2003	2013-09-26	85
12	00517101000001712	符明霞	女	Excel 2003	2013-09-26	75

图 7-43　待筛选列表

1 单击要筛选的数据中的任一单元格，如 D2 单元格，选中工作表。

2 单击“数据”选项卡中的“筛选”按钮，启动筛选功能，数据列表中所有字段的标题单元格会出现下拉按钮。

3 单击“科目”字段右侧的下拉按钮，在打开的下拉列表中取消“全选”，在列表框中仅选择“Word 2003”条件，单击“确定”按钮完成筛选，如图 7-44 所示。

完成筛选后，被筛选字段的下拉按钮变为“筛选”按钮，同时数据列表中的行号颜色也会改变，如图 7-45 所示。

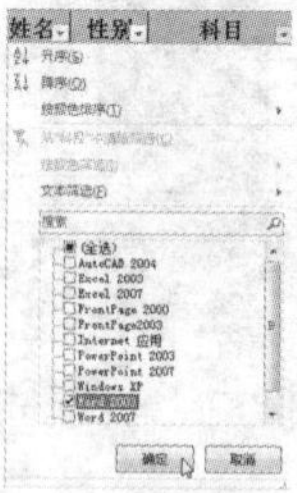

图 7-44　选择筛选条件

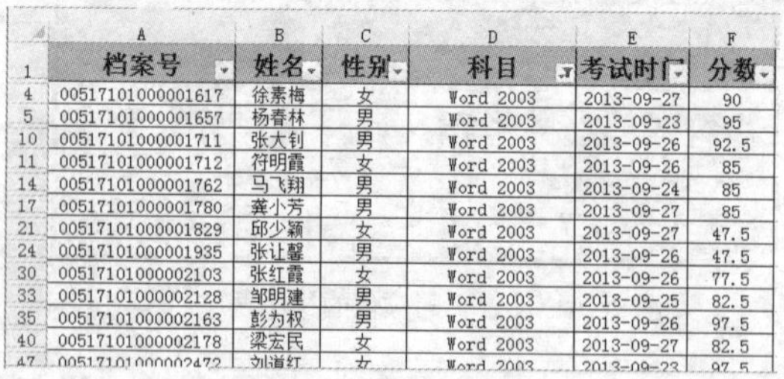

	A	B	C	D	E	F
1	档案号	姓名	性别	科目	考试时间	分数
4	00517101000001617	徐素梅	女	Word 2003	2013-09-27	90
5	00517101000001657	杨春林	男	Word 2003	2013-09-23	95
10	00517101000001711	张大钊	男	Word 2003	2013-09-26	92.5
11	00517101000001712	符明霞	女	Word 2003	2013-09-26	85
14	00517101000001762	马飞翔	男	Word 2003	2013-09-24	85
17	00517101000001780	龚小芳	男	Word 2003	2013-09-27	85
21	00517101000001829	邱少颖	女	Word 2003	2013-09-27	47.5
24	00517101000001935	张让鬘	男	Word 2003	2013-09-26	47.5
30	00517101000002103	张红霞	女	Word 2003	2013-09-26	77.5
33	00517101000002128	邹明建	男	Word 2003	2013-09-25	82.5
35	00517101000002163	彭为权	男	Word 2003	2013-09-26	97.5
40	00517101000002178	梁宏民	女	Word 2003	2013-09-27	82.5
47	00517101000002472	刘道红	女	Word 2003	2013-09-23	97.5

图 7-45　筛选结果

7.3.2　筛选最大的前 10 项

对于数值型数据字段，筛选下拉列表中会显示“数字筛选”的更多选项，如图 7-46 所示。用户还可以选择自定义筛选，通过“自定义自动筛选方式”对话框，选择逻辑条件和输入具体条件值，以满足不同的筛选要求。

【例 7-11】筛选前 10 项

对图 7-46 所示的工作表筛选"利润"列中前 10 项记录，具体的操作步骤如下。

1　单击"利润"列中的任一单元格，然后单击"数据"选项卡中的"筛选"按钮，启动筛选功能。

2　单击"利润"列中的下拉按钮，在下拉列表中单击"数据筛选"中的"前 10 项"选项，打开"自动筛选前 10 个"对话框，如图 7-47 所示。

3　单击"确定"按钮，筛选结果如图 7-48 所示。

同样，要查找区域中的前 10 个最小值，在"自动筛选前 10 个"对话框中选择"最小"即可。

图 7-46　数字筛选相关的筛选选项

　"自动筛选前 10 个"虽然叫"前 10 项"，但它并不局限于仅查找前 10 项或最后 10 项。用户可根据需要选择要查看的项数：最少 1 项，最多 500 项。

用户如果选择"自定义筛选"，将打开"自定义自动筛选方式"对话框，如图 7-49 所示。可以对等于、不等于、大于、大于或等于、小于、小于或等于另一个数字的数字进行筛选。

图 7-47　"自动筛选前 10 个"对话框

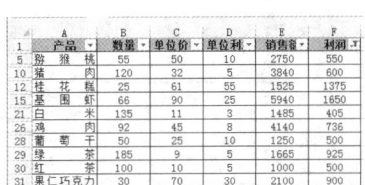

图 7-48　筛选结果

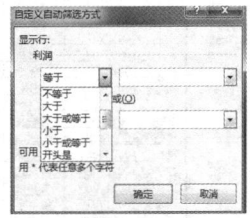

图 7-49　"自定义自动筛选方式"对话框

例如，要筛选出利润在 100 和 300 之间的所有数据，可以参照图 7-50 所示的方法来完成。

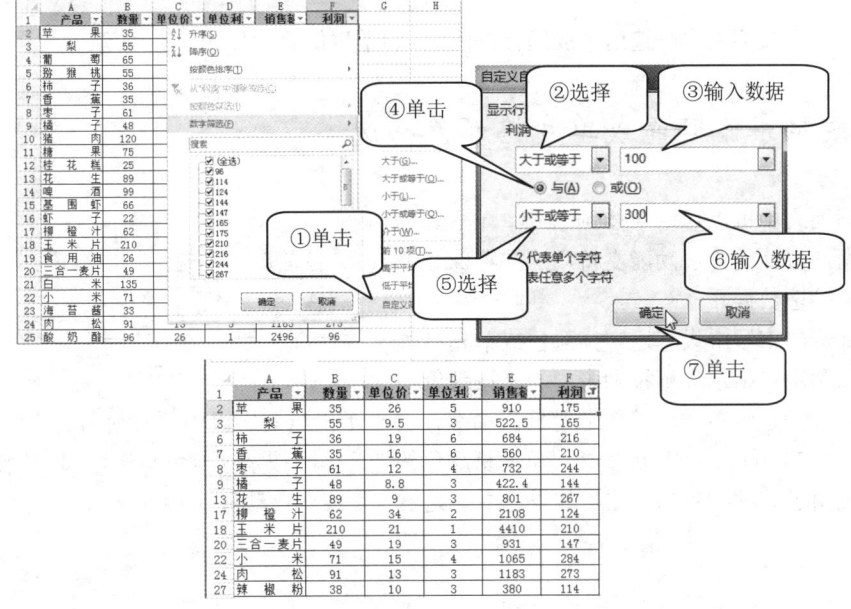

图 7-50　使用"自定义自动筛选方式"进行筛选

7.3.3 筛选成绩最好的 5% 的学生

利用 Excel 的筛选功能，还可以按百分比进行筛选。

【例 7-12】按百分比筛选数据

图 7-51 是一份考试成绩表，包含 102 人的总成绩。如果要通过筛选找到总成绩最好的 5% 的考生，可以按下面的步骤操作。

1 选中成绩表中的任意一个单元格，然后单击"数据"选项卡中的"筛选"按钮，启动筛选。

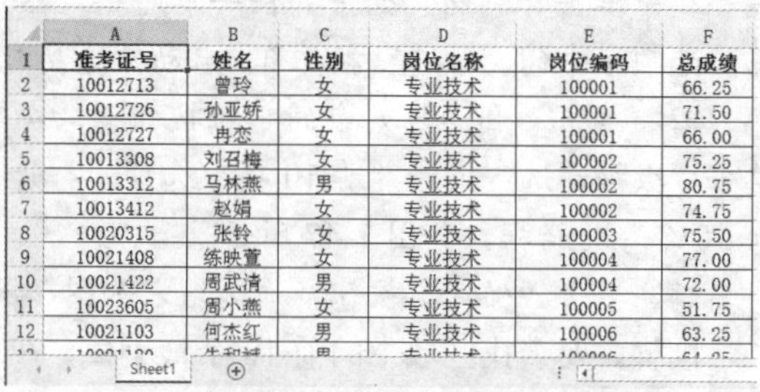

图 7-51 考试成绩表

2 单击 F1 单元格中的下拉按钮，在打开的下拉列表中依次单击"数字筛选""前 10 项"命令，打开"自动筛选前 10 个"对话框。

3 在"自动筛选前 10 个"对话框中，将"显示"分别设置为"最大""5"和"百分比"，单击"确定"按钮完成筛选，如图 7-52 所示。

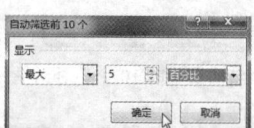

图 7-52 设置筛选成绩最好的 5% 的学生

完成后，从成绩表中筛选出了成绩最好的 5% 的学生信息，如图 7-53 所示。

7.3.4 按照字体颜色或单元格颜色筛选

在数据列表中可以使用字体颜色或单元格颜色来标识数据，Excel 的筛选功能支持用这些特殊标识作为条件来筛选数据。

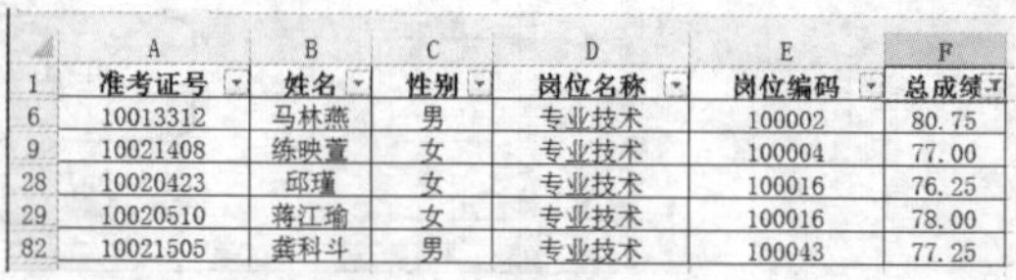

当要筛选的字段中设置过字体颜色或单元格颜色时，可以利用"筛选"下拉列表中的"按颜色筛选"选项进行筛选，单击"按颜色筛选"命令，会显示出当前字段中所有使用的字体颜色或单元格颜色，如图 7-54 所示。用户可以以"单元格颜色筛选"或"按字体颜色筛选"，选中相应颜色项，可以筛选出应用了该种颜色的数据。如果选中"无填充"或"自动"，则可筛选出完全没有应用过颜色的数据。

图 7-53 筛选结果

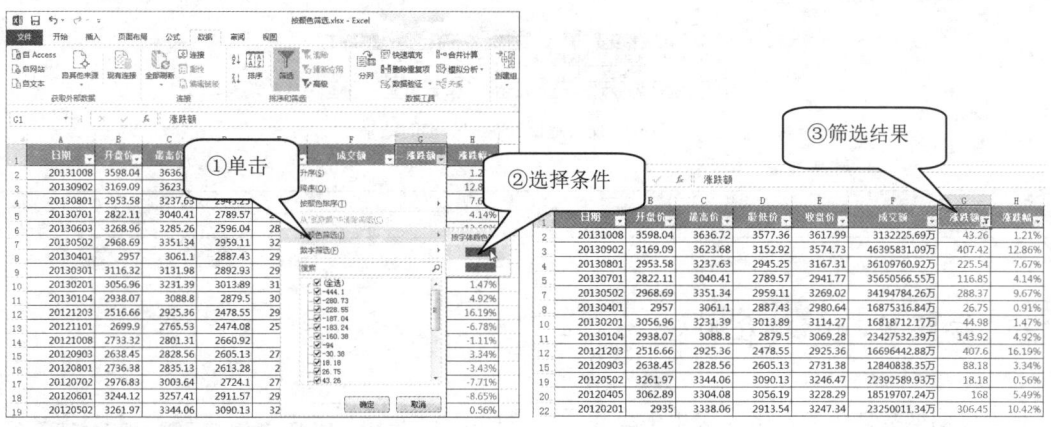

图 7-54　按字体或单元格颜色筛选

7.3.5　使用通配符进行筛选

如果用于筛选数据的条件并不能明确指定某项内容而是某一类内容，例如某些字符相同但其他字符不一定相同的文本值时，可使用 Excel 提供的通配符来筛选。

【例 7-13】使用通配符筛选数据

在图 7-55 所示的表格中，颜色字段记录了不同服装的颜色组合，在颜色组合中排在前面的颜色是主色调，如“红白”表示红色为主色，而白色为辅色。

如果要筛选出所有以黄为主色，并且只有两种颜色的记录，可以按下列步骤操作。

日期	货号	品名	颜色	数　量	金　额
2013/3/3	G9H25A	耐克上衣	红白	65	¥6,055
2013/3/22	G9H25A	耐克上衣	彩蓝黑	53	¥4,134
2013/3/22	G9H25B	耐克裤	红白	56	¥3,500
2013/2/6	G9H25B	耐克裤	彩蓝黑	18	¥1,188
2013/4/2	G9H26A	耐克上衣	黑黄	15	¥2,310
2013/4/20	G9H26A	耐克上衣	白彩蓝	32	¥1,960
2013/2/5	G9H26B	耐克裤	黑黄	69	¥6,175
2013/1/27	G9H26B	耐克裤	白彩蓝	19	¥1,950
2013/2/18	G9H27A	耐克上衣	红白蓝	51	¥7,029

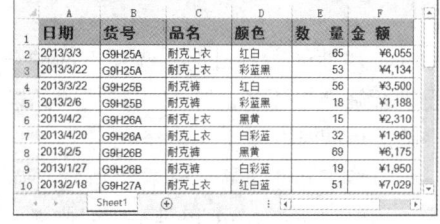

图 7-55　详细记录了服装颜色的表格

1　选中表格中的任一单元格。

2　单击“数据”选项卡中的“筛选”按钮，使表格进入筛选模式。

3　单击 D1 单元格中的筛选下拉按钮，在打开的列表中依次单击“文本筛选”“自定义筛选”命令，打开“自定义自动筛选方式”对话框。

4　选择“颜色”行条件类型为“等于”，在条件内容文本框中输入“黄?”（“?”要以半角的形式输入），单击“确定”按钮即可完成筛选，如图 7-56 所示。

借助 Excel 2013 特有的筛选搜索框，也可以实现同样的效果，如图 7-57 所示。

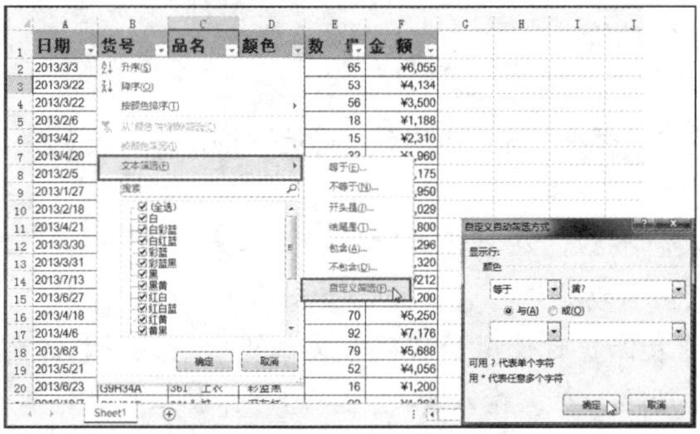

图 7-56　设置模糊条件筛选数据

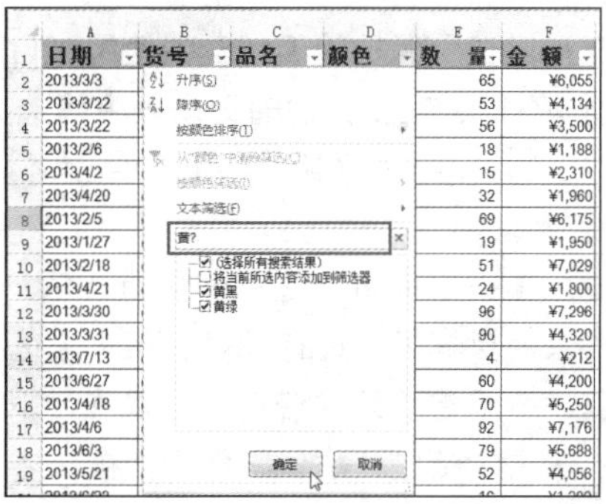

图 7-57　借助 Excel 2013 的筛选搜索框进行模糊筛选

筛选后的结果如图 7-58 所示。

	A	B	C	D	E	F
1	日期	货号	品名	颜色	数量	金额
11	2013/4/21	G9H27A	耐克上衣	黄黑	24	¥1,800
26	2013/4/13	G9H35A	361°上衣	黄绿	6	¥438
29	2013/3/23	G9H35B	361°裤	黄绿	86	¥8,622

图 7-58　使用通配符模糊筛选的结果

 通配符对数值和日期型数据无效，只能用于文本型数据。

7.3.6　按照日期的特征筛选

对于日期型数据字段，下拉菜单中会显示"日期筛选"的更多选项，如图 7-59 所示。

同文本筛选和数字筛选相比，日期筛选具有以下特征。

① 日期分组列表以年、月、日分组后的分层形式显示，没有直接显示具体的日期。

② 列表中提供了大量的预置动态筛选条件，将数据列表中的日期与当前系统日期的比较结果作为筛选条件。

③ "期间所有日期"选项下面的子选项只按时间段进行筛选，不考虑年，这在按照跨若干年的时间段来筛选日期时非常实用。

④ 除了以上选项，还有"自定义筛选"选项。

虽然 Excel 2013 提供了大量有关日期特征的筛选条件，但仅能用于日期，不能用于时间。因此没有提供像"上午""下午"这样的筛选条件。

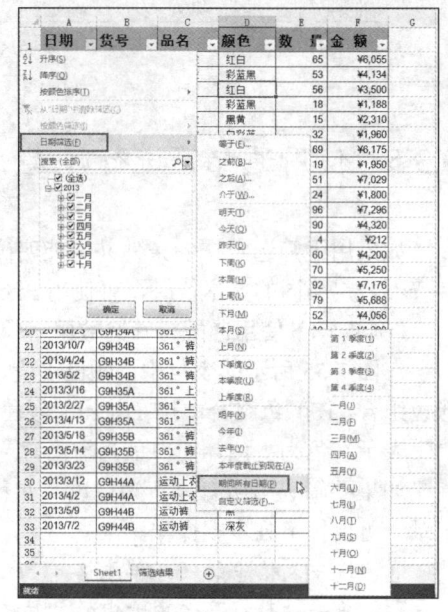

图 7-59　更具特色的日期筛选选项

7.3.7　在受保护的工作表中使用筛选功能

在实际工作中，用户常常需要对重要的工作表进行保护，防止工作表内容发生意外更改。如果在保护工作表的同时，又希望能对工作表中的数据使用"筛选"功能，以便进行一些数据分析工作，则用户可以在受保护的工作表中使用"自动筛选"功能。

【例 7-14】在受保护的工作表中筛选数据

1　选中单元格区域中的任一单元格，然后单击"数据"选项卡中的"筛选"按钮，使表格进入筛选模式。

2　单击"审阅"选项卡中的"保护工作表"按钮，在打开的"保护工作表"对话框的"允许此工作表的所有用户进行"列表框中，选中"使用自动筛选"复选框，如图 7-60 所示。

3　如果需要设置密码，可以在"取消工作表保护时使用的密码"文本框中输入保护工作表的密码，单击"确定"按钮，打开"确认密码"对话框，再次输入密码，关闭"保护工作表"对话框。

现在，虽然工作表处于受保护状态，不能对任意单元格进行修改，但仍然可以使用"自动筛选"功能，如图 7-61 所示。

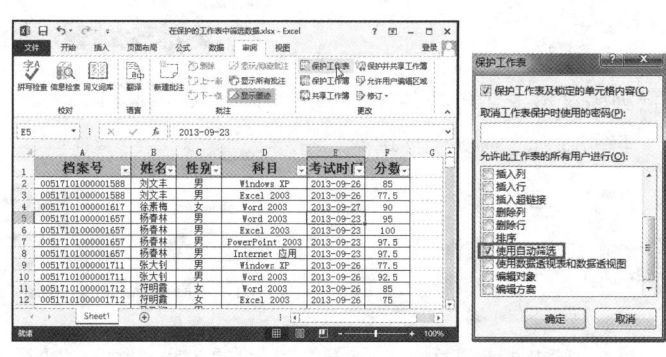

图 7-60　在"保护工作表"对话框中选中"使用自动筛选"复选框 　　图 7-61　在受保护的工作表中使用"自动筛选"功能

7.3.8　取消筛选

筛选不会以任何方式更改用户的数据。取消筛选之后，隐藏的所有数据都会重新出现，与筛选之前完全相同。

取消筛选的操作方法如下。

方法一： 如果要取消对某一列进行的筛选，可单击该列的下拉列表并选择"全选"复选框，再单击"确定"按钮，如图 7-62 所示。

方法二： 如果要取消所有的筛选，则可以单击"数据"选项卡中的"清除"按钮 清除，如图 7-63 所示。

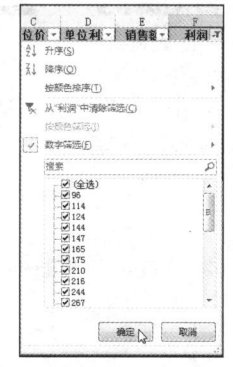

图 7-62　取消对指定列的筛选 　　　　　　　　　图 7-63　清除筛选内容

方法三： 如果要取消所有的"筛选"下拉按钮，可再次单击"数据"选项卡中的"筛选"按钮。

利用 Excel 2013 新增的"快速分析"工具的"表"选项卡，将数据区域转换为表格，也可以方便地执行排序、筛选等操作。具体介绍请参见**第 16 章 16.3 节**。

7.4　高级筛选

Excel 高级筛选不但包含了自动筛选的所有功能，还可以设置更多复杂的筛选条件进行筛选。

Excel 高级筛选可以提供以下功能：设置更复杂的筛选条件；将筛选出的结果输出到指定的位置；指定计算的筛选条件；筛选出不重复的记录项等。

单击"数据"选项卡"排序和筛选"组中的"高级"按钮，打开"高级筛选"对话框。高级筛选不仅包括列表区域，还包括条件区域，如图 7-64 所示。高级筛选可以像使用"自动筛选"命令一样选取筛选区域。

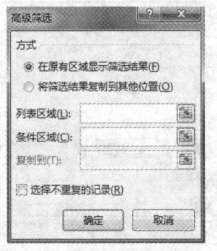

图 7-64　"高级筛选"对话框

7.4.1　使用高级筛选设置复杂筛选条件

自定义筛选只能完成条件简单的数据筛选，如果筛选的条件比较复杂，可通过高级筛选完成。要进行高级筛选，需要先设置高级筛选的条件区域。下面通过一个具体实例说明如何设置条件区域进行高级筛选。

【例 7-15】设置条件区域进行高级筛选

例如，在图 7-65 所示的工作表中，如果要筛选"日期"为"2013 年 3 月 21 日"，"产品名称"为"显示器"的记录，可以按以下步骤进行操作。

1　在第 1 行之前插入 3 行放置筛选条件，在单元格区域 C1:D2 中输入如图 7-66 所示的筛选条件。

图 7-65　原始数据表　　　　　　　　　　　　图 7-66　设置筛选条件

2　单击"数据"选项卡"排序和筛选"组中的"高级"按钮，打开"高级筛选"对话框。

3　在"列表区域"文本框中，单击"折叠"按钮，选择列表区域"$A$4:$I$210"，在"条件区域"文本框中，选择条件区域"$C$1:$D$2"，如图 7-67 所示。

4　单击"确定"按钮，筛选结果如图 7-68 所示。

从图 7-68 中可见，工作表中仅显示了"日期"为"2013 年 3 月 21 日"，"产品名称"为"显示器"的记录。

图 7-67　选择高级筛选的条件区域

	A	B	C	D	E	F	G	H
1			产品名称	日期				
2			显示器	2013年3月21日				
3								
4	销售单	地区	销售员	产品名称	数量	单价¥	金额¥	日期
13	004613	成都	陈平	显示器	15	¥1,500	¥22,500	2013年3月21日
177	000387	天津	赵琦	显示器	97	¥1,500	¥145,500	2013年3月21日

图 7-68　筛选结果

要得到图 7-68 中的筛选结果，如果采用自动筛选的方式，需要先筛选出指定的日期，然后在筛选出的数据区域中再筛选特定的产品名称，筛选操作需一步步地执行，这种利用自动筛选逐个找到合适的数据信息显得比较麻烦。对于筛选条件较多的筛选，使用高级筛选功能，一次设置多个筛选条件后，根据设置的筛选条件只需一步便可筛选出结果。因此，当需要筛选的 Excel 数据区域中的数据信息较多，同时筛选的条件又比较复杂时，使用高级筛选的方法设置筛选条件进行筛选就比较方便、快捷。

 使用"高级筛选"功能时，最重要的一步是设置筛选条件。高级筛选的条件需要按一定的规则由用户编辑到工作表中。通常情况下将条件区域置于原表格的上方。在编辑条件时，必须遵循以下规则。

① 条件区域的首行必须是标题行，标题行的内容必须与目标表格中的列标题匹配，但条件区域标题行中内容的排列顺序和出现次数，可以不与目标表格中相同。

② 条件区域标题行下方为条件值的描述区，在同一行的各个条件之间是"和"的关系，出现在不同行的各个条件之间是"或"的关系。

7.4.2 使用高级筛选筛选不重复的记录

如果在 Excel 中创建了一列数据，而且希望将不重复的记录复制到其他工作表，则可以使用 Excel 中的"高级筛选"命令实现。

【例 7-16】使用高级筛选筛选不重复的记录

这里以图 7-69 所示的工作表为例，要从"原始数据"工作表中筛选出不重复的记录并复制到"筛选数据"工作表中，具体的操作步骤如下。

1 单击"筛选数据"工作表标签，激活该工作表，单击"数据"选项卡"排序和筛选"组中的"高级"按钮 高级，打开"高级筛选"对话框，如图 7-70 所示。

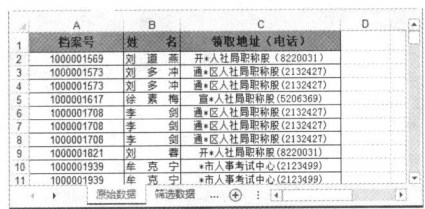

图 7-69 有重复数据的工作表

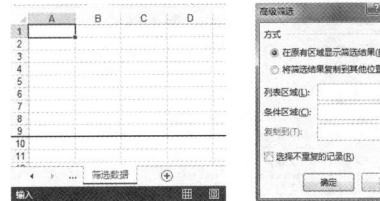

图 7-70 选定复制筛选结果的工作表

2 单击"高级筛选"对话框中"列表区域"文本框的"折叠"按钮，单击"原始数据"工作表标签并选取工作表中的数据区域，再次单击"高级筛选-列表区域"文本框的"折叠"按钮，返回"高级筛选"对话框，如图 7-71 所示。

3 选择"将筛选结果复制到其他位置"单选钮，单击"复制到"文本框的"折叠"按钮，返回"筛选数据"工作表，单击选取 A1 单元格（放置数据的起始单元格），然后单击"复制到"文本框的"折叠"按钮，返回"高级筛选"对话框，选中"选择不重复的记录"复选框。最后单击"确定"按钮完成设置，如图 7-72 所示。

筛选完成后，"原始数据"工作表中的不重复数据被筛选出来并复制到"筛选数据"工作表中，如图 7-73 所示。

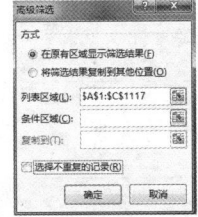

图 7-71 选取高级筛选列表区域

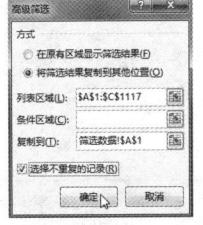

图 7-72 设置复制选项

图 7-73 筛选不重复的记录后的数据列表

7.4.3 找出两个表中的重复值

如果两个结构相同的表格中包含有一些相同的记录，利用高级筛选用户可以快速找出重复值。

【例 7-17】找出两个表中的重复值

如图 7-74 所示的两个工作表，要找出重复值，操作步骤如下。

1 单击第一个表格中的任意单元格，如 B2 单元格。

2 单击“数据”选项卡中的“高级”按钮，打开“高级筛选”对话框。

3 单击选中“将筛选结果复制到其他位置”单选钮。

4 保持“列表区域”中的内容不变，即“$A$2:$C$10”，然后将光标到定位到“条件区域”文本框内，用鼠标选中工作表中的 E2:G10 单元格区域，即第二个表格的所在区域。

5 将光标定位到“复制到”文本框内，用鼠标选中工作表中的 I1 单元格，这将是筛选结果输出区域的第一个单元格位置。

6 单击“确定”按钮，关闭“高级筛选”对话框，完成筛选，筛选结果如图 7-75 所示。

	A	B	C	D	E	F	G
1	第一组				第二组		
2	姓名	跑道	编号		姓名	跑道	编号
3	王亮	2	023		刘欣	6	022
4	张宇	1	015		郑雨	3	039
5	邹通	5	036		刘宣	3	055
6	李春	7	056		王亮	2	023
7	刘宣	3	055		杨明	4	059
8	赵恒	4	069		张宇	1	051
9	余军	8	065		贺军	8	032
10	潘新	6	021		李军	7	019

图 7-74 两个表格中包含一些相同的记录

I	J	K
姓名	跑道	编号
王亮	2	023
刘宣	3	055

图 7-75 筛选重复值的结果

7.5 分类汇总

分类汇总是对数据列表中的数据进行分类，在分类的基础上汇总。进行分类汇总时，系统会自动对数据列表中的字段进行求和、求平均值和求最大值等运算。分类汇总的计算结果，将分级显示出来。

7.5.1 建立分类汇总

分类汇总包括对单个字段和多个字段的汇总。用户可选择“数据”选项卡中的“分类汇总”命令建立汇总表。

【例 7-18】建立分类汇总

以图 7-76 所示的工作表为例，如果需要各地区的金额合计，则可进行如下操作。

1 选中表格中 B 列中的任意一个单元格，如 B2 单元格，单击“数据”选项卡中的“升序”按钮，排序后结果如图 7-77 所示。

	A	B	C	D	E	F	G	H
1	销售单	地区	销售员	产品名称	数量	单价￥	金额￥	日期
2	000811	成都	陈平	微波炉	6	¥390	¥2,340	2013年2月26日
3	000583	昆明	王珂	显示器	6	¥1,420	¥8,520	2013年5月18日
4	000570	昆明	章阳	笔记本电脑	6	¥5,000	¥30,000	2013年3月22日
5	000381	南京	赵为	跑步机	6	¥2,200	¥13,200	2013年3月28日
6	000443	天津	刘丽	显示器	6	¥1,420	¥8,520	2013年2月16日
7	004882	天津	张大伟	笔记本电脑	6	¥5,000	¥30,000	2013年3月13日
8	000603	昆明	阳雪	微波炉	7	¥550	¥3,850	2013年3月9日
9	000241	天津	赵琦	微波炉	7	¥550	¥3,850	2013年3月17日
10	000601	昆明	路小雨	微波炉	8	¥500	¥4,000	2013年2月5日
11	000616	昆明	张大伟	电脑桌	8	¥650	¥6,400	2013年3月16日
12	001219	天津	李兵	微波炉	8	¥500	¥4,000	2013年2月6日

Sheet1

图 7-76 需分析的数据列表

注意 分类汇总前必须对要汇总的字段进行升序或者降序排序。

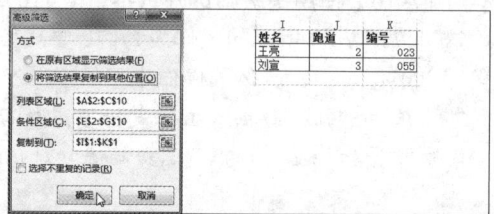

② 单击"数据"选项卡"分级显示"组中的"分类汇总"按钮 分类汇总，打开"分类汇总"对话框。

③ 选择"分类字段"下拉列表中的"地区"选项，再选择"汇总方式"下拉列表中的"求和"选项，在"选定汇总项"列表框中选择"金额￥"复选框，表示要对"金额"字段进行求和，然后单击"确定"按钮，如图 7-78 所示。

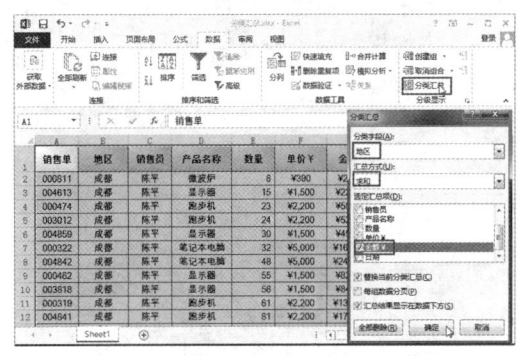

图 7-77 按分类项字段对表格重新排序　　　　　图 7-78 设置分类汇总选项

现在，Excel 已经为每个地区创建了一个数据汇总行，并且在表格的末尾创建了一个总计行。同时，Excel 还自动为表格创建了分级显示视图。单击分级显示控制按钮中的"2"，可以看到表格显示所有的汇总行，如图 7-79 所示。

在"分类汇总"对话框中，"替换当前分类汇总""每组数据分页""汇总结果显示在数据下方"等 3 个选项的含义如表 7-3 所示。

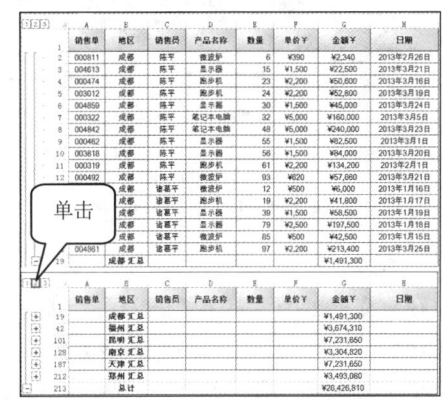

图 7-79 显示分类汇总的表格

表 7-3 "替换当前分类汇总""每组数据分页""汇总结果显示在数据下方"等 3 个选项的含义

选 项	含 义
替换当前分类汇总	可再次使用"分类汇总"命令来添加多个具有不同汇总方式的分类汇总。撤选"替换当前分类汇总"复选框，可防止覆盖已存在的分类汇总
每组数据分页	选中"每组数据分页"复选框，每个分类汇总后有一个自动分页符
汇总结果显示在数据下方	撤选"汇总结果显示在数据下方"复选框，分类汇总结果则出现在分类汇总的行的上方，而不是在行的下方

7.5.2 多重分类汇总

Excel 允许在一个分类汇总结果的基础上，使用其他的分类汇总字段再次进行分类汇总，这种通过多个字段进行多次分类汇总的情况称为多重分类汇总。

【例 7-19】多重分类汇总

如果用户还希望在如图 7-79 所示的数据列表中还要显示"销售员"分类汇总，显示出每个地区及各地区内每个销售员的金额合计，则可进行如下操作。

1 单击分类汇总求和后的数据列表中的任意单元格，激活分类汇总数据列表。

2 单击数据列表中的任一单元格，如 C2 单元格，然后单击"数据"选项卡"分级显示"组中的"分类汇总"按钮，打开"分类汇总"对话框，选择"分类字段"为"销售员"，"汇总方式"为"求和"，在"选定汇总项"列表框中选择"金额￥"复选框，取消选中"替换当前分类汇总"复选框，最后单击"确定"按钮，如图 7-80 所示。

现在表格根据两个分类字段进行了汇总，如果单击分级显示控制按钮中的 3 ，可以看到如图 7-81 所示的汇总效果。

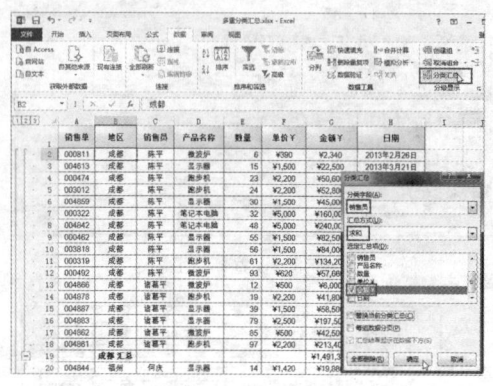

图 7-80　设置"分类汇总"

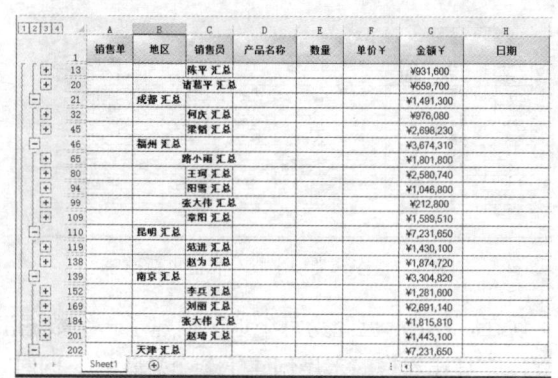

图 7-81　多重分类汇总结果

7.5.3　分类汇总的分级显示

在建立的分类汇总工作表中，数据是分级显示的，并在左侧显示级别。如进行多重分类汇总后，在工作表的左侧列表中显示了 4 级分类。

单击 1 按钮，则显示一级数据，即汇总项的总和，如图 7-82 所示。

单击 2 按钮，则显示一级和二级数据，即各地区汇总和汇总项的总和，如图 7-83 所示。

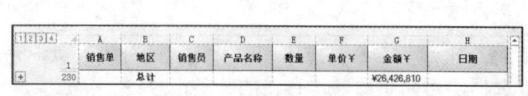

图 7-82　显示一级数据

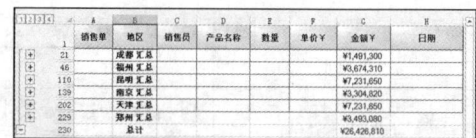

图 7-83　显示一、二级数据

单击 3 按钮，则显示一、二、三级数据，如图 7-84 所示。

单击 4 按钮，则显示所有汇总的详细信息，如图 7-85 所示。

图 7-84　显示一、二、三级数据

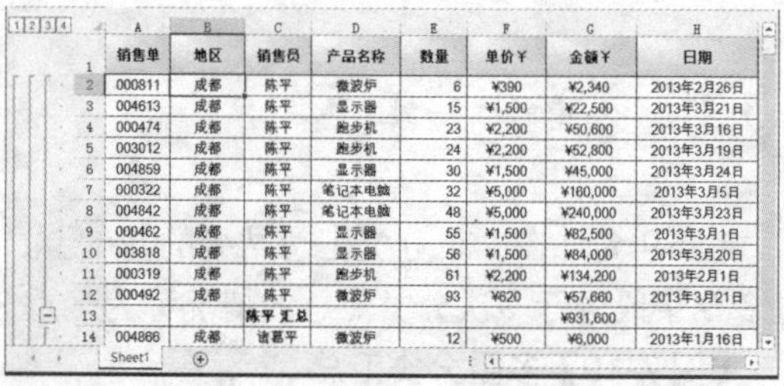

图 7-85　显示所有汇总的详细信息

单击分类汇总的 + 按钮或 - 按钮，即可显示或隐藏明细数据。

7.5.4　取消分类汇总

用户可以清除已设置好的分类汇总的分级显示，也可以删除工作表中所有的分类汇总。

1．清除分类汇总的分级显示

如果要取消分类汇总的分级显示，在"数据"选项卡的"分级显示"组中，单击"取消组合"右侧的下拉按钮，然后在下拉菜单中单击"清除分级显示"命令即可，如图 7-86 所示。

清除分级显示后，汇总数据将被保留，如图 7-87 所示。

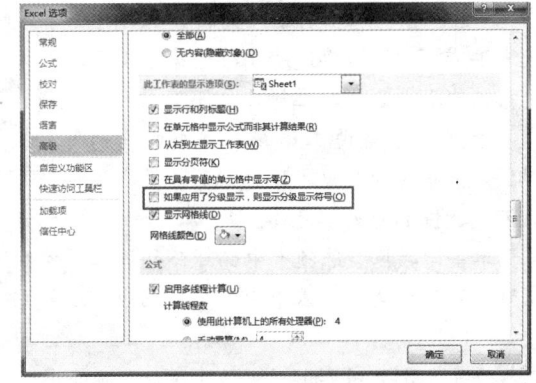

图 7-86　"清除分级显示"命令　　　　　　　　图 7-87　清除分级显示后的效果

> **提示** 清除分级显示后不能用撤销的方式重新显示分级显示，要恢复分级显示，可单击"数据"选项卡"分级显示"组中的"对话框启动器"按钮，在打开的"设置"对话框中单击"创建"即可，如图 7-88 所示。

如果要在不清除分级显示的情况下将其隐藏起来，可单击分级显示符号中的最大数字，以显示所有数据，再依次单击"文件"选项卡→"选项"命令→"高级"选项卡，在"Excel 选项"对话框的"高级"选项卡中的"此工作表的显示选项"区域中，选择工作表后，清除"如果应用了分级显示，则显示分级显示符号"复选框的选择即可，如图 7-89 所示。

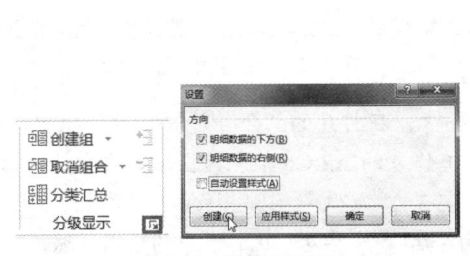

图 7-88　恢复分级显示　　　　　　　　图 7-89　设置隐藏分级显示

2．删除一个工作表中的所有分类汇总

[1] 在包含有分类汇总的列表中，单击任一单元格。

2 在"数据"选项卡"分级显示"组中单击"分类汇总"按钮 分类汇总，打开"分类汇总"对话框。

3 在"分类汇总"对话框中单击"全部删除"按钮即可，如图 7-90 所示。

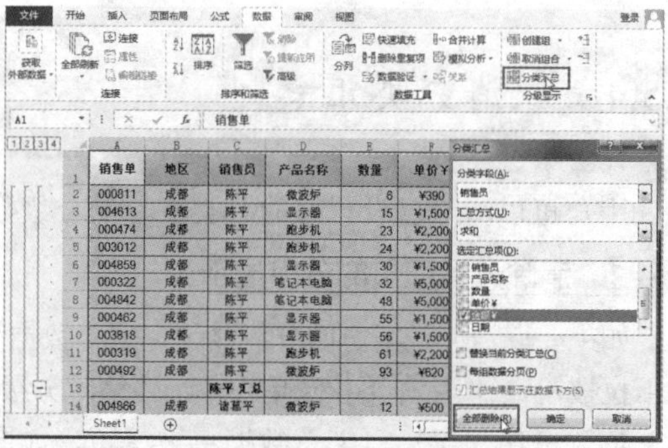

7.6 合并计算

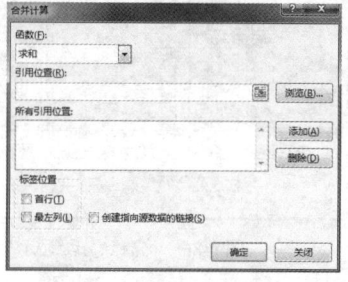

图 7-90 删除分类汇总

使用"合并计算"功能可以合并或汇总多个数据源区域中的数据。合并计算的数据源区域可以是同一工作表中的不同表格，也可以是同一工作簿中的不同工作表，还可以是不同工作簿中的表格。单击"数据"选项卡中的"合并计算"按钮 合并计算，将打开如图 7-91 所示的"合并计算"对话框。

用户可以选择对数据进行合并计算的汇总函数，添加多个需要合并的引用位置。选中"首行"复选框和"最左列"复选框，可以把结构不同的数据源表格按选择的第一个数据源表的数据项顺序按类别进行合并，相同标题的合并成一条记录，不同标题的则形成多条记录。选择"创建指向源数据的链接"复选框，可以在"源数据"改变时自动更新。

图 7-91 合并计算对话框

7.6.1 由多张明细表生成汇总表

在工作中经常需要将不同类别的明细数据表格合并在一起，利用合并计算功能可以由多张明细表生成汇总表。

【例 7-20】由多张明细表生成汇总表

如图 7-92 所示，某公司在某地有 4 个连锁店，每月产品销售情况分布在 4 个工作表中，各连锁店销售的商品有相同的，也有不同的。

借助 Excel 的"合并计算"功能可以由多张明细表生成汇总表，将这些明细数据汇总后得到一张销售汇总表，具体操作如下。

1 新建一张空白工作表，并重命名为"销售汇总"，单击 A1 单元格将 A1 单元格用于存放汇总数据的起始单元格。

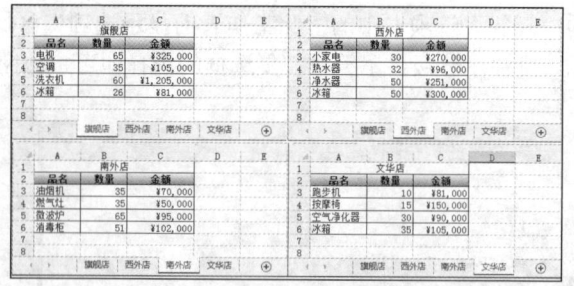

图 7-92 产品销售统计

2 单击"数据"选项卡中的"合并计算"按钮 合并计算。在打开的"合并计算"对话框中，将光标定位到"引用位置"文本框中，然后选中"旗舰店"工作表的 A2:C6 单元格区域，再单击"添加"按钮。

3 重复步骤 **2** 中的操作，依次添加"西外店""南外店""文华店"工作表中的数据区域。

4 在"标签位置"区域中选中"首行"和"最左列"复选框，单击"确定"按钮，如图 7-93 所示。

汇总结果如图 7-94 所示。"合并计算"功能以原表格的最左列为分类项，自动进行了分类汇总。

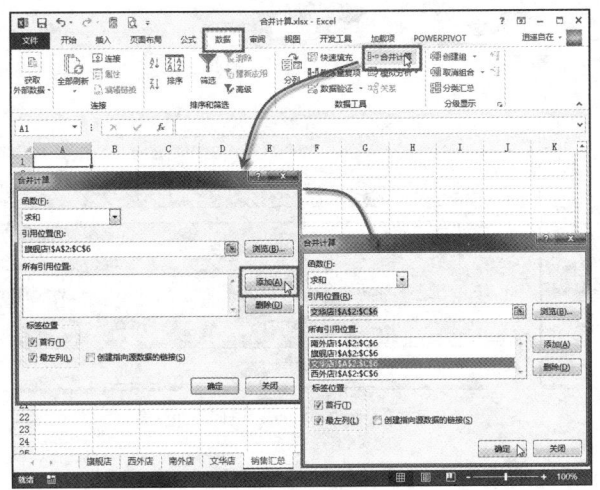

图 7-93　设置合并计算参数

	数量	金额
油烟机	35	¥70,000
燃气灶	35	¥50,000
微波炉	65	¥95,000
消毒柜	51	¥102,000
电视	65	¥325,000
空调	35	¥105,000
洗衣机	60	¥1,205,000
跑步机	10	¥81,000
按摩椅	15	¥150,000
空气净化器	30	¥90,000
小家电	30	¥270,000
热水器	32	¥96,000
净水器	50	¥251,000
冰箱	111	¥486,000

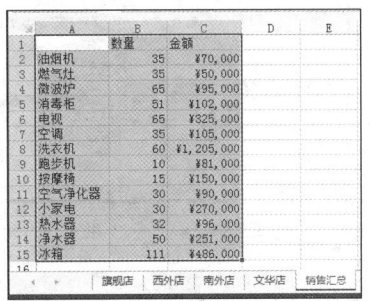

图 7-94　合并计算后的表格

7.6.2　复杂结构下的多表汇总计算

在设置合并计算时选中“首行”和“最左列”复选框，可以把多张具备明确的行标题与列标题的表格快速进行合并计算汇总，但合并计算工具仅接受表格最左的一列作为标题列，第一行作为标题行。如果表格的结构比较复杂，具有多个标题行或标题列，如图 7-95 所示的数据表格就是这样一种表格，行是地区，但第 1 列和第 5 列都是标题性质的月份，从汇总工作表的空表中可以更清楚地看到这种表结构。对这种结构的多个表格也可进行合并计算汇总。

联想手机

月份	重庆店	成都店	西安店	月份	重庆店	成都店	西安店
1月	980	2,358	880	7月	2,350	6,226	5,231
2月	1,260	1,256	2,356	8月	1,235	5,673	678
3月	3,358	5,678	3,218	9月	2,000	2,278	2,390
4月	2,250	2,156	2,256	10月	1,123	6,178	3,367
5月	2,356	3,329	2,389	11月	5,671	6,220	2,789
6月	5,210	3,785	3,217	12月	3,321	5,069	14,119
合计	15,414	18,562	14,316	合计	15,700	31,644	28,574

联想电脑

月份	重庆店	成都店	西安店	月份	重庆店	成都店	西安店
1月	2,230	2,350	3,256	7月	1,200	2,000	2,210
2月	3,216	1,238	2,158	8月	2,310	2,010	1,020
3月	2,567	3,657	1,259	9月	2,318	1,876	1,133
4月	1,678	2,367	3,260	10月	2,126	5,636	1,580
5月	1,699	1,359	5,120	11月	6,758	3,059	2,350
6月	6,533	3,246	2,169	12月	1,567	2,268	9,754
合计	17,923	14,217	17,222	合计	16,279	16,849	18,047

联想打印机

月份	重庆店	成都店	西安店	月份	重庆店	成都店	西安店
1月	561	789	678	7月	785	695	561
2月	658	562	567	8月	365	851	321
3月	369	231	235	9月	589	126	567
4月	782	567	321	10月	758	326	267
5月	651	568	567	11月	659	258	335
6月	369	326	222	12月	331	321	561
合计	3,390	3,043	2,590	合计	3,487	2,577	2,612

汇总

月份	重庆店	成都店	西安店	月份	重庆店	成都店	西安店
1月				7月			
2月				8月			
3月				9月			
4月				10月			
5月				11月			
6月				12月			
合计				合计			

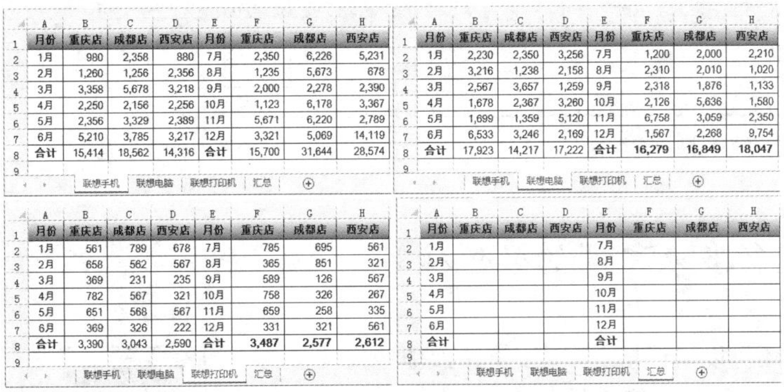

图 7-95　结构较复杂的多个明细表

【例 7-21】复杂结构下的多表汇总计算

要对图 7-95 所示的这种结构的多个表格进行合并计算汇总，可按如下步骤操作。

1 单击工作表标签右侧的“新工作表”按钮⊕，新建一张工作表。在新建工作表（Sheet1）中单击 A2 单元格作为合并计算后数据的起始单元格。

2 单击“数据”选项卡中的“合并计算”按钮[合并计算]，在打开的“合并计算”对话框中依次添加各产品明细表的区域，取消选择“首行”和“最左列”复选框，最后单击“确定”按钮，如图 7-96 所示。

3 此时可以在 Sheet1 中得到一个只有数值的表格，系各明细表各月份的数据合计，如图 7-97 所示。在这种设置下运行“合并计算”，即指定合并的方式为按照表格的绝对位置进行，并忽略非数值内容。

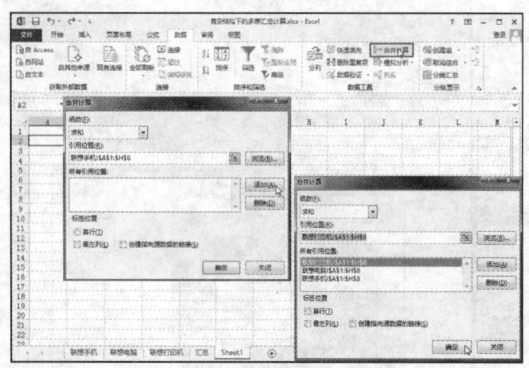

图 7-96　设置行合并计算

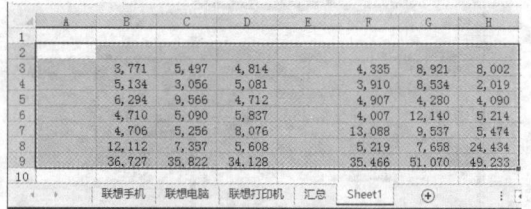

图 7-97　合并计算的结果

为了得到完整的报表，还需要将合并计算的结果填充到"汇总"工作表的空表中。

4 选中 Sheet1 中的 A2:H9 单元格区域，单击"开始"选项卡"剪贴板"组中的"复制" 按钮。

5 选中"汇总"工作表中的 A1 单元格，单击"开始"选项卡"剪贴板"组中的"粘贴"下拉按钮，在打开的下拉菜单中单击"选择性粘贴"命令，打开"选择性粘贴"对话框，单击"数值"单选钮，勾选"跳过空单元"复选框，最后单击"确定"按钮，如图 7-98 所示。

合并计算后的表格如图 7-99 所示。

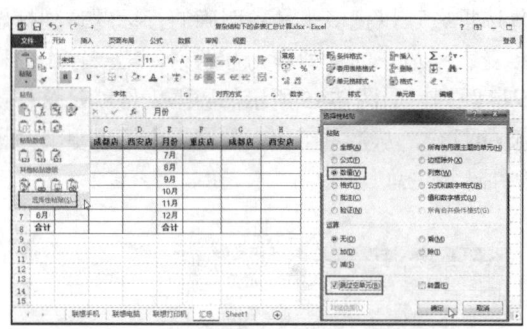

图 7-98　利用选择性粘贴填充数据到空表中

月份	重庆店	成都店	西安店	月份	重庆店	成都店	西安店
1月	3771	5497	4814	7月	4335	8921	8002
2月	5134	3056	5081	8月	3910	8534	2019
3月	6294	9566	4712	9月	4907	4280	4090
4月	4710	5090	5837	10月	4007	12140	5214
5月	4706	5256	8076	11月	13088	9537	5474
6月	12112	7357	5608	12月	5219	7658	24434
合计	36727	35822	34128	合计	35466	51070	49233

图 7-99　填充空表后的结果

7.6.3　快速进行多表之间的数值核对

利用合并计算还可以快速核对多表之间的数据列表。

【例 7-22】多表之间的数值核对

图 7-100 所示的表格记录甲、乙检测室对自来水 pH 值按天记录的测试数据，其中记录的日期并不完全一致，测试值也可能存在差异。

如果需要快速核对两组数据之间的差异，可以按下列步骤操作。

1 单击工作表标签右侧的"新工作表"按钮，新建一张工作表。将新建工作表标签重命名为"比对结果"，将 A 列的数字格式设置为与源表格"日期"相同的"日期"格式。再单击工作表中的 A1 单元格，用于"比对结果"表格存放比对

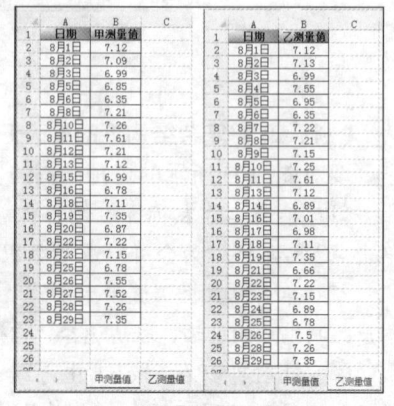

图 7-100　存在差异的测试数据

数据的起始位置。

2 单击“数据”选项卡中的“合并计算”按钮合并计算，在打开的“合并计算”对话框中，依次添加“甲测量值”和“乙测量值”表格的数据区域，选中“首行”和“最左列”复选框，最后单击“确定”按钮，得到汇总结果，如图 7-101 所示。

因为两张表格中的测试数据列的列标题不相同，所以合并计算并不会直接将它们汇总，而是按日期分成两列进行保存。

3 在“比对结果”工作表 D1 单元格中录入新的列标题“比对结果”，然后在 D2 单元格中输入公式“=B2=C2”，将 D2 单元格的公式填充到 D3:D30 单元格区域，即计算出每一天的两组测试数据是否匹配，TRUE 表示相同，FALSE 表示不相同。

调整“比对结果”工作表单元格格式，最后结果如图 7-102 所示。

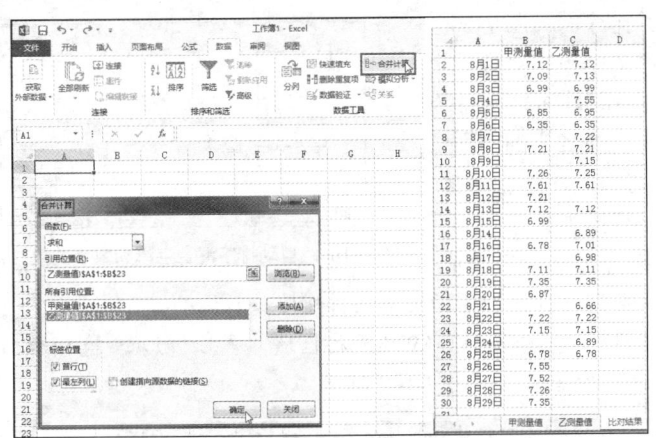

图 7-101　设置合并计算

	A	B	C	D
1	日期	甲测量值	乙测量值	比对结果
2	8月1日	7.12	7.12	TRUE
3	8月2日	7.09	7.13	FALSE
4	8月3日	6.99	6.99	TRUE
5	8月4日		7.55	FALSE
6	8月5日	6.85	6.95	FALSE
7	8月6日	6.35	6.35	TRUE
8	8月7日		7.22	FALSE
9	8月8日	7.21	7.21	TRUE
10	8月9日		7.15	FALSE
11	8月10日	7.26	7.25	FALSE
12	8月11日	7.61	7.61	TRUE
13	8月12日	7.21		FALSE
14	8月13日	7.12	7.12	TRUE
15	8月15日	6.99		FALSE
16	8月14日		6.89	FALSE
17	8月16日	6.78	7.01	FALSE
18	8月17日		6.98	FALSE
19	8月18日	7.11	7.11	TRUE
20	8月19日	7.35	7.35	TRUE
21	8月20日	6.87		FALSE
22	8月21日		6.66	FALSE
23	8月22日	7.22	7.22	TRUE
24	8月23日	7.15	7.15	TRUE
25	8月24日		6.89	FALSE
26	8月25日	6.78	6.78	TRUE
27	8月26日	7.55		FALSE
28	8月27日	7.52		FALSE
29	8月28日	7.26		FALSE
30	8月29日	7.35		FALSE

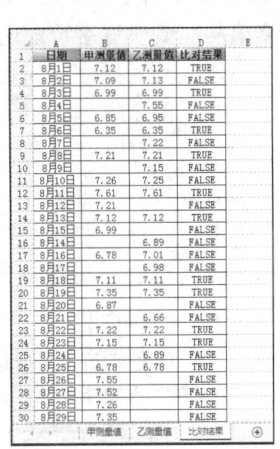

图 7-102　清晰的比对结果

技高一筹

1. 复制分类汇总的结果

如果用简单的复制、粘贴把分类汇总后的表格复制为一张新的表格，粘贴的结果会包含明细数据。通过选择当前显示出来的单元格，可以复制不包含明细数据的分类汇总表，下面以 7-103 所示的分类汇总表为例来介绍具体的操作步骤。

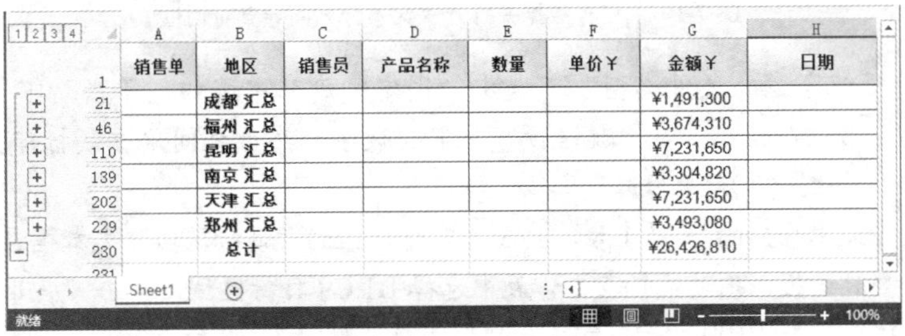

	销售单	地区	销售员	产品名称	数量	单价￥	金额￥	日期
21		成都 汇总					¥1,491,300	
46		福州 汇总					¥3,674,310	
110		昆明 汇总					¥7,231,650	
139		南京 汇总					¥3,304,820	
202		天津 汇总					¥7,231,650	
229		郑州 汇总					¥3,493,080	
230		总计					¥26,426,810	

图 7-103　需要复制分类汇总结果的源工作表

1 用鼠标选中整张表格区域，即 A1:H230 单元格区域。

2 按 <Alt+;>组合键，将只选中当前显示出来的单元格，而不包含隐藏的明细数据。

3 按 <Ctrl+C>组合键复制，可以发现选中的 A1:H230 单元格区域用虚线表示出来，如图 7-104 所示。

4 按<Ctrl+V>组合键将复制的内容粘贴到其他位置，即可得到只包含汇总数据的部分，如图 7-105 所示。

	销售单	地区	销售员	产品名称	数量	单价¥	金额¥	日期
21		成都 汇总					¥1,491,300	
46		福州 汇总					¥3,674,310	
110		昆明 汇总					¥7,231,650	
139		南京 汇总					¥3,304,820	
202		天津 汇总					¥7,231,650	
229		郑州 汇总					¥3,493,080	
230		总计					¥26,426,810	

图 7-104　只选中可见单元格后进行复制

	销售单	地区	销售员	产品名称	数量	单价¥	金额¥	日期
2		成都 汇总					¥1,491,300	
3		福州 汇总					¥3,674,310	
4		昆明 汇总					¥7,231,650	
5		南京 汇总					¥3,304,820	
6		天津 汇总					¥7,231,650	
7		郑州 汇总					¥3,493,080	
8		总计					¥26,426,810	

图 7-105　复制后得到的只包含汇总数据的新表格

2. 对混合字母和数字的数据排序

Excel 对混合字母和数字的数据进行排序时，有时可能不会得到我们所需的结果，因为 Excel 是对单元格值从左到右逐字符地进行比较并排序的。图 7-106 所示的左侧表格为排序前的数据；右侧的是单击"数据"选项卡"排序和筛选"组中的"升序"按钮 ↓↑，按"升序"排序后的结果，可以看到"A101"排在了"A3"的前面，"B11"排在了"B2"的前面。虽然字母按升序进行了排序，但字母后的数字没有完全按升序进行排列。

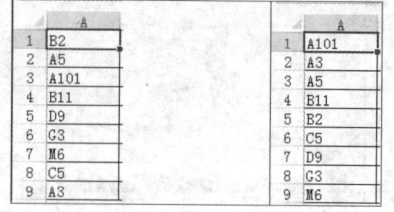

图 7-106　自动排序混合字母和数字的数据结果

如果要对混合字母和数字的数据按照先字母后数值的顺序排序，可先将混合字母和数字的数据分列，然后设置多条件排序，具体的操作步骤如下。

1 在工作表中选中要排序的单元格区域，例如 A1:A9 单元格区域，单击"数据"选项卡的"分列"按钮，打开"文本分列向导-第 1 步"对话框，如图 7-107 所示。

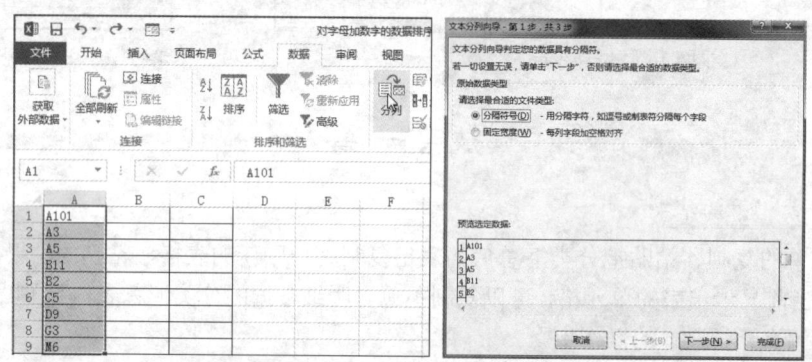

图 7-107　选择数据并打开"文本分列向导"对话框

2 在"请选择最合适的文件类型"下选中"固定宽度"单选钮，单击"下一步"按钮，打开"文本分列向导-第 2 步"对话框，在"数据预览"下的数字和字母之间单击鼠标建立分列线，然后单击"下一步"按钮，如图 7-108 所示。

3 在打开的"文本分列向导-第 1 步，共 3 步"对话框的"目标区域"文本框右侧单击"折叠"对话框按钮 ，以折叠对话框，拖动鼠标在工作表中选择 B1:C9 目标区域，单击"展开"对话框按钮，然后单击"完成"按钮，如图 7-109 所示。完成分列后的效果如图 7-110 所示。

4 单击工作表中数据区域的任一单元格，例如 A1 单元格，再单击"数据"选项卡"排序和筛选"组中的"排序"按钮，打开"排序"对话框，选择"主要关键字"为"列 B"，"排序依据"为"数值"，"次序"为"升序"。单击"添加条件"按钮，选择"次要关键字"为"列 C"，"排序依据"为"数值"，"次序"为"升序"，然后单击"确定"按钮。工作表将按照设置的排序条件进行排序，如图 7-111 所示。

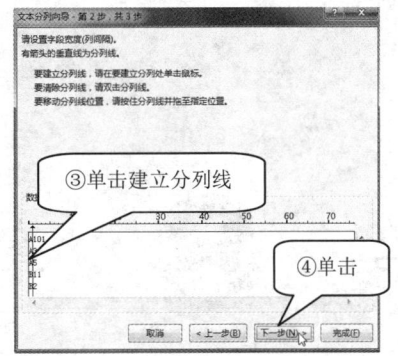

图 7-108　建立分列线

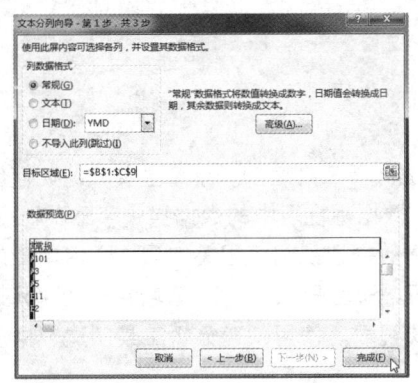

图 7-109　选择分列的目标区域

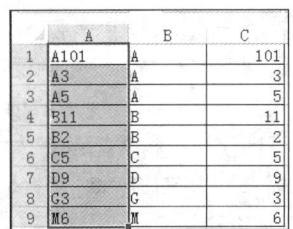

图 7-110　数据分列结果

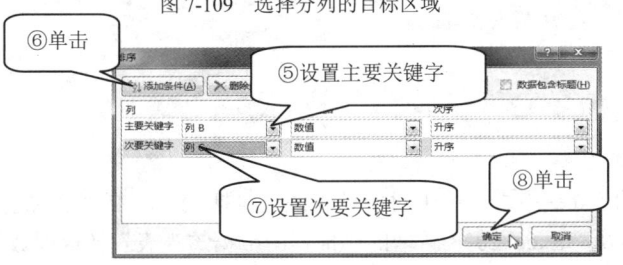

图 7-111　设置多条件排序

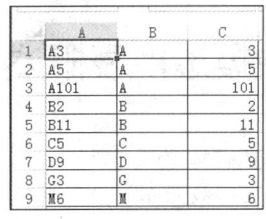

5　清除 B 列和 C 列的内容，完成 A 列中的混合字母和数字的数据按照先字母后数值的顺序排序，如图 7-112 所示。

图 7-112　排序字母加数字数据

 利用 Excel 2013 新增的快速填充功能，将字母和数字组合的数据自动拆分，可以更方便、快捷地对字母和数字组合的数据排序。快速填充功能介绍请参见**第 4 章 4.1.3 小节**。

第 **8** 章　数据透视表

数据透视表是 Excel 中最常用、功能最全的数据分析工具之一。本章主要介绍如何创建数据透视表、数据透视表的布局、设置数据透视表的格式、数据透视表中的数据操作、Excel 2013 中新增的数据透视表推荐、数据透视表的项目组合以及创建数据透视图等相关知识。学习本章内容，可以掌握利用数据透视表分析数据的基本方法和运用技巧。利用 Excel 2013 新增的"快速分析"工具中的"表"选项卡，也可以根据选定的数据创建数据透视表。使用快速分析工具创建数据透视表将在第 16 章中具体介绍。

8.1　数据透视表概述

数据透视表是一种交互的、交叉制表的 Excel 报表，用于对多种来源（包括 Excel 的外部数据）的大量数据（如数据库记录）进行汇总和分析。Excel 2013 新增的"推荐的数据透视表"能根据数据自动推荐并创建数据透视表进行汇总、分析、浏览和显示数据。

数据透视表综合了数据排序、筛选、分类汇总等数据分析优点，能方便地调整分类汇总的方式，以多种不同方式展示数据特征，将大量的数据转化为有价值的信息，为研究和决策提供依据。

如图 8-1 所示的表格，左侧为原始表格，右侧是使用数据透视表对原始数据所做的分析，在数据透视表中清晰地显示了销售员销售产品的汇总情况。

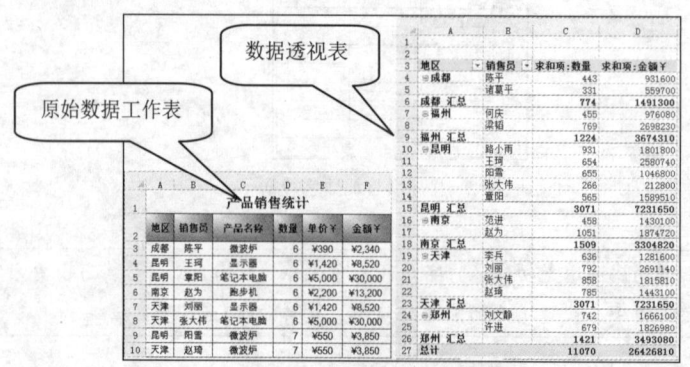

图 8-1　数据表及数据透视表

8.1.1　快速创建简单的数据透视表

当拥有大量数据时，分析工作表中的所有数据可帮助用户做出更好的业务决策。使用 Excel 2013 新增的"推荐的数据透视表"功能可以快速创建数据透视表，以便汇总、分析、浏览和直观显示数据。

【例 8-1】使用"推荐的数据透视表"创建数据透视表

在图 8-2 所示的工作表中，记录了某公司多个销售员在多个地区销售产品的情况，如果需要了解各"地区"的销售金额汇总，可以通过创建数据透视表来完成。

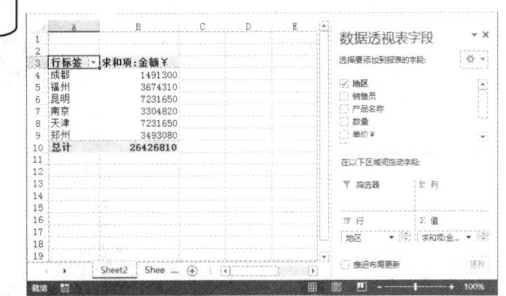

图 8-2　某公司销售表

<u>1</u>　单击数据区域中的任意一个单元格。

<u>2</u>　单击"插入"选项卡"表格"组中的"推荐的数据透视表"按钮，打开"推荐的数据透视表"对话框。

<u>3</u>　在"推荐的数据透视表"对话框中，单击左侧的任一数据透视表布局，可以在右侧区域中查看预览效果。选择"求和项：金额￥，按地区"数据透视表布局，单击"确定"按钮即可快速创建各"地区"的销售金额汇总数据透视表，如图 8-3 所示。

<u>4</u>　创建的数据透视表显示在新的工作表中，并显示"数据透视表字段"任务窗格，用户可以根据需要进一步重新排列数据透视表数据，如图 8-4 所示。

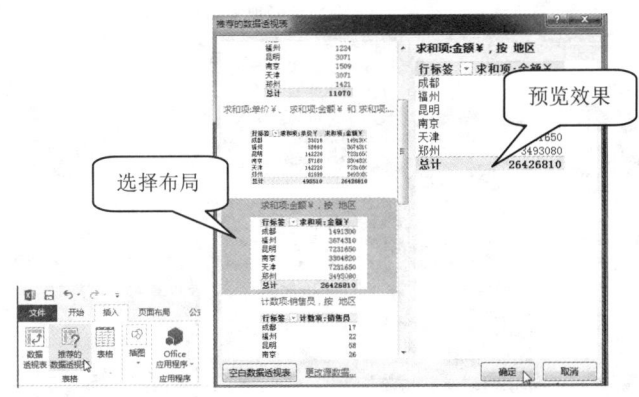

图 8-3　插入数据透视表　　　　图 8-4　通过"推荐的数据透视表"创建的数据透视表

8.1.2　创建空白数据透视表并添加字段

除了利用"推荐的数据透视表"功能快速创建数据透视表外，用户也可以采用先创建空白数据透视表，再添加字段和调整布局的方式创建自定义数据透视表。仍以图 8-2 所示的工作表为例，要创建各销售员在各地区的销售汇总情况，具体的操作如下。

<u>1</u>　单击数据区域中的任意一个单元格。

<u>2</u>　单击"插入"选项卡"表格"组中的"数据透视表"按钮，打开"创建数据透视表"对话框，如图 8-5 所示。

<u>3</u>　保持"创建数据透视表"对话框内默认的选项不变，单击"确定"按钮，即可创建一张空

白数据透视表，同时打开"数据透视表字段"任务窗格，如图 8-6 所示。

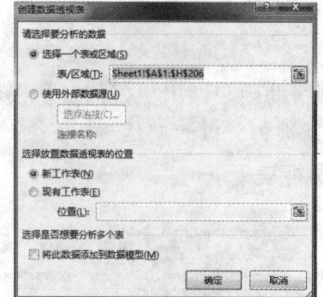

图 8-5　插入数据透视表

图 8-6　创建的空白数据透视表

4 在"数据透视表字段"任务窗格中，分别选中"销售员"和"金额￥"字段的复选框，选中后，"销售员"出现在"数据透视表字段"的"行"区域，"金额￥"出现在"值"区域，同时相关数据也被添加到数据透视表中，如图 8-7 所示。

5 在"数据透视表字段"任务窗格中单击"地区"字段，按住鼠标左键将其拖至"列"区域内，"地区"字段作为列字段出现在数据透视表中。这样，数据透视表中以"销售员"为行标签、"地区"为列标签统计销售额。最后完成的数据透视表如图 8-8 所示。

图 8-7　向数据透视表添加字段

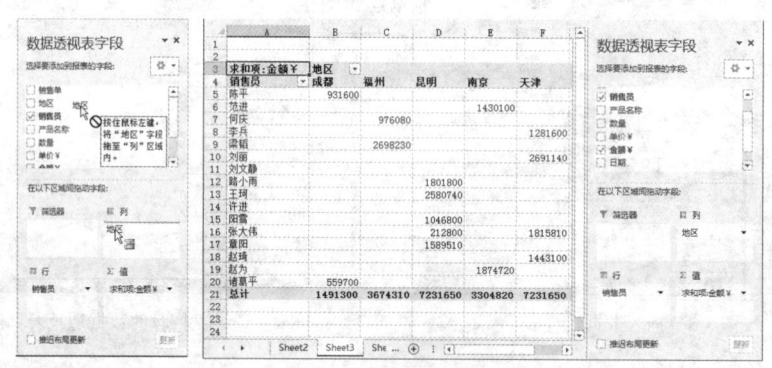

图 8-8　完成的数据透视表

8.1.3　数据透视表结构

　　一张数据透视表的结构，主要包括行区域、列区域、数值区域和报表筛选区域 4 个部分，如图 8-9 所示。

　　其中，报表筛选区域显示"数据透视表字段"任务窗格中的报表筛选项；行区域显示"数据透视表字段"任务窗格中的行字段；列区域显示"数据透视表字段"任务窗格中的列字段；数值区域显示"数据透视表字段"任务窗格中的值字段。

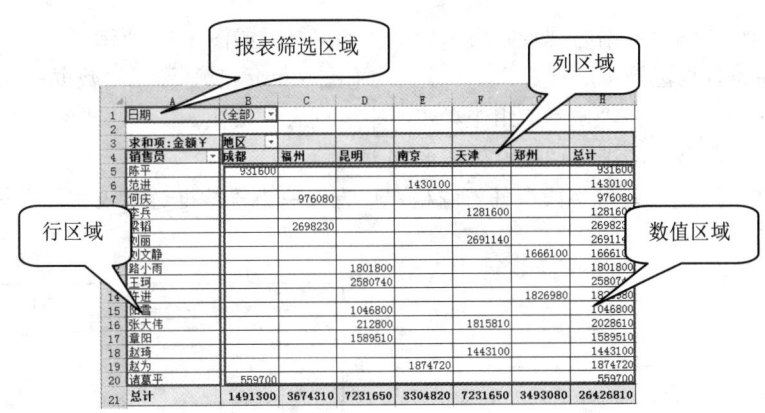

图 8-9　数据透视表结构

8.1.4　数据透视表字段

　　"数据透视表字段"任务窗格可清晰地反映数据透视表结构，如图 8-10 所示。

　　利用"数据透视表字段"任务窗格可以方便地向数据透视表内添加、删除、移动字段，设置字段格式。

1. 在"数据透视表字段"任务窗格中显示更多字段

　　如图 8-11 所示，数据透视表创建完成后，如果字段在"选择要添加到报表的字段"列表框内无法全部显示，可单击"选择要添加到报表的字段"列表框右侧的"工具"下拉按钮 ，在下拉列表中单击"字段节和区域节并排"按钮 ，即可展开"选择要添加到报表的字段"列表框内的所有字段，如图 8-12 所示。

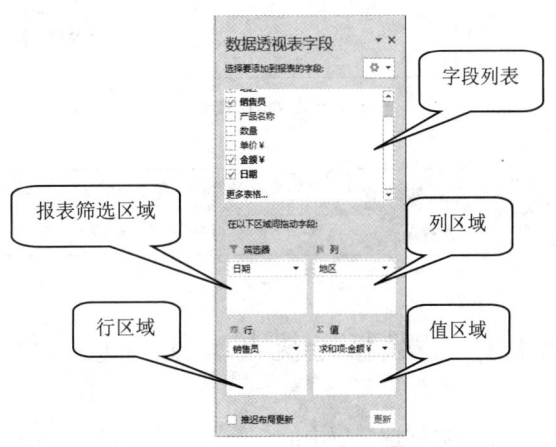

图 8-10　数据透视表字段结构

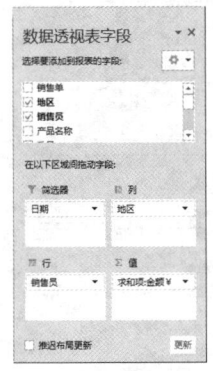

图 8-11　不能完全显示数据透视表字段的"数据透视表字段"任务窗格

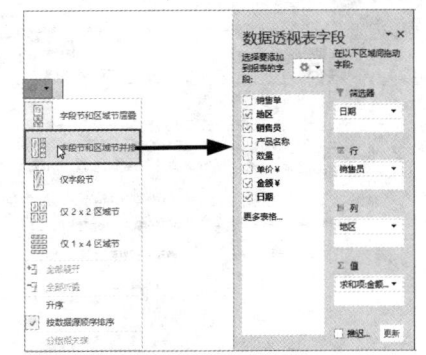

图 8-12　展开"选择要添加到报表的字段"列表框内的所有字段

2. 显示和隐藏"数据透视表字段"任务窗格

方法一： 在数据透视表内的任一单元格中单击鼠标右键，在打开的快捷菜单中选择"显示字段

列表"命令，即可显示"数据透视表字段列表"任务窗格，如图 8-13 所示。

　　方法二： 单击数据区域中的任意一个单元格（如 D5 单元格），激活"数据透视表工具"选项卡，单击"分析"子选项卡，在"显示"组中单击"字段列表"按钮 ，即可在"数据透视表字段"任务窗格的显示和隐藏之间进行切换，如图 8-14 所示。

　　如果要关闭"数据透视表字段"任务窗格，可直接单击"数据透视表字段"任务窗格中的"关闭"按钮 ✕。

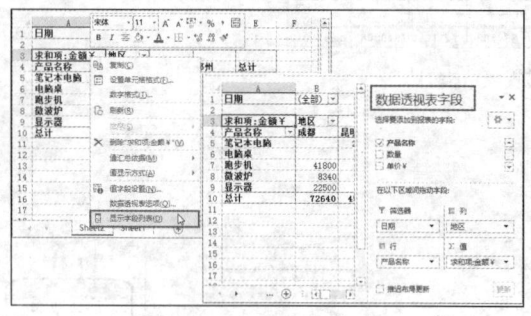

图 8-13　单击右键打开"数据透视表字段"任务窗格

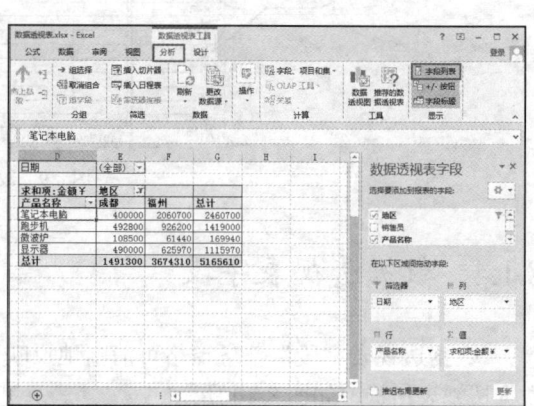

图 8-14　显示（隐藏）"数据透视表字段"任务窗格

> **提示**　"数据透视表字段"任务窗格显示之后，单击数据透视表区域以外的单元格会隐藏"数据透视表字段"任务窗格，只要单击数据透视表区域内的任一单元格就会重新显示。

8.1.5　"数据透视表工具"选项卡

　　单击数据透视表中的任一单元格，可在功能区中显示"数据透视表工具"选项卡。"数据透视表工具"选项卡包括"分析"和"设计"两个子选项卡，如图 8-15 所示。对数据透视表的分析和设计需利用"数据透视表工具"选项卡，相关的命令按钮及其操作将在具体的示例中进行介绍。

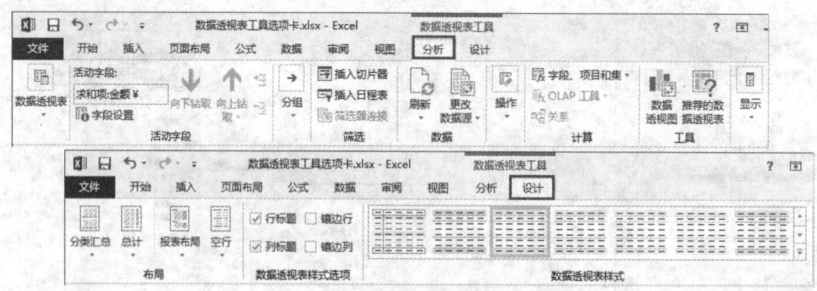

图 8-15　"数据透视表工具"选项卡

8.2　数据透视表布局

　　创建完成数据透视表后，用户可以改变数据透视表的布局，以满足不同角度的数据分析需求。

8.2.1　改变数据透视表的整体布局

通过单击"数据透视表字段"任务窗格中字段的下拉按钮，在下拉菜单中选择相关命令，可以重新安排数据透视表布局。

以图 8-16 所示的数据透视表为例，如果要调整"销售员"到"产品名称"之后，只需在"数据透视表字段"任务窗格中单击"销售员"字段下拉按钮，在下拉菜单中选择"下移"命令即可，如图 8-17 所示。从图 8-16 和图 8-17 中可以看出，在调整前，是按"销售员"统计所销售产品的汇总情况，调整后变为按"产品名称"统计各"销售员"销售该类产品的汇总情况。

	A	B	C	D	E	F
1	日期	(全部)				
2						
3	求和项:金额¥			地区		
4	销售员	产品名称	成都	昆明	天津	总计
5	⊟陈平	笔记本电脑	400000			400000
6	陈平 汇总		400000			400000
7	⊟刘丽	笔记本电脑			2013200	2013200
8	刘丽 汇总				2013200	2013200
9	⊟路小雨	笔记本电脑		618200		618200
10	路小雨 汇总			618200		618200
11	⊟王珂	笔记本电脑		2013200		2013200
12	王珂 汇总			2013200		2013200
13	⊟张大伟	笔记本电脑			1423650	1423650
14	张大伟 汇总				1423650	1423650
15	⊟章阳	笔记本电脑		1423650		1423650
16	章阳 汇总			1423650		1423650
17	⊟赵琦	笔记本电脑			618200	618200
18	赵琦 汇总				618200	618200
19	总计		400000	4055050	4055050	8510100

图 8-16　数据透视表

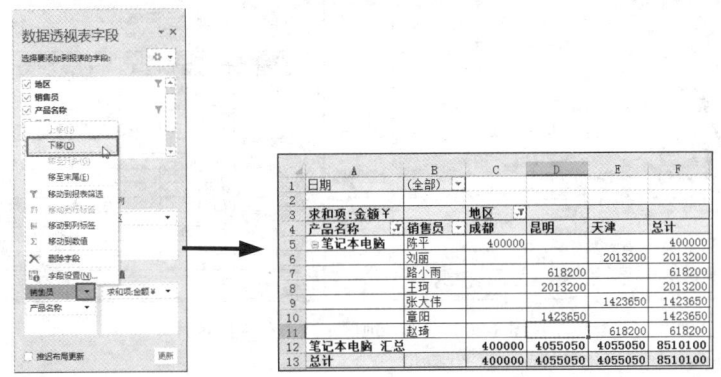

	A	B	C	D	E	F
1	日期	(全部)				
2						
3	求和项:金额¥		地区			
4	产品名称	销售员	成都	昆明	天津	总计
5	⊟笔记本电脑	陈平	400000			400000
6		刘丽			2013200	2013200
7		路小雨		618200		618200
8		王珂		2013200		2013200
9		张大伟			1423650	1423650
10		章阳		1423650		1423650
11		赵琦			618200	618200
12	笔记本电脑 汇总		400000	4055050	4055050	8510100
13	总计		400000	4055050	4055050	8510100

图 8-17　改变数据透视表布局

利用"数据透视表字段"任务窗格，在区域间拖动字段，也可以对数据透视表进行重新布局。

【例 8-2】拖动字段改变数据透视表布局

以图 8-18 所示的数据透视表为例，如果用户想得到按"产品名称"统计各"销售员"在各地区的销售情况，可以用拖动字段的方法改变数据透视表布局，具体的操作步骤如下。

	A	B	C	D	E	F	G	H
1	日期	(全部)						
2								
3	求和项:金		产品名称					
4	地区	销售员	笔记本电脑	电脑桌	跑步机	微波炉	显示器	总计
5	⊟成都	陈平	400000		237600	60000	234000	931600
6		诸葛平		255200	48500	256000		559700
7	成都 汇总		400000		492800	108500	490000	1491300
8	⊟昆明	路小雨	618200	293600	847000	43000		1801800
9		王珂	2013200				567540	2580740
10		阳雪			391600	49200	606000	1046800
11		张大伟		212800				212800
12		章阳	1423650			165860		1589510
13	昆明 汇总		4055050	506400	1238600	258060	1173540	7231650
14	⊟郑州	刘文静	962000	69600		84500	550000	1666100
15		许进	1388000	50400		80940	307640	1826980
16	郑州 汇总		2350000	120000		165440	857640	3493080
17	总计		6805050	626400	1731400	532000	2521180	12216030

图 8-18　原始数据透视表

1　在"数据透视表字段"任务窗格的"列"区域内单击"产品名称"字段，按住鼠标左键不放，将其拖曳至"行"区域中，数据透视表的布局发生改变，"产品名称"进入了行区域，排在"销售员"之后，如图 8-19 所示。

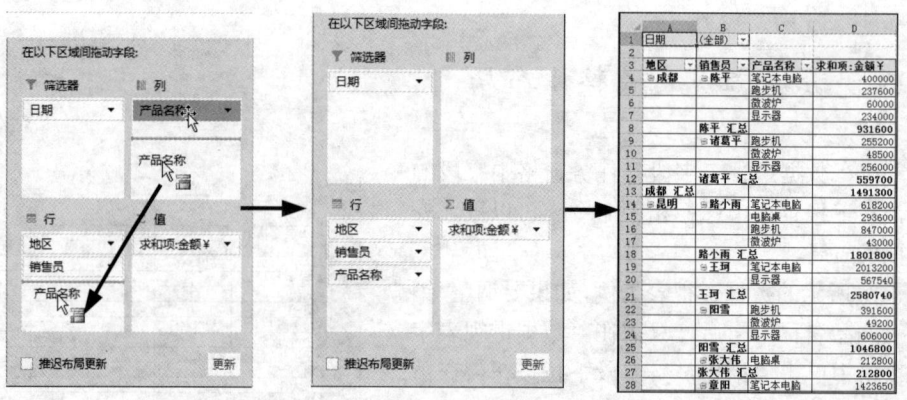

图 8-19　拖曳"产品名称"到"行"区域

2 将"行"区域内的"地区"字段拖曳至"列"区域内，则"地区"出现在"列"区域中，如图 8-20 所示。

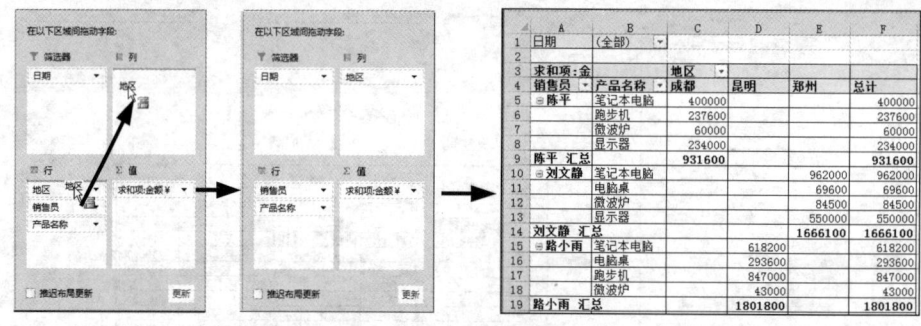

图 8-20　拖曳"地区"到"列"区域

3 将"行"区域内的"销售员"字段拖曳至"产品名称"下方，完成数据透视表按要求的布局，如图 8-21 所示。

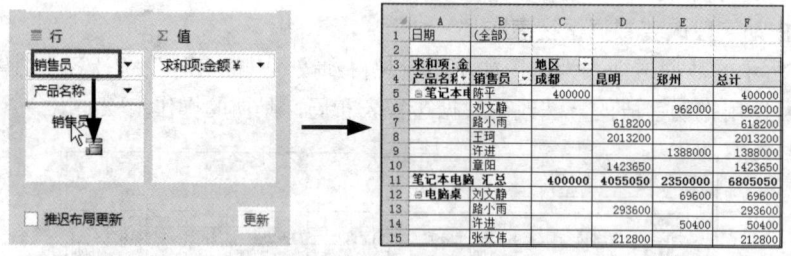

图 8-21　拖动字段改变数据透视表布局

8.2.2　显示数据透视表筛选页

　　利用数据透视表的"显示报表筛选页"功能，可以创建一系列链接在一起的数据透视表，每张工作表只显示报表筛选字段中的项目。

　　如图 8-22 所示的数据透视表，可以生成按"地区"筛选的独立报表。

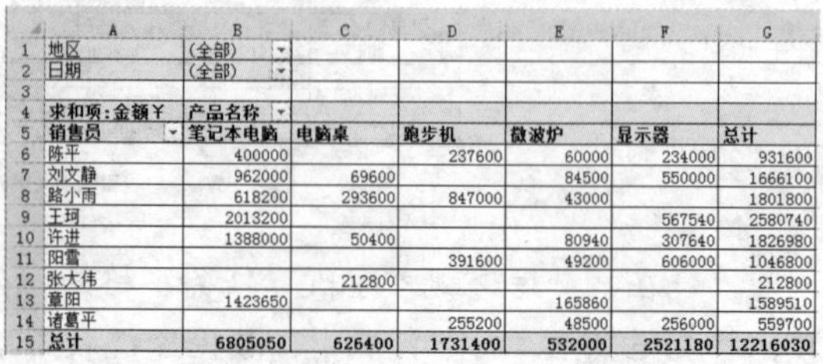

图 8-22　用于显示报表筛选页的数据透视表

【例 8-3】利用"显示报表筛选页"功能生成独立报表

　　① 单击数据透视表中的任意一个单元格（如 A5 单元格），再单击"数据透视表工具"选项卡的"分析"子选项卡，在"数据透视表"组中单击"选项"右侧的下拉按钮 ▼ 选项，在下拉菜单中单击"显示报表筛选页"命令，打开"显示报表筛选页"对话框，如图 8-23 所示。

　　② 在"显示报表筛选页"对话框中选择"地区"字段，再单击"确定"按钮，即可将"地区"字段中的每个地区的数据分别显示在不同的工作表中，并且按"地区"字段中的各项对工作表命名，如图 8-24 所示。

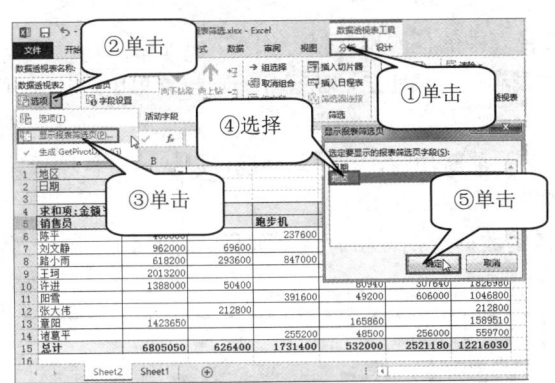

图 8-23　调出"显示报表筛选页"对话框

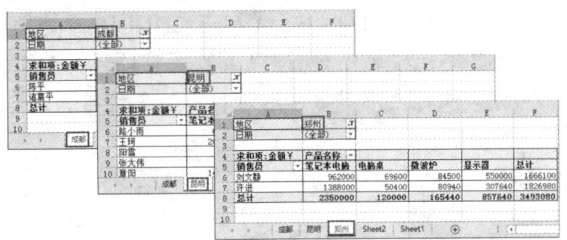

图 8-24　数据透视表的显示报表筛选页

8.2.3　数据透视表的报表布局形式

　　数据透视表为用户提供了"以压缩形式显示""以大纲形式显示"和"以表格形式显示"的 3 种报表布局的显示形式。单击"数据透视表工具"选项卡"设计"子选项卡中的"报表布局"按钮，在打开的下拉菜单中即可选择报表布局形式，如图 8-25 所示。

　　新创建的数据透视表显示方式都是系统默认的"以压缩形式显示"，这种显示方式的数据透视表所有的行字段都堆积在一列，如图 8-26 所示。

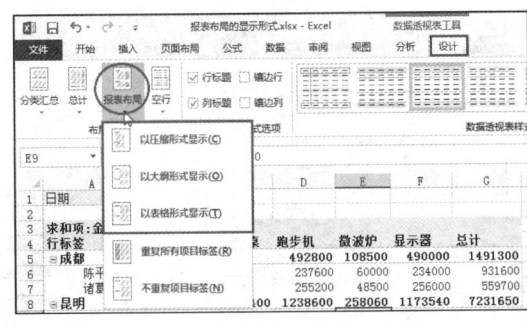

图 8-25　数据透视表的报表布局形式

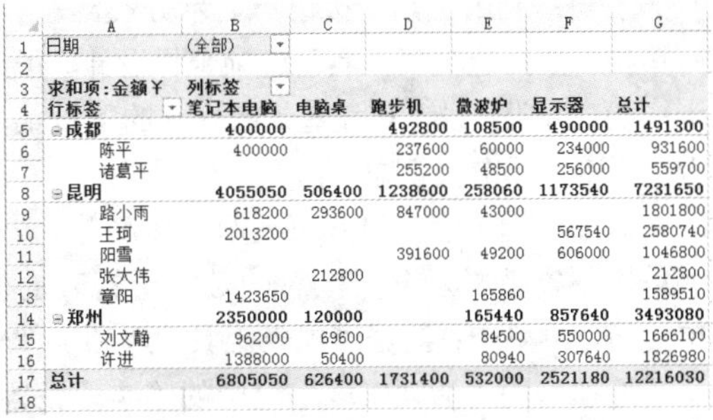

图 8-26　以压缩形式显示的数据透视表报表

　　"以大纲形式显示"和"以表格形式显示"的数据透视表报表，效果分别如图 8-27、图 8-28 所示。

　　从以上 3 种形式显示的数据透视表中可以看出，以表格显示的数据透视表更加直观，便于阅读，它往往是用户首选的数据透视表显示方式。

　　如果希望在数据透视表中重复标签，以显示所有行和列中嵌套字段的项目标题，可以使用"重复所有项目标签"命令。

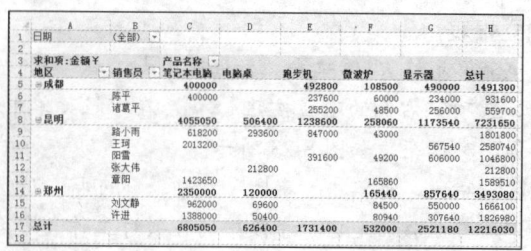

图 8-27　"以大纲形式显示"的数据透视表报表
图 8-28　"以表格形式显示"的数据透视表报表

以图 8-27 所示的数据透视表为例，单击数据透视表中的任一单元格，如 E9 单元格，在"数据透视表工具"选项卡的"设计"子选项卡中单击"报表布局"按钮，在打开的下拉菜单中选择"重复所有项目标签"命令，如图 8-29 所示。

"重复所有项目标签"是自 Excel 2010 开始使用的一项新功能，利用此功能可以快速重复项目标签而不需要借助辅助公式。"重复所有项目标签"效果，如图 8-30 所示。

如果选择"不重复所有项目标签"命令，可以撤销数据透视表所有重复项目的标签。

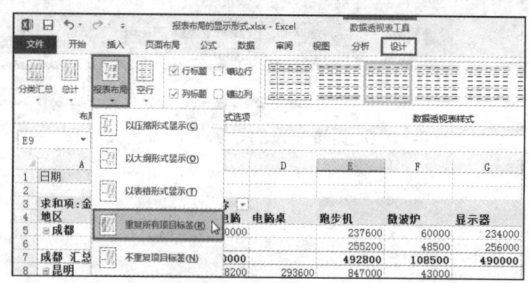
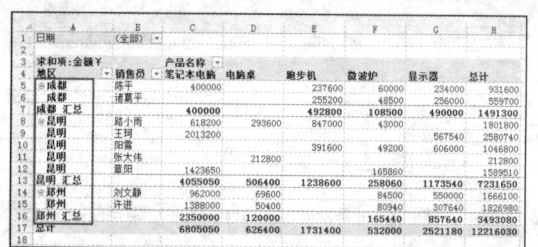

图 8-29　重复所有项目标签
图 8-30　重复所有项目标签的数据透视表

8.2.4　分类汇总的隐藏

如果数据透视表应用了分类汇总，用户可以通过以下方法将分类汇总隐藏。

方法一： 利用工具栏按钮不显示分类汇总。

单击"数据透视表工具"选项卡"设计"子选项卡中的"分类汇总"按钮，在打开的下拉菜单中选择"不显示分类汇总"命令，如图 8-31 所示。

方法二： 通过字段设置不显示分类汇总。

单击不需要显示分类汇总的数据透视表的任一单元格，再单击"数据透视表工具"选项卡"分析"子选项卡的"活动字段"组中的"字段设置"

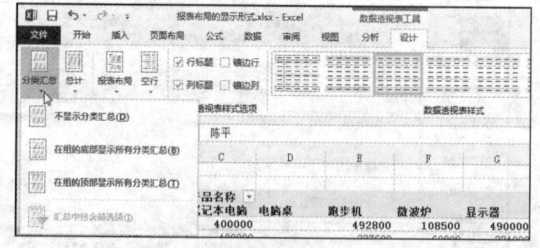

图 8-31　利用工具栏按钮不显示分类汇总

按钮，打开"字段设置"对话框，在"分类汇总"区域中单击"无"单选钮，再单击"确定"按钮关闭"字段设置"对话框，如图 8-32 所示。

方法三： 在数据透视表的字段名称列单击鼠标右键，在打开的快捷菜单中单击"分类汇总'字段名'"命令，可实现分类汇总的显示或隐藏的切换，如图 8-33 所示。

要显示分类汇总，单击"数据透视表工具"选项卡"设计"子选项卡中的"分类汇总"按钮，在打开的下拉菜单中选择"在组的底部显示所有分类汇总"或者"在组的顶部显示所有分类汇总"命令即可。

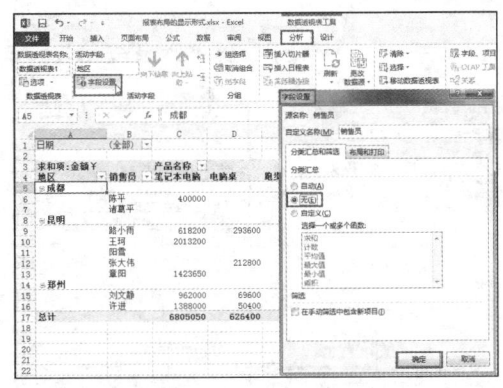

图 8-32　"字段设置"对话框

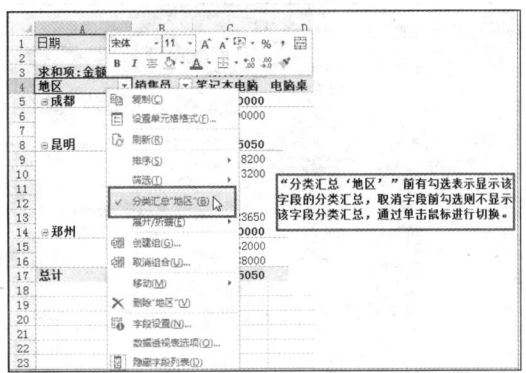

图 8-33　使用右键快捷菜单

 注意　分类汇总的显示位置可以在组的底部或者在组的顶部。但是，当"报表布局"为"以表格形式显示"时，无法"在组的顶部显示所有分类汇总"。只要修改报表布局为"以压缩形式显示"或"以大纲形式显示"，即可在组的底部或者在组的顶部显示所有分类汇总。

8.2.5　总计的显示方式

Excel 提供了 4 种"总计"的显示方式供用户选择，如图 8-34 所示。

用户可以根据需要选择一种"总计"的显示方式。例如，选择"对行和列禁用"，则在行和列上将不显示总计，如图 8-35 所示。

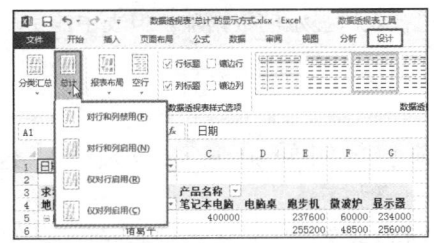

图 8-34　总计的显示方式

图 8-35　选择"总计"的显示方式

8.2.6　启用经典数据透视表布局

经典数据透视表布局，可以启用网格中的字段拖放功能。

【例 8-4】启用经典数据透视表布局

1　在数据透视表中单击任一单元格，在功能区中显示"数据透视表工具"选项卡，单击"分析"子选项卡"数据透视表"组中的"选项"按钮，打开"数据透视表选项"对话框。

2　在其中的"显示"选项卡中，选中"经典数据透视表布局（启用网格中的字段拖放）"复选框，然后单击"确定"按钮关闭"数据透视表选项"对话框，如图 8-36 所示。

在数据透视表的任一单元格上单击鼠标右键，在打开的快捷菜单中选择"数据透视表选项"命令，也可以打开"数据透视表选项"对话框，如图 8-37 所示。

设置完成后的数据透视表切换到"经典数据透视表布局"，当鼠标指针移动到字段上时，鼠标指针会出现 4 个方向箭头，用按住鼠标左键可以在网格内对字段进行拖放，如图 8-38 所示。

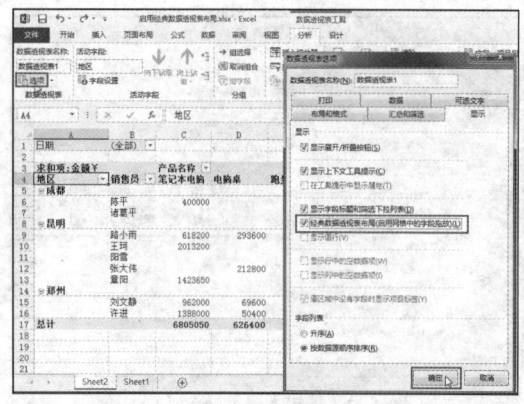

图 8-36　设置启用经典数据透视表布局

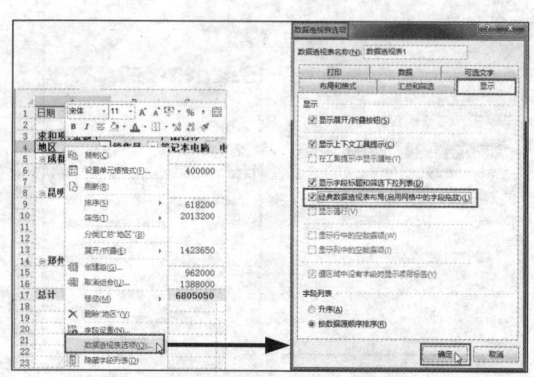

图 8-37　利用右键快捷菜单设置启用经典数据透视表布局

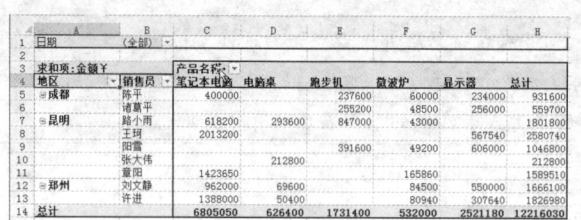

图 8-38　经典数据透视表界面

8.2.7　整理数据透视表字段

数据透视表是显示数据信息的视图，不能直接修改透视表所显示的数据项。但表中的字段名可以整理修改，以满足布局的要求。

1. 自定义字段名称

添加到数值区域的字段，会被 Excel 重命名，在字段前加上"求和项"或"计数项"等，这样会加大字段所在列的列宽，用户可以自定义字段名称，操作步骤如下。

　1　单击选中数据透视表中需要自定义字段名称的单元格，单击"分析"选项卡的"活动字段"组中的"字段设置"按钮，打开"值字段设置"对话框。

　2　在"自定义名称"的文本框中输入新的名称后单击"确定"按钮关闭"值字段设置"对话框即可，如图 8-39 所示。

 数据透视表中每个字段的名称必须唯一，否则将会出现如图 8-40 所示的错误提示。

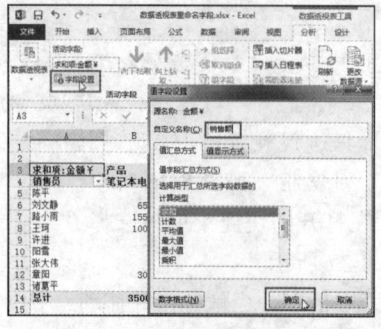

图 8-39　自定义字段名称

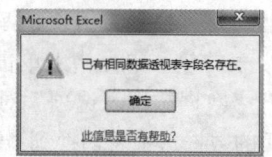

图 8-40　出现同名字段的错误提示

2．删除字段

在进行数据分析时，对于数据透视表中不再需要分析显示的字段可以通过以下两种方式删除。

方法一：单击"数据透视表字段"任务窗格的"字段"区域中需要删除的字段，在打开的菜单中选择"删除字段"命令，如图 8-41 所示。

方法二：在数据透视表希望删除的字段上单击鼠标右键，在打开的快捷菜单中选择"删除'字段名'"命令，如图 8-42 所示。

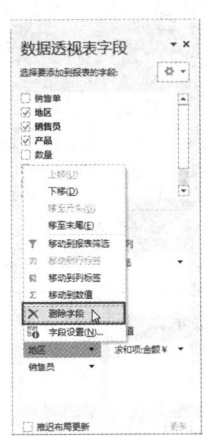

图 8-41　从"字段"列表中删除字段

图 8-42　使用鼠标右键方式删除字段

3．隐藏字段标题

用户要隐藏字段标题，可单击数据透视表，激活"数据透视表工具"选项卡，在"数据透视表工具"选项卡"分析"子选项卡中单击"字段标题"按钮，可快速隐藏（显示）字段标题，如图 8-43 所示。

4．活动字段的折叠与展开

用户如果要显示或隐藏明细，可以利用字段的折叠与展开来完成。如图 8-44 所示的数据透视表，如果要将"销售员"字段隐藏起来，在需要显示的时候分别展开，可单击数据透视表中的"销售员"列的任一单元格，再单击"数据透视表工具"选项卡"分析"子选项卡的"活动字段"组中的"折叠字段"按钮，即可将"销售员"字段折叠隐藏。

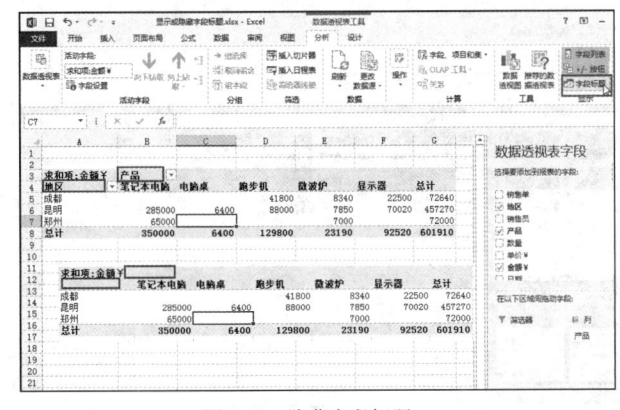

图 8-43　隐藏字段标题

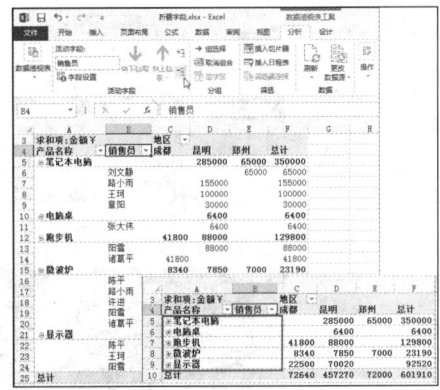

图 8-44　折叠"销售员"字段

折叠字段后分别单击"产品名称"字段中的"笔记本电脑""电脑桌"等项前面的"+"号，可以分别展开用以显示指定项的明细，如图 8-45 所示。

单击"数据透视表工具"选项卡"分析"子选项卡"活动字段"组中的"展开字段"按钮 ₁，即可展开所有字段。

如果用户希望隐藏数据透视表中各字段前的"+/-"按钮，在"数据透视表工具"选项卡"分析"子选项卡的"显示"组中单击"+/-"按钮 _{+/- 按钮}，即可隐藏或重新显示，如图 8-46 所示。

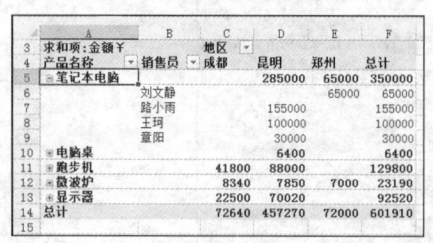

图 8-45　显示指定项的明细

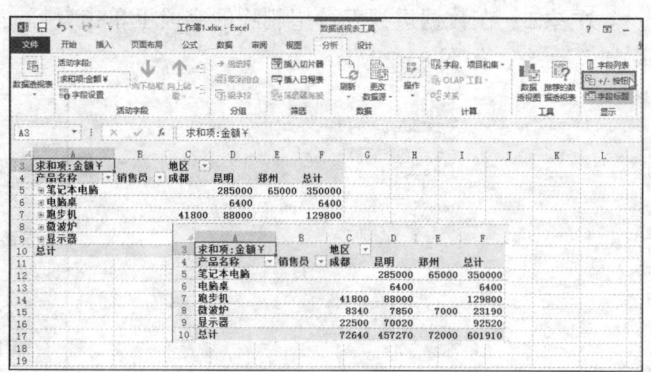

图 8-46　显示或隐藏"+/-"按钮

8.3　设置数据透视表格式

数据透视表创建完成后，用户可以进一步的修饰美化数据透视表。

8.3.1　数据透视表自动套用格式

在"数据透视表工具"选项卡"设计"子选项卡的"数据透视表样式"库里，提供了 84 种可供用户快速套用的数据透视表样式。单击"设计"选项卡"数据透视表样式"组中的"其他"按钮 ▽，打开数据透视表样式库，鼠标指针在各种样式缩略图上移动，数据透视表即显示相应的预览效果，单击某种样式，例如"数据透视表样式深色 27"，数据透视表则会自动套用该样式。

"数据透视表样式选项"组还提供了"行标题""列标题""镶边行"和"镶边列"4 种应用样式的具体设置选项，如图 8-47 所示。

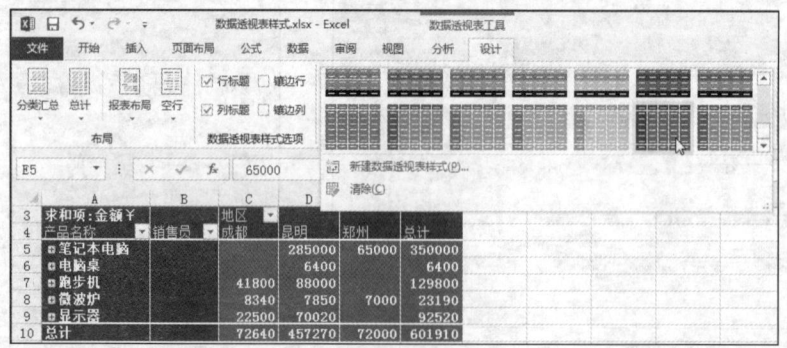

图 8-47　数据透视表自动套用格式

"数据透视表样式选项"内各选项的含义如表 8-1 所示。

选项名称	含　　义
行标题	为数据透视表的第一列应用特殊格式
列标题	为数据透视表的第一行应用特殊格式
镶边行	为数据透视表中的奇数行和偶数行分别设置不同的格式，如图 8-48 所示
镶边列	为数据透视表中的奇数列和偶数列分别设置不同的格式，如图 8-49 所示

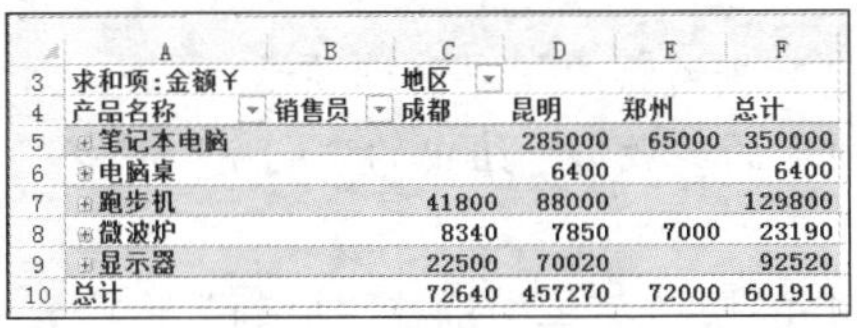

表 8-1 "数据透视表样式选项"内各选项的含义

图 8-48　镶边行 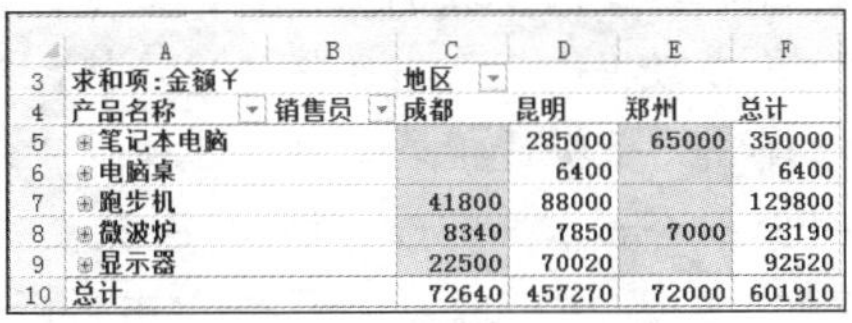　　　　　　　　　　　　　图 8-49　镶边列

8.3.2　新建数据透视表样式

如果用户希望创建个性化的报表样式，可单击"数据透视表样式"组中的"其他"按钮 ▾，在展开的下拉列表中选择"新建数据透视表样式"命令，打开"新建数据透视表样式"对话框，分别对"表元素"列表框中的元素格式进行自定义设置，新建的样式保存后存放于"数据透视表样式"库中，如图 8-50 所示。

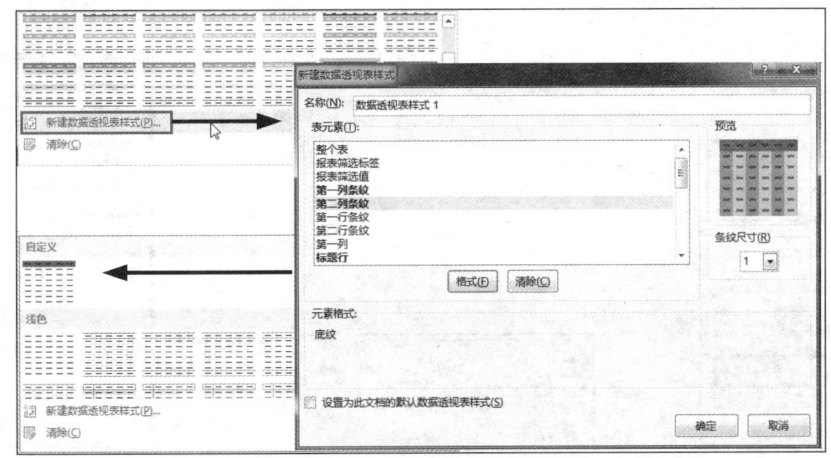

图 8-50　新建数据透视表样式

用户也可以使用最普通的单元格格式的设置方法（如字体类型、单元格的数字格式等）来设置数据透视表。有关设置单元格格式的方法请参见**第 5 章 5.1 节**。

8.4　数据透视表中的数据操作

对数据透视表中的数据操作包括数据透视表的数据刷新、更改数据源等。

8.4.1 刷新数据透视表

当数据透视表的数据源内容发生了变化时，需要刷新数据透视表，及时更新数据。刷新数据透视表主要有以下两种方法。

方法一： 手动刷新数据透视表。

手动刷新数据透视表的操作步骤如下。

1 单击数据透视表中的任一单元格，功能区显示"数据透视表工具"选项卡。

2 单击"数据透视表工具"选项卡"分析"子选项卡的"数据"组中的"刷新"按钮（或使用<Alt+F5>组合键），即可刷新数据透视表。

在数据透视表的任意一个区域单击鼠标右键，在打开的快捷菜单中选择"刷新"命令，也可以实现对数据透视表的刷新。

如果一个工作簿中存在多个数据透视表，要一次性刷新全部数据透视表，可以单击任意一个数据透视表中的任一单元格，在"数据透视表工具"选项卡的"分析"子选项卡的"数据"组中单击"刷新"下拉按钮，在打开的下拉菜单中选择"全部刷新"命令，即可同时刷新多个数据透视表，如图 8-51 所示。

方法二： 在打开文件时自动刷新。

用户可以设置数据透视表在打开时自动刷新，具体的操作步骤如下。

1 单击"数据透视表工具"选项卡"分析"子选项卡的"数据透视表"组中的"选项"按钮，打开"数据透视表选项"对话框。

2 单击"数据"选项卡，选中"打开文件时刷新数据"复选框，然后单击"确定"按钮关闭对话框，完成设置，如图 8-52 所示。

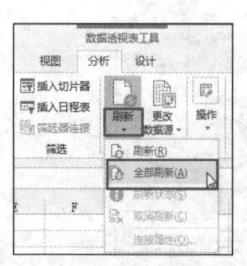

图 8-51 全部刷新数据透视表

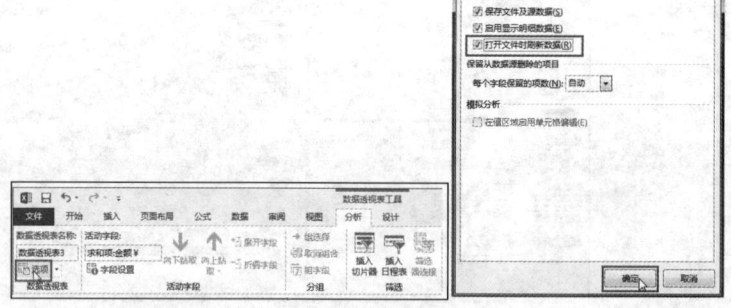

图 8-52 设置自动刷新数据透视表

 当数据透视表用作其他数据透视表的数据源时，对其中任何一张数据透视表进行刷新，都会对链接在一起的数据透视表进行刷新。

8.4.2 更改数据源

创建数据透视表后，可以更改正在分析的"源数据"的区域。例如，可以扩展（缩小）"源数据"，以包括更多（减少）数据。如果数据在本质上不同，可创建新的数据透视表。

1. 更改内部数据源

【例 8-5】更改数据源

1　单击数据透视表中的任意位置，在功能区显示"数据透视表工具"选项卡。

2　单击"分析"选项卡"数据"组中的"更改数据源"按钮 ，打开"更改数据透视表数据源"对话框，如图 8-53 所示。

3　在"表/区域"文本框中，输入要使用的区域，如果要包括的数据位于不同工作表上，先单击该工作表，然后选择表或区域。选择区域时，"更改数据透视表数据源"对话框变成"移动数据透视表"对话框，最后单击"确定"按钮关闭"移动数据透视表"对话框，完成数据源的更改，如图 8-54 所示。

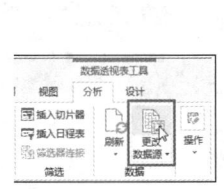
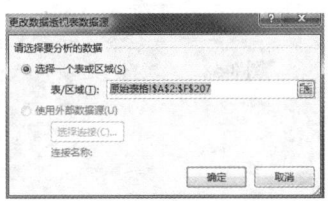
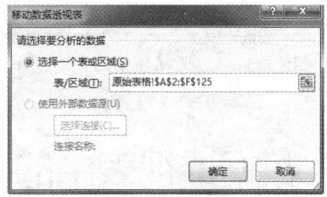

图 8-53　打开"更改数据透视表数据源"对话框　　　　　图 8-54　更改数据源

2. 更改外部数据源

如果数据透视表基于外部数据[如联机分析处理（OLAP）数据源]，可以刷新数据透视表，以便在数据透视表中显示任何数据源的更改。如果外部数据源的位置已更改，可以更改当前的连接。具体的操作如下。

1　单击数据透视表中的任意位置，在功能区显示"数据透视表工具"选项卡。

2　单击"分析"选项卡"数据"组中的"更改数据源"按钮 ，打开"更改数据透视表数据源"对话框，如图 8-55 所示。

3　单击"选择连接"按钮，打开"现有连接"对话框，在"显示"下拉列表中选中"所有连接"，或者选择包含要连接到的数据源的连接类别，如图 8-56 所示。

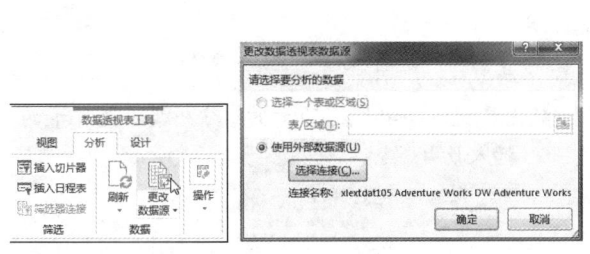

图 8-55　打开"更改数据透视表数据源"对话框　　　　　图 8-56　"现有连接"对话框

4　如果未列出新位置，单击"浏览更多"按钮，然后在"选择数据源"对话框中查找要连接到的数据源。根据需要单击"新建源"按钮，并按照"数据连接向导"中的步骤进行操作，然后返回到"选择数据源"对话框，如图 8-57 所示。

5　如果数据透视表基于与数据模型中的区域或表的连接，可以在"表格"选项卡中选择其他数据模型表或连接，如图 8-58 所示。

6　选择所需连接，最后单击"打开"按钮，打开"导入数据"对话框，选择数据的放置位置，单击"确定"按钮完成数据的导入，如图 8-59 所示。

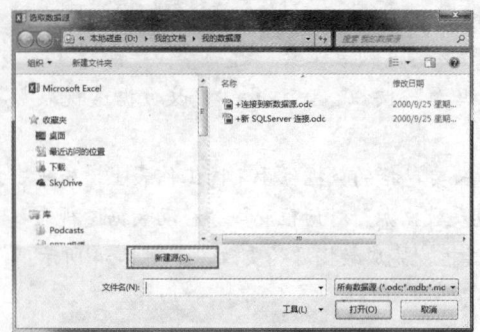

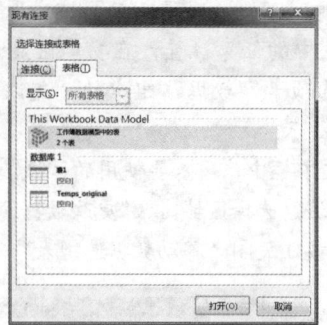

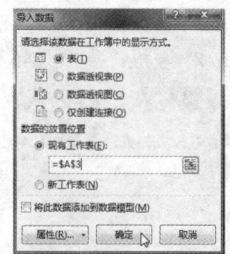

图 8-57　"选择数据源"对话框　　　　图 8-58　"表格"选项卡　　　　图 8-59　导入数据

8.5　数据透视表中的筛选

可以在数据透视表中插入切片器和插入日程表，方便快速筛选数据透视表中的数据。

切片器是自 Excel 2010 开始数据透视表新增的功能，利用切片器能以一种直观的交互方式来快速筛选数据透视表中的数据。一旦插入切片器，即可使用按钮对数据进行快速分段和筛选，只显示所需数据。

日程表使用日程表控件交互式筛选数据。插入日程表能够快速、轻松地选择时间段进行筛选。

8.5.1　插入切片器筛选数据

数据透视表的切片器由切片器字段名称、清除筛选器按钮、筛选字段、字段滚动条等部分构成，如图 8-60 所示。

1. 为数据透视表插入切片器

【例 8-6】在数据透视表中插入切片器

在数据透视表中插入切片器，可以快速筛选数据。例如，要在图 8-61 所示的数据透视表中插入"销售员"和"产品名称"字段的切片器，操作步骤如下。

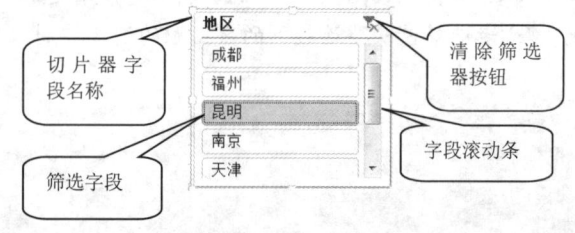

图 8-60　数据透视表的切片器

1　单击数据透视表中的任一单元格，在"数据透视表工具"选项卡的"分析"子选项卡的"筛选"组中单击"插入切片器"按钮，打开"插入切片器"对话框。

图 8-61　数据透视表

② 在"插入切片器"对话框中选中"销售员"和"产品名称"复选框，单击"确定"按钮，完成切片器的插入，如图 8-62 所示。

③ 分别选择切片器中某个"销售员"（如王珂）和一个"产品名称"（如显示器），数据透视表会立即显示出王珂销售显示器的情况，如图 8-63 所示。

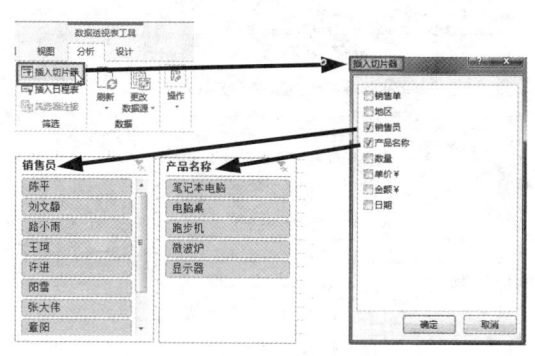

图 8-62　插入切片器

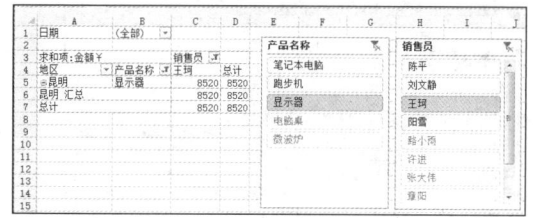

图 8-63　切片器筛选

2. 多个字段的筛选

在切片器筛选框内，按下<Ctrl>键的同时可以选择多个字段项进行筛选，如图 8-64 所示。

3. 报表连接

如图 8-65 所示的数据透视表是依据同一数据源创建的不同分析角度的数据透视表，对页字段"年份"在各个数据透视表中分别进行不同的筛选后，数据透视表显示出相应结果。

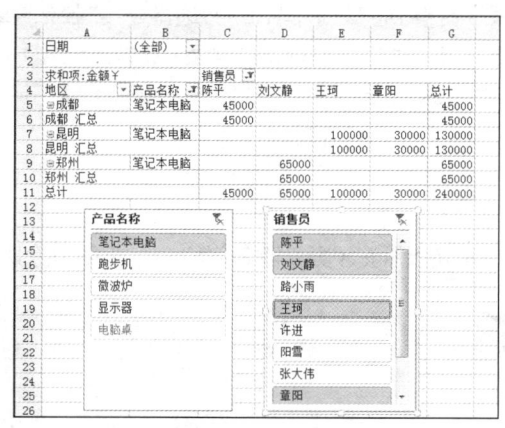

图 8-64　切片器的多字段筛选

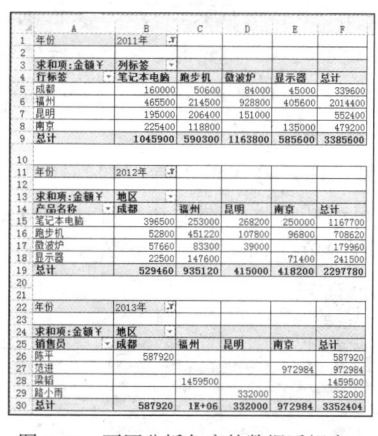

图 8-65　不同分析角度的数据透视表

【例 8-7】报表连接

通过在切片器内设置数据透视表连接，可以使多个数据透视表进行联动，每当筛选切片器内一个字段项时，多个数据透视表同时刷新。例如，要让图 8-65 所示的数据透视表显示出同一年份下的不同分析角度的数据信息，具体的操作步骤如下。

① 在任意一个数据透视表中插入"年份"字段的切片器。

② 在"年份"切片器的空白区域单击鼠标，功能区中显示"切片器工具"选项卡，单击"选项"子选项卡"切片器"组中的"表连接"按钮，打开"数据透视表连接（年份）"对话框，分别勾选"数据透视表 1""数据透视表 2""数据透视表 3"的复选框，最后单击"确定"按钮完成操作，如图 8-66 所示。

设置完成后，在"年份"切片器内选择"2013 年"字段后，所有连接的数据透视表都显示"年份为 2013 年"的数据，如图 8-67 所示。

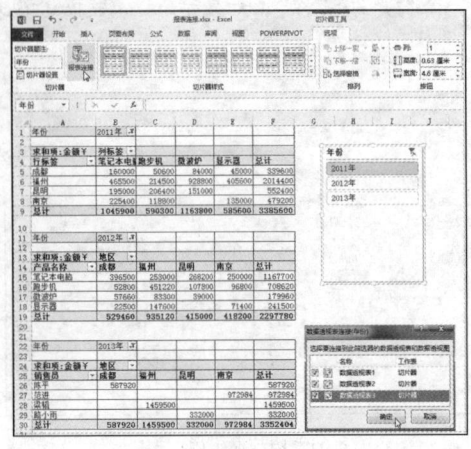

图 8-66　报表连接

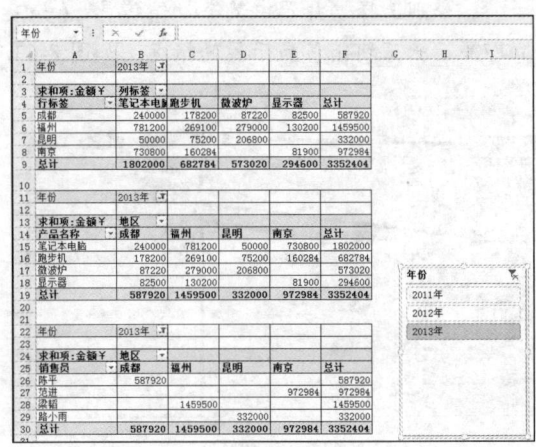

图 8-67　多个数据透视表联动

4. "筛选器"连接

如果不再需要某个切片器，可以断开它与数据透视表的连接，也可以将其删除。

❖　断开"筛选器"的连接

１　单击要与"筛选器"断开连接的数据透视表（如数据透视表1）中的任意单元格，在功能区将显示"数据透视表工具"选项卡。

２　在"数据透视表工具"选项卡"分析"子选项卡的"筛选"组中，单击"筛选器连接"按钮 筛选器连接，打开"筛选器连接"对话框，在该对话框中单击鼠标取消选中连接到数据透视表（数据透视表1）的"筛选器"复选框，再单击"确定"按钮完成操作，如图 8-68 所示。

❖　删除切片器

要删除切片器，可进行下列操作之一。

① 单击切片器，然后按键盘中的<Delete>键。

② 右键单击切片器，然后在打开的快捷菜单中单击"删除 <切片器名称>"命令即可删除切片器，如图 8-69 所示。

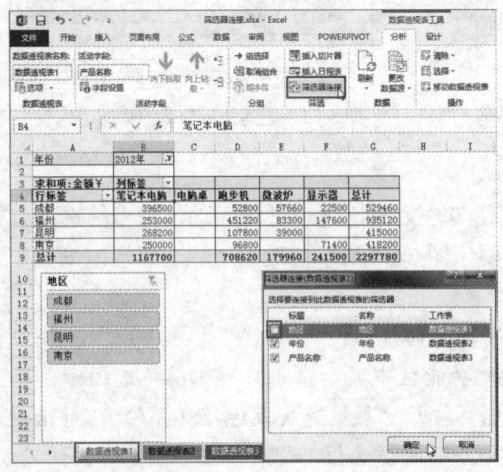

图 8-68　断开数据透视表与切片器的连接

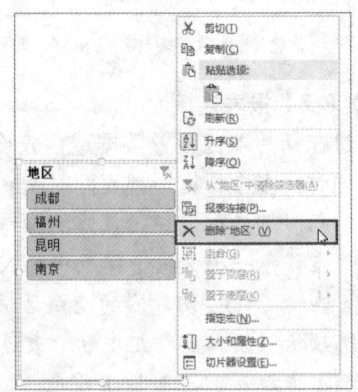

图 8-69　删除切片器

8.5.2　创建日程表以筛选日期

使用切片器筛选数据非常直观，但对于日期格式的字段还是有一定的局限性。在 Excel 2013 中，如果数据透视表的行区域包含日期字段，无需使用筛选器，利用数据透视表中的日程表就可以显示日期。数据透视表中的日程表是 Excel 2013 新增的功能，插入日程表可以将日期添加到数据透视表中，以便按时间进行筛选。

1. 插入日程表

图 8-70 所示是一张在行区域显示了日期字段的数据透视表，插入日程表可以方便、快捷地分析日期。插入日程表的具体操作如下。

1 在数据透视表内单击任一单元格，在功能区显示"数据透视表工具"选项卡。

2 在"数据透视表工具"的"分析"选项卡的"筛选"组中单击"插入日程表"按钮，打开"插入日程表"对话框，在该对话框中选择所需日期字段的复选框，然后单击"确定"按钮，如图 8-71 所示。

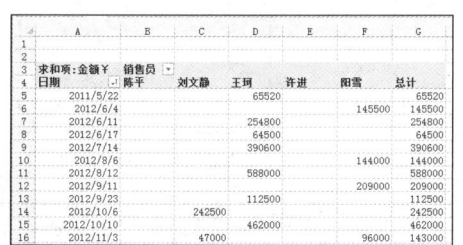

图 8-70　销售统计数据透视表

图 8-71　插入日程表

插入的日程表，默认的日期范围为"所有期间"，如图 8-72 所示。

2. 使用日程表按时间段进行筛选

【例 8-8】使用日程表进行筛选

使用日程表，可以根据年、季度、月或天 4 个时间级别之一按时间段进行筛选。以图 8-72 所示的数据透视表为例，如果要筛选 2013 年第一季度的数据，可进行如下操作。

1 单击"所有期间"右侧的下拉按钮，在下拉列表中选择"季度"，如图 8-73 所示。

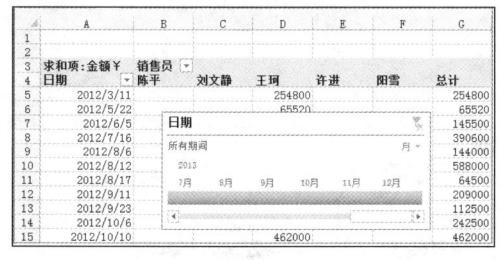

图 8-72　数据透视表中的日程表

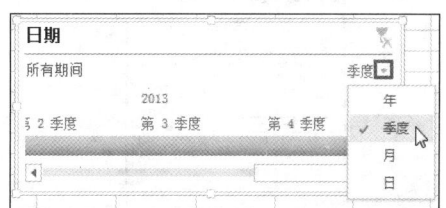

图 8-73　在日程表中选择筛选级别

2 拖动滚动条，让 2013 年第一季度显示到日程表中，单击选择 2013 年第一季度时间段，所选区域会变色并以高亮显示。同时数据透视表会仅显示该时间段中的数据，如图 8-74 所示。

3 要改变选择日期的范围，可以单击其他时间段、拖动所选时间段两侧的控制点或按住<Shift>键选择其他的日期，如图 8-75 所示。

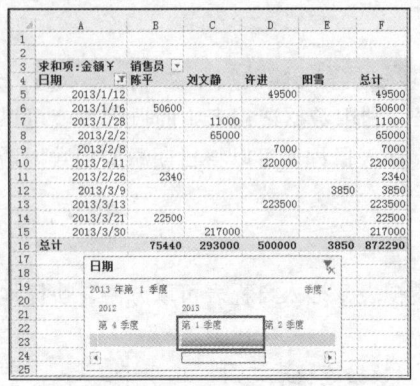

图 8-74　使用日程表进行筛选

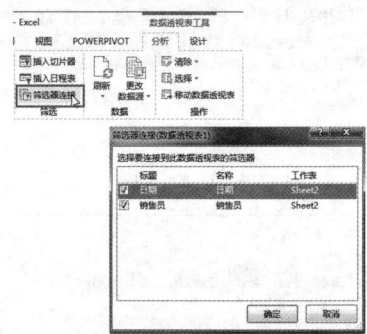

图 8-75　使用时间范围控点调整日期范围

要清除日程表，可以单击"日程表"右上方的"清除筛选"按钮。要删除日程表，先选择日程表，再按键盘<Delete>键即可。

3. 查看数据透视表的"筛选器"连接

要查看数据透视表创建了哪些日程表或切片器等，单击数据透视表的任一单元格，在"数据透视表工具"的"分析"选项卡的"筛选"组中单击"筛选器连接"按钮，打开"筛选器连接"对话框，即可在其中查看，如图 8-76 所示。

图 8-76　查看"筛选器"连接

如果要将切片器与日程表相结合来筛选同一日期字段，可以单击"数据透视表工具"中"分析"子选项卡的"数据透视表"组中的"选项"按钮，打开"数据透视表选项"对话框，在"汇总和筛选"选项卡中选择"每个字段允许多个筛选"复选框，如图 8-77 所示。

4. 自定义日程表

当日程表覆盖数据透视表数据时，可以将其移至更好的位置并更改其大小。如果数据透视表中有多个日程表，可以为每一个日程表更改样式。

要移动日程表，可将鼠标指针在日程表内移动，当鼠标指针出现 4 个方向的十字箭头时，按住鼠标左键拖动日程表到所需位置后松开鼠标左键即可，如图 8-78 所示。

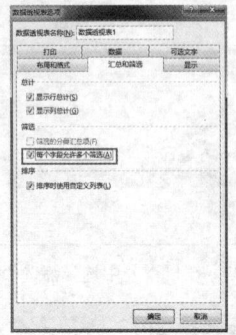

图 8-77　设置"每个字段允许多个筛选"

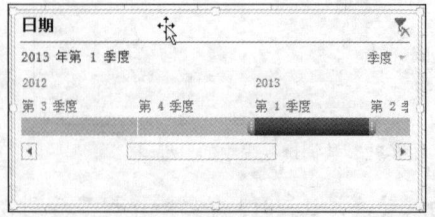

图 8-78　移动日程表

要更改日程表的大小，可单击日程表，日程表显示 8 个尺寸控制点，拖动尺寸控制点将其调整为所需大小即可。

若要更改日程表的样式，可单击日程表以显示"日程表工具"，然后在"选项"选项卡中选择所需的样式，如图 8-79 所示。

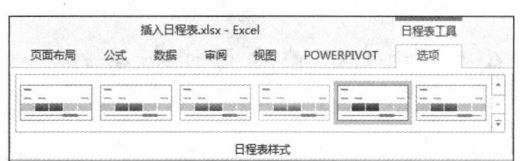

图 8-79　更改日程表样式

8.6　对数据透视表中的数据进行分组或取消分组

对数据透视表中的数据进行分组，可以显示要分析的数据的子集。既可以对大量的日期或时间列表进行分组，也可以选择特定项目并对其进行分组。

8.6.1　数据透视表内的日期型数据分组

对日期型数据，数据透视表可以按秒、分、小时、日、月、季、年等多种时间单位进行分组。

如图 8-80 所示的数据透视表显示了按"日期"统计的报表，如果对日期项按年和季度进行分组，表格会更直观，操作步骤如下。

1 在数据透视表"日期"字段上单击任一单元格，再单击"数据透视表工具"选项卡"分析"子选项卡的"分组"组中的"组选择"按钮 →组选择，打开"组合"对话框，如图 8-81 所示。

图 8-80　数据透视表

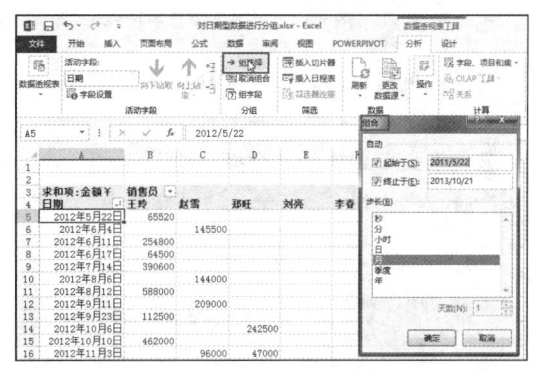

图 8-81　"组合"对话框

2 在"组合"对话框中，保持"起始于"和"终止于"的默认设置，单击"步长"列表框中的"月"，取消默认的对"月"的选择，分别单击"年"和"季度"，将二者选中，最后单击"确定"按钮关闭"组合"对话框完成设置，如图 8-82 所示。

年	日期	销售员					
		王玲	赵雪	郑旺	刘亮	李春	总计
⊟2012年	第二季	384820	145500				530320
	第三季	1091100	353000				1444100
	第四季	625800	207000	359100	191860		1383760
⊟2013年	第一季		3850	293000	75440	500000	872290
	第二季	32520	125500	142000	257800	251840	809660
	第三季	377200	180100	762500	406500	1075140	2801440
	第四季	69300	31850	109500			210650
总计		2580740	1046800	1666100	931600	1826980	8052220

图 8-82　按日期项组合后的数据透视表

8.6.2 对选定的项目进行分组

用户可以更方便地对选定的项目进行分组。例如，要将如图 8-83 所示的数据透视表的"销售员"字段分为"销售员 1 组"和"销售员 2 组"。

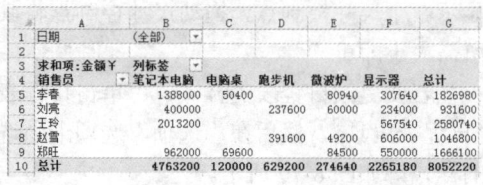

图 8-83 组合前的数据透视表

【例 8-9】对选定的项目进行分组

1 单击数据透视表"销售员"字段中的"李春"单元格，按住<Ctrl>键再用鼠标单击选择"刘亮"，右键单击所选内容，在打开的快捷菜单中单击"创建组"命令，即可创建一个名为"数据组 1"的组，如图 8-84 所示。

在选择了分组的内容后，也可以单击"数据透视表工具"选项卡"分析"子选项卡的"分组"组中的"组选择"按钮 → 组选择 ，创建分组，如图 8-85 所示。

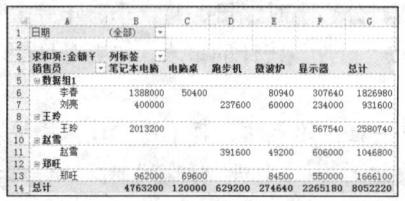

图 8-84 对选定项目进行分组

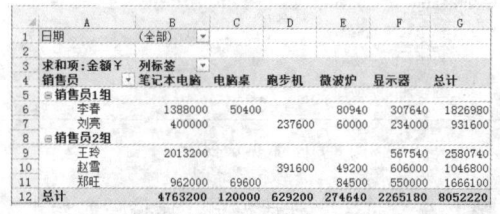

图 8-85 对选定项目进行分组

2 采用同样的方法，选择销售员王玲、赵雪、郑旺，创建名为"数据组 2"的组，如图 8-86 所示。

3 单击新创建的"数据组 1"，按<F2>键，将"数据组 1"重命名为"销售员 1 组"，按同样的方法，将"数据组 2"重命名为"销售员 2 组"，完成后的效果如图 8-87 所示。

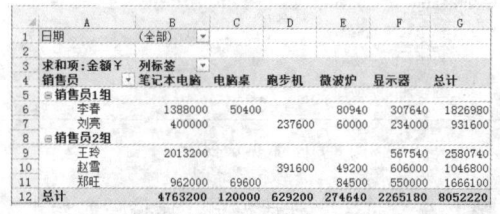

图 8-86 为选定项目创建分组 　　　　图 8-87 重命名组标签

 为了让数据透视表更紧凑，可以为字段中所有其他未分组项"创建组"。但是对于分级字段，只能对具有相同的下一级的项进行分组。例如，如果字段具有"国家/地区与城市"级别，就不能对不同国家/地区的城市进行分组。

8.6.3 取消已分组数据的组合

如果不希望再对数据进行分组，只需右键单击分组数据中的任何字段，然后单击"取消组合"

命令，如图 8-88 所示。或者单击要取消组合的任何字段，然后单击"数据透视表工具"选项卡"分析"子选项卡的"分组"组中的"取消组合"按钮 ，取消分组，如图 8-89 所示。

图 8-88 利用右键快捷菜单取消分组　　　　图 8-89 利用功能区命令按钮取消分组

 如果是取消组合日期和时间或数值字段，所有组将取消组合。如果取消组合所选项的组，则只取消所选项的分组。在字段的所有组都取消组合之前，不会从字段列表中删除"组字段"。

8.7 值显示功能和按值汇总

在 Excel 2013 中，"值显示方式"功能包含很多的自动计算。用户也可以根据需要设置汇总方式。

8.7.1 值显示功能

在 Excel 2013 的数据透视表中，"值显示方式"功能可以更加灵活地显示数据。"值显示方式"包含许多自动计算，如"父行汇总的百分比""父列汇总的百分比""父级汇总的百分比""按某一字段汇总的百分比""按升序排名"和"按降序排名"等。如图 8-90 所示的数据透视表中，有"361°""耐克"和"安踏"等品牌商品，每种商品都有多种颜色。如果要了解各种颜色的商品占总计的百分比，在"数量"列中单击鼠标右键，在打开的快捷菜单中选择"总的百分比"即可，如图 8-91 所示。

图 8-90 原始数据透视表　　　　图 8-91 显示总的百分比的数据透视表

如果还需要同时了解各种颜色的商品占该商品总量的百分比，只需要在"数量"列中单击鼠标右键，在打开的快捷菜单中依次单击"值显示方式"→"父行汇总的百分比"命令即可，如图 8-92 所示。

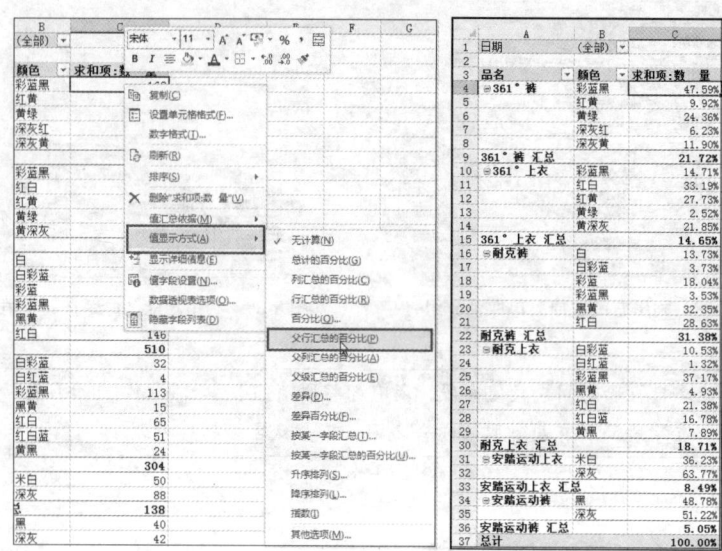

图 8-92　显示父行汇总的百分比的数据透视表

如果该命令在右键菜单中显示为"灰色"，还可以这样操作：在"数量"列中单击鼠标右键，在打开的快捷菜单中选择"值字段设置"命令，打开"值字段设置"对话框，选择"值显示方式"选项卡，然后在"值显示方式"下选择"父行汇总的百分比"，最后单击"确定"按钮，如图 8-93 所示。

Excel 2013 的值显示方式的相关功能如表 8-2 所示。

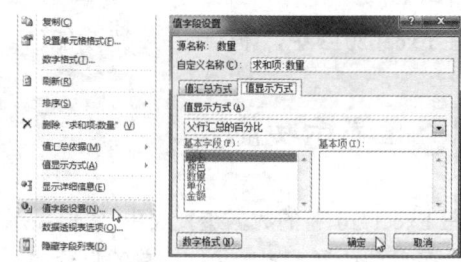

图 8-93　通过"值字段设置"选择"值显示方式"

表 8-2　　　　　　　　　　值显示方式的相关功能

选　项	功　能
无计算	删除当前自定义计算并还原原始值
总计的百分比	以占数据透视表中所有值项总计的百分比形式显示
列汇总的百分比	以占每列总计的百分比形式显示该列中的所有值
行汇总的百分比	以占每行总计的百分比形式显示该行中的所有值
百分比	以基本字段中基本项的值的百分比形式显示值
父行汇总的百分比	以占行的父项值的百分比形式显示值
父列汇总的百分比	以占列的父项值的百分比形式显示值
父级汇总的百分比	以占基本字段的父项值的百分比形式显示值
差异	以基本字段中基本项的值的差异形式显示值
差异百分比	以基本字段中基本项的值的差异百分比形式显示值
按某一字段汇总	以汇总形式显示基本字段中连续项的值
按某一字段汇总的百分比	以总计的汇总百分比形式显示基本字段中连续项的值
升序排列	排名随值的增加而递增

选　项	功　能
降序排列	排名随值的减小而递增
指数	通过创建索引以显示每个单元格对于总计的相对重要性，比较数据透视表中的单元格
其他选项	显示"值字段设置"对话框

8.7.2　按值汇总

在创建数据透视表时，默认情况下，数据透视表通常使用"求和"或者"计数"为默认的汇总方式。通常为包含数字的数据字段"求和"，如果数据字段包含任何文本值或空白单元格，则使用"计数"。

如果要设置汇总方式，可在数据透视表数据区域中相应字段的单元格中单击鼠标右键，在打开的快捷菜单中单击"值字段设置"命令，然后在打开的"值字段设置"对话框中选择要采用的汇总方式，最后单击"确定"按钮完成设置，如图 8-94 所示。

用户在数据透视表数据区域中相应字段的单元格中单击鼠标右键，在打开的快捷菜单中单击"值汇总依据"命令，在打开的扩展菜单中可快速选择需要设置的汇总方式，如图 8-95 所示。

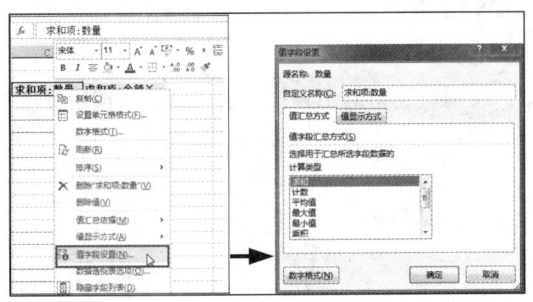

图 8-94　设置汇总计算类型

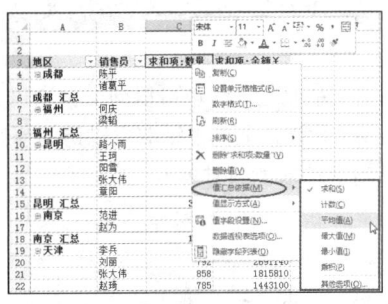

图 8-95　设置数据透视表值汇总方式

用户可以对同一字段使用多种汇总方式。先在"数据透视表字段列表"任务窗格中将同一字段多次添加到数据透视表数值区域中，再利用"值字段设置"对话框选择不同的汇总方式，便可对同一字段使用多种汇总方式。

8.8　钻取数据透视表数据

在 Excel 2013 中，新增的"快速浏览"功能可以钻取联机分析处理（OLAP）多维数据集或基于数据模型的数据透视表层次结构，以分析不同级别的数据详细信息。"快速浏览"可导航到想要查看的数据，并在向下钻取时充当筛选器。每当选择一个字段中的项目时，该按钮都会显示，如图 8-96 所示。

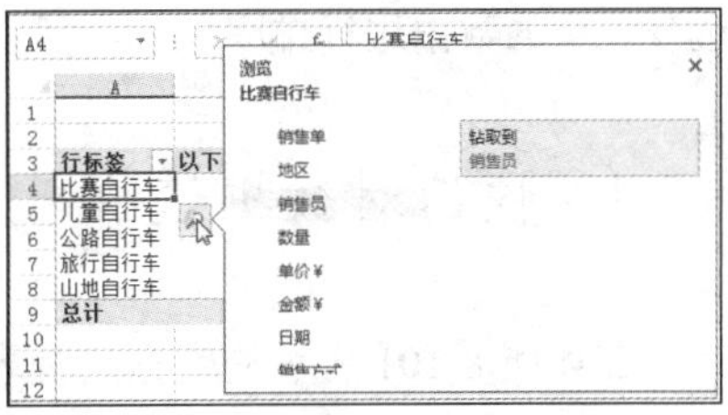

图 8-96　快速浏览功能

8.8.1　向下钻取到层次结构中的下一级别

在 OLAP 多维数据集或数据模型数据透视表中，在字段（例如示例中的"类别"字段）中选择一个项目（示例中的"配件"），一次只能向下钻取一个项目。

【例 8-10】向下钻取到层次结构中的下一级别

1 单击出现在选中区域右下角的"快速浏览"按钮，如图 8-97 所示。

2 在"浏览"列表框中选择要浏览的项目，例如"产品"，然后单击"向下钻取"命令，如图 8-98 所示。

3 现在，可以看到该项目（此例中为配件产品）的子类别数据，如图 8-99 所示。

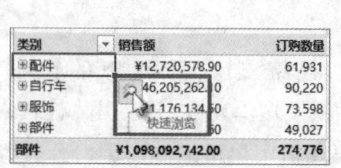

图 8-97　单击"快速浏览"按钮

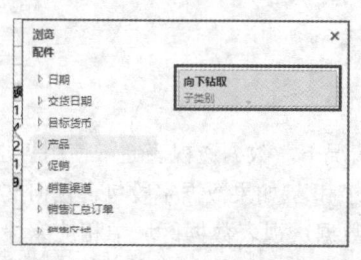

图 8-98　单击"向下钻取"按钮

图 8-99　向下钻取的结果

4 用户可继续使用"快速浏览"命令，直到查看完所需的数据。

8.8.2　向上钻取以浏览更大范围的详细信息

向下钻取之后，也可以向上钻取以分析汇总数据。使用快速访问工具栏上的"撤销"按钮可以返回到开始的位置，而向上钻取可以访问任何其他路径，以便获得更大范围的汇总数据。

向上钻取的具体操作如下。

1 在已钻取的数据透视表层次结构中，选择要向上钻取的项目。

2 单击出现在选中区域右下角的"快速浏览"按钮。

3 在"浏览"列表框中，选择要浏览的项目，然后单击"向上钻取"命令，如图 8-100 所示。

4 继续使用"快速浏览"命令，直到到达所需的数据。

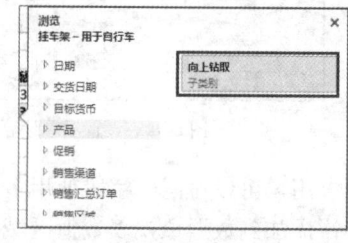

图 8-100　向上钻取

8.9　对数据透视表中的数据进行排序

当创建的数据透视表中包含大量数据时，可以按字母顺序或从最高到最低值（或相反）对数据透视表中的数据进行排序。

8.9.1　快速对数据透视表中的数据排序

在如图 8-101 所示的数据透视表中，如果要对行标签中的日期进行升序排列，具体的操作步骤如下。

单击行标签"日期"右侧的下拉按钮，在打开的下拉菜单中单击"升序"排序选项即可，如图 8-102 所示。

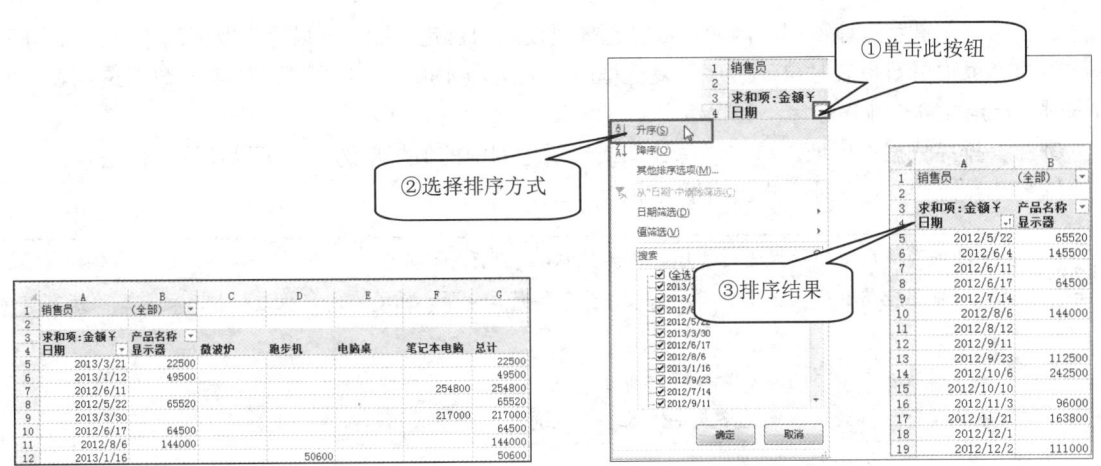

<table>
<tr><td>图 8-101 需要排序的数据透视表</td><td>图 8-102 快速对数据透视表排序</td></tr>
</table>

对于文本条目，将按字母顺序进行排序，数值将从最小到最大顺序（或相反）进行排序。

8.9.2 设置自定义排序

如果要对特定项目进行排序或更改排序顺序，可以设置自己的排序选项。具体的操作如下。

1 单击要进行排序的"行标签"或"列标签"右侧的下拉按钮▼，在打开的下拉菜单中单击"其他排序选项"命令，打开"排序（字段名称）"对话框，如图 8-103 所示。

2 在"排序（字段名称）"对话框中，选择所需的排序类型。

① 单击"手动"单选钮，可以通过拖动来重新排列项目。

② 单击"升序排序（A 到 Z）依据"或"降序排序（Z 到 A）依据"单选钮，然后选择要排序的字段。

③ 对于其他选项，则单击"其他选项"按钮，打开"其他排序选项（字段名称）"对话框，然后在该对话框中选择所需的选项，如图 8-104 所示。

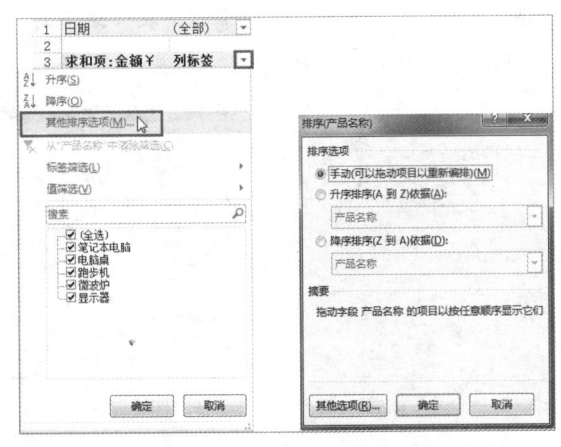

图 8-103 其他排序选项

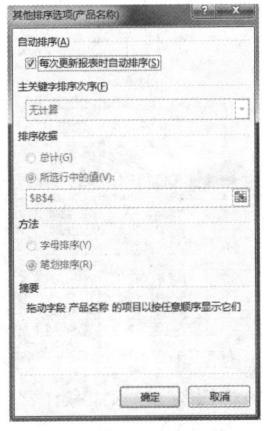

图 8-104 其他排序选项

"其他排序选项"对话框中相关选项的说明如下。

① 在"自动排序"区域，选中或取消选中"每次更新报表时自动排序"复选框，以允许或禁止在数据透视表数据更新时自动进行排序。

② 在"主关键字排序次序"区域，可以选择要使用的自定义顺序。只有当取消选中"自动排序"区域中的"每次更新报表时自动排序"复选框时，此选项才可用。当更新（刷新）数据透视表中的数据时，自定义列表排序顺序不会保留。

③ 在"排序依据"区域，单击"总计"或"所选列中的值"单选钮，可以按这些值进行排序。当将排序设置为"手动"时，此选项不可用。

 当对数据透视表中的数据进行排序时，要注意以下几种情况。

① 包含前导空格的数据将影响排序结果。为获得最佳结果，需要在对数据进行排序之前删除所有前导空格。

② 不能对区分大小写的文本条目进行排序。

③ 不能按特定格式（如单元格或字体颜色）或通过条件格式指示符（如图标集）对数据进行排序。

8.10 数据透视图

数据透视图是数据透视表中的数据的图形表示形式。与数据透视表一样，数据透视图也是交互式的。创建数据透视图时，数据透视图将筛选显示在图表区中，以便排序和筛选数据透视图的基本数据。相关联的数据透视表中的任何字段布局更改或数据更改，都将立即在数据透视图中反映出来。

8.10.1 创建数据透视图

创建数据透视图的方法有两种：一种是直接通过数据表中的数据区域创建，另一种是通过已有的数据透视表创建。

方法一： 通过数据区域创建数据透视图。

图 8-105 所示的是一张销售统计表，如果以这张销售统计表为数据源创建数据透视图，具体的操作步骤如下。

　1　在表格中单击数据区域中的任一单元格，再单击"插入"选项卡"图表"组中的"数据透视图"按钮 ，打开"创建数据透视图"对话框，如图 8-106 所示。

A	B	C	D	E	F	G
销售单	销售员	产品名称	数量	单价¥	金额¥	日期
000811	赵虎	微波炉	6	¥390	¥2,340	2013/2/26
000603	马汉	微波炉	7	¥550	¥3,850	2013/3/9
004838	张龙	微波炉	14	¥500	¥7,000	2013/2/8
000575	王朝	笔记本电脑	15	¥6,200	¥93,000	2012/12/7
004613	赵虎	显示器	15	¥1,500	¥22,500	2013/3/21
000594	马汉	显示器	15	¥2,500	¥37,500	2013/4/7
000581	王朝	跑步机	16	¥5,500	¥88,000	2013/6/16
000614	马汉	跑步机	19	¥2,200	¥41,800	2013/5/5
000576	王朝	电脑桌	20	¥2,350	¥47,000	2013/7/15
000414	展昭	微波炉	22	¥500	¥11,000	2013/1/28
000498	展昭	跑步机	22	¥5,000	¥110,000	2013/2/2

图 8-105　销售统计表

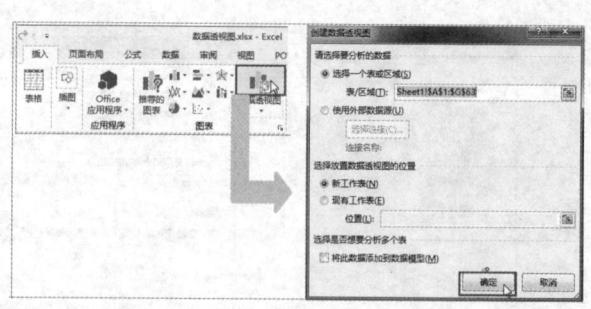

图 8-106　打开"创建数据透视图"对话框

　2　保持数据区域和图表位置默认，单击"确定"按钮，即可创建一张空白的数据透视表和一张数据透视图，并显示"数据透视图字段"任务窗格，如图 8-107 所示。

　3　在"数据透视图字段"任务窗格中分别选择要添加的字段，即可在工作区创建数据透视表和数据透视图，然后可以通过单击图表样式工具快速设置图表样式，如图 8-108 所示。

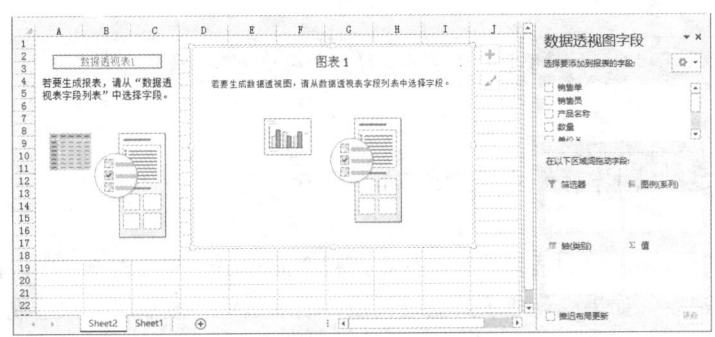

图 8-107 未添加字段的数据透视图

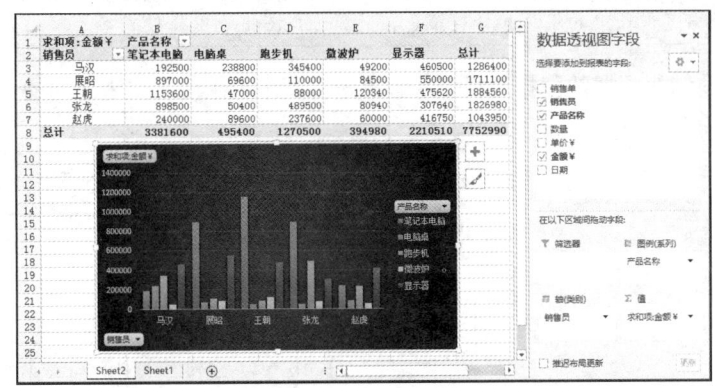

图 8-108 数据透视图

方法二：通过数据透视表创建数据透视图。

图 8-109 所示的是一张已经创建完成的数据透视表，以这张数据透视表为数据源创建数据透视图的操作方法如下。

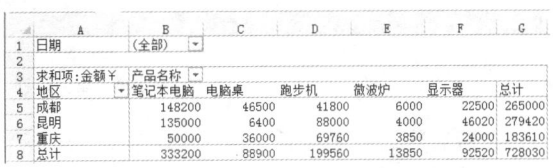

图 8-109 数据透视表

单击数据透视表中的任意单元格，在"数据透视表工具"选项卡"分析"子选项卡的"工具"组中单击"数据透视图"按钮，打开"插入图表"对话框，如图 8-110 所示。

在"插入图表"对话框中选择图表类型，例如"三维簇状柱形图"，单击"确定"按钮，即可插入一张数据透视图，如图 8-111 所示。

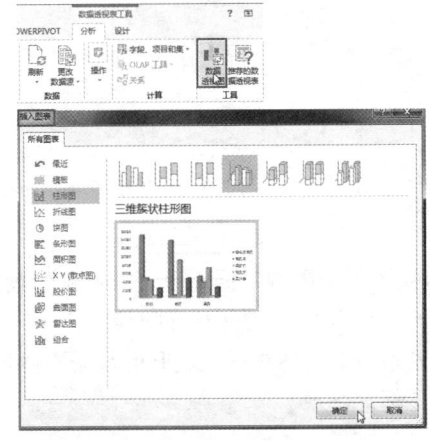

图 8-110 打开"插入图表"对话框

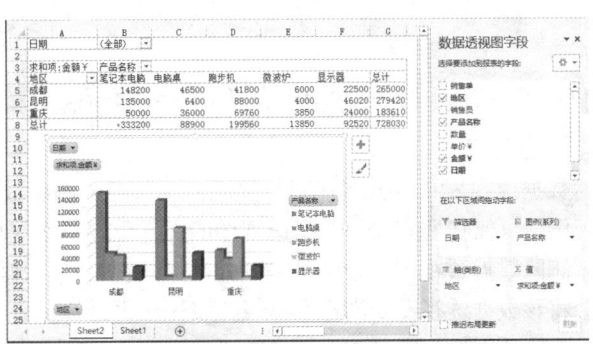

图 8-111 插入选择类型的数据透视图

数据透视图及其相关联的数据透视表必须始终位于同一个工作簿中。

8.10.2　数据透视图和数据透视表的关系

在基于数据透视表创建数据透视图时，数据透视图的布局（即数据透视图字段的位置）最初由数据透视表的布局决定。如果先创建了数据透视图，则通过将字段从"数据透视表字段列表"任务窗格中拖到图表工作表上的特定区域，即可确定图表的布局。

 相关联的数据透视表中的汇总和分类汇总在数据透视图报表中将被忽略。

图 8-112 所示的销售数据的数据透视表和数据透视图报表阐明了二者之间的关系。

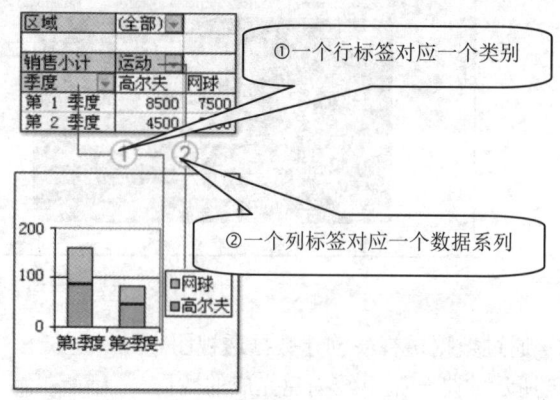

图 8-112　数据透视表和数据透视图的关系

在激活数据透视图后，功能区中会显示"数据透视图工具"选项卡，如图 8-113 所示。"数据透视图工具"选项卡包括"分析""设计""格式"3 个子选项卡，用户可以利用这些选项卡以直观的方式对数据进行分析。有关图表的知识将在第 13 章中具体介绍。

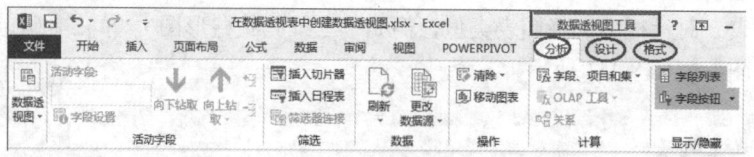

图 8-113　"数据透视图工具"选项卡

8.10.3　删除数据透视表和数据透视图

数据透视表和数据透视图是关联在一起的，删除数据透视图不会影响数据透视表。要删除数据透视图，只需在要删除的数据透视图的任意位置单击鼠标，再按键盘中的<Delete>键即可。

删除数据透视图不会删除关联的数据透视表。但是如果删除与数据透视图相关联的数据透视表，则会将该数据透视图变为标准图表，将无法再透视或者更新该标准图表。

删除数据透视表可按以下步骤进行。

1 单击要删除的数据透视表，激活"数据透视表工具"选项卡。

2 在"选项"选项卡的"操作"组中，单击"选择"下拉按钮，然后在下拉菜单中单击"整个数据透视表"命令选中数据透视表，如图 8-114 所示。

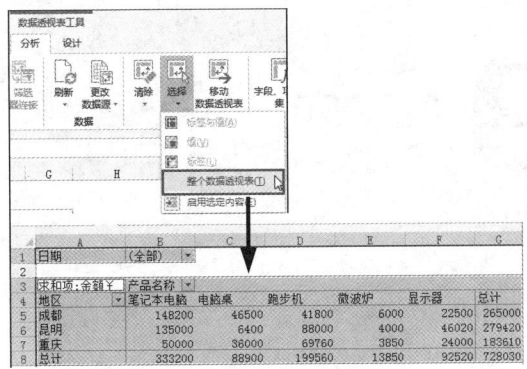

图 8-114 选择整个数据透视表

3 按键盘中的<Delete>键删除数据透视表后，数据透视表成为标准图表，单击图表不再显示"数据透视图工具"选项卡，如图 8-115 所示。

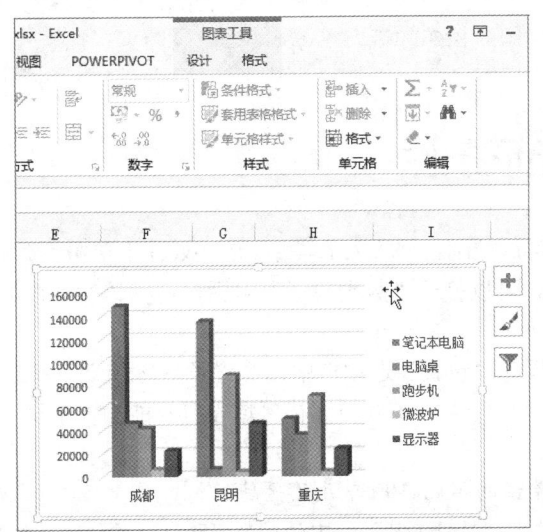

图 8-115 数据透视图在删除关联的数据透视表后变为标准图表

关于图表工具，将在第 13 章中具体介绍。

第 **9** 章　　**数据验证**

为了避免输入错误的数据，Excel 提供了数据验证功能。使用此功能，可以设置数据验证规则，控制用户输入单元格的数据或数值的类型；可以为选定的单元格或单元格区域在输入数据时显示设定的输入信息；可以圈释出无效的数据等。本章主要介绍如何设置数据验证条件，设置输入信息、出错信息以及数据验证的实际应用等知识。

9.1　设置数据验证条件

设置数据验证条件，可以控制数据输入的类型。在 Excel 中单击"数据"选项卡"数据工具"组中的"数据验证"按钮，可以打开"数据验证"对话框，在该对话框的"设置"选项卡中，可以设置验证条件，如图 9-1 所示。

在"数据验证"对话框的"设置"选项卡中，内置了 8 种允许输入数据的验证条件，对数据输入进行管理和控制。例如，要对 A1:A100 单元格区域设置只能输入 1 至 100 的整数有效数字，具体的操作步骤如下。

1 选定要设置数据验证的 A1:A100 单元格区域。

2 单击"数据"选项卡"数据工具"组中的"数据验证"按钮，打开"数据验证"对话框。单击"设置"选项卡，再单击"允许"下拉列表框的下拉按钮，打开"允许"下拉列表，如图 9-2 所示。

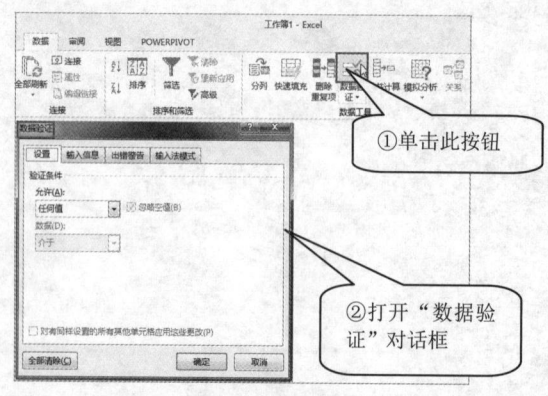

图 9-1　数据验证对话框

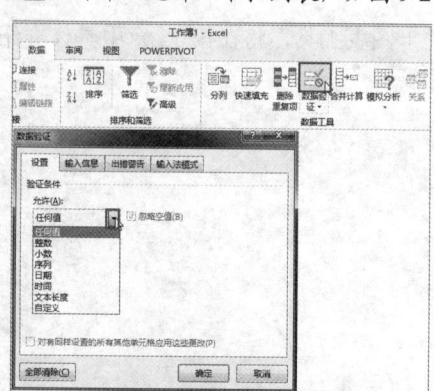

图 9-2　打开数据验证允许的数据类别

3 在下拉列表中选择"整数"选项，出现"整数"条件设置选项，在"数据"下拉列表中选择"介于"，出现"最小值"和"最大值"数据范围文本框，在"最小值"文本框中输入"1"，在"最大值"文本框中输入"100"，单击"确定"按钮，完成设置，如图 9-3 所示。

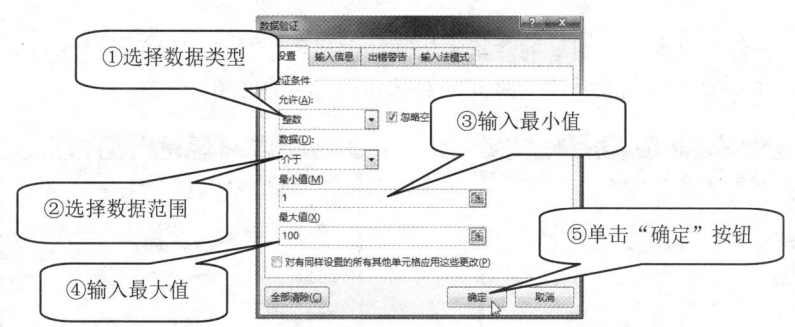

①选择数据类型
③输入最小值
②选择数据范围
⑤单击"确定"按钮
④输入最大值

图 9-3 设置数据验证允许的条件

设置完成后，在 A1:A100 单元格区域只允许输入 1 至 100 的整数。

在"数据验证"对话框的"设置"选项卡中，其余 7 种数据验证允许条件的设置说明如下。

❖ 任何值

"任何值"为允许验证条件的默认选项，即允许在单元格中输入任何数据而不受限制，如图 9-4 所示。

❖ 小数

设置"小数"条件，限制单元格只能输入小数。

选择"小数"条件后，会出现"小数"条件设置选项设置"小数"限制条件的方法同"整数"相似，例如，限定某单元格区域允许输入 0.01 至 0.1 之间的小数，具体设置方法如图 9-5 所示。

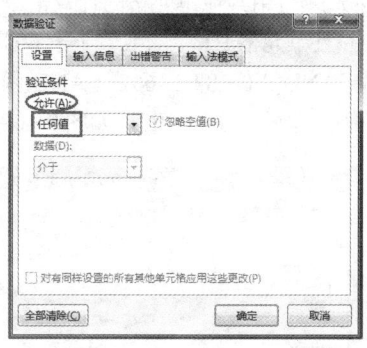

图 9-4 允许"任何值"

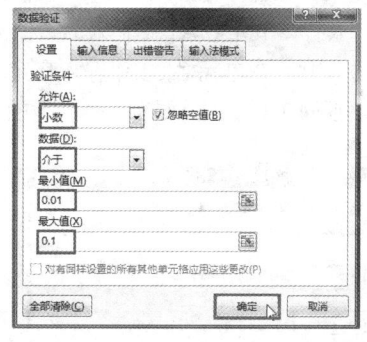

图 9-5 设置"小数"条件

❖ 序列

设置"序列"条件，要求在单元格区域中必须输入某一特定序列中的一个内容项。序列的内容可以是单元格引用、公式，也可以手动输入。

选择数据验证条件为"序列"后，会出现"序列"条件设置选项。在"来源"编辑框中，可以手动输入序列内容，并以半角的逗号隔开不同内容项；也可以在工作表中直接引用单元格区域中的内容。

如果选择了"提供下拉箭头"复选框，在设置完成后，在选定单元格右侧会出现下拉箭头按钮。单击此按钮，序列内容会出现在下拉列表中，可以快速向单元格输入数据，如图 9-6 所示。

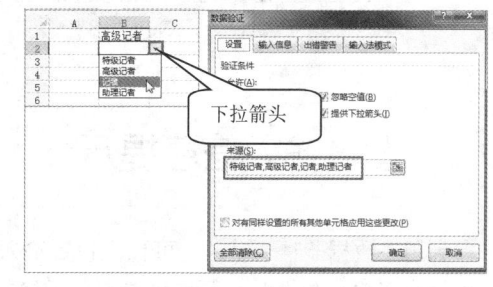

下拉箭头

图 9-6 设置"序列"条件

❖ 日期

设置"日期"条件，可以限定单元格只能输入"日期"或"限定的日期"。例如，在指定区域允许输入在 2013 年 1 月 1 日至 2013 年 12 月 31 日之间的日期，具体设置如图 9-7 所示。

❖ 时间

设置"时间"条件与设置"日期"条件基本相同，主要用于允许指定单元格区域只能输入时间。例如，要允许输入在 9:00 至 17:00 之间的时间，具体设置如图 9-8 所示。

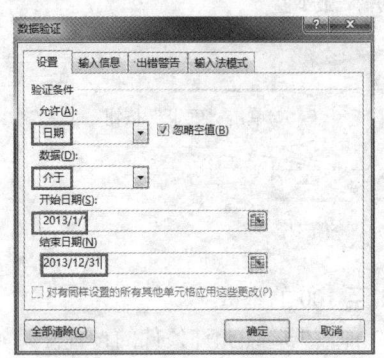

图 9-7 设置"日期"条件

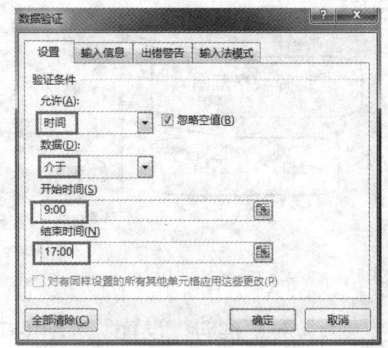

图 9-8 设置"时间"条件

❖ 文本长度

设置"文本长度"条件，主要用于限制输入数据的字符数。选择数据验证条件为"文本长度"后，设置"文本长度"值，例如限制文本长度等于 3，具体设置如图 9-9 所示。

❖ 自定义

设置"自定义"条件，允许用户使用定义公式、表达式或引用其他单元格的计算值来判定输入数据的有效。例如，只有在单元格 A1 中输入的数值大于 18，并且单元格 B1 中的数值小于 60 时，单元格 C1 中的数值才有效，则可在单元格 C1 中输入自定义公式"= AND(A1>18,B1<60)"（AND 函数所有参数的逻辑值为真时，返回 TRUE；只要有一个参数的逻辑值为假，即返回 FALSE），如图 9-10 所示。

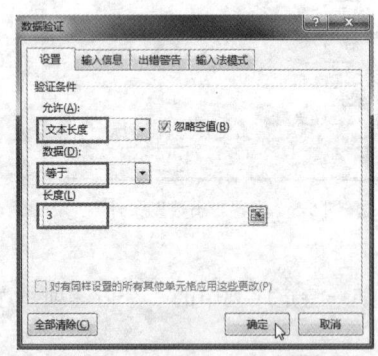

图 9-9 设置"文本长度"条件

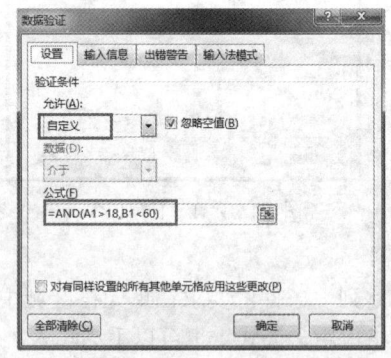

图 9-10 设置"自定义"条件

9.2 设置输入信息提示

利用"数据验证"功能，可预先设置输入信息提示，类似于 Excel 的批注。设置了输入信息提示的单元格在输入数据时，可提供要在单元格中输入的数据类型的指令等信息。

【例 9-1】设置输入信息提示

假如要在 C2 单元格中设置标题为"提示",提示内容为"年龄范围为 25～35 岁"的输入信息提示,具体操作步骤如下。

1　选中准备设置提示信息的 C2 单元格。

2　单击"数据"选项卡"数据工具"组中的"数据验证"按钮，打开"数据验证"对话框。

3　单击"输入信息"选项卡,在"标题"文本框中输入提示信息的"标题",在"输入信息"列表框中输入提示信息的内容。

4　单击"确定"按钮,关闭对话框,完成设置,如图 9-11 所示。

完成设置之后,单击已经设置了输入信息的单元格,例如 C2 单元格,单元格下方会显示所设置的输入提示信息,如图 9-12 所示。

图 9-11　设置输入信息

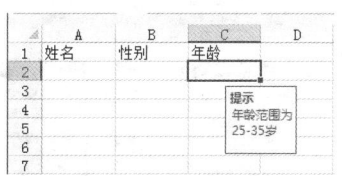

图 9-12　单元格显示输入信息

单击信息提示框,按住鼠标左键可以在工作表中拖动提示框到其他位置。如果 C2 单元格不再是活动单元格,此信息提示框会自动消失。

> 输入信息提示与"数据验证"的条件设置没有关系,无论是否设置数据验证的条件,都可以设置"输入信息"提示。

9.3　设置出错警告提示

出错警告提示是指在设置了数据验证的单元格中输入不符合条件的内容时,Excel 弹出的警告信息。用户可以使用"数据验证"功能为设置了数据验证的单元格指定所需的出错警告信息。用户可以从表 9-1 所示的 3 种类型的出错警告中进行选择。

表 9-1　　　　　　　　　　　　　数据验证出错警告类型

类　型	图　标	作　用
停止	⊗	阻止用户在单元格中输入无效数据。"停止"警告消息具有两个选项："重试"或"取消"
警告	⚠	警告用户输入数据无效,但不会阻止输入无效数据。出现"警告"消息时,用户可以单击"是"按钮接受无效输入,也可以单击"否"按钮编辑无效输入,还可以单击"取消"按钮删除无效输入
信息	ⓘ	通知用户输入数据无效,但不会阻止输入无效数据。这种类型的出错警告最为灵活。出现"信息"警告消息时,用户可以单击"确定"按钮接受无效值,或者单击"取消"按钮拒绝无效值

【例 9-2】设置出错警告提示

假如要对工作表的 C2:C30 单元格区域设置"停止"出错警告提示，具体操作步骤如下。

1 选中要设置出错警告提示的 C2:C30 单元格区域，单击"数据"选项卡"数据工具"组中的"数据验证"按钮，打开"数据验证"对话框。在"设置"选项卡中设置数据验证条件为 25 ~ 35 之间的整数。

2 单击"出错警告"选项卡，选中"输入无效数据时显示出错警告"复选框。单击"样式"右侧的下拉按钮，在下拉列表中选择"停止"选项。

3 在"标题"文本框中输入出错警告的标题，如"提示"；在"错误信息"列表框中输入提示内容，例如"输入的数据超出范围"，单击"确定"按钮，完成设置，如图 9-13 所示。

设置完成后，当在指定区域输入的内容超过验证条件的设置范围时，便会弹出"停止"提示，阻止用户输入无效数据，如图 9-14 所示。

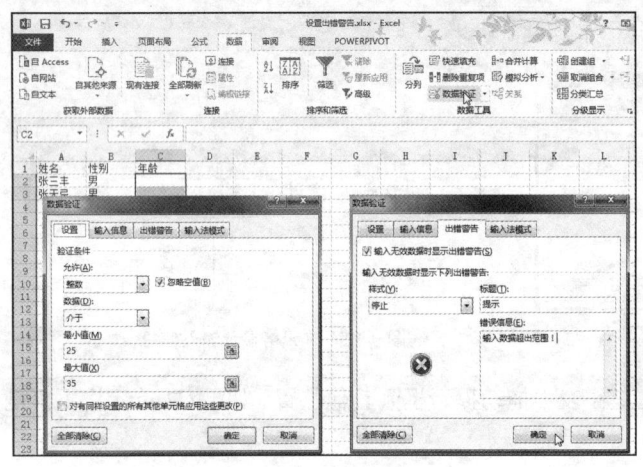

图 9-13 设置停止警告信息

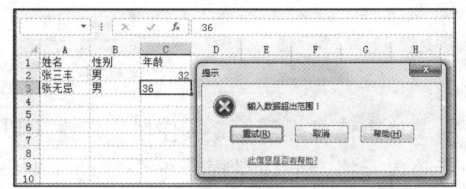

图 9-14 "停止"出错警告

如果选择"警告"类型，"警告"类型的"出错警告"样式如图 9-15 所示。

如果选择"信息"样式，"信息"类型的"出错警告"样式如图 9-16 所示。

如果用户已经对输入到指定单元格中的数值设置了验证条件，在数据验证"出错警告"选项卡中选中了"输入无效数据时显示出错警告"复选框，不输入"标题"和"错误信息"正文，"出错警告"标题则默认为"Microsoft Excel"，错误信息则默认为"输入值非法"。例如"停止"类型出错提示如图 9-17 所示。

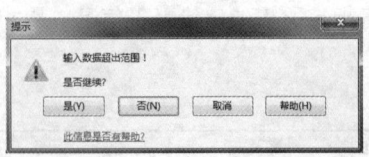 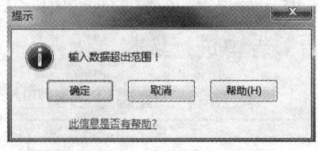 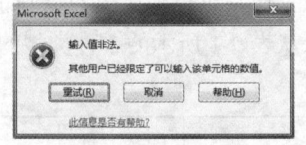

图 9-15 "警告"出错警告　　图 9-16 "信息"出错警告　　图 9-17 默认的"停止"出错警告

9.4 查找、复制和清除数据验证

对于设置了数据验证的单元格，可以执行查找、复制和清除操作。

9.4.1 查找设置数据验证的单元格

在工作表中可以查找所有设置数据验证的单元格和查找符合指定数据验证设置的单元格。

1. 查找所有具有数据验证设置的单元格

如果要在工作表中查找全部设置了数据验证的单元格，可单击"开始"选项卡"编辑"组中的"查找和选择"按钮，在下拉菜单中单击"数据验证"命令，即可将当前工作表中设置了数据验证的单元格全部选中，如图 9-18 所示。

2. 查找符合特定数据验证设置的单元格

如果要查找符合特定数据验证设置的单元格，例如 A2 单元格设置了文本长度等于 3 的数据验证设置，即要查找具有相同有效性设置的单元格，操作步骤如下。

1 单击设置了数据验证条件的 A2 单元格，该单元格的数据验证条件用于查找匹配项。

2 单击"开始"选项卡"编辑"组中的"查找和选择"按钮，在下拉菜单中单击"定位条件"命令，打开"定位条件"对话框，在该对话框中选中"数据验证"单选钮。

3 选中"数据验证"中的"相同"单选钮，单击"确定"按钮关闭对话框，则与 A2 单元格设置的验证条件相同的单元格将被选中，如图 9-19 所示。

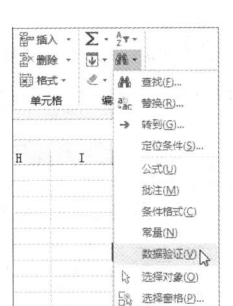
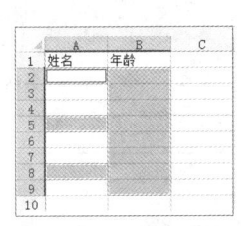

图 9-18 查找所有具有数据验证设置的单元格

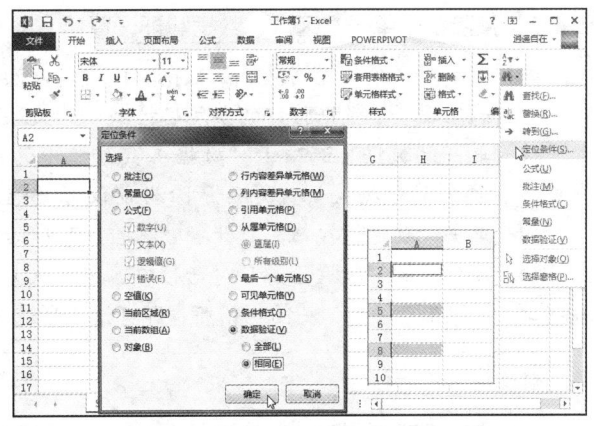

图 9-19 查找符合特定数据验证设置的单元格

 如果在"定位条件"对话框的"数据验证"选项中选择"全部"单选钮，将在工作表中查找所有设置了数据验证的单元格。

9.4.2 复制数据验证设置

一个设置了数据验证的单元格被复制时，数据验证会被一同复制。如果只需复制单元格的数据验证而不需要复制单元格内容和格式，例如，将工作表中 C2 单元格设置的数据验证复制到 E2 单元格，操作步骤如下。

1 选定要复制数据验证设置的 C2 单元格，单击"开始"选项卡"剪贴板"组中的"复制"按钮（或者单击鼠标右键，在弹出的快捷菜单中选择"复制"命令）。

② 选定需要同 C2 单元格设置相同数据验证的 E2 单元格。

③ 单击"开始"选项卡"剪贴板"组中"粘贴"的下拉按钮，在下拉菜单中单击"选择性粘贴"命令，打开"选择性粘贴"对话框。

④ 选中"粘贴"选项中的"验证"单选钮，然后单击"确定"按钮，如图 9-20 所示。

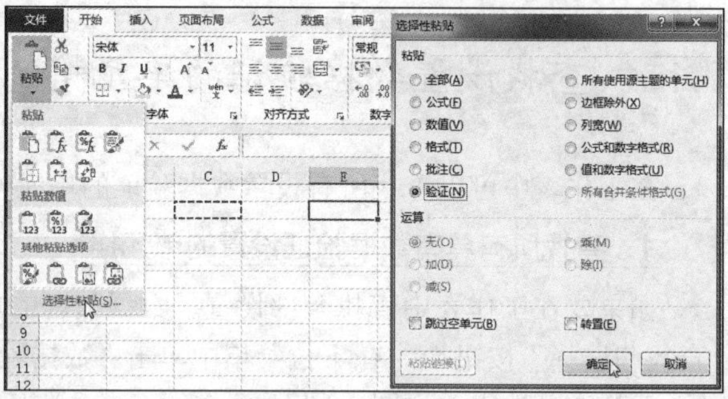

9.4.3 清除数据验证

图 9-20 复制数据验证

如果不需要再对单元格中的数据进行验证，可以将数据验证设置清除。

1. 清除单个单元格的数据验证设置

如果只是清除指定单元格设置的数据验证，操作步骤如下。

① 选择需要清除数据验证设置的单元格，如 A2 单元格。

② 单击"数据"选项卡"数据工具"组中的"数据验证"按钮，打开"数据验证"对话框。

③ 在"数据验证"对话框的"设置"选项卡中，单击"全部清除"按钮，最后单击"确定"按钮关闭对话框，如图 9-21 所示。

2. 清除多个单元格区域的数据验证设置

如果要清除多个单元格区域的数据验证设置，操作步骤如下。

① 选择设置了数据验证的单元格区域，如 A2:B5 单元格区域。

② 单击"数据"选项卡"数据工具"组中的"数据验证"按钮，此时会弹出"选定区域含有多种类型的数据验证，是否清除当前设置并继续？"的警告提示信息对话框。

③ 单击"确定"按钮，打开"数据验证"对话框。

④ 在打开的"数据验证"对话框中，已默认选中"设置"选项卡，有效性条件为"任何值"，直接单击"确定"按钮，关闭对话框，即可清除所选单元格区域内的数据验证设置，如图 9-22 所示。

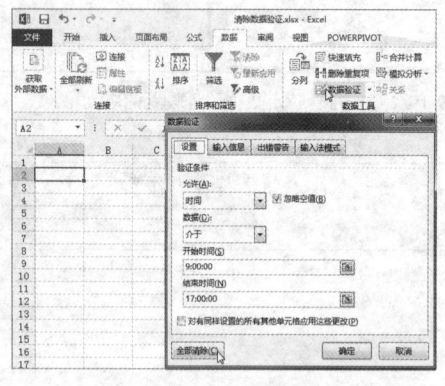

图 9-21 清除单个单元格的数据验证设置

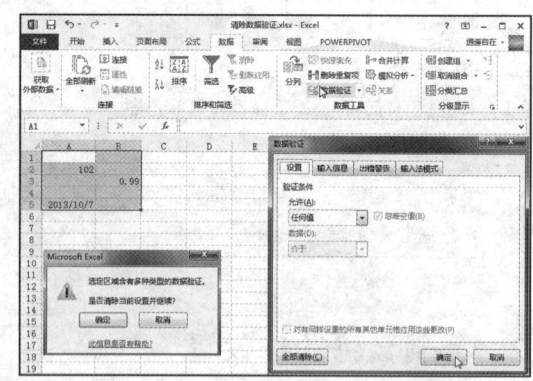

图 9-22 删除多个单元格区域的数据验证设置

9.5 数据验证的应用

利用数据验证不仅可以限制单元格的输入数据类型或范围，还可以圈释出无效数据，控制数据重复输入等。

9.5.1　设置具有对应关系的数据验证

利用数据验证,可以设置具有对应关系的数据验证控制。以图 9-23 所示的表格为例,A、B 两列分别为四川省、云南省所属地市,要设置在 E 列中输入省份之后,F 列中对应的可选项是与 E 列中所输入的省份相对应的地市名称,此时可设置具有对应关系的数据验证。

图 9-23　具有对应关系的表格

【例 9-3】设置具有对应关系的数据验证

1. 以选定区域创建名称

1　选定 A1:B6 单元格区域。

2　单击"公式"选项卡"定义的名称"组中的"根据所选内容创建"按钮 （或按 <Ctrl+Shift+F3> 组合键）,打开"以选定区域创建名称"对话框。在该对话框中只选中"首行"复选框,然后单击"确定"按钮,则以选定区域创建了分别以 A1 和 B1 单元格命名的"四川省"和"云南省"两个定义名称,如图 9-24 所示。

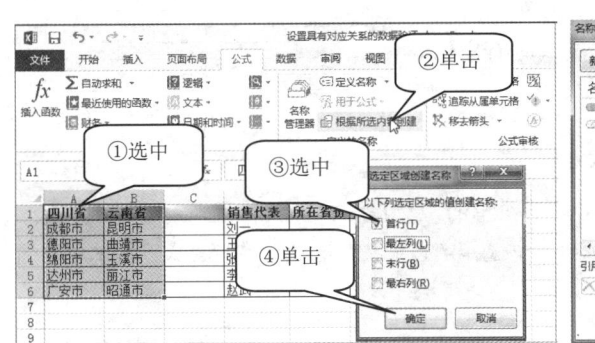

图 9-24　以选定区域创建名称

2. 设置数据验证

1　选定单元格区域 E2:E6,单击"数据"选项卡"数据工具"组中的"数据验证"按钮 ,打开"数据验证"对话框,单击"设置"选项卡,在"允许"下拉列表中选择"序列"选项,在"来源"文本框中输入" = $A$1:$B$1",然后单击"确定"按钮,如图 9-25 所示。

2　选定单元格区域 F2:F6,单击"数据"选项卡"数据工具"组中的"数据验证"按钮 ,

打开"数据验证"对话框,单击"设置"选项卡,在"允许"下拉列表中选择"序列"选项,在"来源"文本框中输入" = INDIRECT（E2）",然后单击"确定"按钮,如图 9-26 所示。

说明　INDIRECT 函数为查找与引用函数,该函数返回由文本字符串指定的引用。在本例中,此函数通过对"E2"的引用显示相应的名称区域引用,假如 E2 为四川,则显示定义为"四川省"名称的引用,即在 F2 的序列中显示 A2:A6 单元格区域中的内容。

返回到工作表中,单击 E2 单元格的下拉按钮,选择"四川省",则 F2 单元格序列中的选项列表为 A2:A6 单元格区域中的内容;单击 E3 单元格的下拉按钮,选择"云南省",则 F3 单元格序列中的选项列表为 B2:B6 单元格区域中的内容,如图 9-27 所示。

 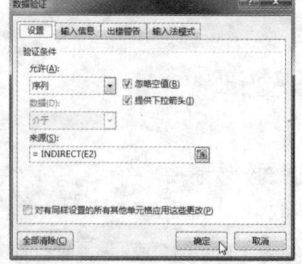 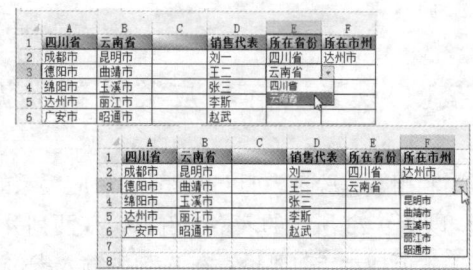

图 9-25　设置有效性来源（1）　　图 9-26　设置有效性来源（2）　　图 9-27　选择省份及对应的地市

9.5.2　控制数据重复录入

在 Excel 中录入数据时，有时会要求某列或某个区域的数据具有唯一性，如身份证号码、准考证号码之类的数据，这时可以通过设置"数据验证"来防止重复输入。

1．限制单列数据重复

例如，在图 9-28 所示的工作表中，A 列"准考证号"不允许重复录入，并要求重复录入时有出错警告提示，此时可限制单列数据重复。

图 9-28　原始工作表

【例 9-4】限制单列数据重复

1　选中需要输入准考证号的 A3:A31 单元格区域。

2　单击"数据"选项卡"数据工具"组中的"数据验证"按钮，打开"数据验证"对话框，单击"设置"选项卡，在"允许"下拉列表中选择"自定义"选项，在"公式"文本框中输入如下自定义公式。

= COUNTIF(A: A, A3) =1

 COUNTIF 函数用于统计 A 列中每个"准考证号"数据出现的次数。如果次数为 1，表示没有重复数据；如果次数不为 1，则表示有相同的数据录入。通过设置数据验证限定准考证号的次数为 1 来阻止录入相同的数据。

3　单击"确定"按钮完成设置，如图 9-29 所示。

如果在录入"准考证号"中输入了重复数据，就会弹出如图 9-30 所示的"停止"出错警告，阻止用户输入非法数据，如图 9-30 所示。

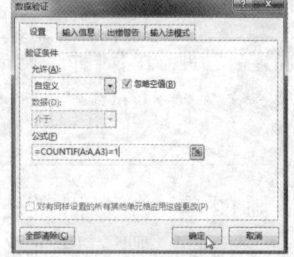 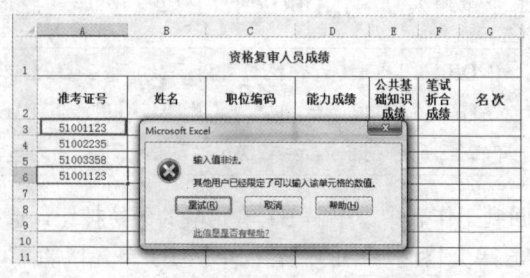

图 9-29　设置数据验证　　　　　　图 9-30　错误提示

2. 限制多列数据重复

利用数据验证还可以限制多列重复数据录入。例如，在图 9-31 所示的工作表中，要求不能输入"档案号""姓名""性别""报考模块"完全相同的数据，此时可限制多列数据重复。

【例 9-5】限制多列数据重复

1 选中 A 列到 D 列中需设置不重复录入的单元格区域，如 A2:D100 单元格区域。

2 单击"数据"选项卡"数据工具"组中的"数据验证"按钮，打开"数据验证"对话框，单击"设置"选项卡。在"允许"下拉列表中选择"自定义"选项，在"公式"文本框中输入如下自定义公式。

```
=COUNTIFS($A:$A,$A2,$B:$B,$B2,$C:$C,$C2,$D:$D,$D2)=1
```

 说明 COUNTIFS 函数可以将条件应用于跨多个区域的单元格，并计算符合所有条件的次数。公式中引用地址的"列标"都使用了绝对引用，因此同行内的 4 个列的单元格具有相同的公式，即具有相同的验证条件。

3 单击"确定"按钮关闭"数据验证"对话框。

如果在 A10 单元格中输入档案号"10021762"，在 B10 单元格输入"马飞翔"，在 D10 单元格中输入"男"，在 D10 单元格中输入"Word 2010"时，则弹出停止出错警告，提示输入值非法，因为和第 8 行的前 4 个单元格的数据完成相同，如图 9-32 所示。

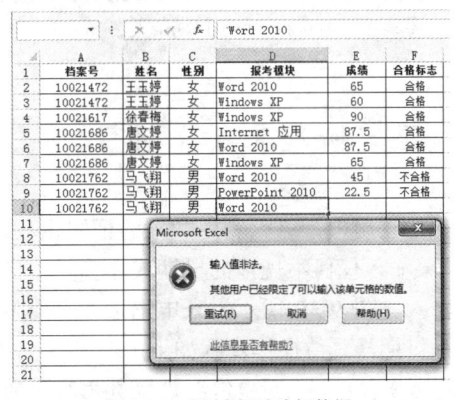

| 图 9-31 原始工作表 | 图 9-32 限制多列重复数据 |

9.5.3 控制日期录入顺序

在日常应用中，如果需要按日期顺序逐一输入数据，同样也可以通过"数据验证"来进行控制。这里以图 9-33 所示的表格为例，要求按日期顺序记载每一笔记录，具体操作步骤如下。

1 选定 A2:A20 单元格区域。

2 单击"数据"选项卡"数据工具"组中的"数据验证"按钮，打开"数据验证"对话框。

3 单击"设置"选项卡，在"允许"下拉列表中选择"日期"选项，在"数据"下拉列表中选择"大于或等于"选项，在"开始日期"文本框中输入如下自定义公式，然后单击"确定"按钮，如图 9-33 所示。

```
= MAX ($A$2:$A2)
```

MAX 函数返回一组数据中的最大值。本例中使用 MAX 函数限定后面输入的日期必须大于或等于上一个输入的日期。

在单元格 A3 中输入小于"2013/8/31"的日期测试有效性验证规则时，Excel 就会发出警告，提示输入的是非法值，如图 9-34 所示。

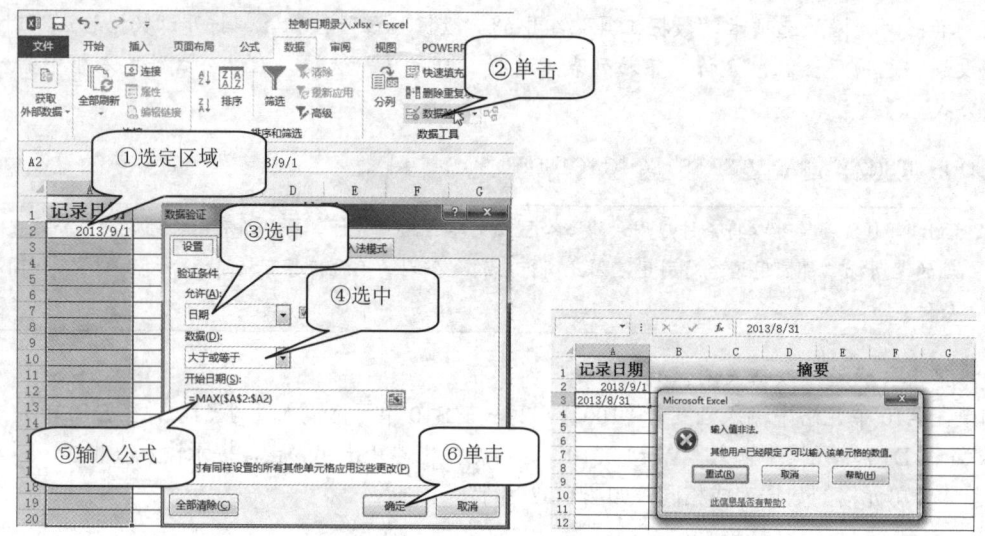

图 9-33　控制日期录入顺序

图 9-34　输入错误日期时的提示

9.5.4　限定输入本月日期

在日常应用中，可以利用数据验证限定只能输入当月日期。例如，记录来电或来访登记的汇总表等。如果输入任何不规范的日期或非当月的日期都将被限制输入。图 9-35 所示为来电记录表，要限定只能输入当月日期，具体操作步骤如下。

图 9-35　来电记录表

1 选中"日期"列中需要设置数据验证的单元格区域，如 A2:A36 单元格区域，单击"数据"选项卡中的"数据验证"按钮，打开"数据验证"对话框。

2 单击"设置"选项卡，在"允许"下拉列表中选择"日期"，然后在"数据"下拉列表中选择"介于"，并在"开始日期"和"结束日期"文本框中分别输入当月第一天和当月最后一天，例如"2013/9/1"和"2013/9/30"。

3 单击"确定"按钮关闭"数据验证"对话框，如图 9-36 所示。

设置后，在"日期"列只能输入 2013 年 9 月的日期，如果不是当月日期或者输入的日期格式不正确，将被限制输入。

 如果需要设置动态规则，设置只能输入系统日期所在月份的日期，在"数据验证"对话框的"设置"选项卡的"允许"下拉列表中选择"自定义"选项，在"公式"文本框中输入以下公式即可，如图 9-37 所示。

TEXT(A2,"yyyy-mm")=TEXT(TODAY(),"yyyy-mm")

图 9-36 设置数据验证

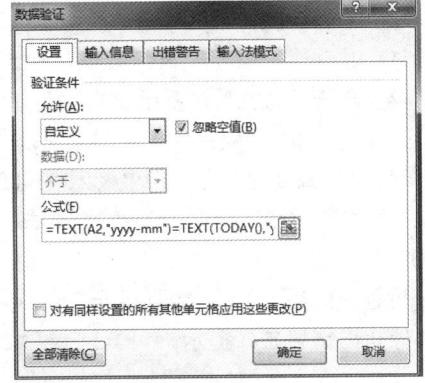

图 9-37 使用公式设置只能输入当月日期

 说明 TEXT 函数将数值转换为文本，TADAY 函数返回系统当前日期。此公式将"日期"列的数据转换成 4 位数年份和 2 位数月份，如果与系统当前日期对应的 4 位数年份和 2 位数月份相同，则表示该日期属于系统日期所在月份。

9.5.5 限制输入特定类型的数据

数据验证可以限制某个区域内只允许输入某种特定类型的数据，如数字、文本等。

例如，限定工作表 A 列只允许输入数字，具体操作如下。

1 选定 A 列。

2 单击"数据"选项卡"数据工具"组中的"数据验证"按钮，打开"数据验证"对话框，单击"设置"选项卡，在"允许"下拉列表中选择"自定义"选项，在"公式"文本框中输入如下自定义公式，然后单击"确定"按钮，如图 9-38 所示。

图 9-38 限制只允许输入特定类型的数据

= TYPE(A1) = 1

 说明 TYPE 函数以整数形式返回参数类型，如数值=1，文字=2，逻辑值=4。

如果要限制只允许输入文本，那么将公式中的内容改为"= TYPE(A1) = 2"即可。

9.5.6 限制只能输入固定电话号码

图 9-39 是一张用于记录通讯录的表格，利用数据验证可以限制在"固定电话"列只能输入 7 位或 8 位的固定电话号码。具体操作步骤如下。

1 选定工作表的 B3:B300 单元格区域。

2 单击"数据"选项卡"数据工具"组中的"数据验证"按钮，打开"数据验证"对话框。

3 单击"设置"选项卡，在"允许"下拉列表中选择"整数"，在"数据"下拉列表中选择"介于"。

4 在"最小值"文本框中输入"1000000"，在"最大值"文本框中输入"99999999"，单击"确定"按钮，如图 9-39 所示。

设置完成后，输入的数据少于 7 位或超过 8 位将弹出"停止出错警告"提示。

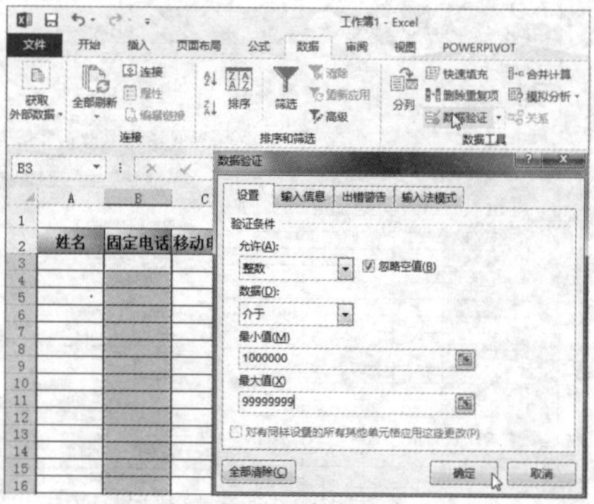

图 9-39　限制只能输入固定电话号码

9.5.7　限制输入空格

一些用户在输入两个字的姓名时，为了达到与 3 个字的姓名对齐的目的，在姓与名之间插入空格。但这种有空格的单元格在参与计算时往往会出现错误。因此，通常情况下要限制输入空格，利用数据验证功能可以限制输入空格。

例如，在图 9-40 所示的工作表中，要限制 A 列的 A2:A100 单元格区域在输入姓名时不能有空格，具体的操作如下。

1 单击 A2 单元格，同时向下拖动鼠标选中 A2:A100 单元格区域。

2 单击"数据"选项卡"数据工具"组中的"数据验证"按钮，打开"数据验证"对话框。

3 在"设置"选项卡中，在"允许"下拉列表中选择"自定义"，然后在"公式"文本框中输入以下公式。

=LEN(A2)=LEN(SUBSTITUTE(A2," ",))

 SUBSTITUTE 函数为文本替换函数，上面的公式先使用 SUBSTITUTE 函数清除 A2 单元格中的所有空格，然后用 LEN 函数取得清除空格后的字符长度。如果该字符长度和 A2 单元格原字符长度相同，则表示 A2 单元格不含空格。

4 单击"出错警告"选项卡，设置"停止"出错警告样式，错误信息为"不要输入多余空格"。

5 单击"确定"按钮关闭"数据验证"对话框，如图 9-40 所示。

设置完成后，如果在 A3 单元格中输入"郭靖"，在"郭"和"靖"之间输入空格后按<Enter>键时，则弹出如图 9-41 所示的出错警告。

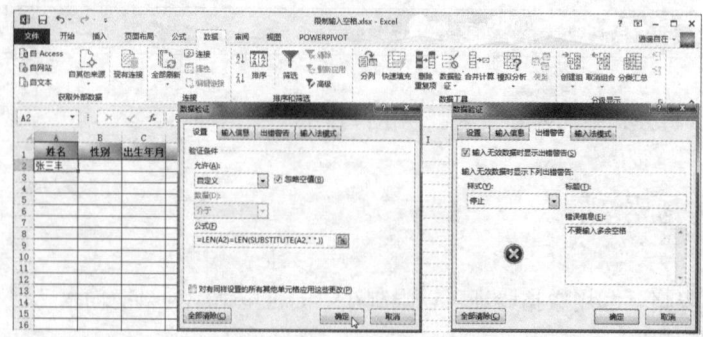

图 9-40　限制空格输入

图 9-41　输入空格后的出错警告信息

9.5.8　圈释出无效数据

数据验证只用于直接在单元格中输入数据时显示信息和阻止无效输入。当数据是以复制、填充或公式计算的方式输入时，不会显示信息和阻止无效输入，而且通过复制、粘贴方式输入的数据，会直接覆盖已有的"数据验证"设置。对可能在其中输入了无效数据的工作表，可以使用"数据验证"中的"圈释无效数据"功能将错误快速查出。

居民身份证号码由 17 位数字本体码和一位数字校验码组成，共 18 位。在图 9-42 所示的工作表中虚拟了一些身份证号码，利用"数据验证"的"圈释无效数据"功能，可以快速圈释出不是 18 位数字的身份证号码。

	A	B	C
1	姓名	身份证号码	
2	赵一	11000020120111121	
3	刘二	120000200002222315	
4	张三	2100002003030321	
5	李四	53000020020202315X	
6	王五	35000019880808032591	
7			

图 9-42　身份证号码表

【例 9-6】圈释出无效身份证号码

1　选定 B2:B6 单元格区域。

2　在"数据"选项卡中单击"数据验证"按钮，打开"数据验证"对话框，单击"设置"选项卡。

3　在"允许"下拉列表中单击"自定义"选项，在"公式"文本框中输入下面的公式，然后单击"确定"按钮，如图 9-43 所示。

=LEN(B2)=18

 说明　LEN 函数返回文本字符串中的字符个数。本公式中限定字符串个数等于 18，字符个数不是 18 的号码即为不符合条件的值。

4　在"数据"选项卡的"数据工具"组中，单击"数据验证"下拉按钮，在下拉菜单中单击"圈释无效数据"命令，不符合条件的错误数据立即被圈释出来，如图 9-44 所示。

图 9-43　输入自定义公式

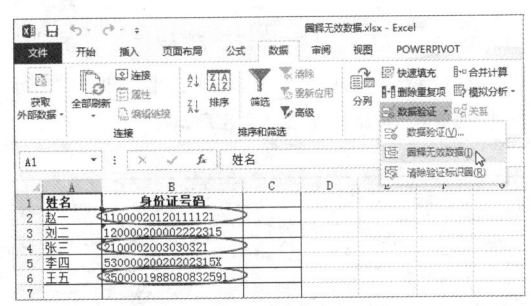

图 9-44　选择"圈释无效数据"命令

9.5.9　数据验证中创建动态引用区域

某些时候，数据验证所引用的区域并不是固定的，利用函数同样可以设置这样的数据验证。

【例 9-7】数据验证中创建动态引用区域

图 9-45 所示是"热线领导表"和"热线来电记录"表，在"热线领导"表中，A 列为"市长热

线领导"，A2 到 A6 单元格记录的是当前的"热线领导"，这些人员有可能增加、减少或者变更，B列为根据来电内容所作的分类。要使"热线来电记录表"中"分管市长"列单元格的序列能够根据"市长热线领导"的变化而动态引用"热线领导表"中

图 9-45 "热线领导"和"热线来电记录"表

A 列的数据，同时"类别"列也能够动态引用"热线领导表"中 B 列的数据，可以通过数据验证创建动态引用区域来实现。

1 在"热线来电记录"工作表中，单击"公式"选项卡"定义的名称"组中的"定义名称"按钮定义名称，打开"新建名称"对话框，命名为"分管市长"，在"引用位置"文本框中输入如下公式。

```
=OFFSET(热线领导!$A$2,0,0,COUNTA(热线领导!$A:$A)-1,1)
```

再新建名为"类别"的名称，在"引用位置"文本框中输入如下公式，如图 9-46 所示。

```
=OFFSET(热线领导!$B$2,0,0,COUNTA(热线领导!$B:$B)-1,1)
```

 OFFSET 函数为以指定的引用为参照系，通过给定偏移量得到新的引用。利用 COUNTA 函数返回参数列表中非空值的单元格个数，从而实现动态引用。

2 选中"热线来电记录"工作表中"分管市长"列中相应的区域，例如 C2:C200 单元格区域。单击"数据"选项卡"数据工具"组中的"数据验证"按钮，打开"数据验证"对话框，单击"设置"选项卡，在"允许"下拉列表中选择"序列"选项，在"来源"文本框中输入"=热线领导"，然后单击"确定"按钮，如图 9-47 所示。

3 选中"热线来电记录"工作表的"类别"列中相应的区域，例如 B2:B200 单元格区域。单击"数据"选项卡"数据工具"组中的"数据验证"按钮，打开"数据验证"对话框，单击"设置"选项卡，在"允许"下拉列表中选择"序列"选项，在"来源"文本框中输入"=类别"，然后单击"确定"按钮，如图 9-48 所示。

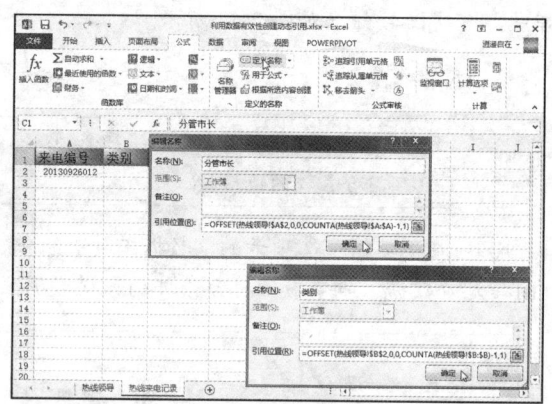

图 9-46 定义的名称

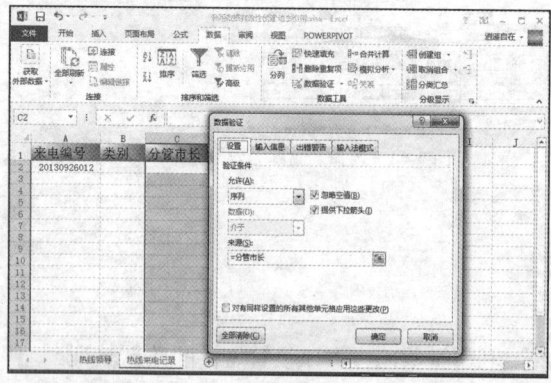

图 9-47 设置数据验证来源

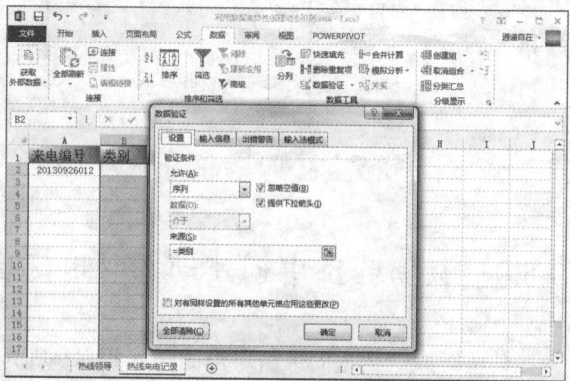

图 9-48 设置数据验证来源

当"热线领导"工作表中的领导人员和类别发生变化时，"热线来电记录"工作表中的"分管市长"列单元格中提供输入的序列选项和类别序列选项也随之自动变化，如图 9-49 所示。

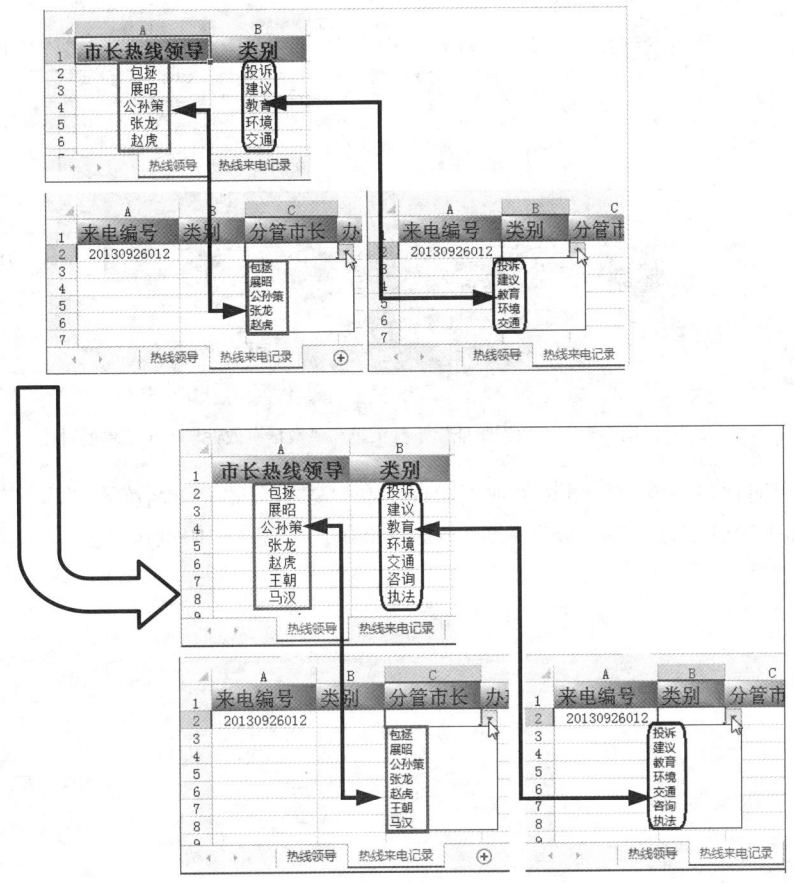

图 9-49　动态引用

9.6　深入了解 Excel 2013 数据验证功能

Excel 2013 的"数据验证"功能在 Excel 2010 中称为"数据有效性"，如图 9-50 所示。Excel 2013 可以在"数据验证"对话框中设置"验证条件"，控制在单元格中输入的数据类型；Excel 2010 可以在"数据有效性"对话框中配置数据"有效性条件"，以防止用户输入无效数据。

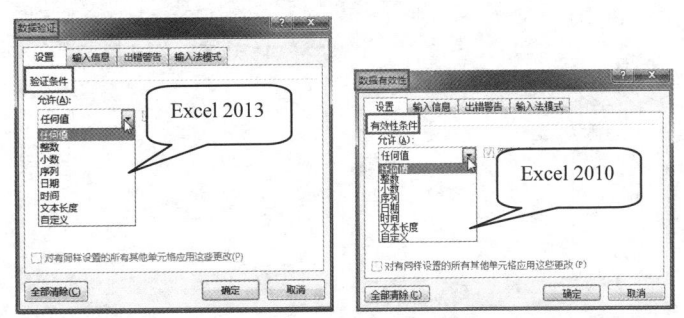

图 9-50　Excel 2013 的"数据验证"对话框和 Excel 2010 的"数据有效性"对话框

在 Excel 2013 中，单击"数据验证"下拉按钮，打开的下拉菜单和在 Excel 2010 中单击"数据有效性"下拉按钮后打开的下拉菜单，除了名称有区别外，功能相同，如图 9-51 所示。

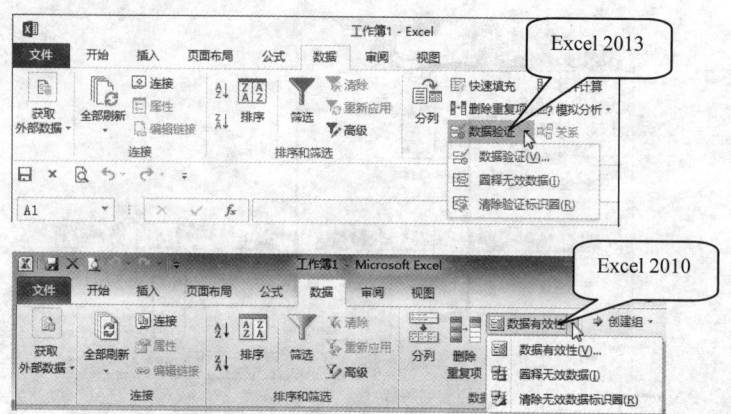

图 9-51　"数据验证"下拉菜单和"数据有效性"下拉菜单的对比

从以上对比可以看出，虽然"数据验证"和"数据有效性"名称不同，但其实它们的功能完全相同。Excel 2013 更改后的"数据验证"名称更准确地表述了"限制可以在单元格中输入的数据类型"的验证功能特征。

第 **10** 章 条件格式

设置条件格式可以轻松地突出显示所关注的单元格或单元格区域、强调特殊值和可视化数据。本章主要介绍利用功能区的命令设置条件格式以及条件格式的应用等知识。使用 Excel 2013 新增的"快速分析"工具中的"格式"选项卡也可以快速设置应用条件格式。使用"快速分析"工具设置条件格式的具体操作将在第 16 章中介绍。

10.1 条件格式概述

设置条件格式是指根据条件，使用数据条、色阶和图标集，以直观地显示相关单元格，强调异常值等。条件格式基于条件更改单元格区域的外观，如果条件为真，则应用基于该条件设置的单元格区域的格式。

使用条件格式有以下好处：可以突出显示所关注的单元格或单元格区域；可以强调异常值；可以使用数据条、颜色刻度和图标集来直观地显示数据。条件格式的应用示例如图 10-1 所示。

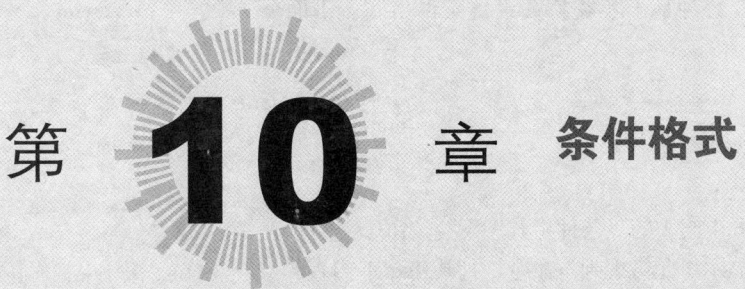

图 10-1　设置条件格式的作用

 在创建条件格式时，只能引用同一工作表上的其他单元格；有些情况下也可以引用当前打开的同一工作簿中其他工作表上的单元格，但不能对其他工作簿的外部引用使用条件格式。

10.2 创建条件格式

要对一个单元格或单元格区域创建条件格式，可选择要创建条件格式的单元格或单元格区域，然后单击"开始"选项卡"样式"组中的"条件格式"下拉按钮 条件格式，在打开的下拉菜单中单击相关的条件格式命令进行设置，如图 10-2 所示。

从图 10-2 中可以看出，Excel 的条件格式功能提供了"数据条""色阶""图标集" 3 种内置的单元格图形效果样式和"突出显示单元格规则""项目选取规则""新建规则" 3 种基于各类特征设置条件格式。下面分别加以说明。

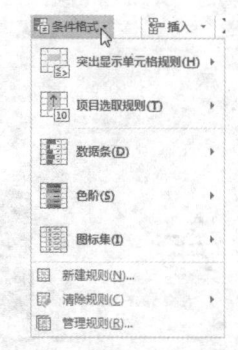

图 10-2　条件格式选项菜单

10.2.1　突出显示单元格规则

单击"开始"选项卡"样式"组中的"条件格式"下拉按钮，在打开的下拉菜单中单击"突出显示单元格规则"命令，打开 Excel 内置的 7 种"突出显示单元格规则"，如图 10-3 所示。

设置突出显示单元格规则，可以为单元格中指定的数字、文本、重复值等设置特定格式，以突出显示。例如，在图 10-4 所示的血压记录表中，将 C 列"收缩压"值大于"140"的单元格设置为"浅红填充色深红色文本"条件格式，以突出显示这些单元格。在图 10-5 所示的产品销售统计表中，为文本包含"张大伟"的单元格设置"黄填充色深黄色文本"格式，以突出显示这些单元格。

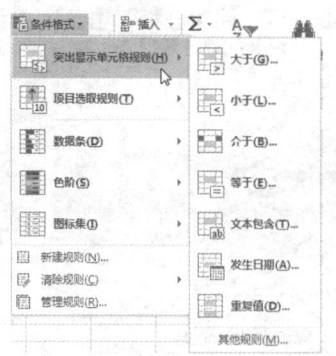

图 10-3　条件格式的"突出显示单元格规则"

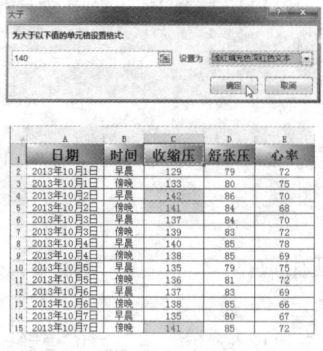

图 10-4　为大于设定值的单元格设置条件格式

图 10-5　为包含设定文本的单元格设置条件格式

10.2.2　项目选取规则

单击"开始"选项卡"样式"组中的"条件格式"下拉按钮，在打开的下拉菜单中单击"项目选取规则"命令，打开 Excel 内置的 6 种"项目选取规则"，如图 10-6 所示。

设置项目选取规则，可以为前（最后）n 项或 $n\%$ 项单元格，高于或低于平均值的单元格设置指定的条件格式。例如，在图 10-7 所示的工作表中，为"涨跌额"列中值最大的前 3 项的单元格设置为"红色文本"的条件格式，以突出显示。在图 10-8 所示的销售表中，为"收盘价"列中高于平均值的单元格设置了"浅红填充色深红色文本"条件格式，以突出显示。

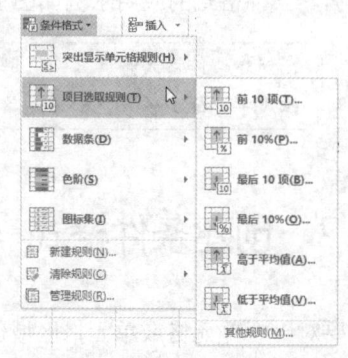

图 10-6　条件格式的"项目选取规则"

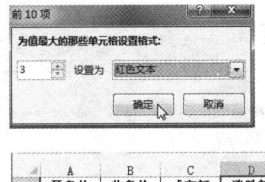
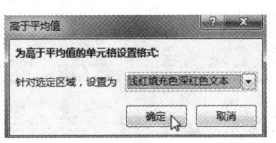

图 10-7　为销售额最大的前 3 项设置条件格式　　　　图 10-8　为高于平均值的单元格设置条件格式

10.2.3　数据条

单击"开始"选项卡"样式"组中的"条件格式"下拉按钮 条件格式·，在打开的下拉菜单中单击"数据条"命令，打开"数据条"样式库，如图 10-9 所示。"数据条"有"渐变填充"和"实心填充"两类，还允许用户采用自定义方式设置具体的显示效果。

【例 10-1】运用"数据条"直观分析数据

在图 10-10 所示的工作表中，如果要为"总成绩"列设置"实心填充"的"蓝色数据条"条件格式，具体操作步骤如下。

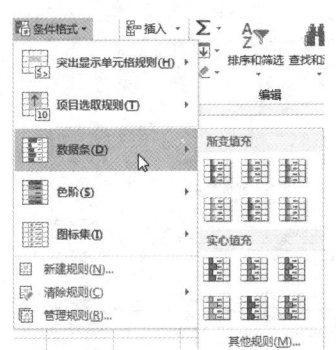

图 10-9　"数据条"条件格式

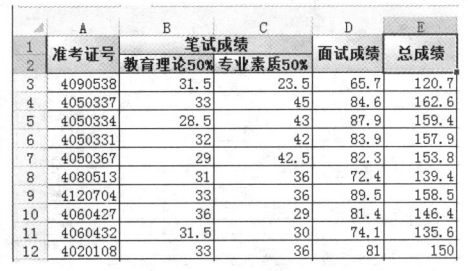

图 10-10　原始数据表

1　选中需要设置条件格式的 E3:E12 单元格区域。

2　单击"开始"选项卡"样式"组中的"条件格式"下拉按钮 条件格式·，在打开的下拉菜单中单击"数据条"命令。

3　在打开的"数据条"样式库中，单击"实心填充"中的"蓝色数据条"样式，即可为选定的单元格区域设置"实心填充"的"蓝色数据条"条件格式，如图 10-11 所示。

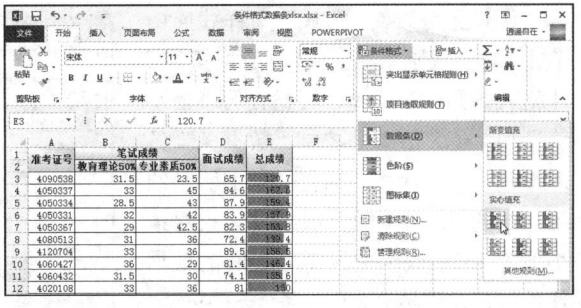

图 10-11　设置"实心填充"中的"蓝色数据条"条件格式样式

从图 10-11 中可以看出，数据条的长短直观地反映数据值的大小。

提示 用户可以更改“数据条”条件格式的条形图的显示方向和坐标轴的位置，具体操作步骤如下。

1 在“开始”选项卡中依次单击“条件格式”下拉按钮→“数据条”命令→“其他规则”命令，打开“新建格式规则”对话框。

2 在“新建格式规则”对话框中单击“条形图方向”下拉按钮，在下拉列表中可以选择设置条形图的方向，其中“上下文”是默认的条形图方向，即正数为“从左向右”，负数为“从右向左”，如图 10-12 所示。

3 单击“负值和坐标轴”按钮，打开“负值和坐标轴设置”对话框，在该对话框中可以分别对坐标轴的位置和颜色进行设置，如图 10-13 所示。

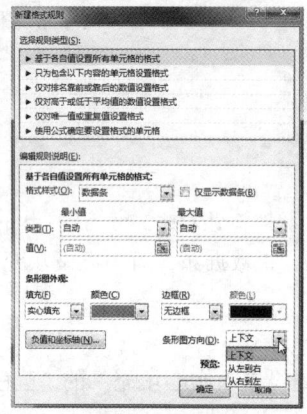

图 10-12 设置“条形图”方向

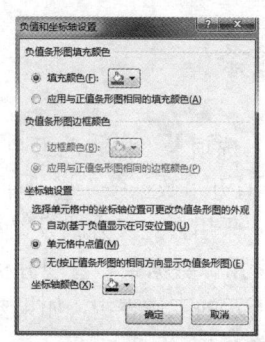

图 10-13 设置“坐标轴”

如果将图 10-11 中数据条的条形图的显示方向设置为“从右到左”，“坐标轴设置”设置为“单元格中点值”，则效果如图 10-14 所示。

	A	B	C	D	E
1	准考证号	笔试成绩		面试成绩	总成绩
2		教育理论50%	专业素质50%		
3	4090538	31.5	23.5	65.7	120.7
4	4050337	33	45	84.6	162.6
5	4050334	28.5	43	87.9	159.4
6	4050331	32	42	83.9	157.9
7	4050367	29	42.5	82.3	153.8
8	4080513	31	36	72.4	139.4
9	4120704	33	36	89.5	158.5
10	4060427	36	29	81.4	146.4
11	4060432	31.5	30	74.1	135.6
12	4020108	33	36	81	150
13	4020114	35.5	34	80.3	149.8

	A	B	C	D	E
1	准考证号	笔试成绩		面试成绩	总成绩
2		教育理论50%	专业素质50%		
3	4090538	31.5	23.5	65.7	120.7
4	4050337	33	45	84.6	162.6
5	4050334	28.5	43	87.9	159.4
6	4050331	32	42	83.9	157.9
7	4050367	29	42.5	82.3	153.8
8	4080513	31	36	72.4	139.4
9	4120704	33	36	89.5	158.5
10	4060427	36	29	81.4	146.4
11	4060432	31.5	30	74.1	135.6
12	4020108	33	36	81	150

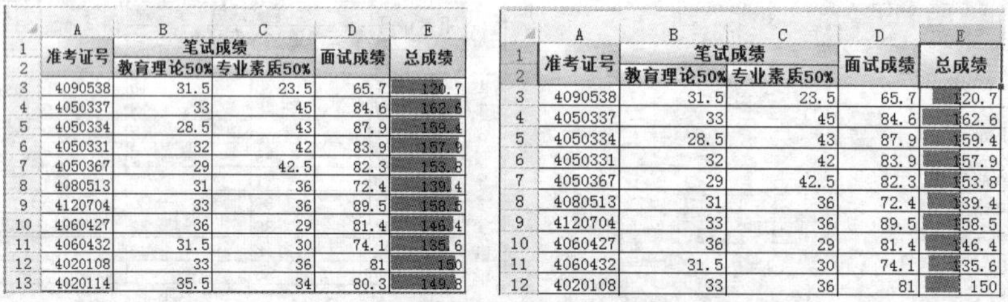

图 10-14 改变数据条的条件图显示方向和坐标轴位置的显示效果对比

用户还可以在“数据条”样式库中单击“其他规则”命令，打开数据条“新建格式规则”对话框，根据设置“最小值”和“最大值”来控制“数据条”条形图的显示。例如，对图 10-11 所示的工作表的 E 列中的总成绩设置只对最小值为 155、最大值为 170 之间的数据使用红色实心填充“数据条”条件格式，设置和显示效果如图 10-15 所示。

	A	B	C	D	E
1	准考证号	笔试成绩		面试成绩	总成绩
2		教育理论50%	专业素质50%		
3	4090538	31.5	23.5	65.7	120.7
4	4050337	33	45	84.6	162.6
5	4050334	28.5	43	87.9	159.4
6	4050331	32	42	83.9	157.9
7	4050367	29	42.5	82.3	153.8
8	4080513	31	36	72.4	139.4
9	4120704	33	36	89.5	158.5
10	4060427	36	29	81.4	146.4
11	4060432	31.5	30	74.1	135.6
12	4020108	33	36	81	150

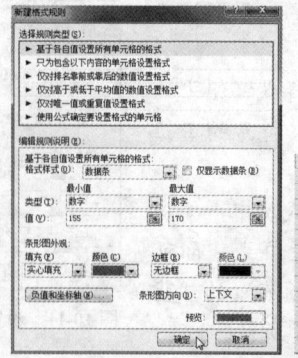

图 10-15 设置数据条“最小值”和“最大值”规则

10.2.4　色阶

单击"开始"选项卡"样式"组中的"条件格式"下拉按钮 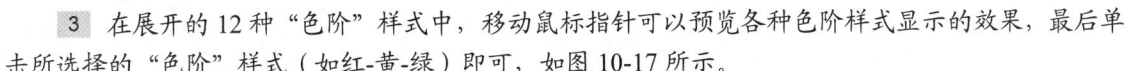，在打开的下拉菜单中单击"色阶"命令，打开"色阶"样式库。"色阶"可以用色彩直观地反映数据大小，其中预置了 6 种"三色刻度"色阶和 6 种"双色刻度"色阶，如图 10-16 所示。

图 10-16　预置的色阶样式

【例 10-2】设置"色阶"条件格式直观反映数据大小

例如，要对图 10-17 所示的工作表的 E 列设置"色阶"条件格式，具体操作步骤如下。

1 选中需要设置条件格式的 E2:E17 单元格区域。

2 单击"开始"选项卡"样式"组中的"条件格式"下拉按钮，在打开的下拉菜单中单击"色阶"命令。

3 在展开的 12 种"色阶"样式中，移动鼠标指针可以预览各种色阶样式显示的效果，最后单击所选择的"色阶"样式（如红-黄-绿）即可，如图 10-17 所示。

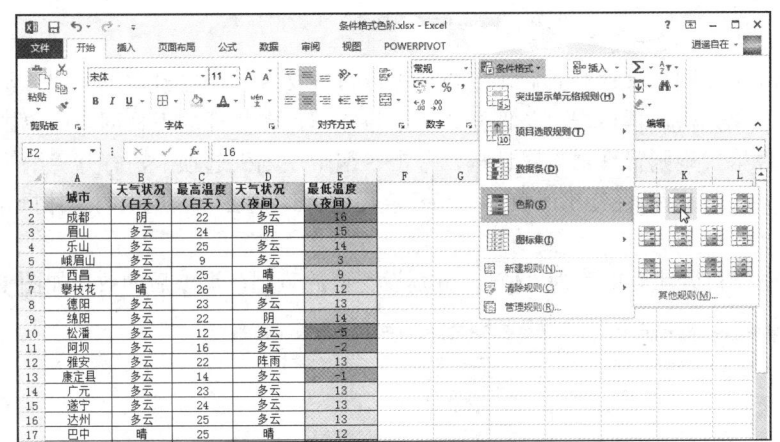

图 10-17　为单元格区域设置"色阶"条件格式

10.2.5　图标集

条件格式的"图标集"中提供了"方向""形状""标记"和"等级"4 个大类的图标，如图 10-18 所示。

使用"图标集"条件格式，可以直观形象地可视化数据，可以根据"图标集"中"方向""形状""标记"和"等级"设置条件格式，对数据进行分类。

【例 10-3】使用"图标"对数据进行分类

在图 10-19 所示的工作表中，如果要选用"图标集"条件格式"等级"中的"四等级"来对数据进行直观反映，可按照如下步骤操作。

1 选中需要设置条件格式的 B2:D11 单元格区域。

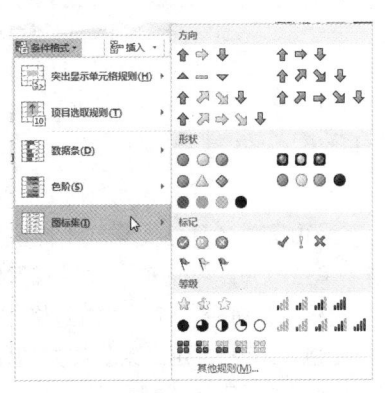

图 10-18　条件格式中的"图标集"

2 单击"开始"选项卡"样式"组中的"条件格式"下拉按钮 条件格式，在打开的下拉菜单中单击"图标集"命令，打开"图标集"样式列表，单击"等级"类别中的"四等级"样式即可为选定区域设置条件格式，以直观显示数据，如图 10-19 所示。

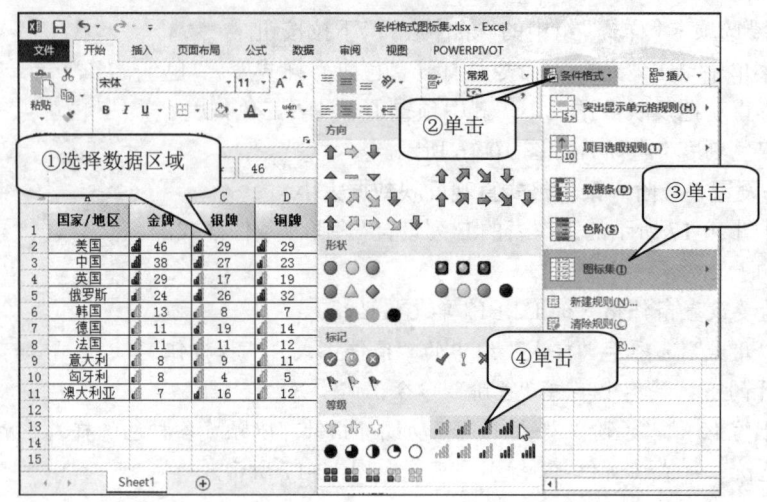

图 10-19　运用"图标集"为数据分类

在运用"四等级"图标条件格式后，用户还可以自定义等级。在设置了"四等级"分类条件格式区域内单击任一单元格，再单击"条件格式"下拉按钮，在打开的下拉列表中单击"管理规则"命令，打开"条件格式规则管理器"对话框，单击"编辑规则"选项卡，打开"编辑格式规则"对话框，然后对"类型"（选择百分比或数字）和"值"进行调整（管理规则的具体操作可参见 10.4.1小节），如图 10-20 所示。

将"类型"由"百分比"更改为"值"，分别设置值的范围，调整后的效果如图 10-21 所示。

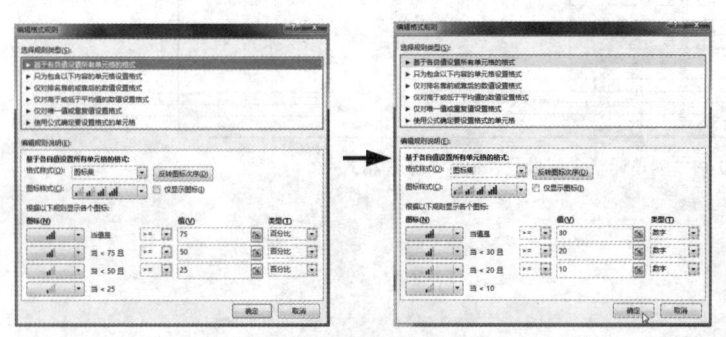

图 10-20　调整显示规则　　　　　　　　　　　　图 10-21　调整后的结果

10.2.6　新建规则

当内置的条件格式样式不能满足用户需要时，可以运用条件格式中的"新建规则"命令新建规则。单击"开始"选项卡"样式"组中的"条件格式"下拉按钮 条件格式，在打开的下拉菜单中单击"新建规则"命令，打开"新建格式规则"对话框，用户可以自定义条件格式规则，如图 10-22 所示。

【例 10-4】自定义条件格式显示奖牌榜

运用"新建格式规则"对话框，用户可以自定义条件格式。例如，要对图 10-19 所示的工作表中的 B2:D11 单元格区域中 25 以上的单元格设置用"红旗"突出显示，操作步骤如下。

　　1　选择需要设置条件格式的 B2:D11 单元格区域。

　　2　单击"开始"选项卡"样式"组中的"条件格式"下拉按钮 条件格式·，在打开的下拉菜单中单击"新建规则"命令，打开"新建格式规则"对话框。

　　3　在"选择规则类型"列表框中，选择"基于各自值设置所有单元格的格式"类型。

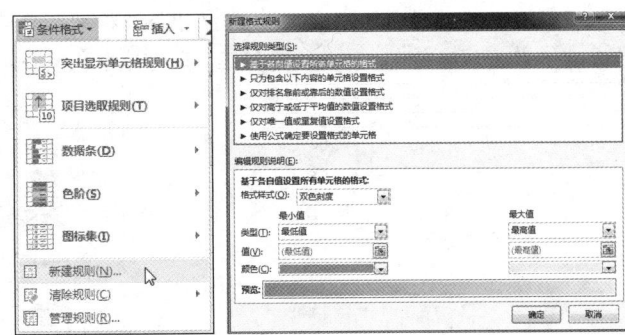

图 10-22　"新建格式规则"对话框

　　4　在"格式样式"下拉列表中选择"图标集"格式样式。

　　5　单击"图标"下方的第一个下拉按钮，在样式库中选择"红旗"样式，设置"类型"为"数字"，"值"为">=25"。继续在"图标""值""类型"的第二行设置"值"的类型为"数字"，"值"为"<25 且>=0"，"图标"为"无单元格图标"，如图 10-23 所示。

　　6　单击"确定"按钮，关闭对话框，即可为选定的单元格区域设置自定义条件格式，效果如图 10-24 所示。

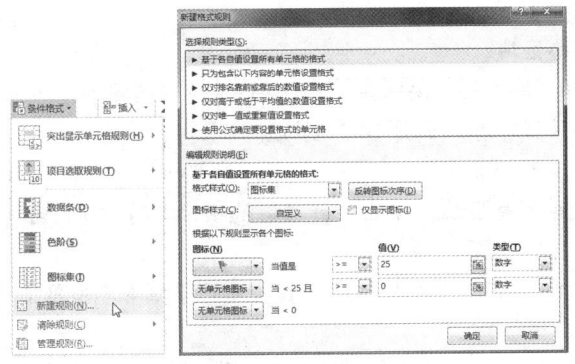

图 10-23　设置"新建格式规则"对话框　　　　　　　图 10-24　自定义条件格式的奖牌榜

10.3　条件格式的查找与复制

　　如果要知道哪些单元格区域设置了条件格式，可以利用"查找和选择"的相关命令进行查找。用户也可以将条件格式复制到其他的单元格区域。

10.3.1　查找条件格式

　　要在工作表中查找哪些单元格设置了条件格式，可以单击"开始"选项卡 "编辑"组中的"查找和选择"下拉按钮 ，在打开的下拉菜单中单击"条件格式"命令即可，如图 10-25 所示。

　　【例 10-5】使用"定位条件"查找条件格式

　　1　在工作表中单击"开始"选项卡"编辑"组中的"查找和选择"下拉按钮 ，在打开的下拉菜单中单击"定位条件"命令。

2 在"定位条件"对话框中选中"条件格式"单选钮。

3 单击"确定"按钮关闭对话框，即可选中包含条件格式的单元格区域，如图 10-26 所示。

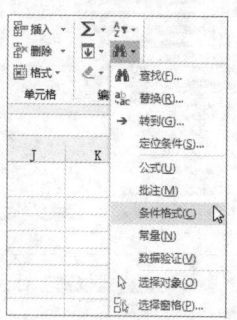
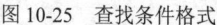

图 10-25　查找条件格式

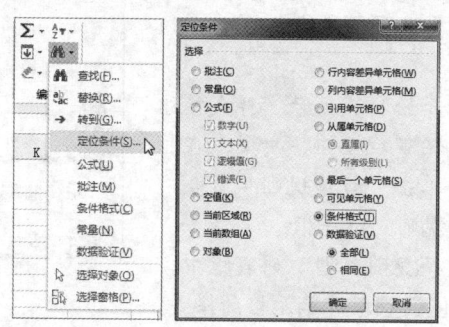

图 10-26　查找条件格式

10.3.2　复制条件格式

如果要将已设置的条件格式复制到其他需要应用相同条件格式的单元格或单元格区域中，可以使用"格式刷"和"选择性粘贴"两种方法。

使用"格式刷"复制条件格式的操作步骤如下。

1 选定要复制条件格式的单元格或单元格区域。

2 单击"开始"选项卡"剪贴板"组中的"格式刷"按扭，然后按住鼠标左键拖动"格式刷"选择需要设置相同条件格式的单元格或单元格区域即可，如图 10-27 所示。

使用"选择性粘贴"复制条件格式的操作步骤如下。

1 选定包含要复制条件格式的单元格或单元格区域。单击"开始"选项卡"剪贴板"组中的"复制"按钮。

2 单击"开始"选项卡"剪贴板"组中的"粘贴"下拉按扭，在打开的下拉菜单中单击"选择性粘贴"命令，打开"选择性粘贴"对话框。

3 在"选择性粘贴"对话框的"粘贴"选项中选中"格式"单选钮，单击"确定"按钮即可，如图 10-28 所示。

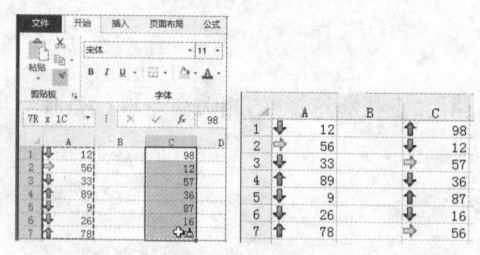

图 10-27　使用"格式刷"复制条件格式

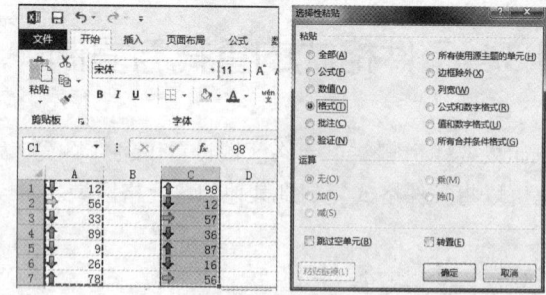

图 10-28　"选择性粘贴"复制条件格式

10.4　条件格式规则管理

使用条件格式规则编辑器可以编辑、删除工作表中所有的条件格式规则。

10.4.1 编辑条件格式规则

用户可以对设置好的条件格式进行编辑修改。例如，要对图 10-19 所示的设置有"图标集"条件格式的工作表编辑规则，具体操作步骤如下。

1 选定需要修改条件格式的 B3:D11 单元格区域

2 单击"开始"选项卡"样式"组中的"条件格式"下拉按钮 条件格式，在打开的下拉菜单中单击"管理规则"命令，打开"条件格式规则管理器"对话框。选中需要编辑的项目规则，单击"编辑规则"按钮 编辑规则(E)...，如图 10-29 所示。

图 10-29 在"条件格式规则管理器"对话框中单击"编辑规则"按钮

3 在打开的"编辑格式规则"对话框中，用户可以重新选择规则类型，编辑格式样式、图标样式，自定义图标、类别和值等，设置完成后单击"确定"按钮关闭"编辑格式规则"对话框，返回到"条件格式规则管理器"对话框，单击"确定"按钮关闭"条件格式规则管理器"对话框，完成规则的编辑操作，如图 10-30 所示。

如果先没有选择要编辑格式规则的单元格区域，可以在"条件格式规则管理器"中单击"显示其格式规则"右边的下拉按钮，选择当前工作表，然后选择需要编辑的规则进行编辑，如图 10-31 所示。

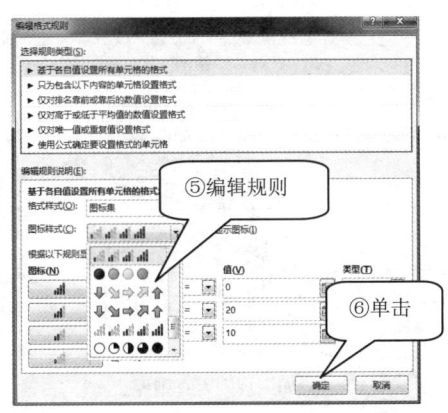

图 10-30 编辑条件格式规则

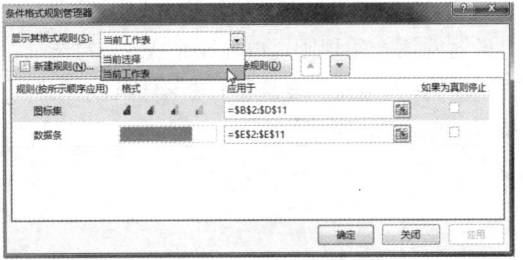

图 10-31 在当前工作表中选择要编辑的格式规则

10.4.2 条件格式优先级

用户可以对同一个单元格区域设置多个条件格式。当同一单元格区域有多个条件格式规则时，可以设置条件格式优先级顺序。

1. 调整条件格式优先级

在"条件格式规则管理器"对话框的规则列表中，越位于上方的规则，优先级越高。默认情况下，新规则具有最高的优先级，用户可以使用对话框中的"上移"和"下移"按钮更改优先顺序，如图 10-32 所示。

当同一个单元格中存在多个条件格式规则时，如果规则不冲突，例如，对同一单元格设置"突出显示单元格规则"和"图标集"规则，则全部规则有效；如果规则之间有冲突，例如，对同一单元格运用不同的突出显示单元格规则，则执行优先级较高的规则，如图 10-33 所示。

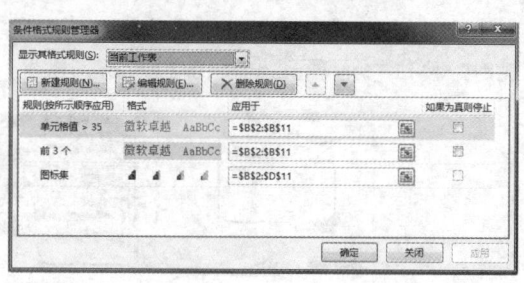

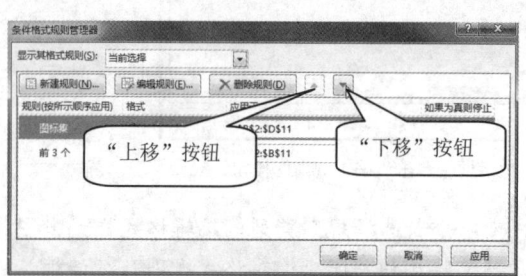

图 10-32 调整规则优先级

图 10-33 条件格式的优先级显示

2. 如果为真则停止

当同时存在多个条件规则时，优先级最高的规则先执行，然后执行下一级规则，直至所有规则执行完毕。在这一过程中，用户可以应用"如果为真则停止"规则，一旦优先级较高的规则被满足后，则不再执行优先级以下的规则。在图 10-33 中，如果在"条件格式规则管理器"对话框的第一条规则"单元格值>35"勾选"如果条件为真则停止"复选框，将不再显示图标集规则，如图 10-34 所示。

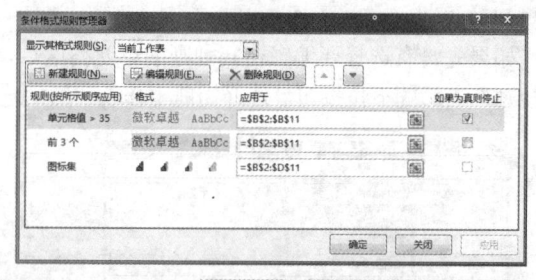

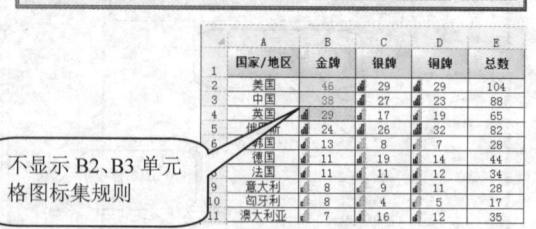

不显示 B2、B3 单元格图标集规则

图 10-34 如果规则为真则停止

 提示 如果在单元格区域中，既设置有条件格式规则，也设置有单元格格式，当条件格式规则为真时，将优先于单元格格式。如果删除条件格式规则，设置了单元格格式的单元格区域仍将保留条件格式。

10.4.3 删除条件格式规则

要删除已设置的条件格式，操作步骤如下。

1 单击"开始"选项卡"样式"组中的"条件格式"下拉按钮 条件格式·，在打开的下拉菜单中单击"管理规则"命令，打开"条件格式规则管理器"对话框。

2 在"条件格式规则管理器"对话框中，单击"显示其格式规则"下拉按钮 ，在下拉列表中选择"当前工作表"选项，然后在显示出的规则列表中选择要删除的条件格式规则，例如，选择应用于"$B$2:$B$11"单元格区域的"单元格值>35"规则，单击"删除规则"按钮，即可将选定的"条件格式"删除。删除规则后单击"确定"按钮关闭对话框，如图 10-35 所示。

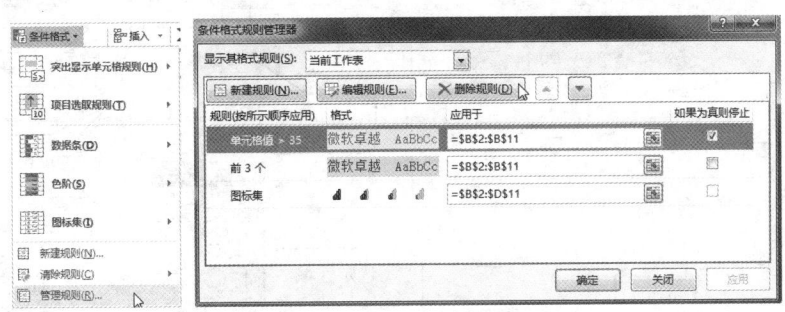

图 10-35　删除条件格式

【例 10-6】使用"清除规则"命令删除条件格式规则

1 如果要清除所选单元格区域的条件格式，先选中相关的单元格区域；如果要清除整个工作表中的条件格式，则可选中任意一个单元格。

2 单击"开始"选项卡的"样式"组中的"条件格式"下拉按钮 条件格式·，在打开的下拉菜单中将鼠标指针指向"清除规则"命令，可以在扩展菜单中选择清除的规则。单击"清除所选单元格的规则"命令，则清除所选单元格的条件格式；单击"清除整个工作表的规则"命令，则清除当前工作表中所有单元格区域中的条件格式，如图 10-36 所示。

图 10-36　清除条件格式

10.5　条件格式的高级应用

使用条件格式，可以标识特定的值，如重复值、错误值；也可以分色直观显示数据等。本节通过几个具体实例，介绍条件格式的高级应用。

10.5.1　标识重复值

运用"条件格式"的"突出显示单元格规则"中的"重复值"命令，可以在工作表中查找和标识重复的数据。

【例 10-7】运用突出显示单元格规则查找重复值

如图 10-37 所示，如果需要找出工作表中重复的"准考证号"，可按如下步骤进行操作。

1 选中 A2:A15 单元格区域。

2 单击"开始"选项卡"样式"组中的"条件格式"下拉按钮 条件格式·，在打开的下拉菜单中单击"突出显示单元格规则"命令，然后在打开的下拉菜单中单击"重复值"命令，打开"重复值"

对话框。

3 在"值"左侧的下拉列表中选择"重复"，在"设置为"右侧的下拉列表中选择相应的条件格式（如浅红填充色深红色文本）。

4 单击"确定"按钮关闭"重复值"对话框，重复值便以设定的格式显示出来，如图 10-37 所示。

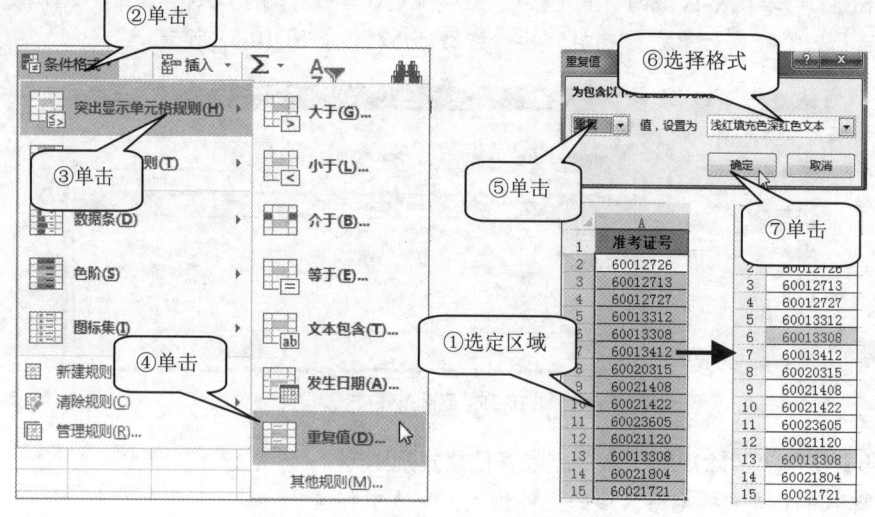

图 10-37　设定条件格式查找重复值

10.5.2　标识错误的身份证号码

利用数据验证功能可以圈释出无效数据，比如错误的身份证号码。利用条件格式，设置自定义规则同样可以标识错误的数据。

【例 10-8】 设置自定义规则标识错误身份证号码

图 10-38 是一张身份证信息表，为了检查身份证号码的输入是否有误，可以使用条件格式把错误的身份证号码标识出来。其中验证规则包括：身份证号码必须为 18 位，前 17 位必须为数字，具体操作步骤如下。

图 10-38　身份证信息表

1 选定 B2:B7 单元格区域。

2 单击"开始"选项卡"样式"组中的"条件格式"下拉按钮 ，在打开的下拉菜单中单击"新建规则"命令，打开"新建格式规则"对话框。

3 在"选择规则类型"列表框中选定"使用公式确定要设置格式的单元格"规则。

4 在"编辑规则说明"的"为符合此公式的值设置格式"文本框中输入以下公式。

=NOT(AND(OR(LEN($B2)=18),ISNUMBER(- -LEFT($B2,17))))

（说明）用 LEN 函数返回文本字符串的字符数为 18，限定身份证号码长度必须等于 18；用 ISNUMBER(- -LEFT($A2,17))函数限定前 17 位必须为数字，其中用 LEFT 函数返回文本字符串中指定的前 17 个字符；用 ISNUMBER 函数判断引用的参数的值是否为数字。由于身份证号码要满足两个条件，于是用 AND 函数进行逻辑运算；由于要标出出错的号码，因此要用 NOT 函数求出逻辑表达式的相反值。

5 单击"格式"按钮，弹出"设置单元格格式"对话框。

6 单击“填充”选项卡，在“背景色”中选择填充颜色为红色，单击“确定”按钮，返回“新建格式规则”对话框，如图 10-39 所示。

7 单击“确定”按钮，关闭“新建格式规则”对话框，则无效的身份证号码按设定的格式突出显示出来，如图 10-40 所示。

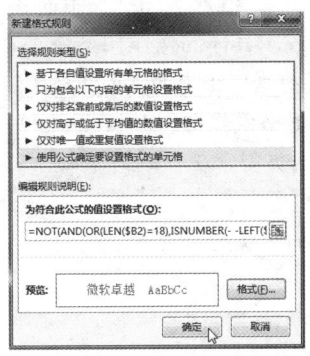

图 10-39　设置单元格格式

	A	B	C
1	姓名	身份证号码	
2	赵一	110000201201111121	
3	刘二	120000200002222315	
4	张三	2100002003030321	
5	李四	53000020020202315X	
6	王五	3500001988080832591	
7	陈六	33026319880818523X1	

图 10-40　标记错误的身份证号码

在图 10-40 中，B2 单元格中的身份证号码为 17 位，B4 单元格中的身份证号码为 16 位，B6 单元格中的身份证号码为 19 位，B7 单元格的身份证号码前 17 位不全是数字，都不符合要求，于是按设定的条件格式显示出来。

10.5.3　标识前三名成绩

如图 10-41 所示的学生成绩表，如果要标识出各科前 3 名的成绩和总分前 3 名的成绩，可以使用条件格式来完成，具体操作步骤如下。

1 选择 B3:B18 单元格区域。

2 单击“开始”选项卡 “样式”组中的“条件格式”下拉按钮 条件格式▾，在打开的下拉菜单中单击“项目选取规则”命令，然后在打开的扩展菜单中单击“前 10 项”命令，打开“前 10 项”对话框。

3 在“前 10 项”对话框中，通过微调按钮将左侧文本框中的值设置为“3”，单击右侧的下拉按钮▾，在打开的下拉列表中选择相应的条件格式，例如“浅红填充色深红色文本”。单击“确定”按钮关闭“前 10 项”对话框，如图 10-42 所示。

学生成绩表

姓名	数学	语文	英语	文综	总分
王兰	146	125	135	268	674
陈龙	135	128	126	256	645
赵青青	143	121	146	231	641
郑小伟	123	131	148	218	620
何大为	150	98	128	267	643
张晓莉	136	110	145	235	626
汪海洋	128	109	120	267	624
李文静	139	112	132	223	606
刘宇	141	123	98	213	575
邱菊	109	98	126	260	593
万芳	116	89	110	213	528
赵文	87	108	115	231	541
杨小	126	119	99	222	566
陈杰	142	102	96	219	559
刘春雨	137	115	135	217	604
蒋桂英	127	106	126	210	569

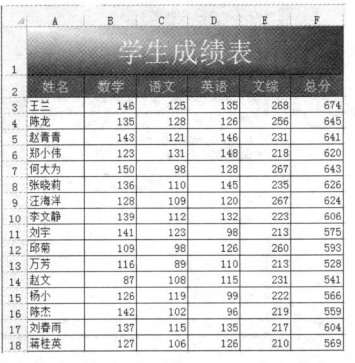

图 10-41　学生成绩表

4 选择 B3:B18 单元格区域，单击“开始”选项卡“剪贴板”组中的“格式刷”按钮，将条件格式分别复制到 C3:C18、D3:D18、E3:E18、F3:F18 单元格区域，最后的效果如图 10-43 所示。

图 10-42　设置条件格式

学生成绩表

姓名	数学	语文	英语	文综	总分
王兰	146	125	135	268	674
陈龙	135	128	126	256	645
赵青青	143	121	146	231	641
郑小伟	123	131	148	218	620
何大为	150	98	128	267	643
张晓莉	136	110	145	235	626
汪海洋	128	109	120	267	624
李文静	139	112	132	223	606
刘宇	141	123	98	213	575
邱菊	109	98	126	260	593
万芳	116	89	110	213	528
赵文	87	108	115	231	541
杨小	126	119	99	222	566
陈杰	142	102	96	219	559
刘春雨	137	115	135	217	604
蒋桂英	127	106	126	210	569

图 10-43　标识各行前 3 名的成绩

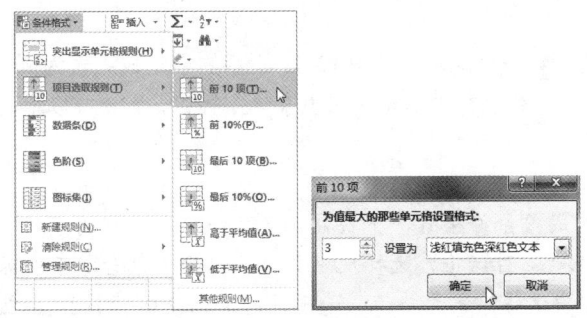

10.5.4　使用多种图标显示极值

在图 10-41 所示的成绩表中，如果要在"总分"列中用"红旗"图标显示前 3 名，用"黄色感叹号"图标显示末 3 名，可以通过设置条件格式规则来完成。具体的操作如下。

　1　选中 F3:F18 单元格区域，单击"开始"选项卡"样式"组中的"条件格式"下拉按钮 条件格式▾，在打开的下拉菜单中单击"新建规则"命令，打开"新建格式规则"对话框。

　2　选择"基于各自值设置所有单元格的格式"规则类型，在"格式样式"下拉列表中选择"图标集"。

　3　在"根据以下规则显示各个图标"区域中设置如下规则。

当值是>=LARGE($F$3:$F$18,3)时，显示"红旗"。

当<公式且>=SMALL($F$3:$F$18,3)时，显示"无单元格图标"。

当<=公式=SMALL$F$3:$F$18,3）时，显示"黄色感叹号"，如图 10-44 所示。

　LARGE($F$3:$F$18,3)表示 F3:F18 单元格区域中第 3 大的数据，如果忽略重复值，则大于等于该公式的值就代表前 3 名。　SMALL($F$3:$F$18,3)表示 F3:F18 单元格区域第 3 小的数据，如果忽略重复值，则小于等于该公式就代表末 3 名。

　4　单击"确定"按钮关闭"新建格式规则"对话框。设置完成后的效果如图 10-45 所示。

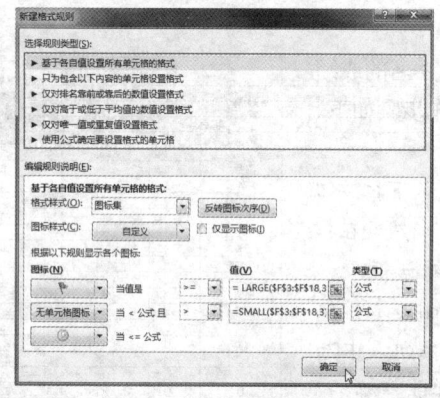

图 10-44　设置条件规则　　　　　　　　图 10-45　多种图标标示极值

10.5.5　对不同分数段分色显示

利用设置条件格式规则，可以将不同的分数分色显示。以图 10-41 所示的学生成绩表为例，要将 B3:D18 单元格区域内 100 分以下的分数设置"红色背景填充，白色字体"标识，130 分以上的分数设置"蓝色背景填充"标识，具体操作如下。

　1　选定 B3:D18 单元格区域。

　2　单击"开始"选项卡"样式"组中的"条件格式"下拉按钮 条件格式▾，在打开的下拉菜单中单击"新建规则"命令，打开"新建格式规则"对话框，选择规则类型为"只为包含以下内容的单元格设置格式"规则，在"编辑规则说明"中选择"单元格值"选项，选定比较词"小于"，然后输入"100"。

③ 单击"格式"按钮，弹出"设置单元格格式"对话框。

④ 单击"填充"选项卡，选择"红色"填充色，切换到"字体"选项卡，设置字体颜色为"白色"，单击"确定"按钮，返回"新建格式规则"对话框，如图 10-46 所示。

⑤ 按照第二到第四步的操作方法，为 130 分以上的数据设置蓝色填充背景，如图 10-47 所示。

⑥ 设置完成后的显示效果如图 10-48 所示。

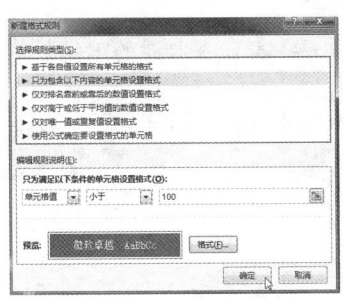
图 10-46　设置 100 分以下条件格式

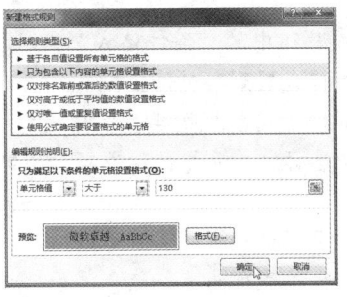
图 10-47　设置 130 分以上条件格式

图 10-48　对不同分数段分色显示

10.5.6　条件格式转化为单元格格式

条件格式是根据一定的条件规则设置的格式，而单元格格式没有条件约束。如果需要，可以将条件格式转化为单元格格式，操作步骤如下。

① 单击"开始"选项卡"剪贴板"组右下侧的"剪贴板"对话框启动器按钮，打开"剪贴板"任务窗格。

② 选中设有条件格式的单元格区域，单击"剪贴板"组中的"复制"按钮，此时复制内容会出现在"剪贴板"任务窗格。

③ 选中 E1 单元格，在"剪贴板"任务窗格的"单击要粘贴的项目"列表框中，单击"粘贴"按钮，或者直接单击要粘贴的内容，设有条件格式的单元格区域便复制到新的区域中。

④ 选中新粘贴的区域，按键盘中的<Delete>键,删除单元格区域内的内容，此时只保留单元格格式，如图 10-49 所示。

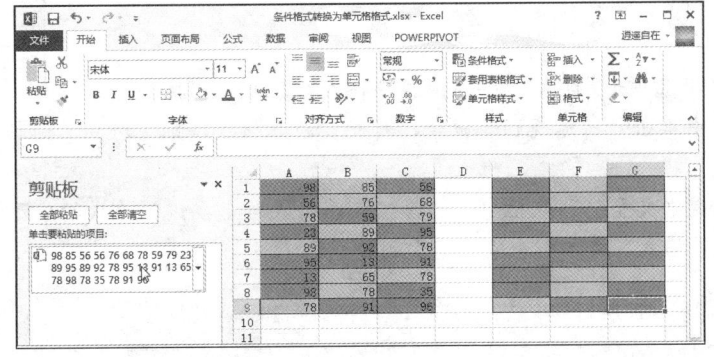
图 10-49　条件格式转化为单元格格式

 提示　只能转化在单元格格式中存在的条件格式样式，图标集、数据条等不能转化为单元格格式。

10.5.7　条件格式比对数据

使用条件格式可以比对并标识出不同的数据。

【例 10-9】比对数据出现顺序相同的两列数据

在如图 10-50 所示的工作表中，如果需要比对 A、B 两列数据的差异，可按照如下步骤进行操作。

1　选中单元格区域 B2:B7。

2　单击"开始"选项卡"样式"组中的"条件格式"下拉按钮 条件格式·，在打开的下拉菜单中单击"新建规则"命令，打开"新建格式规则"对话框。

3　在"新建规则格式"对话框的"选择规则类型"中选择"只为包含以下内容的单元格设置格式"规则，在"编辑规则说明"中选择"单元格值"选项，选定比较词组"不等于"，在右侧文本框中输入"=A2"。

4　单击"格式"按钮，弹出"设置单元格格式"对话框。

5　单击"填充"选项卡，选择一种醒目的填充颜色，如"蓝色"，然后单击"确定"按钮返回"新建格式规则"对话框，如图 10-51 所示。

6　在"新建格式规则"对话框中单击"确定"按钮，比对结果如图 10-52 所示。

	A	B
1	原始数据	校验数据
2	325.53	325.55
3	5678.12	5678.12
4	123.02	123.2
5	655.31	655.31
6	898.12	898.12
7	369.36	369.63

图 10-50　需要比对数据的工作表

图 10-51　设置条件格式

	A	B
1	原始数据	校验数据
2	325.53	325.55
3	5678.12	5678.12
4	123.02	123.2
5	655.31	655.31
6	898.12	898.12
7	369.36	369.63

图 10-52　比对结果

【例 10-10】比对数据出现顺序不相同的两列数据

在实际工作中，需要比对的数据在出现的顺序上可能并不一致，如图 10-53 所示。此时上面的方法不适用于这种情况，需要使用其他的公式来处理。操作步骤如下。

1　选定 A2:A7 单元格区。

2　单击"开始"选项卡"样式"组中的"条件格式"下拉按钮 条件格式·，在打开的下拉菜单中单击"新建规则"命令，打开"新建格式规则"对话框。

3　在"选择规则类型"列表框中，选择"使用公式确定要设置格式的单元格"规则，在"为符合此公式的值设置格式"文本框中输入下面的公式：

	A	B
1	原始数据	校验数据
2	325.53	369.63
3	5678.12	325.55
4	123.02	5678.12
5	655.31	123.2
6	898.12	655.31
7	369.36	898.12

图 10-53　需比对的两列数据

=OR(EXACT(A2,B$2:B$7))=FALSE

 说明 EXACT 函数用于比较两个字符串，若两者完全相同，则返回 TRUE；否则返回 FALSE。用 OR 函数一个参数的逻辑值为 FALSE，即返回 FALSE，标识出比对不同的数据。

4　单击"格式"按钮，弹出"设置单元格格式"对话框。

5　单击"设置单元格格式"对话框中的"填充"选项卡，选择一种醒目的颜色，如"蓝色"，然后单击"确定"按钮，返回"新建格式规则"对话框，如图 10-54 所示。

6　在"新建格式规则"对话框中单击"确定"按钮，关闭对话框，比对结果如图 10-55 所示。

图 10-54　设置公式比对两列数据

	A	B
1	原始数据	校验数据
2	325.53	369.63
3	5678.12	325.55
4	123.02	5678.12
5	655.31	123.2
6	898.12	655.31
7	369.36	898.12

图 10-55　比对数据出现顺序不相同的两列数据

10.5.8　条件自定义格式标记考试结果

在专业技术人员计算机应用能力考试中，每个考试模块有 40 道操作题，做对一道题得 2.5 分，成绩为 60 分及以上者都统一为合格，60 分以下者都为不合格，如果缺考，成绩为-1。设定条件格式可以快速根据工作表中的考试成绩自动标记考试结果（合格、不合格、缺考）。图 10-56 所示的是一次专业技术人员计算机应用能力考试的成绩表，如果要在"是否合格"列里将 60 分及以上者标记为"合格"并设为"红色"字体，将 0～57.5 分者标记为"不合格"，将-1 分者标记为缺考，具体操作步骤如下。

1　选定工作表中 D2:D1627 单元格区域，单击"开始"选项卡"剪贴板"组中的"复制"按钮，选定 E3 单元格，然后单击"开始"选项卡"剪贴板"组中的"粘贴"按钮，将成绩粘贴到 E3:E1627 单元格区域。

2　选中 E3:E1627 单元格区域，单击"开始"选项卡"样式"组中的"条件格式"下拉按钮，在打开的下拉菜单中单击"新建规则"命令，打开"新建格式规则"对话框。

3　选择"只为包含以下内容的单元格设置格式"规则类型，在"编辑规则说明"文本框中依次设置"单元格值"→"大于或等于"→"60"条件，如图 10-57 所示。

	A	B	C	D	E
1	档案号	性别	报考模块	成绩	合格标志
2	517101000001472	女	Word 2003	32.5	
3	517101000001472	女	Windows XP	22.5	
4	517101000001617	女	Windows XP	90	
5	517101000001686	女	Internet 应用	87.5	
6	517101000001686	女	Word 2003	87.5	
7	517101000001686	女	Windows XP	65	
8	517101000001762	男	Word 2003	45	
9	517101000001762	男	PowerPoint 2003	22.5	
10	517101000001762	男	Internet 应用	-1	
11	517101000001829	女	Windows XP	-1	
12	517101000001829	女	Word 2003	-1	

图 10-56　计算机应用能力考试成绩表

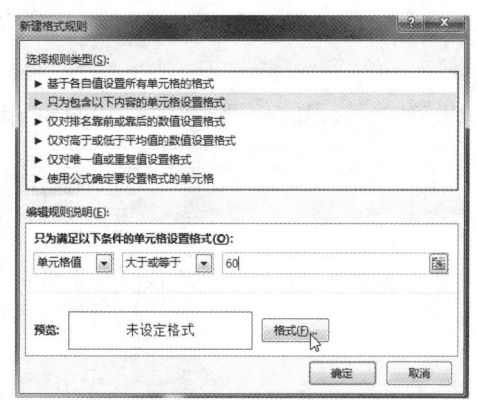

图 10-57　设置条件格式规则

4 单击"格式"按钮，打开"设置单元格格式"对话框，切换到"数字"选项卡，在"分类"列表框中选择"自定义"，在"类型"文本框中输入"合格"；切换到"字体"选项卡，将字体颜色设置为"红色"，单击"确定"按钮关闭"设置单元格格式"对话框。在"新建格式规则"对话框中单击"确定"按钮关闭对话框，如图 10-58 所示。设置完成后，60 分及以上的数据即由红色的"合格"替换。

5 按同样的方法，新建如下条件规则。

❖ "只为包含以下内容的单元格设置格式"→"单元格值"→"介于"→"0 到 57.5"，自定义数字格式为"不合格"。

❖ "只为包含以下内容的单元格设置格式"→"单元格值"→"等于"→"-1"，自定义数字格式为"缺考"，如图 10-59 所示。

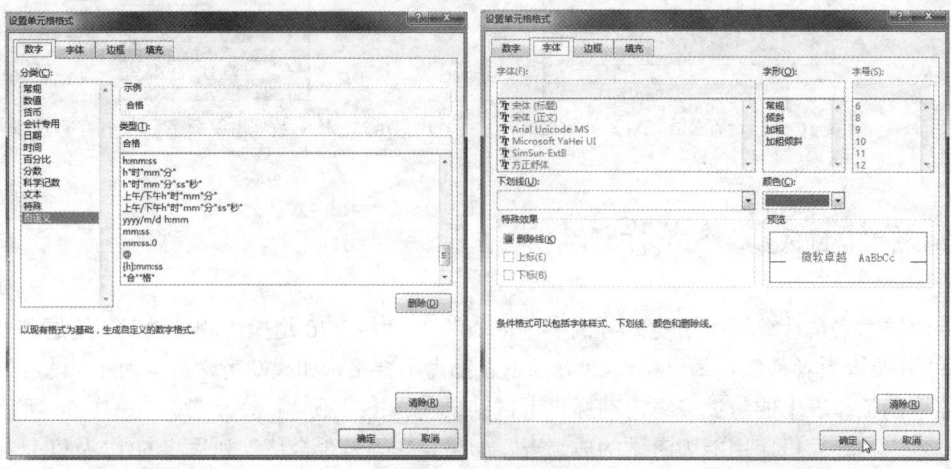

图 10-58　设置条件格式

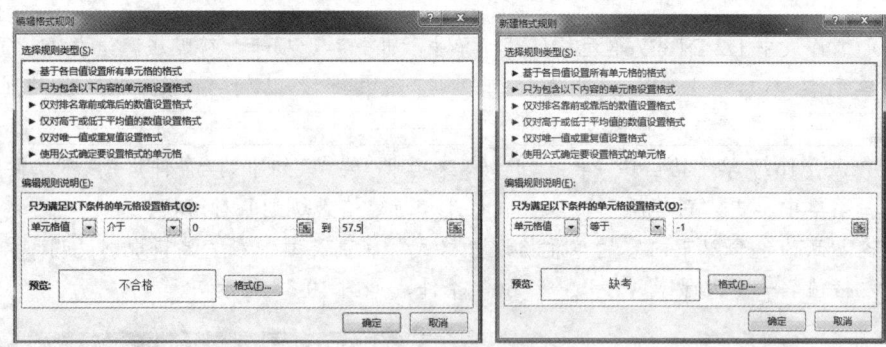

图 10-59　设置条件格式

设置完成后标记的考试结果如图 10-60 所示。

	A	B	C	D	E
1	档案号	性别	报考模块	成绩	合格标志
2	517101000001472	女	Word 2003	32.5	不合格
3	517101000001472	女	Windows XP	22.5	不合格
4	517101000001617	女	Windows XP	90	合格
5	517101000001686	女	Internet 应用	87.5	合格
6	517101000001686	女	Word 2003	87.5	合格
7	517101000001686	女	Windows XP	65	合格
8	517101000001762	男	Word 2003	45	不合格
9	517101000001762	男	PowerPoint 2003	22.5	不合格
10	517101000001762	男	Internet 应用	-1	缺考
11	517101000001829	女	Windows XP	-1	缺考
12	517101000001829	女	Word 2003	-1	缺考
13	517101000001914	女	Word 2003	87.5	合格
14	517101000001914	女	Windows XP	80	合格
15	517101000001926	男	Word 2003	100	合格
16	517101000001926	男	Windows XP	90	合格
17	517101000001926	男	Excel 2003	80	合格

图 10-59　利用条件格式标记考试结果是否合格

第 **11** 章　模拟分析和规划求解

模拟分析主要是基于现有的计算模型，在影响最终结果的多种因素中进行测算与分析，以寻求最接近目标的方案。

本章主要介绍使用"模拟运算表"进行模拟分析，创建方案、方案管理、单变量求解和规划求解等知识。

11.1　使用模拟运算表

模拟运算表是进行预测分析的一种工具，它可以显示 Excel 工作表中一个或多个数据变量的变化对计算结果的影响，同时将这一变化显示在表中以便于比较。模拟运算表是一个单元格区域，可以显示计算模型中某些参数的变化对计算结果的影响，如果要处理大量的模拟分析要求，可以使用模拟运算表功能来创建试算表格。

模拟运算表可分为单变量模拟运算表和双变量模拟运算表。

11.1.1　单变量模拟运算表

单变量模拟运算表的输入值，需纵排成一列（列方向）或横排成一行（行方向）。例如要使用单变量模拟运算查看在不同利率影响下，每月按揭付款数，具体的操作如下。

【例 11-1】单变量模拟运算查看在不同利率影响下每月按揭付款数

1　如图 11-1 所示，按照给定的条件计算贷款的月付款，在 D2 单元格输入公式：=PMT(B3/12, B4,-B5)，计算出该条件下的月付款额。

2　要分析不同利率对月付款的影响，在 C3:C13 单元格区域输入可能的利率，例如从 6.00%到 8.50%，如图 11-2 所示。

3　选中 C2:D13 单元格区域，单击"数据"选项卡中的"模拟分析"下拉按钮，在下拉列表中单击"模拟运算表"命令，如图 11-3 所示。

4　在打开的"模拟运算表"对话框中，在"输入引用列的单元格"的编辑框中单击，然后单击 B3 单元格，编辑框中将自动输入"$B$3"，单击"确定"按钮，如图 11-4 所示。

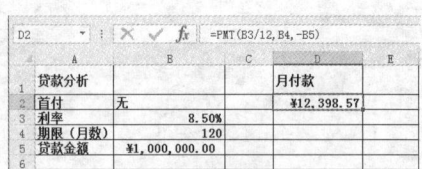

图 11-1　计算贷款的月付款　　　　　　图 11-2　输入可能的贷款利率

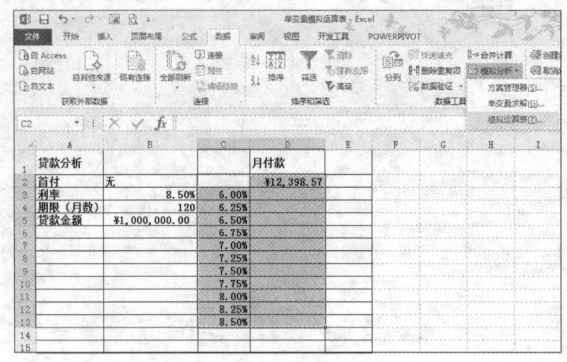

图 11-3　选择单元格区域　　　　　　图 11-4　"模拟运算表"对话框

创建的模拟运算表如图 11-5 所示，利用此表格，可以快速查看不同利率下的月付款额。

11.1.2　双变量模拟运算表

双变量模拟运算表可以帮助用户同时分析两个因素对最终结果的影响。

如果要模拟分析在不同利率和不同期限影响下，每月按揭付款数，可利用双变量模拟分析来完成，具体的操作如下。

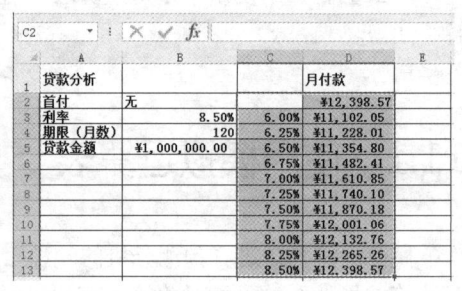

图 11-5　利率对月付款的影响的分析

【例 11-2】双变量模拟分析在不同利率和不同期限影响下每月按揭付款数

1　如图 11-6 所示，按照给定的条件计算贷款的月付款，在 C2 单元格输入公式：=PMT(B3/12, B4,-B5)，计算出该条件下的月付款额。

2　要分析不同利率和期限对月付款的影响，在 C2 单元格下方的 C3:C9 单元格区域输入可能的利率，在 C2 单元格右侧的 D2:E2 单元格区域输入不同的期限，如图 11-7 所示。

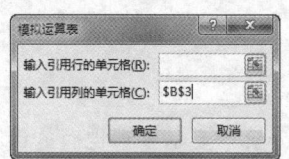

图 11-6　计算贷款的月付款　　　　　　图 11-7　输入可能的贷款利率和期限

3　选中 C2:E9 单元格区域，单击"数据"选项卡中的"模拟分析"下拉按钮，在下拉列表中单击"模拟运算表"命令，打开"模拟运算表"对话框，单击"输入引用行的单元格"的编辑框，然后单击 B4 单元格，"输入引用行的单元格"编辑框中将自动输入"$B$4"，单击"输入引用列的单

元格"的编辑框，然后单击 B3 单元格，"输入引用列的单元格"编辑框中将自动输入 "$B$3"，单击
"确定"按钮，如图 11-8 所示。

创建的双变量模拟运算表，如图 11-9 所示，利用此表格，可以快速查看在贷款金额固定时，不
同利率、不同期限条件下的月付款额。

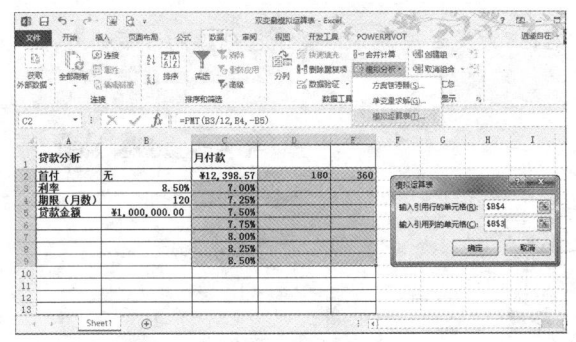

图 11-8　选择单元格区域借助双变量模拟分析	图 11-9　利率和期限对月付款的影响的分析

　模拟运算表中的数据是存放在数组中的，表中的单个或部分数据是无法删除的。要想删除数据表中的
数据，只能选择所有数据后再按<Delete>键。

11.2　使用方案

在决策管理中，常常需要从不同的角度来制定多种特定的组合，不同的组合会得到不同的预测
结果，使用 Excel 的方案可以对不同的预测进行管理。

11.2.1　创建方案

在图 11-10 所示的工作表中，销售某商品的毛收入 50 000 元，销售成本 13 200 元，毛利润 36 800
元，若要将这些值定义为一个方案，具体的操作如下。

1 单击"数据"选项卡"模拟分析"下拉按钮，在下拉列表中单击"方案管理器"命令，打
开"方案管理器"对话框，单击"添加"按钮，如图 11-11 所示。

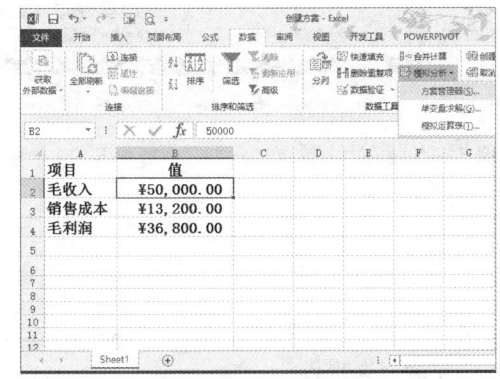

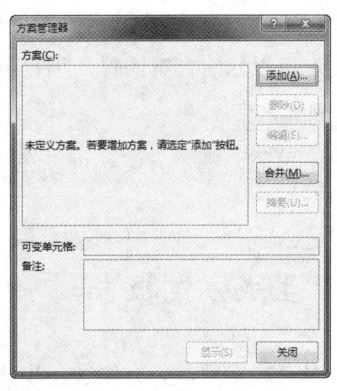

图 11-10　工作表	图 11-11　方案管理器

2 打开"添加方案"对话框，设置"方案名"为"满意状态"；"可变单元格"就是方案中的变量，本例中设置 B2、B3 单元格为可变单元格；在默认情况下，Excel 会将方案的创建者和创建日期保存在"备注"文本框，单击"确定"按钮，如图 11-12 所示。

3 打开"方案变量值"对话框，要求输入指定变量在本方案中的具体数值，输入后单击"确定"按钮，如图 11-13 所示。

4 按照同样的方法继续添加两个方案，添加后，"方案管理器"中显示已创建的方案列表，如图 11-14 所示。

 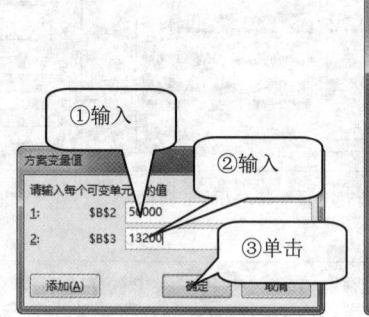 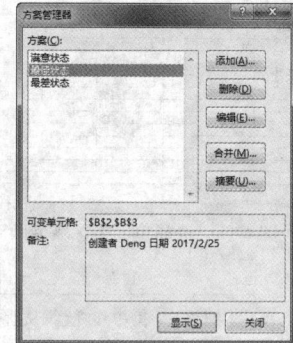

图 11-12　添加方案　　　　图 11-13　输入可变单元格值　　　　图 11-14　方案列表

11.2.2　方案管理

在方案管理器中，可以对方案进行显示、修改、删除等操作。

1. 显示方案

在"方案管理器"对话框的方案列表中选中一个方案后，单击"显示"按钮，Excel 将用此方案中设定的变量值替换掉工作表中相应单元格原来的值，显示此方案的结果，如图 11-15 所示。

2. 修改方案

在"方案管理器"对话框的方案列表中选中一个方案后，单击"编辑"按钮，将打开"编辑方案"对话框，"编辑方案"对话框与"添加方案"对话框相同，用户可以修改方案的每一项设置。

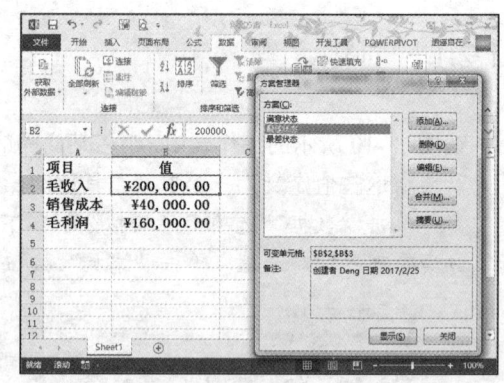

图 11-15　显示方案

3. 删除方案

如果不再需要某个方案，可以在"方案管理器"对话框的方案列表中选中要删除的方案，单击"删除"按钮。

11.2.3　生成方案报告

创建多个方案后，为方便进一步分析管理，可以生成方案报告。

在"方案管理器"中单击"摘要"按钮，打开"方案摘要"对话框，可以选择生成"方案摘要"

和"方案数据透视表"两种报表类型，"结果单元格"是值方案中的计算结果，也就是用户希望进行比对分析的最终指标，默认情况下，Excel 会根据计算模型为用户主动推荐一个目标，选定报表类型后，单击"确定"按钮，如图 11-16 所示。

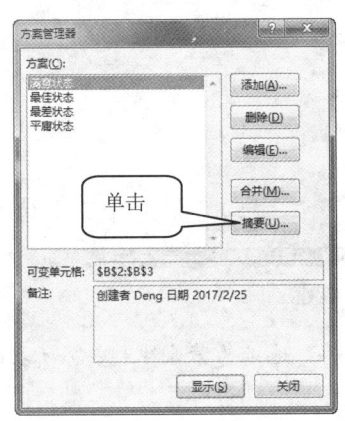

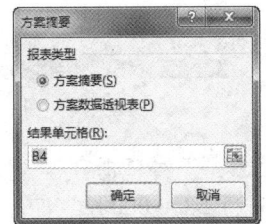

图 11-16　设置方案摘要

生成的方案摘要报表效果如图 11-17 所示，生成的"方案数据透视表"报表的效果如图 11-18 所示。

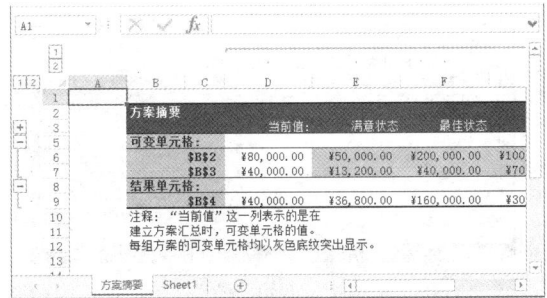

图 11-17　方案摘要报表

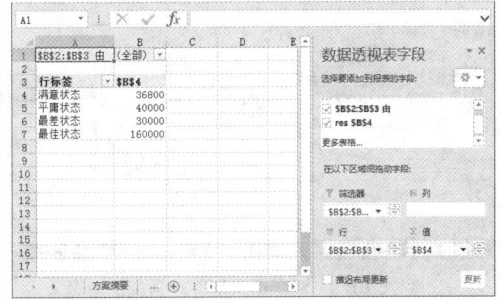

图 11-18　方案数据透视表报表

11.3　单变量求解

单变量求解就是通过计算寻求公式中的特定解。使用单变量求解能够通过调整可变单元格中的数据，按照给定的公式来获得满足目标单元格中的条件的目标值。

11.3.1　在表格中进行单变量求解

下面以计算要达到指定纯利润所必须完成的销售额为例，介绍在表格中怎样进行单变量求解。

假定某超市营业利润为营业额的 35%，员工工资为营业利润的 30%，营业纯利为营业利润减去员工工资，要达到 300 000 的纯利，必需要完成多少销售额，用单变量求解方式进行计算，具体操作如下。

【例 11-3】单变量求解分析要达到规定的纯利需完成的销售额

1　新建如图 11-19 所示的工作表，在 B2 单元格输入公式：=B1*0.35*0.3，在 B3 单元格输入公式：=B1*0.35-B2，单击"数据"选项卡的"数据工具"组中的"模拟分析"下拉按钮，在打开的下拉列表中单击"单变量求解"命令，如图 11-19 所示。

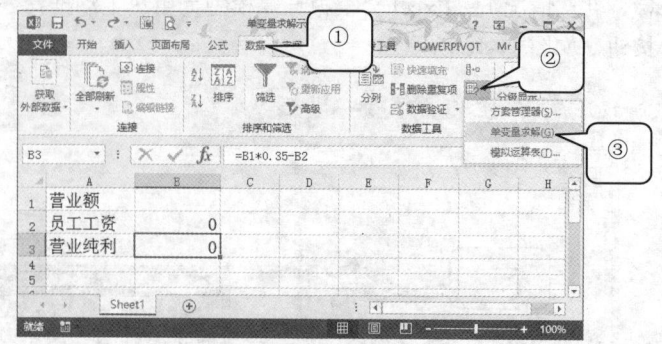

图 11-19　新建工作表

2　打开"单变量求解"对话框，"目标单元格"地址为营业纯利数据所在的 B3 单元格，"目标值"为希望得到的纯利润（300 000），"可变单元格"地址为"营业额"数据所在的 B1 单元格，单击"确定"按钮，如图 11-20 所示。

3　打开"单变量求解状态"对话框，显示求解的结果，单击"确定"按钮关闭"单变量求解状态"对话框，求解结果显示在工作表中，如图 11-21 所示。

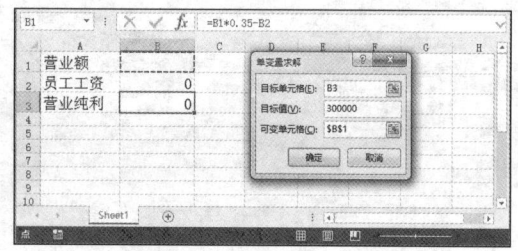

图 11-20　"单变量求解"对话框的设置

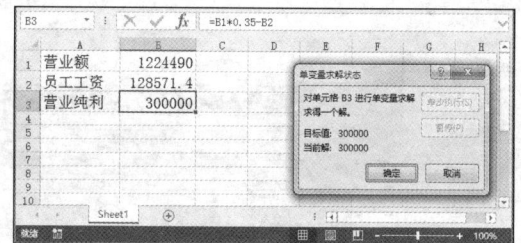

图 11-21　显示求解结果

11.3.2　求解方程式

Excel 的单变量求解功能可以直接求解各种方程，特别是非线性方程的根。如果要求解线性方程 $2y^3-3y^2+5y=16$ 的根，具体的操作如下。

【例 11-4】单变量求解方程式

1　假定用 A1 单元格存放非线性方程的解，选中 A1 单元格，将其定义名称为"Y"，如图 11-22 所示。

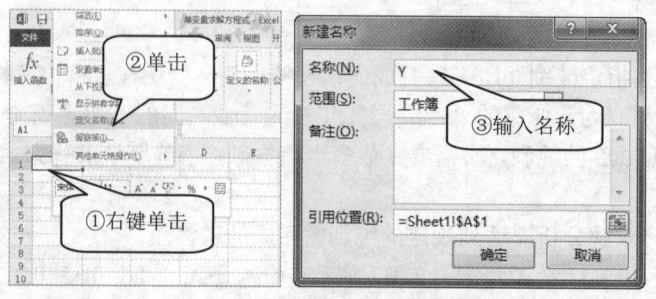

图 11-22　定义单元格名称

2　选中 A2 单元格，在单元格中输入公式："=2*Y^3-3*Y^2+5*Y-16"，按<Enter>键，因为 A1 单元格值为空，所以 A2 单元格的值为"-16"。单击"数据"选项卡"数据工具"组中的"模拟分析"下拉按钮，在打开的下拉列表中单击"单变量求解"命令，如图 11-23 所示。

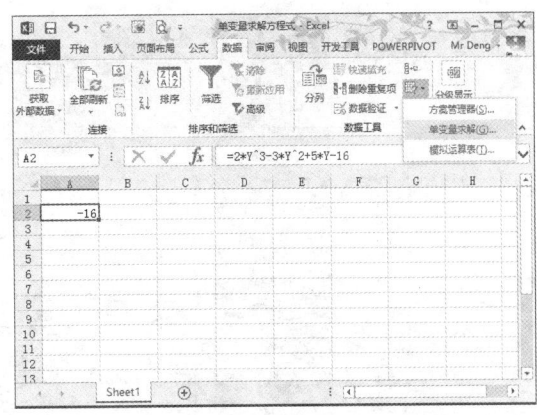

图 11-23　输入公式后单击单变量求解

3　打开"单变量求解"对话框，Excel 自动将当前 A2 单元格填入"目标单元格"编辑框，在"目标值"文本框中输入"0"，设置"可变单元格"为"A1"，单击"确定"按钮，如图 11-24 所示。

4　打开"单变量求解状态"对话框，求解结束，A1 单元格显示求得方程的解，单击"确定"按钮，保留求解结果，如图 11-25 所示。

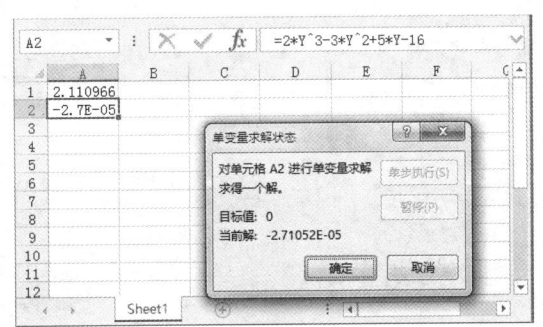

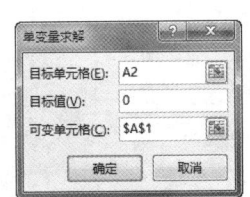

图 11-24　设置单变量求解

图 11-25　求得的方程的解

 提示

如果方程不止一个根，使用单变量求解每次只能计算得到其中一个根。

11.4　规划求解

11.4.1　添加规划求解加载项

"规划求解"工具是一个 Excel 加载宏，在默认安装的 Excel 2013 中需要加载才能使用，加载该工具的操作如下。

1　单击"文件"选项卡的"选项"命令，在打开的"Excel 选项"对话框中单击左侧列表中"加载项"选项卡，然后在右下方"管理"下拉列表中选择"Excel 加载项"并单击"转到"按钮。

2　在打开的"加载宏"对话框中选中"规划求解加载项"复选框。单击"确定"按钮完成操作，如图 11-26 所示。

3　添加后，在数据选项卡显示"规划求解"命令按钮，如图 11-27 所示。

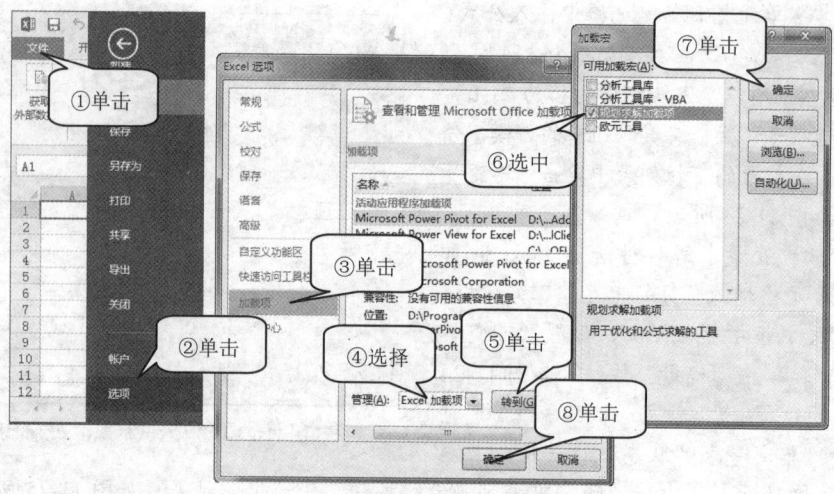

图 11-26　添加规划求解加载项

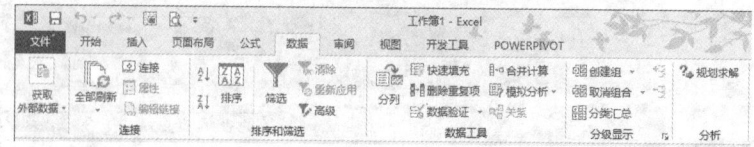

图 11-27　功能区"规划求解"工具按钮

11.4.2　使用规划求解

使用规划求解可以根据用户设置的规划求解参数和约束条件来自动进行求解。下面以图 11-28 所示的工作表为例，运用规划求解找出 A 列哪些数字加在一起等于目标值 1 000。

【例 11-5】根据用户设置的规划求解参数和约束条件自动进行求解

1　设置 D4 单元格为目标单元格，输入公式："=SUMPRODUCT (A2:A7,B2:B7)"，此时计算出 D4 单元格的值为 0，如图 11-28 所示。

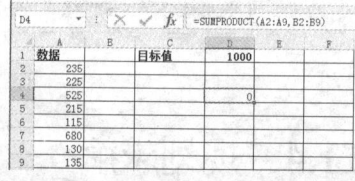

图 11-28　设置目标单元格公式

2　单击"数据"选项卡"规划求解"命令，打开"规划求解参数"对话框，"设置目标"为 D4 单元格，"目标值"为 1 000，"通过更改可变单元格"选取 B2:B9 单元格区域，然后单击"添加"按钮，如图 11-29 所示。

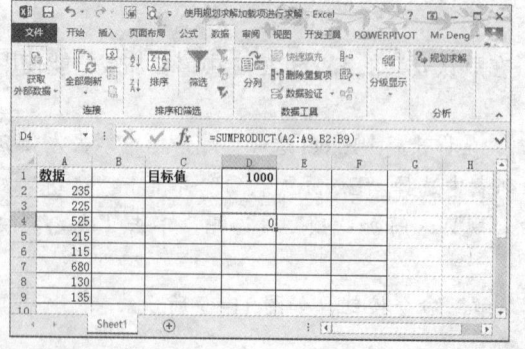

图 11-29　设置规划求解参数

3　打开"添加约束"对话框，选取单元格引用为 B2:B9 单元格区域，约束条件为 Bin(二进制，只有 0 和 1 两种类型的数字)，单击"确定"按钮，如图 11-30 所示。

4　返回"规划求解参数"对话框，单击"求解"按钮后，如图 11-31 所示，在 B 列生成 0 或者 1 两种数字。所有填充 1 的单元格所在行的 A 列数字即需要找的数字，如图 11-32 所示。

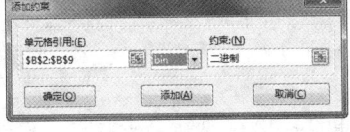
图 11-30　添加约束

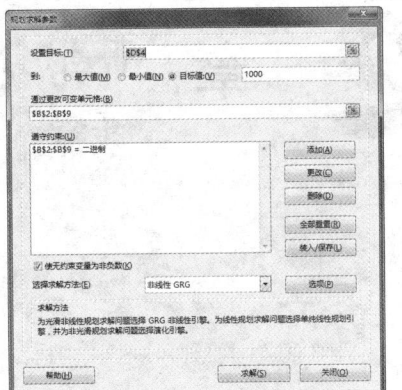
图 11-31　求解

图 11-32　求解结果

提示　目标单元格是要优化的最终结果所在的单元格，在该单元格中必须按照数据关系建立与可变单元格关联的公式，其目标值有最大值、最小值和目标值这 3 种情况；可变单元格为需要求解的一个或多个未知数，被目标单元格公式引用，必须直接或间接与目标单元格相关；约束条件是对目标单元格和可变单元格的限制条件，约束条件通过"添加约束"对话框来添加。

第 **12** 章 使用分析工具库分析
数据

Excel 提供了一些专用于统计分析功能的工具，可以帮助用户更直接更有效地分析数据，这些统计分析功能集成于加载项"分析工具库"中，本章主要介绍使用几种常见的数据分析工具库分析数据。

12.1 加载分析工具库

用户如果需要使用 Excel 做数据统计分析方面的工作，就需要安装 Excel 自带的加载项——分析工具库。该加载项为用户提供统计和工程分析的数据分析工具。

默认状态下，Excel 不会自动加载此加载项，用户如需使用此功能，需手动加载，加载分析工具库的方法同加载"规划求解"的方法相同，参见**第 11 章 11.4.1 小节**。

加载后分析工具以后，在"数据"选项卡下"分析"命令组将会出现一个"数据分析"命令，如图 12-1 所示，单击"数据分析"按钮 ，打开"分析工具"库，如图 12-2 所示。

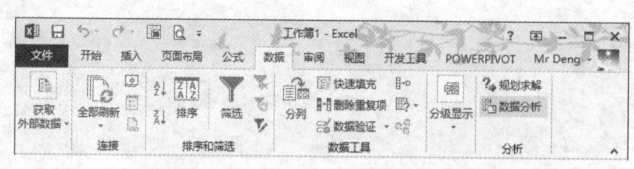

图 12-1 加载"数据分析"命令按钮

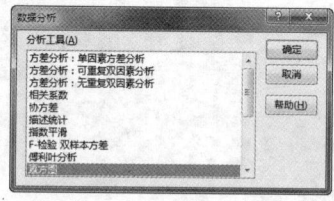

图 12-2 分析工具库

12.2 方差分析

在科学实验中常常要探讨不同实验条件或处理方法对实验结果的影响。例如医学界研究几种药物对某种疾病的疗效；农业研究土壤、肥料、日照时间等因素对某种农作物产量的影响；不同化学药剂对作物害虫的杀虫效果等，都可以使用方差分析方法去解决。方差分析工具提供了几种不同类型的方差分析，用户可以根据要测试的样本总体中的因素数和样本数决定要使用的方差分析工具。

【例 12-1】单因素方差分析

例如，某化肥生产商要检验三种新产品的效果，选取在同一地区、面积相等、土质相近的 18 块农田里播种同样的种子，用等量的 A、B、C 三种化肥各施于 6 块农田，试验结果如图 12-3 所示。如果要根据试验数据推断 A、B、C 三种化肥的肥效是否存在显著差异，可以使用“方差分析：单因素方差”分析工具进行数据分析，具体的操作如下。

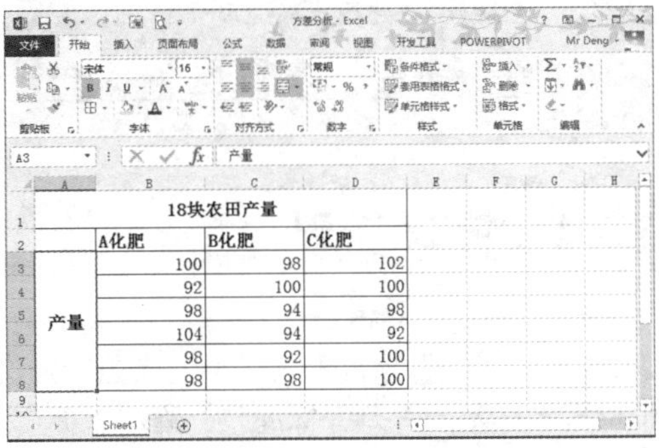

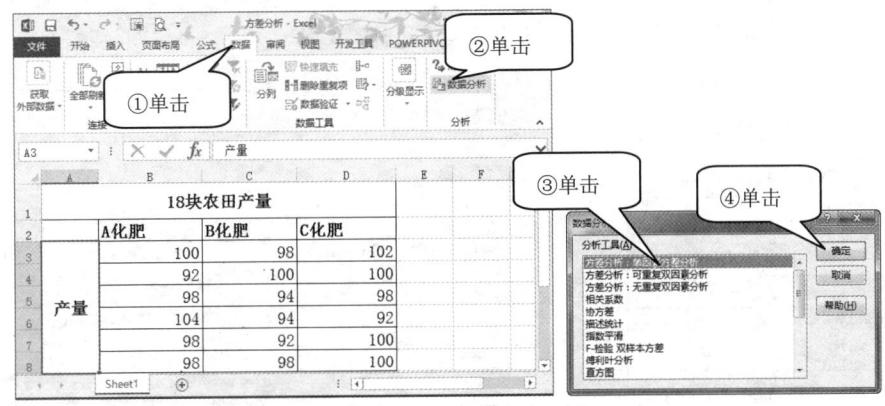

图 12-3　化肥试验数据

1　在化肥试验数据工作表中，单击“数据”选项卡“分析”组中的“数据分析”按钮，打开“数据分析”对话框，在“分析工具”列表中，选中“方差分析：单因素方差分析”工具，单击“确定”按钮，如图 12-4 所示。

图 12-4　打开“数据分析”对话框

2　打开“方差分析：单因素方差分析”对话框，单击“输入区域”文本框，在工作表中选取 B2:D8 单元格区域，“分组方式”保持默认的“列”，选中“标志位于第一行”复选框，单击“确定”按钮，如图 12-5 所示。

3　在新工作表中即可得到“单因素方差分析”的分析结果，如图 12-6 所示。

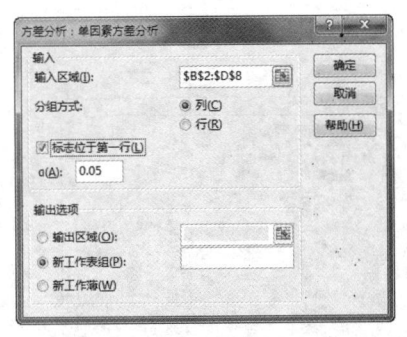

图 12-5　“方差分析：单因素方差分析”对话框

方差分析：单因素方差分析						
SUMMARY						
组	观测数	求和	平均	方差		
A化肥	6	590	98.33333	15.06667		
B化肥	6	576	96	9.6		
C化肥	6	592	98.66667	12.26667		
方差分析						
差异源	SS	df	MS	F	P-value	F crit
组间	25.33333	2	12.66667	1.028881	0.381302	3.68232
组内	184.6667	15	12.31111			
总计	210	17				

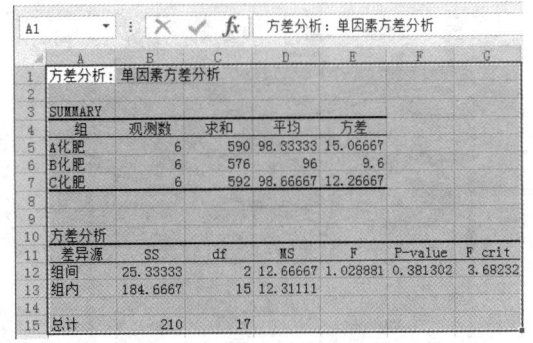

图 12-6　分析结果

从方差分析表可以看出，P-value 值大于 0.05（显著水平），所以没有足够的证据证明三种化肥的肥效有显著差异。

在"方差分析：单因素方差分析"参数设置对话框中，"输入区域"是指定要分析的数据所在的单元格区域；"分组方式"是指定输入数据是以行还是以列方式排列；"标志位于第一列"为可选参数，如果指定数据区域包含标志列，需勾选该复选框。

12.3　描述统计

"描述统计"分析工具用于生成源数据区域中数据的单变量统计分析报表，包括平均数、众数、中位数、样本的方差、标准差、峰度、偏度、最大值以及最小值等。

【例 12-2】运用描述统计工具对数据进行基本统计分析

图 12-7 统计了某班级 3 门课程的考试成绩，如果需运用描述统计工具对数据进行基本统计分析，具体操作步骤。

1 打开需分析成绩的工作表，单击"数据"选项卡"分析"组中的"数据分析"按钮，打开"数据分析"对话框，在"分析工具"列表中，选中"描述统计"工具，单击"确定"按钮，如图 12-8 所示。

图 12-7　需分析的成绩

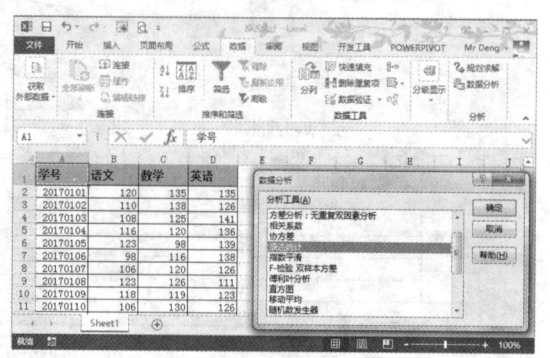

图 12-8　打开数据分析对话框

2 打开"描述统计"对话框，单击"输入区域"文本框，在工作表中选取 B1:D19 单元格区域，"分组方式"保持默认的"逐列"，选中"标志位于第一行"复选框，选定输出相关选项后，单击"确定"按钮，如图 12-9 所示。

3 在新工作表中即可得到"描述统计"的分析结果，如图 12-10 所示。

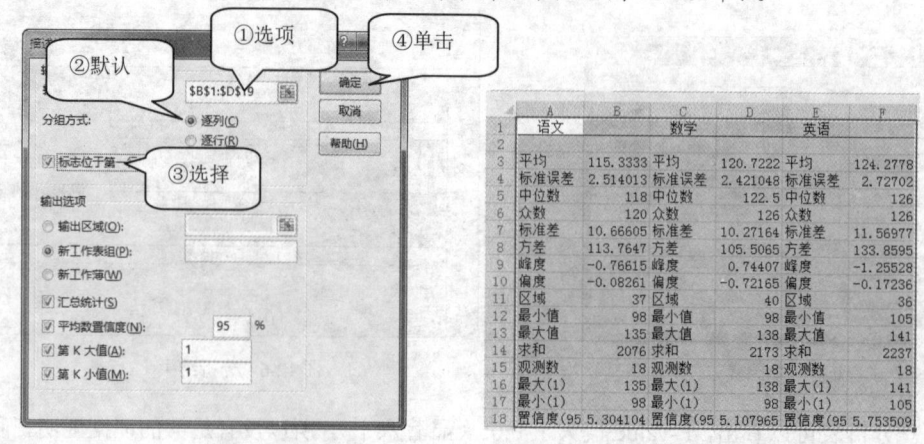

图 12-9　"描述统计"对话框

图 12-10　插入描述统计结果

12.4　直方图

"直方图"分析工具可计算数据单元格区域和数据接收区间的单个和累积频率，该工具可用于统计数据集中某个数值出现的次数。

【例 12-3】制作考试成绩直方图

图 12-11 记录了某次考试成绩，如果要利用"直方图"分析工具根据考试成绩制作直方图，具体操作如下。

1 打开需制作直方图的工作表，定义数据的"组距"后，单击"数据"选项卡"分析"组中的"数据分析"按钮，打开"数据分析"对话框，在"分析工具"列表中，选中"直方图"工具，单击"确定"按钮，如图 12-12 所示。

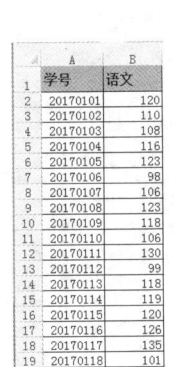

图 12-11　成绩表

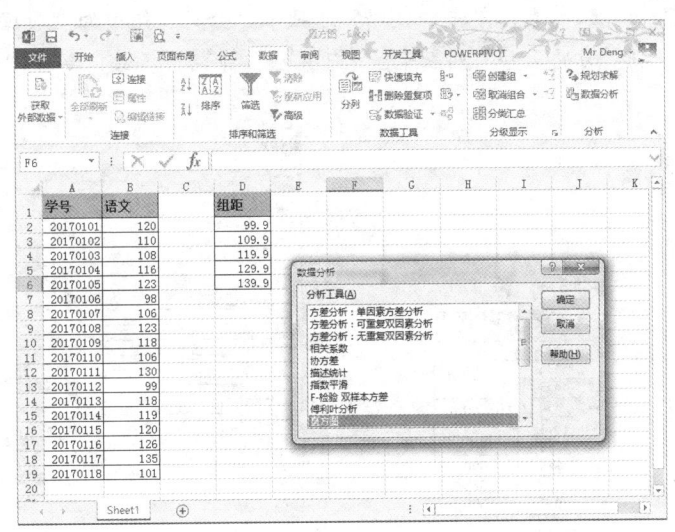

图 12-12　选择直方图工具

2 打开"直方图"对话框，单击"输入区域"文本框，在工作表中选取 B2:B19 单元格区域，单击"接收区域"文本框，在工作表中选取 D2:B6 单元格区域，"输出选项"选中"新工作表组"单选钮和"图表输出"复选框，单击"确定"按钮，如图 12-13 所示。

3 在新工作表中即可得到"直方图"分析工具的分析结果，如图 12-14 所示。

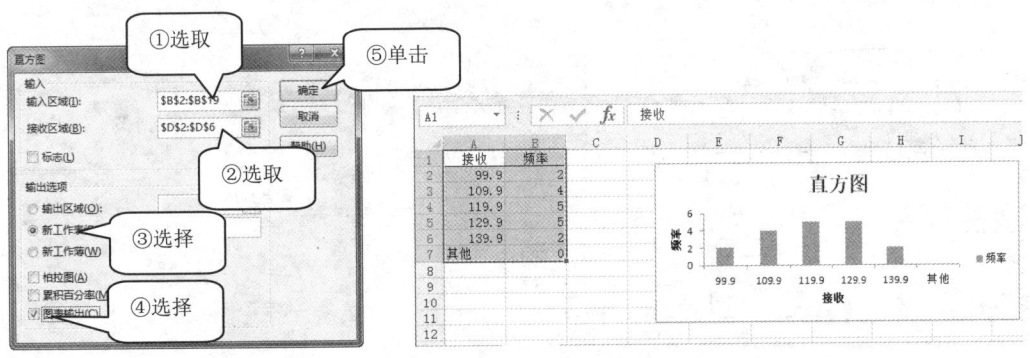

图 12-13　设置"直方图"分析工具参数

图 12-14　直方图

在直方图分析结果中，99.9 组距的频数为 2，表示 100 以下的有 2 人。在 "直方图" 对话框中，"接收区域" 是可选项，如果不指定，直方图工具将自动在数据的最小值和最大值之间创建均匀的组距。

12.5 移动平均

"移动平均" 分析工具是基于某特定的过去某段时期中变量的平均值对未来值进行预测，以反映长期趋势。可以使用此工具预测销量、库存或其他趋势。

【例 12-4】移动平均预测销售额

某企业过去 12 个月的实际销售额如 12-15 所示，假设计算所用跨越期数为 $n = 5$，现计算各个移动平均值，并作预测，具体操作如下。

1 打开工作表，单击 "数据" 选项卡 "分析" 组中的 "数据分析" 按钮，打开 "数据分析" 对话框，在 "分析工具" 列表中，选中 "移动平均" 工具，单击 "确定" 按钮，如图 12-16 所示。

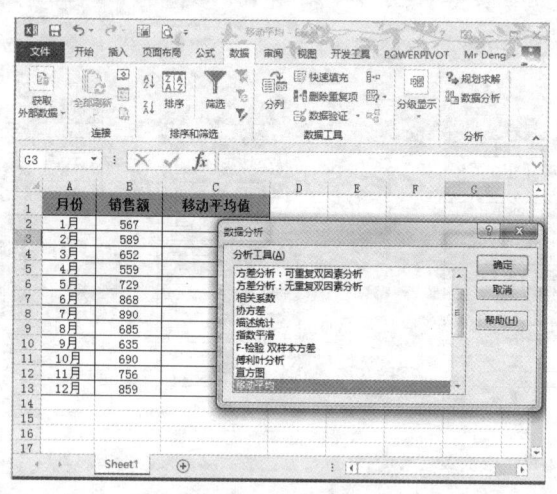

图 12-15　销售业绩表　　　　图 12-16　选择移动平均工具

2 打开 "移动平均" 对话框，单击 "输入区域" 文本框，在工作表中选取 B1:B13 单元格区域，选中 "标志位于第一行" 复选框，在 "间隔" 文本框中输入 "5"，在 "输出区域" 文本框中输入 "$C$2"，选中 "图表输出" 复选框，单击 "确定" 按钮，如图 12-17 所示。

3 分析结果如图 12-18 所示。

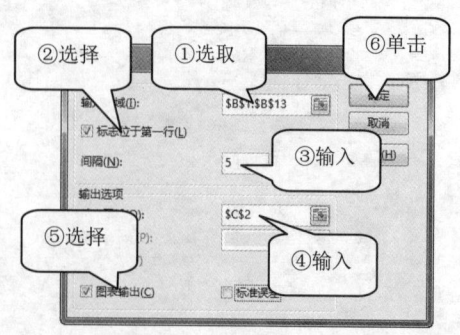

图 12-17　"移动平均" 对话框

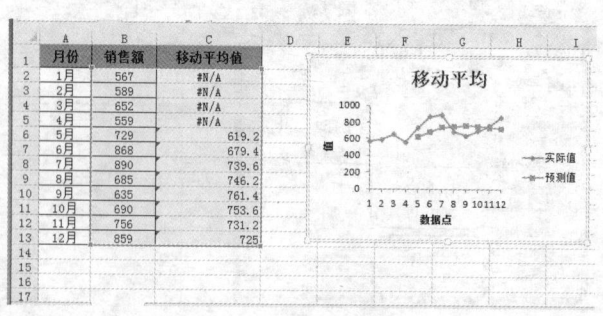

图 12-18　移动平均计算结果

12.6　回归

回归分析工具通过对一组观察值使用"最小二乘法"直线拟合进行线性回归分析。该工具是用来分析单个因变量是如何收一个或多个自变量影响的。

【例 12-5】移动平均预测销售额

某校的 100 米成绩与年龄的相关数据如图 12-19 所示,假如要使用回归分析确定年龄在运动成绩中所占的比重,具体操作如下。

1　打开工作表,单击"数据"选项卡"分析"组中的"数据分析"按钮,打开"数据分析"对话框,在"分析工具"列表中,选中"回归"工具,单击"确定"按钮,如图 12-20 所示。

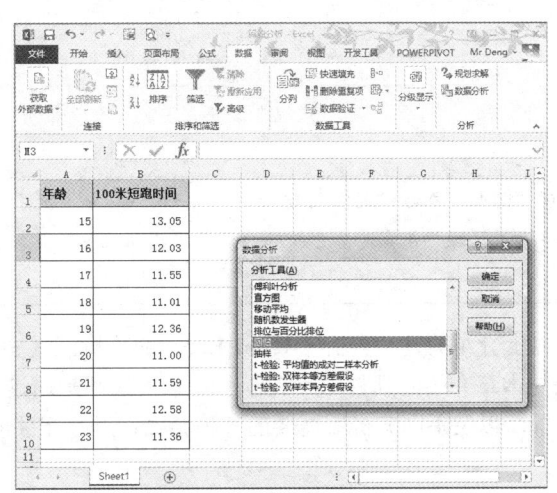

	A	B
1	年龄	100米短跑时间
2	15	13.05
3	16	12.03
4	17	11.55
5	18	11.01
6	19	12.36
7	20	11.00
8	21	11.59
9	22	12.58
10	23	11.36

图 12-19　短跑时间表　　　　　　　　　　图 12-20　选择回归工具

2　打开"回归"对话框,单击"Y 值输入区域"文本框,在工作表中选取 B1:B10 单元格区域,单击"X 值输入区域"文本框,在工作表中选取 A1:A10 单元格区域,选中"标志"复选框,"输出选项"中选中"新工作表组"单选钮,选中"线性拟合图复选框"复选框,单击"确定"按钮,如图 12-21 所示。

3　回归分析结果如图 12-22～图 12-25 所示。

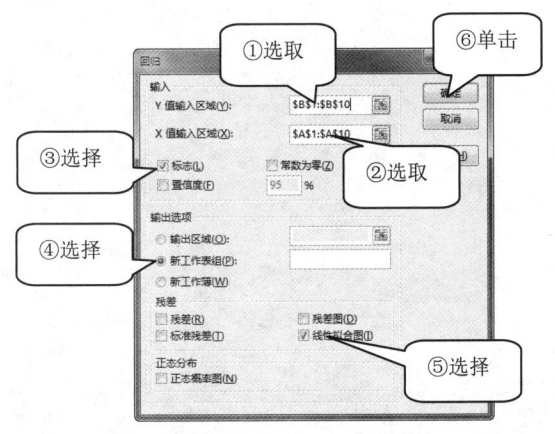

	A	B
1	SUMMARY OUTPUT	
2		
3	回归统计	
4	Multiple	0.321746992
5	R Square	0.103521127
6	Adjusted	-0.024547284
7	标准误差	0.723704754
8	观测值	9

图 12-21　"回归"对话框　　　　　　　　　图 12-22　回归统计结果

10	方差分析					
11		df	SS	MS	F	mificance F
12	回归分析	1	0.42336	0.42336	0.808327	0.398486
13	残差	7	3.66624	0.523749		
14	总计	8	4.0896			
15						
16		Coefficients	标准误差	t Stat	P-value	Lower 95%Upper 95%下限 95.0%上限 95.0%
17	Intercept	13.43266667	1.791484	7.498067	0.000138	9.19648 17.66885 9.19648 17.66885
18	年龄	-0.084	0.09343	-0.89907	0.398486	-0.30493 0.136927 -0.30493 0.136927

图 12-23　方差分析结果

22	RESIDUAL OUTPUT		
23			
24	观测值	预测 100米短跑时间	残差
25	1	12.17266667	0.877333
26	2	12.08866667	-0.05867
27	3	12.00466667	-0.45467
28	4	11.92066667	-0.91067
29	5	11.83666667	0.523333
30	6	11.75266667	-0.75267
31	7	11.66866667	-0.07867
32	8	11.58466667	0.995333
33	9	11.50066667	-0.14067

图 12-24　预测结果

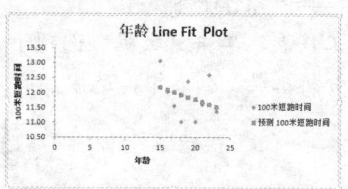

图 12-25　线性拟合图

 在 "回归" 参数设置对话框中，"Y 值输入区域" 是指定要分析的因变量数据所在的单元格区域；"X 值输入区域" 是指定要分析的自变量数据所在的单元格区域；"标志" 为可选参数，如果指定数据区域包含标志行，需勾选该复选框。

　　除了以上介绍的几种分析工具外，Excel 的分析工具还提供了协方差、傅里叶分析、抽样等工具，使用方法与本章介绍的几种工具类似，基本模式都是通过对话框指定输入数据所在的单元格区域，输出的位置，以及不同分析所需要的各种参数，进行相关的数据分析。

第 **13** 章　图表应用

图表以图形形式显示数值数据系列，是 Excel 的重要组成部分。在 Excel 2013 中，新增的图表推荐功能可以快速地为数据创建合适的图表。三个新增图表按钮可以快速选取和预览图表元素（比如标题或标签）、图表的外观和样式或者显示数据的更改。更加简洁的功能区的"图表工具"选项卡可以轻松地找到所需的功能，更方便使用。本章主要介绍 Excel 图表的基础知识、图表的编辑、图表分析和图表应用等知识。

使用 Excel 2013 新增的"快速分析"工具中的"图表"选项卡，也可快速创建图表，使用快速分析工具中的"图表"选项卡创建图表将在第 16 章进行介绍。

13.1　图表基础

要想正确运用图表，需要掌握图表的类型，图表的组成元素，图表的创建、复制、删除等知识。

13.1.1　图表类型

Excel 支持多种类型的图表，包括各种标准图表类型（如柱形图、饼图）及其子类型（如三维图表中的堆积柱形图、复合饼图），还包括图表中使用多种图表类型来创建的组合图。

常见的图表类型有：柱形图、折线图、饼图、条形图、面积图、XY（散点图）、股价图、曲面图、雷达图、组合等，如图 13-1 所示。

这 11 种图表类型的主要应用范围如表 13-1 所示。

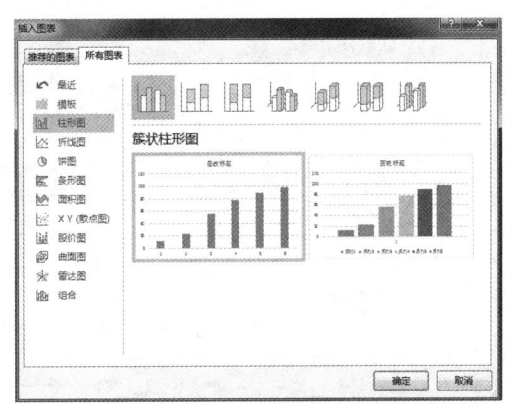

图 13-1　标准图表类型

表 13-1 各种图表的主要应用范围

图 表 名 称	主要应用范围
柱形图	主要表现数据之间的差异
折线图	主要适用于显示在相等时间间隔下，数据的趋势
饼图和圆环图	饼图主要用于显示一个数据系列中各项的大小与各项总和的比例；圆环图可用于显示多个数据系列之间的部分与整体的关系
条形图	主要用来比较显示的值为持续时间的不同类别数据之间的差异情况
面积图	主要强调数据随时间的变化程度，显示部分与整体的关系
XY（散点）和气泡图	散点图通常用于显示和比较数值，例如科学数据、统计数据等。 气泡图增加第三个柱形来指定所显示的气泡的大小，表示数据系统中的数据点
股价图	主要用来显示股价的波动或其他数据的波动
曲面图	主要用于寻找两组数据之间的最佳组合
雷达图	主要比较几个数据系列的聚合值
组合图	组合图将两种或更多图表类型组合在一起，以便让数据更容易理解

以下分别对这 12 种图表加以简要介绍。

1. 柱形图

排列在工作表的列或行中的数据可以绘制到柱形图中。柱形图用于显示一段时间内的数据变化或说明各项之间的比较情况。在柱形图中，通常沿横坐标轴组织类别，沿纵坐标轴组织数值，如图 13-2 所示的 2011 年与 2012 年中每一季度"汽车销售量"的比较情况。

柱形图有簇状柱形图、堆积柱形图、三维柱形图等多种图表子类型，如图 13-3 所示。

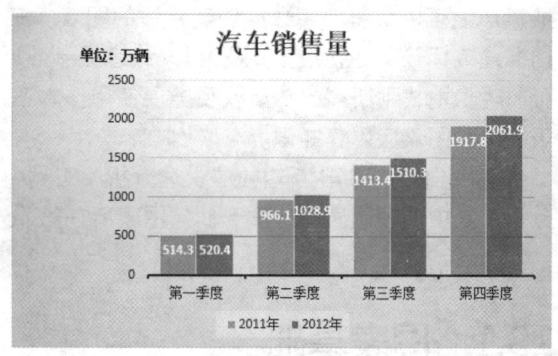

图 13-2　柱形图举例

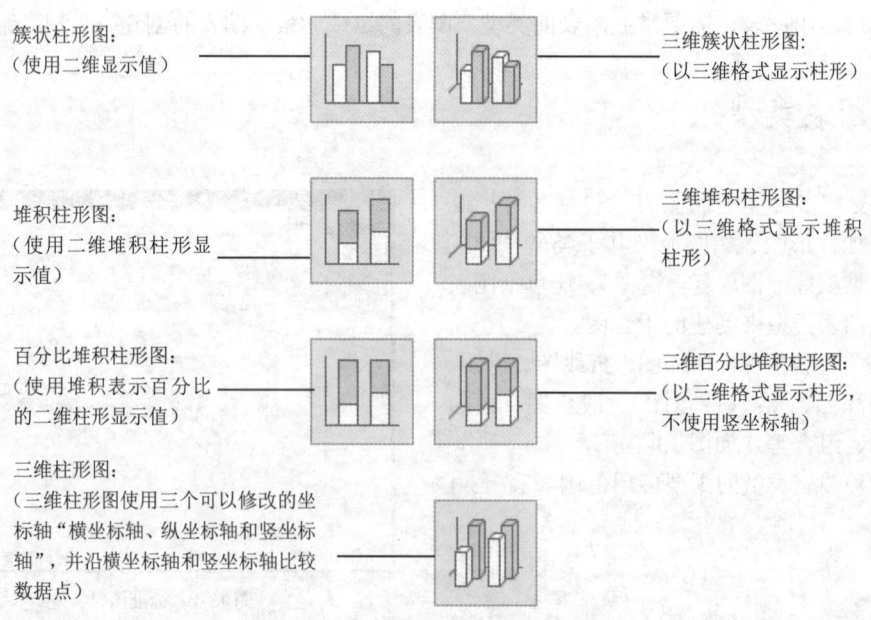

图 13-3　柱形图的主要子类型

提示 如果要同时跨类别和系列比较数据，则可使用三维柱形图。

2. 折线图

折线图可在均匀按比例缩放的坐标轴上显示一段时间的连续数据，因此非常适合显示相等时间间隔（如月、季度或年）下的数据趋势。在折线图中，类别数据沿水平轴均匀分布，所有的值数据沿垂直轴均匀分布，如图 13-4 所示的 2012 年三季度到 2013 年三季度企业景气与企业家信心指数统计图表。

折线图有多种图表子类型，如图 13-5 所示。

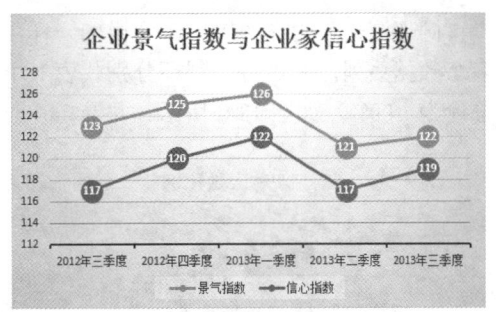

图 13-4 折线图示例

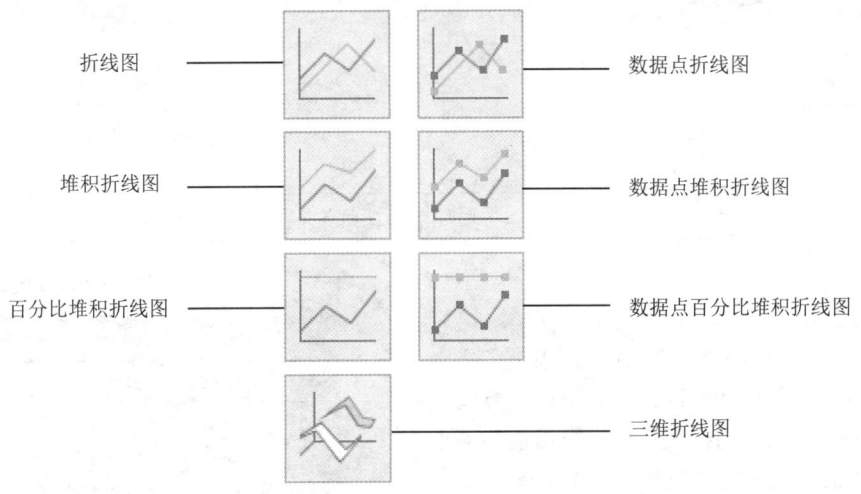

图 13-5 折线图的子类型

3. 饼图和圆环图

饼图主要用于显示每个值占总值的比例，各个值可以相加，当仅有一个数据系列且所有值均为正值时，可使用饼图，饼图中的数据点显示为占整个饼图的百分比，如图 13-6 所示某校职称人数比例图。

饼图有以下子类型，如图 13-7 所示。

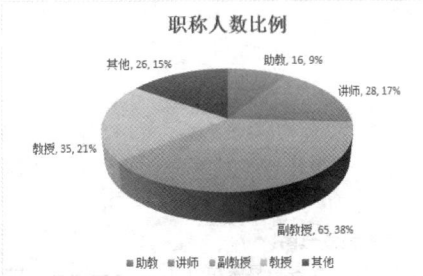

图 13-6 饼图示例

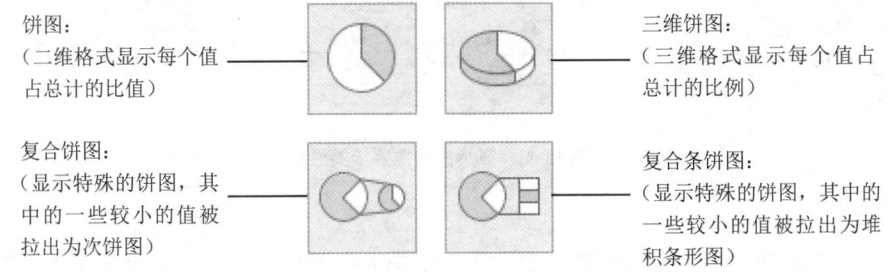

图 13-7 饼图的子类型

饼图和三维饼图可以通过手动拉出饼图的某个扇区以强调该扇区，如图 13-8 所示。

圆环图也包含在饼图中，像饼图一样，圆环图也显示了部分与整体的关系，但圆环图可以包含多个数据系列，其中每个圆环分别代表一个数据系列。如果在数据标签中显示百分比，则每个圆环总计为 100%，如图 13-9 所示。

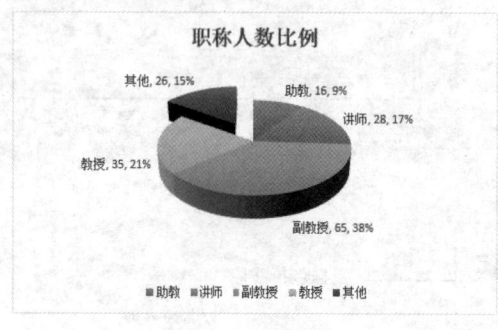

图 13-8　强调扇区

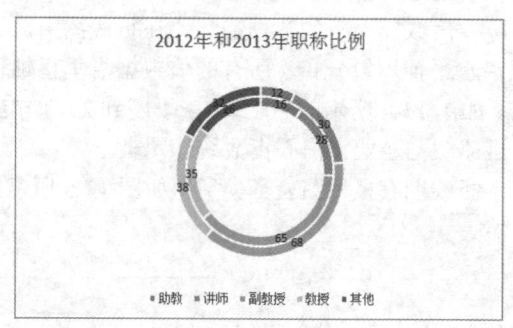

图 13-9　圆环图

 圆环图虽然可以包含多个数据系列，但用圆环图来显示多个数据系列时，不易于理解数据间的关系。

4. 条形图

条形图是用于比较多个值的最佳图表类型之一，条形图显示各项之间的比较情况，条形图有些类似于水平的柱形图，它使用水平的横条来表示数据值的大小，如图 13-10 所示的四川房地产投资统计条形图。

条形图有多种图表子类型，如图 13-11 所示。

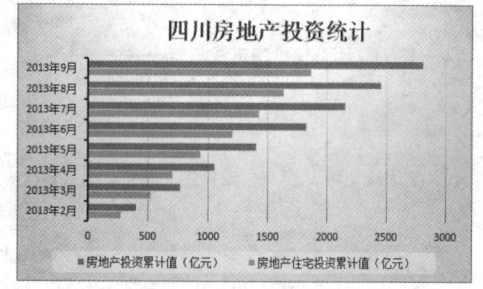

图 13-10　条形图示例

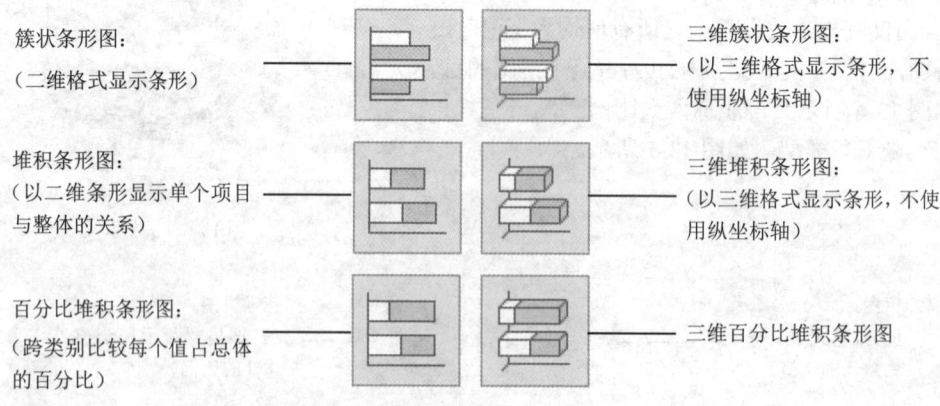

图 13-11　条形图的主要子类型

5. 面积图

面积图可用于绘制随时间发生的变化量，用于引起人们对总值趋势的关注。通过显示所绘制的值的总和，面积图还可以显示部分与整体的关系。

如图 13-12 所示的电脑销售统计图中，既显示了成都、重庆、贵阳、昆明四地第一至第四季度销售数量，也显示了在每一季度中这四地销售的总和，以及每地销售量与整体的关系。

面积图有下列图表子类型，如图 13-13 所示。

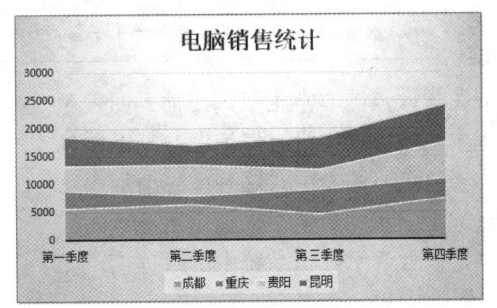

图 13-12 面积图示例

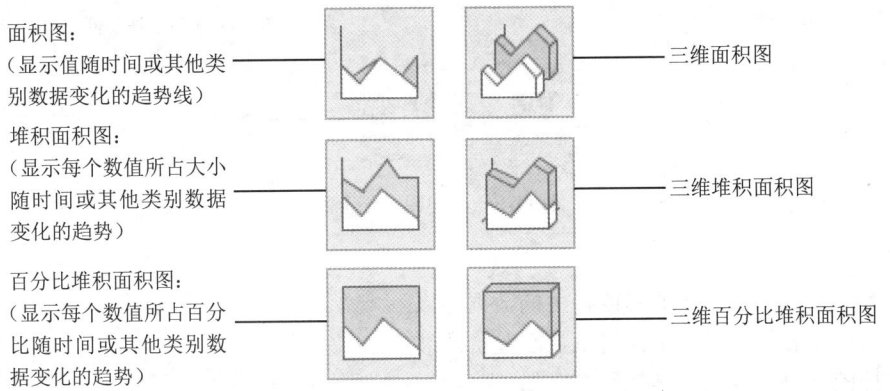

图 13-13 面积图的子类型

6. XY（散点）和气泡图

散点图有两个数值轴：水平（X）数值轴和垂直（Y）数值轴。散点图将 X 值和 Y 值合并到单一数据点并按不均匀的间隔或簇来显示它们。散点图通常用于显示和比较数值，例如科学数据、统计数据和工程数据等。

图 13-14 所示为显示各组发表论文数和增长率的"发表论文统计"图。

散点图有下列图表子类型，如图 13-15 所示。

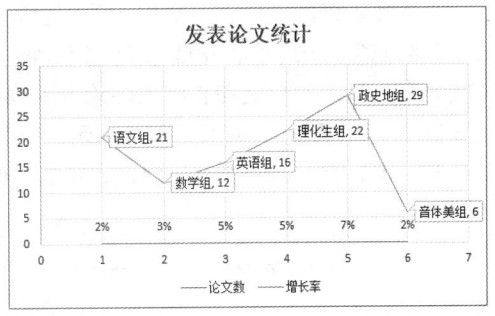

图 13-14 XY 散点图示例

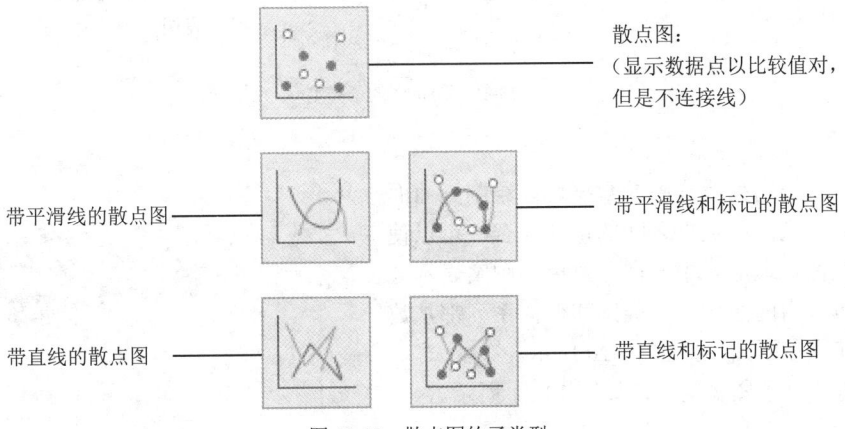

图 13-15 散点图的子类型

如果有多个数据点，最好使用不带标记的平滑线。

气泡图与散点图非常相似，在插入图表对话框中基本图表类别中没有气泡图，气泡图包含在 XY（散点）图表中。这种图表增加第三组值（气泡上显示的数值）来指定所显示的气泡的大小，以便表示数据系统中的数据点，如图 13-16 所示。

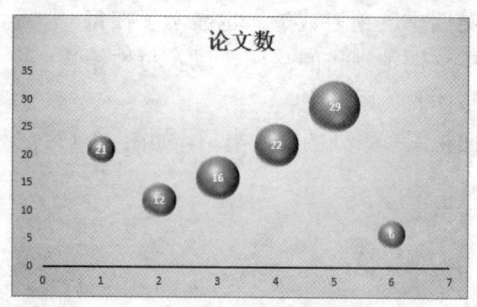

图 13-16　气泡图示例

气泡图有气泡图和三维气泡图两种类型，如图 13-17 所示。

气泡图 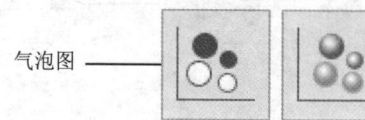 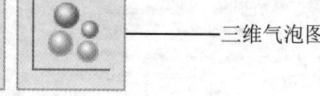 三维气泡图

图 13-17　气泡图的类型

7. 股价图

以特定顺序排列在工作表的列或行中的数据可以绘制为股价图。顾名思义，股价图可以显示股价的波动。不过这种图表也可以显示其他数据（如日降雨量和每年温度）的波动。

必须按正确的顺序组织数据才能创建股价图。例如，若要创建一个简单的开盘-盘高-盘低-收盘股价图，需按开盘、盘高、盘低和收盘次序输入的列标题来排列数据才能创建图表，如图 13-18 所示。

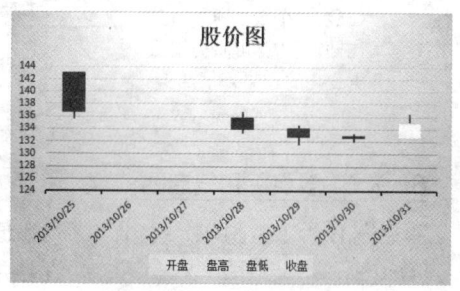

图 13-18　股价图示例

股价图具有下列图表子类型，如图 13-19 所示。

盘高-盘低-收盘图 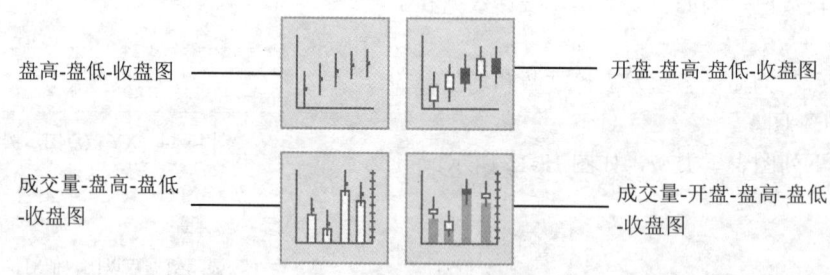 开盘-盘高-盘低-收盘图

成交量-盘高-盘低-收盘图　　　　　成交量-开盘-盘高-盘低-收盘图

图 13-19　股价图的子类型

8. 曲面图

排列在工作表的列或行中的数据可以绘制到曲面图中。如果要找到两组数据之间的最佳组合，可以使用曲面图。就像在地形图中一样，颜色和图案表示处于相同数值范围内的区域。当类别和数据系列都是数值时，可以使用曲面图，如图 13-20 所示。

曲面图有 4 种子图表类型，如图 13-21 所示。

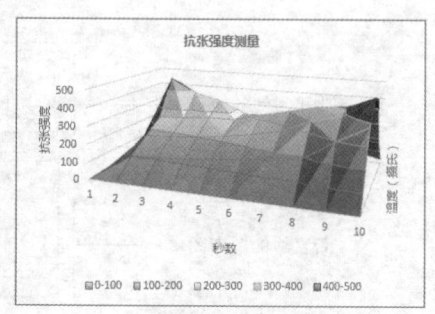

图 13-20　曲面图示例

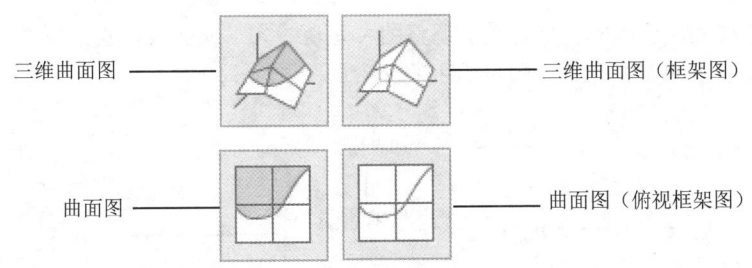

图 13-21 曲面图的子类型

9. 雷达图

排列在工作表的列或行中的数据可以绘制到雷达图中。雷达图比较几个数据系列的聚合值，如图 13-22 所示。

雷达图有 3 种子图表类型，如图 13-23 所示。

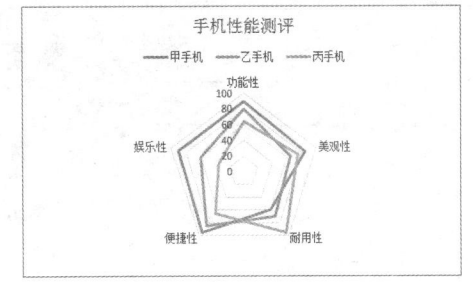

图 13-22 雷达图示例

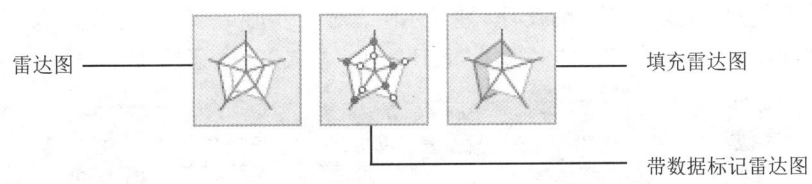

图 13-23 雷达图子类型

10. 组合图

组合图将两种或更多图表类型组合在一起，以便让数据更容易理解，特别是数据变化范围较大时。由于采用了次坐标轴，所以这种图表更容易看懂。在图 13-24 所示的示例中，使用了柱形图来显示 1 月到 9 月之间的房屋销售量，然后使用了折线图来使其更容易让读者快速按月确定平均销售价格。

组合图有以下子类型，如图 13-25 所示。

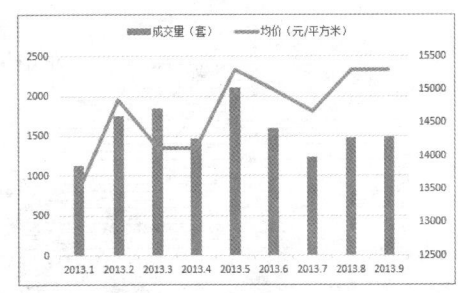

图 13-24 组合图示例

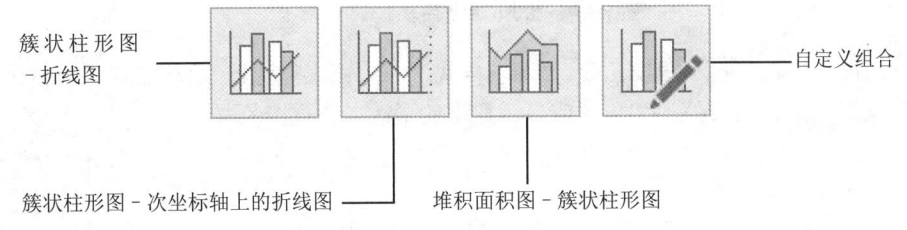

图 13-25 组合图子类型

13.1.2 图表的组成元素

图表中包含许多元素。默认情况下会显示其中一部分元素，而其他元素可以根据需要添加。用户可以将图表元素移到图表中的其他位置、调整图表元素的大小或更改格式来更改图表元素的显示，也可以删除不希望显示的图表元素。图表的主要元素如图 13-26 所示。

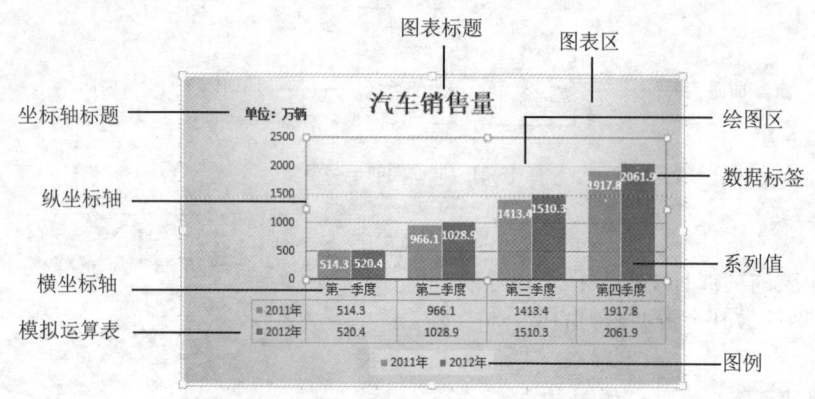

图 13-26　图表的组成元素

❖　图表区

图表区是图表的全部范围。在图表中，当鼠标指针停留在图表元素上方时，Excel 会显示元素的名称，以方便用户查找图表元素。选中图表后，将显示图表对象边框和三个新增的图表按钮，同时窗口的功能区将显示"图表工具"选项卡，其中包含"设计"和"格式"两个子选项卡，如图 13-27 所示。

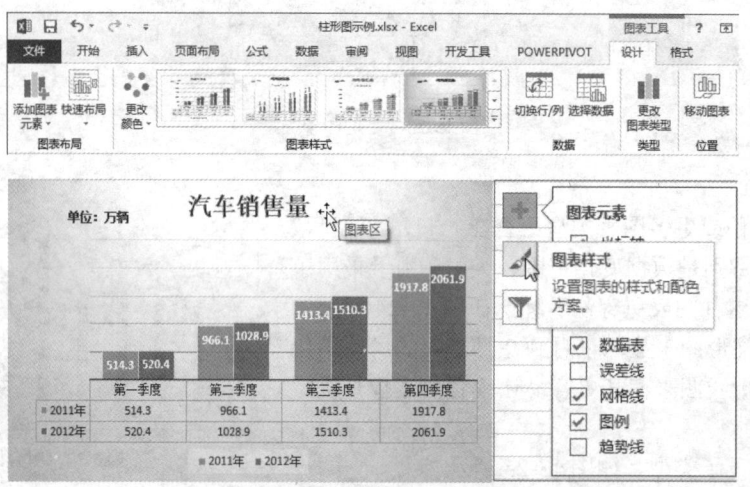

图 13-27　图表区和"图表工具"选项卡

三个新增图表按钮包括"图表元素""图表样式"和"图表筛选器"。单击这三个按钮可以快速选取和预览图表元素、图表外观和样式或显示数据的更改，下面分别加以介绍。

（1）图表元素

单击"图表元素"按钮，打开图表元素列表，单击选中图表元素前的复选框（或取消选中），可以向图表中快速添加（或减少）图表元素，如图 13-28 所示。

（2）图表样式

单击"图表样式"按钮，打开包括样式和颜色两个选项卡的对话框，用户可以分别选择样式和图表颜色方案，如图 13-29 所示。

图 13-28　图表元素按钮

（3）图表筛选器

单击"图表筛选器"按钮，打开包括数值和名称两个选项卡的对话框，用户可以编辑要在图表上显示的数据点和名称，如图 13-30 所示。

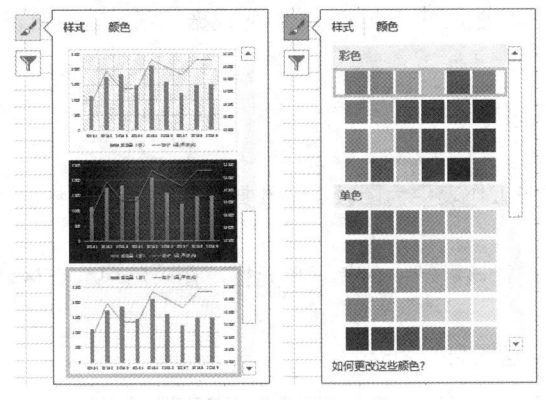

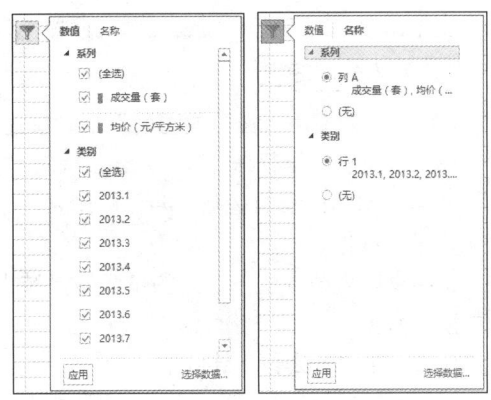

图 13-29　图表样式按钮　　　　　图 13-30　图表筛选器

❖　绘图区

绘图区是指图表区内的图形表示的区域，包括所有数据系列、分类名、刻度线标志和坐标轴标题等。绘图区主要显示数据表中的数据，数据能够随数据表中数据的更新而更新。

❖　数据系列

数据系列是在图表中绘制的相关数据点，这些数据源自数据表的行或列。图表中的每个数据系列具有唯一的颜色或图案并且在图表的图例中表示。可以在图表中绘制一个或多个数据系列。饼图只有一个数据系列。

❖　横（分类）和纵（值）坐标轴

坐标轴是界定图表绘图区的线条，用作度量的参照框架。y 轴通常为垂直坐标轴并包含数据，x 轴通常为横坐标轴并包含分类。坐标轴按位置不同可分为主坐标轴和次坐标轴两类。绘图区左侧和下方的坐标轴为主坐标轴。

❖　图表的图例

图例是一个方框，由图例项和图例项标示组成，用于标识图表中的数据系列或分类指定的图案或颜色。用户可以在靠上、靠下、靠左、靠右等选项中设置图例位置。

❖　图表和坐标轴标题

图表标题是说明性的文本。图表标题显示在绘图区上方，图表标题只有一个。坐标轴标题最多允许有 4 个。

❖　模拟运算表（在图表元素列表中称为数据表）

模拟运算表显示图表中所有数据系列的源数据。对于设置了模拟运算表的图表，模拟运算表将固定显示在绘图区的下方。

❖　三维背景

图表还可能包括三维背景等在特定图表中显示的元素。三维背景是由基底、背面墙和侧面墙组成，如图 13-31 所示。通过设置三维视图格式，可以调整三维图表的透视效果。

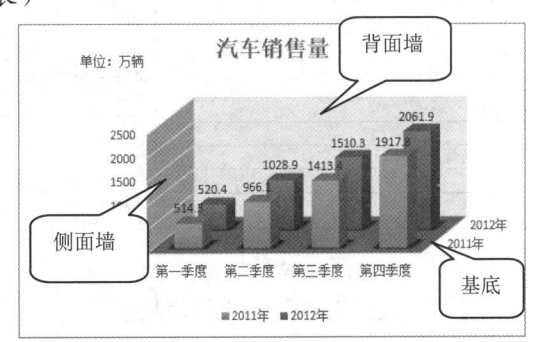

图 13-31　三维背景

13.1.3　创建图表

在创建图表时，使用 Excel 2013 新增的图表推荐功能，可以快速为选择的数据推荐合适的图表。

1. 两步创建图表

【例 13-1】使用"推荐的图表"功能快速创建图表

❖　第一步选择数据

数据是创建图表的基础，要创建图表，首先需在工作表中为图表选择数据。为图表选择数据可以执行以下操作。

①如果图表数据位于连续的单元格区域中，可选择该区域中的任意单元格。图表将包含该区域中的所有数据。

②如果数据不是位于连续的区域中，需选择要创建图表的区域。

 如果不想在图表中包含特定的数据行或列，可以在工作表中将特定的数据行或列隐藏，或者在创建图表后应用图表筛选器以显示所需的数据点。

 推荐的图表取决于工作表中的数据排列方式。要使用推荐的图表需注意图表数据的排列顺序。各种图表数据的排序方式如表 13-2 所示。

表 13-2　　　　　　　　　　　　图表类型所需的数据排序方式

图 表 类 型	排 序 方 式
柱形图、条形图、折线图、面积图、曲面图或雷达图	在行或列中，例如：（表格示例）
饼图：该图表使用一组值（称作数据系列）	在一列或一行中以及一列或一行标签中，例如：（表格示例）
圆环图：该图表可以使用一个或多个数据系列	在多列或多行数据以及在一行或一列标签中，例如：（表格示例）
XY（散点）图或气泡图	在列中，X 值放在第一列，Y 值和气泡大小值放在相邻的两列中，例如：（表格示例）
股价图	在列或行中，以正确顺序使用成交量、开盘、盘高、盘低和收盘股价的组合以及名称或日期作为标签，例如：（表格示例）

❖　第二步插入图表

选择数据后可以快速为选择数据创建图表，具体的操作如下。

①　单击"插入"选项卡中的"图表"组中的"推荐的图表"按钮，打开"插入图表"对话框。

2 在"推荐的图表"选项卡中，拖动滚动条浏览 Excel 为所选数据推荐的图表列表，单击任意图表可以查看数据的呈现效果和相关说明，如图 13-32 所示。

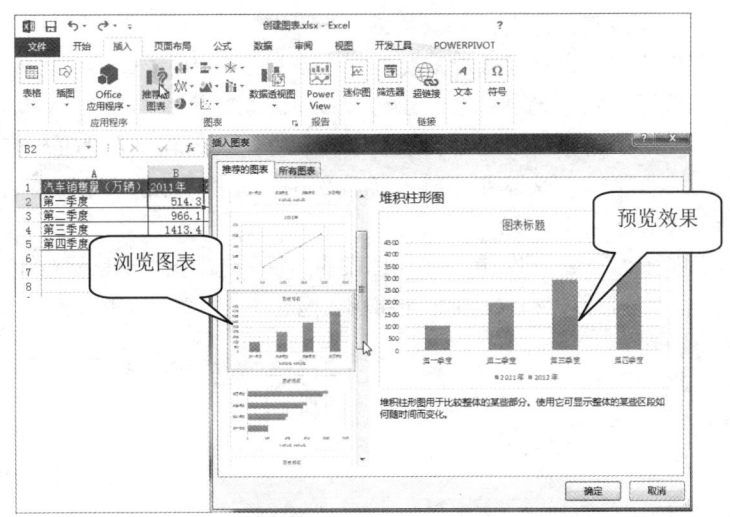

图 13-32　浏览推荐的图表

3 找到所要的图表后，单击该图表，然后单击"确定"按钮，即可在工作表中插入选择的图表。

4 使用图表右上角附近的"图表元素"按钮➕、"图表样式"按钮🖌和"图表筛选器"按钮▼可添加坐标轴标题、数据标签等图表元素，自定义图表的外观或更改图表中显示的数据，如图 13-33 所示。

如果在推荐的图表中没有看到喜欢的图表，可单击"所有图表"选项卡以查看所有可用的图表类型。

使用快捷键创建图表
选择数据表所在单元格区域的任意一个单元格，按<Alt+F1>组合键，则可在数据所在工作表中创建一个嵌入图表。如果按<F11>键，则可生成一个名为"Chart1"的图表工作表，如图 13-34 所示。

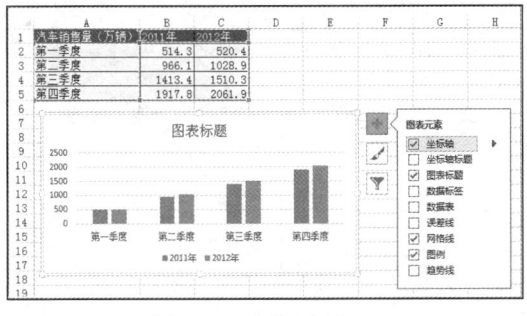

图 13-33　自定义图表

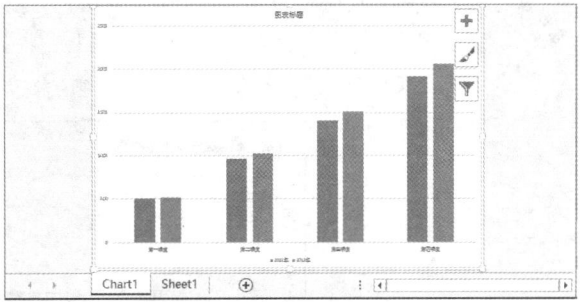

图 13-34　使用快捷键创建图表

在 Excel 中，图表有两种显示方式，一种是嵌入式，即图表显示在数据工作表中；还有一种就是"图表工作表"，它是一个独立的工作表，只能显示图表，不能输入数据。

2. 移动图表

默认情况下，图表作为嵌入图表放在工作表上。如果要将图表放在单独的图表工作表中，则可以通过执行下列操作来更改其位置。

1️⃣ 单击嵌入图表中的任意位置激活图表，功能区中显示"图表工具"选项卡。

2️⃣ 单击"设计"子选项卡的"位置"组的"移动图表"按钮 ，打开"移动图表"对话框。选中"新工作表"单选钮，图表将显示在图表新工作表中，默认名称为"Chart1"。如果要替换图表的默认名称，可在"新工作表"文本框中键入新的名称。选中"对象位于"单选钮，图表显示为工作表中的嵌入图表，如图 13-35 所示。

如果要在工作表内移动图表，可用鼠标单击图表的图表区选中图表，鼠标指针变为十字箭头，按住鼠标左键拖动鼠标至需要的位置，释放鼠标即可将图表拖放到工作表中新的位置，如图 13-36 所示。

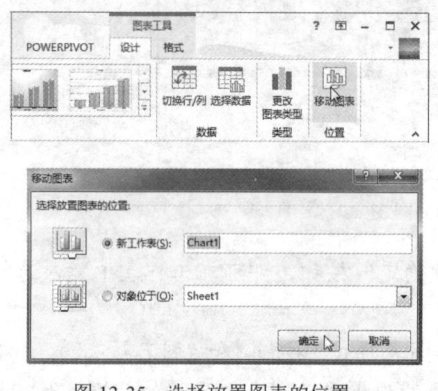

图 13-35　选择放置图表的位置

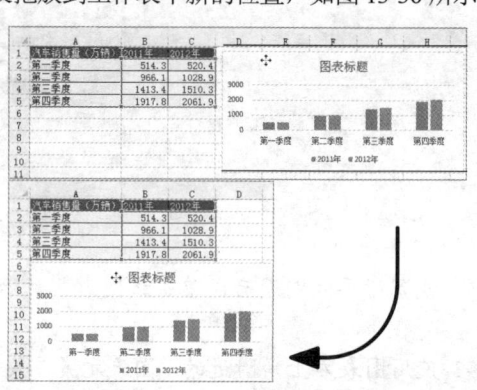

图 13-36　在工作表内移动图表

13.1.4　图表的复制和删除

❖　复制命令

选中图表后，单击"开始"选项卡上的"复制"按钮 （或按<Ctrl+C>组合键），再选择目标位置的左上角的单元格，单击"粘贴"按钮 （或按<Ctrl+V>组合键），可以将图表复制到目标位置。

 快捷复制

单击图表区以选中图表，出现图表容器框，将鼠标指针移动到图表容器框上，按住<Ctrl>键，此时鼠标指针变为 形状，拖放图表即完成复制，如图 13-37 所示。

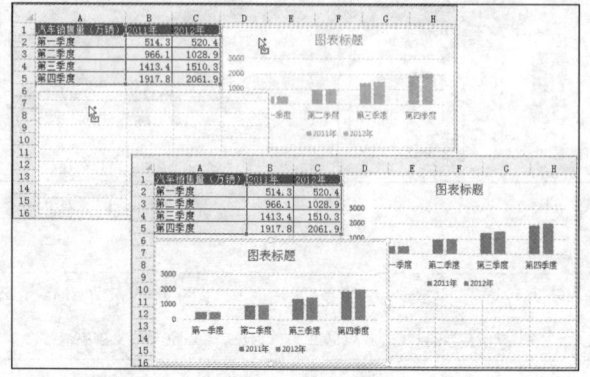

图 13-37　快捷复制

❖　删除图表

如果不再需要图表，则可以将其删除。选中图表后按<Delete>键，便可删除工作表中嵌入的图表。要删除图表工作表，可以右键单击图表工作表标签，在打开的快捷菜单中单击"删除"命令即可。

13.1.5　将图表转换为图片或图形

如果需要将图表转变为图片或图形，可以使用以下方法。

1. 转换为图片

选择图表，单击"开始"选项卡中的"剪贴板"组中的"复制"按钮 ，选中工作表中的任意一个单元格，然后单击"开始"选项卡中的"剪贴板"组中的"粘贴"下拉按钮 ，在"粘贴选项"中选择"图片"命令，如图 13-38 所示。

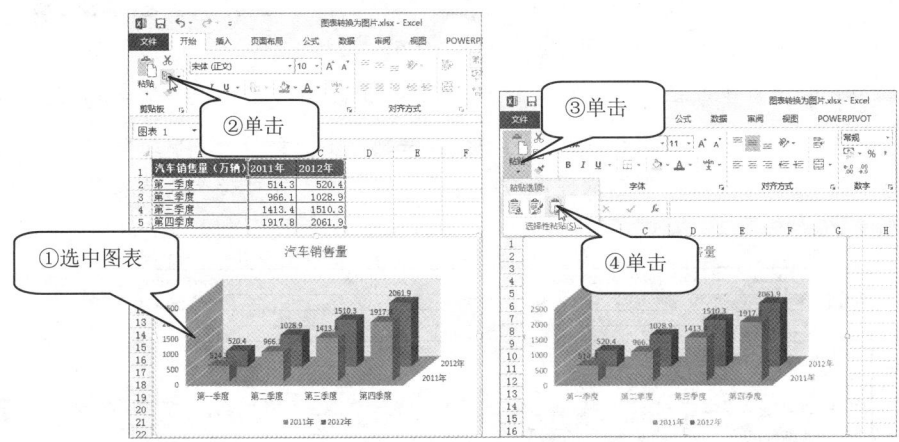

图 13-38　图表变图片

2. 转换为图形

将图表变图形的操作步骤如下。

1　复制图表后粘贴时，在"粘贴选项"中单击"选择性粘贴"，打开"选择性粘贴"对话框，在"方式"列表中选择"图片（增强型图元文件）"，如图 13-39 所示。

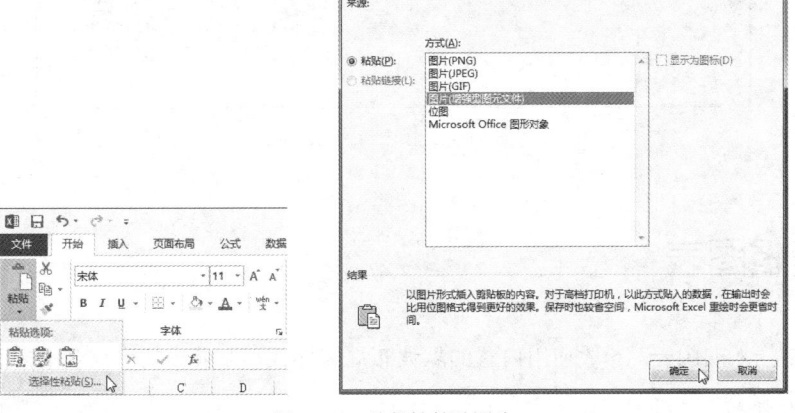

图 13-39　选择性粘贴图片

2 选择刚才粘贴在工作表中的图片，单击鼠标右键，在打开的快捷菜单中单击"组合"→"取消组合"命令，Excel 显示"这是一张导入图片，而不是组合。是否将其转换为 Micrrosoft Office 图形对象？"确认提示框，单击"是"按钮，如图 13-40 所示。

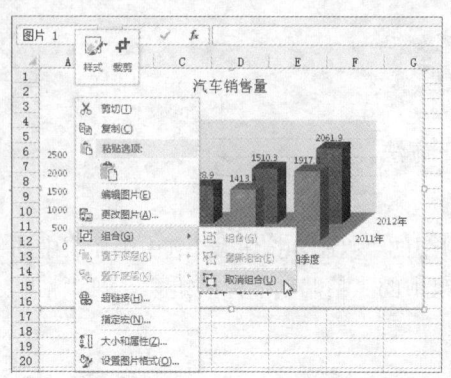
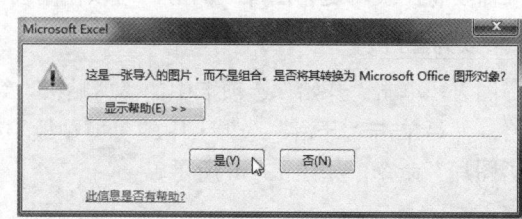

图 13-40　确认转换图形对话框

3 再次选择该图片，单击鼠标右键，在打开的快捷菜单中单击"组合"→"取消组合"命令，此时功能区中显示"绘图工具"和"图片工具"选项卡，得到一个图形与文本框组合的图形，在图片区域外单击鼠标，取消选中图片，再用鼠标拖动取消组合的图片，即可将图片从文本框中分离出来，如图 13-41 所示。

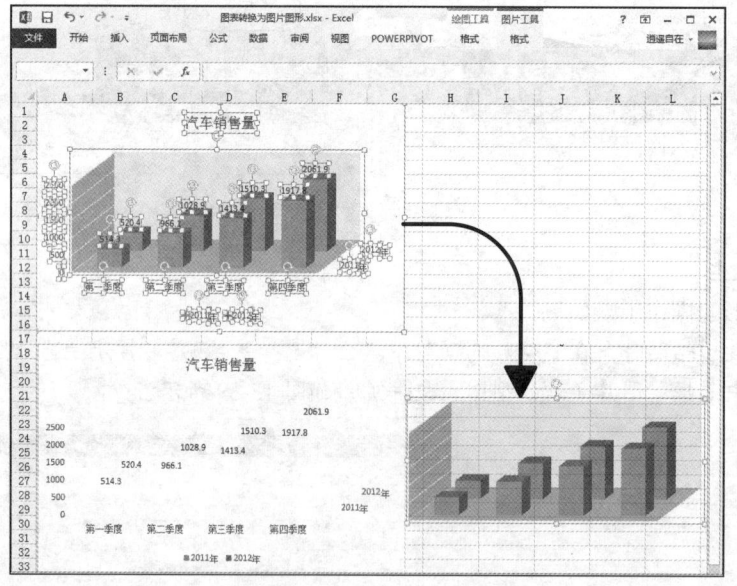

图 13-41　图表转换为图形

13.2　编辑图表

在 Excel 中插入的图表，一般使用内置的默认布局和样式，如果要制作与众不同的图表，需要进一步对图表进行修饰。

13.2.1　调整图表区大小

如果要调整图表大小，主要有以下两种方法。

方法一： 单击图表，用鼠标指针指向尺寸控点，当鼠标指针变成双头箭头时，按住鼠标左键，鼠标指针变成"+"形，拖动尺寸控点即可将图表区调整为需要的大小，如图 13-42 所示。

方法二： 单击"图表工具"的"格式"选项卡，在"大小"组的"形状高度"■和"形状宽度"■文本框中输入大小值。或者单击"大小"组的"大小和属性"对话框启动器按钮■，打开"设置图表区格式"任务窗格，在"大小"选项中设置高度、宽度或者缩放高度、宽度百分比，如图 13-43 所示。

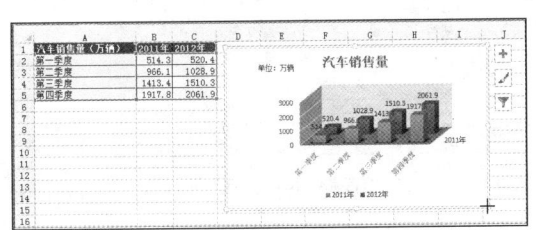

图 13-42　拖动鼠标调整图表区大小

图 13-43　利用任务窗格调整图表区大小

13.2.2　标题和数据标签

为了使图表更直观，可以为图表和坐标轴添加标题，可以添加数据标签，并对添加的标题和标签进行编辑。

1. 添加图表标题

为图表添加标题有以下两种方法。

❖　利用图表元素按钮添加

单击图表，激活显示"图表元素"按钮■，单击"图表元素"按钮，在图表元素列表中选中图表标题前面的复选框，便可在图表的绘图区上方添加默认的图表标题，然后在图表标题文本框中键入所需的标题即可，如图 13-44 所示。

单击"图表元素"列表中图表标题右侧的"箭头"按钮■，用户可以选择图表标题的位置，单击"更多选项"，将打开"设置图表标题格式"任务窗格，可以为添加的标题设置格式，如图 13-45 所示。

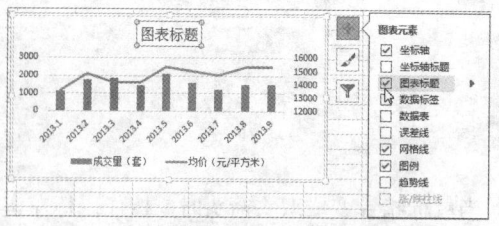
图 13-44　利用图表元素按钮添加图表标题

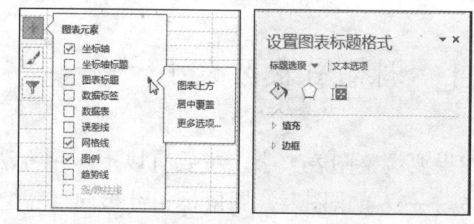
图 13-45　图表标题的位置和更多选项

❖　利用功能区"添加图表元素"下拉按钮添加

利用功能区"添加图表元素"下拉按钮 添加标题的具体操作步骤如下。

1　单击要添加标题的图表中的任意位置，激活"图表工具"选项卡。

2　在"图表工具"的"设计"子选项卡的"图表布局"组中，单击"添加图表元素"下拉按钮 ，在下拉菜单中单击"图表标题"，在展开的扩展菜单中单击"图表上方"或者"居中覆盖"命令，如图 13-46 所示。

3　在图表中显示的"图表标题"文本框中键入所需的标题文本，例如"商品房销售统计"，如图 13-47 所示。

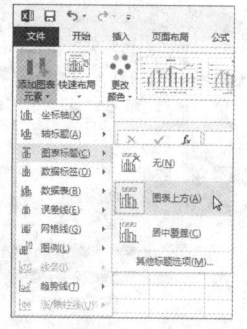
图 13-46　添加图表标题

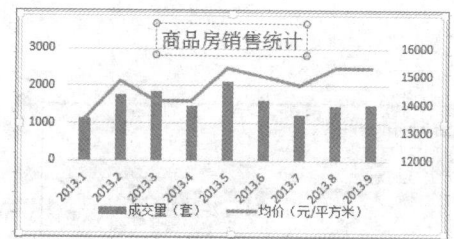
图 13-47　在图表标题文本框中键入标题

2. 编辑图表标题

添加图表标题后，对添加的图表标题进行编辑，可执行以下操作。

1　如果要将标题分行显示，在需要换行的位置单击鼠标，然后按键盘上的<Enter>键。

2　如果要设置文本的格式，先选择标题文本，在打开的"浮动工具栏"上单击字体、字号等设置文本格式，如图 13-48 所示（也可以使用功能区的"开始"选项卡的"字体"组上的格式设置按钮设置标题文本格式）。

3　如果要设置整个标题的格式，可以右键单击该标题，在打开的快捷菜单中单击"设置图表标题格式"命令，打开"设置图表标题格式"任务窗格，可分别对"标题选项"的"填充""边框"等以及"文本选项"分别进行设置，如图 13-49 所示。

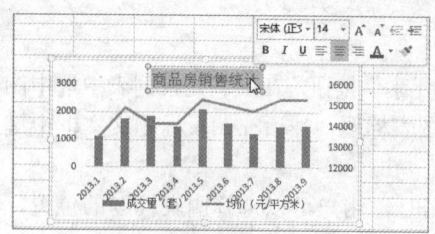
图 13-48　设置图表标题文本格式

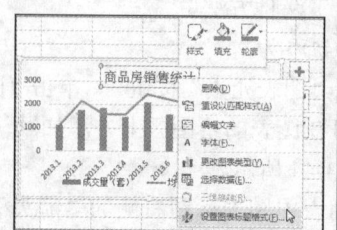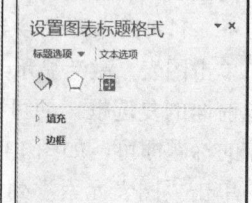
图 13-49　设置图表标题格式

在"标题选项"的"填充"设置中，可以分别设置填充线条（包括填充和边框）、效果（包括阴影、发光、三维格式等）和大小属性（设置对齐方式），如图 13-50 所示。

在"文本选项"中可以设置文本填充轮廓、文本效果（包括映像、发光、柔化边缘等）和文本框（设置对齐方式、方向等），如图 13-51 所示。

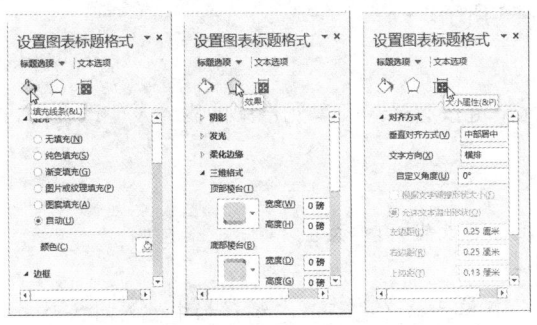 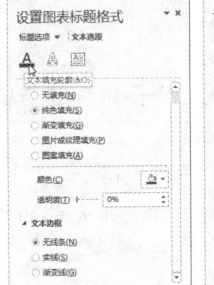 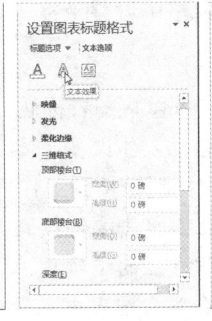 

图 13-50　设置标题选项　　　　　　　　　　　　　　图 13-51　设置文本选项

3. 添加和编辑坐标轴标题

（1）添加坐标轴标题

为图表添加坐标轴标题的操作方法与添加图表标题的方法相同。

❖　利用图表元素按钮添加

单击"图表元素"按钮，在图表元素列表中选中"坐标轴标题"复选框，可以为图表中的所有坐标轴添加默认标题，然后再分别在各坐标轴标题文本框中键入标题名称，如图 13-52 所示。

如果要选择在特定的坐标轴上添加坐标轴标题，可单击"图表元素"列表中的坐标轴标题右侧的"箭头"按钮▶，在打开的列表中选中需要添加标题的坐标轴复选框，如图 13-53 所示。

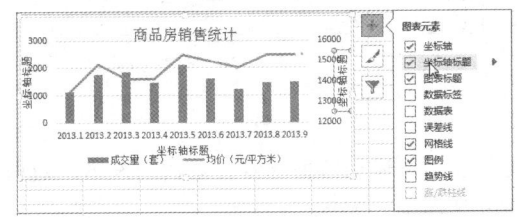 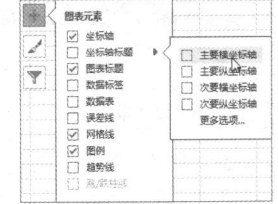

图 13-52　利用图表元素按钮添加坐标轴标题　　　　　图 13-53　添加指定坐标轴的标题

❖　利用功能区"添加图表元素"下拉按钮添加

利用功能区"添加图表元素"下拉按钮添加坐标轴标题的操作如下。

1　单击要添加标题的图表中的任意位置，激活"图表工具"选项卡。

2　在"图表工具"的"设计"子选项卡的"图表布局"组中，单击"添加图表元素"下拉按钮，在下拉菜单中单击"轴标题"，在展开的扩展菜单中选择需要添加标题的坐标轴，如图 13-54 所示。

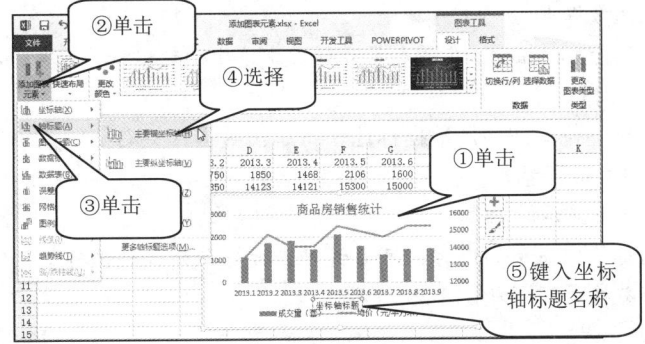

图 13-54　添加坐标轴标题

（2）设置坐标轴标题格式

设置坐标轴标题格式的方法与设置图表标题的方法相同。选中坐标轴标题，单击鼠标右键，在打开的快捷菜单中选择"设置坐标轴标题格式"（或双击坐标轴），打开"设置坐标轴标题格式"任务窗格，在任务窗格中设置坐标轴标题格式，如图 13-55 所示。

4. 链接标题

在 Excel 中，可以将图表标题、坐标轴标题与单元格链接起来，当单元格中的内容发生改变时，相应的标题也会自动发生改变。

【例 13-2】将标题链接到工作表单元格

1 在图表上，单击要链接到工作表单元格的图表标题或坐标轴标题。

2 单击工作表上的编辑栏，然后键入一个 "=" 号。

3 选择包含要在图表中显示的数据或文本的工作表单元格（也可以在编辑栏中键入对工作表单元格的引用。包括等号、工作表名，后跟一个感叹号；例如 "=Sheet1!$A$1"），然后按<Enter>键，如图 13-56 所示。

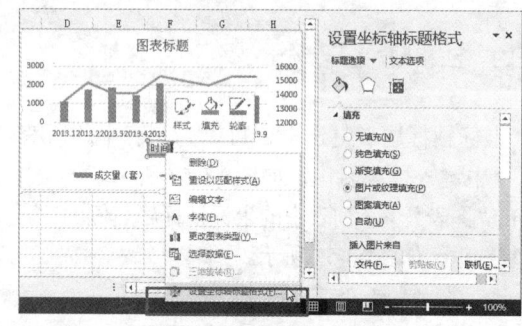

图 13-55　设置坐标轴标题格式

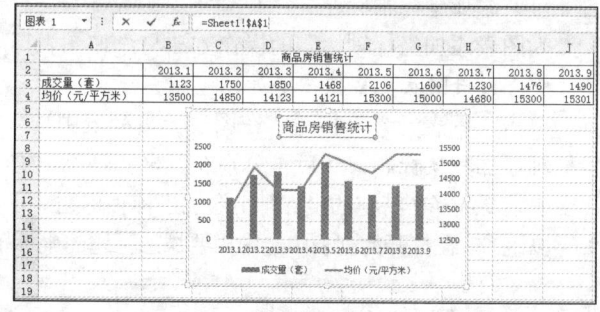

图 13-56　链接标题

5. 添加和编辑数据标签

若要标识图表中的数据系列，可以向图表的数据点添加数据标签。默认情况下，数据标签链接到工作表中的值，并且在对这些值进行更改时它们会自动更新。

❖　添加数据标签

使用图表元素按钮可添加数据标签，具体的操作如下。

1 选择要添加数据标签的范围。

①如果要向所有数据系列的所有数据点添加数据标签，则单击图表区。

②如果要向一个数据系列的所有数据点添加数据标签，则单击该数据系列中的任意位置。

③如果要向一个数据系列中的单个数据点添加数据标签，则单击包含要标记的数据点的数据系列，然后单击要标记的数据点。

2 单击"图表元素"按钮＋，在图表元素列表中选中"数据标签"复选框，将为所选数据系列添加标签，如图 13-57 所示。

如果要更改数据标签位置或使用数据标注，可单击数据标签右侧的箭头按钮，在打开的菜单中选择一个选项，如图 13-58 所示。

❖　更改数据标签中显示的内容

1 要更改数据标签中显示的内容，可右键单击数据系列或数据标签，然后在打开的快捷菜单中单击"设置数据标签格式"，如图 13-59 所示。

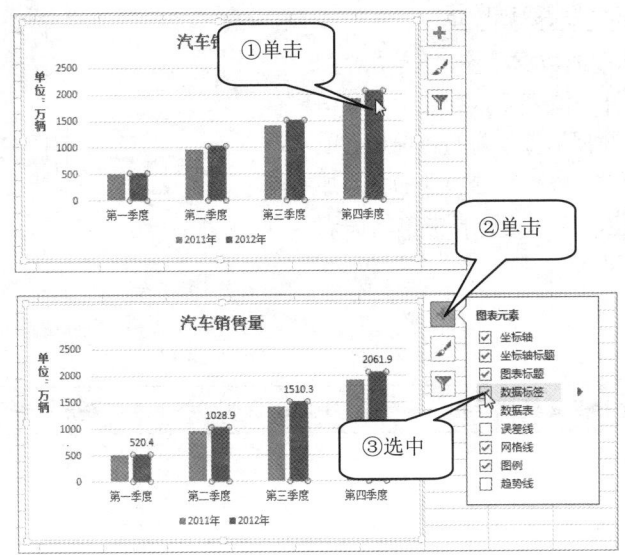

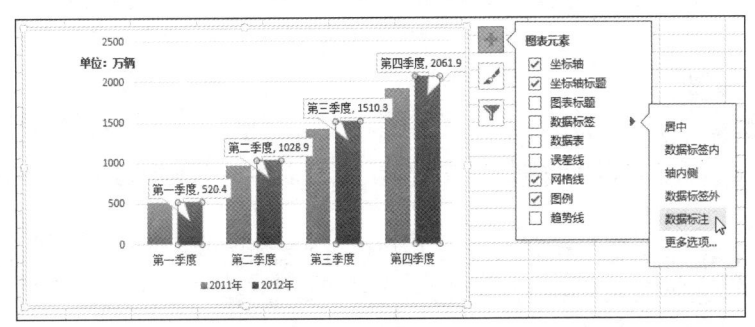

图 13-57　添加数据标签

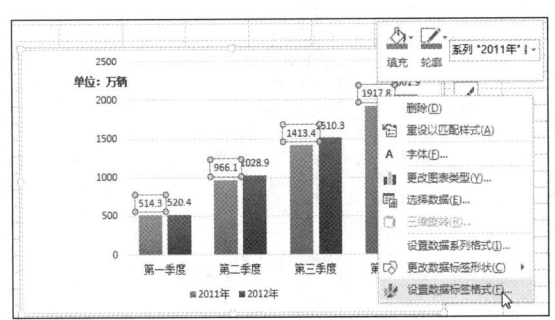

图 13-58　数据标签的更多选项

2　在打开的"设置数据标签格式"任务窗格中，单击"标签选项"并在"标签包括"下选择所需的选项，如图 13-60 所示。

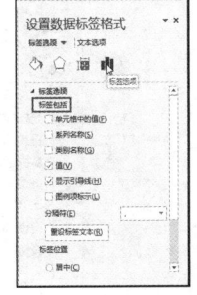

图 13-59　设置数据标签格式　　　　　图 13-60　设置标签选项

用户可以更改数据标签的外观、添加连接线、创建自定义数据标签或更改数据标签的位置等。可用的数据标签选项因使用的图表类型而异。

6. 删除图表中的标题或数据标签

要删除图表中的标题或数据标签，可单击"图表元素"按钮，在打开的图表元素列表中，取消选中"图表标题"或"数据标签"前的复选框。或者单击"图表工具"中的"设计"选项卡的"添加图表元素"下拉按钮，在下拉列表中单击图表标题或数据标签，在扩展菜单中选择"无"命令，如图 13-61 所示。

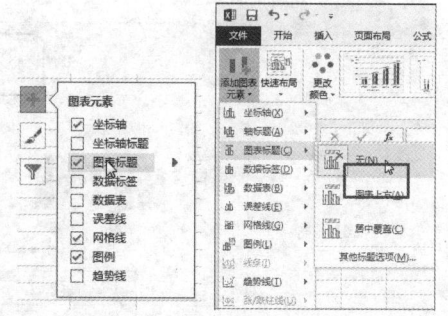

图 13-61　删除图表标题或数据标签

> **提示** 可先选中要删除标题或数据标签，然后按<Delete>键也可将图表标题或数据标签删除。

13.2.3　图例

创建图表时，会显示图例，用户可以在图表创建完毕后隐藏图例或更改图例的位置，设置图例和图例项格式。

1. 显示或隐藏图例

显示或隐藏图例可使用以下方法。

方法一： 单击"图表元素"按钮，在图表元素列表中选中或取消选中"图例"复选框，如图 13-62 所示。

方法二： 单击"图表工具"中的"设计"选项卡的"添加图表元素"下拉按钮，在下拉菜单中单击"图例"命令，在扩展菜单中执行下列操作之一，如图 13-63 所示。

① 如果要隐藏图例，单击"无"。

② 如果要显示图例，单击所需的显示选项。

图 13-62　利用"图表元素"
按钮显示或隐藏图例

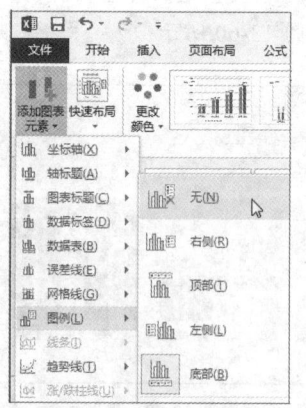

图 13-63　"利用添加图表元素"
下拉列表命令显示或隐藏图例

2. 设置图例格式

图例用于显示数据系列指定的图案和文本说明，由图例项组成，每个数据系列对应一个图例项。在图例上单击鼠标右键，在打开的快捷菜单中单击"设置图例格式"命令，打开"设置图例格式"

任务窗格，单击"图例选项"选项卡，在"图例选项"的"图例位置"下方可以选择图例位置，如图 13-64 所示。

在"设置图例格式"任务窗格中，除了可以选择图例的位置，还可以在"图例选项"选项中设置"填充""效果"等；在"文本选项"选项中设置"文本框""文本效果""文本填充轮廓"等。

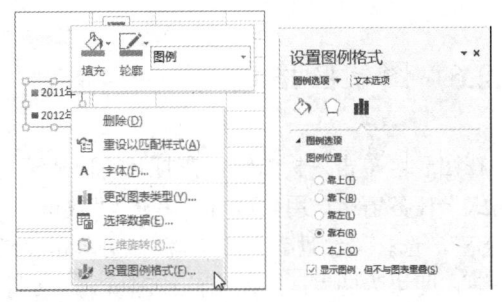

图 13-64　设置图例格式

 提示 在"设置图例格式"任务窗格的"图例选项"中选中"显示图例，但不与图表重叠"复选框，图表的绘图区会根据图例的位置自动调整大小，以便不与图例重叠显示。

13.2.4　模拟运算表（数据表）

模拟运算表（数据表）是附加到图表的表格，用于显示图表的源数据。用户可以设置是否显示并设置显示模拟运算表的格式。

单击"图表元素"按钮 ⊞，在图表元素列表中单击"数据表"选中或取消选中复选框，即可显示或取消显示模拟运算表。

单击图表元素列表中"数据表"右侧的箭头按钮，在打开的菜单中，可以选择是否显示图例项标示，如果单击"更多选项"命令，将打开"设置模拟运算表格式"任务窗格，用户可以对"表边框""填充"等进行自定义设置，如图 13-65 所示。

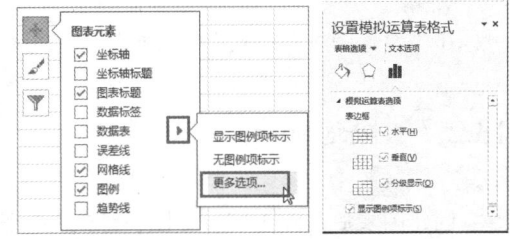

图 13-65　设置模拟运算表格式

13.2.5　网格线

图表中可以启用或隐藏网格线，还可以设置网格线格式。

单击"图表元素"按钮 ⊞，在图表元素列表中单击选中或取消选中"网格线"复选框，即可显示或取消显示所有"网格线"。

单击图表元素列表中"网格线"右侧的箭头，在打开的菜单中，可以选择要显示的网格线类型，如图 13-66 所示。

如果单击"更多选项"命令，将打开"设置主要网格线格式"任务窗格，用户可以对线条、效果等进行自定义设置。单击"主要网格线选项"下拉按钮，还可以对其他网格线进行设置，如图 13-67 所示。

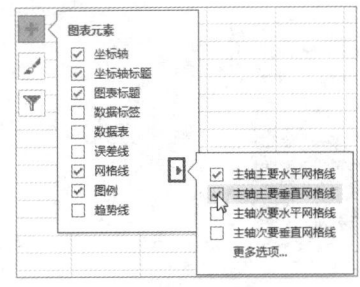

图 13-66　选择要显示的网格线的类型

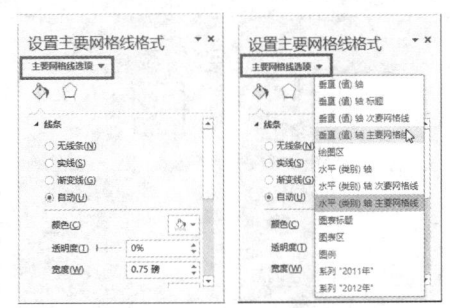

图 13-67　设置网格线格式

13.2.6 图表区格式

在图表区单击鼠标右键，在打开的快捷菜单中单击"设置图表区格式"命令，打开"设置图表区格式"任务窗格。用户可对"填充""效果"等进行设置。如果在"填充"选项中选择"图片或纹理填充"，选择"纹理"为"水滴"，可单击"纹理"下拉按钮，打开纹理样式库，在样式库中选择"水滴"，即可为图表区应用水滴纹理填充，如图 13-68 所示。

为图表区设置水滴纹理填充的效果如图 13-69 所示。

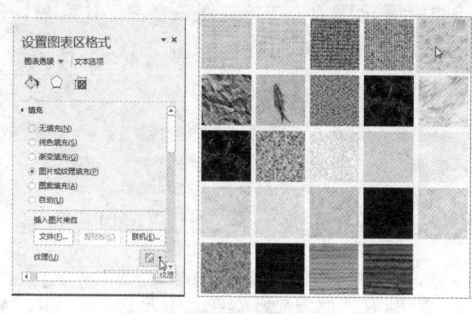

图 13-68　设置图表区格式

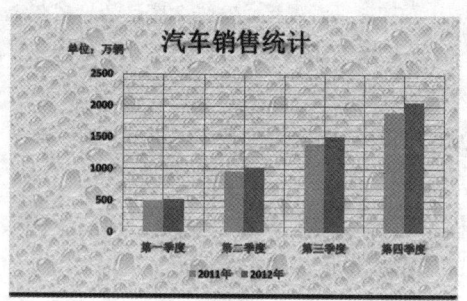

图 13-69　为图表区设置水滴纹理填充效果

在"设置图表区格式"任务窗格中还可对"边框""效果"等进行自定义设置。

13.2.7 快速布局

创建图表后，除了使用"图表样式"按钮为图表应用样式和配色方案外，还可以使用"图表工具"的"设计"选项卡中的"快速布局"命令快速为图表应用预定义的布局，Excel 提供了多种快速布局供用户选择，为图表应用快速布局的操作步骤如下。

1 单击图表中的任意位置，激活"图表工具"选项卡。

2 单击"图表工具"的"设计"子选项卡，在"图表布局"组中单击"快速布局"按钮，打开布局样式库，鼠标指针停在一种布局样式上，图表会显示该样式的预览，单击选择的样式，例如"布局 9"，即可在图表中应用"布局 9"的样式，如图 13-70 所示。

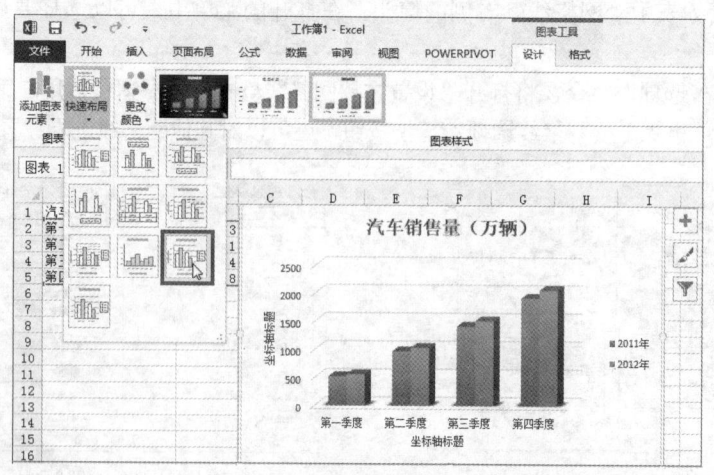

图 13-70　图表应用快速布局

13.2.8 图表形状样式

在图表形状与颜色方面，Excel 提供了形状样式库可供用户选择。在图表中，可以为标题、网格线、背景墙、基底、数据系列、绘图区、图表区等图表元素设置不同的形状样式，如图 13-71 所示。

"图表工具"的"格式"选项卡中的"形状样式"可根据所选图表元素的不同显示相应的样式库，例如选

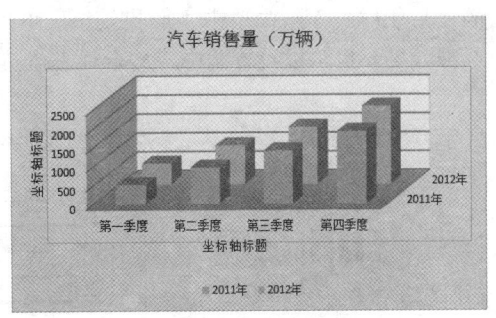

图 13-71　设置形状样式

择垂直轴主要网格线，在"形状样式"库中则显示线条形状样式。选择背景墙，则显示颜色填充样式，如图 13-72 所示。用户可以为指定的图表元素设置形状样式。

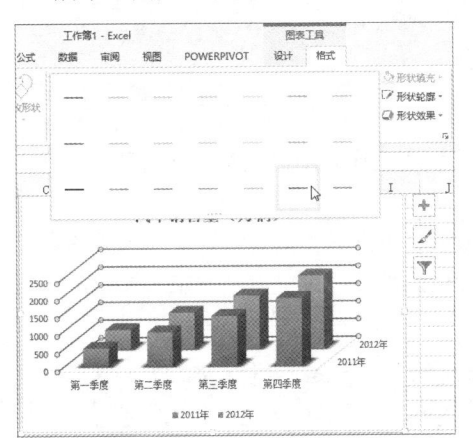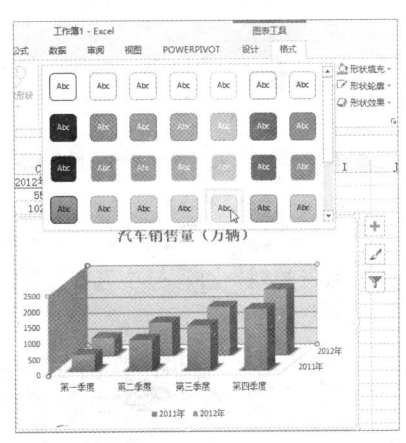

图 13-72　丰富多样的形状样式

除了对图表元素应用样式库中的样式外，还可以分别设置"形状填充""形状轮廓"和"形状效果"自定义形状样式。

❖　形状填充

形状填充是指图表元素内部的填充颜色和效果。选中图表元素后在"图表工具"的"格式"选项卡的"形状样式"组中单击"形状填充"下拉按钮，打开"形状填充"下拉列表，可以设置颜色填充、图片填充、渐变填充及纹理填充等，如图 13-73 所示。

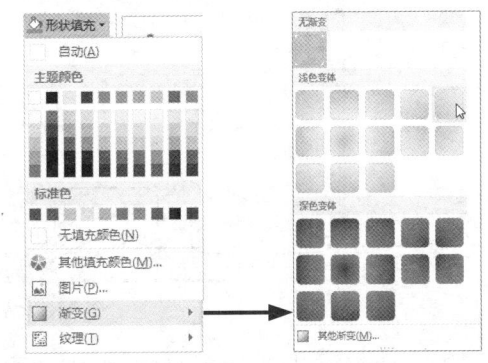

图 13-73　形状填充

> **注意**　当选择的图表元素为网格线时，"形状填充"呈灰色显示，不可用。

❖　形状轮廓

形状轮廓是指图表元素边框的颜色和效果。选中图表元素后在"图表工具"的"格式"选项卡的"形状样式"组中单击"形状轮廓"下拉按钮，打开"形状轮廓"下拉列表，可以设置轮廓颜色、轮廓粗细、线型等，如图 13-74 所示。

❖　形状效果

形状效果是指图表元素的阴影和三维效果。选中图表元素后在"图表工具"的"格式"选项卡

的"形状样式"组中单击"形状效果"下拉按钮，打开"形状效果"下拉列表，可以在预设效果中选择效果，也可以设置阴影、棱台、三维旋转等效果，如图 13-75 所示。

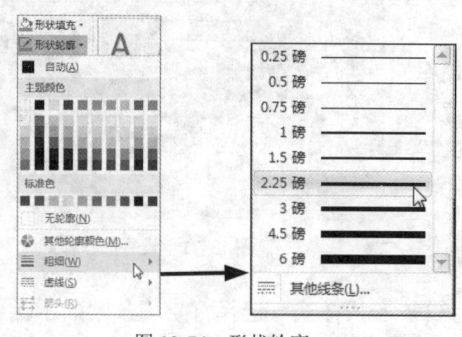

图 13-74　形状轮廓

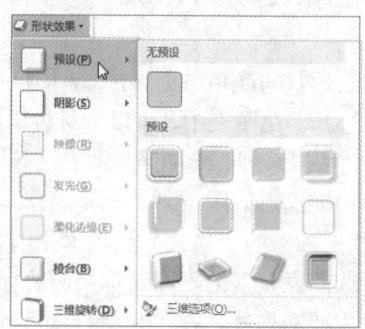

图 13-75　形状效果

13.2.9　更改图表的类型

如果创建图表时选择的图表类型不能直观地表达工作表中的数据，可以更改图表的类型，具体的操作步骤如下。

单击图表，在"图表工具"的"设计"选项卡中单击"类型"组中的"更改图表类型"按钮，在打开的"更改图表类型"对话框中选择一种合适的类型，再单击"确定"按钮，如图 13-76 所示。

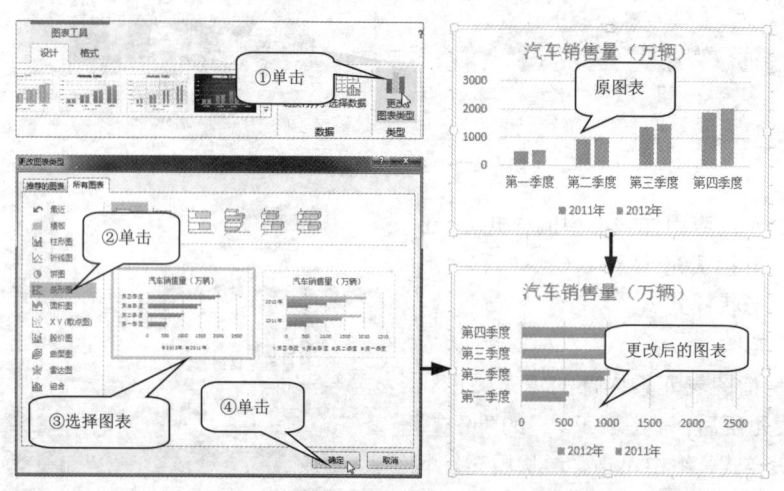

图 13-76　更改图表类型

在图表的"绘图区"单击鼠标右键，在打开的快捷菜单中单击"更改图表类型"命令，也可以打开"更改图表类型"对话框，为图表更改图表类型，如图 13-77 所示。

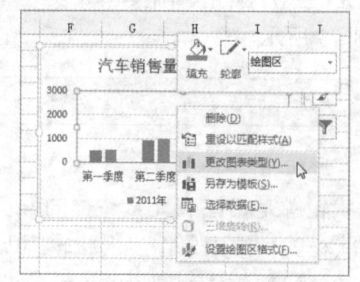

图 13-77　单击鼠标右键打开"更改图表类型"
对话框

13.2.10　编辑图表数据

用户可以向图表中添加数据系列，更改数据系列，还可以切换行/列的位置。

1. 向图表中添加数据系列

【例 13-3】添加数据系列

创建图表之后，可以将其他数据系列添加到图表中。如果图表与用于创建它的数据位于同一工作表上（也被称为源数据），可以快速拖动工作表中的新数据将其添加到图表中。在图 13-78 所示的图表中，如果要增加 2012 年的数据，主要有以下方法。

方法一： 拖动源数据的尺寸控制点。

1 在工作表中紧邻图表"源数据"的单元格中，输入要添加的 2012 年的新数据系列，如图 13-79 所示。

2 单击图表中的任意位置，在显示尺寸控点的工作表中，拖动尺寸控点以包含新的数据，图表将自动更新并显示添加的新数据系列，如图 13-80 所示。

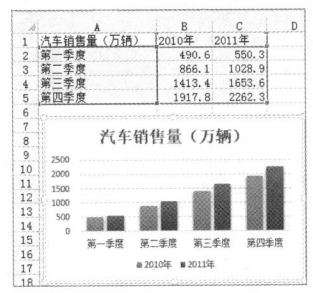

图 13-78 需要添加数据系列的图表

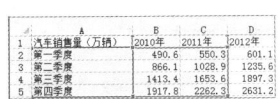

图 13-79 添加新数据系列

图 13-80 为图表添加新的数据系列

方法二： 使用"选择数据源"对话框。

如果图表在单独的图表工作表中，可以通过"选择数据源"对话框为图表添加新的数据系列。具体的操作步骤如下。

1 用鼠标右键单击图表，在打开的快捷菜单中单击"选择数据"命令，打开"选择数据源"对话框，如图 13-81 所示。

2 "选择数据源"对话框将显示在具有图表"源数据"的工作表上。拖动鼠标在工作表中选择要用于图表的

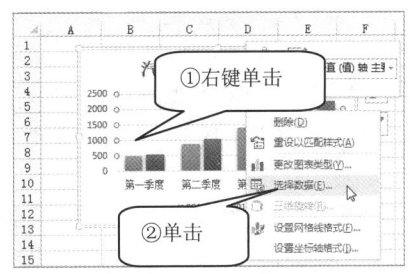

图 13-81 单击"选择数据"命令

所有数据（包括新的数据系列），新的数据系列显示在"图例项（系列）"下。单击"确定"按钮关闭"选择数据源"对话框并返回到图表，即可在图表中添加新的数据系列，如图 13-82 所示。

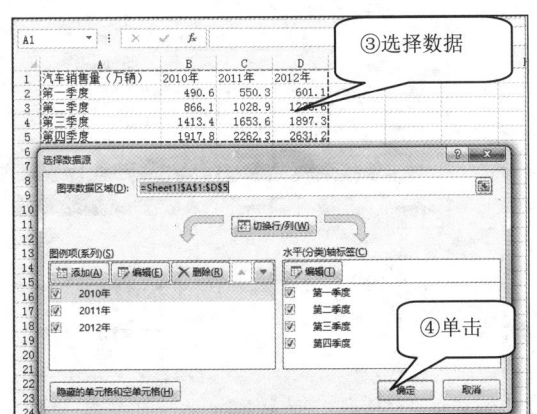

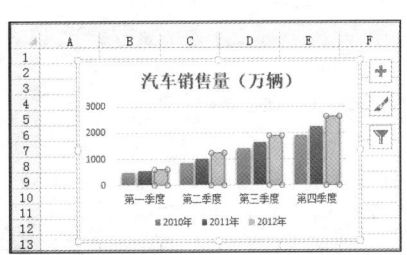

图 13-82 利用"选择数据源"对话框添加数据系列

2. 更改图表中的数据系列

【例 13-4】更改数据系列

在创建图表后，可以通过以下两种方式更改数据系列。

方法一：使用"图表筛选器"显示或隐藏图表中的数据。

1 单击图表中的任意位置。

2 单击图表右上方的"图表筛选器"按钮▼，在打开的"数值"选项卡上，选中或取消选中要显示或隐藏的系列或类别，单击"应用"按钮即可显示或隐藏系列，如图 13-83 所示。

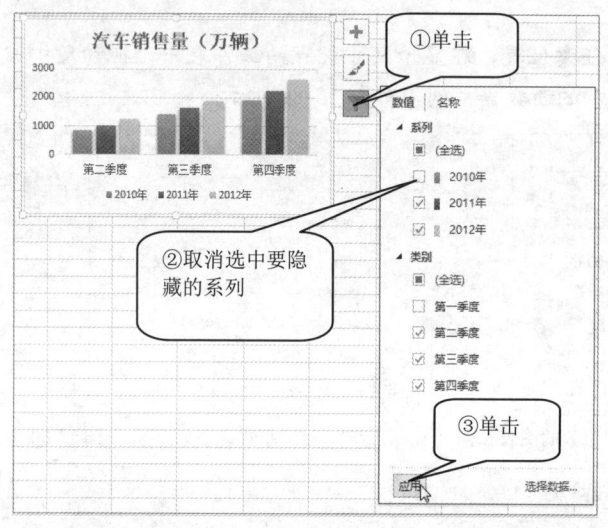

图 13-83 使用"图表筛选器"显示或隐藏图表中的数据

方法二：使用"选择数据源"对话框。

1 右键单击图表，在快捷菜单中单击"选择数据"命令，打开"选择数据源"对话框，如图 13-84 所示。

2 在"图例项(系列)"框中，如果要隐藏指定系列，可单击取消该系列前的复选框，然后单击"确定"按钮关闭对话框。如果要更改系列的数据源，可单击选中系列，再单击"编辑"按钮，打开"编辑数据系列"对话框，对选择数据系列进行更改，然后单击"确定"按钮返回"选择数据源"对话框，最后单击"确定"按钮关闭"选择数据源"对话框，如图 13-85 所示。

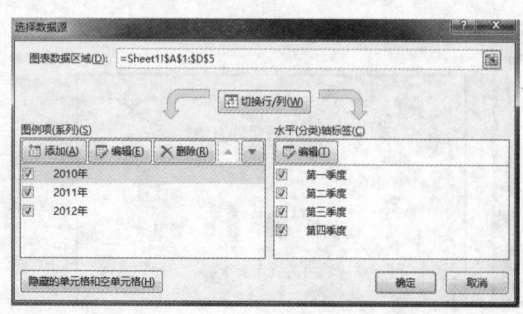

图 13-84 打开"选择数据源"对话框

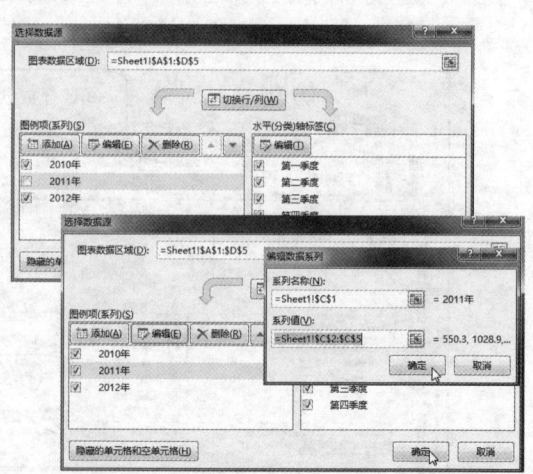

图 13-85 编辑系列

③ 要重新排列某个系列，可先选择系列，然后单击"上移"按钮 ▲ 或"下移"按钮 ▼。

 注意 | 在"选择数据源"对话框中选择系列后如果单击"删除"按钮，会将选择的系列从图表中删除，删除后不能使用"图表筛选器"再次显示。

3. 切换行/列数据

数据表由行和列构成，坐标轴上的数据可以互相交换，例如把标到 x 轴上的数据移到 y 轴上。

选择图表，激活"图表工具"选项卡，单击"设计"子选项卡的"数据"组中的"切换行/列"按钮 🔲，即可实现将图表的行列数据系列互相交换，如图 13-86 所示。

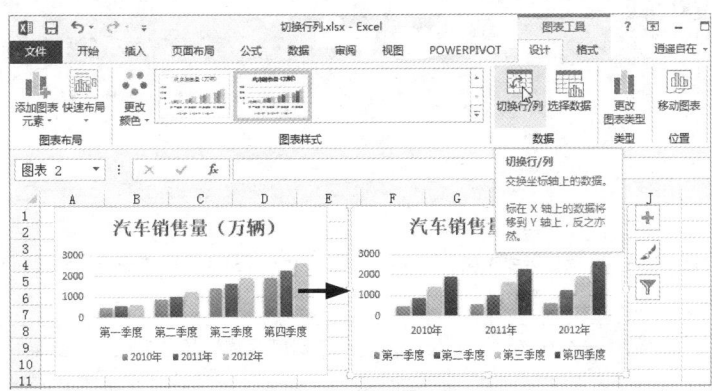

图 13-86　切换行列

13.3　图表分析

在图表中，可以为特定图表添加趋势线、折线、涨、跌柱线和误差线，以下分别加以介绍。

13.3.1　趋势线

要在图表中显示数据趋势或移动平均，可以添加趋势线，还可以将趋势线延伸过实际数据以帮助预测未来值。如图 13-87 所示的线性趋势线预测了未来的两个月房地产投资累计值，并清楚地显示了将来的值呈上升趋势。

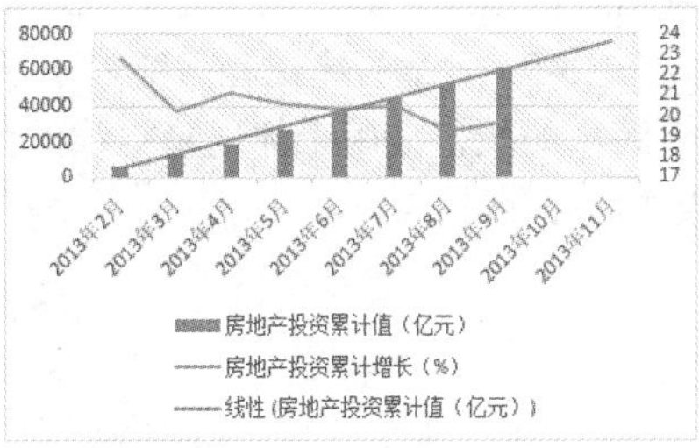

可向非堆积二维图表（面积图、条形图、柱形图、折线图、股价图、散点图或气泡图）添加趋势线，不能向堆积图或三维图表添加趋势线，雷达图、饼图、曲面图和圆环图也不支持趋势线。

图 13-87　线性趋势预测

【例 13-5】添加趋势线

① 在图表上单击要为其添加趋势线或移动平均值的数据系列。趋势线将从所选数据系列的第一个数据点开始。

② 单击图表右上方的"图表元素"按钮 ➕，打开图表元素列表，在列表中选中"趋势线"复选框。

3 如果要选择其他类型的趋势线，可单击"趋势线"右侧的箭头按钮，然后单击"指数""线性预测"或"双周期移动平均"，如图 13-88 所示。

4 如果需更多趋势线，可单击"其他选项"。在打开的"设置趋势线格式"任务窗格中的"趋势线选项"下单击所需的选项，如图 13-89 所示。

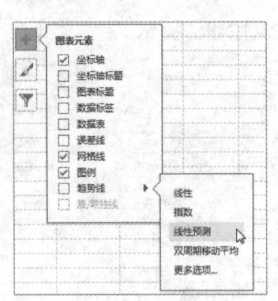

图 13-88　选择趋势线类型

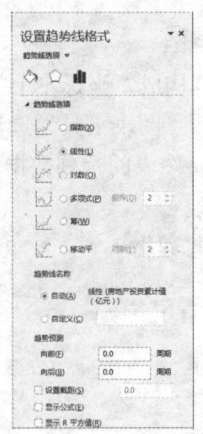

图 13-89　"趋势线格式"窗格

 当趋势线的 R 平方值（一个从 0 到 1 的数值，用于体现趋势线的预估值与实际数据之间对应关系密切程度）为 1 或接近 1 时，趋势线最精确。向数据添加趋势线时，Excel 会自动计算其 R 平方值。可通过选中"在图表上显示 R 平方值"框（"趋势线格式"窗格中的"趋势线选项"内），在图表中显示该值。

下面简要介绍这几种趋势线。

1. 指数趋势线

指数趋势线显示一条曲线，在数据值速率上升或下降时很有用。如果数据中含有零值或负值，则不能创建指数趋势线。

图 13-90 所示的指数趋势线显示物体中碳 14 含量随着其老化不断减少。图中 R 平方值为 0.9907，表明趋势线与数据几乎完全拟合。

2. 线性趋势线

线性趋势线用于为简单线性数据集创建最佳拟合直线。如果数据点构成的图案外观类似直线，则表明数据是线性的。线性趋势线通常表示事物是以恒定速率增加或减少。

图 13-91 所示的线性趋势线显示了最近 8 年的时间段内电冰箱的销量稳步上升。R 平方值（一个从 0 到 1 的数值，用于体现趋势线的预估值与实际数据之间对应关系密切程度）为 0.9736，表明线与数据拟合得相当好。

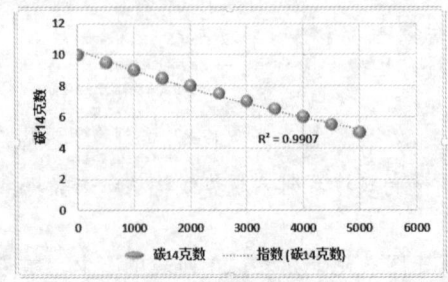

图 13-90　指数趋势线

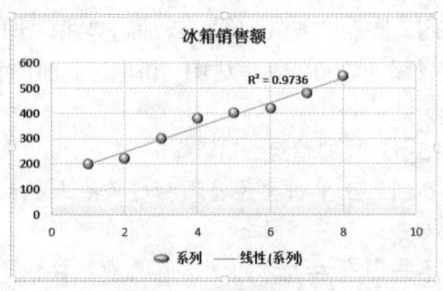

图 13-91　线性趋势线

3. 对数趋势线

对数趋势线显示最佳拟合曲线，当数据变化率快速增加或降低，然后达到稳定的情况时，这种趋势线非常有用。对数趋势线可以使用负值和正值。

图 13-92 所示的对数趋势线显示某地域内动物数量增长的预测情况，当动物生活地区相对减少时，动物数量将趋于平稳。注意，此时 R 平方值是 0.9326，表明与数据线拟合相当好。

4. 多项式趋势线

多项式趋势线在数据波动的情况下非常有用。例如，通过一个较大的数据集分析盈亏时，多项式的次数可由数据的波动次数或曲线中出现弯曲的数目（峰值数和峰谷数）确定。通常二次多项式趋势线仅有一个峰值或峰谷，三次有一个或两个峰值或峰谷，而四次最多有三个峰值或峰谷。

图 13-93 所示的二次多项式趋势线（一个峰值）显示驾驶速度与燃油消耗量之间的关系。注意，R 平方值为 0.9746，该值接近 1，表明趋势与数据拟合得相当好。

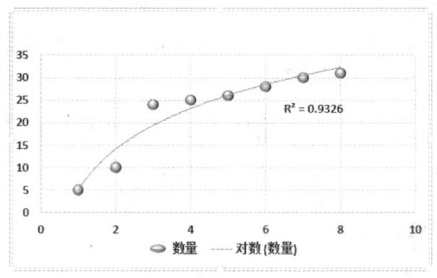
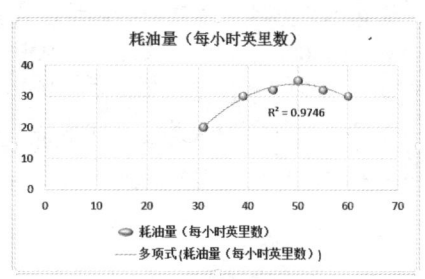

图 13-92　对数趋势线　　　　　　　　　图 13-93　多项式趋势线

5. 乘幂趋势线

此趋势线显示一条曲线，对于以特定速度增加的度量值进行比较的数据集很有用。例如，赛车一秒时间间隔的加速度。如果数据中含有零值或负值，则不能创建乘幂趋势线。

图 13-94 所示的距离测量值图标按秒显示距离（以米为单位）乘幂趋势线清楚地演示了加速度不断提高。R 平方值为 0.9831，表明趋势线与数据几乎完全拟合。

6. 移动平均趋势线

移动趋势线平滑处理数据的波动以更清楚地显示图案或趋势。移动平均使用特定数目的数据点（由"周期"选项设置），取其平均值，然后将该平均值用作趋势线中的一个点。如果"周期"设置为 2，则前两个数据点的平均值用作移动平均趋势线中的第一个点，第二个和第三个数据点的平均值用作趋势线中的第二个点，依次类推。

移动平均趋势线中的数据点数目等于数据系列中数据点的总数减去移动平均周期的数目。

在散点图中，趋势线以图表中的 X 值的顺序为基础。要获得更佳的结果，需先为 X 值排序，再添加移动平均。图 13-95 所示的移动平均趋势线显示了 26 周内住房销售量的图案。

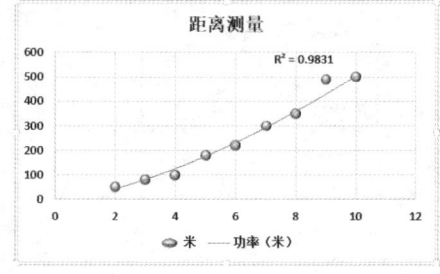
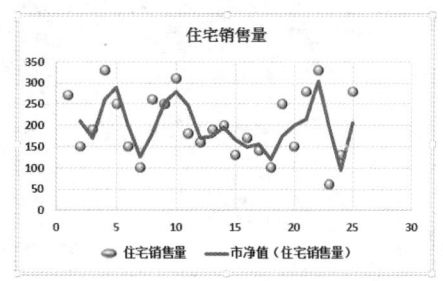

图 13-94　乘幂趋势线　　　　　　　　　图 13-95　移动平均趋势线

13.3.2　误差线

在创建的图表中添加误差线可以帮助快速查看误差幅度和标准偏差。误差线可以在数据系列中的所有数据点或数据标记上显示为标准误差量、百分比或标准偏差。用户可以设置自己的值以显示所需的确切误差量。例如，在图 13-96 所示的科学实验结果中显示 10%的正负误差量。

可以在二维面积图、条形图、柱形图、折线图、XY（散点）图和气泡图中使用误差线。在散点图和气泡图中，可以显示 X 和 Y 值的误差线。

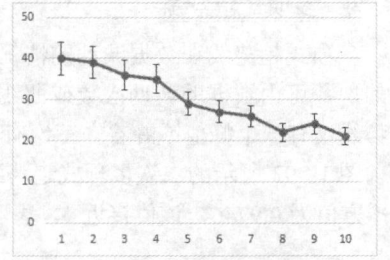

图 13-96　误差线

【例 13-6】添加误差线

1　单击图表中的任意位置，以显示图表新增按钮。

2　单击图表右上方的"图表元素"按钮 ✚，在打开的图表元素列表中选中"误差线"复选框，如图 13-97 所示。

3　如果要更改显示的误差量，可单击"误差线"右侧的箭头按钮，在打开的选项列表中选择一个预定义的误差线选项，例如"标准误差""百分比"或"标准偏差"，如图 13-98 所示。

图 13-97　添加误差线

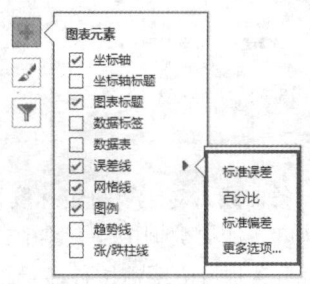

图 13-98　添加预定义的误差线

4　选择"更多选项"将打开"设置误差线格式"任务窗格，用户可以在"垂直误差线"或"水平误差线"下选择所需的选项，自定义更改误差线方向和末端样式的位置。用户还可以自定义填充线条和效果，如图 13-99 所示。

图 13-99　设置误差线格式

注意 误差线的方向取决于正在使用的图表类型。散点图可以同时显示水平误差线和垂直误差线。可以通过选择这些误差线，然后按<Delete>键删除任一误差线。

13.3.3　涨/跌柱线

涨/跌柱线通常用在股价图中。在股价图中，涨/跌柱线把每天的开盘价格和收盘价格连接起来。如果收盘价格高于开盘价格，柱线是浅色的，表示涨柱线。否则，该柱线是深色的，表示跌柱线，如图 13-100 所示。用户可以自定义涨/跌柱线的格式。

图 13-101 显示了一个带有涨/跌柱线的折线图。第一个系列绘制了收入，第二个系列绘制的是支出。涨/跌柱线连接了每个对应的数据点，并显示该月的净利润。在 2 月，支出超过了收入，因此这月的柱线是跌柱线，显示的是深色。

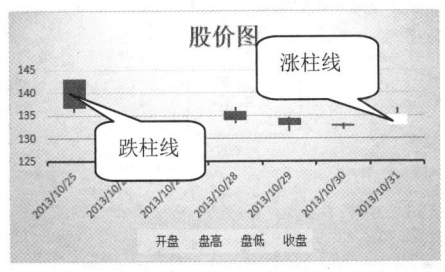

图 13-100　股价图中的涨跌柱线

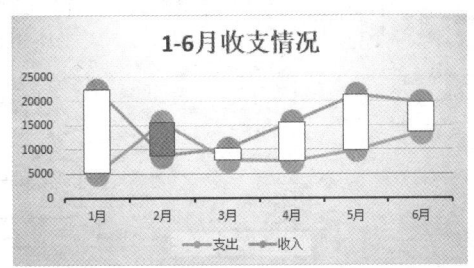

图 13-101　涨/跌柱线

"涨/跌柱线"可以在包含二个及以上数据系列的二维折线图中显示。单击图表，显示新增的图表工具，单击"图表元素按钮" ，在打开的图表元素列表中选中"涨/跌柱线"复选框，即可为图表添加"涨/跌柱线"。单击"涨/跌柱线"右侧的箭头按钮，在打开的菜单中单击"更多选项"命令，可打开"设置涨（跌）柱线格式"任务窗格，为"涨柱线"或"跌柱线"设置"填充""边框"等自定义格式，如图 13-102 所示。

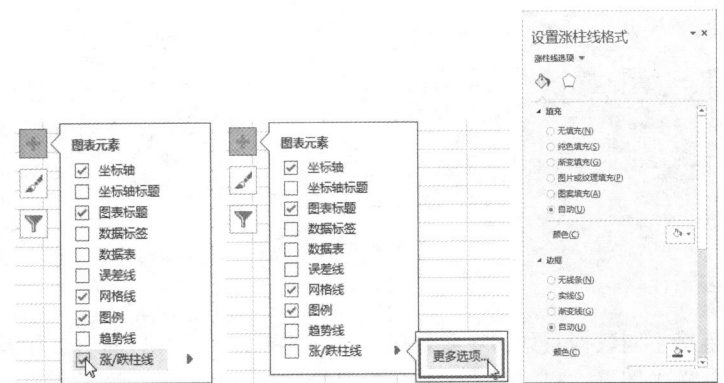

图 13-102　添加涨/跌柱线并设置格式

13.3.4　线条

不同的图表类型可以添加不同线条，线条包括垂直线、高低点连线。

1. 垂直线

垂直线是连接水平轴与数据系列之间的线条，可以在面积图或折线图中显示。

❶ 选中图表，在"图表工具"的"设计"选项卡的"图表布局"组中，单击"添加图表元素"下拉按钮，在打开的图表元素列表中单击"线条"命令。

❷ 在扩展菜单中单击"垂直线"命令即可为图表添加垂直线，如图 13-103 所示。

如果要设置垂直线格式，可在垂直线上单击鼠标右键，在打开的快捷菜单中单击"设置垂直线格式"命令，打开"设置垂直线格式"任务窗格，设置线条的颜色、线型及效果等，如图 13-104 所示。

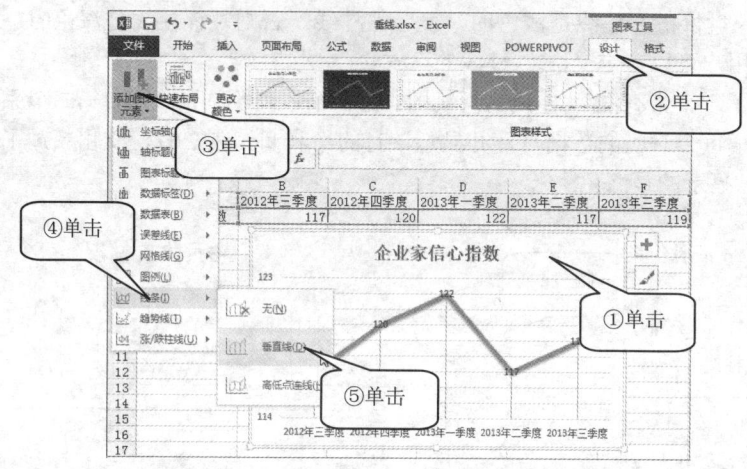

图 13-103　添加垂直线

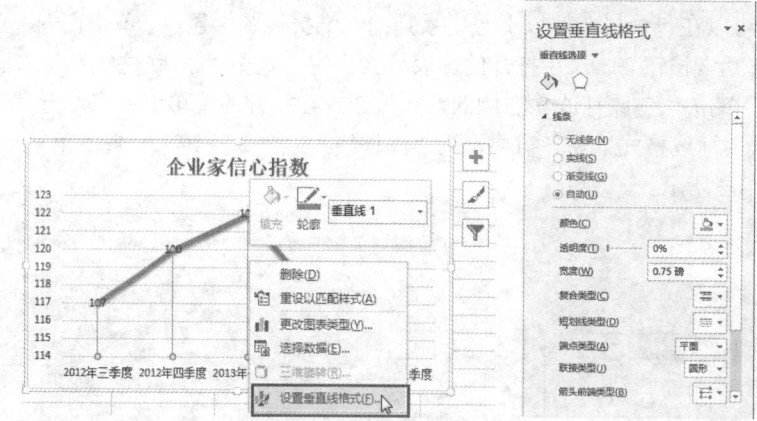

图 13-104　设置垂直线格式

2. 高低连接线

高低连接线是连接不同数据系列的对应数据点之间的折线，可以在包含二个及以上数据系列的二维折线图中显示。选中图表，在"图表工具"的"设计"选项卡的"图表布局"组中，单击"添加图表元素"下拉按钮，在打开的图表元素列表中单击"线条"命令，然后在扩展菜单中单击"高低连接线"命令，即可为图表添加高低连接线，如图 13-105 所示。

如果要设置垂直线格式，可在垂直线上单击鼠标右键，在打开的快捷菜单中单击"设置高低点连线格式"命令，打开"设置高低点连线格式"任务窗格，设置线条的颜色、线型及效果等，如图 13-106 所示。

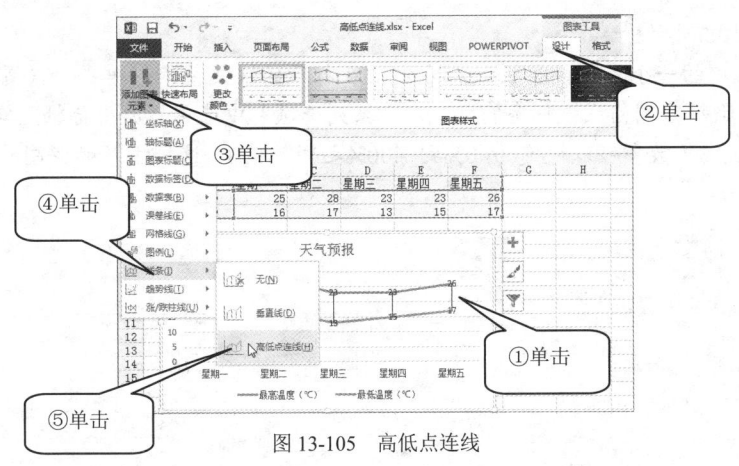

图 13-105　高低点连线

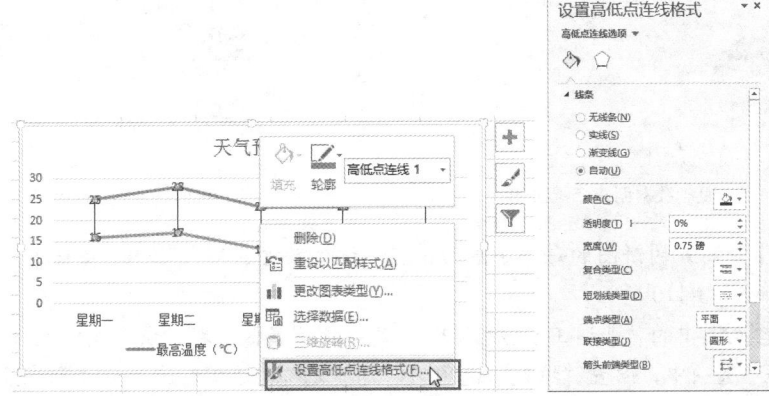

图 13-106　设置高低连接线格式

13.4　图表高级应用举例

图表的应用非常广泛，使用 Excel 内置的标准图表类型能够完成很多任务。除了标准图表类型外，这里介绍几种图表的应用。

13.4.1　双层饼图

双层饼图类似圆环图，但是没有圆环图中间的空白圆圈，例如可以把如图 13-107 所示的职称比例饼图中的普通工、初级工、高级工三个扇区显示在一个大饼图的下面，并将这三类归为其他类，制作双层饼图。

【例 13-7】制作双层饼图

1　删除工作表中的图表，复制 B1:B8 单元格区域到 C1:C8 单元格区域，单击"插入"选项卡的"图表"组的"饼图"下拉按钮，在其下拉列表中选择"二维饼图"命令，创建包含两个系列

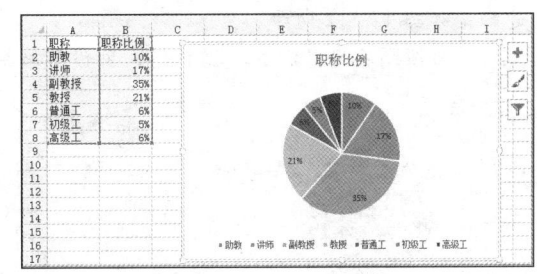

图 13-107　原始图表

的饼图，如图 13-108 所示。

2 选中图表中的一个系列，单击鼠标右键，在打开的快捷菜单中单击"设置数据系列格式"命令，打开"设置数据系列格式"任务窗格，在"系列选项"中选中"次坐标轴"单选钮，设置"饼图分离程度"为 60%（数字可以设定为 0%到 400%之间的值），这样上层的饼图被分离开来，如图 13-109 所示。

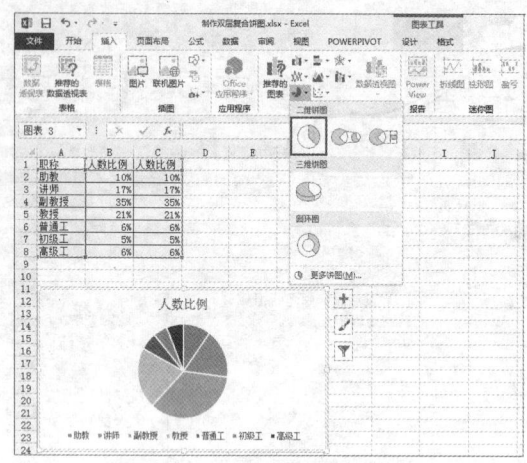

图 13-108　复制数据创建二维饼图

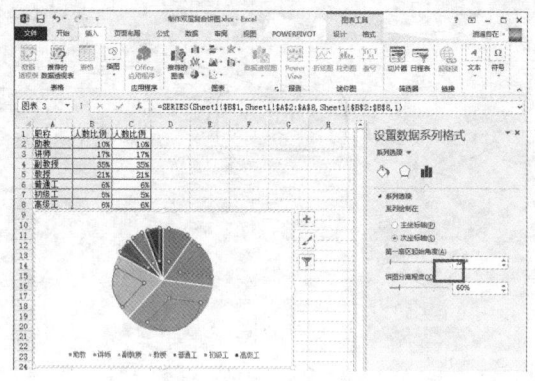

图 13-109　分离饼图

3 分别选中分离开的饼图的每个小扇形，在"设置数据点格式"任务窗格中，将"点爆炸型"重新调整为 0，如图 13-110 所示。

4 分别选择大图中的"普通工""初级工""高级工"扇区，在"设置数据点格式"任务窗格的"填充"和"边框"选项中，设置"填充"选项为"无填充"，"边框"选项为"无线条"，如图 13-111 所示。

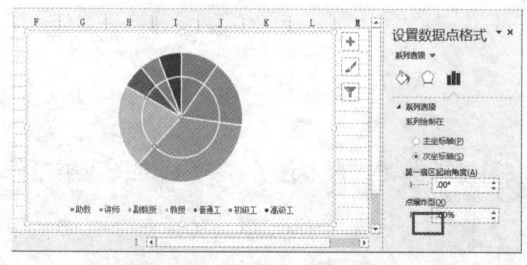

图 13-110　调整分离后的饼图

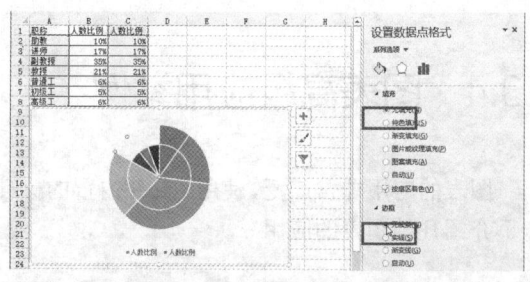

图 13-111　隐藏大图中的 3 个扇区

5 分别选中两个数据系列，在"设置数据系列"的任务窗格的"边框"选项中选中"无线条"单选钮，如图 13-112 所示。

6 为饼图各扇区添加数据标签，并设置数据标签的格式和选项，如图 13-113 所示。

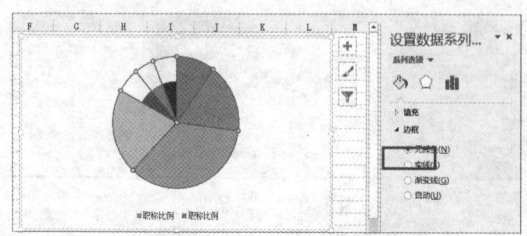

图 13-112　去掉数据系列的边框

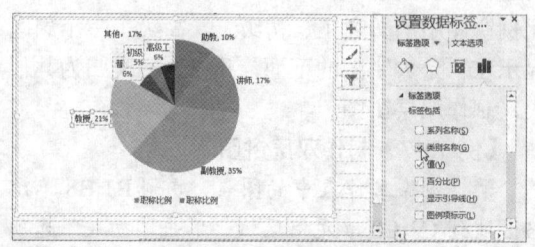

图 13-113　添加数据标签

7 为了让图表美观，可以分别选中系列，在"设置数据系列"任务窗格的系列选项中，设置第一扇区起始角度（0° 到 360° 之间）旋转图表，如图 13-114 所示。

8 用户还可以对图表自定义形状样式，如图 13-115 所示。

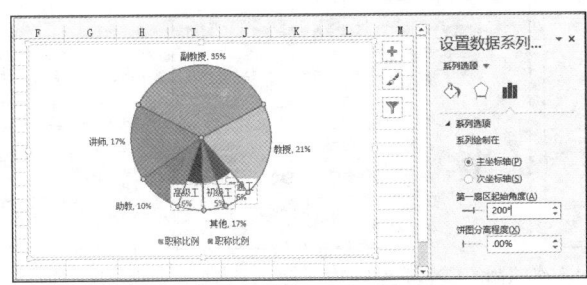

图 13-114 选中图表

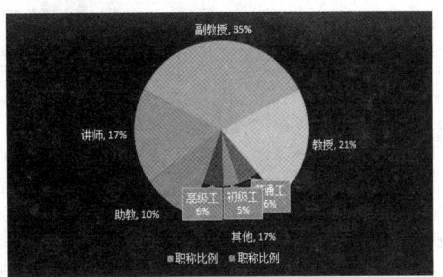

图 13-115 设置双层复合饼图效果

13.4.2 柱形目标进度图

柱形图可以表现数据间的差异，可以利用柱形图来制作目标进度图。例如在图 13-116 所示的工作表中，要在柱形图中创建目标进度条，在条形图中显示销售额和销售任务之间的差值。具体的操作步骤如下。

【例 13-8】制作柱形目标进度图

1 单击数据表中的任意单元格，然后单击"插入"选项卡的"图表组"中的"柱形图"下拉按钮，在打开的柱形图类型列表中单击"二维簇状柱形图"命令创建图表，如图 13-117 所示。

	A	B	C
1	销售员	销售额（万元）	销售任务（万元）
2	刘伟明	120	150
3	赵磊	110	130
4	王鑫	200	180
5	陈旺德	70	110
6	马春林	80	100

图 13-116 源数据

2 在图表中选中"销售任务"系列，单击鼠标右键，在打开的快捷菜单中单击"设置数据系列格式"命令，打开"设置数据系列格式"任务窗格，在"系列选项"中，设置"系列重叠"为"100%"，将两个系列重叠在一起，如图 13-118 所示。

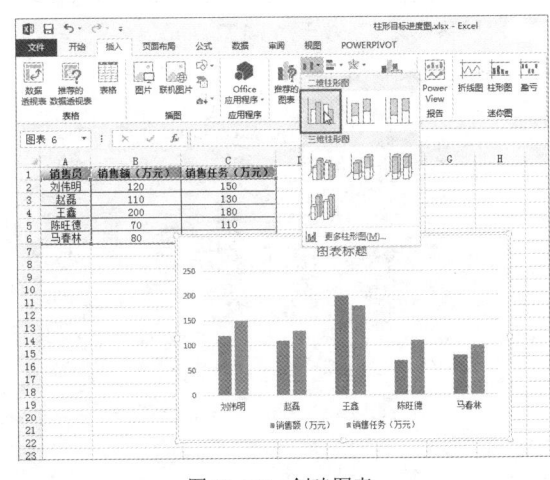

图 13-117 创建图表

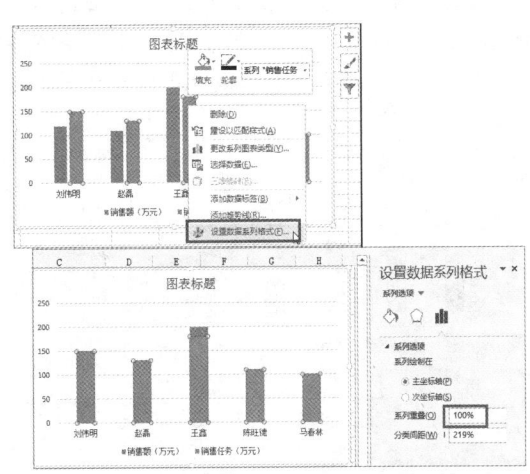

图 13-118 重叠系列

3 选择"销售任务"系列，在"图表工具"的"格式"选项卡中单击"形状填充"下拉按钮，在打开的菜单中单击"无填充颜色"命令，设置"销售任务系列"为无填充颜色，以便与"销售额"系列区分，然后单击"形状轮廓"下拉按钮，设置"销售任务系列"轮廓为黑色，如图 13-119 所示。

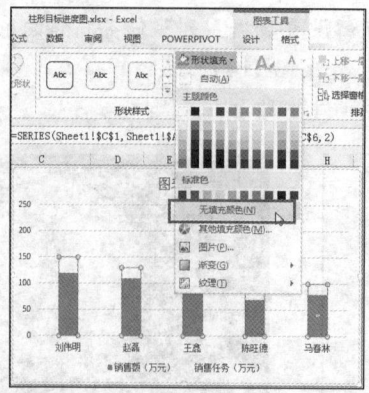 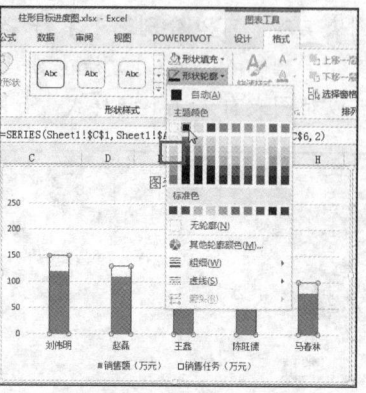

图 13-119　设置销售任务系列的填充颜色和轮廓

4 选中"销售任务"系列，单击"图表元素"按钮 ，在打开的图表元素列表中单击"数据标签"右侧的箭头按钮，在打开的菜单中单击"数据标签外"命令。按同样的方法，设置"销售额"系列的数据标签为"数据标签内"，如图 13-120 所示。

5 单击"图表元素"按钮 ，在打开的图表元素列表中单击"网格线"右侧的箭头按钮，在打开的菜单中选中"主轴次要水平网格线"命令，为图表添加主轴次要水平网格线，如图 13-121 所示。

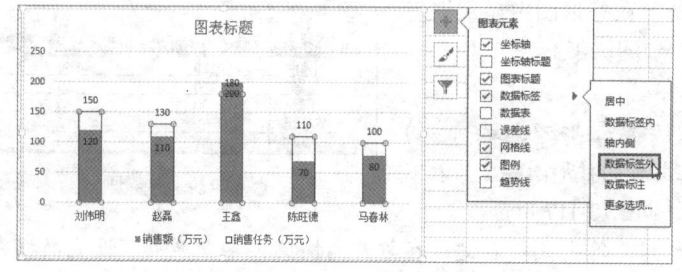 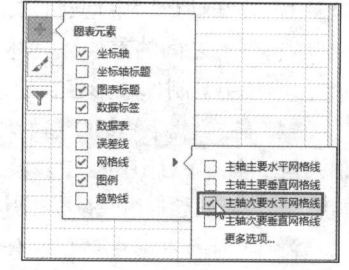

图 13-120　添加数据标签

图 13-121　添加次网格线

6 在图表中选择"次网格线"，单击鼠标右键，在打开的快捷菜单中单击"设置次要网格线格式"命令，在打开的"设置次要网格线格式"任务窗格中设置次网格线格式，如图 13-122 所示。

7 进一步设置图表标题及形状样式等，完成后的图表效果如图 13-123 所示。

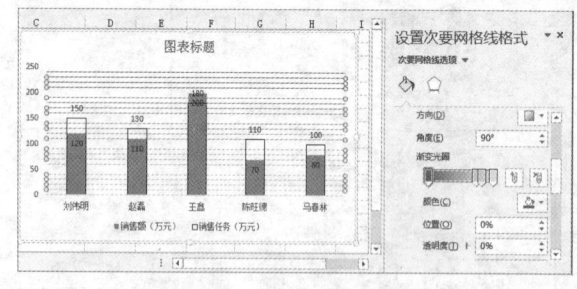 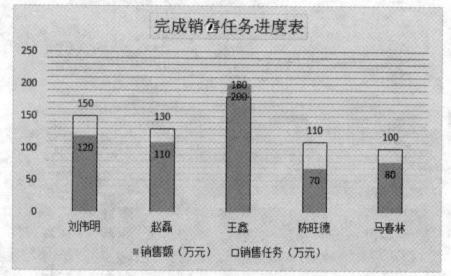

图 13-122　设置次要网格线格式

图 13-123　完成销售任务进度表

13.5　深入了解 Excel 2013 图表数据标签新增功能

Excel 2013 新增了许多实用的功能，其中图表部分的数据标志显得更加丰富多彩。下面具体介绍

Excel 2013 图表中数据标签的新增功能。

❖　在数据标签中添加自定义文本

如图 13-124 所示的图表中绘制了一个柱形图，同时添加了数据标签。现在需要对"贵阳"的数据标签添加文字说明——"空气质量优"，具体的操作如下。

单击"贵阳"的数据标签"45"，会选中全部的数据标签，再次单击该数据标签就会仅选中"贵阳"的数据标签"45"，这时用鼠标右键单击该数据标签，在打开的快捷菜单中单击"编辑文字"命令，即可在其中添加文字，如图 13-125 所示。

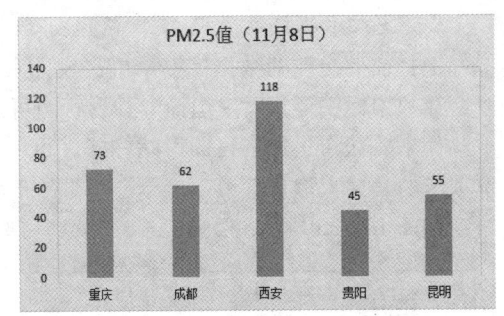

图 13-124　带数据标签的柱形图

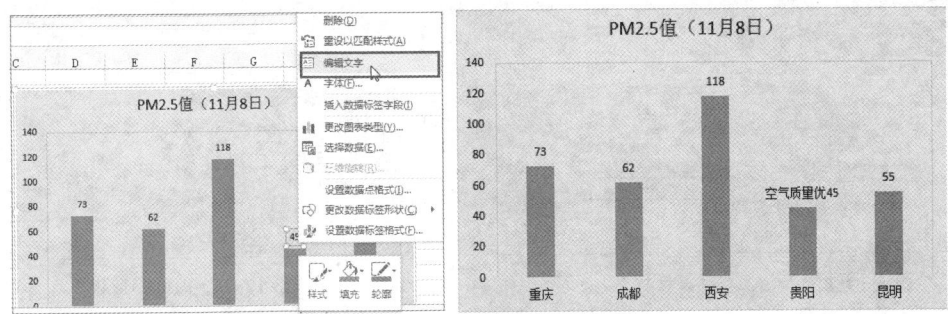

图 13-125　为标签添加文本说明

❖　克隆当前标签

使用该功能可以把某个数据点的数据标签格式克隆到所属系列的其他全部数据点。假如我们已设置了某个数据点的数据标签格式，要把这种格式复制到该系列所有数据标签，可单击两次选择该数据点的数据标签，在"设置数据标签格式"窗格中依次选择"标签选项→标签选项"，然后单击"克隆当前标签"按钮即可，如图 13-126 所示。

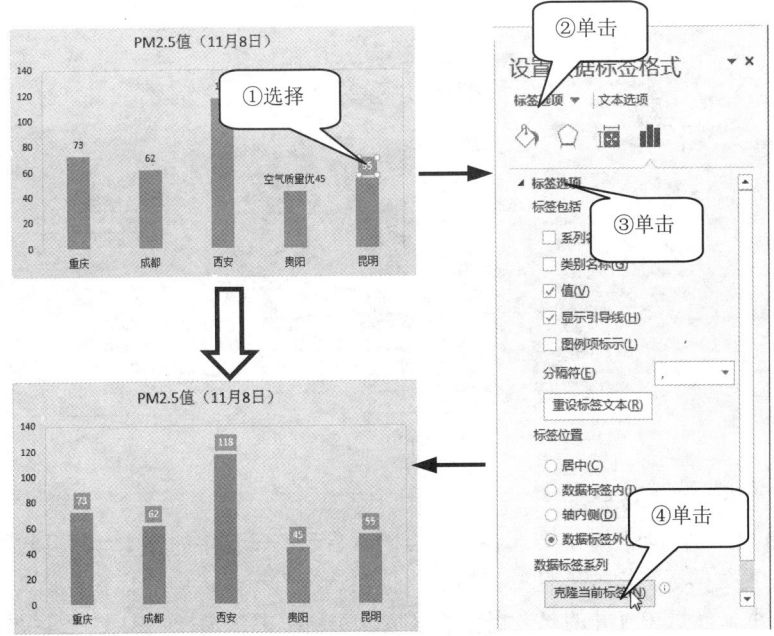

图 13-126　克隆当前标签

❖ 更改数据标签形状

选择需要更改的数据标签，单击鼠标右键，在打开的快捷菜单中选择"更改数据标签形状"命令，在数据标签形状库中选择一种形状即可，如图 13-127 所示。

如果要获得更加丰富的形状样式，可以选择需要更改的数据标签，在"图表工具"的"格式"选项卡的"插入形状"组中，单击"更改形状"下拉按钮，从打开的形状列表中选择一种形状即可，如图 13-128 所示。

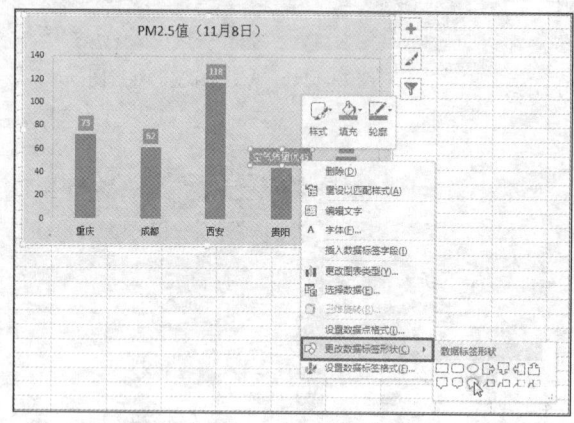

图 13-127　更改标签形状 1

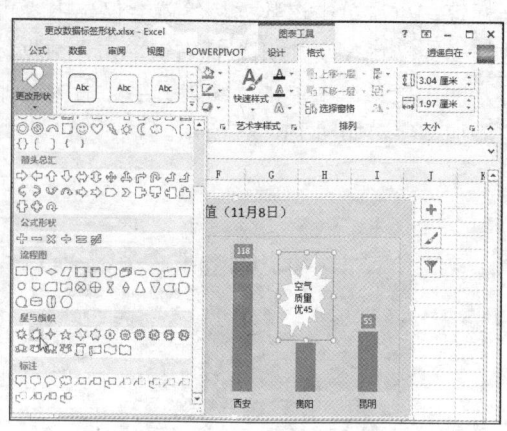

图 13-128　更改标签形状 2

❖ 引导线

在 Excel 2013 中，不仅饼图可以添加引导线，其他图表也能自动添加引导线。在图 13-129 所示的图表中，在给数据系列添加数据标签后，有些数据标签与其他系列的标签重叠，这时只需将这些数据标签拖动到其他位置，Excel 会自动添加引导线。如果要取消引导线，在"设置数据标签格式"任务窗格的标签选项中，取消"显示引导线"的复选框即可。

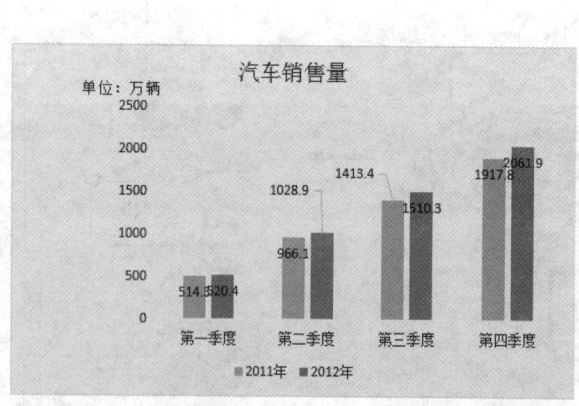

图 13-129　引导线

❖ 在标签中添加单元格引用

在图 13-130 所示的气泡图中，要让各数据点同时显示第一行中的文本"各组名称"，可以选择数据标签，在"设置数据标签格式"任务窗格的"标签选项"下，选中"标签包括"选项中的"单元格中的值"复选框，然后在打开的"数据标签区域"对话框中，选择"B1:G1"区域，单击"确定"按钮即可。

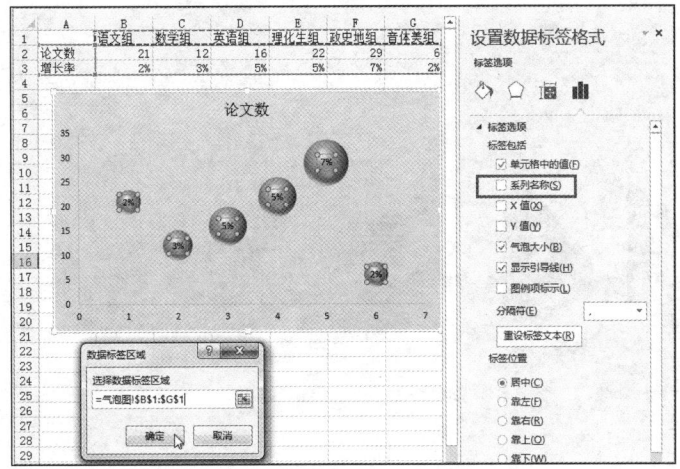

图 13-130　添加单元格引用 1

添加引用后的效果如图 13-131 所示。

❖　添加数据标注

数据标注可以将数据标志的内容直接放进形状中。单击"图表元素"按钮，在打开的图表元素列表中单击"数据标签"右侧的箭头按钮，在打开的菜单中单击"数据标注"命令，如图 13-132 所示（用鼠标右键单击某个数据点，在打开的快捷菜单中依次单击"添加数据标签→添加数据标注"命令也可添加数据标注）。

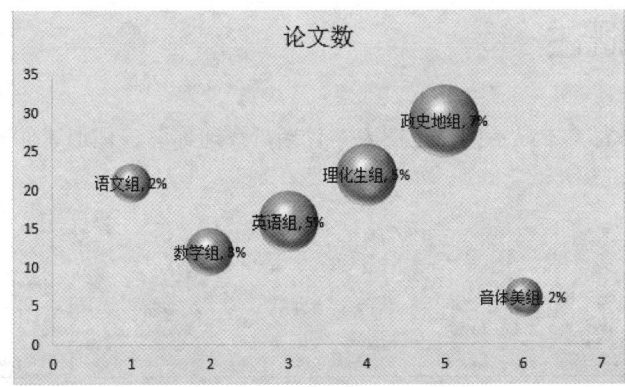

图 13-131　添加单元格引用 2

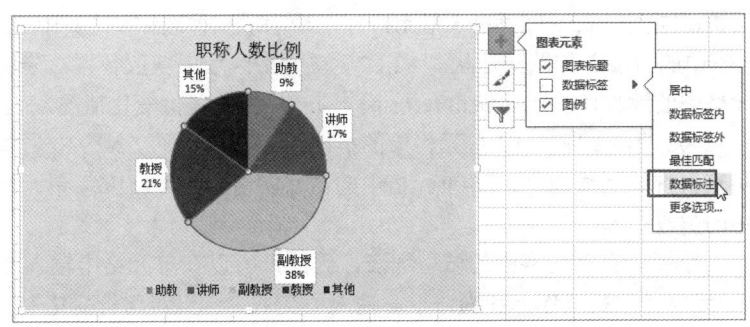

图 13-132　添加数据标注

第 **14** 章 迷你图

迷你图可在一个单元格内以背景形式提供数据的直观显示，例如显示季节性升高或下降、经济周期等一系列值的趋势或者突出显示最大值和最小值等。本章主要介绍利用功能区中的命令创建迷你图，设置迷你图格式等知识。利用 Excel 2013 新增的快速分析工具中的迷你图选项卡，可以快速创建迷你图，但在创建迷你图时要受一些限制。利用快速分析工具创建迷你图将在第 16 章加以介绍。

14.1 迷你图概述

迷你图是在单元格背景中显示的微型图表，包括折线迷你图、柱形迷你图和盈亏迷你图三种类型，如图 14-1 所示。

图 14-1 迷你图的类型

在图 14-2 所示的表格中，F2、F3 和 F6 单元格分别显示了三种迷你图。其中 F2 单元格中的柱形迷你图和 F3 单元格中的折线迷你图都是从"A2:E2"单元格区域中获取数据，分别在一个单元格中显示图表。F2 单元格中的迷你图显示某城市在五年的同一月中的房价变化情况，突出显示高值（2012 年 12 月）和低值（2008 年 12 月）。F3 单元格中的折线迷你图显示了"A2：E2"单元格区域中所有数据点并揭示五年来房价的上涨趋势。F6 单元格中的盈亏图引用"A6：E6"单元格区域中的数据，显示某公司五年中的盈亏情况。

由于迷你图是一个嵌入在单元格中的微型图表，因此，可以在单元格中输入文本并使用迷你图作为背景，如 F3 单元格，以折线迷你图为背景，输入了文本"近五年房价变化"。

在数据旁边插入迷你图，可以把一组数据以清晰简洁的图形表示形式显示在一个单元格中，查看迷你图能够快速发现基础数据之间的关系，当数据发生更改时，可立即在迷你图中看到变化。

迷你图占用的空间非常小，可以以迷你图作为背景在单元格中输入文本，在打印包含迷你图的工作表时也会打印迷你图。

	A	B	C	D	E	F
1	2008年12月	2009年12月	2010年12月	2011年12月	2012年12月	某城市五年房价变化
2	¥5,688	¥7,890	¥8,980	¥9,880	¥12,300	
3						近五年房价变化
4						
5	2008/12/31	2009/12/31	2010/12/31	2011/12/31	2012/12/31	五年盈亏
6	5.50%	3.60%	-1.70%	2.90%	6.20%	
7						

图 14-2　迷你图示例

因此，使用迷你图，可以快速、有效地比较数据列表，帮助用户了解数据的模式或趋势。

14.2　创建单个迷你图

创建迷你图的操作非常简单，例如要为图 14-2 中的 2008 年到 2012 年商品房平均销售价格数据
创建迷你图，具体的操作步骤如下。

【例 14-1】创建单个迷你图

1　在工作表中选中 B2:F2 单元格区域，如
图 14-3 所示。

2　单击"插入"选项卡的"迷你图"命令
组中要创建的迷你图类型（折线图、柱形图或盈
亏）之一，例如选择柱形图，打开"创建迷你图"
对话框，如图 14-4 所示。

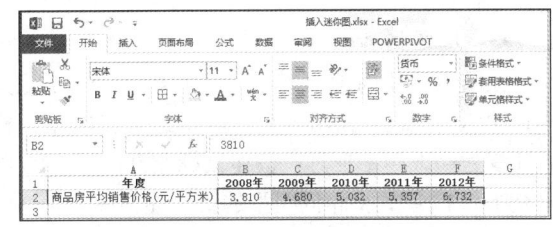

图 14-3　选择数据区域

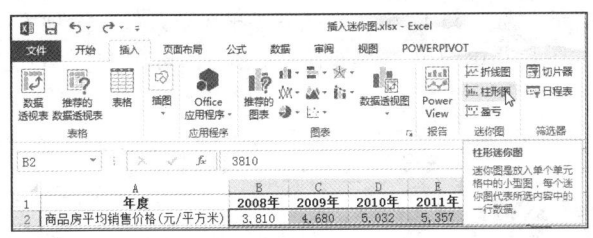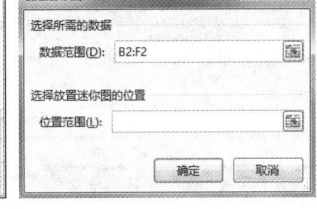

图 14-4　"创建迷你图"对话框

3　在"创建迷你图"对话框的"数据范围"的文本框中，已经显示了选择的数据范围"B2:F2"单
元格区域。在"选择放置迷你图位置"的"位置范围"文本框中输入单元格的位置或者直接在工作表中
单击鼠标选择放置迷你图的单元格，选中的单元格位置出现在"位置范围"文本框中，单击"确定"按
钮关闭"创建迷你图"对话框，便可根据指定的数据在一个单元格内创建迷你图，如图 14-5 所示。

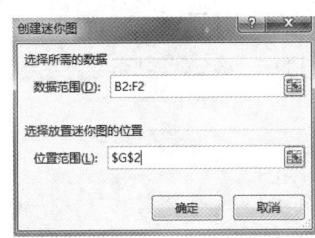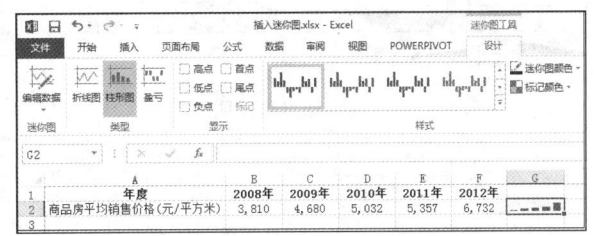

图 14-5　选择位置范围创建迷你图

创建迷你图后，功能区中显示"迷你图工具"选项卡，可以对创建的迷你图进行自定义设置。

提示 在插入迷你图前也可以先选定放置迷你图位置的单元格，然后在"创建迷你图"对话框中输入数据范围。单个迷你图只能使用一行或一列数据作为数据源。

14.3 创建一组迷你图

可以为多行（或多列）数据创建一组迷你图，一组迷你图有相同的图表特征。创建一组迷你图主要有以下几种方法。

14.3.1 填充法

如果在工作表中已经创建单个迷你图，可以使用填充法在包含迷你图的相邻单元格中为数据行创建迷你图。

❖ 填充柄填充

在图 14-6 所示的工作表中，I3 单元格已经创建了折线迷你图，要在 I4 到 I7 单元格中创建相同样式的迷你图，可使用填充柄填充。选中 I3 单元格，将鼠标指针移动到 I3 单元格的右下角，当鼠标指针变为"十"字形时，按住鼠标左键向下拖动到 I7 单元格，释放鼠标左键，在 I4 到 I7 单元格便填充了和 I3 单元格相同类型的折线迷你图。

❖ 填充命令填充

在图 14-7 所示的工作表中，J3 单元格已经创建了柱形迷你图，要在 J4 到 J7 单元格中创建相同样式的迷你图，可使用"填充"命令填充。选中 J3:J7 单元格区域，单击"开始"选项卡的"编辑"组中的"填充"下拉按钮 ，在打开的下拉菜单中单击"向下"命令，即可在 J4 到 J7 单元格填充和 J3 相同类型的迷你图。

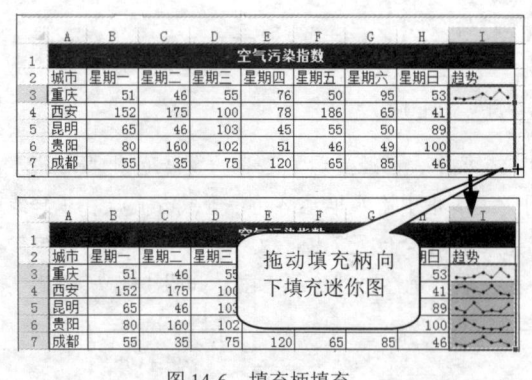

图 14-6　填充柄填充

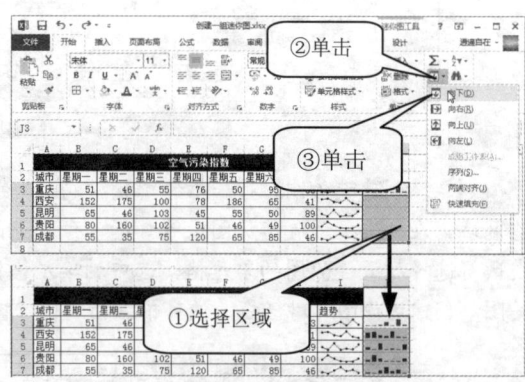

图 14-7　填充命令填充

14.3.2 插入法

用"插入法"创建一组迷你图和创建单个迷你图的方法类似。在图 14-8 所示的工作表中，要以工作表的"B3:H7"单元格区域为数据范围，在"I3:I7"单元格区域中创建一组迷你图。

【例 14-2】使用插入法创建一组迷你图

	A	B	C	D	E	F	G	H	I
1	空气污染指数								
2	城市	星期一	星期二	星期三	星期四	星期五	星期六	星期日	趋势
3	重庆	51	46	55	76	50	95	53	
4	西安	152	175	100	78	186	65	41	
5	昆明	65	46	103	45	55	50	89	
6	贵阳	80	160	102	51	46	49	100	
7	成都	55	35	75	120	65	85	46	

图 14-8　插入一组迷你图

1 选择放置多个迷你图的"I3:I7"单元格区域。

2 单击"插入"选项卡的"迷你图"组中要创建的一种迷你图类型（折线图、柱形图或盈亏），例如选择折线图，打开"创建迷你图"对话框。

3 在"创建迷你图"对话框的"数据范围"文本框中，键入"B3:H7"单元格区域作为数据范围。也可以单击"折叠对话框"按钮，暂时折叠对话框，在工作表上拖动鼠标选择所需的"B3:H7"单元格区域。然后单击"还原对话框"按钮，将对话框还原为正常大小。

4 在"创建迷你图"对话框中单击"确定"按钮，关闭"创建迷你图"对话框，在"I3:I7"单元格区域中创建了一组折线迷你图，如图 14-9 所示。

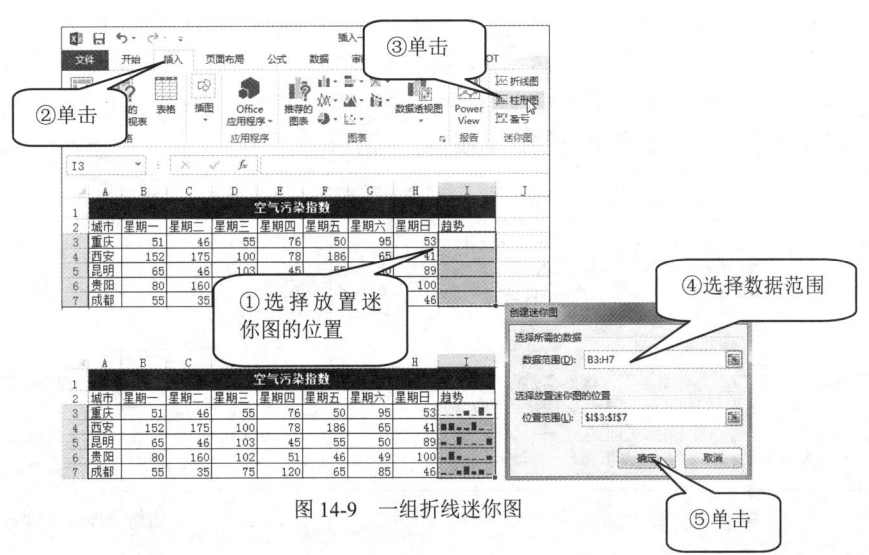

图 14-9　一组折线迷你图

14.3.3　组合法

在图 14-10 所示的图表中，包含折线迷你图和柱形迷你图，利用迷你图的组合功能，可以将不同的迷你图组合成一组相同类型的迷你图。

将不同的迷你图组合成相同类型的迷你图的具体操作如下。

	A	B	C	D	E	F
1	产品名称	第一季度	第二季度	第三季度	第四季度	
2	电脑	1256	875	2587	1789	
3	电视	2356	2102	3578	1023	
4	空调	2569	1235	3562	1357	
5	电冰箱	589	321	651	510	
6						

图 14-10　包含两种类型迷你图的图表

选择"F2:F5"单元格区域，按住<Ctrl>键，拖动鼠标选择"B6:E6"单元格区域，释放<Ctrl>键，单击"迷你图工具"的"设计"选项卡的"分组"组中的"组合"按钮，完成两组迷你图的组合，如图 14-11 所示。

Excel 2013 使用详解（修订版）

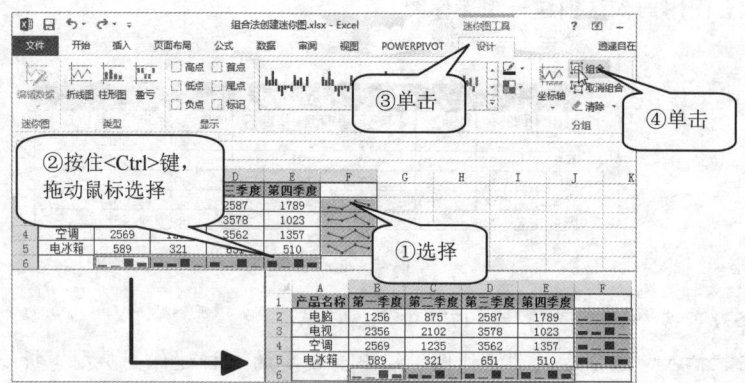

图 14-11　迷你图组合

提示

通过按住<Ctrl>键的方式选择多个迷你图，组合后的迷你图类型由最后选中的单元格中的迷你图决定，如果用拖动鼠标方式选择多个连续的不同类型的迷你图时，组合迷你图的类型由区域内第一个迷你图决定，如图 14-12 所示。

在图 14-11 所示的工作表中，先选的是折线迷你图，按住<Ctrl>键后选的是柱形迷你图，因此，组合迷你图全部变换为后选中的柱形迷你图，在图 14-12 中，拖动鼠标依次选择折线迷你图、柱形迷你图和盈亏迷你图，组合后全部变为折线图。单击组合迷你图中任意一个迷你图时，Excel 将显示整组迷你图所在单元格区域的蓝色外框线，如图 14-13 所示。

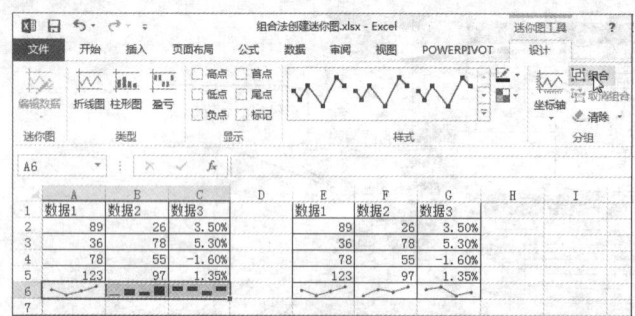

图 14-12　组合迷你图　　　　　　　　　　图 14-13　单击组合迷你图时显示的外框线

14.4　自定义迷你图

创建迷你图后，可以更改迷你图的类型（折线、柱形或盈亏），控制迷你图显示的值点，更改迷你图的样式和颜色设置，自定义迷你图坐标轴等。

14.4.1　改变迷你图类型

❖　改变一组迷你图类型

选中一组迷你图中的任意一个迷你图，在"迷你图工具"的"设计"选项卡中的"类型"组中，单击需要更改的迷你图类型，例如"柱形图"，就可以将一组迷你图全部更改为柱形迷你图，如图 14-14 所示。

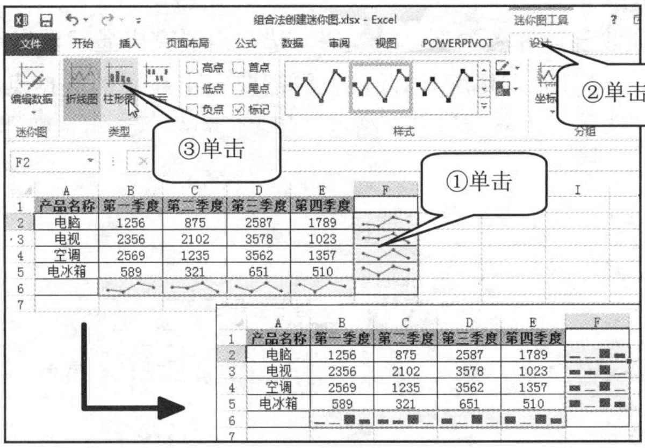

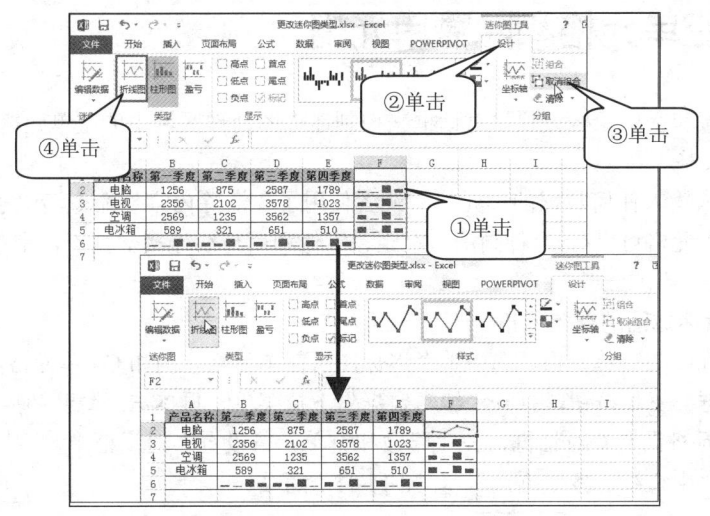

图 14-14　更改一组迷你图的类型

❖　更改一组迷你图中的单个迷你图类型。

【例 14-3】更改一组迷你图中单个迷你图的类型

更改一组迷你图中单个迷你图类型，先要取消迷你图组合，再更改迷你图类型。具体操作如下。

选中一组迷你图中需要更改类型的迷你图所在单元格，例如 F2 单元格，单击"设计"选项卡"分组"组中"取消组合"按钮 取消组合，取消迷你图组合。再单击"设计"选项卡的"类型"组中需要更改的迷你图类型例如折线图即可，如图 14-15 所示。

图 14-15　更改单个迷你图类型

14.4.2　控制迷你图显示的值点

创建迷你图之后，可以控制显示的值点，例如高点、低点、首点、尾点或任何值。

❖　标记数据点

在迷你图中，只有折线迷你图具有标记数据点功能，要为折线迷你图标记数据点，选择要标记数据点的折线迷你图，在"设计"选项卡的"显示"组中单击选中"标记"复选框，则为选择的折线迷你图添加数据点标记，如图 14-16 所示。

❖ 突出显示特殊数据点

对于特殊数据点，在 3 种迷你图中都可以使用，选中需要突出显示数据点的迷你图，在"设计"选项卡的"显示"组中分别勾选"高点""低点"等需要突出显示的数据点的复选框即可，例如在图 14-17 所示迷你图中，选中了"显示"组"高点"和"低点"复选框，在迷你图中则用特别的颜色突出显示了高点和低点。

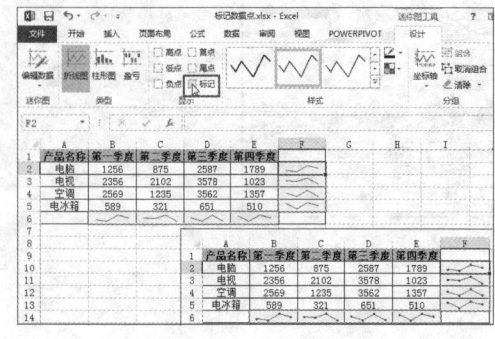 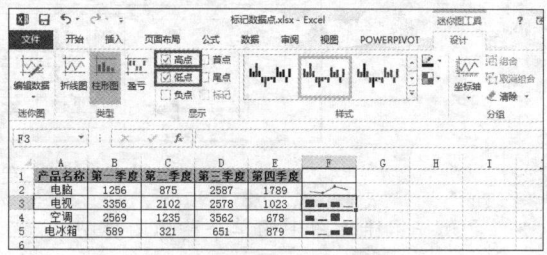

图 14-16 标记数据点　　　　　　图 14-17 突出显示特殊数据点

 如果折线迷你图已选中"标记"复选框，会显示所有数据点，要只显示部分标记点，例如高点、低点，需先取消选中折线图数据点标记的复选框，然后在"显示"组选中需要显示数据点的复选框。

14.5　处理空单元格和隐藏单元格

可以使用"隐藏和空单元格设置"对话框来控制迷你图处理区域中的空单元格。

❖ 处理空单元格

空单元格是指未输入任何数据的单元格，或者使用了"清除内容"命令清除了内容的单元格。在折线迷你图中空单元格可以有 3 种画法：空距、零值和用直线连接数据点，空单元格在迷你图中的默认处理是空距。

【例 14-4】设置迷你图的空单元格

如果要设置迷你图的空单元格，选中单个迷你图所在单元格，例如 G4 单元格，单击"设计"选项卡中的"编辑数据"下拉按钮，打开"编辑数据"下拉菜单，再单击"隐藏和清空单元格"命令，打开"隐藏和空单元格设置"对话框，在"隐藏和空单元格设置"对话框中，可以将默认的空距更改为"零值"或者"用直线连接数据点"，如图 14-18 所示。

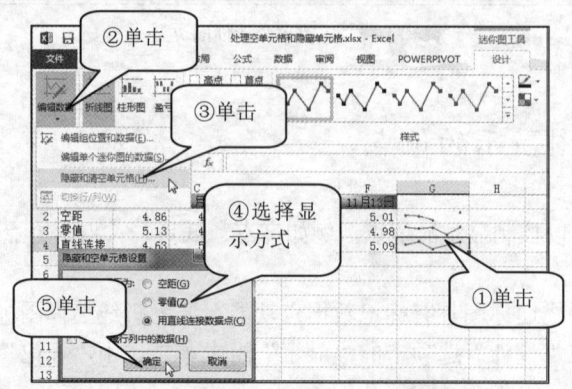

图 14-18 设置空单元格的显示形式

❖　在迷你图中显示隐藏单元格

在图 14-19 所示的工作表中隐藏了空单元格 E 列的数据。可以设置显示隐藏单元格的数据。

在迷你图中要显示隐藏单元格的数据，方法如下。

选中包含隐藏单元格（空单元格）的单个迷你图，单击"设计"选项卡中的"编辑数据"下拉按钮，打开"编辑数据"下拉列表，再单击"隐藏和清空单元格"命令，打开"隐藏和空单元格设置"对话框，选中"显示隐藏行列中的数据"单选钮，最后单击"确定"按钮，关闭"隐藏和空单元格设置"对话框完成设置。隐藏单元格数据即显示在迷你图中，如图 14-20 所示。

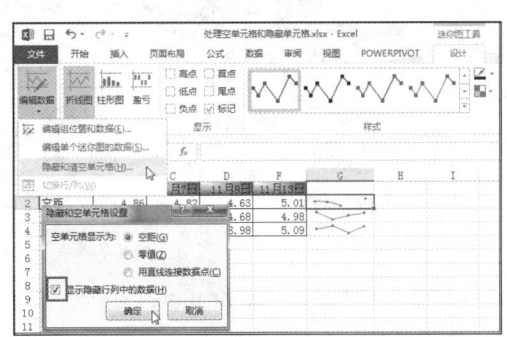

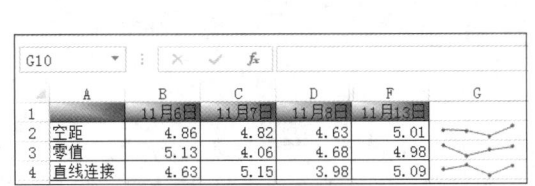

图 14-19　隐藏了 E 列数据的工作表　　　　图 14-20　在迷你图中显示隐藏单元格

14.6　清除迷你图

清除迷你图主要有以下几种方法。

❖　使用菜单命令

选中迷你图所在的单元格，单击"迷你图工具"的"设计"选项卡中的"清除"下拉按钮，打开清除下拉菜单，再单击"清除所选迷你图"或"清除所选迷你图组"命令，如图 14-21 所示。

❖　使用右键菜单命令

选中迷你图所在的单元格，单击鼠标右键，在弹出的快捷菜单上依次单击"迷你图"→"清除所选迷你图"（或"清除所选迷你图组"）命令，如图 14-22 所示。

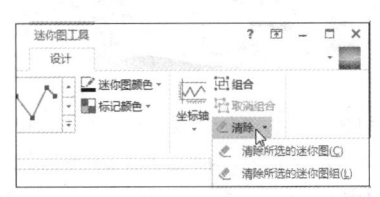

图 14-21　清除迷你图

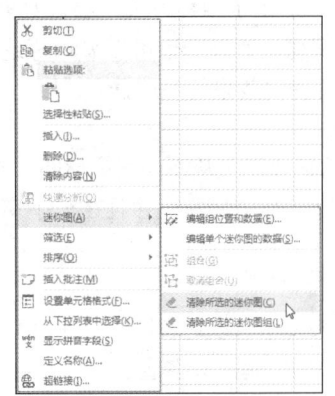

图 14-22　清除迷你图

❖　删除单元格

选中迷你图所在的单元格，单击鼠标右键，在弹出的快捷菜单上单击"删除"命令，在"删除"对话框中选择将单元格删除。

第 **15** 章 Power View 工作表

Excel 2013 中的"Power View"报表，通过易于应用、高度交互和强大的数据浏览、可视化和演示功能可以深入了解数据。利用"Power View"可以在单一工作表中创建图表、切片器和其他数据可视化并与其进行交互。

15.1 Power View 简介

Excel 2013 中的 Power View 提供交互式数据浏览、可视化效果和演示体验。通过直观演示数据的交互式视图来提取表格、矩阵、地图和各种图表中的数据。主要有以下主要功能。

❖ 创建图表和其他可视化效果

在 Power View 中，可快速创建各种可视化效果（包括表格和矩阵、饼图、条形图、气泡图、地图等），以及多个图表的集合。

❖ 筛选和突出显示数据

Power View 提供了多种方式来筛选数据。可以使用一个可视化效果来筛选并突出显示工作表或视图中的所有可视化效果。也可以显示筛选器区域并定义应用于单个可视化效果或应用于工作表或视图中的所有可视化效果的筛选器。

❖ 切片器

Excel 中的切片器可从不同角度比较和评估数据。Power View 中的切片器也具有类似功能。如果一个视图上有多个切片器，并且在一个切片器上选择了一个条目，此项选择将筛选视图中的其他切片器。

❖ 排序

在 Power View 中可以对表格、矩阵、条形图和柱形图，以及小倍数集进行排序。可对表格和矩阵中的列、图表中的类别或数字值，以及一组倍数中的倍数字段或数字值排序。在每种情况下，都可以根据"产品名"之类的属性或"销售总额"之类的数字值以升序或降序排序。

❖ 在 Excel 中共享 Power View

可以使用 Excel Web Apps 将 Excel 工作簿保存到本地或云端的 SharePoint 2013 站点。其他人可以查看在此处保存的工作簿内的 Power View 工作表并与其交互。

15.2　插入 Power View 报表

要插入 Power View 报表，需启用 Power View 加载项并安装 Silverlight 软件。

15.2.1　启动 Power View

单击"插入"选项卡的"报告"组中的 Power View 按钮，即可插入一个 Power View 报表。如果是第一次插入 Power View 工作表，Excel 会弹出"Microsoft Excel 加载项"对话框，提示要启用 Power View 加载项，如图 15-1 所示。

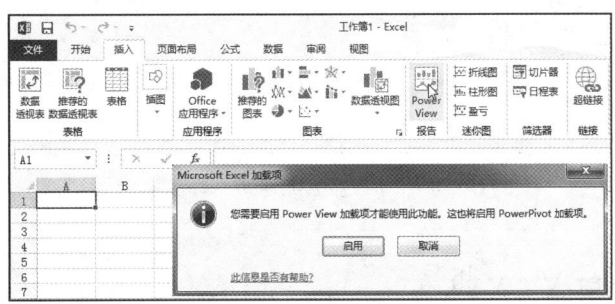

图 15-1　启用加载项提示对话框

单击"启用"按钮，弹出"打开 Power View"对话框，如图 15-2 所示。

打开后将插入一个空白的 Power View 表，如图 15-3 所示。

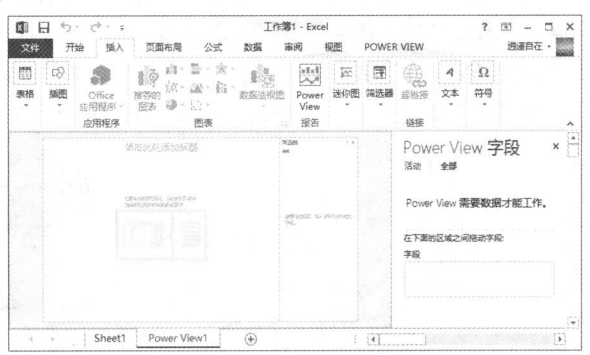

图 15-2　"打开 Power View"对话框　　　　图 15-3　插入 Power View 图表

如果在插入 Power View 报表前没有选择数据，在 Power View 字段任务窗格中将显示"Power View 需要数据才能工作"的消息。

> Power View 需要使用 Silverlight，因此在第一次使用 Power View 时，如果没有安装 Silverlight，Excel 会弹出"POWER VIEW 需要 SILVERLIGHT 请安装 Silverlight ，然后单击'重新加载'以重试"的提示信息。用户可单击提示信息旁边的"安装 Silverlight"链接，下载 Silverlight 安装程序，按照安装 Silverlight 的步骤安装完毕后，在 Excel 中单击"重新加载"按钮便可插入 Power View 图表，如图 15-4 所示。

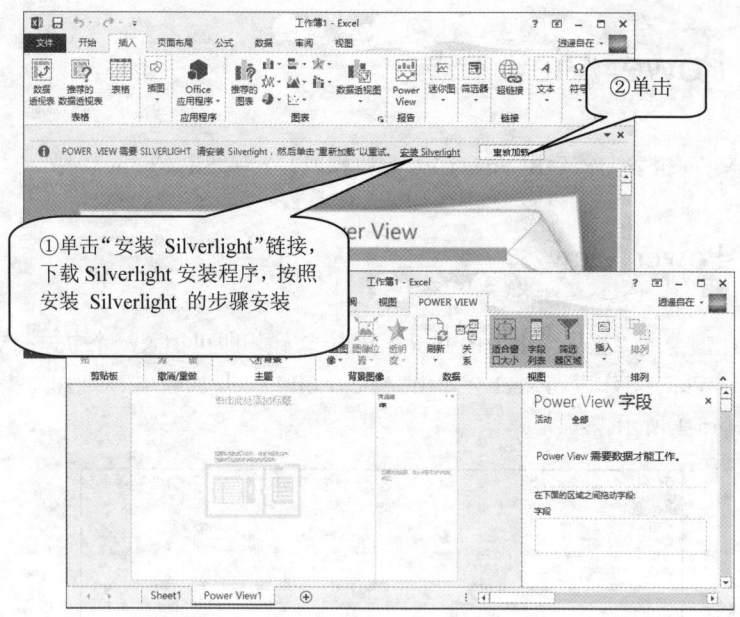

图 15-4　安装 Silverlight 后重新加载

15.2.2　插入 Power View 报表

完成了 Power View 启动加载后，下面介绍怎样插入 Power View 报表。

【例 15-1】插入 Power View 报表

1　在 Excel 中准备好数据源，选中数据区域，单击"开始"选项卡的"样式"组中的"套用表格格式"按钮，在打开的格式库中选择一种表格格式，将选择的工作表中的数据转换为表格，如图 15-5 所示。

2　单击表格中的任意单元格选中表格，然后单击"插入"选项卡的"报告"组中的"Power View"按钮，插入一个名为"Power View1"的报表，如图 15-6 所示。

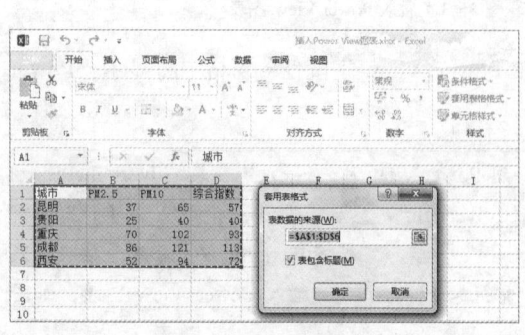

图 15-5　套用表格样式

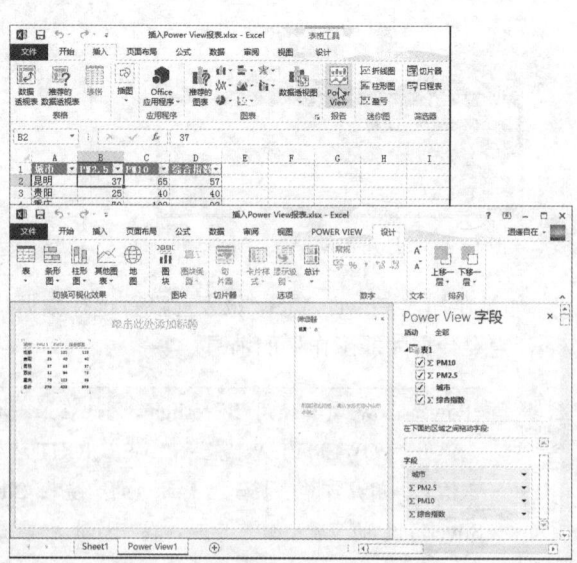

图 15-6　选择数据插入 Power View

③　单击插入的图表右上方的"显示筛选器"按钮▼，可在中间区域显示筛选器，如图 15-7 所示。

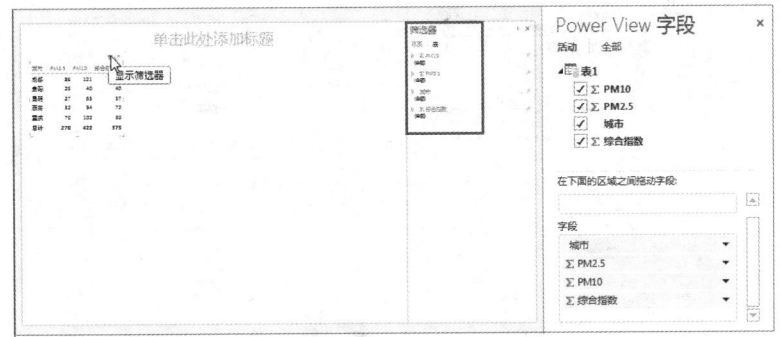

图 15-7　显示筛选器

④　在表格以外的空白区域单击鼠标，则字段列表中字段全部取消选中，此时可在字段列表中重新选择字段新建报表，如图 15-8 所示。

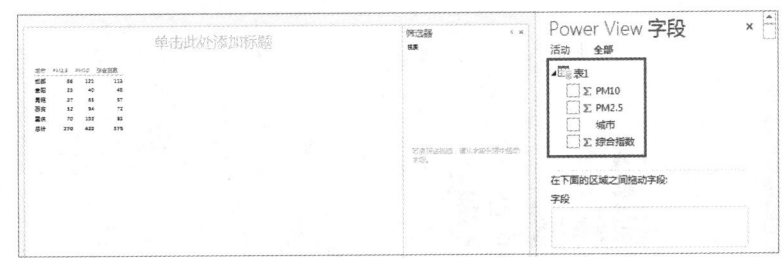

图 15-8　重新选择字段列表

⑤　如果要创建一个包含"城市""PM2.5"和"综合指数"这 3 个字段的柱形图，在字段列表中选中依次选中"城市""PM2.5"和"综合指数"复选框，则新建了一个包含这 3 个字段的表格，如图 15-9 所示。

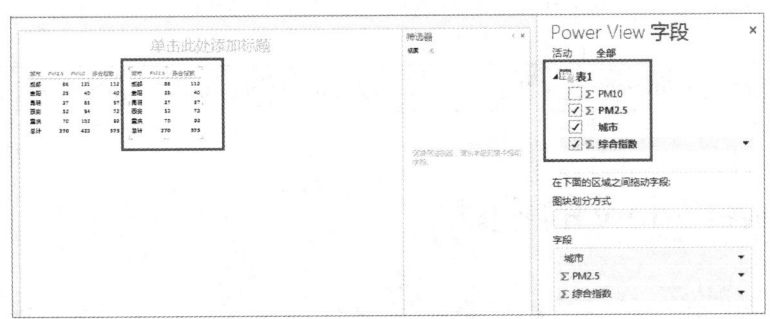

图 15-9　新建报表

⑥　选中新建的表格，单击"设计"选项卡的"切换可视化效果"组的"柱形图"下拉按钮，在下拉菜单中单击"簇状柱形图"命令，将表格切换为柱形图样式，如图 15-10 所示。

⑦　如果要新建一个包括"城市""PM10"和"综合指数"的折线图表，可以按同样的方法依次选中"城市""PM10"和"综合指数"复选框，新建一个表格并将可视化效果转换为折线图，如图 15-11 所示。

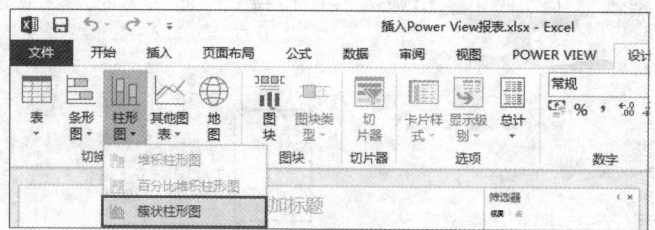

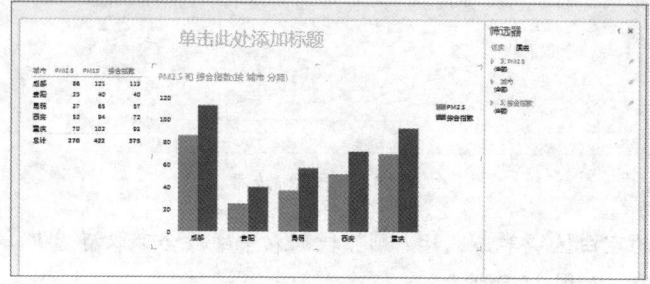

图 15-10　切换可视化效果

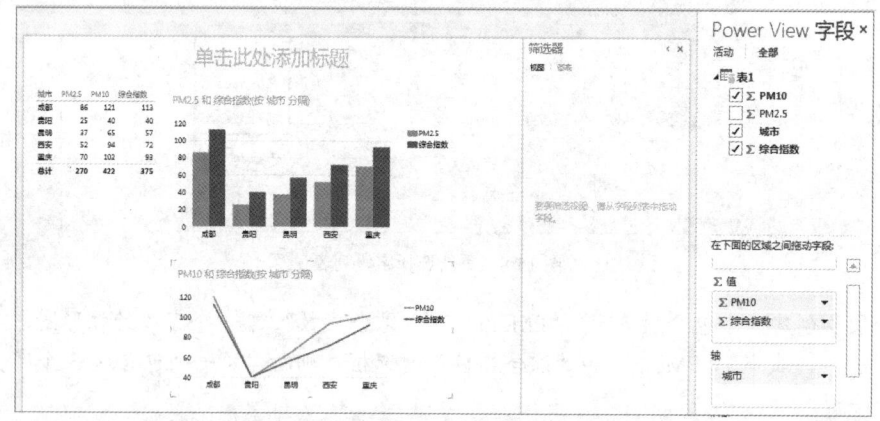

图 15-11　根据不同字段创建多种可视化效果图表

15.3　Power View 的界面

　　Power View 的界面主要包含三部分：最左边的是显示画布区，可以放置多个 Power View 表格或 Power View 图表，中间是筛选器，右侧是字段列表显示区，显示 Power View 字段任务窗格，如图 15-12 所示。

　　画布区可以为表格或图表设置不同的可视化效果。

　　在"筛选器"中，可以使用滑块对各个字段的数值进行范围筛选（交互图表的主要功能之一），也可以单击"高级筛选器模式"切换按钮，切换到高级筛选模式，自己设置筛选条件，如图 15-13 所示。

　　在"字段列表"中可以通过复选框筛选字段，未选中的字段不显示在图表中（交互图表的主要功能之一）。

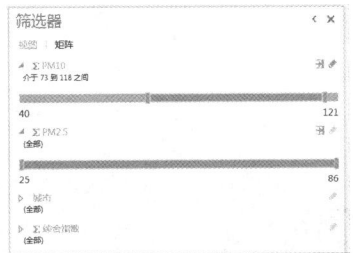

图 15-12　Power View 的界面的组成部分

在图表中点击图例中的系列，可以在图表中凸显所对应的图表系列（交互图表的主要功能之一），其他系列变灰色显示或者隐藏，如图 15-14 所示。

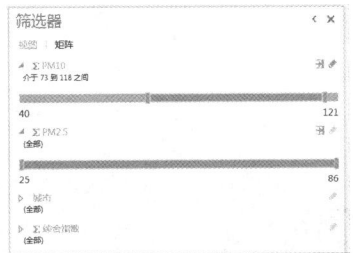
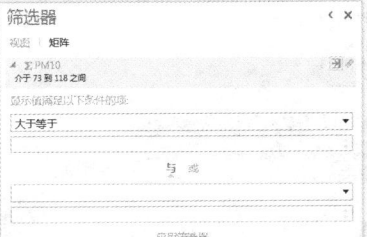
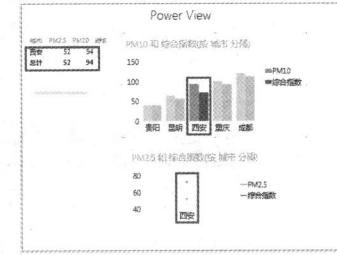

图 15-13　"筛选器"筛选条件的两种方式　　　　图 15-14　凸显对应的图表系列

15.4　编辑 Power View 视图

插入的 Power View 视图，可以利用功能区的"POWER VIEW"选项卡、"设计"选项卡和"布局"选项卡进行编辑设置，如图 15-15 所示。

图 15-15　编辑 PowerView 视图的选项卡

15.4.1　切换可视化效果

画布区内的 Power View 表格和 Power View 图表，可以相互进行切换，例如可以将表格切换为图表，将图表切换为表格，切换表格的显示方式，切换图表的类型等。

要切换表格或图表的可视化效果，先单击选择对象（表格或图表），然后单击"设计"选项卡的"切换可视化视图"组的选项进行操作，例如要将选择的表格切换为"卡"，可单击"表"下拉按钮，在下拉菜单中单击"卡"命令即可，如图 15-16 所示。

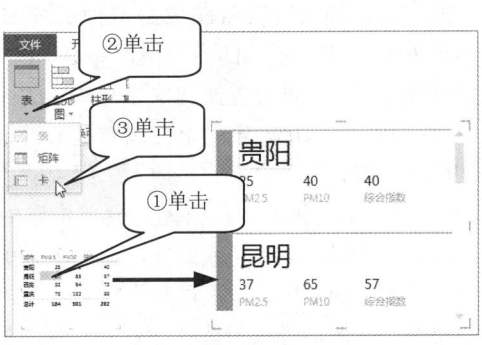

图 15-16　将表切换为卡

15.4.2　设置 Power View 报表的格式

插入的 Power View 报表可以通过添加背景图像、选择背景格式、选择主题、设置文本和数字的格式 4 种主要方式设置格式。设置这些格式的命令包含在"Power View"选项卡的"主题"组和"背景图像"组中，如图 15-17 所示。

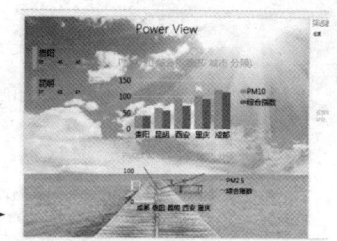

图 15-17　"Power View"选项卡中设置格式的命令

1. 添加背景图像

【例 15-2】为 Power View 报表添加背景图像

① 在"POWER VIEW"选项卡上，单击"设置图像"下拉按钮，在下拉菜单中单击"设置图像"命令，弹出"打开"对话框。

② 在"打开"对话框中选择图片的文件夹，浏览到所需图像后单击选中图像，然后单击"打开"按钮，即可添加背景图片，如图 15-18 所示。

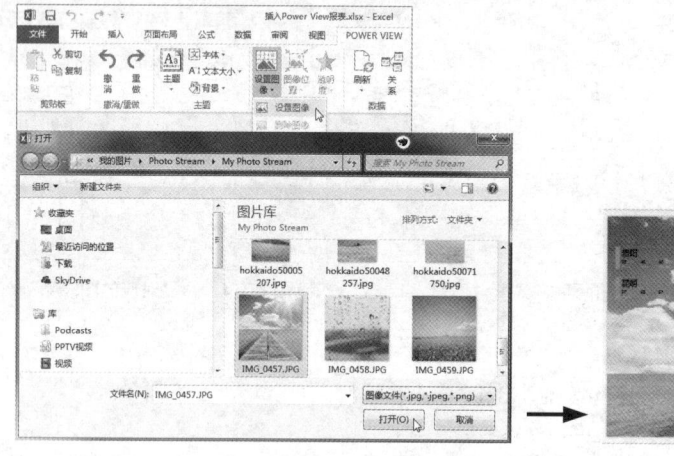

图 15-18　添加背景图像

③ 单击"图像位置"下拉按钮，在下拉菜单中可选择"拉伸""平铺"或"居中"命令定位图像。单击"透明度"下拉按钮，在下拉菜单中选择透明度百分比。百分比越高，图像越透明（可见度越低），如图 15-19 所示。

2. 插入图片

插入图片和设置背景图像是两种不同的操作，将图片插入 Power View 表中，插入的图片覆盖在 Power View 表上层，不会作为背景，但可通过设置排列次序将插入的图片设置为背景。

单击 Power View 表的空白画布区域设置插入点，然后单击"POWER VIEW"选项卡的"插入"组中的"图片"按钮，弹出"打开"对话框，浏览到所需图片后单击选中，然后单击右下方的"打开"按钮，即可插入图片，如图 15-20 所示。

图像添加到工作表后，可分别执行以下操作。

要移动图像，可单击选择图片，然后将鼠标指针悬停在图片边缘，直到显示"手形光标"，按住鼠标左键拖动图片到需要的位置。

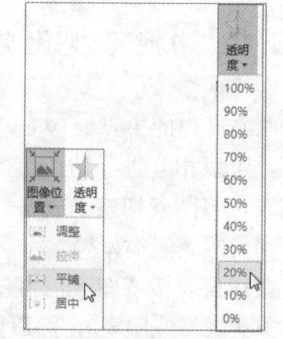

图 15-19　设置背景图像位置和透明度

如果要调整图像大小，先选择图像，然后将"大小调整手柄"悬停在边缘的中部和角落上，直到显示"双箭头光标" ↔ ，按住鼠标左键拖动调节图片大小。

如果要将图片设置为背景，可在图片上单击鼠标右键，在弹出的快捷菜单中单击"置于底层"或"置于下一层"命令。

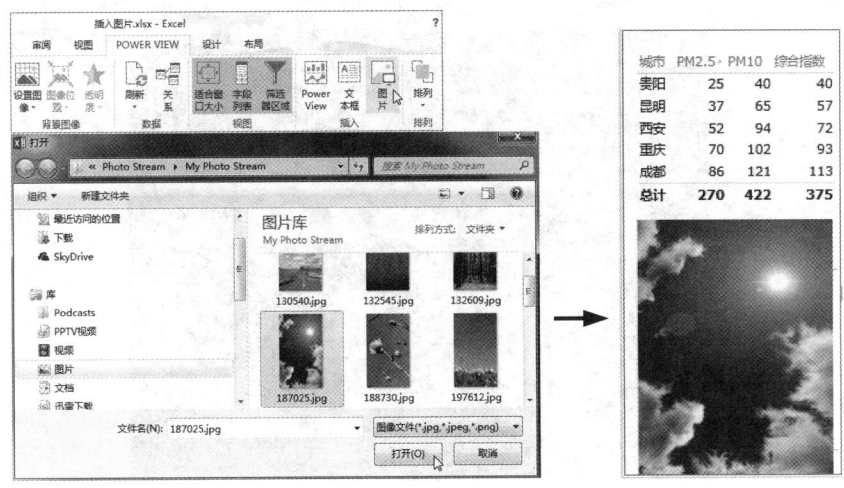

图 15-20　插入图片

3. 选择背景格式

Power View 提供了不同的背景，从纯色到各种渐变。对于较暗背景，文本会更改为白色和较浅的灰色底纹。要选择背景格式，在"POWER VIEW"选项卡中单击"背景"下拉按钮 背景▾，在打开的背景样式中选择一种背景格式即可，如图 15-21 所示。

4. 选择主题

Power View 中的内置了 46 个主题。每个主题具有协调的颜色和字体。主题应用到工作表上的可视化对象和文本中，不会替代背景图像。要应用主题，可在"POWER VIEW"选项卡中单击"主题"下拉按钮 ，在打开的主题样式库中单击选择的主题即可，如图 15-22 所示。

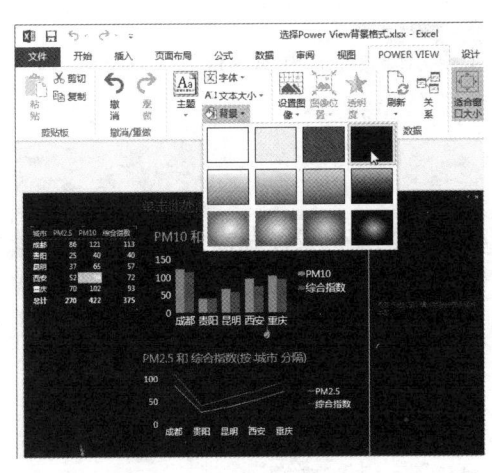

图 15-21　选择背景格式

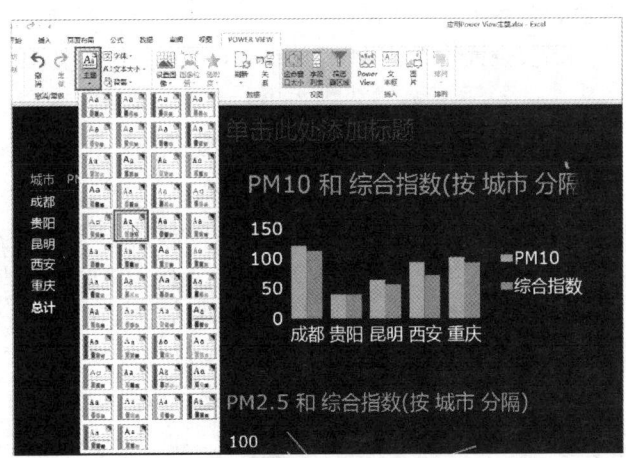

图 15-22　选择主题

5. 更改一个可视化的字号

在 Power View 图表中，可以为选择的图表更改可视化字号。选择一个可视化图表，在"设计"

选项卡上，单击"增大字号"按钮 ^{A} 或"减小字号"按钮 $_A$ 即可调整字号大小，如图 15-23 所示。

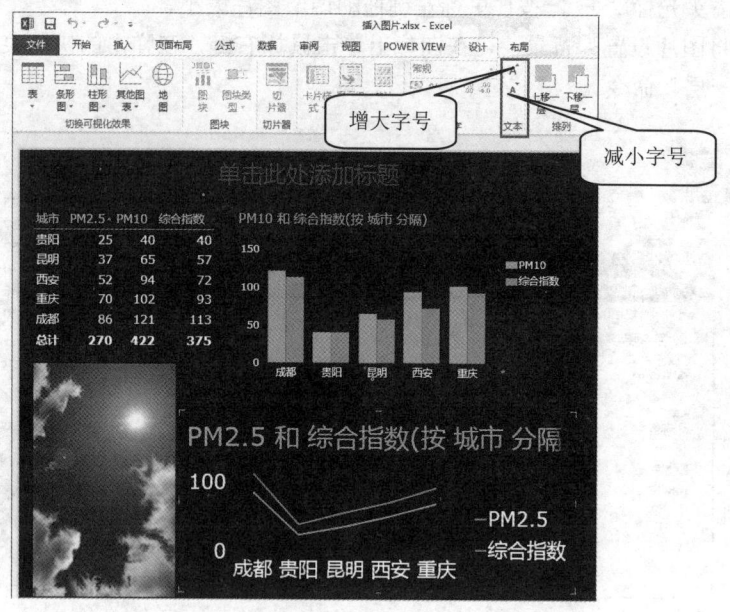

图 15-23　增大单个可视化对象字号的工作表

6. 更改整个工作表的字体或字号

在"POWER VIEW"选项卡的"主题"组单击"字体"下拉按钮 或"文本大小"下拉按钮 ，选择字体或文本大小百分比，可将所选字体格式应用到除地图可视化对象上的字体之外的所有可视化对象中。

7. 设置表、卡片或矩阵中的数字的格式

如果要设置表、卡片或矩阵中的指定列中的数字格式，可在包含要设置格式的数字的列中选择一个单元格，然后单击"设计"选项卡，在"数字"组选择一种格式，如图 15-24 所示。

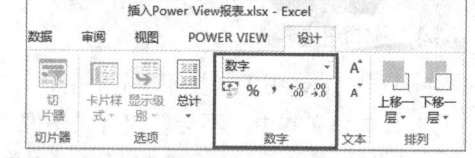

图 15-24　设置数字格式

若要设置其他列中数字的格式，可在其他列中选择一个单元格，然后单独设置这些数字的格式。

15.4.3　设置 Power View 报表显示级别

如果 Power View 的矩阵表格在行或列中具有多个字段，可以将矩阵设置为显示级别，进行折叠则仅显示顶部或最外面的级别。双击该级别中的一个值将展开以显示层次结构中该值下面的值。如图 15-25 所示历届奥运会举办地矩阵表格包括 3 个字段例"洲""国家""城市"，这些字段构成层次结构，可以设置 Power View 的显示级别。

【例 15-3】设置 Power View 的显示级别

单击"设计"选项卡的"选项"组的"显示级别"下拉按钮 ，在下拉菜单中单击"列-启用一次向下钻取一个级别命令"，则只在矩阵中看到各洲名称，如图 15-26 所示。

单击某个"洲"，假设单击"北美洲"，将显示"向下钻取"箭头 ，单击此箭头将显示"北美洲"举办过奥运会的国家，并同时显示"向下钻取"箭头和返回到"洲"的"向上钻取"箭头 ，如图 15-27 所示。

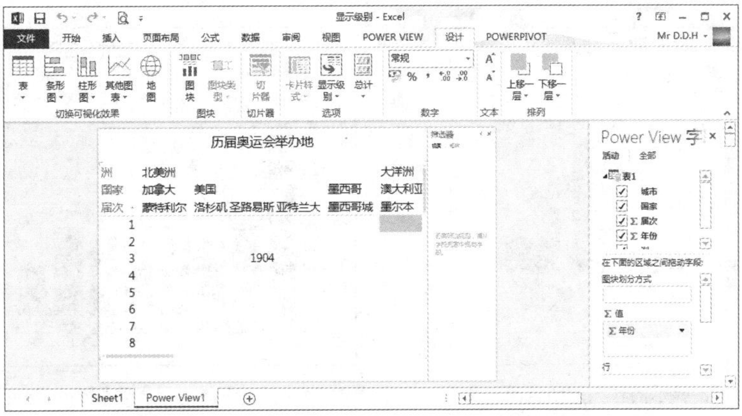

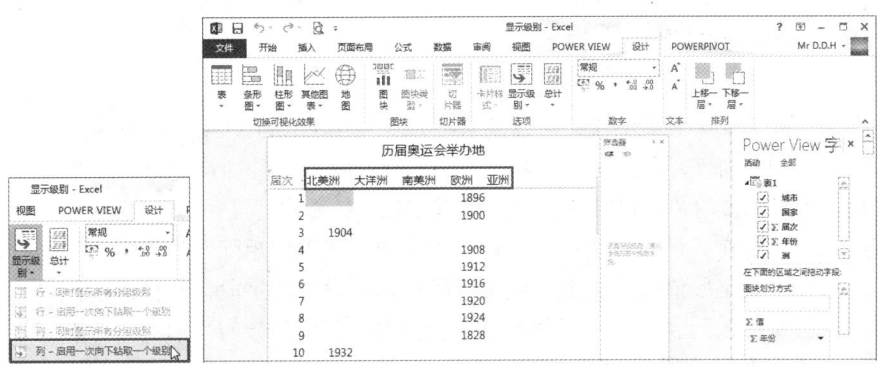

图 15-25　具有多个字段的矩阵表格

图 15-26　在矩阵图中设置显示级别

继续单击国家的"向下钻取"箭头（单击任意一个国家，都会显示"向下钻取"箭头），例如美国，则显示美国举办过奥运会的城市、届次和举办时间，并显示返回到"国家"的"向上钻取"箭头，如图 15-28 所示。

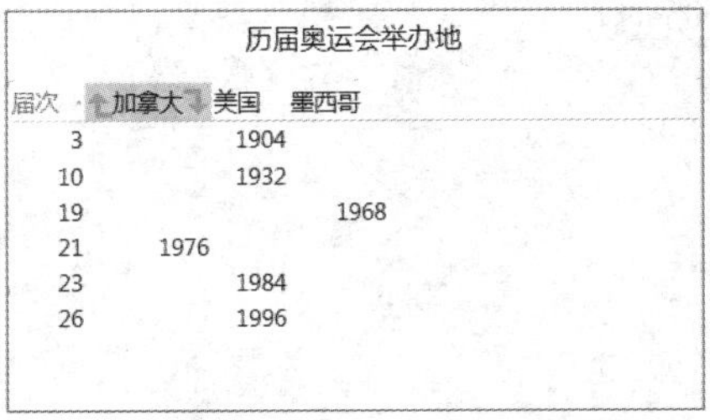

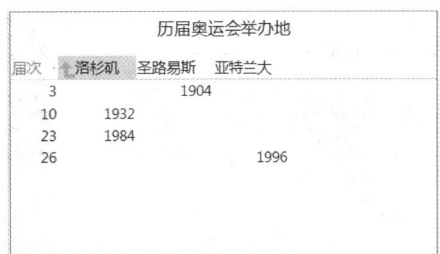

图 15-27　显示洲向下钻取结果　　　　图 15-28　显示国家向下钻取的结果

> 直接双击某个"洲"，假设双击"亚洲"，将显示在亚洲举办奥运会的国家、城市、届次和时间，以及一个用于返回到"洲"的"向上钻取"箭头。双击某个国家，将显示在该国举办奥运会的城市，同样也会显示一个用于返回到国家的"向上钻取"箭头。

条形图、柱形图和饼图工作方式相同。如果图表中的"坐标轴"框内包含多个字段，也可设置显示级别，一次只能看到一个级别，首先看到的是顶级级别，如图 15-29 所示。

如果双击一个洲，例如欧洲，则只显示欧洲每个国家销售额，同时显示"向上钻取"箭头，单击此箭头可以返回到上一级，如图 15-30 所示。

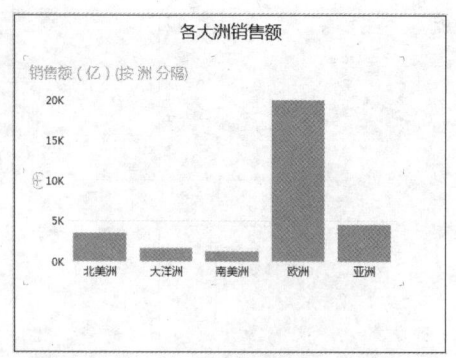

图 15-29　柱形图显示的各洲的销售额

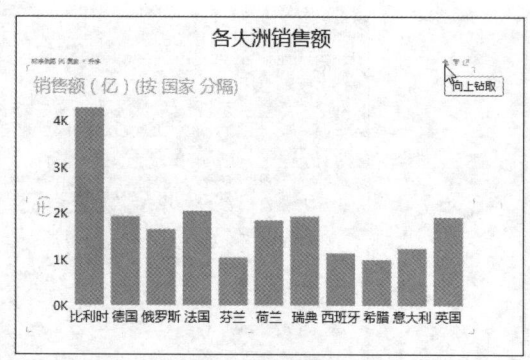

图 15-30　条形图的分级显示

15.4.4　Power View 中的图块

如果要在许多表可视化效果中查找所需的数据，可使用 Power View 中的图块功能。可在选项卡中选择值筛选图块内的内容，在图块中可以使用文本或图像作为选项卡。如图 15-31 所示。单击"速度滑冰"图块，可显示赢得"速度滑冰"奖牌的国家地区的数量。

默认情况下，通过在"设计"选项卡上单击"图块"将表或矩阵转换为图块容器时，导航选项卡条带将显示第一个表字段值或行组值，或使用模型作者设置的字段，其他的字段显示为容器中嵌套的表。可将字段从字段列表的字段部分拖至字段列表的布局部分的"图块划分方式"框中，而不是让 Power View 选取默认字段作为图块划分方式。

创建一组图块后，还可以在两种导航样式之间切换：选项卡条带（在图块容器顶部显示值）或封面流（在图块容器底部显示值）。

图 15-32 显示是采用矩阵表格形式统计的销售员销售产品情况，可以图块形式快速选择销售员，以查看每名销售员的销售情况。

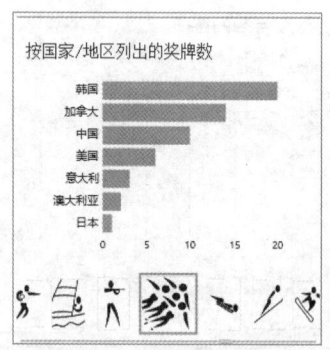

图 15-31　使用图块筛选

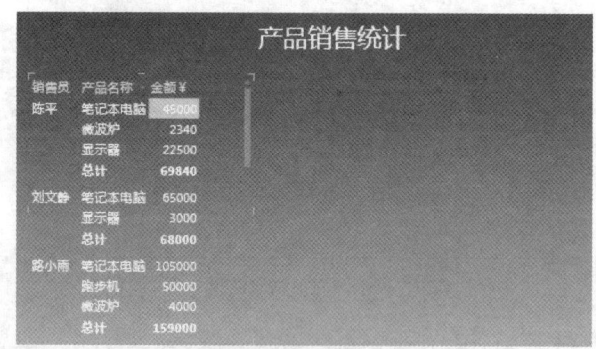

图 15-32　矩阵表格

单击选中矩阵表格，然后单击"设计"选项卡的"图块"组中的"图块"按钮，则在表格上方以"选项卡条"形式显示销售员名称，单击"选项卡条"上的销售员，即可在图块容器中显示该销售员销售产品情况，如图 15-33 所示。

如果要显示"图块流"类型，可单击"设计"选项卡的"图块"组中的"图块类型"下拉按钮，在下拉菜单中单击"图块流"命令，"销售员"字段则以"图块流"的形式显示在图块容器底部，如图 15-34 所示。

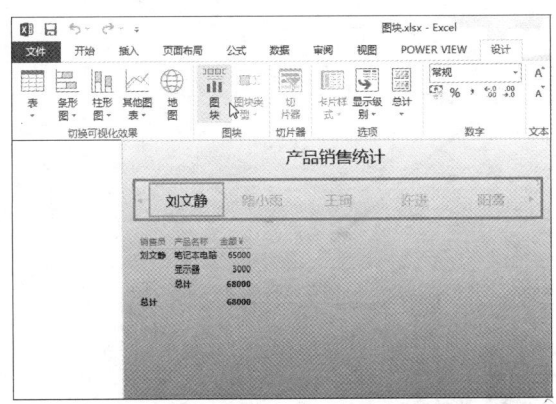

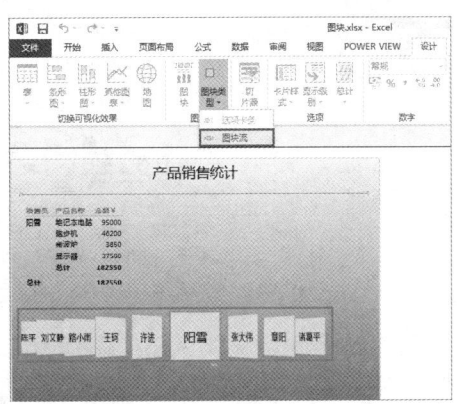

图 15-33 "选项卡条"类型　　　　　　　图 15-34 "图块流"类型

15.4.5 Power View 报表的视图与排列

在 Power View 报表中，可以设置表格与图表的位置关系，更改表格或图表的大小。

❖ 移动、更改表格或图表的大小

要移动表格或图表的位置，可单击选择表格或图表，然后将鼠标指针悬停在表格或图表边缘，直到显示"手形光标" ，按住鼠标左键拖动表格或图表到需要的位置，如图 15-35 所示。

要更改表格或图表的大小，先单击选择表格（图表），选择的表格（图表）出现 8 个控制点，将鼠标指针移动到选择的对象的控制点上，鼠标指针变成"双箭头光标" ，按住鼠标左键拖动可调整选择对象的大小，如图 13-36 所示。

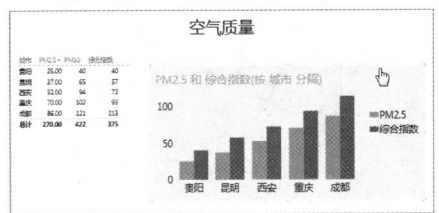

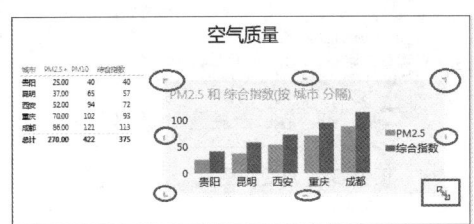

图 15-35 移动表格或图表　　　　　　　图 15-36 调整表格或图表大小

如果要在画布区显示指定的某个表格或图表，可单击该表格或图表右上角的"弹出"按钮 ，所选的表格或图表即填充整个画布区域，要恢复原来的大小，可单击"弹入"按钮恢复原来大小，如图 15-37 所示。

❖ 调整视图

"POWER VIEW"选项卡的"视图"组包括"适合窗口大小""字段列表"和"筛选器区域"3 个按钮。

单击"适合窗口大小"按钮 ，可自动调整画布区在整个视图中的大小。

单击"字段列表"按钮 ，可以在显示或隐藏字段列表之间切换（在显示了字段列表的视图中，单击"字段列表"按钮，可以隐藏字段列表，在隐藏了字段列表的视图中单击"字段列表"按钮，可显示字段列表）。

单击"筛选器区域"按钮 ，可以在显示或隐藏筛选器之间切换。

❖ 表格图表的排列

在 Power View 报表中，可以将表格与图表重叠，设置排列顺序。可以将插入的图片设置为背景。

要排列重叠表格或图表排放顺序，先选择对象，再单击 POWER VIEW 选项卡的"排列"下拉按钮，在下拉菜单中选择一种命令执行排列方式。

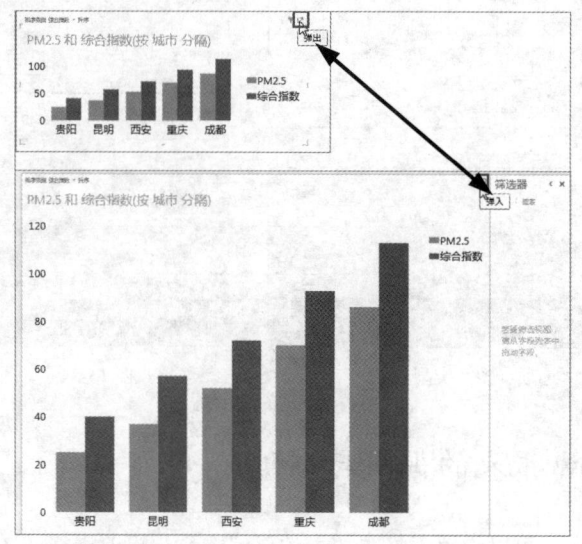

图 15-37　使用"弹出"和"弹入"按钮调整图片大小

　　在图 15-38 所示的图形中包括表格和图表，表格置于图表的上层，要将表格置于图表下层，单击选中表格，然后单击"POWER VIEW"选项卡的"排列"下拉按钮，在下拉菜单中单击置于底层命令即可，如图 15-39 所示。

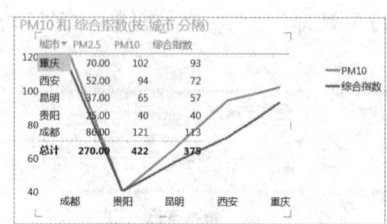

图 15-38　重叠的图表

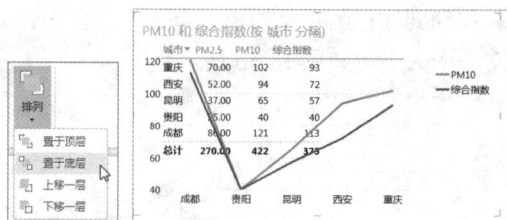

图 15-39　排列重叠图表

15.4.6　在 Power View 工作表中使用"筛选器"

　　Power View 在画布区和 Power View 字段任务窗格之间是"筛选器"区域，其中包含针对整个视图和单个可视化对象的筛选器和高级筛选器，如图 15-40 所示。

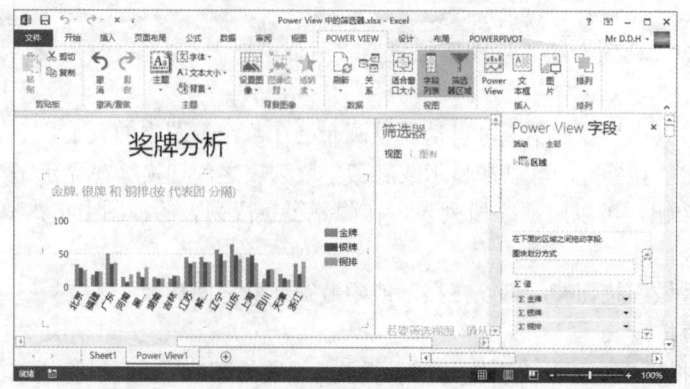

图 15-40　筛选器区域

【例 15-4】在 Power View 工作表中使用筛选器筛选

❖　可视化对象筛选器

将鼠标指针悬停在可视化对象上方，然后单击右上角的"显示筛选器"按钮 ▼，即可显示"筛选器"窗格，其中包括"视图"和"图表"（或"表"或其他类型的可视化对象）两个选项。其中在"图表"（或"表"或其他类型的可视化对象）下已填充了选择的可视化图表的筛选字段，如图 15-41 所示。

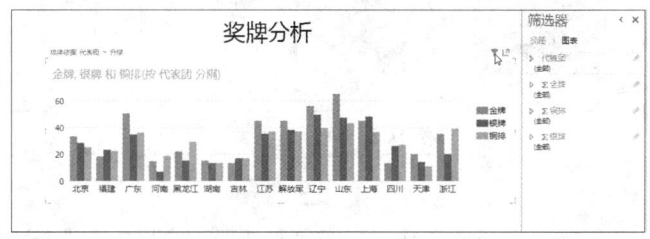

图 15-41　打开可视化对象筛选器

单击筛选器各字段的展开按钮，可选择筛选条件，例如可选择筛选指定的代表团，可选择筛选显示金牌（银牌、铜牌）数，在指定的数据范围显示筛选结果，如图 15-42 所示。

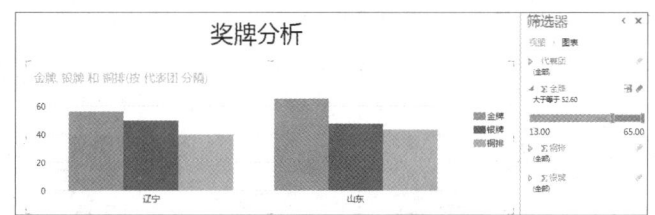

图 15-42　可视化对象筛选

单击筛选字段右侧的"筛选模式"切换按钮 ，可进行筛选模式切换，在高级筛选器模式，用户可以设置更多的自定义筛选条件进行筛选，如图 15-43 所示。

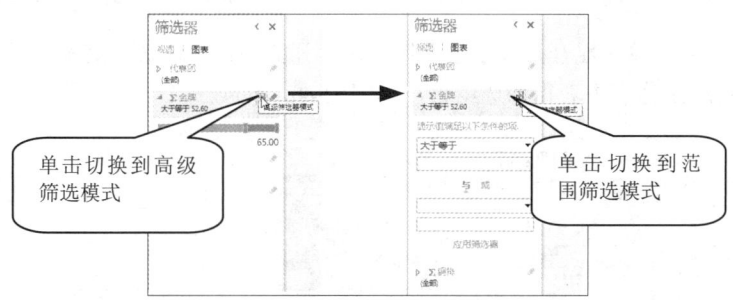

图 15-43　筛选器模式切换

要清除筛选，可单击筛选字段右侧的"清除筛选器"按钮 ，如图 15-44 所示。

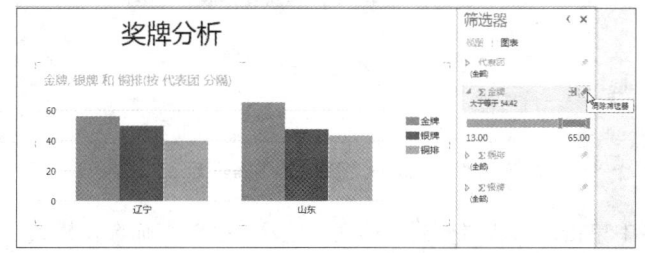

图 15-44　清除筛选器

要关闭筛选器，可单击筛选器窗格右上方的"关闭筛选器"按钮 ✕，如图 15-45 所示。

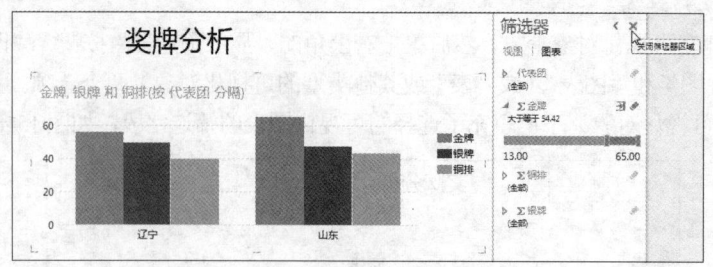

图 15-45　关闭筛选器

❖　视图筛选器

视图筛选器应用于整个 Power View 工作表。在"筛选器"窗格中，选择"视图"命令，即可切换到视图筛选器。在视图筛选器中，需手动添加筛选字段。用户可以从"Power View 字段"窗格的字段列表中选择字段，然后按住鼠标左键，将选择的字段拖放到筛选器区域，如图 15-46 所示。用户也可单击字段列表中某一字段右侧的下拉按钮，在打开的下拉菜单中单击"添加到视图筛选器"命令，如图 15-47 所示。

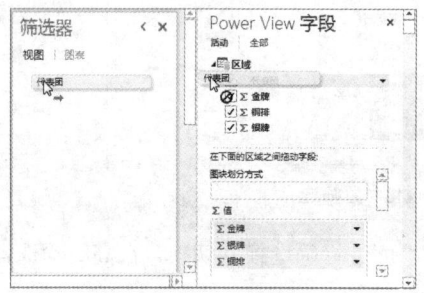

图 15-46　拖动添加筛选字段

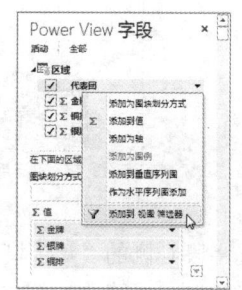

图 15-47　使用菜单命令添加筛选字段

添加了筛选字段后，单击展开筛选字段按钮，在打开的筛选字段选中某一选项（例如上海），即可在整个 Power View 工作表中获得筛选结果，如图 15-48 所示。

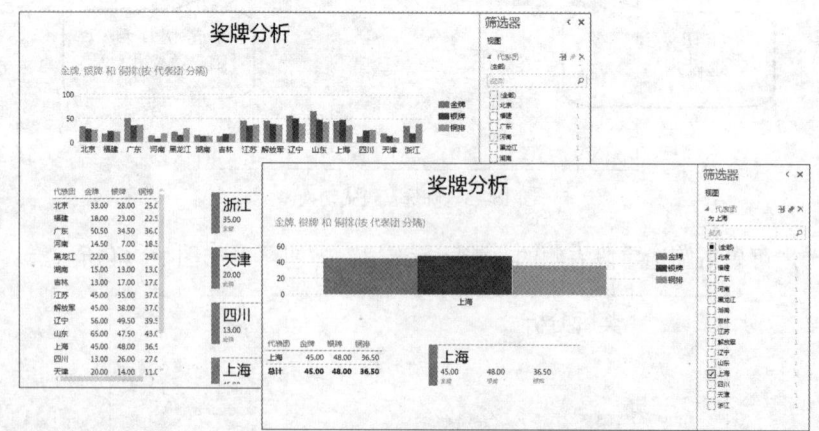

图 15-48　视图筛选器筛选结果

在"筛选器"窗格中单击"筛选器模式"切换按钮，可以在筛选器模式之间切换，在高级筛选器模式，用户可以设置更多的自定义筛选条件进行筛选，如图 15-49 所示。

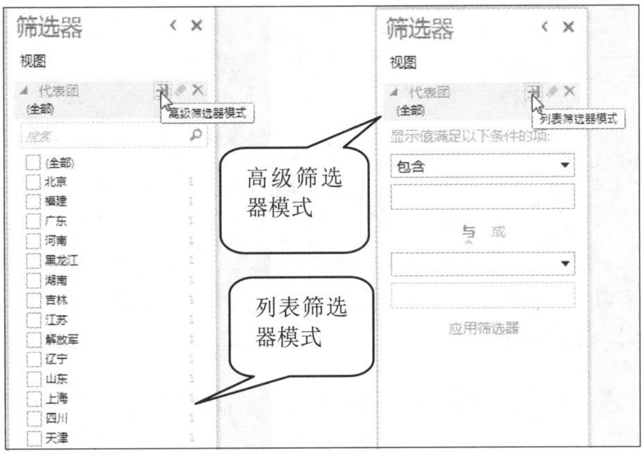

图 15-49　筛选器模式

15.4.7　在 Power View 中插入切片器

切片器是一种筛选器。将切片器放在 Power View 工作表上，可一次性筛选工作表上的所有可视化对象。单击切片器中的项目时，将按选择的项目筛选相关内容的所有可视化对象。

【例 15-5】插入切片器筛选可视化对象

在图 15-50 所示的工作表中，创建了 3 种不同效果的可视化表（图表），可以向报表中插入代表团切片器，在选择某个代表团时，在每个可视化对象中仅显示筛选的代表团的奖牌情况。

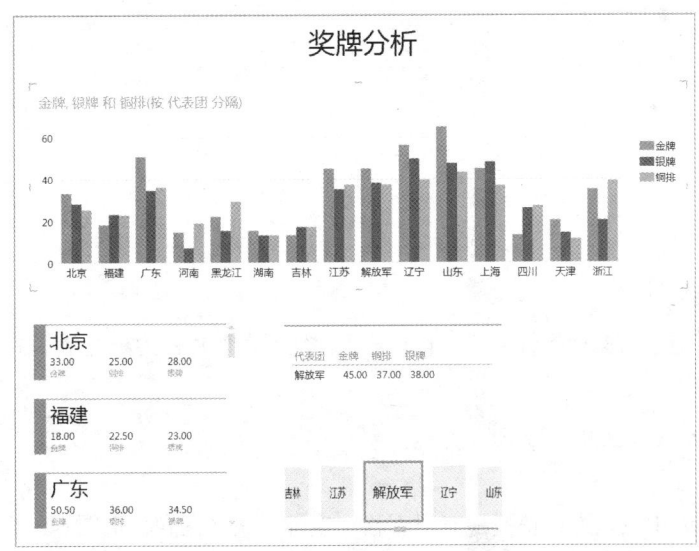

图 15-50　Power View 工作表

❖　插入切片器

单击 Power View 工作表的画布空白区域，在右侧 Power View 字段窗格中，选中"代表团"字段创建包含单列的表格，如图 15-51 所示。

选中刚创建的包含"代表团"字段的表格，单击"设计"选项卡上的"切片器"按钮，将表格转换为切片器，如图 15-52 所示。

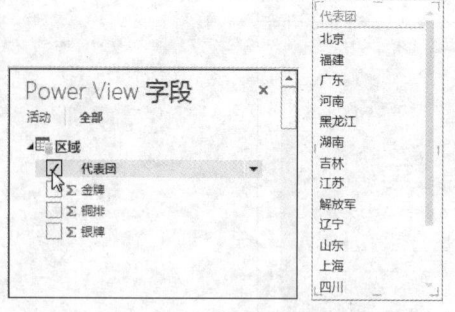

图 15-51　创建包含"代表团"字段的单列表格

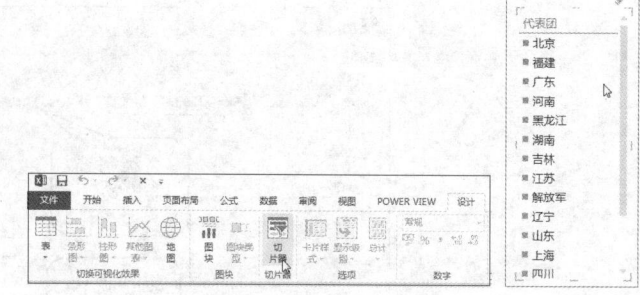

图 15-52　将表格转换为切片器

单击切片器中的某个值，例如上海，即可筛选出 3 个可视化工作表或视图的内容，如图 15-53 所示。

 提示　单击选择时按住<Ctrl >键可以选择多个值。

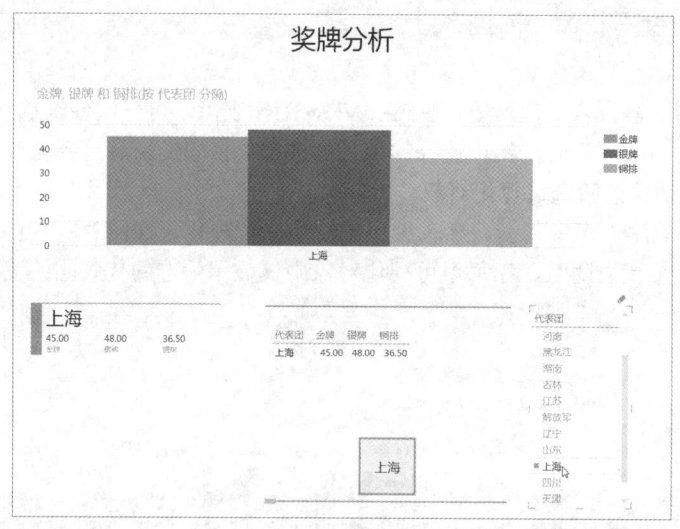

图 15-53　使用切片器进行筛选

❖　清除切片器

要清除切片器筛选，将鼠标指针悬停在切片器上，然后在切片器的右上角单击"清除筛选"按钮。

15.4.8　在 Power View 中排序

在在 Power View 中可以方便快捷地对对表格、矩阵、条形图和柱形图等进行排序。

【例 15-6】在 Power View 中排序

❖　在 Power View 中的表排序

单击 Power View 表中的字段，显示向下箭头即可对选择的字段降序排列，再次单击该字段，显示向上箭头，即可重新进行升序排列，如图 15-54 所示。

在图 15-54 所示的 Power View 表中，用户可以选择字段名称中的任意字段进行排序，非常方便快捷。

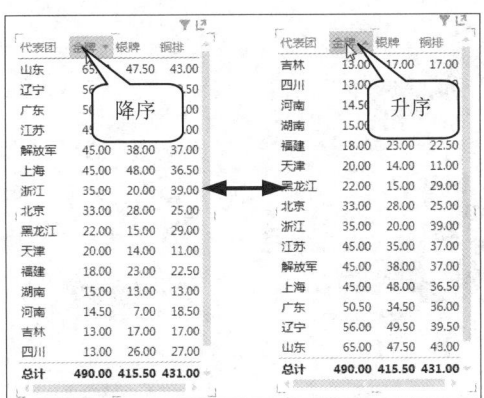

图 15-54　在 Power View 表中排序

❖　在 Power View 的图表中排序

在 Power View 中同样可以对图表进行排序，例如要对图 15-55 所示的 Power View 中的图表排序，具体的操作如下。

鼠标指针悬停在 Power View 的图表时，图表的左上方显示排序选项，单击排序依据右侧的下拉按钮，可选择排序的依据，如图 15-56 所示。

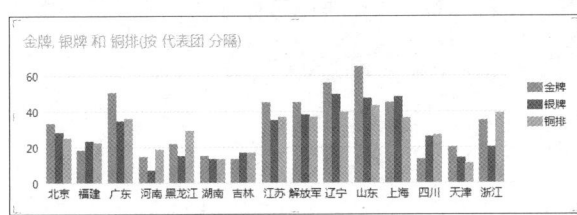

图 15-55　Power View 中的图表

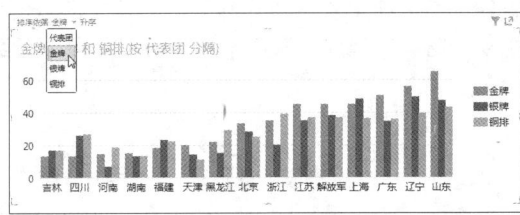

图 15-56　排序选项

单击升序按钮，可切换到降序排序，如 15-57 所示。

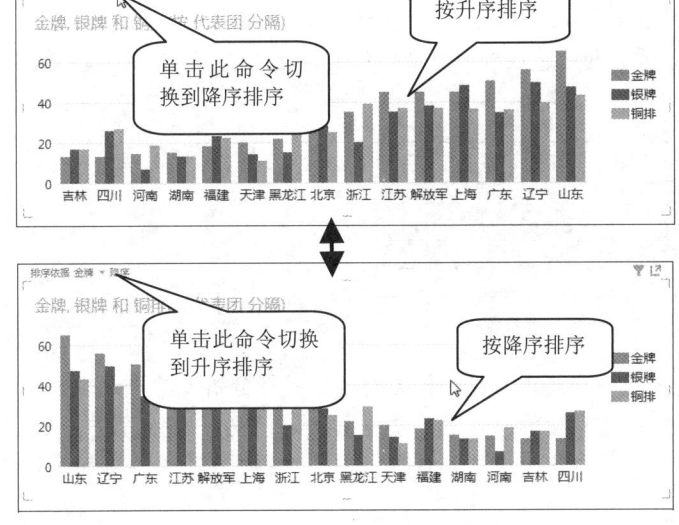

图 15-57　在 Power View 的图表中排序

第 **16** 章 使用快速分析工具分析数据

在前面几章介绍了利用数据透视表、图表、迷你图、条件格式、数据验证等常用方式分析数据。采用这些方式分析数据往往需要执行较多步骤的操作。Excel 2013 新增的"快速分析"工具，能够简化数据分析操作的步骤。使用"快速分析"工具，可以在两步或较少步骤内将数据转换为图表、表格，预览使用条件格式的数据、迷你图或图表等，并且只需一次点击即可完成选择的操作。本章主要介绍怎样利用"快速分析"工具即时分析数据。

16.1 "快速分析"工具简介

在工作表中选择数据希望对数据进行分析时，在选定的数据区域右下角会出现一个"▣"形状的按钮，这个出现在选定数据区域右下角的"▣"形状按钮，就是 Excel 2013 中新增的"快速分析"按钮，如图 16-1 所示。

单击"快速分析"按钮▣，将打开"快速分析"库，其中包含了"格式""图表""汇总""表""迷你图"等常用的分析数据的选项卡，每个选项卡包括一些常用的命令，如图 16-2 所示。

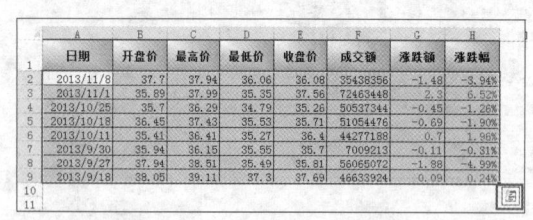

图 16-1 快速分析工具的位置

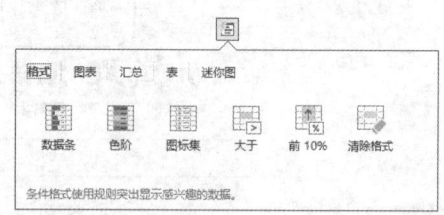

图 16-2 快速分析工具库

利用选项卡中提供的命令可以方便快捷地对数据进行分析。单击选项卡中的命令按钮，即可显示相应的结果。例如要对选择的数据应用"数据条"条件格式，选定数据区域后，单击"快速分析"按钮，在"快速分析库"中单击"格式"选项卡中的"数据条"命令即可为选定区域设置数据条格式，如图 16-3 所示。

如果按照**第 10 章 10.2.3** 小节介绍的方法利用功能区中的"条件格式"的命令设置"数据条"条件格式，需要先选择数据，然后单击"开始"选项卡的"样式"组的"条件格式"下拉按钮，在打开的下拉菜单中单击"数据条"命令，在打开的"数据条样式库"中单击一种样式才能运用数据条格式，如图 16-4 所示。

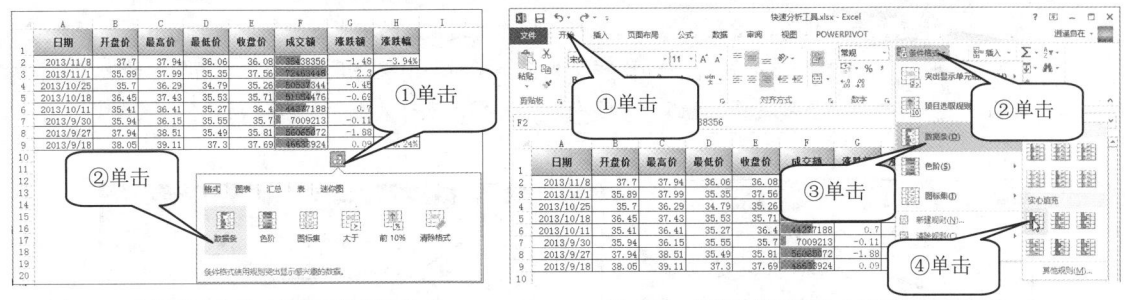

图 16-3 使用快速分析工具设置数据条格式　　　　图 16-4 使用功能区中命令设置数据条格式

比较上面两种操作可见，操作简便、快捷是使用快速分析工具分析数据的主要特点。

16.2 快速分析库中选项卡的主要功能

快速分析库中包含 5 个常用的数据分析工具选项卡，了解这些选项卡的功能，在进行快速分析时就可以有针对性地选择操作。下面简要介绍这 5 个选项卡的主要功能。

1. "格式"选项卡可突出显示感兴趣的数据

"格式"选项卡主要包含与功能区中"条件格式"相似的常用命令，包括数据条、色阶、图标集、大于、前 10%及清除格式等，如图 16-5 所示。

如果要通过添加数据条和颜色等来突出显示部分数据或者希望能迅速看到高值和低值等感兴趣的数据等，可以使用快速分析工具的"格式"选项卡中的命令来实现。

 使用"快速分析"工具的"格式"选项卡为选定的数据设置条件格式，虽然方便快速，但只能使用默认的数据条、色阶、和图标集和默认的前 10%，用户不能对以上条件格式进行自定义设置。因此，如果要自定义设置条件格式，需利用第 10 章介绍的知识进行设置。

2. "图表"选项卡可快速可视化数据

"快速分析"工具的"图表"选项卡，可根据数据推荐几种常用的图表类型，当鼠标指针移动到推荐的图表上时，会显示图表的预览，单击推荐的图表样式，即可快速创建图表，将选择的数据快速可视化，如图 16-6 所示。

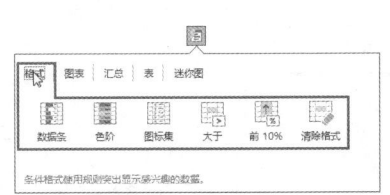

图 16-5 快速分析工具的格式选项卡

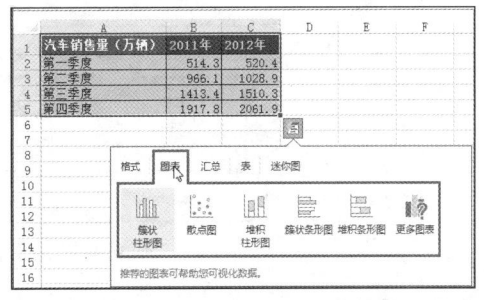

图 16-6 快速分析工具的图表选项卡

"快速分析"工具的"图表"选项卡功能与第 13 章 13.1.3 小节所介绍的利用"推荐的图表"创建图表的功能相同。对同一数据区域使用这两种方法可以创建相同的图表，只不过"快速分析"工具的"图表"选项卡只显示了推荐的图表名称，将鼠标指针移动到推荐的图表上时，才会显示图表的预览；在"插入图表"对话框的"推荐图表"选项卡中，既显示了推荐图表的预览，也有推荐图表的名称和相关说明，用户可对多种直观的图表预览进行比较，再选择图表样式，如图 16-7 所示。

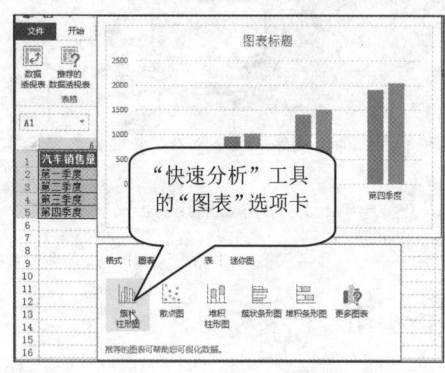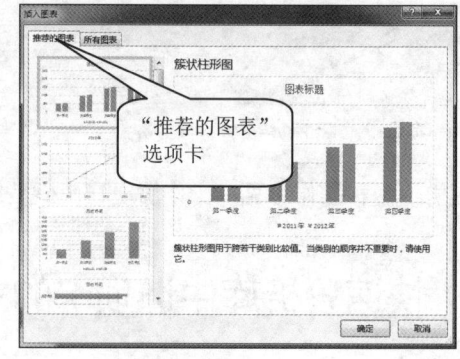

图 16-7　"快速分析"工具的"图表"选项卡与"推荐的图表"

如果要快速创建图表，可选择创建图表包含的数据区域，单击"快速分析"工具的"图表"选项卡创建。如果没有看到所需的图表，可单击"更多图表"命令，在打开"插入图表"对话框中插入需要的图表。具体操作和注意事项参见 **16.3.2 小节**。

如果用户对图表的类型不够了解，需要获取有关图表的详细信息，最好使用**第 13 章 13.1.3 小节**介绍的方法。

3. "汇总"选项卡可使用公式自动计算汇总

"快速分析"工具"汇总"选项卡用于计算列和行中的数字，包括求和、平均值、汇总百分比等。单击左右两侧的黑色小箭头，可以查看其他选项，如图 16-8 所示。

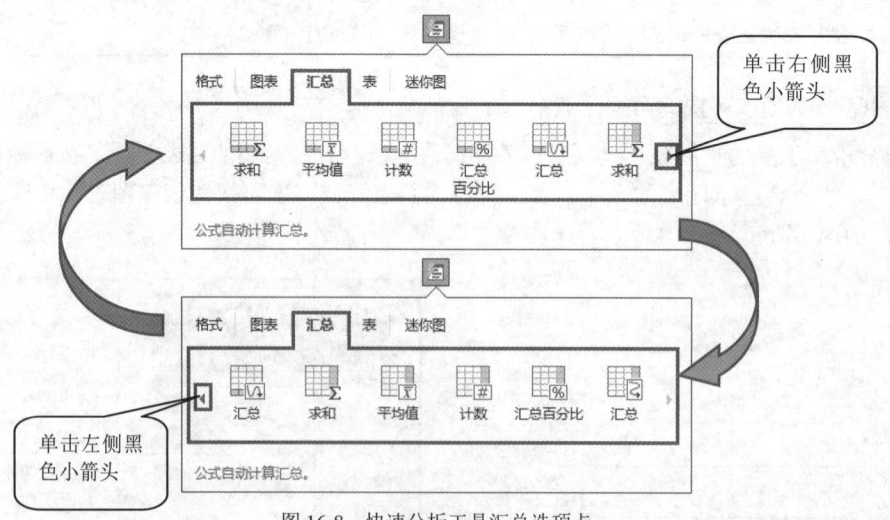

图 16-8　快速分析工具汇总选项卡

如果按照传统的方式或者在以往的版本中对数据进行汇总计算，需要单击相关的公式，（例如要对选定数据求和，需单击求和函数，或者手动输入函数）才能计算出结果。利用新增的"快速工具"

的"汇总"选项卡功能，能够自动使用公式计算汇总结果，即使对函数知识一无所知，单击相关选项便可快速计算出结果。因此使用"快速分析"工具的"汇总"选项卡汇总数据，非常的简单快捷，在通常情况能满足对数据的统计分析。

4."表"选项卡可排序、筛选和汇总数据

"快速分析"工具的"表"选项卡，包括"表"和"数据透视表"命令，如图 16-9 所示。单击"表"命令可以快速将数据转换为表格，轻松进行排序、筛选和汇总等。鼠标指针指向一种数据透视表样式，会显示数据透视表预览。单击"其他"选项，可打开"推荐的数据透视表"对话框。

"快速分析"工具的"表"选项卡的"表"命令功能，相当于"开始"选项卡的"样式"组的"套用表格格式"功能。使用"表"命令创建表格时，用户不能选择表格样式，Excel 采用默认的样式快速将数据转换为表格，要更改表格的样式，需单击"表格工具"选项卡的"快速样式"按钮，打开表格样式库，选择表格样式进行更改。套用表格格式参见**第 5 章 5.3 节**。

"快速分析"工具的"表"选项卡中的"数据透视表"命令功能，可以根据选择的数据快速创建数据透视表，操作方法与**第 8 章 8.1.2 小节**基本相同。

根据选择数据不同，"快速分析"工具的"表"选项卡可能会显示"空白数据透视表"命令选项，创建空白数据透视表后，用户需选择字段创建数据透视表，如图 16-10 所示。

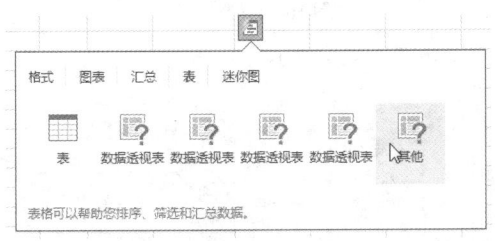

图 16-9　快速分析工具表选项卡

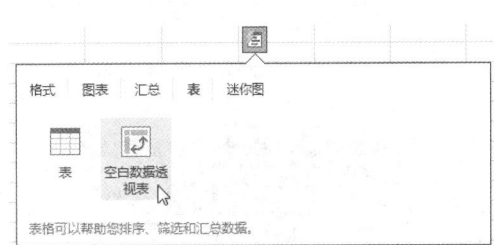

图 16-10　快速分析工具的表选项卡

5."迷你图"选项卡可创建迷你图快速查看数据趋势

在**第 14 章**中曾经介绍了迷你图，迷你图可在一个单元格内以背景形式提供数据的直观显示。"快速分析"工具的"迷你图"选项卡同样有 3 种迷你图类型，如图 16-11 所示。

选定数据后，单击"快速分析"工具"迷你图"选项卡中一种类型便可为选定的数据创建迷你图。但是使用这种方式创建的迷你图，不能更改迷你图放置位置，始终把迷你图放置在紧邻数据右侧的单元格中，并且不能为以列排列的数据创建迷你图。因此使用"快速分析"工具创建迷你图，有一定的局限性，要灵活地创建迷你图，需使用**第 14 章**中介绍的方法。

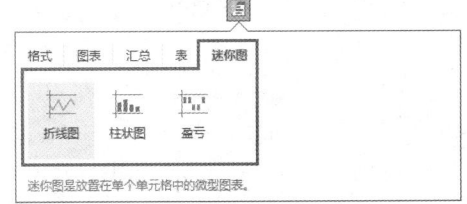

图 16-11　快速分析工具迷你图选项卡

 快速分析工具可选择的选项并不总是相同的，因为这些选项会随在工作簿中选定的不同数据类型而改变。

16.3　使用"快速分析"工具即时分析数据

在了解了快速分析工具各选项卡的主要功能后，在通常情况下可以使用"快速分析"工具即时分析数据。使用"快速分析"工具即时分析数据的操作步骤如下。

1 在工作表中选择要分析数据的单元格区域。

2 单击显示在选定数据区域右下方的"快速分析"图 按钮（或按<Crtl+Q>组合键），打开"快速分析"库。

3 在"快速分析"库中单击所需的选项卡。

4 在选项卡中用鼠标指针指向要查看其预览的每个选项，单击选项卡中的一个命令便可执行相关操作。

以下用一些具体实例介绍怎样使用快速分析工具即时分析数据。

16.3.1 为单元格数据应用条件格式

在图 16-12 所示的数据表中，如果要将 B2:E9 单元格区域设置"图标集"格式，将"涨跌额"列中的数据设置"数据条"格式，可分别选定数据区域执行相关操作。

将 B2:E9 单元格区域设置"图标集"格式具体的操作如图 16-13 所示。

为"涨跌额"列中的数据设置"数据条"格式的操作如图 16-14 所示。

图 16-12 数据表

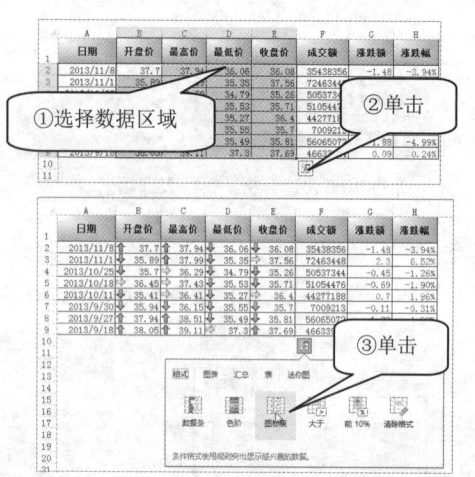

图 16-13 为单元格区域应用图标集格式

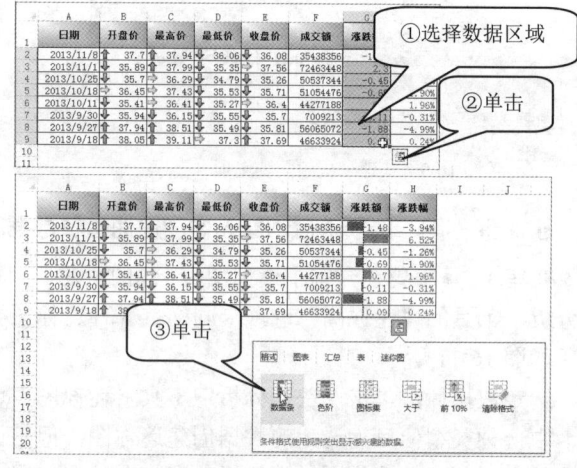

图 16-14 为单元格区域应用数据条格式

如果用户对设置的格式不满意，可单击快速访问工具栏的"撤销"按钮↶撤销操作或者单击"快速分析"工具的"格式"选项卡中"清除格式"命令清除设置的格式。

① 在工作表中选择单个数据或者不连续的单元格区域，不会显示"快速分析"工具。
② 单击"快速分析"按钮，默认打开"格式"选项卡。使用"快速分析"工具为单元格区域设置的格式是 Excel 默认的格式，用户在执行操作前不能对应用的数据条、色阶、图标集、前 10%格式进行自定义设置。

16.3.2 创建图表可视化数据

要使用"快速分析"工具为工作表中的数据创建图表以可视化数据的具体操作步骤如下。

1 选择要创建图表的单元格区域，例如 A1:C5 单元格区域，如图 16-15 所示。

2 单击"快速分析"按钮图，打开"快速分析"库，单击"图表"选项卡，鼠标指针停留在推荐的图表类型上时会显示图表的预览，单击选中的图表样式即可创建图表，如图 16-16 所示。

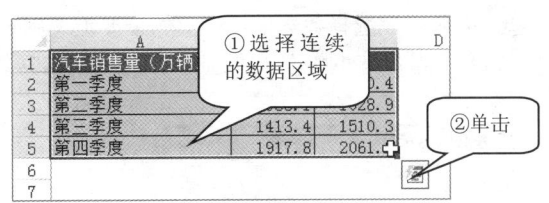

图 16-15　为创建图表选择数据区域

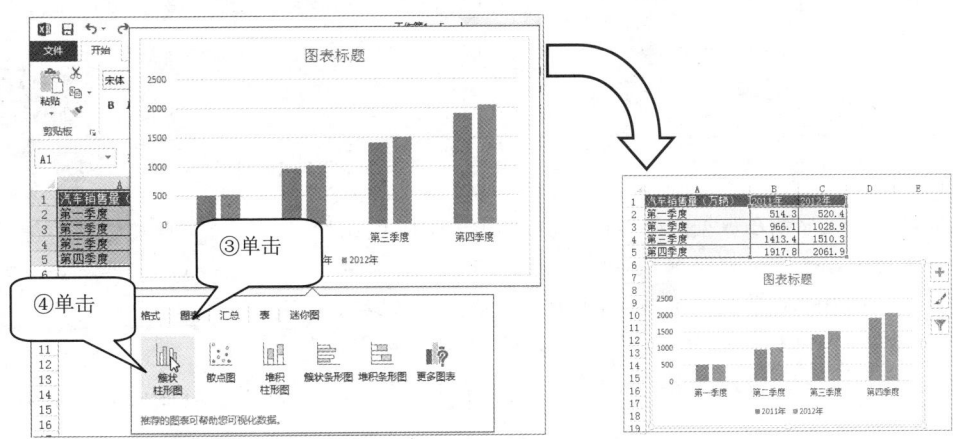

图 16-16　利用快速分析工具创建图表

 ① 在选择数据时必须选中连续的要创建图表的区域，单击一个单元格或者选择的不是连续的区域，不会显示快速分析工具。没有选中的区域也不会出现在图表数据系列中。

② 如果在推荐的图表中没有满意的图表类型，可单击"更多图表"命令，打开"插入图表"对话框来创建图表。

16.3.3　快速汇总分析数据

快速分析工具的"汇总"选项卡可以按行或列汇总数据。例如在如图 16-17 所示的数据表中，如果要快速分析每一季度销售的销售总额、每一季度销售的平均数、每一季度销售值占全年销售的百分比等，使用汇总选项卡中的命令可以轻松实现。

具体的操作步骤如下。

1 选择工作表中 B2:E16 单元格区域。

2 单击"快速分析"按钮图，打开"快速分析"库。

3 单击"汇总"选项卡，将鼠标指针留在选项命令上，可预览分析的结果。单击要执行的操作即可。例如对每一季度销售求和，单击（按列）"求和"命令，即可在选择数据的下方显示每一季度销售总和，如图 16-18 所示。

	A	B	C	D	E
1	产品名称	第一季度销售	第二季度销售	第三季度销售	第四季度销售
2	蒙古大草原绿色羊肉	2667.6	4013.1	4836	6087.9
3	大茴香籽调味汁	544	600	140	440
4	上海大闸蟹	1768.41	1978	4412.32	1656
5	法国卡门贝干酪	3182.4	4683.5	9579.5	3060
6	王大义十三香	225.28	2970	1337.6	682
7	泡沈皮	187.6	742	289.8	904.75
8	意大利羊乳干酪	464.5	3639.37	515	2681.87
9	怡保咖啡	1398.4	4496.5	1196	3979
10	新英格兰杰克杂烩	385	1325.03	1582.6	1664.62
11	味道美辣椒沙司	1347.36	2750.69	1375.62	3899.51
12	意大利白干酪	1390	4488.2	3027.6	2697
13	味鲜美馄饨	499.2	282.75	390	984.75
14	茶点巧克力软饼	943.89	349.6	841.8	851.46
15	菜阳御贡干梨	1084.8	1575	2700	3826.5
16	蔬菜酥饼	3202.87	263.4	842.88	2590.1

图 16-17　产品销售数据表

对选择的数据可执行（按行）汇总操作和（按列）汇总操作，图 16-18 执行的是（按列）汇总，汇总结果显示在选择数据的下方。如果要汇总每一种产品销售总计，需执行（按行）求和，单击 命令，每种产品销售的汇总结果显示在选择数据紧邻单元格的右侧，如图 16-19 所示。

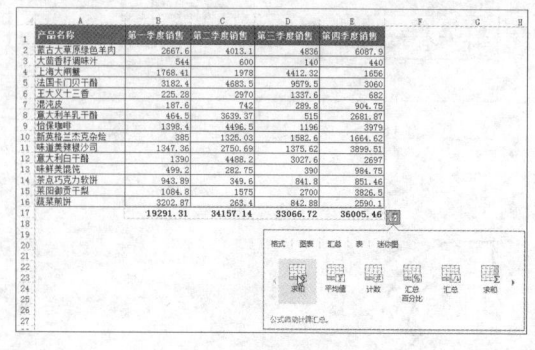

图 16-18　汇总数据

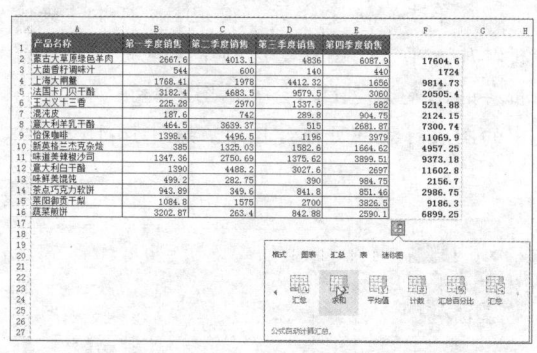

图 16-19　按行汇总数据

汇总的结果默认显示在数据的下方或右侧，在图 16-19 的工作表中，如果选择 B2:E5 单元格区域执行（按列）"求和"的命令，汇总结果会显示在 B6:E6 单元格区域，由于 B6:E6 单元格区域已有数据，在执行汇总操作时，会弹出"此处已有数据，是否替换它？"警告提示信息，让用户选择是否替换，如图 16-20 所示。

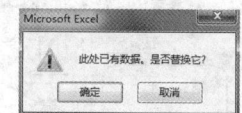

图 16-20　显示汇总结果的单元格存在数据时的警告提示信息

16.3.4　排序、筛选数据

利用"快速分析"工具的"表"选项卡，将数据区域转换为表格，可方便地执行排序、筛选等操作。具体操作步骤如下。

1 拖动鼠标选择工作表的整个数据区域，数据区域的右下方显示快速分析按钮，如图 16-21 所示。

2 单击"快速分析"按钮，打开"快速分析"库，单击"表"选项卡，然后单击"表"命令，如图 16-22 所示。

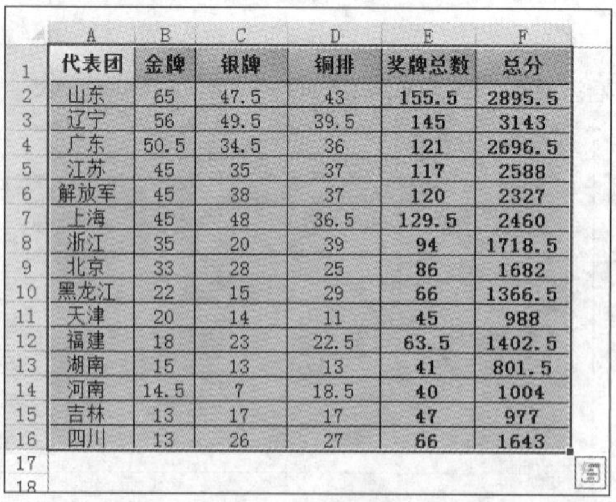

图 16-21　选择数据区域

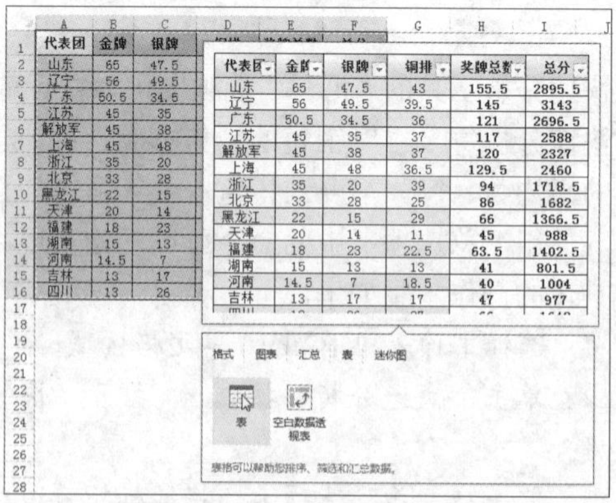

图 16-22　将数据区转换为表格

3 转换为表格后，可以轻松执行筛选或排序的操作，例如要筛选北京代表团，具体操作如图 16-23 所示。

4 如果要对"总分"进行降序排列，具体操作如图 16-24 所示。

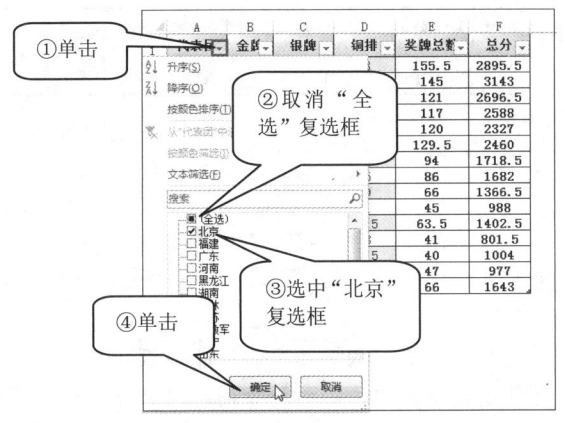

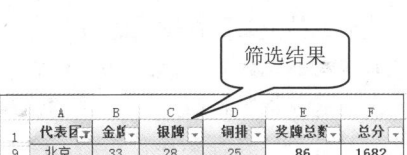

图 16-23 筛选数据

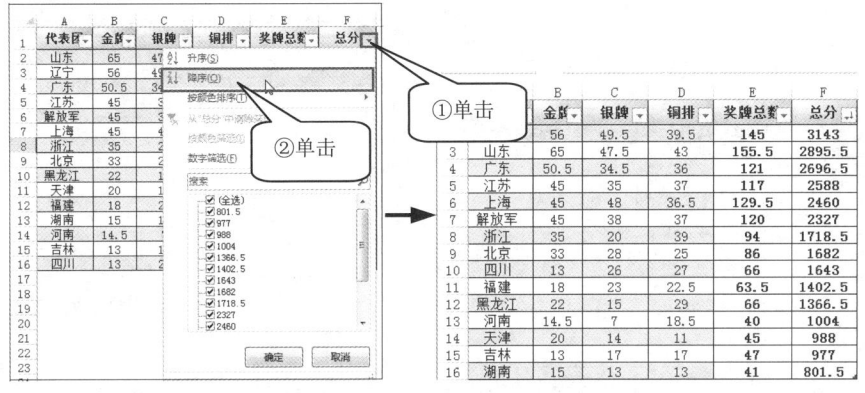

图 16-24 排序数据

16.3.5 创建数据透视表

利用"快速分析"工具的"表"选项卡，选择数据区域后，可方便地创建数据透视表。具体操作步骤如下。

1 选中工作表中的数据，单击"快速分析"按钮 ⧉，打开"快速分析"库，单击"表"选项卡。

2 鼠标指针停在一种推荐的数据透视表上，会显示数据透视表的预览，单击即可快速创建数据透视表，如图 16-25 所示。

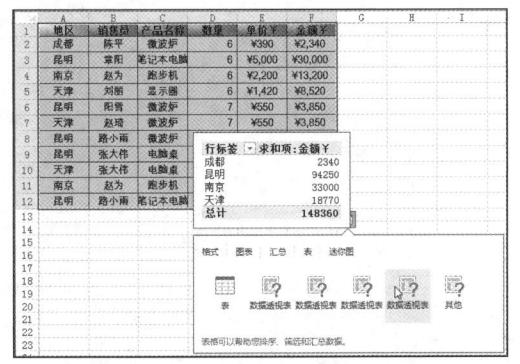

图 16-25 快速创建数据透视表

单击图 16-25 中 "快速分析" 工具 "表" 选项卡的 "其他" 命令，将打开 "推荐的数据透视表对话框，可以更直观地比较选择要插入的数据透视表。

16.3.6　创建迷你图显示数据趋势

使用快速分析工具中的迷你图显示数据趋势的操作如下。

1　选中工作表中的数据，如图 16-26 所示。

2　单击 "快速分析" 按钮，打开 "快速分析" 库，单击 "迷你图" 选项卡，在 "迷你图" 选项卡中，鼠标指针停留在每类迷你图上，会显示迷你图预览，单击一种迷你图即可在紧邻数据区域右侧的单元格（区域）创建迷你图，如图 16-27 所示。

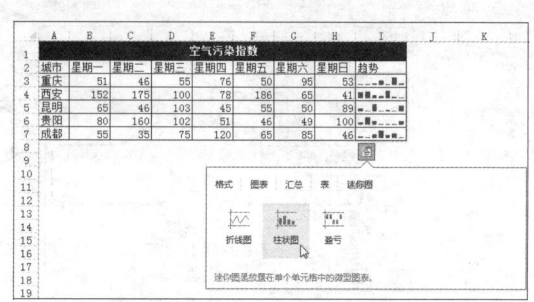

图 16-26　选择数据　　　　　　　　　图 16-27　创建迷你图显示数据趋势

使用 "快速分析" 工具创建的迷你图始终显示在紧邻选择数据右侧的单元格中，不能自定义迷你图放置的位置，不能为按列排列的每列数据在数据区域下方创建迷你图。此种方式创建迷你图虽然快捷，但很多时候不能满足创建迷你图的实际要求。

第  章　插入插图与艺术字

在工作表中使用图形和图片，能够增强工作表的视觉效果。Excel 具有十分强大的绘图功能，除了可以在工作表中绘制图表、图形外，还可以在工作表中插入图片、插入联机图片、屏幕截图、剪贴画或添加图形文件、艺术字等，使工作表更加生动、美观，提高工作表的可阅读性。本章主要介绍在 Excel 中插入插图和艺术字等知识。

17.1　插入图片

在 Excel 工作表中插入图片主要有"插入文件中的图片"和"插入联机图片"2 种方式。

❖　插入文件中的图片

在工作表中插入文件中的图片的操作步骤如下。

1 单击需要在工作表中放置插入图片的起始单元格，例如 A1 单元格，然后单击"插入"选项卡"插图"组中的"图片"按钮 ⬚，打开"插入图片"对话框。

2 在"插入图片"对话框中选择本地文件中的图片的存放位置，打开本地文件中的图片，选中要插入的图片，然后单击"插入"按钮（或者双击选中的图片），将图片插入工作表所选单元格的右下方，如图 17-1 所示。

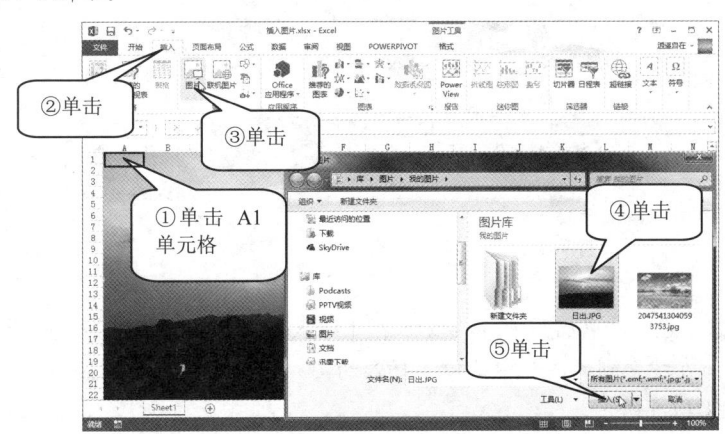

图 17-1　插入图片

❖ 插入联机图片

Excel 2013 新增"插入联机图片"功能，在连接互联网的情况下，在 Excel 中插入的联机图片包括来自 Office.com 剪贴画、从网络中搜索的图片以及用户使用微软账户存储在 OneDrive 中的图片。如果电脑没有连接互联网，单击"插入"选项卡的"插图"组中的"联机图片"按钮，则打开"您需要 Internet 连接才能插入联机图片"提示信息，如图 17-2 所示。

【例 17-1】插入联机图片

1 单击需要在工作表中放置图片的起始单元格，例如 A1 单元格，然后单击"插入"选项卡的"插图"组中的"联机图片"按钮，打开"插入图片"页面，如图 17-3 所示。

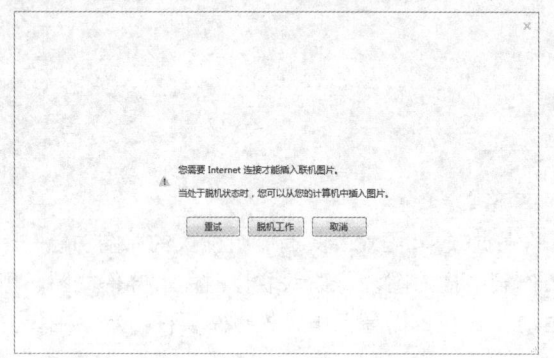

图 17-2　需要 Internet 连接才能插入联机图片　　　　图 17-3　插入联机图片对话框

2 选择插入联机图片的来源，如果要插入 Office.com 剪贴画，在搜索 Office.com 文本框中输入查找的关键字，例如"风景"，然后单击"搜索"按钮，Excel 会显示联机搜索到的剪贴画。找到需要的剪贴画后单击选中，然后单击"插入"按钮（或者双击选择的剪贴画）即可插入剪贴画，如图 17-4 所示。

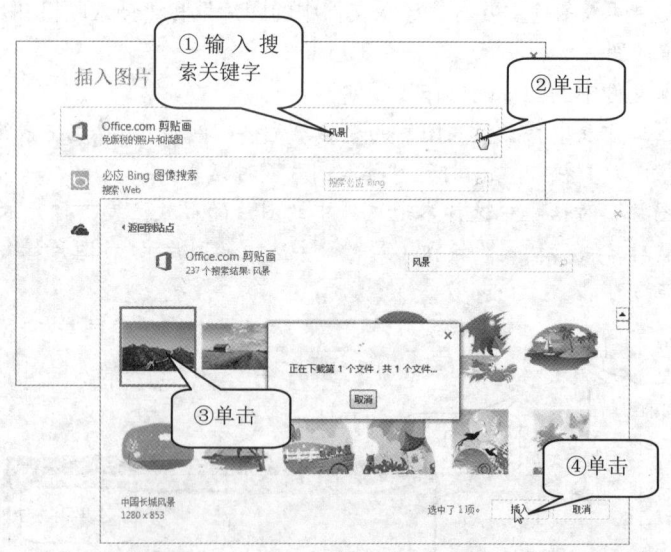

图 17-4　插入 Office.com 剪贴画

3 如果插入图像，在"搜索必应 Bing"文本框中输入搜索关键字，例如"风景"，然后单击右侧的"搜索"按钮，在搜索到的图片中选中要插入的图片，单击"插入"按钮（或者双击选择的图片）插入图片，如图 17-5 所示。

4 如果要插入用户存储在 OneDrive 中的图片，单击"浏览"按钮，打开用户的 OneDrive 所有文件夹，在图片文件夹中选择要插入的图片，单击"插入"按钮（或者双击选择的图片）插入图片，如图 17-6 所示。

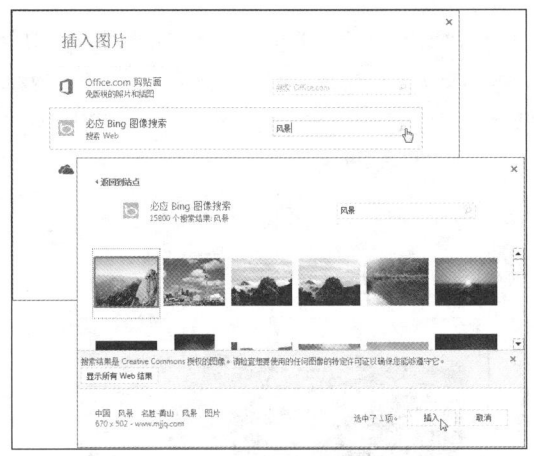
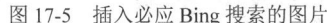

图 17-5　插入必应 Bing 搜索的图片

图 17-6　插入用户存储在 OneDrive 中的图片

 提示　除了这两种插入图片的方法外，用户也可以采用复制粘贴的方式，先复制图片，再粘贴到工作表中。

17.2　编辑图片

编辑图片可以使图片更加美观和更加实用。对图片的编辑包括调整图片大小位置、删除背景、调整图片颜色、设置图片艺术效果、压缩图片、设置图片样式、旋转图片等。

17.2.1　调整图片大小位置

要调整图片的大小，主要有以下几种方法。

方法一： 拖动图片控制点调整图片大小。

单击图片，图片显示 8 个控制柄，将鼠标指针移动到四角的控制柄时，鼠标指针变成斜方向"双向箭头"，按住鼠标左键拖动图片即可按比例调整图片大小。当鼠标指针移动到上下左右 4 个控制柄上时，鼠标指针变成水平或垂直的"双向箭头"，按住鼠标左键拖动图片，便可在水平方向或垂直方向调整图片大小，如图 17-7 所示。

图 17-7　拖动控制柄调整图片大小

方法二： 通过图片格式命令调整图片大小。

单击图片，激活"图片工具"的"格式"选项卡，在"大小"命令组中，通过"形状高度"和"形状宽度"的微调按钮调整图片大小，如图 17-8 所示。

用户也可以单击"图片工具"的"格式"选项卡"大小"组的"大小和属性"对话框启动器按钮 ，打开"设置图片格式"任务窗格，在"大小属性"选项卡的"大小"选项中调整图片大小。如果选中"锁定纵横比"复选框，在调节形状高度（宽度）时，形状宽度（高度）也会随之调整。选中"相对于图片原始尺寸"复选框，则显示缩放图片和原始图片的缩放比例，如图 17-9 所示。

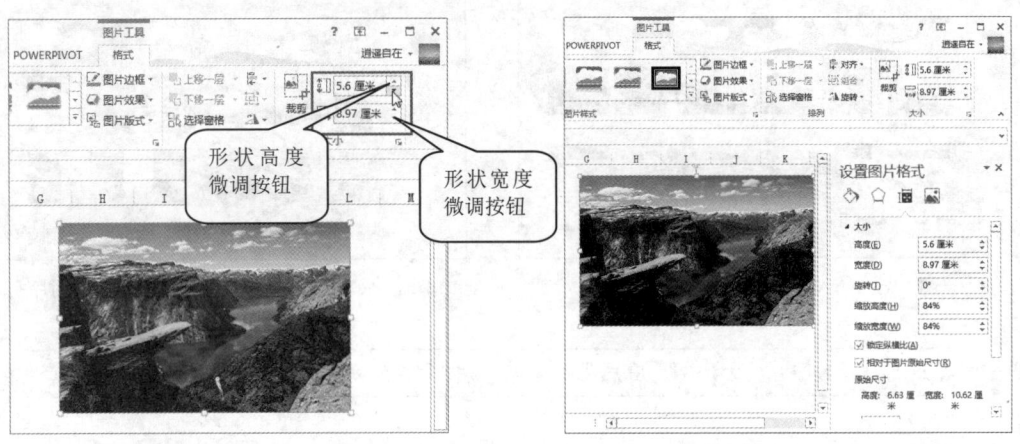

图 17-8 通过"形状高度"和"形状宽度"调整图片大小　　　图 17-9 在设置图片格式任务窗格中调整图片大小

方法三： 剪裁图片。

单击图片，激活"图片工具"的"格式"选项卡，在"大小"组，单击"裁剪"按钮 ，随即在图片的周围出现 8 个裁剪控制柄。将鼠标指针定位到剪裁柄上，按住鼠标左键拖动选择要裁剪的部分（剪裁框线以外的部分），再单击"裁剪"命令即可将剪裁框以外部分的图片裁剪掉，如图 17-10 所示。

用户可以将图片按一定的形状或纵横比进行裁剪，选择图片，在"图片工具"的"格式"选项卡"大小"组，单击"裁剪"下拉按钮 ，在下拉菜单中单击"裁剪为形状"或"纵横比"命令。例如选择"裁剪为形状"命令，将打开"形状"列表，在列表中选择一种形状，即可按选定的形状进行裁剪，如图 17-11 所示。

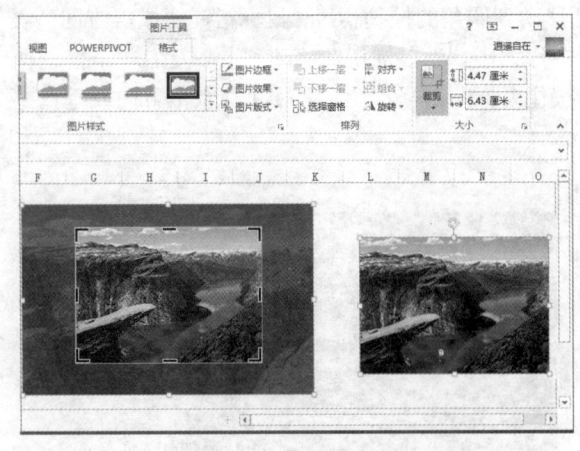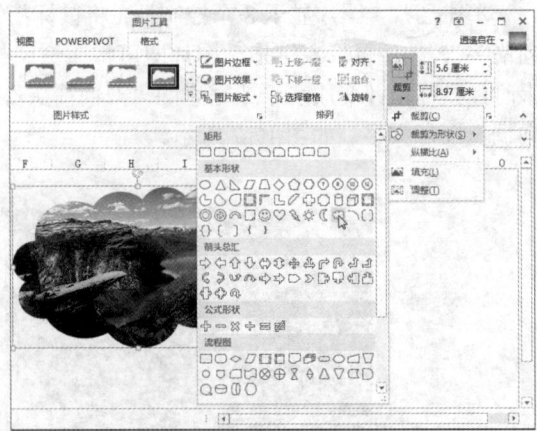

图 17-10 裁剪图片　　　　　　　　　图 17-11 剪裁为形状

要移动图片，将鼠标指针放置在图片中，鼠标指针出现四个方向箭头，按住鼠标左键，鼠标指针变成四个方向的箭头，按住鼠标左键拖动图片，即可调整图片的位置，如图 17-12 所示。

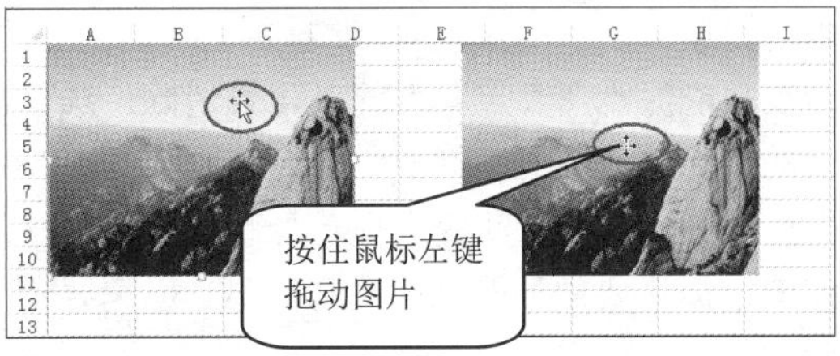

图 17-12　移动图片

17.2.2　删除背景

删除图片背景，可以强调或突出图片的主题。

【例 17-2】删除图片背景

① 单击要删除背景的图片，激活"图片工具"的"格式"选项卡。

② 单击"格式"选项卡"调整"组中的"删除背景"按钮 ，图片出现选择框线，功能区中显示"图片工具"的"背景消除"选项卡，如图 17-13 所示。

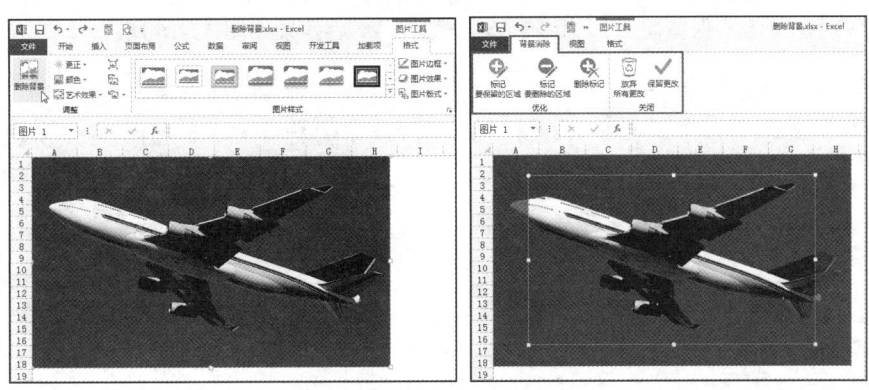

图 17-13　单击"删除背景"按钮

③ 单击点线框线条上的一个句柄，然后按住鼠标左键拖动线条，调整希望保留的图片部分后释放左键，再单击"背景消除"选项卡的"关闭"组中的"保留更改"命令，即可删除图片背景，如图 17-14 所示。

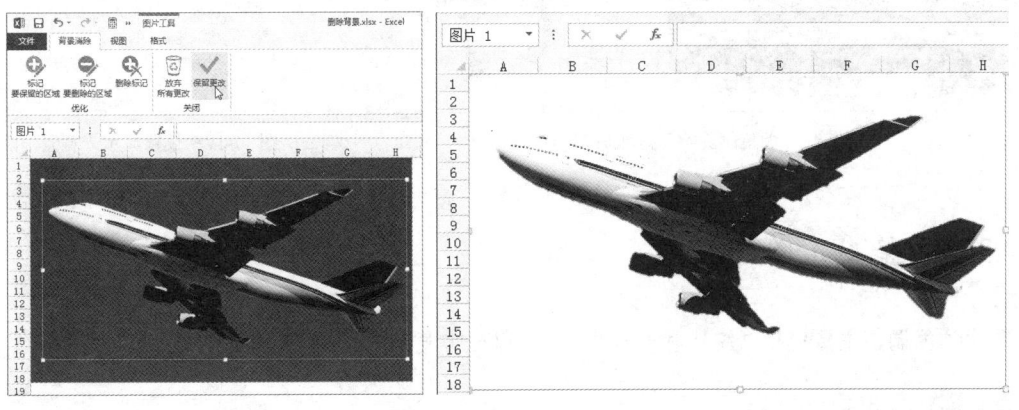

图 17-14　删除图片背景

通常情况下，通过调整矩形框来选择要保留的图片部分，即可得到理想的结果。如果没有对背景进行完美地删除，例如还有少量背景没有被删除掉，或者有少量需要保留的部分因为与背景色非常接近，与背景一起删除，如图 17-15 所示，可使用以下几个工具，在进入去除图片背景的状态下执行以下操作。

在功能区"图表工具"的"背景消除"选
项卡的"优化"组中，单击"标记要删除的区
域"按钮⊖，鼠标指针变成画笔形状，单击鼠
标在图中标记要额外删除的图片区域，标记要
删除的部分会出现"⊖"标识。

在功能区"图表工具"的"背景消除"选
项卡的"优化"组中，单击"标记要保留的区
域"按钮⊕，鼠标指针变成画笔形状，单击鼠
标在图中标记要额外保留的图片区域，标记要
保留的部分会出现"⊕"标识。

图 17-15　没有完美删除背景的图片

在功能区图表工具的"背景消除"选项卡
的"优化"组中，单击"删除标记"按钮🔍，可以删除以上两种操作中标记的区域重新进行选择。

标记完成后，单击"保留更改"命令删除背景，调整后效果如图 17-16 所示。

 如果单击"删除背景"按钮没有显示"背景消除"选项卡，可以依次单击"文件"选项卡→"选项"
命令→"自定义功能区"选项卡，在打开的"自定义功能区"对话框中选中"背景消除"复选框，单
击"确定"按钮保存设置，如图 17-17 所示。

图 17-16　调整删除背景区域后的图片

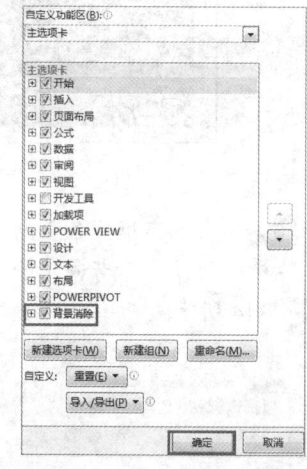
图 17-17　设置显示"背景消除"

17.2.3　调整更正图片颜色

图片颜色调整主要包括"锐化和柔化""亮度和对比度""颜色和饱和度""色调"及"重新着色"
等操作。

选择图片，单击"格式"选项卡中的"更正"按钮 更正▾，打开样式更正列表，可以在"锐化和
柔化"及"亮度和对比度"样式中选择样式对图片进行调整，如图 17-18 所示。

选择图片，单击"格式"选项卡中的"颜色"按钮 颜色▾，打开颜色样式列表，可选择"颜色饱
和度""色调"或"重新着色"中的样式来调整图片颜色，如图 17-19 所示。

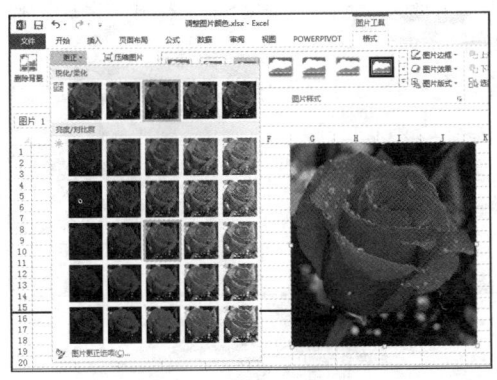

图 17-18　图片样式更正列表

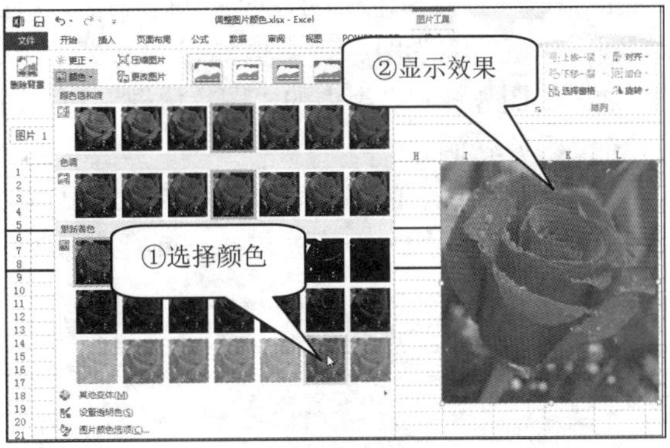

图 17-19　图片颜色样式列表

17.2.4　设置图片艺术效果

选择图片，在"图片工具"的"格式"选项卡的"调整"组中，单击"艺术效果"按钮 ![艺术效果], 打开艺术效果样式列表，当鼠标指针停在一种样式上，会显示相应的艺术效果预览，单击选中的样式即可将选中的艺术效果应用到图片中，例如选择"发光散射"，效果如图 17-20 所示。

17.2.5　压缩图片

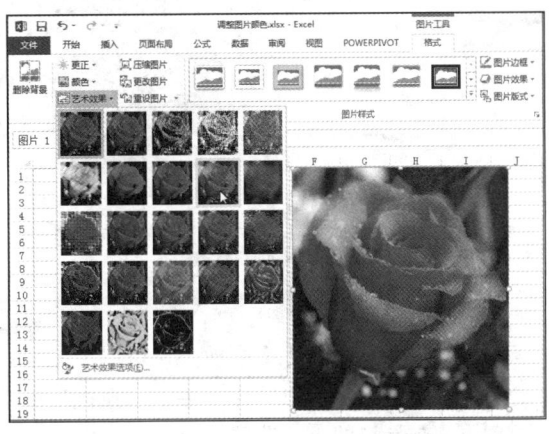

图 17-20　图片艺术效果

使用图片压缩功能，可以缩小文件的尺寸。具体的操作步骤如下。

1 选择图片，在"图表工具"的"格式"选项卡的"调整"组中，单击"压缩图片"按钮 ![压缩图片], 打开"压缩图片"对话框。

2 单击选中"目标输出"选项中的"电子邮件（96 ppi）"单选钮，再单击"确定"按钮关闭"压缩图片"对话框，即可对所选图片进行压缩处理，如图 17-21 所示。

如果在"压缩图片"对话框"压缩选项"中取消勾选"仅用于此图片"复选钮，可以压缩工作簿中所有图片。

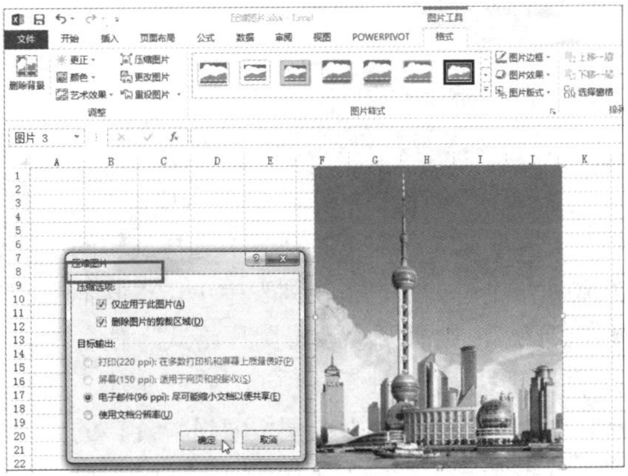

17.2.6　设置图片样式

图 17-21　压缩图片

Excel 内置了 28 种图片样式，用户也可以利用"图片边框"和"图片效果"命令设置更多样式。

❖　应用图片样式

选择图片，单击"格式"选项卡中的"图片样式"的"其他"按钮 ![], 打开 28 种图片样式列表，当鼠标指针在 28 种内置样式上移动时，可以看到每种图片样式的预览，选择一种合适的样式（例如选择金属椭圆），单击即可为图片运用选择的图片样式（金属椭圆），如图 17-22 所示。

通过"图片样式"组中的"图片边框"和"图片效果"命令，可以为图片设置更多样式。

❖ 添加边框

在"图片工具"的"格式"选项卡中，单击"图片样式"组中的"图片边框"按钮 图片边框▼，可以在图像的四周添加一个边框，并且可以选择各种颜色、各种粗细的直线或虚线设置边框效果，如图 17-23 所示。

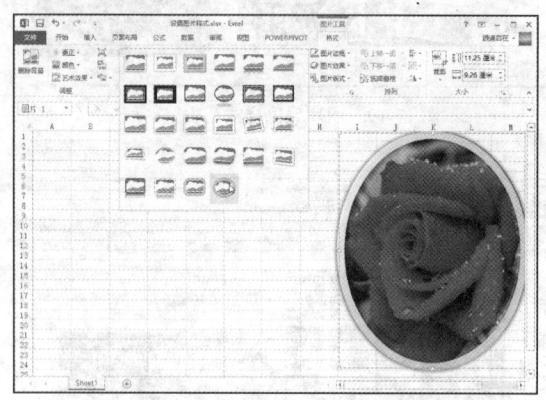

图 17-22　设置图片样式　　　　　　　　　　图 17-23　添加边框

❖ 添加效果

如果想为图片添加更多的效果，可以单击"图片样式"组中的"图片效果"下拉按钮 图片效果▼，在打开的下拉菜单中单击相应的选项为图片添加效果应用。例如单击"预设"列表中的"预设 12"，显示的效果如图 17-24 所示。

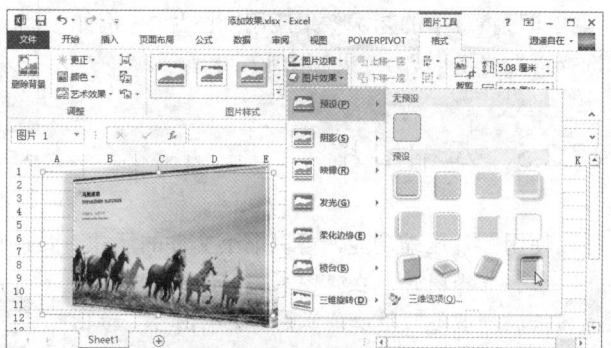

图 17-24　为图片添加效果

17.2.7　旋转图片

选择图片，单击"格式"选项卡中的"旋转"下拉按钮 ▲▼，在下拉列表中选择旋转的方式和角度。如果在下拉列表中单击"其他旋转选项"，则打开"设置图片格式"任务窗格中的"大小属性"选项卡，在"大小"选项中，单击"旋转"微调按钮设置旋转的度数（或者直接在文本框中输入-3 600°至3 600°之间的整数），图片将按设定的旋转度数顺时针旋转，如图 17-25 所示。

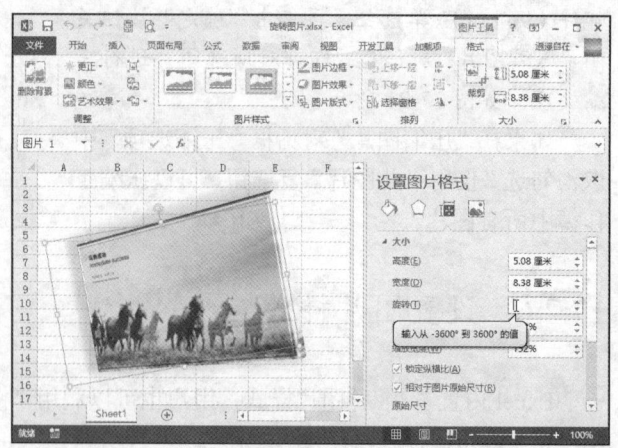

图 17-25　旋转图片

17.3　插入形状

　　形状也叫自选图形，不同的形状可以组合成新的形状。Excel 2013 提供了强大的绘图功能，利用 Excel 的绘图功能可绘制各种线条、基本形状、流程图、标注等形状，如图 17-26 所示。

【例 17-3】插入形状

　　单击"插入"选项卡的"形状"下拉按钮 ，在下拉菜单中单击选择要插入的形状，鼠标指针变成"+"（或画笔）形状，在工作表中任意位置单击鼠标（自由曲线和任意多边形除外），即可在工作表中插入默认大小的选择的形状，如图 17-27 所示。

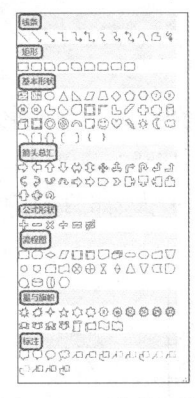

图 17-26　形状的种类

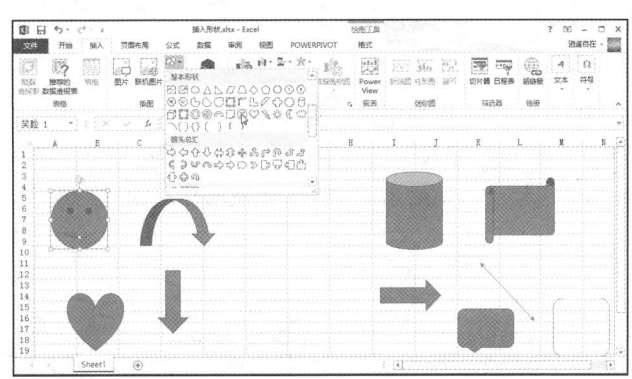

图 17-27　在工作表插入默认大小的形状

　　用户也可在选择形状后，在工作表中要插入形状的开始位置单击鼠标左键并保持按住鼠标左键，按一定方向拖动鼠标到结束位置释放鼠标左键，可在工作表中插入自定义大小的所选形状，如图 17-28 所示。

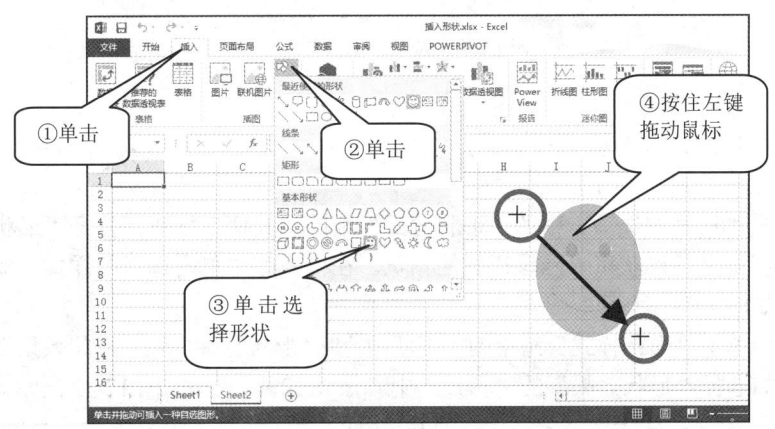

图 17-28　插入形状

　　文本框是经常使用的一种可以输入文本的特殊形状，可以放置在工作表中的任意位置，用来对表格、图表或图片进行说明。如果需要插入文本框，有 3 种方式：

① 利用"形状"样式库中的"基本形状"组中的"文本框"形状插入；

② 利用"插入"选项卡的"文本"组的"文本框"下拉按钮^{文本框}，选择"横排文本框"或"竖排文本框"。

③ 在"绘图工具"的"格式"选项卡的"插入形状"组，利用"绘制竖排文本框"下拉按钮^{文本框}，选择绘制"横排文本框"或"垂直文本框"，如图 17-29 所示。

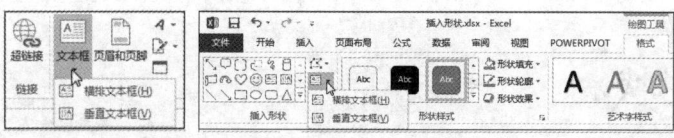

图 17-29　插入文本框

17.4　编辑形状

插入工作表中的形状，可进行编辑设置，使其更美观。

17.4.1　编辑形状顶点

Excel 形状由点、线、面组成，通过拖放形状的顶点位置，对形状进行编辑，可以改变形状。

选择形状，单击"格式"选项卡中的"编辑形状"下拉按钮 编辑形状，在打开的菜单中单击"编辑顶点"命令，选择图形上显示的顶点，按住鼠标左键拖动顶点即可改变图形形状，如图 17-30 所示。

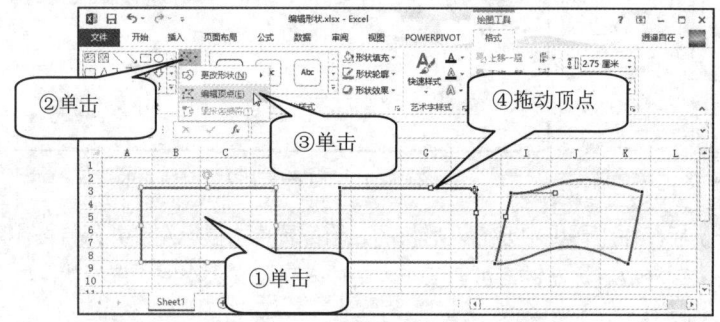

图 17-30　编辑形状顶点

17.4.2　设置形状样式

选择形状，单击"格式"选项卡中的"形状样式"组的"其他"按钮，打开"形状样式"库，鼠标指针停在一种样式上，形状可显示该样式的预览。在样式库中单击选择的样式，即可将形状样式应用到图形中，如图 17-31 所示。

用户也可以分别单击"形状样式"组中的"形状填充""形状轮廓"及"形状效果"按钮自定义设置形状样式，例如选择"形状效果"的"预设"中"预设 12"，效果如图 17-32 所示。

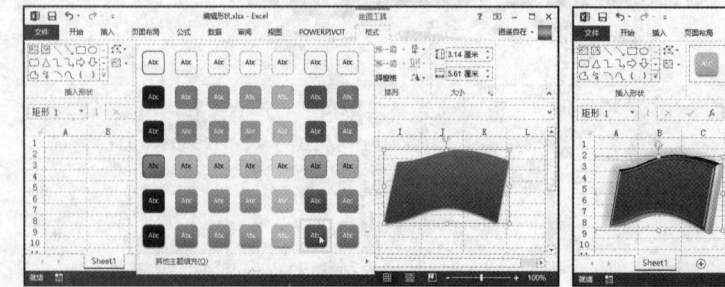
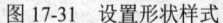

图 17-31　设置形状样式

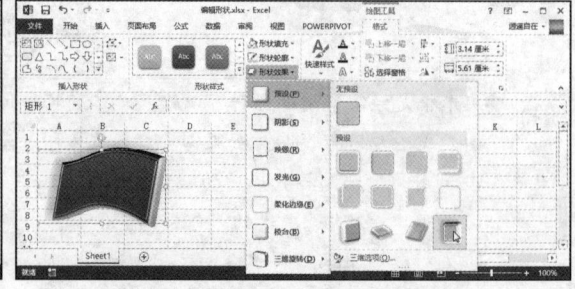

图 17-32　自定义设置形状样式

用户还可以在图形上单击鼠标右键,在打开的快捷菜单中单击"设置形状格式"命令,(或者单击"形状样式"组的"设置形状格式"对话框启动器按钮)打开"设置形状格式"任务窗格,分别选择"填充线条""线条效果""大小属性"等选项卡设置形状样式,如图 17-33 所示。

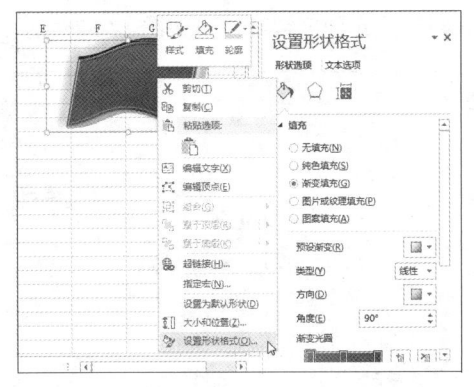

图 17-33　通过"设置形状格式"对话框设置形状样式

17.4.3　对齐对象

当工作表中有多个形状时,可以使用"对齐对象"功能排列形状,更改所选对象在页面上的位置。

按住<Shift>键或者<Ctrl>键,逐个单击形状选中多个形状对象,再单击"格式"选项卡"排列"组中的"对齐对象"下拉按钮，在打开的下拉菜单中选择多个形状的对齐方式(例如选择"水平居中"),选中的形状则会按选择的方式进行排列,如图 17-34 所示。

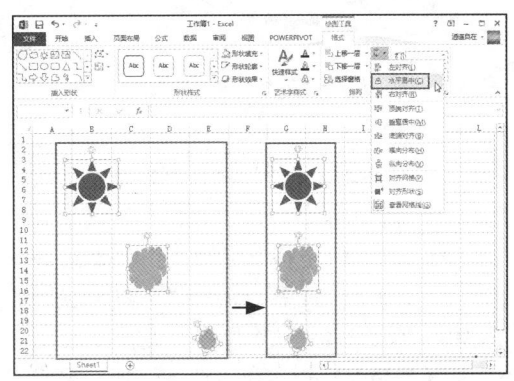

图 17-34　"水平居中"排列形状

17.4.4　形状组合

多个不同的形状可以组合成为一个新的形状,按住<Ctrl>键选择多个形状,单击"格式"选项卡的"排列"组中的"组合"下拉按钮，在打开的下拉菜单中单击"组合"命令,即可将多个形状组合为一个新的图形,如图 17-35 所示。组合后的形状会作为单个对象处理。

如果要将组合图形恢复为单个形状,单击"格式"选项卡的"排列"组中的"组合"下拉按钮,在打开的下拉菜单中单击"取消组合"命令即可。

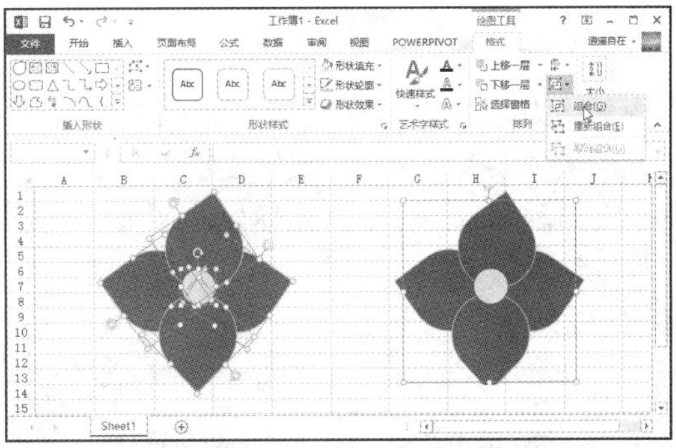

图 17-35　形状组合

17.4.5　旋转和翻转

选择形状,单击"格式"选项卡的"排列"组中的"旋转"下拉按钮，在打开的菜单中选择"旋转"或"翻转"命令,如图 17-36 所示。选择形状后,图形四周会显示 4 个圆形和 4 个方形控制点以及一个绿色旋转控制点,将鼠标指针移动到旋转控制点上,按住鼠标左键旋转旋转控制点,可使图形旋转成任意角度。

单击"格式"选项卡的"旋转"下拉按钮，在打开的菜单中单击"其他旋转选项"命令,打开"设置形状格式"任务窗格,在"大小属性"选项卡的"大小"选项的"旋转"文本框输入旋转度数，可按设定的度数旋转，如图 17-37 所示。

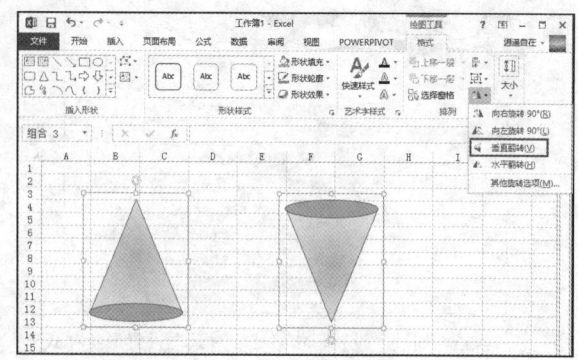

图 17-36　旋转和翻转

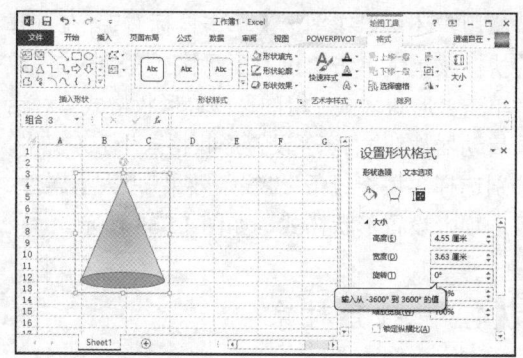

图 17-37　设置形状旋转角度

17.4.6　形状叠放顺序

当多个形状叠放在一起时，可以调整形状的叠放次序。选中形状，单击"格式"选项卡中的"上移一层"（"下移一层"）按钮，即可调整叠放次序。单击"上移一层"（"下移一层"）下拉按钮，可选择置于顶层（置于底层）。也可单击"选择窗格"按钮，在"选择"任务窗格中单击"上移一层"或"下移一层"按钮设置形状叠放顺序，如图 17-38 所示。

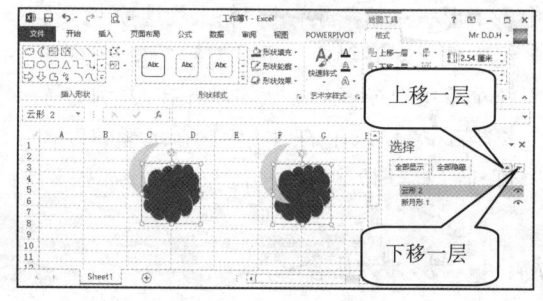

图 17-38　形状排序

17.4.7　添加文字

为形状添加文字，可用鼠标右键单击形状，在打开的快捷菜单中单击"编辑文字"命令，形状中会出现输入光标。在光标处输入文字即可，选中输入的文字，可以设置文字的格式，如图 17-39 所示。

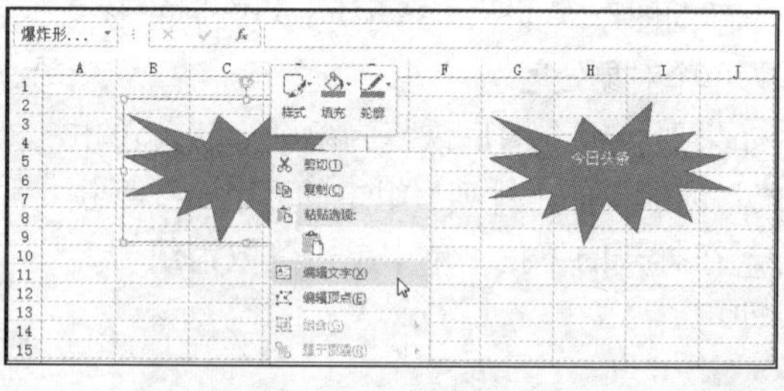

图 17-39　添加文字

17.5　使用 SmartArt 图形

SmartArt 图形包括图形列表、流程图、维恩图、组织结构图等。插入 SmartArt 图形可以向文本和数据添加颜色、形状和强调效果。

17.5.1　插入 SmartArt

单击"插入"选项卡中的"SmartArt"按钮，打开"选择 SmartArt 图形"对话框，先选择图示类别，例如"循环"，然后在中间的图示样式中选择一个图示样式，例如"连续循环"单击"确定"按钮，则在工作表中插入一个选择的 SmartArt 图形，如图 17-40 所示。

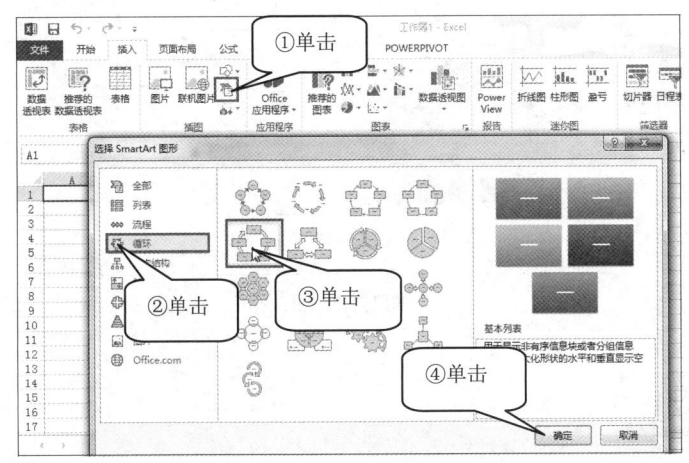

图 17-40　插入 SmartArt

　　如果不选择图示类别，默认选中全部类别，用户可拖动图示中的滚动条，浏览选择图示的类别和样式。

17.5.2　输入文本

　　选中 SmartArt 图形，单击"SMARTART工具"的"设计"选项卡中的"文本窗格"命令，打开"在此处输入文字"窗格，在窗格中逐行输入文本，输入的文本同时显示在SmartArt 图形中，如图 17-41 所示。

17.5.3　更改样式

　　选中 SmartArt 图形，单击"SMARTART工具"的"设计"选项卡中的"SmartArt 样式"的"其他"按钮，打开"SmartArt 样式"库，在样式库中鼠标指针指向一种样式，可显示该样式的预览，单击一种样式，例如"三维"中的"卡通"即可应用所选的样式，如图 17-42所示。

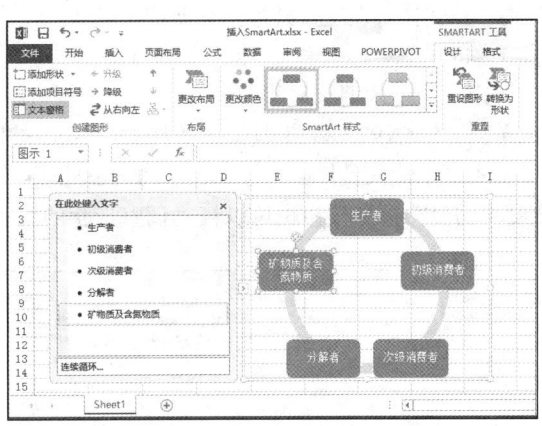

图 17-41　输入文本

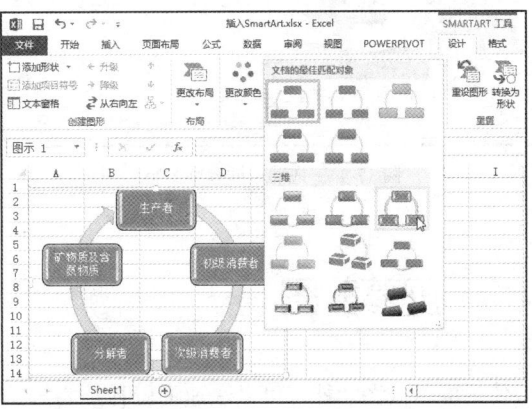

图 17-42　更改样式

Excel 2013 使用详解（修订版）

17.5.4　更改颜色

选中 SmartArt 图示，单击"SMARTART 工具"的"设计"选项卡中的"更改颜色"按钮，打开颜色样式库，在样式库中鼠标指针指向一种样式，可显示该颜色样式的预览，在样式列表中单击一种颜色样式（如"彩色范围着色 5 至 6"），即可应用所选的颜色样式，如图 17-43 所示。

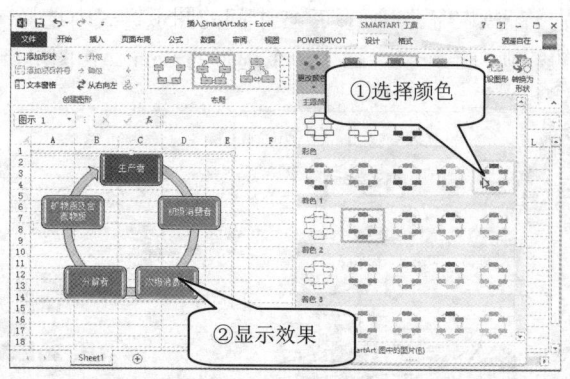

图 17-43　更改颜色

17.5.5　调整 SmartArt 图形的大小

调整 SmartArt 图形的大小有以下两种方法。

方法一：拖动边框调整大小。

选中 SmartArt 图形后其周围将出现一个边框，将鼠标指针移动到边框上，当指针变为"双向箭头"时，按住鼠标左键，鼠标指针变成"+"形状，按住左键拖曳鼠标即可调整 SmartArt 图形的大小，如图 17-44 所示。

方法二：精确调整形状的大小。

单击"SMARTART 工具"的"格式"选项卡中的"大小"下拉按钮，在"高度"文本框或"宽度"文本框中输入具体的尺寸，按下<Enter>键即可精确调整 SmartArt 图形的尺寸（单击"高度"和"宽度"的"微调"按钮也可以精确调整形状的大小），如图 17-45 所示。

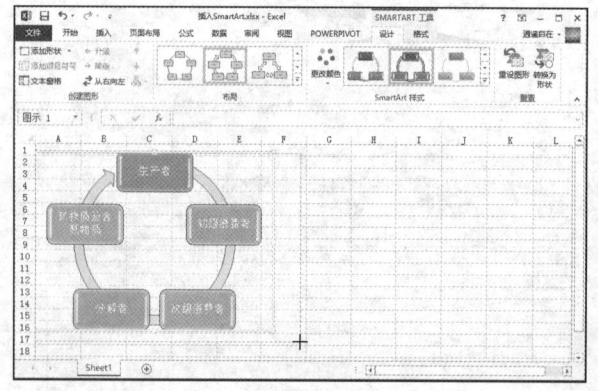

图 17-44　拖动边框调整大小

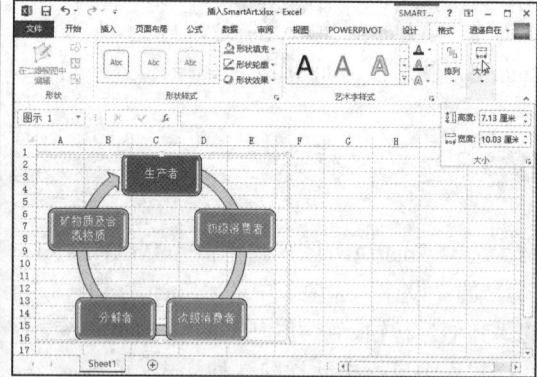

图 17-45　精确调整形状的大小

17.6　屏幕截图

使用屏幕截图功能，可以快速而轻松地将屏幕截图插入到工作表中，以增强可读性或捕获信息。使用此功能可以捕获在计算机上打开的全部或部分窗口的图片。

【例 17-4】屏幕截图

❖　窗口截图

单击"插入"选项卡的"屏幕截图"下拉
按钮 ，在"可用视窗"列表中单击任意一个
窗口，便可在工作表中得到该窗口的截图，如
图 17-46 所示。

❖　屏幕剪辑

单击"插入"选项卡中的"屏幕截图"下
拉按钮 ，再单击"屏幕剪辑"命令，Excel
窗口自动最小化，屏幕窗口呈灰色显示，鼠标

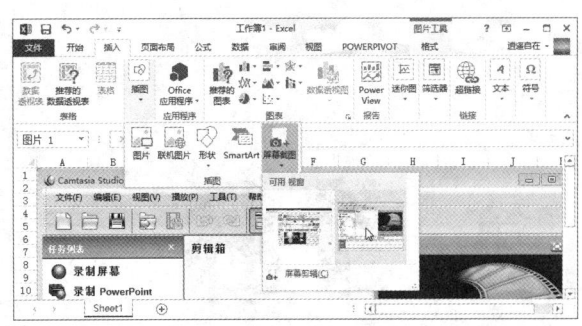

图 17-46　窗口截图

指针变成"十"字形，按住鼠标左键拖动鼠标以选择您要捕获的屏幕区域，释放鼠标左键便可在工
作表中得到该矩形选择区的截图，如图 17-47 所示。

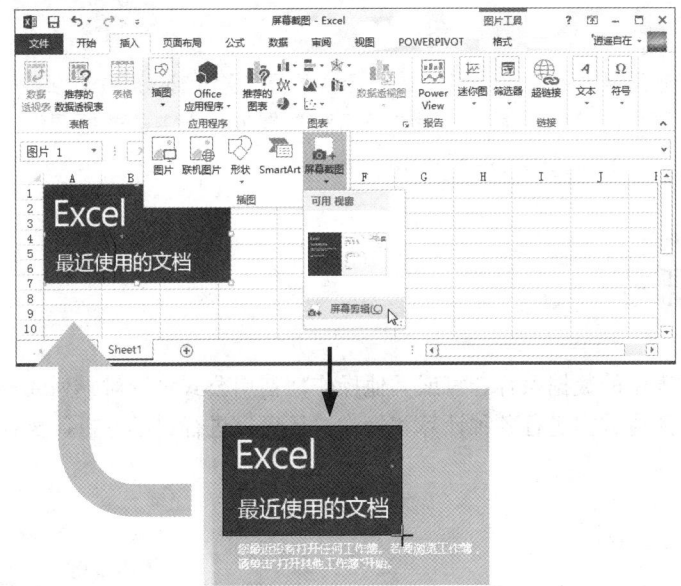

图 17-47　屏幕截图

> **注意**　屏幕截图只能捕获没有最小化到任务栏的窗口。一次只能添加一个屏幕截图。

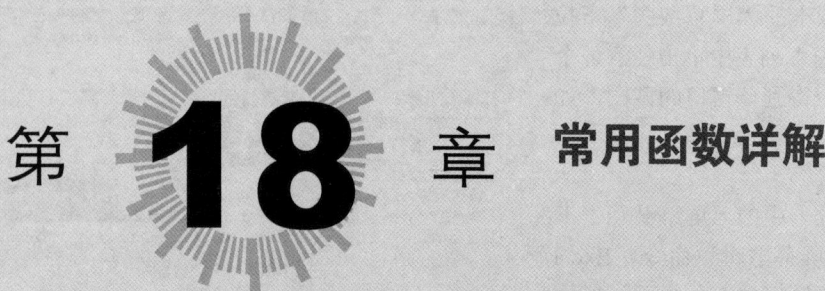

第 **18** 章 常用函数详解

公式和函数有着非常强大的计算功能，是 Excel 的重要组成部分。Excel 2013 中新增函数以及一系列更精确的统计函数和其他函数，为用户分析和处理工作表中的数据提供了方便。本章主要介绍公式和函数基础以及常用公式的运用等知识。

18.1 公式概述

公式用于对工作表中的数据执行计算或其他操作。使用公式可以对一列或一行数字进行计算，也可以对工作表中的所有数据进行各种计算和操作，还可以进行科学分析，执行数学或工程中的复杂计算等。

18.1.1 公式的组成

公式以等号（=）开始，可以包含函数、引用、运算符和常量，如图 18-1 所示。

通常情况下，公式主要由函数、引用、运算符和常量组成。公式的各组成要素、说明和示例如表 18-1 所示。

图 18-1　公式组成

表 18-1　　　　　　　　　　　　公式的组成要素

组成要素	说　　明	示　　例
常量	直接输入到公式中的数字或文本值	=16*6+66*9，公式中的 16、6、66、9 都是常量。
单元格引用	单元格在工作表中所处位置的坐标集	=A1*5+A2，公式中 A1、A2 表示对单元格 A1 和单元格 A2 数据的引用
工作表函数	预先编写的公式，返回一个或多个值	=SUM(A2:F9)，使用 SUM 函数对 A2:F9 单元格区域求和
运算符	一个标记或符号，指定表达式内执行的运算类型	=3*6-7，此公式中的乘号和减号为运算符

> **注意**　常量是一个不通过计算得出的值；它始终保持固定。例如，日期 1/5/2013、数字 210 以及文本"月收入"等都是常量。

18.1.2　公式的输入与编辑

当以"="号作为开始在单元格输入数据时，Excel 将自动变为输入公式状态（单元格格式被预先设置为"文本"除外）。

输入公式时首先应选中要输入公式的单元格，然后在其中输入一个"="号（该等号可以是全角，也可以是半角的，系统会自动地将其转换为半角），接着输入该公式的值、引用、函数及运算符等公式的组成要素，例如在单元格 B2 中输入公式：

`=116*9+67`

显示如图 18-2 所示。

输入完公式后，按<Enter>键对输入的公式进行确定，可快速计算出结果，同时光标移动到下一单元格。如果单击编辑栏左侧的"输入"按钮✓，也可在输入公式的单元格中显示运算结果，但在编辑栏显示的是单元格中输入的公式，如图 18-3 所示。

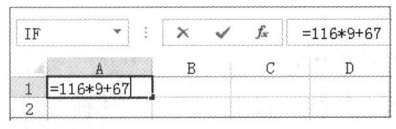　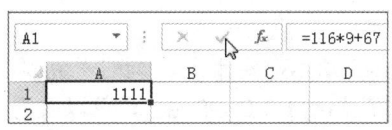

图 18-2　输入公式　　　　　　　　　　图 18-3　公式输入完成后的结果

输入公式时也可以先选中要输入公式的单元格，然后在编辑栏中输入公式，输入完成后按<Enter>键。

> **注意**　在输入公式状态下，如果鼠标指针选中其他单元格区域时，被选区域将作为引用自动输入到公式中。

输入公式也可以以正号（"+"）或者负号（"-"）号开始。当以正号（"+"）开始时，例如在单元格 B2 中输入"+116*9+67"，输入完成后单击编辑栏左侧的"输入"按钮✓，在该单元格中会显示计算结果"1111"，在编辑栏中可以看到系统自动地在公式的前面加上了"="，如图 18-4 所示。

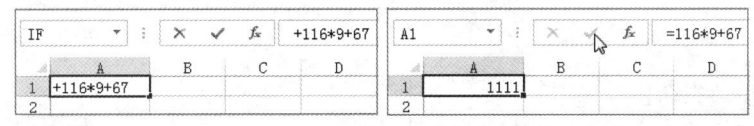

图 18-4　以"+"号开始输入公式

当以负号（"-"）开始时，例如在单元格 B2 中输入"-116*9+67"，输入完成后单击编辑栏左侧的"输入"按钮✓，在单元格中显示计算结果"-997"，在编辑栏中可以看到系统自动地在公式的前面加上了"="，如图 18-5 所示。

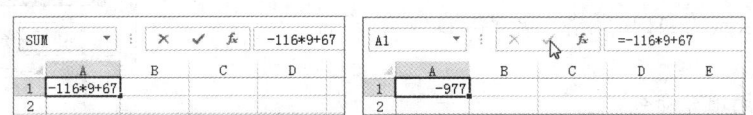

图 18-5　以"-"号开始输入公式

无论在公式的前面加正号"+"还是负号"-",在计算时系统都会自动地在公式的前面加"=",但是在公式前加正负号会作为运算符号参与计算,加"+"号时的计算结果和加"-"号时的计算结果不同,因此,用户在输入公式时应该以"="开始。

如果需要对输入的公式进行修改,可以通过以下方法进入单元格编辑状态。

方法一: 选中公式所在单元格并按<F2>键。

方法二: 双击公式所在单元格,移动光标到公式中需要修改的位置。

方法三: 选中公式所在单元格,单击编辑栏,进入编辑状态。

在编辑栏里或者在单元格中对公式进行修改,修改后按<Enter>键即可。

18.1.3 公式的移动和复制

在处理某些数据时,输入公式后按<Enter>键即可得到计算结果。如果需要移动该公式到其他的单元格中,可对公式进行移动或复制。移动公式的具体操作步骤如下。

1 选定包含公式的单元格,这时单元格的周围会出现一个绿色的边框。

2 将鼠标指针放在单元格周围的绿色边框上,当鼠标指针变为形状时,按住鼠标左键,然后拖动公式到指定的单元格中后释放鼠标左键,完成公式的移动。移动后的公式不会发生变化,如图 18-6 所示。

如图 18-7 所示,要计算 D 列的"金额",在 D2 单元格中输入公式"=B2*C2"后,要将 D2 单元格的公式应用到 D3:D6 单元格,可以采用复制的方式,复制公式主要有以下几种方法。

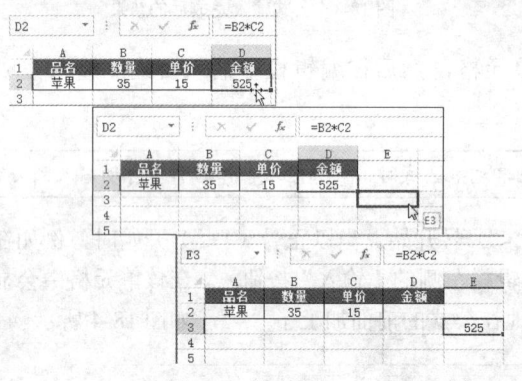

图 18-6 移动公式

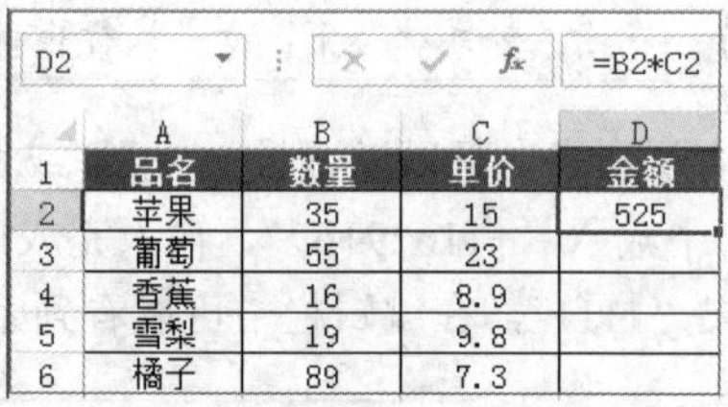

图 18-7 使用公式计算

方法一: 拖曳填充柄。

单击 D2 单元格,将鼠标指针指向单元格右下角,当指针变成黑色"+"字填充柄时,按住鼠标左键向下将填充柄拖曳至 D6 单元格,即可完成公式的复制,如图 18-8 所示。

方法二: 双击填充柄。

单击输入了公式的 D2 单元格,再双击 D2 单元格右下角填充柄。

方法三: 使用填充命令。

选择 D2:D6 单元格区域,单击"开始"选项卡的"编

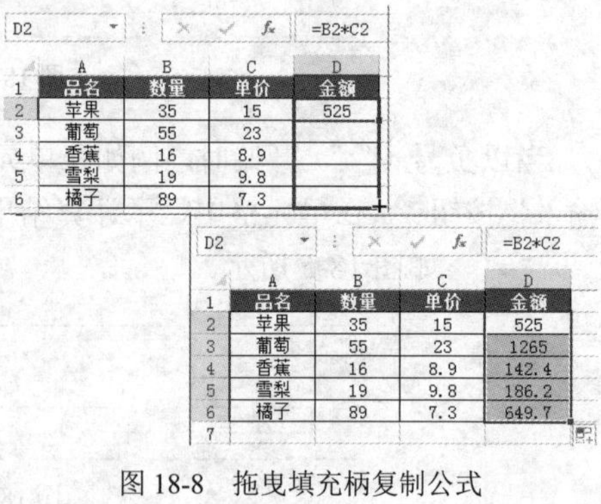

图 18-8 拖曳填充柄复制公式

辑"组的"填充"下拉按钮 ，在下拉菜单中单击"向下"命令，如图 18-9 所示。

方法四：选择性粘贴。

单击 D2 单元格，再单击"开始"选项卡的"剪贴板"组的"复制"按钮 ，选择 D3:D6 单元格区域，单击"开始"选项卡的"剪贴板"组中的粘贴"下拉"按钮 ，在粘贴选项中选择"公式"命令，如图 18-10 所示。

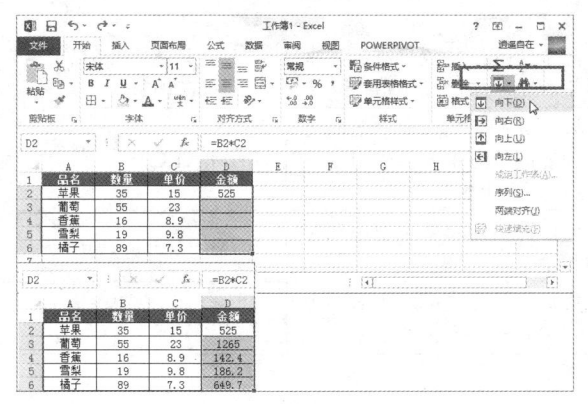

图 18-9　使用填充方式

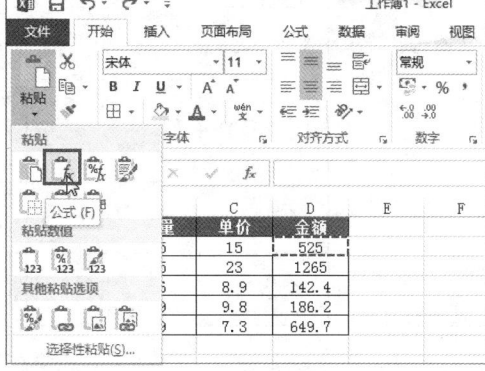

图 18-10　选择性粘贴公式

复制公式的还有一种方法是编辑这个公式，然后删除它的首字符等号"="，把公式转换为文本。这样就可以复制一个"非公式"内容到新的位置上了，最后编辑原始公式和被复制的公式，并补上前面的等号即可。

18.1.4　公式中的运算符

使用公式离不开运算符，运算符用于指定要对公式中的元素执行的计算类型。计算时有一个默认的次序（遵循一般的数学规则），但可以使用括号更改该计算次序。

1. 运算符类型

Excel 包含 4 种类型的运算符，分别是算术运算符、比较运算符、文本运算符和引用运算符。算术运算符主要包含了加、减、乘、除、百分比以及乘幂等各种常规的算术运算；比较运算符主要用于对数据大小、文本或数值的比较；文本运算符主要用于将文本字符或字符串进行联合和合并，引用运算符主要用于在工作表中进行单元格引用，如表 18-2 所示。

表 18-2　　　　　　　　　　　　　　公式中的运算符

运算符类别	运 算 符 号	含　义	示　例
算术运算符	+（加号）	加法	=3+3=6
	–（减号）	减法	=5–3=2
	*（星号）	乘法	=3*5=15
	-（负号）	负数	=3*–5=–15
	/（正斜杠）	除法	=12/2=6
	%（百分号）	百分比	=30*30%=9
	^（脱字号）	乘方	=3^2=9
比较运算符	=（等于号）	等于	=(F1=F3)
	>（大于号）	大于	=（F1>5）

续表

运算符类别	运 算 符 号	含 义	示 例
比较运算符	<（小于号）	小于	=(D1<5)
	>=（大于或等于号）	大于或等于	="a">="b"
	<=（小于或等于号）	小于或等于	=("a"<="b")
	<>（不等于号）	不等于	=("a"<>"b")
文本运算符	&（与号）	将两个值连接（或串联）起来产生一个连续的文本值	="Excel" & "2013" 结果为 Excel 2013
引用运算符	:（冒号）	区域运算符，生成一个对两个引用之间所有单元格的引用（包括这两个引用）	=SUM(A1:C9)
	,（逗号）	联合运算符，将多个引用合并为一个引用	=SUM(B1:B6,C1:C6)
	（空格）	交集运算符，生成一个对两个引用中共有单元格的引用	=SUM(A1:B5 A4:D6)

2. 运算符优先级

公式按特定顺序计算值。Excel 中的公式始终以等号（=）开头。Excel 会将等号后面的字符解释为公式。等号后面是要计算的元素（即操作数），如常量或单元格引用。它们由计算运算符分隔。

通常情况下，Excel 按照从左向右的顺序进行公式运算，如果公式中同时用到多个运算符，Excel 将按照表 18-3 所示的顺序（从上到下）进行运算。如果公式中包含相同优先级的运算符，例如公式中同时包含乘法和除法运算符，则 Excel 将从左到右进行计算。

表 18-3　　　　　　　　　　运算符优先级

运 算 符	说 明
:（冒号）	引用运算符
（单个空格）	
,（逗号）	
-	负号（例如–1）
%	百分比
^	乘方
* 和 /	乘和除
+ 和 -	加和减
&	连接两个文本字符串（串接）
= <> <= >= <>	比较运算符

将公式中要先计算的部分用括号括起来，可以更改运算的顺序。例如，下面公式的结果是 21，因为 Excel 先进行乘法运算，后进行加法运算。将 2 与 3 相乘，然后再加上 15，即得到结果。

`=15+2*3`

如果使用括号改变语法，将 15+2 用括号括起来，这样 Excel 先用 15 加上 2，再用结果乘以 3，得到的结果则为 51。

`=(15+2)*3`

在下面的公式中，公式的第一部分的括号强制 Excel 先计算 B3+100，然后再用该结果除以 D5：

F5 单元格区域中值的和。

=(B3+100)/SUM(D5:F5)

 注意　在公式中使用括号必须成对出现，如果在公式中使用多组括号进行嵌套，其计算顺序是由最内层的括号逐级向外进行运算。

18.1.5　单元格或区域引用

单元格或区域的引用是指在公式中使用坐标方式表示单元格或区域在工作表中的"地址"实现对存储于单元格或区域中的数据的调用。通过引用可以在公式中使用同一个工作表中不同部分的数据，也可以引用不同工作簿中的单元格数据。引用的作用在于标识工作表上的单元格或单元格区域，并告知 Excel 在何处查找要在公式中使用的值或数据。

1. A1 引用样式

默认情况下，Excel 使用 A1 引用样式，此样式引用字母标识列（从 A 到 XFD，共 16 384 列），引用数字标识行（从 1 到 1 048 576）。表 18-4 列出了 A1 引用样式的一些示例。

表 18-4　　　　　　　　　　　A1 引用样式的示例

表　达　式	引用的单元格（单元格区域）
A10	在列 A 和行 10 交叉处的单元格
A10:A20	在列 A 和行 10 到行 20 之间的单元格区域
B15:E15	在行 15 和列 B 到列 E 之间的单元格区域
5:5	行 5 中的全部单元格
5:10	行 5 到行 10 之间的全部单元格
H:H	列 H 中的全部单元格
H:J	列 H 到列 J 之间的全部单元格
A10:E20	列 A 到列 E 和行 10 到行 20 之间的单元格区域
=SUM（销售!A2:A30）	计算一个工作簿中名为"销售"的工作表的 A2:A30 区域内的和

2. 引用方式

根据引用方法的不同，单元格的引用可分为 3 种类型：相对引用、绝对引用以及这两种方法同时用于一个地址的混合引用。这几种引用方式表示方法和示例如表 18-5 所示。

表 18-5　　　　　　　　　　公式中常见的几种引用方式

引　用　名　称	表　示　方　法	示　　　例
相对引用	列坐标行坐标	B6，A3, C5:F8
绝对引用	$列坐标$行坐标	B$6, $A$3 ,$C$5:$F$8
混合引用	列坐标$行坐标	B$6, A$3, C$5:F$8
	$列坐标行坐标	$B6, $A3, $C5:$F8

❖　相对引用

公式中的相对单元格引用（如 A1）是基于包含公式和单元格引用的单元格的相对位置。如果公式所在单元格的位置改变，引用也随之改变。如果多行或多列地复制公式，引用会自动调整。默认情况下，新公式使用相对引用。

在图 18-11 所示的工作表中，在单元格 B2 中输入"=A1"，复制单元格 B2，将公式粘贴到 B3 单元格中，B3 单元格中的公式则变为"=A2"。

❖ 绝对引用

公式中的绝对单元格引用（如$A$1）总是在特定位置引用单元格。如果公式所在单元格的位置改变，绝对引用将保持不变。如果多行或多列地复制或填充公式，绝对引用将不作调整。

在图 18-12 所示的工作表中，单元格 B2 中的公式为"=$A$1"。如果将单元格 B2 中的绝对引用复制到单元格 B3，虽然公式所在的单元格位置发生了改变，但绝对引用仍然保持不变，复制之后单元格 B3 中的公式和单元格 B2 中一样，也是"=$A$1"。

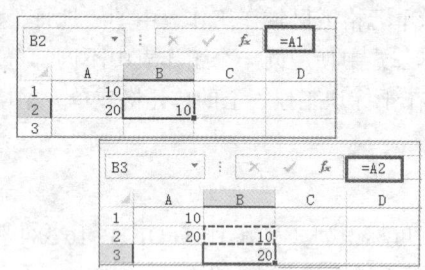
图 18-11 复制的公式具有相对引用

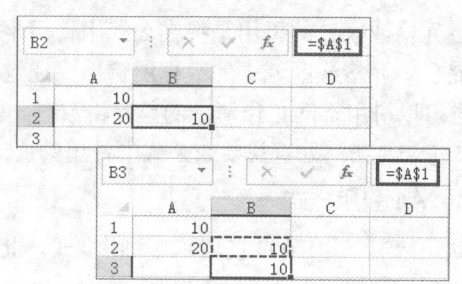
图 18-12 复制的公式具有绝对引用

❖ 混合引用

混合引用具有绝对列和相对行，或是绝对行和相对列。绝对引用列采用$A1、$B1 等形式，即在列号前加$符号。绝对引用行采用 A$1、B$1 等形式，即在行号前加$符号。如果公式所在单元格的位置改变，则相对引用改变，而绝对引用不变。如果多行或多列地复制公式，相对引用会自动调整，而绝对引用不作调整。

在图 18-13 所示的工作表中，在单元格 B2 中输入"=A$2"。复制单元格 B2，粘贴到单元格 C2 中，单元格 C2 中的公式为"=B$2"，列的引用由 A 变为了 B，绝对行保持不变。

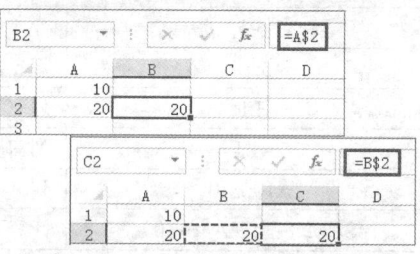
图 18-13 复制的公式具有混合引用

从这 3 种引用方式可以看出：

相对引用的列号和行号前都没有$，复制到其他位置后，列的引用和行的引用都会变化。

绝对引用的列号和行号前都加了$，复制到其他位置后，列的引用和行的引用都不会变化。

混合引用的列号前加了$，无论复制到什么地方，列的引用都不变，行的引用自动调整。行号前加了$，无论复制到什么地方，行的引用都不变，列的引用自动调整。

在公式编辑栏中或单元格内部，"F4"键可以在相对引用、绝对引用、混合引用之间互相切换。

例如，在单元格 C1 中键入公式"=A1+B1"，选中 A1，按<F4>键，单元格引用的变化情况如表 18-6 所示。

表 18-6 按<F4>键单元格的引用变化情况

按<F4>键的次数	显 示	说 明
第一次按<F4>键	$A$1	绝对列和绝对行
第二次按<F4>键	A$1	相对列和绝对行
第三次按<F4>键	$A1	绝对列和相对行
第四次按<F4>键	A1	相对列和相对行

如果要分析同一工作簿中多个工作表上相同单元格或单元格区域中的数据，需使用"三维引用"。三维引用包含单元格或区域引用，前面加上工作表名称的范围。

例如，要在工作簿的汇总工作表的 B2 单元格中汇总 Sheet2 到 Sheet5 中 B2 单元格的值，使用三维引用具体操作如下。

1 在"汇总"工作表的单元格 B2 中输入=（等号），再输入函数名称 SUM，接着再输入左圆括号，即："=SUM("。

2 单击需要引用的第一个工作表标签"Sheet2"。

3 按住<Shift>键，单击需要引用的最后一个工作表标签"Sheet5"，然后释放<Shift>键。

4 单击 Sheet2 工作表中的 B2 单元格，按下<Enter>键完成公式的输入，结果如图 18-14 所示。

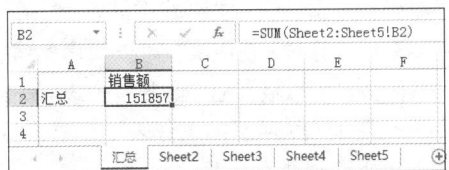

图 18-14 三维引用示例

用户也可在"汇总"工作表的"B2"单元格中直接输入以下公式后按<Enter>键。

=SUM(Sheet2:Sheet5!B2)

3. R1C1 引用样式

除了 A1 引用样式外，也可以使用同时统计工作表上行和列的 R1C1 引用样式。在 R1C1 样式中，Excel 指出了行号在 R 后而列号在 C 后的单元格的位置，例如 R3C2 引用的是第 3 行和第 2 列交叉处的单元格。即 A1 引用样式中的 B2 单元格。R1C1 引用样式如表 18-7 所示。

表 18-7   R1C1 引用样式

引　　用	含　　义
R[-2]C	对在同一列、上面两行的单元格的相对引用
R[2]C[2]	对在下面两行、右面两列的单元格的相对引用
R2C2	对在工作表的第二行、第二列的单元格的绝对引用（A1 引用样式中的 B2）
R[-1]	对活动单元格整个上面一行单元格区域的相对引用
R	对当前行的绝对引用
C	对当前列的绝对引用
R3C4	对工作表中 D3 单元格的绝对引用（行号 3 对应 A1 引用样式中的第 3 行，列号 4 对应 A1 引用样式中的 D 列，按先行后列表示，即 D3）

打开或关闭 R1C1 引用样式的方法如下。

1 单击"文件"选项卡中的"选项"按钮，打开"Excel 选项"对话框，选择"公式"选项卡。

2 在"使用公式"区域中，选中或取消"R1C1 引用样式"复选框，单击"确定"按钮保存设置，如图 18-15 所示。

如果选中"R1C1 引用样式"复选框后，可将行标题、列标题和单元格引用的引用样式从 A1 样式更改为图 18-16 所示的 R1C1 样式。

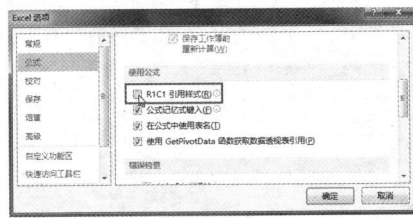

图 18-15 打开或关闭 R1C1 引用样式

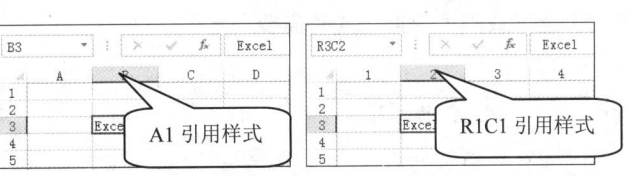

图 18-16 A1 和 R1C1 引用样式

在 R1C1 引用样式中，Excel 的行号和列号都用数字表示，通常用户很少使用这种引用样式，但这种引用样式也有其自身的优点。在录制宏时，Excel 将使用 R1C1 引用样式录制一些命令。

18.2 函数概述

函数是预先编写的公式，可以对一个或多个值进行运算，并返回一个或多个值。在用公式执行很长或复杂的计算时，使用函数可以简化和缩短工作表中的公式。Excel 内置大量函数。在公式中灵活地使用这些函数，可以极大地提高利用公式解决问题的能力，轻松完成各种复杂的任务。

在图 18-17 所示的工作表中，要计算 B2:B11 单元格区域中的金牌数合计，可以在单元格 B12 中输入以下公式进行计算：

```
=B2+B3+B4+B5+B6+B7+B8+B9+B10+B11
```

如果使用 Excel 内置的 SUM 求和函数，则非常简单，在 B12 单元格中输入“=SUM （B2:B11）”按<Enter>键即可计算出 B2:B11 单元格区域中金牌数合计，如图 18-18 所示。

B12　=B2+B3+B4+B5+B6+B7+B8+B9+B10+B11

	A	B	C	D	E	F	G
1	国家/地区	金牌	银牌	铜牌	总数		
2	美国	46	29	29	104		
3	中国	38	27	23	88		
4	英国	29	17	19	65		
5	俄罗斯	24	26	32	82		
6	韩国	13	8	7	28		
7	德国	11	19	14	44		
8	法国	11	11	12	34		
9	意大利	8	9	11	28		
10	匈牙利	8	4	5	17		
11	澳大利亚	7	16	12	35		
12	合计	195					

图 18-17　简单的算术表达式求和

B12　=SUM(B2:B11)

	A	B	C	D	E	F
1	国家/地区	金牌	银牌	铜牌	总数	
2	美国	46	29	29	104	
3	中国	38	27	23	88	
4	英国	29	17	19	65	
5	俄罗斯	24	26	32	82	
6	韩国	13	8	7	28	
7	德国	11	19	14	44	
8	法国	11	11	12	34	
9	意大利	8	9	11	28	
10	匈牙利	8	4	5	17	
11	澳大利亚	7	16	12	35	
12	合计	195				

图 18-18　用 SUM 函数求和

Excel 函数只有唯一的名称且不区分大小写，每个函数都有特定的功能和用途。函数的结构以等号（=）开始，后面紧跟函数名称和左括号，然后以逗号（半角）分隔输入参数，最后是右括号。函数的结构如图 18-19 所示。

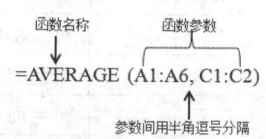

图 18-19　函数的结构

18.2.1 函数的参数

参数是函数中用来进行操作或计算的值。参数的类型与函数有关。函数中常用的参数类型包括数字、文本、单元格引用和名称。参数可以是数字、文本、逻辑值（如 TRUE 或 FALSE）、数组、错误值（如 #N/A）或单元格引用。指定的参数都必须为有效参数值。参数也可以是常量、公式或其他函数。

按照参数的数量和使用来区分，函数可分为无参数型和有参数型两种。无参数型如 NOW()函数返回当前的日期和时间，不需要参数。大多数函数至少有一个参数，有的甚至可支持 255 个参数。这些参数又可以分为必要参数和可选参数。函数要求的参数必须出现在括号内，否则会产生错误信息；可选参数则可依据公式的需要而定。

18.2.2 嵌套函数

嵌套函数，就是指在某些情况下，将一个函数作为另一个函数的参数使用。

例如，下面的公式使用了嵌套的 MOD 函数对 2 求余数的方法判断奇偶性，作为 IF 函数的参数，以此判断身份证号码代表的性别，如图 18-20 所示。

这个公式的含义是：利用 MID 函数截取身份证号码从第 15 个字符开始的 3 个字符，再利用 MOD 函数对 2 求余数判断奇偶，最后由 IF 函数作出判断：奇数代表"男"性，偶数代表"女"性。

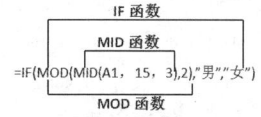

图 18-20　嵌套函数

在 Excel 2013 中，一个公式最多可以包含 64 层嵌套。当函数 B 在函数 A 中用做参数时，函数 B 则为第二级函数。例如在图 18-20 的公式中，MOD 函数是第二级函数，因为它是 IF 函数的参数。在 MOD 函数中嵌套的 MID 函数则为第三级函数，依次类推。

18.2.3　函数的输入

要在工作表中使用函数必须要先输入函数。函数的输入有以下几种常用的方法。

方法一： 手工输入。

手工输入函数不用进行过多的操作，但需要用户对输入的函数非常熟悉，包括函数名称和各种对应的参数及类型。手工输入函数的方法和在单元格中输入公式的方法类似，下面以 SUM 函数为例来说明手工输入函数的方法。

选定要输入函数的单元格后先输入"="号，然后输入函数名称 SUM，接着是括号和参数，多个参数之间要用逗号（半角）隔开。当输入了正确的函数名和左括号后就会出现一个显示该函数所有参数的提示框，显示该函数应正确输入的参数及其格式。例如在单元格 B8 单元格中输入"=SUM(B5,B6,B7)"，按<Enter>键后就会得到计算结果，输入的过程如图 18-21 所示。

在输入函数时如果忘了输入最后的右括号，按<Enter>键后系统会自动加上。若输入的函数是小写字母，输入后按<Enter>键后系统会自动地将其转换为大写，如果没有转换成大写则表示该函数输入错误。

方法二： 使用函数库插入函数。

在"公式"选项卡的"函数库"组中，Excel 按照内置函数分类提供了财务、逻辑、文本、日期和时间、查找与引用、数学和三角函数、其他函数等多个函数下拉按钮，单击"其他函数"下拉按钮，在扩展菜单中提供了统计、工程、多维数据集、信息、兼容性、Web 函数等。用户可以根据需要和分类插入内置函数，如图 18-22 所示。

图 18-21　手工输入函数　　　　　　　　　图 18-22　使用函数库插入函数

单击"公式"选项卡的"函数库"组的"自动求和"按钮 Σ自动求和·（"开始"选项卡的"编辑"组为"求和"按钮 Σ·），可以插入"求和"函数；单击自动求和"下拉"按钮 Σ自动求和·（"开始"选项卡的"编辑"组为求和"下拉"按钮 Σ·），在下拉菜单中包括求和、平均值、计数、最大值、最小值等几个常用的函数。单击"其他函数"命令，将打开"插入函数"对话框，如图 18-23 所示。

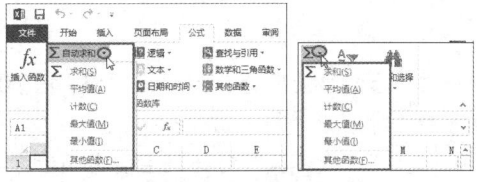

图 18-23　自动求和函数

Excel 2013 使用详解（修订版）

方法三： 使用"插入函数"向导输入。

对于一些比较复杂的函数或者参数较多的函数来说，可以使用"插入函数"向导选择或搜索所需函数。利用"插入函数"向导来输入函数可以确保输入名称的正确性，同时还可以提供正确的参数次序及参数个数。使用"插入函数"向导输入公式的操作步骤如下。

1 使用以下方式之一打开图 18-24 所示的"插入函数"对话框。

① 单击编辑栏左侧的"插入函数"按钮。

② 单击"公式"选项卡的"函数库"组的"插入函数"按钮。

③ 使用<Shift+F3>组合键。

2 如果用户知道应该使用哪一类函数，可单击"或选择类别"下拉按钮，在下拉列表中选择分类，然后在"选择函数"列表框中找到需要的函数，例如常用函数中的计算单元格区域中所有数值的和的"SUM 函数"，如图 18-25 所示。

如果用户对应该使用哪一类函数并不清楚，可以在"搜索函数"文本框中键入所要进行操作的简短说明（如最小值、查找、计数、平均），然后单击"转到"按钮，"或选择类别"框中的文字会自动变为"推荐"，在"选择函数"列表框中，可以看到推荐的函数列表，如图 18-26 所示。

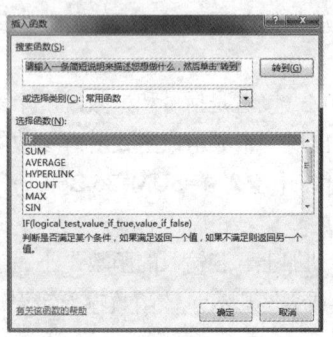 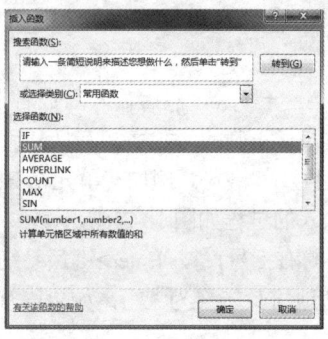 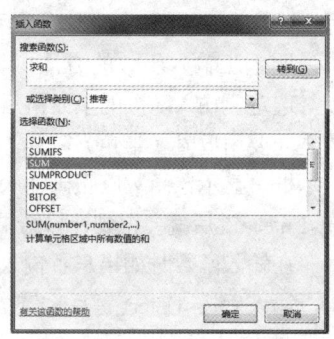

图 18-24 "插入函数"对话框　　图 18-25 选择函数类别和函数　　图 18-26 搜索函数

在"插入函数"对话框中，单击列表中的函数，在对话框下方可以看到该函数的简短说明。需要查看该函数的"帮助"时，可以单击"有关该函数的帮助"链接，打开该函数的"帮助"主题，如图 18-27 所示。

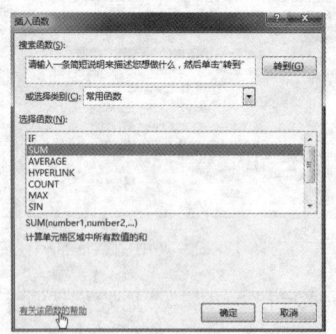 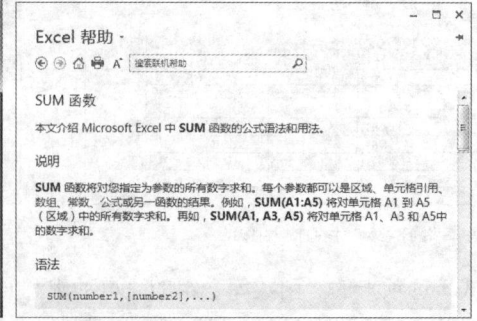

图 18-27 IF 函数帮助主题

3 选定要使用的函数，例如 SUM 函数后，单击"确定"按钮，即可插入该函数并切换到"函数参数"对话框，如图 18-28 所示。

4 "函数参数"对话框主要由函数名、参数编辑框、函数简介及参数说明、计算结果等组成，在参数编辑框中可以修改默认选择的参数值，可以直接输入参数，在右侧会显示所输入的参数值。

单击"确定"按钮，完成公式输入，在单元格中则显示函数计算的结果，如图 18-29 所示。

如果要将单元格引用作为参数输入，在函数参数对话框中可单击"压缩对话框"按钮以暂时隐藏该对话框。在工作表中选择单元格之后，再单击"展开对话框"按钮即可。

方法四： 公式记忆式键入。

要轻松地创建和编辑公式，可使用"公式记忆式键入"功能。当键入 =（等号）和开头的几个字母之后，Excel 会在单元格的下方显示一个动态下拉列表，该列表中包含与这几个字母或该触发字符相匹配的有效函数、参数和名称。

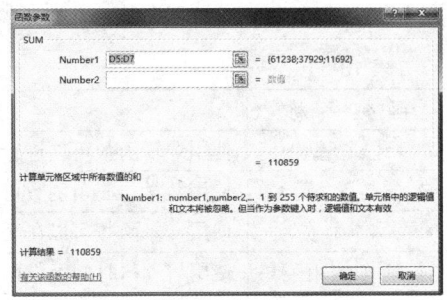

图 18-28 "函数参数"对话框

例如在单元格中输入=A，Excel 会显示所有以 A 开头的函数的扩展下拉菜单，继续输入 V，扩展下拉菜单范围缩小，通过在扩展下拉菜单中移动上下方向键或用鼠标单击选择不同函数，在选择函数的右侧会显示此函数的简介。双击选择的函数即可将函数添加到当前编辑的位置，如图 18-30 所示。

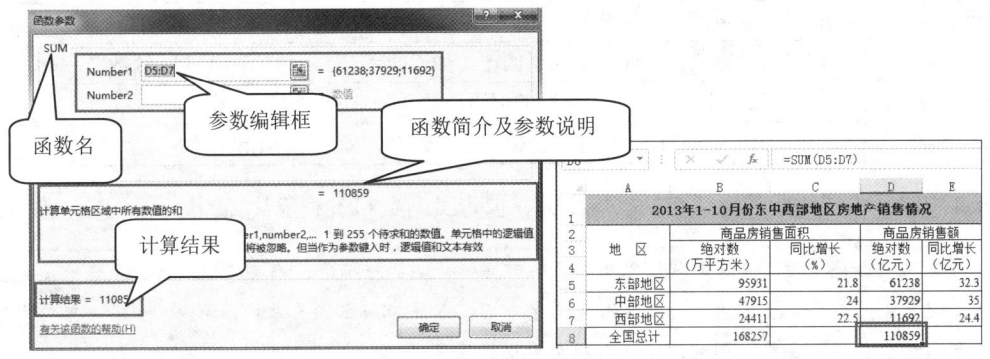

图 18-29 输入所需参数

要使用"公式记忆键入"输入函数，需启用"公式记忆键入"功能，单击"文件"选项卡的"选项"命令，打开"Excel 选项"对话框，切换到"公式"选项卡，在"使用公式"区域中选中"公式记忆式键入"复选框，然后单击"确定"按钮关闭"Excel 选项"对话框，如图 18-31 所示。

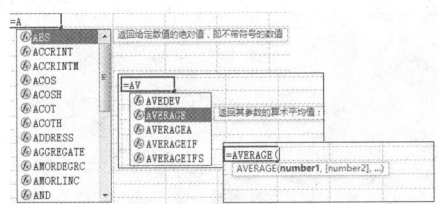

图 18-30 公式记忆式键入

图 18-31 启用"公式记忆式键入"功能

 函数总是作为一个单元格中公式的组成部分来使用，因此即使只使用函数本身，也仍需在它的前面加上一个等号。一定要把函数参数放在括号中，若输入的是小写，输入后回车系统会自动地将其转换为大写，如果没有转换成大写则表示该函数输入错误。

18.2.4 Excel 中的内置函数

内置函数是指启动了 Excel 就可以使用的函数。与上一版本相比，数学和三角、统计、工程、日期和时间、查找和引用、逻辑以及文本函数类别中新增了一些函数，也新增了一些 Web 服务函数。在 Excel 2013 中，内置函数有 13 类，如表 18-8 所示。

表 18-8　　　　　　　　　　　　　Excel 的内置函数

函 数 名 称	说　明
逻辑函数	使用逻辑函数可以进行真假值判断，进行复合检验，如 IF、AND 函数
数学与三角函数	使用数学与三角函数可以处理简单的计算，如 SUM、SUMIF 函数
文本函数	使用文本函数可以在公式中处理文字串，如 FIND、LEFT 函数
日期与时间函数	使用日期与时间函数可以在公式中分析和处理日期值和时间值，如 TODAY、YEAR 函数
查找与引用函数	在数据清单或表格中查找特定的数值，或者某一个单元格的引用，如 ROW、MATCH 函数
财务函数	使用财务函数可以进行一般的财务计算，如 PMT、DB 函数
统计函数	统计函数用于对数据区域进行统计分析，如 AVERAGE、COUNTIF 函数
信息函数	使用信息函数可以确定存储在单元格中的数据的类型，如 CELL、TYPE 函数
数据库函数	分析数据清单中的数值是否符合特定条件，如 DCOUNT、DSUM 函数
工程函数	工程函数主要用于工程分析，如 DELTA、BIN2DEC 函数
多维数据集函数	返回多维数据集中的成员或成员的值，如 CUBESET、CUBEVALUE 函数
兼容性函数	在 2013 版本中已更改但仍保留的旧版函数，如 BETADIST、MODE 函数
Web 函数	将 Web 语言返回特定的数值或编码，如 WEBSERVICE(url)函数

Excel 中除了内置函数外，还包括扩展函数、自定义函数和宏表函数等。

 兼容性函数已经被新函数取代，因为新函数可提供更高的精确度，而且它们的名称更好地反映出了其用途。虽然原有函数仍然可用，目的是保持与 Excel 早期版本的兼容性，因此，如果不需要向后兼容性，最好使用新函数，因为它们更加精确地描述了其功能。

18.3　公式审核

Excel 提供了后台检查错误的功能。使用 Excel 提供的"公式审核"工具也可以方便地查找和更正公式中的错误。

18.3.1　公式中常见的错误信息

在单元格或编辑栏中输入带有函数的公式时，当输入完=（等号）、函数名称和左圆括号后，会出现一个带有语法和参数的工具提示，当输入或编辑公式时，单元格引用和相应单元格的边框用颜色做了标记，以便于用户检查输入时有没有引用错误。输入参数时，也会将当前参数用粗体标记出来。

如果公式不能正确计算出结果，Excel 将显示一个错误值。Excel 中公式的常见错误值有 8 种，如表 18-9 所示。

表 18-9　　　　　　　　　　　　　公式中常见的错误信息

错　误　值	错　误　原　因
#####	当列宽不够显示数字，或者使用了负的日期或负的时间时，出现错误
#DIV/0!	当数字被零（0）除时，出现错误

错　误　值	错　误　原　因
#N/A	当数值对函数或公式不可用时，出现错误
#NAME?	当 Excel 未识别公式中的文本时，出现错误
#NULL!	使用了不正确的区域运算或者不正确的单元格引用，出现错误
#NUM!	公式或函数中使用无效数字值时，出现这种错误
#REF!	当单元格引用无效时，出现这种错误
#VALUE!	当使用的参数或操作数类型错误时，出现这种错误

18.3.2　查找和更正公式中的错误

公式中的错误不但使计算结果出错，还会产生某些意外结果。Excel 有几种不同的工具可以帮助用户查找和更正公式中的问题。

1．Excel 的后台检查错误

要启用 Excel 的后台检查错误，可单击"文件"选项卡的"选项"命令，打开"Excel 选项"对话框，在"公式"选项卡的"错误检查"区域中，选中"允许后台错误检查"复选框，并在"错误检查规则"区域选中 9 个规则对应复选框，如图 18-32 所示。

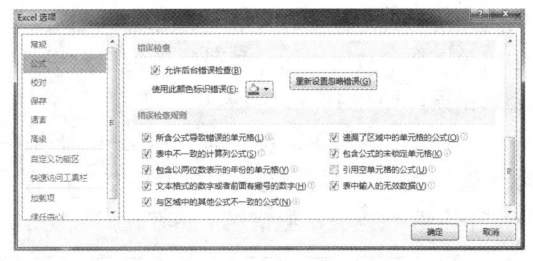

图 18-32　设置错误检查规则

如果单元格中包含不符合某条规则的公式，在单元格的左上角会出现一个绿色小三角形"智能标记"　（绿色是默认标识错误的颜色，用户可以在图 18-32 所示的"Excel 选项"对话框中自定义设置标识错误的颜色）。当选定包含该智能标记单元格时，单元格左侧将出现感叹号形状的"错误指示器"下拉按钮　。

在如图 18-33 所示的工作表 C2 单元格中输入以下公式：

```
=IF(B2>=90,"合格","不合格")
```

按<Enter>键后，单元格显示错误值，单击"错误指示器"下拉按钮　，打开选项菜单（错误值不同，选项有所不同），第一个条目会对该问题进行说明。利用显示的选项可帮助解决问题，或者忽略该问题。

在图 18-33 所示的错误选项菜单中，第一个条目说明公式存在的问题："无效名称"错误。单击"关于此错误的帮助"命令，打开如图 18-34 所示的"Excel 帮助"，提示怎样更正错误。

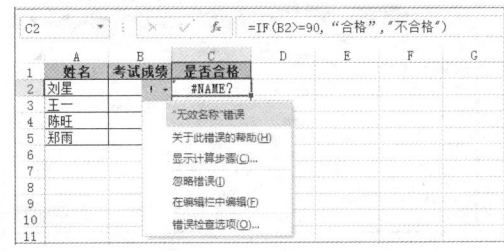

图 18-33　错误提示选项菜单

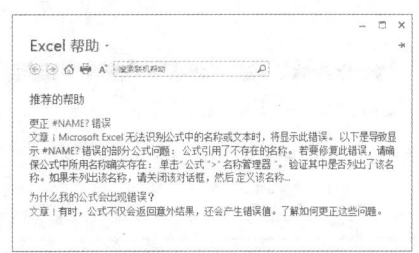

图 18-34　帮助主题

在图 18-33 所示的错误选项列表中，单击"显示计算步骤"选项，将打开"公式求值"对话框，如图 18-35 所示。

单击"公式求值"对话框中的"求值"按钮，可以查看计算过程并出现如图 18-36 所示的对话框，可以看出，由于 IF 函数的第 2 个参数不正确，导致出现错误。

图 18-35 "公式求值"对话框

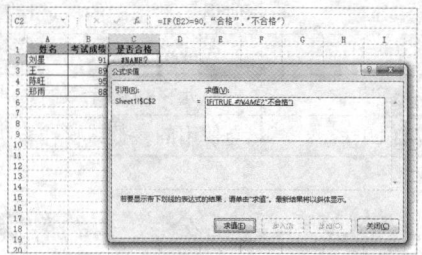

图 18-36 第 2 个参数不正确导致的错误

继续单击"求值"按钮，出现如图 18-37 所示的对话框，此公式最终结果为#NAME?。

单击"重新启动"按钮可以再次查看计算过程，单击"关闭"按钮结束求值。

找到出错的第 2 个参数，原因是第 2 个参数引用中使用的全角引号，导致 C2 单元格中出现#NAME?错误，在公式中将第 2 个参数引用的全角引号改为半角引号"，即可更正该公式错误，如图 18-38 所示。

在图 18-33 所示的错误选项列表中，如果单击"忽略错误"选项，此错误将被忽略，单元格左上角的"绿色三角形智能标记"将消失，但错误依然存在，如图 18-39 所示。

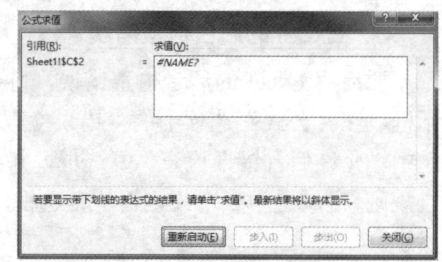

图 18-37 结果为#NAME?错误

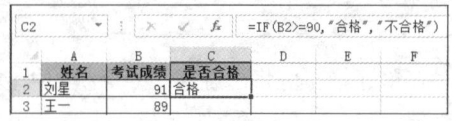

图 18-38 更正公式中错误

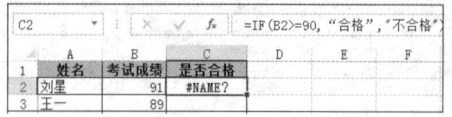

图 18-39 忽略错误

要重新设置被忽略的错误，重新显示单元格左上角的绿色三角形智能标记，需要在"文件"选项卡中单击"选项"命令，打开"Excel 选项"对话框，在"公式"选项卡的"错误检查"区域单击"重新设置忽略错误"命令，如图 18-40 所示。

在图 18-33 所示的错误选项列表中，如果单击"在公式编辑栏中编辑"命令，光标会自动地切换到公式编辑栏中。

在图 18-33 所示的错误选项列表中，如果单击"错误检查选项"命令，会打开图 18-41 所示的"Excel 选项"对话框的"公式"选项卡，可以更改与公式计算、性能和错误处理相关的选项。

图 18-40 重新设置忽略错误

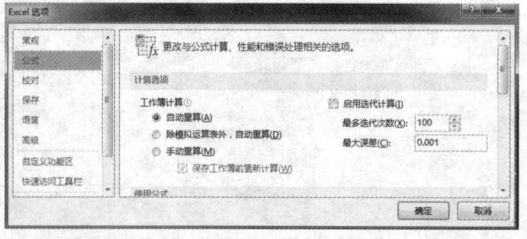

图 18-41 "Excel 选项"对话框的"公式"选项卡

Excel 会利用某些规则检查公式中的错误。虽然这些规则不能确保工作表不出问题，但是它们有助于发现常见问题。一般情况下，不建议修改默认的规则。

2. "公式"选项卡的"公式审核"组工具

功能区"公式"选项卡中的"公式审核"命令组，包括"追踪引用单元格""追踪从属单元格""错误检查"等按钮，可对公式进行审核，如图 18-42 所示。

图 18-42　"公式审核"命令组

如图 18-43 所示，单击"公式"选项卡的"公式审核"组的"错误检查"按钮，将弹出"错误检查对话框"，提示 C2 单元格出现"无效名称"错误，在公式中包含不可识别的文本，并提供了关于此错误的帮助、显示计算步骤、忽略错误、在编辑栏中编辑等选项，用户可以方便地选择需要执行的操作。单击"上一个"或"下一个"按钮，可以查看工作表中的其他错误情况。单击"选项"按钮，将打开"Excel 选项"的"公式"选项卡。

如图 18-44 所示，C1 单元格的公式为：=A1/B1，结果显示为错误。选定 C1 单元格，单击"公式"选项卡的"错误检查"下拉按钮，在下拉菜单中单击"追踪错误"命令，将在 A1、B1 和 C1 单元格中出现蓝色的追踪箭头，表示错误来源可能来源于 A1 或 B1 单元格，然后判断此错误是 A1 除以空单元格 B1 产生的错误。

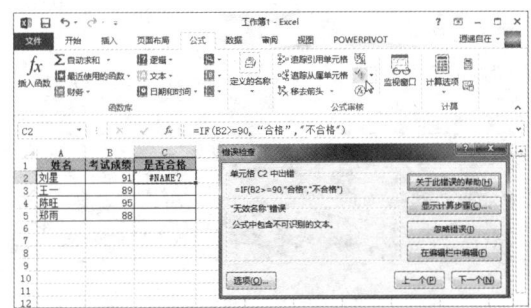

图 18-43　执行错误检查

图 18-44　追踪错误来源

"公式审核"命令组中主要按钮的含义如表 18-10 所示。

表 18-10　　　　　　　　　　　"公式审核"组主要按钮的含义

名　称	说　明
错误检查	检查公式时发生的常见错误
追踪引用单元格	显示箭头，用于指示影响当前所选单元格值的单元格
追踪从属单元格	显示箭头，用于指明受当前所选单元格值影响的单元格
移去箭头	单击此按钮，删除全部追踪箭头
移去引用单元格追踪箭头(P)	单击此按钮，从一级引用单元格删除箭头。若显示多级，则再次单击此按钮，删除下一级追踪箭头
移去从属单元格追踪箭头(D)	单击此按钮，从一级从属单元格删除箭头。若显示多级，则再次单击此按钮，删除下一级追踪箭头
追踪错误(E)	单击此按钮，显示指向出错源的追踪箭头
显示公式	在每个单元格中显示公式，而不是结果值
监视窗口	单击此按钮，打开监视窗口，可在"监视窗口"工具栏上观察单元格及其中的公式。再次单击，关闭监视窗口
公式求值	打开"公式求值"对话框

Excel 2013 使用详解（修订版）

18.3.3　显示公式本身而不是计算结果

如果在输入完公式并结束编辑后，没有得到计算结果而是显示公式本身，可单击"公式"选项卡的"公式审核"组中的"显示公式"按钮或者按下<Ctrl+`>组合键，可以在查看结果和显示公式之间切换，如图 18-45 所示。

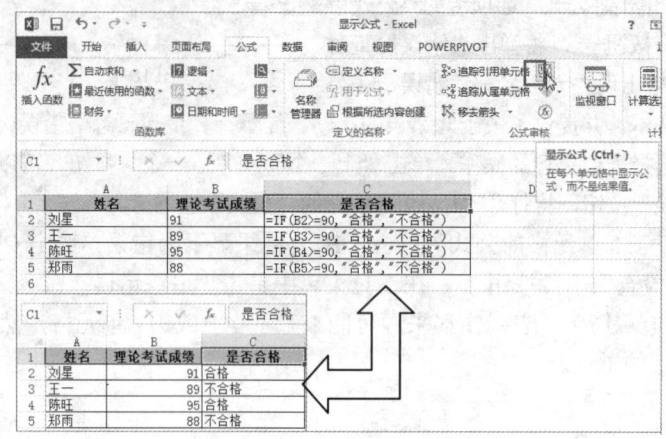

图 18-45　查看返回结果的公式

> **注意**　如果在输入公式前将单元格设置为"文本"格式后再输入公式，单元格将以文本形式显示输入的公式，得不到计算结果。要显示公式计算结果，需要选择公式所在单元格，在"设置单元格格式"的"数字"选项卡中，将单元格的格式设置为"常规"，重新激活单元格中的公式结束编辑即可显示公式结果。

18.3.4　删除或允许使用循环引用

当某个公式直接或间接引用包含该公式的单元格时，它将创建循环引用。例如在 A3 单元格中输入公式"=（A1+A2）/A3"，在 B10 单元格中输入公式"=SUM(B1+B10)"都属于循环引用。单元格中的循环引用可能通过在单元格中显示意外结果而混淆使用工作簿的用户，也可能导致出现警告消息。此外，在某些情况下，循环引用可能导致公式重复执行计算。

❖　循环引用警告消息

Excel 首次检测到循环引用时，将显示如图 18-46 所示的警告消息。单击消息中的"帮助"按钮可以了解有关循环引用的信息，单击"确定"按钮将关闭窗口，忽略该消息。Excel 会接受单元格中的公式（在大多数情况下）并显示 0。

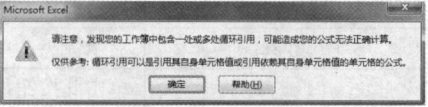

图 18-46　循环引用警告

> **提示**　在许多情况下，如果创建包含循环引用的其他公式，Excel 将不会再次显示警告消息。下面列举了将出现循环引用警告消息的部分情况：
> ① 在任何打开的工作簿中创建第一个循环引用实例时；
> ② 删除所有打开的工作簿中的所有循环引用，然后创建新的循环引用时；
> ③ 关闭所有工作簿，创建新工作簿，然后输入包含循环引用的公式时；
> ④ 打开包含循环引用的已保存工作簿时。

❖ 　查找并删除循环引用

　　如果在输入公式时显示有关创建循环引用的错误消息，可能创建了意外的循环引用。在这种情况下，可以定位并删除不正确的循环引用。要查找循环引用，单击"公式"选项卡的"公式审核"组的错误检查"下拉"按钮 ，在扩展菜单中单击"循环引用"命令，将显示包含循环引用的单元格，如图 18-47 所示。

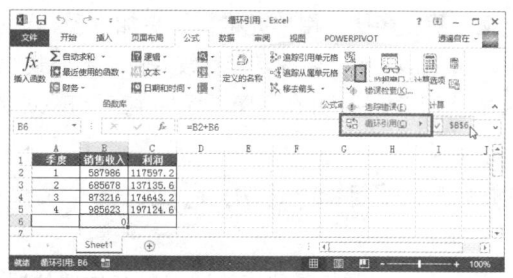

图 18-47　定位循环引用

　　状态栏会显示"循环引用"的单元格地址。如果循环引用位于其他工作表而非活动工作表中，则状态只会显示"循环引用"而不含单元格地址。

　　在图 18-47 中，单击"公式"选项卡上的"公式审核"组中"追踪引用单元格"按钮 显示追踪箭头，箭头指向包含循环引用的单元格 B6，将 B6 单元格的公式改为=SUM(B2:B5)后，即可删除循环引用，如图 18-48 所示。

　　删除循环引用后，状态栏不再显示循环引用。

　　默认情况下，"循环引用"在 Excel 中配置为不可用。但是，可以通过指定要迭代计算的次数允许使用循环引用。如果想要保留循环引用，可以启用迭代计算，具体的操作如下。

　　单击"文件"选项卡的"选项"命令，打开"Excel 选项"对话框，单击"公式"选项卡，在"计算区域"中，选中"启用迭代计算"复选框，设置"最多迭代次数"为 1 到 32767 的整数，"最大误差"为 0.001，单击"确定"按钮，关闭"Excel 选项"对话框，如图 18-49 所示。

　　Excel 2013 支持的最大迭代次数为 32767 次，每一次 Excel 都将重新计算工作表中的公式，以产生一个新的计算结果。设置的最大误差值越小，则计算精度越高，当两次重新计算结果之间的差值的绝对值小于或等于最大误差时，或者达到所设置的最多迭代次数时，Excel 停止迭代计算。

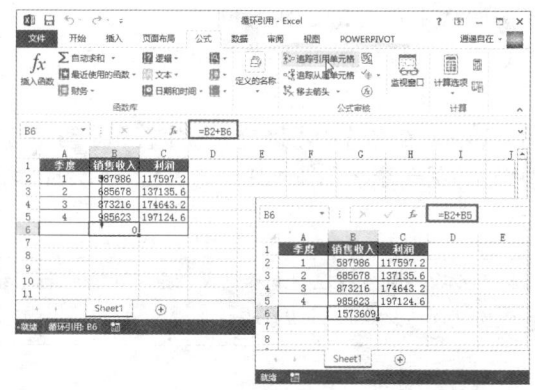

图 18-48　删除循环引用

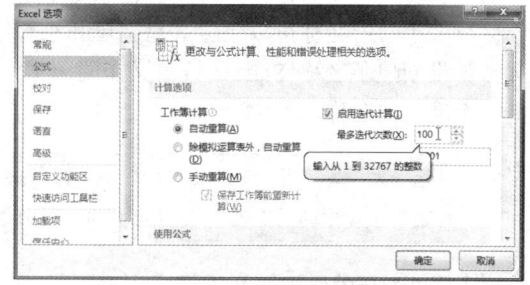

图 18-49　设置"迭代计算"选项

18.4　使用名称

　　在公式中，除了可以引用单元格位置之外，还可以使用名称参与计算。用户可以创建已定义名称来代表单元格、单元格区域、公式、常量或 Excel 表格。通过给单元格或单元格区域以及常量等定义名称，会比引用单元格位置更加直观、更加容易理解。

在 Excel 中，名称是一种较为特殊的公式，与一般公式不同的是，普通公式存在于单元格中，名称保存于工作簿中，并在程序运行时存在于 Excel 的内存中，并通过其唯一标识进行调用。

18.4.1 名称的适用范围

名称的适用范围是指能够识别名称的位置。所有名称都有一个延伸到特定工作表或整个工作簿的适用范围。

1. 工作表级别名称

当名称仅能在某一个工作表中直接调用时，所定义的名称为工作表级别名称，也称为局部工作表级别名称。

2. 工作簿级别名称

通常情况下，用户定义的名称能够在同一工作簿的各个工作表中直接调用，称为工作簿级别名称，也称为全局工作簿级别名称。

名称在其适用范围内必须始终唯一。但是，可以在不同的适用范围内使用相同名称。例如，可以在同一个工作簿中定义一个适用范围为 Sheet1、Sheet2 和 Sheet3 的名称，如"销售额"。尽管每个名称都相同，但每个名称在其适用范围内都是唯一的。

18.4.2 定义名称

名称的定义并不是随意的，对于名称的命名要遵守以下的语法规则。

有效字符：名称中的第一个字符必须是字母、下划线（_）或反斜杠（\）。名称中的其余字符可以是字母、数字、句点和下划线。

不允许的单元格引用：名称不能与单元格引用（例如 Z$100 或 R1C1）相同。

空格无效：在名称中不允许使用空格。可使用下划线（_）和句点（.）作为单词分隔符。

名称长度：一个名称最多可以包含 255 个字符。

区分大小写：名称可以包含大写字母和小写字母。Excel 在名称中不区分大写字符和小写字符。例如，如果创建了名称 Sales，接着又在同一工作簿中创建另一个名称 SALES，则 Excel 会提示您选择一个唯一的名称。

 不能将大小写字母 "C" "c" "R" 或 "r" 用作已定义名称，因为当在 "名称" 或 "定位" 文本框中输入这些字母中的两个时，会将它们作为当前选定的单元格选择行或列的简略表示法。

【例 18-1】在公式中定义名称

定义名称主要有以下几种方法。

方法一：使用"新建名称"对话框定义名称。

如图 18-50 所示的工作表，要将 F2:F13 单元格区域命名为"工资"，具体操作如下。

1 单击"公式"选项卡的"定义名称"按钮 定义名称（或者单击"公式"选项卡的"名称管理器"按钮，在"名称管理器"对话框中单击"新建"按钮），打开"新建名

	A	B	C	D	E	F	G
1	序号	部门	姓名	岗位	岗位系数	岗位津贴	绩效
2	1	客户部	李文刚	副经理	3	5400	
3	2	客户部	兰英	综合管理岗		3600	
4	3	客户部	王俊	人伤核损岗	1.3	2340	
5	4	客户部	何欣	未决管理岗	2.5	4500	
6	5	客户部	三天	查勘定损岗	1.5	2700	
7	6	客户部	郑伟	查勘定损岗	1.3	2340	
8	7	客户部	刘小鹏	查勘定损岗	1.6	2880	
9	8	客户部	何翔	查勘定损岗	1.8	3240	
10	9	客户部	邢春	查勘定损岗	1.2	2160	
11	10	客户部	董小春	查勘定损岗	1.6	2880	
12	11	客户部	冯纪	查勘定损岗	2.2	3960	
13	12	客户部	李训练	查勘定损岗	1.8	3240	

图 18-50 员工工资表

称”对话框。

　　 2 在“名称”编辑框中输入“工资”，在“范围”下拉菜单中选择“工作簿”，单击“引用位置”的“折叠对话框”按钮 ，拖动鼠标在工作表中选择 F2:F13 单元格区域，单击展开对话框按钮 ，然后单击“确定”按钮退出对话框，如图 18-51 所示。

　　方法二：使用名称框创建名称。

　　定义名称还有一种更快捷的方法是使用名称框创建名称。选中单元格区域，单击“编辑栏”左侧的名称框，此时名称框处于可编辑状态，在名称框中输入要定义的名称后按<Enter>键即可，如图 18-52 所示。

图 18-51　定义名称　　　　　　　　图 18-52　在名称栏中定义名称

 默认情况下，使用名称框将单元格区域定义为名称默认适用范围为工作簿级别名称，默认情况下，名称使用绝对单元格引用。

18.4.3　使用名称

　　名称定义好了之后，在公式和函数中就可以使用名称来直接引用项目了。名称的使用主要有两种方法，一种是直接手工输入，另一种是单击“公式”选项卡的“用于公式”下拉按钮并选择相应的名称。

　　【例 18-2】在公式中使用名称

　　在图 18-53 所示的工作簿中，已将 F2:F13 单元格区域定义名称为“工资”，如果规定工资的 20% 为绩效，选择 G2:G13 单元格区域，在编辑栏中输入“=”，切换到“公式”选项卡，在“定义的名称”组中单击“用于公式”下拉按钮 ，在弹出的下拉列表中选择“工资”选项，此时名称“工资”就会出现在公式中，输入完整的公式：=工资*0.2，按<Ctrl+Enter>组合键，即可快速计算出员工的绩效，如图 18-54 所示。

图 18-53　选择公式中的名称　　　　　　　　图 18-54　在公式中使用名称

选择 G2:G13 单元格区域后，也可以直接在编辑框中输入公式：=工资*0.2，按<Ctrl+Enter>组合键，即可快速计算出员工的绩效，如图 18-54 所示。

18.4.4　名称管理

使用"名称管理器"对话框可以处理工作簿中的所有已定义名称。例如，查找有错误（例如#DIV/0!或#NAME?）的名称，确认名称的值和引用，查看或编辑说明性批注，或者确定名称适用范围，筛选名称列表，添加、更改或删除名称等。

1. 查看定义的名称

在"公式"选项卡的"定义的名称"组中单击"名称管理器"按钮，或者按<Ctrl+F3>组合键，可打开"名称管理器"对话框，可以查看已定义的名称，如图 18-55 所示。

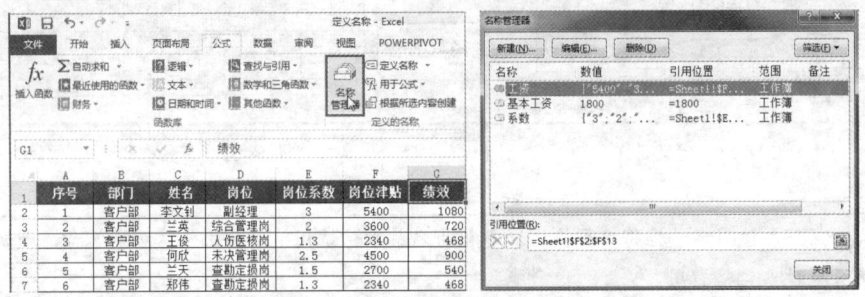

图 18-55　名称管理器对话框

2. 更改名称

更改某个已定义名称的操作如下。

① 在"公式"选项卡上的"定义的名称"组中，单击"名称管理器"按钮，打开"名称管理器"对话框。

② 在"名称管理器"对话框中，单击要更改的名称，例如"基本工资"，然后单击"编辑"按钮，打开"编辑名称"对话框。

③ 在"编辑名称"对话框的"名称"框中，键入新名称，例如"底薪"。如果要为名称添加备注，可在备注文本框中输入备注的内容。

④ 在"引用位置"框中，可更改引用，最后单击"确定"按钮关闭"编辑名称"对话框，如图 18-56 所示。

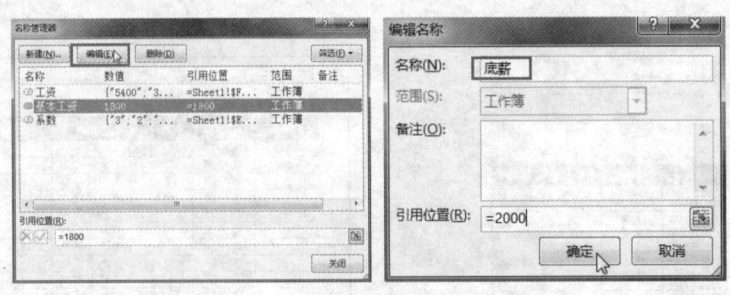

图 18-56　更改名称

⑤ 单击"名称管理器"的"关闭"按钮关闭"名称管理器"，则工作簿中使用该名称的所有实例也会随之更改。

3．筛选和删除名称

当不需要使用名称或名称出现错误无法正常使用时，可以通过名称管理器进行筛选和删除。

如图 18-57 所示，名称管理器中的"薪金"和"序号"名称出现#REF!错误，要筛选错误的名称并进行清理，操作步骤如下。

1 单击"名称管理器"的"筛选"按钮，在下拉菜单中单击"有错误的名称"命令。

2 在筛选后的"名称管理器"对话框中，按住<Shift>键选择首个和最后一个名称，单击"删除"按钮，弹出"是否确实要删除所选名称"对话框，单击"确定"按钮删除，最后单击"关闭"按钮退出"名称管理器"对话框，如图 18-58 所示。

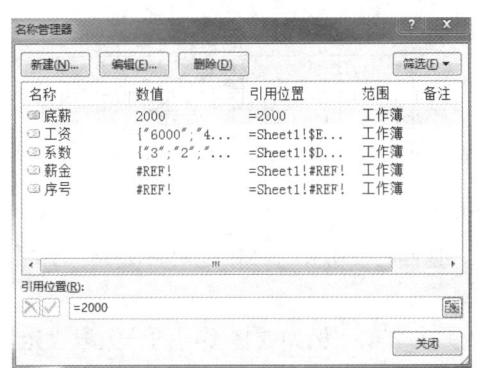

图 18-57　筛选错误的名称

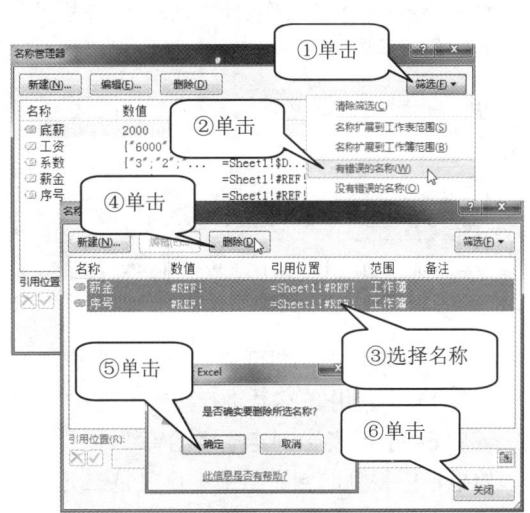

图 18-58　筛选并删除错误的名称

18.5　逻辑函数

使用逻辑函数可以进行真假值判断，或者进行复合检验。例如，可以使用 IF 函数确定条件为真还是假，并由此返回不同的数值。常用的逻辑函数有 IF 函数、AND 函数、OR 函数、NOT 函数等。

18.5.1　IF 函数判定是否满足某个条件

功能：如果指定条件的计算结果为 TRUE，IF 函数将返回某个值；如果该条件的计算结果为 FALSE，则返回另一个值。

语法格式：IF(logical_test, [value_if_true], [value_if_false])

参数：

参　数	语　法
logical_test	必需。任意值或表达式，其计算结果可能为 TRUE 或 FALSE
value_if_true	可选。logical_test 参数的计算结果为 TRUE 时返回的值
value_if_false	可选。logical_test 参数的计算结果为 FALSE 时返回的值

函数说明：

① 最多可以使用 64 个 IF 函数作为 value_if_true 和 value_if_false 参数进行嵌套。

② 如果 IF 的任意参数为数组，则在执行 IF 函数时，将计算数组的每一个元素。

【例 18-3】IF 函数判断实际费用是否超出预算

如图 18-59 所示，A 列为实际费用，B 列为预算费用，如果实际费用大于预算费用，则“超出预算”，否则为正常，可在 C2 单元格中输入如下公式：

```
=IF(A2>B2,"超出预算","正常")
```

将公式向下填充，即可判断“实际费用”是超出预算还是正常。

【例 18-4】IF 函数判断学生成绩是否及格

如图 18-60 所示的工作表，记录了一次考试成绩，假定以 60 分为及格标准，要在 C 列中显示考试成绩是“及格”还是“不及格”的判断，可以在 C2 单元格中输入以下公式并向下填充：

```
=IF(B2>=60,"及格","不及格")
```

	A	B	C	D
1	实际费用	预算费用	公式	结果
2	1200	900	=IF(A2>B2,"超出预算","正常")	超出预算
3	800	900	=IF(A3>B3,"超出预算","正常")	正常
4	950	925	=IF(A4>B4,"超出预算","正常")	超出预算

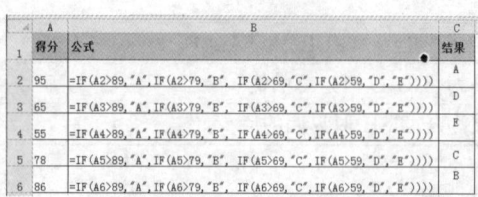

图 18-59　IF 函数判断费用是否超出预算

	A	B	C	D
1	姓名	考试成绩	公式	显示结果
2	赵甲	87	=IF(B2>60,"及格","不及格")	及格
3	王乙	65	=IF(B3>60,"及格","不及格")	及格
4	张丙	55	=IF(B4>60,"及格","不及格")	不及格
5	李丁	82	=IF(B5>60,"及格","不及格")	及格
6	孙戊	79	=IF(B6>60,"及格","不及格")	及格

图 18-60　IF 函数成绩是否及格

将公式向下填充，即可快速得出学生成绩的判断，结果如图 18-60 所示。

这个公式，使用 IF 函数进行判断，当 B2>=60 为 TRUE，返回“及格”，否则返回“不及格”。

【例 18-5】IF 函数判定成绩的等级

如果希望得到的判断结果不仅仅是二元的，还要包括更多选项，例如要将不同的分数段设定为不同的字母等级，可以使用 IF 函数进行嵌套。如图 18-61 所示，如果将大于 89 的数值设置为等级 A，大于 79 且小于 90 的数值设置为等级 B，大于 69 且小于 80 的数值设置为等级 C，大于 59 且小于 70 的数值设置为等级 D，60 以下的设置为单击 E，可在 C2 单元格中输入如下公式：

```
=IF (A2>89,"A",IF(A2>79,"B",IF(A2>69,"C",IF(A2>59,"D","E"))))
```

向下填充公式，便可为数值设定相应等级。

这是个 4 层嵌套 IF 函数，按照从左到右的顺利来分析函数：如果第一个表达式 A2>89 为 TRUE，则返回“A”；如果第一个表达式 A2>89 为 FALSE，则计算第二个 IF 语句，如果第二个表达式 A2>79 为 TRUE，则返回“B”；如果第二个表达式 A2>79 为 FALSE，则计算第三个 IF 语句，依次类推。

【例 18-6】IF 函数判断记账凭证中是否存在借贷不平

图 18-62 所示的是一张记账凭证，为了判断输入的借贷数据是否相等，可以在 A8 单元格中输入以下公式：

```
=IF(C8=D8,"合计","借贷不平")
```

	A	B	C
1	得分	公式	结果
2	95	=IF(A2>89,"A",IF(A2>79,"B", IF(A2>69,"C",IF(A2>59,"D","E"))))	A
3	65	=IF(A3>89,"A",IF(A3>79,"B", IF(A3>69,"C",IF(A3>59,"D","E"))))	D
4	55	=IF(A4>89,"A",IF(A4>79,"B", IF(A4>69,"C",IF(A4>59,"D","E"))))	E
5	78	=IF(A5>89,"A",IF(A5>79,"B", IF(A5>69,"C",IF(A5>59,"D","E"))))	C
6	86	=IF(A6>89,"A",IF(A6>79,"B", IF(A6>69,"C",IF(A6>59,"D","E"))))	B

图 18-61　IF 函数判断成绩等级

A8　=IF(C8=D8,"合计","借贷不平")

	A	B	C	D
1	记账凭证			
2	日期：		凭证号	
3	摘要	科目	借方金额	贷方金额
4		生产成本	55000	
5		制造费用	3100	
6		管理费用	3500	
7		应付工资		61600
8	合计		61600	61600

A8　=IF(C8=D8,"合计","借贷不平")

	A	B	C	D
1	记账凭证			
2	日期：		凭证号	
3	摘要	科目	借方金额	贷方金额
4		生产成本	55000	
5		制造费用	3200	
6		管理费用	3500	
7		应付工资		61600
8	借贷不平		61700	61600

图 18-62　IF 函数判断是否借贷不平

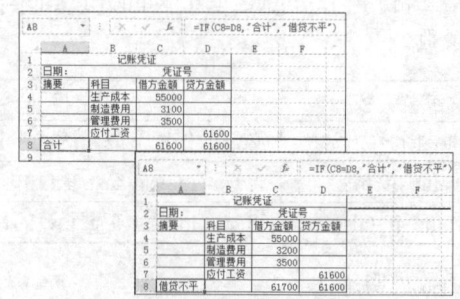

当 C8=D8 时，显示合计，否则显示“借贷不平”。提醒用户核对借方金额和贷方金额。

18.5.2　IFNA 函数当表达式解析为#N/A 时返回指定的值

功能：IFNA 函数为 Excel 2013 新增的函数，可以为公式错误值指定返回值。如果公式返回错误值 #N/A，则结果返回指定的值；否则返回公式的结果。

语法格式：IFNA(value, value_if_na)

参数：

参　　数	说　　明
value	必需。用于检查错误值 #N/A 的参数
value_if_na	必需。公式计算结果为错误值 #N/A 时要返回的值

函数说明：

① 如果 value 或 value_if_na 是空单元格，则 IFNA 将其视为空字符串值（""）。

② 如果 value 是数组公式，则 IFNA 为 value 中指定区域的每个单元格以数组形式返回结果。

【例 18-7】IFNA 函数在查找不到指定的值时返回指定文本

如图 18-63 所示，在 G3 单元格中输入以下公式：

```
=VLOOKUP(6388650,A1:D9,2,FALSE)
```

这个公式表示在 A1:D9 单元格区域第一列中精确查找“6388650”，结果返回与之匹配的第 2 列对应单元格的值。如果在第一列查找不到，结果返回错误值。

因为查找不到指定的值，所以 G3 公式显示的结果为：#N/A。

如果要将查找不到返回的结果显示为文本“未找到”，可以使用 IFNA 函数，如图 18-64 所示，在 G3 单元格中输入以下公式：

```
=IFNA(VLOOKUP(6338650,A1:D9,2,FALSE),"未找到")
```

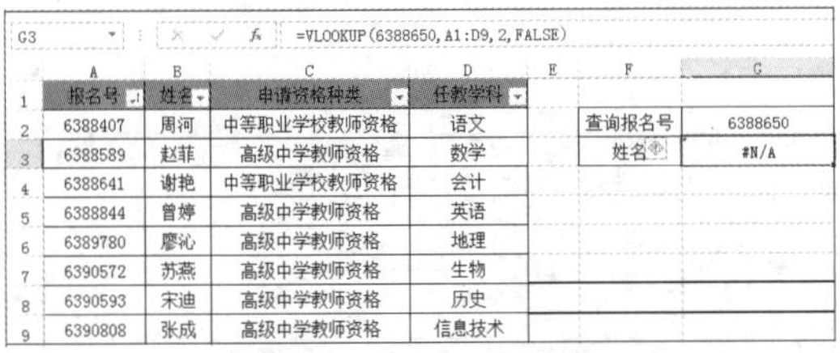
G3　=VLOOKUP(6388650,A1:D9,2,FALSE)

	A	B	C	D	E	F	G
1	报名号	姓名	申请资格种类	任教学科			
2	6388407	周河	中等职业学校教师资格	语文		查询报名号	6388650
3	6388589	赵菲	高级中学教师资格	数学		姓名	#N/A
4	6388641	谢艳	中等职业学校教师资格	会计			
5	6388844	曾婷	高级中学教师资格	英语			
6	6389780	廖沁	高级中学教师资格	地理			
7	6390572	苏燕	高级中学教师资格	生物			
8	6390593	宋迪	高级中学教师资格	历史			
9	6390808	张成	高级中学教师资格	信息技术			

图 18-63　VLOOKUP 函数查找不到指定的值返回错误

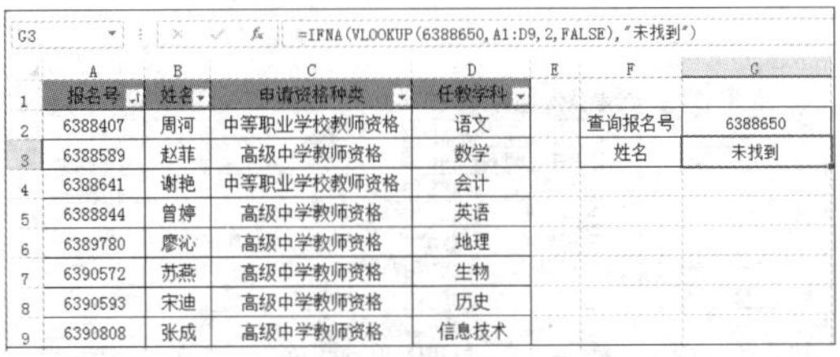
G3　=IFNA(VLOOKUP(6388650,A1:D9,2,FALSE),"未找到")

	A	B	C	D	E	F	G
1	报名号	姓名	申请资格种类	任教学科			
2	6388407	周河	中等职业学校教师资格	语文		查询报名号	6388650
3	6388589	赵菲	高级中学教师资格	数学		姓名	未找到
4	6388641	谢艳	中等职业学校教师资格	会计			
5	6388844	曾婷	高级中学教师资格	英语			
6	6389780	廖沁	高级中学教师资格	地理			
7	6390572	苏燕	高级中学教师资格	生物			
8	6390593	宋迪	高级中学教师资格	历史			
9	6390808	张成	高级中学教师资格	信息技术			

图 18-64　IFNA 函数返回指定文本

这个公式表示在 A1:D9 单元格区域第一列精确查找“6388650”，结果返回与之匹配的第 2 列对应单元格的值，如果查找不到指定的值，结果返回“未找到”。

因为查找不到指定的值，所以结果显示为“未找到”。

18.5.3　AND 函数检验是否所有参数均为 TRUE

功能：当所有参数的逻辑值为 TRUE（真）时，返回 TRUE；只要一个参数的逻辑值为 FALSE（假），即返回 FALSE。

语法格式：AND(logical1, [logical2], ...)

参数：

参　　数	说　　明
logical1	必需。要测试的第一个条件，其计算结果可以为 TRUE 或 FALSE
logical2, ...	可选。要测试的其他条件，其计算结果可以为 TRUE 或 FALSE，最多可包含 255 个条件

函数说明：

① 参数必须是逻辑值（如 TRUE 或 FALSE），或者是包含逻辑值的数组或引用。

② 如果数组或者引用参数中包含文本或空白单元格，这些值将被忽略。

③ 如果指定的单元格区域内包括非逻辑值，AND 将返回错误值 #VALUE!。

AND 函数示例如图 18-65 所示。

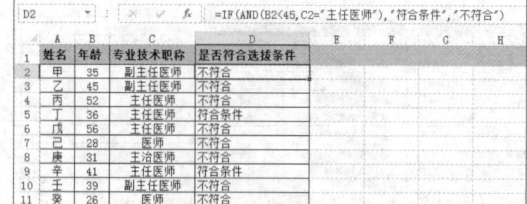

图 18-65　AND 函数示例

【例 18-8】利用 AND 函数筛选符合多个条件的结果

在图 18-66 所示的工作表中，如果要筛选"年龄"在 35 岁以上，专业技术职务为"主任医师"的员工并在 D 列中用公式标识出结果，可以在 D2 单元格输入以下公式并向下填充：

```
=AND(B2>=35,C2="主任医师")
```

上面这个公式，AND 函数的两个参数分别是"B2>=35"和"C2="主任医师""。只有两个参数都为真，结果才返回 TRUE，即筛选出来的结果。否则返回 FALSE。为了便于理解，在 E 列中显示出公式的结果，如图 18-67 所示。

【例 18-9】使用 AND 函数判断是否同时具备多个条件

AND 函数在逻辑上称之为"与运算"。在进行条件多条件的判断时，可以将 AND 函数作为 IF 函数的一个参数，来实现多条件的同时判断。如图 18-67 所示，某科室要选拔 45 岁以下并且专业技术职称为"主任医师"的人竞选科室负责人，要快速判断是否符合竞选条件，可在 D2 单元格输入如下公式：

```
=IF(AND(B2<45,C2="主任医师"),"符合条件","不符合")
```

图 18-66　AND 函数筛选符合多个条件的结果　　　图 18-67　AND 函数判断是否符合选拔条件

上面这个公式，最外层是 IF 函数，AND 函数作为 IF 函数的判断表达式，如果 AND 函数为真，则显示"符合条件"；如果 AND 函数为假，则显示"不符合"。

将 D2 单元格公式向下填充至 D11 单元格，即可显示是否符合选拔条件。

18.5.4　OR 函数进行"或运算"判断

功能：在其参数组中，任何一个参数逻辑值为 TRUE，即返回 TRUE；如果所有条件参数的逻辑值为 FALSE，则返回 FALSE。

语法格式：OR(logical1, [logical2], ...)

参数：

参　　数	说　　明
logical1	必需。为需要进行测试的第一个条件
logical2...	可选。为 2 到 255 个需要进行测试的条件，测试结果可以为 TRUE 或 FALSE

函数说明：

① 参数必须是逻辑值，如 TRUE 或 FALSE，或者是包含逻辑值的数组或引用。

② 如果数组或者引用参数中包含文本或空白单元格，这些值将被忽略。

③ 如果指定的区域中不包含逻辑值，函数 OR 返回错误值#VALUE!。

OR 函数示例如图 18-68 所示。

【例 18-10】OR 函数作为 IF 函数的参数判断是否聘用员工

如图 18-69 所示的工作表是对新进员工试用期的考核成绩，如果规定每个员工的两个考核数据中只要有一个大于“60”，该员工可以“聘用”，否则“辞退”。选中 D2 单元格，输入公式并向下填充：

=IF(OR(B2>60,C2>60),"聘用","辞退")

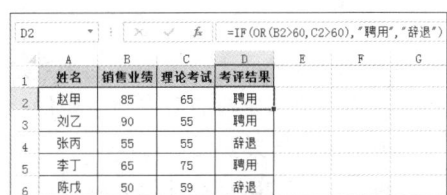

图 18-68　OR 函数示例　　　　　　图 18-69　OR 函数参与判断员工是否聘用

上面这个公式，最外层是 IF 函数，OR 函数作为 IF 函数的判断表达式，如果 OR 函数其中一个参数为真，则显示“聘用”；如果 OR 函数的两个参数都为假，则显示“辞退”。

18.5.5　NOT 函数对参数的逻辑值求反

功能：对参数的逻辑值求反。参数的逻辑值为 TRUE 时返回 FALSE；参数的逻辑值为 FALSE 时返回 TRUE。如果要确定一个值不等于某一特定值时，可以使用 NOT 函数。

语法格式：NOT (logical)

参数：

logical：必需。计算结果为 TRUE 或者 FALSE 的任何值或逻辑表达式。

NOT 函数示例如图 18-70 所示。

【例 18-11】NOT 函数查找除指定条件以外符合条件的结果

如图 18-71 所示，如果要标识“功能科”和“检验科”以外的其他部门中工龄 15 年以上，专业技术职称为“主任医师”的人员，可以在 E2 单元格输入以下公式后向下填充：

=AND(NOT(OR(B2="功能科",B2="检验科")),C2>15,D2="主任医师")

上边这个公式，最外层是 AND 函数，NOT 函数作为 AND 函数的判断表达式对 OR 函数表达式的原有逻辑值求反，即“功能科”和“检验科”以外的科室。再加上工龄和专业技术职称条件，即可将除"功能科"和"检验科"以外符合条件的员工标识出来。

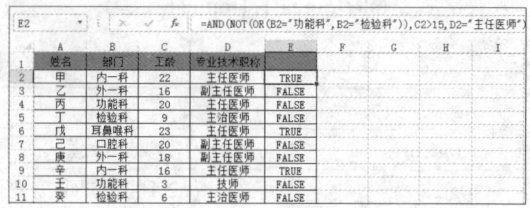

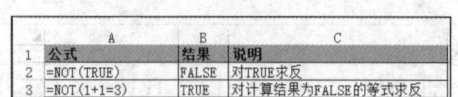

图 18-70　NOT 函数示例　　　　　　　　　　　图 18-71　NOT 函数应用实例

18.6　数学和三角函数

在使用 Excel 的过程中，时常会用到函数来计、算、统计、分析表格中的数据。利用数学和三角函数，可以进行简单的计算，例如对数字取整、计算单元格区域中的数值总和、平均值等。常用的数学和三角函数包括 SUM 函数、SUMIF 函数、SUMPRODUCT 函数等。

18.6.1　SUM 将参数求和

SUM 函数是 Excel 中使用最多的函数之一。

功能：将指定为参数的所有数字相加。每个参数都可以是区域、单元格引用、数组、常量、公式或另一个函数的结果。

语法格式：SUM(number1,[number2],...))

参数：

参　　数	说　　明
number1	必需。number1 为要相加的第一个数值参数
number2...	可选。number2...为要相加的 2 到 255 个数值参数

函数说明：

① 每个参数可以是区域、单元格引用、数组、常量、公式或另一个函数的结果。

② 如果参数是一个数组或引用，则只计算其中的数字。数组或引用中的空白单元格、逻辑值或文本将被忽略。

SUM 函数示例如图 18-72 所示。

【例 18-12】使用 SUM 函数对工作表中连续区域数值进行求和

如果要对图 18-73 所示的工作表中 1～6 月家电销售求和，操作步骤如下。

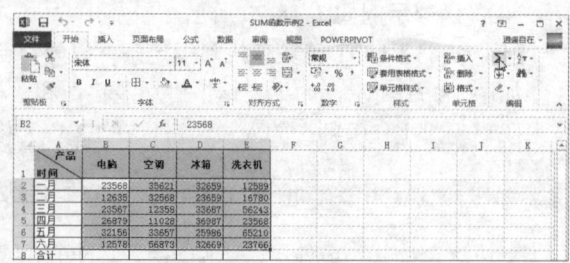

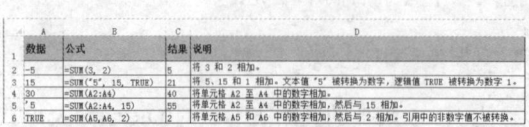

图 18-72　SUM 函数示例 1　　　　　　　　　　图 18-73　SUM 函数应用实例

1 选中单元格区域 B2:E7。

2 单击"开始"选项卡的"编辑组"中的"自动求和"按钮 **Σ** 或按下<Alt+=>组合键，即可为选定区域分别向下求和，结果显示在 B8:E8 单元格区域中。

【例 18-13】SUM 函数对不连续单元格或区域求和

如图 18-74 所示，如果要将 B2、B4 以及单元格区域 D3:D4、F2:F4 中的数据之和放入单元格 A5 中，具体操作如下。

选定单元格 A5，在 A5 单元格中输入如下公式：

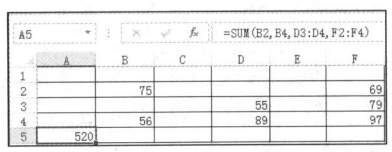

图 18-74　SUM 函数对不连续区域求和

=SUM(B2, B4, D3:D4, F2:F4)

该公式将选定的不连续单元格或区域的数值求和，结果为 520。

 在输入公式的过程中，选定单元格或单元格区域时，按住<Ctrl>键可以不用手工键入"，"（逗号）。

18.6.2　SUMIF 对满足条件的单元格求和

功能：使用 SUMIF 函数可以对区域中符合指定条件的值求和。

语法格式：SUMIF (range, criteria, [sum_range])

参数：

参　　数	说　　明
range	必需。用于条件计算的单元格区域，每个区域中的单元格必须是数字或名称、数组或包含数字的引用。空值和文本值将被忽略
criteria	必需。用于确定对哪些单元格求和的条件，其形式可以为数字、表达式、单元格引用、文本或函数。任何文本条件或任何含有逻辑或数学符号的条件都必须使用双引号括起来。如果条件为数字，则无需使用双引号
sum_range	可选。要求和的实际单元格

函数说明：

① 可以在 criteria 参数中使用通配符[包括问号（？）和星号（*）]。问号匹配任意单个字符；星号匹配任意一串字符。如果要查找实际的问号或星号，可在该字符前键入波形符 (~)。

② 使用 SUMIF 函数如果匹配超过 255 个字符的字符串时，将返回不正确的结果#VALUE!。

【例 18-14】SUMIF 函数统计"手机价格"高于或等于 3 500 的手机数量

如图 18-75 所示，要在工作表中统计"手机价格"高于或等于 3 500 的手机数量，可在单元格 C2 中输入图中所示公式，该公式计算结果为 7 635。

【例 18-15】SUMIF 函数按销售类别进行分类统计

如图 18-76 所示，在工作表中分别统计"水果"类别下所有食物的销售额之和，"蔬菜"类别下所有食物的销售额之和，以"西"开头的所有食物的销售之和，未指定类别的所有食物的销售之和，可使用 SUMIF 函数按销售类别分别进行分类统计。

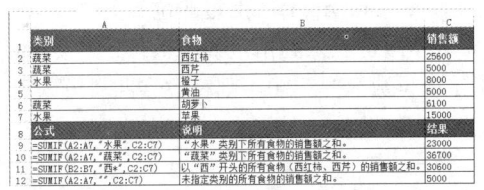

图 18-75　SUMIF 函数示例　　　　　　　　图 18-76　SUMIF 函数进行分类求和

18.6.3 INT 将数字向下舍入到最接近的整数

功能：将数字向下舍入到最接近的整数。

语法格式：INT(number)

参数：

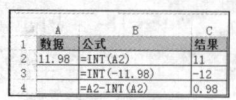

number：必需。即需要向下舍入取整的任意实数。

INT 函数示例如图 18-77 所示。

	A	B	C
1	数据	公式	结果
2	11.98	=INT(A2)	11
3		=INT(-11.98)	-12
4		=A2-INT(A2)	0.98

图 18-77　INT 函数示例

18.6.4 RAND 返回 0 到 1 之间的随机数

功能：返回大于或等于 0 及小于 1 的均匀分布随机实数，每次计算工作表时都将返回一个新的随机实数。

语法格式：RAND ( )

注意：RAND 函数语法没有参数。

函数说明：

如果要生成 a 与 b 之间的随机实数，可使用：AND()*(b-a)+a。如果要使用函数 RAND 生成一个不随单元格计算而改变随机数，可以单元格中输入“=RAND()”，保持编辑状态，然后按<F9>键，将公式永久性地改为随机数。

RAND 函数示例如图 18-78 所示。

	A	B
1	公式	说明
2	=RAND()	介于0到1之间的一个随机实数
3	=RAND()*(100-1)+1	介于1到100之间的一个随机实数
4	0.228983661988738	输入“=RAND()”，在编辑状态下按“F9”键，生成不随单元格计算而改变的随机数

图 18-78　RAND 函数示例

18.6.5 ROUND 将数字按指定的位数四舍五入

功能：ROUND 函数将数字按指定的位数四舍五入。

语法格式：ROUND(number, num_digits)

参数：

参　数	说　明
number	必需。要四舍五入的数字
num_digits	必需。要进行四舍五入运算的位数

函数说明：

如果 num_digits（指定的位数）大于 0（零），则将数字四舍五入到指定的小数位；如果 num_digits（指定的位数）等于 0，则将数字四舍五入到最接近的整数；如果 num_digits（指定的位数）小于 0，则在小数点左侧进行四舍五入。

ROUND 函数示例如图 18-79 所示。

	A	B	C
1	公式	说明	结果
2	=ROUND(3.15, 1)	将 3.15 四舍五入到一个小数位	3.2
3	=ROUND(3.149, 1)	将 3.149 四舍五入到一个小数位	3.1
4	=ROUND(-2.575, 2)	将 -2.575 四舍五入到两个小数位	-2.58
5	=ROUND(21.5, -1)	将 21.5 四舍五入到小数点左侧一位	20
6	=ROUND(1.98,-1)	将1.98四舍五入为最接近的10的倍数	0
7	=ROUND(-50.55,-2)	将-50.55四舍五入为最接近的100的倍数	-100
8	=ROUND(510.5,-3)	将510.5四舍五入为最接近的1000的倍数	1000

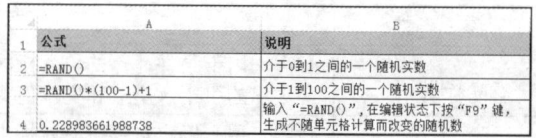

图 18-79　ROUND 函数示例

18.6.6　ABS 返回数值的绝对值

功能：返回给定数值的绝对值，即不带符号的数值。

语法格式：ABS(number)

参数：

number：必需。即需要计算其绝对值的实数。

ABS 函数示例如图 18-80 所示。

	A	B	C
1	数据	公式	说明（结果）
2	-6	=ABS(A2)	-6的绝对值（6）
3	6	=ABS(A3)	6的绝对值（6）
4		=ABS(0)	0的绝对值（0）
5		=ABS(A2*A3)	-6乘以6的绝对值（36）

图 18-80　ABS 函数示例

18.6.7　MOD 返回两数相除的余数

功能：返回两数相除的余数。结果的符号与除数相同。

语法格式：MOD(number, divisor)

参数：

参　　数	说　　明
number	必需。被除数
divisor	必需。除数

函数说明：

如果 divisor（除数）为零，函数 MOD 返回错误值#DIV/0!。

MOD 函数示例如图 18-81 所示。

【例 18-16】借助 MOD 函数快速填充身份证号码对应的性别

身份证号码中出生日期之后是 3 位数字顺序码，奇数代表男性，偶数代表女性，可以通过 MOD 函数判断奇偶性来判断性别。

如图 18-82 所示，要在 C 列填充身份证号码对应的性别，在 C2 单元格输入以下公式然后向下填充即可判断性别。

```
=IF(MOD(MID(B2,15,3),2),"男","女")
```

上面公式是嵌套函数，先利用 MID 函数从身份证号码左边 15 字符开始提取 3 个字符，然后将提取的数字除以 2 用 MOD 函数判断余数的奇偶性，最后由 IF 函数判断出性别，奇数为男，偶数为女。

	A	B	C
1	公式	结果	说明
2	=MOD(3, 2)	1	3/2 的余数（1）
3	=MOD(-3, 2)	1	-3/2 的余数。符号与除数相同（1）
4	=MOD(3, -2)	-1	3/-2 的余数。符号与除数相同（-1）
5	=MOD(-3, -2)	-1	-3/-2 的余数。符号与除数相同（-1）

图 18-81　MOD 函数示例

C2 　｜　× ✓ fx　=IF(MOD(MID(B2,15,3),2),"男","女")

	A	B	C	D
1	姓名	身份证号码	性别	
2	甲	51302919891****1236	男	
3	乙	51302119911****1389	女	
4	丙	51303019871****1625	女	
5	丁	51302119861****0203	女	
6	戊	513022197911***299x	男	

图 18-82　借助 MOD 函数判断身份证号性别

18.7　文本函数

文本函数是在公式中处理文字串的函数，主要用于查找、提取文本中的特定字符、转换数据类型以及对文本数据格式化处理。例如，改变大小写或确定文字串的长度。将日期插入文字串或连接在文字串上等。

18.7.1 FIND 函数查找指定字符在一个字符串中的位置

功能：在第二个文本串中定位第一个文本串，返回第一个文本串的起始位置的值，该值从第二个文本串的第一个字符算起。

语法格式：FIND(find_text, within_text, [start_num])

参数：

参　　数	说　　明
find_text	必需。要查找的文本
within_text	必需。包含要查找文本的文本
start_num	可选。指定开始查找的字符，如果省略 start_num，表示从左侧第一个字符开始查找

函数说明：

① FIND 函数区分大小写，不允许使用通配符。

② 如果 find_text（目标字符）为空文本("")，则 FIND 会匹配搜索字符串中的首字符（即编号为 start_num 或 1 的字符）。

FIND 函数示例如图 18-83 所示。

其中第 4 个公式使用 FIND 函数嵌套作为第三参数的值，表示从目标字符第 1 次出现位置的后一个字符开始查找，因此需要在 FIND 函数的结果后加 1，得到第 2 次出现的位置。

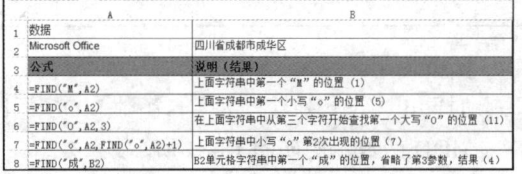

图 18-83　FIND 函数示例

18.7.2 LEFT 函数提取文本值左边指定的字符数

功能：LEFT 从文本字符串的第一个字符开始返回指定个数的字符。

语法格式：LEFT(text, [num_chars])

参数：

参　　数	说　　明
text	必需。包含要提取的字符的文本字符串
num_chars	可选。指定要由 LEFT 提取的字符的数量

函数说明：

① num_chars（要提取的字符数）必须大于或等于零。

② 如果 num_chars（要提取的字符数）大于文本长度，则 LEFT 返回全部文本。

③ 如果省略 num_chars（要提取的字符数），则假设其值为 1。

LEFT 函数示例如图 18-84 所示。

【例 18-17】利用 LEFT 函数从地址中提取所属省市名称

利用 LEFT 函数可以从地址中提取所属省市名称，如图 18-85 所示。

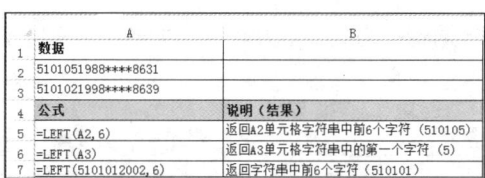

	A	B	C
1	地址	所属省（市）公式	结果
2	重庆市渝北区龙溪镇松牌路104号(可修SMART TV)	=LEFT(A2,3)	重庆市
3	四川省成都市金堂县朝阳街1号	=LEFT(A3,3)	四川省
4	北京市通州区玉带河东街81号	=LEFT(A4,3)	北京市
5	广东省广州市天河区体育东路122号羊城国际贸易中心	=LEFT(A5,3)	广东省

图 18-84　LENT 函数示例　　　　　　　　　　图 18-85　LEFT 函数实例

18.7.3　MID 从字符串指定位置开始提取指定数量的字符

功能：返回文本字符串中从指定位置开始的指定数目的字符。

语法格式：MID(text,start_num,num_chars)

参数：

参　　数	说　　明
text	必需。包含要提取字符的文本字符串
start_num	必需。文本中第一个要提取字符的位置。文本中第一个字符的位置为 1，依次类推
num_chars	必需。希望 MID 从文本中返回字符的个数

函数说明：

① 如果 start_num（第一个要提取字符的位置）大于文本长度，MID 则返回空文本("")。

② 如果 start_num（第一个要提取字符的位置）小于文本长度，但 start_num（第一个要提取字符的位置）加上 num_chars（返回字符个数）超过了文本的长度，MID 则只返回直到文本末尾的字符。

③ 如果 start_num（第一个要提取字符的位置）小于 1，MID 则返回错误值#VALUE!。

④ 如果 num_chars（返回字符个数）是负数，MID 则返回错误值#VALUE!。

MID 函数的示例如图 18-86 所示。

【例 18-18】利用 MID 函数从身份证号码中提取出生日期

现在使用的是第二代 18 位数身份证号码，从第 7 位开始的 8 位数字代表出生日期，利用 MID 函数可以提取身份证号码中的出生日期，如图 18-87 所示。

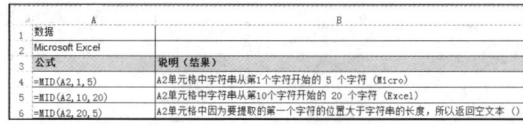

	A	B	C
1	身份证号码	公式	出生日期(公式显示结果)
2	51010519880828***X	=MID(A2,7,8)	19880828
3	51010520120515***2	=MID(A3,7,8)	20120515

图 18-86　MID 函数示例　　　　　　　　　图 18-87　MID 函数提取出生日期示例

18.7.4　LEN 返回文本字符串中的字符数

功能：返回文本字符串中的字符数。

语法格式：LEN(text)

参数：

text：必需。要查找其长度的文本（空格将作为字符计数）。

LEN 函数示例如图 18-88 所示。

当日期以引用的方式用 LEN 函数计算字符数会将日期转换为数字进行计算，如图 18-89 所示。

	A	B	C
1	数据	公式	说明（结果）
2	Microsoft Office Excel	=LEN(A2)	第一个字符串的长度（22）
3		=LEN(A3)	第二个字符串的长度（0）
4	Excel	=LEN(A4)	第三个字符串的长度，其中包括6个空格（11）

图 18-88　LEN 函数示例

A2　2012/2/2

	A	B	C
1	数据	公式	说明(结果)
2	2012/2/2	=LEN(A2)	A2代表的日期值为40941，所以字符数为（5）
3		=LEN("2012/2/2")	文本"2012/2/2"字符数为（8）
4		=LEN(2012/2/2)	算式（2012/2/2)的结果为503，所以字符数为（3）

图 18-89　LEN 函数示例 2

18.7.5　RIGHT 从最后一个字符开始返回指定个数字符

功能：根据所指定的字符数返回文本字符串中最后一个或多个字符。

语法格式：RIGHT(text,[num_chars])

参数：

参　数	说　明
text	必需。包含要提取字符的文本字符串
num_chars	可选。指定要 RIGHT 提取的字符的数量

函数说明：

① num_chars（指定提取的字符数）必须大于或等于 0。

② 如果 num_chars（指定提取的字符数）大于文本长度，RIGHT 则返回所有文本。

③ 如果忽略 num_chars（指定提取的字符数），则假定其值为 1。

RIGHT 函数示例如图 18-90 所示。

【例 18-19】利用 RIGHT 函数从带区号的固定电话号码中提取区号后的电话号码

如图 18-91 所示，在 B2 单元格中输入以下公式并向下填充即可。

```
=RIGHT(A2,LEN(A2)-FIND("-",A2))
```

上面公式中，返回的字符数量通过 LEN 函数和 FIND 函数来完成。LEN 函数可以获取字符串长度，FIND 函数可以查找指定字符的位置，通过字符串长度与 FIND 函数找到的短横线“-”所在位置的差值，得到短横线“-”右侧字符串长度，最后利用 RIGHT 函数提取这部分内容，结果如图 18-91 所示。

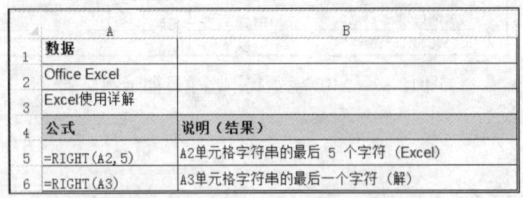

	A	B
1	数据	
2	Office Excel	
3	Excel使用详解	
4	公式	说明（结果）
5	=RIGHT(A2,5)	A2单元格字符串的最后 5 个字符（Excel）
6	=RIGHT(A3)	A3单元格字符串的最后一个字符（解）

图 18-90　RIGHT 函数示例

	A	B	C
1	带区号的固定电话号码	公式	显示结果
2	010-68812356	=RIGHT(A2,LEN(A2)-FIND("-",A2))	68812356
3	023-61234567	=RIGHT(A3,LEN(A3)-FIND("-",A3))	61234567
4	0750-87654321	=RIGHT(A4,LEN(A4)-FIND("-",A4))	87654321
5	0818-2356789	=RIGHT(A5,LEN(A5)-FIND("-",A5))	2356789

图 18-91　使用 RIGHT 函数提取固定电话号码

18.7.6　利用 REPLACE 替换文本内的字符

功能：使用其他文本字符串并根据所指定的字符数，替换某文本字符串中的部分文本。

语法格式：REPLACE(old_text,start_num,num_chars,new_text)

参数：

参　　数	说　　明
old_text	必需。要替换其部分字符的文本
start_num	必需。替换的起始位置
num_chars	必需。替换的字符数
new_text	必需。用于替换的文本字符串

提示　REPLACE 函数的第 3 个参数如果取值为“0”，就变为插入字符串。

假定 A1 单元格的内容为“Excel 使用详解”，要插入“2013”将字符串改为“Excel 2013 使用详解”，可以使用以下公式。

```
=REPLACE(A1,6,0,"2013")
```

上面公式中，由于第 3 个参数为 0，所以从第 6 字符开始插入 2013，结果为“Excel 2013 使用详解”。

REPLACE 示例如图 18-92 所示。

【例 18-20】利用 REPLACE 函数隐藏身份证号码中的出生日期

实名制火车票会标示出乘车人的姓名和个人身份证号码，为了避免持票人隐私外泄，可以使用 REPLACE 函数把表示出生日期的四个数字用“****”替代。如图 18-93 所示，在 B2 单元格中输入下面的公式后向下填充即可：

```
=REPLACE(A2,11,4,"****")
```

第二代身份证是 18 位数，排列顺序从左至右依次为：6 位数字地址码，8 位数字出生日期码，3 位数字顺序码和 1 位数字校验码。上面的公式中，从身份证号的第 11 位（表示出生的月份）开始，用 4 个*号替换出生的月份和日期这 4 个字符，显示的效果如图 18-93 所示。

	A	B	C
1	数据	公式	说明（结果）
2	QWERTYUIOPASD	=REPLACE(A2,6,5,"*")	从第六个字符开始替换五个字符（QWERT*ASD）
3	2010	=REPLACE(A3,4,1,"3")	用 3 替换 2010的最后一位数（2013）
4	123163	=REPLACE(A4,1,3,"@")	用 @ 替换前三个字符（@163）

图 18-92　REPLACE 函数示例

	A	B	C
1	虚拟的身份证号码	公式	显示效果
2	110109201505265639	=REPLACE(A2,11,4,"****")	1101092015****5639
3	21101120150101365X	=REPLACE(A3,11,4,"****")	2110112015****365X
4	310100201511116321	=REPLACE(A4,11,4,"****")	3101002015****6321
5	370683201508086526	=REPLACE(A5,11,4,"****")	3706832015****6526

图 18-93　REPLACE 实例

18.7.7　SUBSTITUTE 用新文本替换指定文本

功能：在文本字符串中用新文本字符替换指定文本字符串。

语法格式：SUBSTITUTE (text, old_text, new_text, [instance_num])

参数：

参　　数	说　　明
text	需要替换其中指定字符的文本。包括对含有文本的单元格的引用
old_text	必需。需要替换的旧文本字符串
new_text	必需。用于替换指定文本字符串的文本
instance_num	可选。如果需要替换的目标在字符串中多次出现，在省略的情况下可以全部替换，如果指定数值，则表示只有满足要求的文本被替换

例如要用公式将"2013-1-1"改为 2013 年 1 月 1 日，假定"2013-1-1"在 A5 单元格，可以使用以下公式：

```
=SUBSTITUTE(SUBSTITUTE(A5,"-","年",1),"-","月")&"日"
```

上面公式是一个嵌套函数。公式中第一个参数 SUBSTITUTE(A5,"-","年",1)部分，因为第 4 参数值为 1，所以只将第一次出现的短横线"-"替换为年，这部分结果为"2013 年 1-1"，再将短横线"-"替换为月，最后再加上日，得到最终结果。

SUBSTITUTE 函数示例如图 18-94 所示。

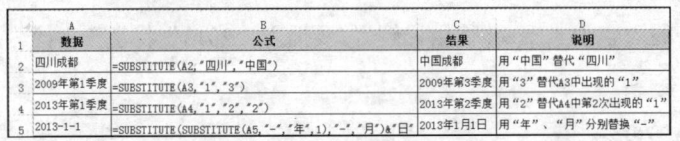

	A	B	C	D
1	数据	公式	结果	说明
2	四川成都	=SUBSTITUTE(A2,"四川","中国")	中国成都	用"中国"替代"四川"
3	2009年第1季度	=SUBSTITUTE(A3,"1","3")	2009年第3季度	用"3"替代A3中出现的"1"
4	2013年第1季度	=SUBSTITUTE(A4,"1","2","2")	2013年第2季度	用"2"替代A4中第2次出现的"1"
5	2013-1-1	=SUBSTITUTE(SUBSTITUTE(A5,"-","年",1),"-","月")&"日"	2013年1月1日	用"年"、"月"分别替换"-"

图 18-94　SUBSTITUTE 函数示例

18.7.8　TEXT 根据指定的数值格式将数字转换为文本

功能：将数值转换为文本，还可以使用特殊格式字符串指定显示格式。

语法格式：TEXT(value,format_text)

参数：

参　　数	说　　明
value	必需。可以是数值、计算结果为数值的公式，或对包含数值的单元格的引用
format_text	必需。用于指定格式代码，使用双引号括起来作为文本字符串的数字格式，例如，"m/d/yyyy" 或 "#,##0.00"

函数说明：

① format_text（文本字符串数字格式）参数不能包含星号 (*)。

② 使用 TEXT 函数将数值转换为带格式的文本，此时无法将结果当作数字来执行计算。若要设置某个单元格的格式以使得其值仍保持为数字，可右键单击该单元格，选择"设置单元格格式"，然后在"设置单元格格式"对话框的"数字"选项卡上设置所需的格式选项。

如图 18-95 所示，A 列为数值，B 列为格式代码，在 C2 单元格中输入以下公式并向下填充：

```
=TEXT (A2,B2)
```

即可使用自定义格式代码转换数值。

【例 18-21】使用 TEXT 函数按条件转换格式

如图 18-96 所示，假定要在 B 列单元格中对 A 列单元格中的数据对象按如下条件进行判断：当 A 列单元格中的数据大于 0 时，按四舍五入保留一位小数显示；等于 0 时，显示短横线"-"；小于 0 时进位到整数显示；如果 A 列单元格中是文本而不是数值，则返回"错误"，可以使用以下公式：

```
=TEXT(A1,"0.0;-#;-;错误")
```

上面公式中，TEXT 函数的第 2 参数中使用了 4 种格式代码，用分号间隔，每个格式代码分别对应了大于 0、等于 0、小于 0 和文本型数据所需匹配的格式。

在 B2 单元格中输入以上公式然后向下进行填充即可。

C2　=TEXT(A2,B2)

数值	格式代码	转换后
1234.56	####.#	1234.6
12.6	#.000	12.600
123.456	#	123
12345	[DBNum1]	一万二千三百四十五
23456	[DBNum2]	贰万叁仟肆佰伍拾陆
2012/3/5	mmm d,yyyy	Mar 5,2012
32687	aaaa	星期三

图 18-95　TEXT 函数示例

数据	公式	结果
12.26	=TEXT(A2,"0.0;-#;-;错误")	12.3
-3.6	=TEXT(A3,"0.0;-#;-;错误")	-4
0.89	=TEXT(A4,"0.0;-#;-;错误")	0.9
-6.31	=TEXT(A5,"0.0;-#;-;错误")	-6
0	=TEXT(A6,"0.0;-#;-;错误")	-
文本	=TEXT(A7,"0.0;-#;-;错误")	错误
Excel	=TEXT(A8,"0.0;-#;-;错误")	错误

图 18-96　按条件转换格式

【例 18-22】利用 TXET 函数和 LEFT 函数组合统一编号位数

利用 TXET 函数和 LEFT 函数组合可以将不同位数的编号设置为统一位数。如图 18-97 所示的工作表，A 列的编号是字母和数字的组合，字母不同，编号的位数不同，如果保留编号的字母将编号统一为 6 位数，可以在 B2 单元格中输入以下公式，然后向下填充：

```
=LEFT(A2)&TEXT(RIGHT(A2,LEN(A2)-1),"00000")
```

上面这个公式，用 LEFT 函数提取文本值左边第一个字符，即编号的字母，用 TEXT 函数将数值显示为自定义格式，TEXT 函数的第一个参数为 RIGHT 嵌套函数，表示从最后一个字符开始返回指定的数字符，因为左边第一个字符已经提取，所以 RIGHT 函数的第二个参数为"LEN(A2)-1"，表示提取从最后一个字符开始到左边第 2 个字符的字符串，第三个参数"00000"表示将第二个参数提取的文本转换为 5 位数格式，LEFT 函数和 RIGHT 函数连接在一起，则将 A 列中的编号统一为 6 位数编号。

B2　=LEFT(A2)&TEXT(RIGHT(A2,LEN(A2)-1),"00000")

编号	统一为6位数编号
A01	A00001
B123	B00123
F35	F00035
B019	B00019
C0036	C00036
K189	K00189
C117	C00117
A9	A00009
D088	D00088

图 18-97　TEXT 函数实例

18.8　日期与时间函数

日期与时间是 Excel 的主要数据类型之一，Excel 提供了大量的日期函数来分析和处理日期值和时间这类数据。

18.8.1　YEAR 返回日期的年份值

功能：返回某日期对应的年份。返回值为 1 900 到 9 999 之间的整数。

语法格式：YEAR(serial_number)

参数：

serial_number：必需。为一个日期值，其中包含要查找年份的日期。

函数说明：

① Excel 可将日期存储为可用于计算的序列号。默认情况下，1900 年 1 月 1 日的序列号是 1，而 2013 年 1 月 1 日的序列号是 41275，这是因为它距 1900 年 1 月 1 日有 41275 天。

② 日期值的输入有以下几种方式：

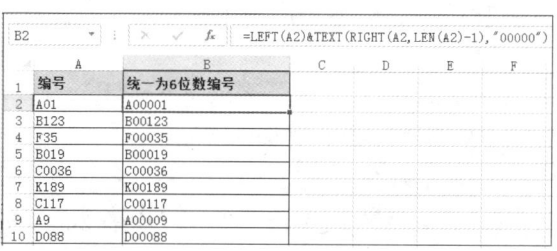

带引号的文本串，例如：

=YEAR("2013/01/30")

系列数，例如：

=YEAR(41275)

其他公式或函数的结果输入。例如：

=YEAR(DATE(2013，5，25))

YEAR 函数示例如图 18-98 所示。

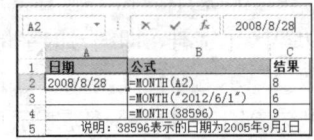

	A	B	C	D
1	日期	公式	结果	说明
2	2008/8/8	=YEAR(A2)	2008	单元格A2中日期的年份
3	2012-5-1	=YEAR(A3)	2012	单元格A3中日期的年份
4	41275	=YEAR(A4)	2013	单元格A4中所代表日期的年份
5		=YEAR("2013/5/1")	2013	带引号文本输入日期
6		=YEAR(DATE(2011,1,1))	2011	用其他函数的结果输入日期

图 18-98　YEAR 函数示例

18.8.2　MONTH 返回月份值

功能：返回以序列号表示的日期中的月份。月份是介于 1（一月）到 12（十二月）之间的整数。

语法格式：MONTH(serial_number)

参数：

serial_number：必需。表示一个日期值，其中包含要查找的月份。

MONTH 函数示例如图 18-99 所示。

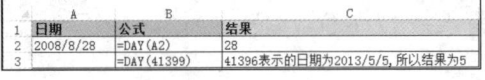

	A	B	C
	A2		2008/8/28
1	日期	公式	结果
2	2008/8/28	=MONTH(A2)	8
3		=MONTH("2012/6/1")	6
4		=MONTH(38596)	9
5	说明：38596表示的日期为2005年9月1日		

图 18-99　MONTH 函数示例

18.8.3　DAY 返回一个月中第几天的数值

功能：返回以序列号表示的某日期的天数，用整数 1 到 31 表示。

语法格式：DAY(serial_number)

参数：

serial_number：必需。要查找的那一天的日期。

DAY 函数示例如图 18-100 所示。

	A	B	C
1	日期	公式	结果
2	2008/8/28	=DAY(A2)	28
3		=DAY(41399)	41396表示的日期为2013/5/5,所以结果为5

图 18-100　DAY 函数示例

18.8.4　DAYS 函数返回两个日期之间的天数

功能：返回两个日期之间的天数。

语法格式：DAYS(end_date, start_date)

参数：

参　　数	说　　明
end_date	必需。end_date 是用于计算期间天数的终止日期
start_date	必需。start_date 是用于计算期间天数的开始日期

DAYS 函数示例如图 18-101 所示。

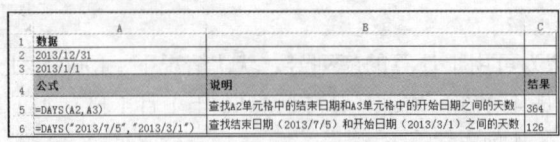

	A	B	C
1	数据		
2	2013/12/31		
3	2013/1/1		
4	公式	说明	结果
5	=DAYS(A2,A3)	查找A2单元格中的结束日期和A3单元格中的开始日期之间的天数	364
6	=DAYS("2013/7/5","2013/3/1")	查找结束日期（2013/7/5）和开始日期（2013/3/1）之间的天数	126

图 18-101　DAYS 函数示例

说明　DAYS 函数是 Excel 2013 中新增的函数。当直接在函数中输入日期时，需要将输入日期加上英文状态下的双引号。

18.8.5　DATE 返回特定日期的序列号

功能：返回代表特定日期的序列号。如果在输入函数前，单元格格式为"常规"，结果将设为日期格式。

语法格式：DATE(year,month,day)

参数：

参　　数	说　　明
year	必需。表示年份，可以为 1 到 4 位数字
month	必需。代表每年中月份的数字
day	必需。一个正整数或负整数。表示一月中从 1 日到 31 日的各天

函数说明：

① Excel 将根据所使用的日期系统来解释 year 参数。默认情况下，Excel 使用 1900 日期系统。通常对 year 参数使用四位数字。有关日期系统的知识参见**第 5 章 5.1.2 小节**。

② 如果 month（月份）大于 12，将从指定年份的一月份开始往上加算。例如，DATE（2008,14,2）返回代表 2009 年 2 月 2 日的序列号。如果 month（月份）小于 1，month（月份）则从指定年份的一月份开始递减该月份数，然后再加上 1 月。例如，DATE（2008,-3,2）返回表示 2007 年 9 月 2 日的序列号。

③ 如果 day（天数）大于该月份的最大天数，则将从指定月份的第一天开始往上累加。例如，DATE（2008, 1, 35）返回代表 2008 年 2 月 4 日的序列号。如果 day（天数）小于 1，则 day 从指定月份的第一天开始递减该天数，然后再加上 1 天。例如，DATE（2008,1,-15）返回表示 2007 年 12 月 16 日的序列号。

假设所使用的日期系统是 1900 年日期系统，DATE 函数示例如图 18-102 所示。

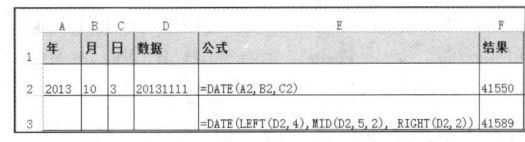

图 18-102　DATE 函数示例

 提示　如果在输入函数之前单元格格式为"常规"，则结果将使用日期格式，而不是数字格式。要显示序列号或要更改日期格式，可在"开始"选项卡的"数字"组中选择数字格式。

在图 18-102 中，公式：

=DATE(LEFT(D2, 4), MID (D2, 5, 2), RIGHT (D2, 2))

这是一个嵌套函数，DATE 的第一个参数是用 LEFT 函数提取 D2 单元格文本字符串的前 4 个字符表示年，第二个参数是用 MID 函数从 D2 单元格左边第 5 个字符起提取 2 个字符表示月，第三个参数 RIGHT 函数提取 D2 单元格最后 2 个字符表示日，因此这是一个将日期从 YYYYMMDD 格式转换为序列日期的公式。

【例 18-23】利用 DATE 函数从身份证中提取序列日期

MID 函数可以提取身份证中包含的 YYYYMMDD 日期信息，加上 DATE 函数，则显示为序列日期，如图 18-103 所示。

以 B2 单元格的公式为例，该公式利用 MID 函数分别提取 A2 单元格从左边第 7 位开始的 4 个字符，从左边第 11 位开始的 2 个字符，从左边第 13 位开始的 2 个字符分别作为 DATE 函数的 3 个参数，返回序列日期。

结果如图 18-103 所示。

【例 18-24】利用 DATE 函数计算食品的过期日期

如图 18-104 所示的工作表中，要根据 B 列的生产日期和 C 列的保质期计算食品的过期日期，可以在 D2 单元格中输入以下公式然后向下填充：

```
=DATE (YEAR (B2), MONTH (B2), DAY (B2) +C2)
```

上面公式中，YEAR(B2)提取 B2 单元格中的年作为 DATE 的第一个参数年，MONTH(B2)提取 B2 单元格中的月作为DATE 的第二个参数月，DAY(B2)提取B2 单元格中的日再加上C2 的保质天数作为DATE 函数的第三参数，由于日可以累加，最终得出过期日期，如图 18-104 所示。

	A	B	C
1	身份证号码	提取序列日期公式	显示结果
2	510101198808182651	=DATE(MID(A2,7,4),MID(A2,11,2),MID(A2,13,2))	1988/8/18
3	510105200811223662	=DATE(MID(A3,7,4),MID(A3,11,2),MID(A3,13,2))	2008/11/22

图 18-103　DATE 函数提取身份证序列日期

D2　=DATE (YEAR (B2), MONTH (B2), DAY (B2)+C2)

	A	B	C	D	E	F	G
1	商品名称	生产日期	保质期	过期日期			
2	牛奶	2017/2/1	180	2017/7/31			
3	面包	2017/2/28	3	2017/3/3			
4	矿泉水	2017/1/6	730	2019/1/6			
5	食用油	2017/1/15	365	2018/1/15			

图 18-104　DATE 函数计算食品过期时间

【例 18-25】用 DATE 函数计算职工的退休日期

如图 18-105 所示的工作表，记录了职工出生日期，如果女性职工退休年龄为 55 岁，男性职工退休年龄为 60 岁，要在 E 列中计算出职工的退休日期，可在 E2 单元格中输入以下公式：

```
=DATE(YEAR(D2)+IF(C2="男",60,55),MONTH(D2),DAY(D2)+1)
```

上面的公式，利用 YEAR 函数从 D2 单元格提取年，加上用 IF 函数对性别进行判断确定应该增加的年龄数作为退休的年份，利用 MONTH 函数从 D2 单元格提取月，用 DAY 函数从 D2 单元格提取日，生成最终的退休日期。将公式向下进行填充，结果如图 18-105 所示。

E2　=DATE (YEAR (D2)+IF (C2="男", 60, 55), MONTH (D2), DAY (D2)+1)

	A	B	C	D	E	F	G	H	I
1	档案号	姓名	性别	出生日期	退休日期				
2	A00001	赵甲	男	1965/6/21	2025/6/22				
3	A00002	刘乙	女	1958/3/21	2013/3/22				
4	A00003	张丙	男	1975/1/12	2035/1/13				
5	A00004	李庚	男	1982/3/16	2042/3/17				
6	A00005	陈戊	女	1968/9/21	2023/9/22				

图 18-105　DATE 函数计算退休日期

18.8.6　NOW 返回当前日期和时间

功能：返回当前日期和时间所对应的值。如果在输入函数前，单元格的格式为“常规”，Excel 会更改单元格格式，使其与区域设置的日期和时间格式匹配。

语法格式：NOW( )

> 注意：NOW 函数没有参数。当用户编辑任意单元格或打开工作簿时，公式都会重新计算，返回当前的日期和时间。

函数说明：

① NOW 函数适合需要在工作表上显示当前日期和时间或者需要根据当前日期和时间计算一个

值并在每次打开工作表时更新该值时使用。

② 序列号中小数点右边的数字表示时间，左边的数字表示日期。例如，序列号 0.5 表示时间为中午 12:00。

要生成当前日期和时间，在单元格中输入公式：

=Now(),

即可显示当前系统的日期和时间。如：2013/12/3 11:20。

如果系统日期和时间发生了改变，只要按一下
<F9>功能键，即可让其随之改变。显示出来的日期和
时间格式，可以通过设置单元格格式更改。

NOW 函数示例如图 18-106 所示。

	A	B	C
1	公式	结果	说明
2	=NOW()	2013/12/3 11:03	返回当前日期和时间
3	=NOW()-0.5	2013/12/2 23:03	返回12小时前的日期和时间
4	=NOW()+7	2013/12/10 11:03	返回7天后的日期和时间
5	=NOW()-2.25	2013/12/1 5:03	返回2天6小时前的日期和时间

图 18-106　NOW 函数示例

 提示　在单元格中进行输入时间时，按<Ctrl+Shift+;>组合键可以立即得到系统当前时间，但这种方式插入的时间是一个固定值，不会更新时间。

18.8.7　TODAY 返回当前日期

功能：返回当前日期的序列号。如果在输入函数前，单元格的格式为"常规"，Excel 会将单元格格式更改为日期格式。

语法格式：TODAY()

TODAY 函数和 NOW 函数一样，没有参数。在每次打开工作簿时都会更新返回当前日期。

如果 TODAY 函数并未按预期更新日期，可单击"文件"选项卡的"选项"命令，打开"Excel 选项"对话框，单击"公式"选项卡，在"计算选项"区域的"工作簿计算"下选中了"自动重算"单选钮，单击"确定"按钮保存设置即可，如图 18-107 所示。

要生成当前日期，可在单元格中输入公式：

=TODAY()

即可显示当前的系统日期。如：2013/12/3。

【例 18-26】利用 TODAY 函数显示倒计时

第 24 届冬季奥林匹克运动会将于北京时间 2022 年 2 月 4 日在北京举行，如果当前日期为 2017/2/28，可以使用以下公式计算距开幕日之前的天数。

="2022/2/4"-TODAY()

先把 A2 单元格设置为自定义数字格式："0 天"，然后输入上面的公式，用开幕的日期减去当前日期即为距离开幕的天数（TODAY 函数会在每次打开工作簿更新为当前日期）。结果如图 18-108 所示。

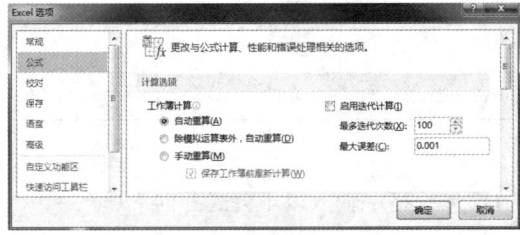

图 18-107　设置自动重算

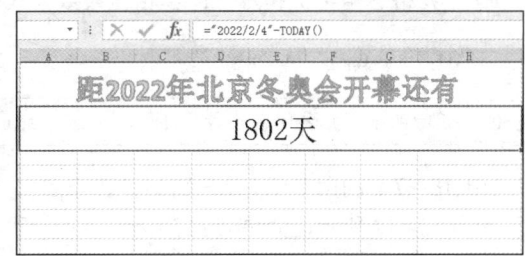

图 18-108　显示倒计时

在公式中直接输入日期数据时，必须使用双引号。

18.8.8　DATEDIF 计算两个日期之间的天数、月数或年数

DATEDIF 属于隐藏函数。返回两个日期之间的年/月/日间隔数，此函数对于计算年龄、工龄等非常实用。

功能：计算两个日期之间的天数、月数或年数。

语法格式：DATEDIF(start_date,end_date,unit)

参数：

参　　数	说　　明
start_date	必需。代表时间段内的第一个日期或起始日期
end_date	必需。代表时间段内的最后一个日期或结束日期
unit	必需。为所需信息的返回代码

unit 返回代码如表 18-11 所示。

表 18-11　　　　　　　　　DATEDIF 函数 unit 参数各代码含义

unit 代码	函数返回值
"y"	时间段中的整年数
"m"	时间段中的整月数
"d"	时间段中的天数
"md"	start_date 与 end_date 日期中天数的差。忽略日期中的月和年
"ym"	start_date 与 end_date 日期中月数的差。忽略日期中的日和年
"yd"	start_date 与 end_date 日期中天数的差。忽略日期中的年

如图 18-109 所示，A 列单元格为起始日期，B 列单元格为终止日期，利用 DATEDIF 函数公式可以计算日期之间相差的天数。

C2 单元格相差天数公式：

```
=DATEDIF($A2,$B2,"d")
```

D2 单元格忽略年份计算相差天数公式：

```
=DATEDIF($A2,$B2,"yd")
```

E2 单元格忽略年份和月份计算相差天数公式：

```
=DATEDIF($A2,$B2,"md")
```

 返回两个日期之间的天数用 18.8.4 小节介绍的 DAYS 新增函数更为方便。

【例 18-27】利用 DATEDIF 函数计算年龄

如图 18-110 所示，如果 C 列为出生日期，可在 D2 单元格中输入以下公式并向下填充：

```
=DATEDIF(C2,TODAY(),"y")
```

上面的公式，C2 为出生日期，TODAY()为当前日期，第 3 参数“y”表示返回时段中的整年数，即可计算出年龄。

C2　=DATEDIF($A2,$B2,"d")

起始日期	终止日期	相差天数	忽略年份	忽略月份
2010/3/1	2011/6/10	466	101	9
2011/10/1	2013/6/17	625	260	16

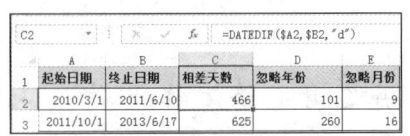

图 18-109　DATEDIF 计算相差天数

D2　=DATEDIF(C2,TODAY(),"y")

姓名	性别	出生日期	年龄
甲	男	1980/6/15	33
乙	女	1990/8/16	23
丙	女	2000/1/22	13
丁	男	1969/7/19	44
戊	男	1950/3/23	63
己	女	1949/10/1	64

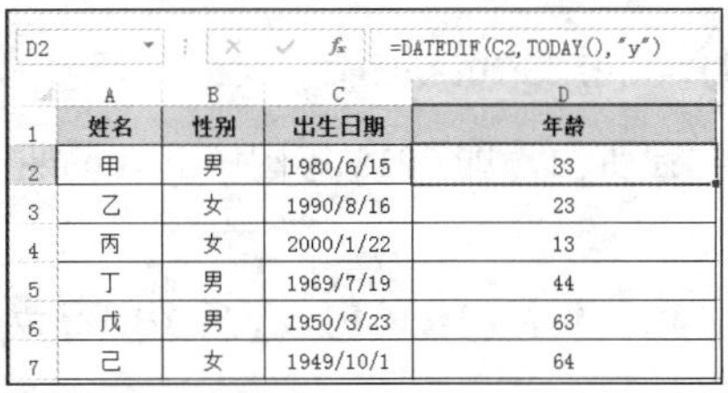

图 18-110　DATED IF 函数计算年龄

18.8.9　WEEKDAY 函数返回指定日期的星期值

功能：返回某日期为星期几。默认情况下，其值为 1（星期天）到 7（星期六）之间的整数。

语法格式：WEEKDAY(serial_number,[return_type])

参数：

参　数	参数说明
serial_number	必需。一个序列号，代表尝试查找的那一天的日期
return_type	可选。用于确定返回值类型的数字

return_type 参数返回值如表 18-12 所示。

表 18-12　return_type 参数返回值

return_type 参数	返　回　值
1 或省略	数字 1（星期日）到数字 7（星期六）
2	数字 1（星期一）到数字 7（星期日）
3	数字 0（星期一）到数字 6（星期日）
11	数字 1（星期一）到数字 7（星期日）
12	数字 1（星期二）到数字 7（星期一）
13	数字 1（星期三）到数字 7（星期二）
14	数字 1（星期四）到数字 7（星期三）
15	数字 1（星期五）到数字 7（星期四）
16	数字 1（星期六）到数字 7（星期五）
17	数字 1（星期日）到数字 7（星期六）

函数说明：

① 如果日期序列不在当前日期基数值范围内，则返回 #NUM! 错误。

② 如果 return_type 参数值没有在表 18-12 中指定的范围内，则返回 #NUM! 错误。

③ 按中国的习惯显示星期，需要将 return_type 参数设置为 2。

A	B
数据	
2014/1/1	
公式	说明（结果）
=WEEKDAY(A2)	使用数字 1（星期日）到数字 7（星期六）表示的一周中的第几天（4）
=WEEKDAY(A2, 2)	使用数字 1（星期一）到数字 7（星期日）表示的一周中的第几天（3）
=WEEKDAY(A2, 3)	使用数字 0（星期一）到数字 6（星期日）表示的一周中的第几天（2）

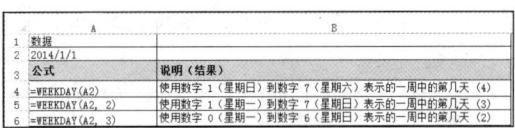

图 18-111　WEEKDAY 函数示例

WEEKDAY 函数示例如图 18-111 所示。

【例 18-28】WEEKDAY 函数计算指定日期的星期值

如果要想知道 2018 年国庆节是星期几，可使用如下公式：

```
=WEEKDAY("2018/10/1",2)
```

也可使用如下公式：

```
=WEEKDAY(DATE(2018,10,1),2)
```

计算结果返回 1，即 2018 年国庆节为星期一。

18.8.10　NETWORKDAYS 返回两个日期之间完整工作日数

功能：返回参数开始日期和终止日期之间完整的工作日数值。工作日不包括周末和专门指定的假期。

语法格式：NETWORKDAYS(start_date, end_date, [holidays])

参数：

参　　数	说　　明
start_date	必需。代表开始日期的日期
end_date	必需。代表终止日期的日期
holidays	可选。不在工作日历中的一个或多个日期所构成的可选区域

函数说明：

① 应使用 DATE 函数输入日期，或者将日期作为其他公式或函数的结果输入。

② 如果任何参数为无效的日期值，则函数 NETWORKDAYS 将返回错误值 #VALUE!。

NETWORKDAYS 函数示例如图 18-112 所示。

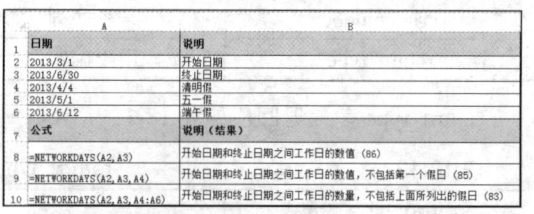

图 18-112　NETWORKDAYS 函数示例

利用 NETWORKDAYS 函数判断某天是否为工作日。在不指定特定节假日的情况下，会以周一至周五为工作日进行统计。假定一个日期位于 F2 单元格中，利用如下公式可以判断是否为工作日：
=IF(NETWORKDAYS(F2,F2),"是","否")
上面公式中，NETWORKDAYS 函数前后两个日期都用 F2 作为参数，如果 F2 属于工作日，NETWORKDAYS 函数计算得到的结果就应该等于 1，否则为 0，最后由 IF 判断 F2 单元格日期是否属于工作日。

18.8.11　TIME 函数返回特定时间的序列数

功能：返回某一特定时间的十进制数字。如果在输入函数前，单元格的格式为"常规"，则结果将显示为日期格式。函数 TIME 返回的小数值为 0（零）到 0.99 988 426 之间的数值，代表从 0:00:00 (12:00:00 AM) 到 23:59:59 (11:59:59 PM) 之间的时间。

语法格式：TIME(hour, minute, second)

参数：

参　　数	说　　明
hour	必需。0（零）到 32 767 之间的数值，代表小时
minute	必需。0 到 32 767 之间的数值，代表分钟
second	必需。0 到 32 767 之间的数值，代表秒

函数说明：

① 大于 23 的小时数值将除以 24，其余数将视为小时。

② 大于 59 的分钟数值将被转换为小时和分钟。

③ 大于 59 的秒数值将被转换为小时、分钟和秒。

TIME 函数示例如图 18-113 所示。

	A	B	C
1	小时	分钟	秒
2	12	0	0
3	17	29	9
4	23	59	59
5			
6	公式	结果	
7	=TIME(A2,B2,C2)	0.5	
8	=TIME(A3,B3,C3)	0.728576389	
9	=TIME(A4,B4,C4)	0.999988426	

图 18-113　TIME 函数示例

时间可以进行加减运算，例如员工上班时间为：08:30，计算工作 8 小时 30 分后的时间公式为：

```
=" 08:30"+TIME(8,30,0)
```

结果为：17:00:00。

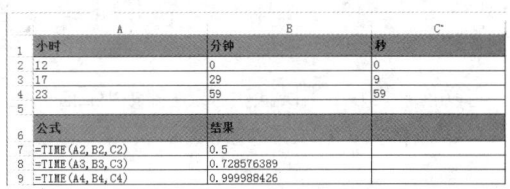

18.8.12　HOUR 函数返回时间系列值中的小时数

功能：返回时间值的小时数。即一个介于 0 (12:00 AM) 到 23 (11:00 PM) 之间的整数。

语法格式：HOUR(serial_number)

参数：

serial_number：必需。一个时间值，其中包含要查找的小时。

函数说明：

① 时间值为日期值的一部分，并用十进制数来表示（例如 12:00 PM 可表示为 0.5，因为此时是一天的一半）。

② 时间有多种输入方式：带引号的文本字符串（例如 "6:45 PM"）、十进制数（例如 0.781 25 表示 6:45 PM）或其他公式或函数的结果（例如 TIMEVALUE ("6:45 PM")）。

HOUR 函数示例如图 18-114 所示。

	A	B	C
1	时间	公式	结果
2	5:30 AM	=HOUR(A2)	5
3	5:30 PM	=HOUR(A3)	17
4	18:30	=HOUR(A4)	18
5		=HOUR(0.8125)	19
6		说明：0.8125表示7:30 PM	

图 18-114　HOUR 函数示例

18.8.13　MINUTE 函数返回时间系列值中的分钟数

功能：返回时间值中的分钟，为一个介于 0 到 59 之间的整数。

语法格式：

MINUTE(serial_number)

参数：

serial_number：必需。一个时间值，其中包含要查找的分钟。

MINUTE 函数示例如图 18-115 所示。

	A	B	C
1	时间	公式	结果
2	3:32 PM	=MINUTE(A2)	32
3		=MINUTE(TIME(0,750,0))	30
4		=MINUTE(0.78125)	45
5	说明：TIME(0,750,0)表示12:30 PM；0.78125表示6:45 PM		

图 18-115　MINUTE 函数示例

18.9　查找和引用函数

当需要在计算过程中进行查找，或者引用某些符合要求的目标数据时，可以使用查找和引用类函数。

18.9.1 CHOOSE 从值的列表中选择一个值

功能：可以使用选定的数值参数返回数值参数列表中的数值。最多可以从 254 个数值中选择一个。

语法格式：CHOOSE(index_num, value1, [value2], ...)

参数：

参 数	说 明
index_num	必需。选定的值参数。必须为包含 1 到 254 之间的数字、公式或引用
value1	必需。第 1 个数值参数
value2, ...	可选。第 2 到 254 个数值参数

函数说明：

① 如果 index_num（数值参数）为一个数组，计算时，每一个值都将计算。

② index_num（数值参数）不仅可以为单个数值，也可以为区域引用。

③ 如果 index_num（数值参数）为小数，则在使用前将被截去小数只保留整数。

例如输入以下公式：

```
=CHOOSE(1,"经济员","助理经济师","经济师","高级经济师")
```

返回结果为"经济员"。

函数 CHOOSE 可以作为嵌套函数参与计算，如图 18-116 所示，要计算 B1:D1 的和，在 B2 单元格中输入图中所示的公式，用 CHOOSE(3,B1,C1,D1,E1,F1)函数返回 D1 单元格，再计算 B1:D1 单元格区域中所有值的和。

	A	B	C	D	E	F
1	数据	55	66	77	88	99
2	公式	=SUM(B1:CHOOSE(3,B1,C1,D1,E1,F1))				
3	说明	计算单元格区域B1:D1中所有数值的和，CHOOSE函数返回D1，结果为198				

图 18-116 CHOOSE 函数示例

【例 18-29】根据进入本单位的工龄计算应得奖品

如图 18-117 所示，某单位拟根据员工在本单位的工龄给员工发放奖品，规定：工龄 25 年以上的员工奖励笔记本电脑，工龄 15 年以上的员工奖励数码相机，15 年以下的员工奖励微波炉，为了计算员工应得奖品的名称，可在 D4 单元格中输入以下公式并向下填充。

```
=CHOOSE(IF(C4>25,1,IF(C4>=15,2,IF(C4<15,3))),"笔记本电脑","数码相机","微波炉")
```

这个公式是一个嵌套函数，IF 函数是 CHOOSE 值参数，由 IF 函数对员工工龄进行判断，当工龄大于 25 时，返回 1，相应 CHOOSE 函数返回值为笔记本电脑，当 IF 函数返回值为 2，相应 CHOOSE 函数返回值为数码相机，依次类推。

	A	B	C	D
1-2	奖品发放统计表			
3	姓名	进本单位日期	在本单位工龄	奖品名称
4	张一	1993/06/03	20	数码相机
5	刘二	1998/11/13	14	微波炉
6	李三	1990/09/13	23	数码相机
7	黄甲	2006/11/20	6	微波炉
8	王乙	1998/02/08	15	数码相机
9	赵丙	1986/12/11	26	笔记本电脑
10	宋丁	1994/08/02	19	数码相机
11	蒋戊	1986/07/16	27	笔记本电脑
12				
13			工龄核算基准日	2013/10/30

图 18-117 CHOOSE 函数计算应得奖品

18.9.2 ROW 返回引用的行号

功能：返回引用的行号。

语法格式：ROW([reference])

参数：

reference：可选。为需要得到其行号的单元格或单元格区域。

ROW 函数说明：

① 如果省略参数，则假定是对函数 ROW 所在单元格的引用。

② 如果参数为一个单元格区域，并且函数 ROW 作为垂直数组输入，则函数 ROW 将单元格区域的行号以垂直数组的形式返回单元格区域的行号。有关数组的知识，参见本章 18.12 节。

③ 参数不能引用多个区域。

ROW 函数返回引用的示例如图 18-118 所示。

	A	B	C
1	公式	结果	说明
2	=ROW(F6)	6	引用所在行的行号
3	=ROW(C3)	3	引用所在行的行号
4	=ROW()	4	公式所在的行的行号

图 18-118　ROW 函数示例

【例 18-30】使用 ROW 函数自动生成连续序号

如图 18-119 所示的婚宴程序表中，A 列的序号使用 ROW 函数公式输入，无论在删除、增加或调整"程序"时，都能保持连续的自然数序列。在 A2 单元格中输入以下公式并向下填充即可：

=ROW()-1

因为要使 A2 单元格的序号为 1，所以 A2 单元格公式所在的行号要减去 1。也可以使用以下公式并向下填充：

或=ROW(A1)

18.9.3　COLUMN 返回引用的列号

功能：返回指定单元格引用的列号。

语法格式：COLUMN([reference])

参数：

reference：可选。要返回其列号的单元格或单元格区域。

函数说明：

① 参数不能引用多个区域。

② 如果省略参数，则假定是对函数 COLUMN 所在单元格列的引用。

COLUMN 函数示例如图 18-120 所示。

	A	B	C	D	E
1	序号	程序	预计时间	委托方	备注
2	1	来宾入场			
3	2	新郎新娘入场			
4	3	宣布开始			
5	4	媒人致词			
6	5	主宾祝辞			
7	6	干杯			
8	7	切蛋糕			
9	8	讲话			
10	9	新郎新娘换衣服			
11	10	即兴节目			
12	11	新郎新娘重入场			
13	12	烛光服务			
14	13	讲话&即兴节目			
15	14	献花			
16	15	亲戚代表致词			
17	16	闭幕辞			

图 18-119　生成连续序号

【例 18-31】利用行列函数可以用来构建数据系列

例如高考标准化考场，要求 30 名考生分布于 6 行 5 列的考室中，如图 18-121 所示，要构建这样的数据系列，在 A3 单元格中输入图中所示的公式向右向下填充即可。这个公式，ROW 函数公式段向下填充，生成了 0、5、10、15、20、25 的序列，将 COLUMN 函数生成的水平序列 1、2、3、4、5 相加，得到排位序列。

	A	B	C
1	公式	结果	说明
2	=COLUMN(C10)	3	引用的C列
3	=COLUMN()	1	公式所在的A列

图 18-120　COLUMN 函数示例

A3　=(ROW(A1)-1)*5+COLUMN(A1)

	A	B	C	D	E
1			讲台		
2	列1	列2	列3	列4	列5
3	1	2	3	4	5
4	6	7	8	9	10
5	11	12	13	14	15
6	16	17	18	19	20
7	21	22	23	24	25
8	26	27	28	29	30

图 18-121　行列函数构建序列

18.9.4　VLOOKUP 在查找范围首列查找并返回对应的值

功能：搜索某个单元格区域的第一列，然后返回该区域相同行上任何单元格中的值。VLOOKUP 中的 V 代表垂直（纵向）。

语法格式：VLOOKUP(lookup_value, table_array, col_index_num,[range_lookup])

参数：

参　数	说　明
lookup_value	必需。要在表格或区域的第一列中搜索的值或引用
table_array	必需。包含数据的单元格区域
col_index_num	必需。单元格区域中必须返回的匹配值的列号
range_lookup	可选。一个逻辑值，指定希望查找精确匹配值还是近似匹配值

函数说明：

① 函数的第 4 参数（range_lookup）如果为 0 或 FASLE，则函数用精确匹配方式进行查找。如果为 1 或 TRUE，则必须按升序排列第 2 参数（table_array）第一列中的值；使用模糊匹配方式进行查找。

② 在 table_array（单元格区域）的第一列中搜索文本值时，第一列中的数据不能包含前导空格、尾部空格、非打印字符或者使用前后不一致的引号。否则，VLOOKUP 可能返回不正确或意外的值。

③ 在搜索数字或日期值时，第一列中的数据不能为文本值。

④ 如果 range_lookup（逻辑值）为 FALSE 且 lookup_value（要搜索的值）为文本，则可以在 lookup_value（要搜索的值）中使用通配符（问号“?”和星号“*”）。问号匹配任意单个字符，星号匹配任意字符序列。如果要查找实际的问号或星号，需在字符前键入波形符 (~)。

使用 VLOOKUP 函数进行查找示例如图 18-122 所示。

【例 18-32】使用 VLOOKUP 函数常规数据查找

如图 18-123 所示，G3 单元格展示了根据报名号查询姓名，公式如下：

```
=VLOOKUP(G2, A1:D9,2,FASLE)
```

也可以直接利用报名号使用以下公式查询：

```
=VLOOKUP(6388641,A1:D9,2,FALSE)
```

这两个公式表示从 A1:D9 单元格区域的首列中精确查找 6 388 641，返回对应第 2 列单元格中的值。

G6 单元格展示了根据姓名查询任教学科，公式如下：

```
=VLOOKUP(G5, B1:D9, 3, FALSE)
```

结果返回生物。

由于 G8 的报名号为文本格式，输入以下公式查询姓名：

```
=VLOOKUP(G8, A1:D9, 2)
```

结果返回错误值。

	A	B	C	D	E	F
1	密度	粘度	温度	公式	结果	说明
2	0.457	3.55	500	=VLOOKUP(1,A2:C10,2)	2.17	在A列中找到小于等于1的最大值，返回同一行中的B列的值
3	0.525	3.25	400	=VLOOKUP(1,A2:C10,3,TRUE)	100	在A列中找到小于等于1的最大值，返回同一行中的C列的值
4	0.606	2.93	300	=VLOOKUP(0.7,A2:C10,3,FALSE)	#N/A	A列中没有精确匹配值，返回错误
5	0.675	2.75	250	=VLOOKUP(0.1,A2:C10,2,TRUE)	#N/A	0.1小于A列中的最小值，返回错误
6	0.746	2.57	200	=VLOOKUP(2,A2:C10,2,TRUE)	1.71	在A列中找到小于等于2的最大值，返回同一行中B列的值
7	0.835	2.38	150			
8	0.946	2.17	100			
9	1.09	1.95	50			
10	1.29	1.71	0			

图 18-122　VLOOKUP 函数示例

	A	B	C	D	E	F	G
1	报名号	姓名	申请资格种类	任教学科			
2	6388407	周河	中等职业学校教师资格	语文		查询报名号	6388641
3	6388589	赵菲	高级中学教师资格	数学		姓名	谢艳
4	6388641	谢艳	中等职业学校教师资格	会计			
5	6388844	曾婷	高级中学教师资格	英语		查询姓名	苏燕
6	6389780	廖沁	高级中学教师资格	地理		任教学科	生物
7	6390572	苏燕	高级中学教师资格	生物			
8	6390593	宋迪	高级中学教师资格	历史		查询报名号	6388641
9	6390808	张成	高级中学教师资格	信息技术		姓名	#N/A

图 18-123　常规数据查找实例

18.9.5 HLOOKUP 在查找范围首行查找并返回对应的值

功能：在查找范围的首行查找指定的数值，返回表格中指定行的所在列中的值。HLOOKUP 中的 H 代表“行”（横向）。

语法：HLOOKUP(lookup_value,table_array,row_index_num,[range_lookup])

参数：

参　　数	说　　明
lookup_value	必需。要在表的第一行查找的数值、引用或文本字符串
table_array	必需。需要在其中查找数据的信息表
row_index_num	必需。数据信息表中需返回的匹配值的行号
range_lookup	可选。逻辑值。指定 HLOOKUP 查找是精确匹配值，还是近似匹配值

函数说明：

① 第 4 参数逻辑值如果为 TRUE 或省略，则返回近似匹配值。也就是说，如果找不到精确匹配值，则返回小于需查找数值的最大数值。如果为 FALSE，函数将查找精确匹配值，如果找不到，则返回错误值 #N/A。

② HLOOKUP 函数和 VLOOKUP 函数语法相似，功能基本相同，唯一的区别在于 HLOOKUP 函数针对行数据按列进行查询，而 VLOOKUP 函数针对数据按行进行查询。

	A	B	C
1	香蕉	葡萄	柚子
2	11	15	21
3	12	16	22
4	13	17	23
5	公式	结果	说明
6	=HLOOKUP("香蕉",A1:C4,4,FALSE)	13	在首行精确查找香蕉，并返回同列中第4行的值
7	=HLOOKUP("葡萄",A1:C4,3,FALSE)	16	在首行精确查找葡萄，并返回同列中第3行的值
8	=HLOOKUP("柚?",A1:C4,2,FALSE)	21	在首行中使用通配符查找以柚开头的文本，返回同列中第2行的值

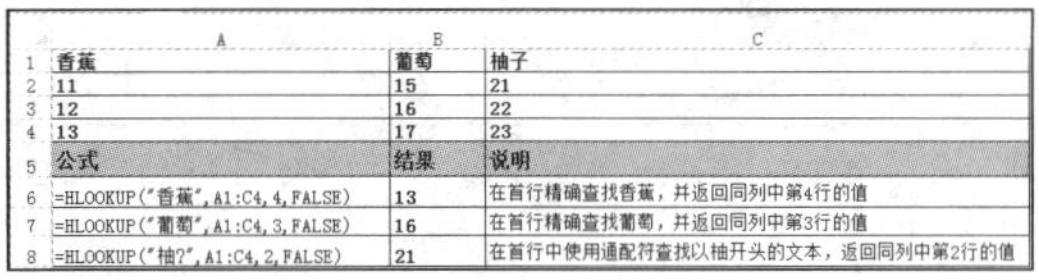

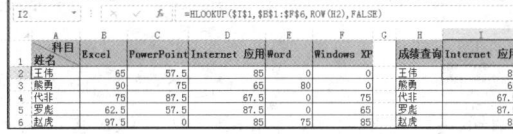

图 18-124　HLOOKUP 函数示例

使用 HLOOKUP 函数查找的示例如图 18-124 所示。

【例 18-33】利用 HLOOK 函数查询考生指定科目的成绩

如图 18-125 所示的工作表，记录考生各科的考试成绩，如果要查询考生指定科目的成绩，可以利用 HLOOK 函数来完成。首先在 I1 单元格设置数据有效性为“序列”，并在来源中引用 B1:F1 作为序列。在 I2 单元格输入图中所示公式并向下填充。

这个公式，使用嵌套函数 ROW(H2)返回引用的行号作为 HLOOKUP 函数的第 3 参数，并设置逻辑值为 FALSE 精确查找。

如果要查询其他学科，单击 I1 单元格，选择相应的学科即可。

I2　=HLOOKUP($I$1,$B$1:$F$6,ROW(H2),FALSE)

	A	B	C	D	E	F	G	H	I
1	科目 姓名	Excel	PowerPoint	Internet 应用	Word	Windows XP		成绩查询	Internet 应用
2	王伟	65	57.5	85	0	0		王伟	85
3	熊勇	90	75	65	80	0		熊勇	65
4	代非	75	87.5	67.5	0	75		代非	67.5
5	罗彪	62.5	57.5	87.5	0	65		罗彪	87.5
6	赵虎	97.5	0	85	75	85		赵虎	85

图 18-125　HLOOHUP 函数应用实例

18.9.6　LOOKUP 在查询范围中查询指定的查找值

功能：LOOKUP 有两种语法形式：向量形式和数组形式。函数 LOOKUP 的向量形式是在单行区域或单列区域（向量）中查找数值，然后返回第二个单行区域或单列区域中相同位置的数值；函数 LOOKUP 的数组形式在数组的第一行或第一列查找指定的数值，然后返回数组的最后一行或最后一列中相同位置的数值。

1. 向量形式

语法格式：LOOKUP(lookup_value, lookup_vector, [result_vector])

参数：

参　　数	说　　明
lookup_value	必需。查找值。可以是数字、文本、逻辑值、名称或对值的引用
lookup_vector	必需。只包含一行或一列的区域
result_vector	可选。只包含一行或一列的区域。必须与第 2 参数大小相同

函数说明：

如果 LOOKUP 函数找不到 lookup_value（查找值），则它与 lookup_vector（查找范围）中小于或等于 lookup_value（查找值）的最大值匹配。如果 lookup_value（查找值）小于 lookup_vector（查找范围）中的最小值，则 LOOKUP 会返回#N/A 错误值。

当需要在查询范围查找一个确定的值时，lookup_vector（查询范围）中的值必须以升序排列。

LOOKUP 函数示例如图 18-126 所示。

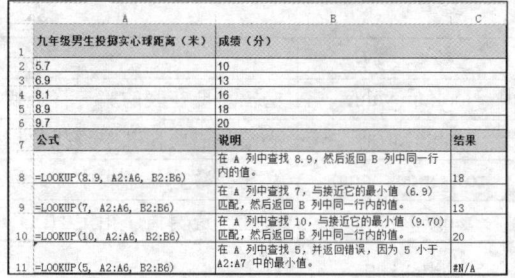

图 18-126　LOOKUP 函数示例

2. 数组形式

语法格式：LOOKUP(lookup_value,array)

参数：

参　　数	说　　明
lookup_value	必需。在数组中的查找值
array	必需。要与查找值进行比较的文本、数字或逻辑值的单元格区域

函数说明：

① 在数组中的查找值可以是数字、文本、逻辑值、名称或对值的引用。

② LOOKUP 的数组形式与 HLOOKUP 和 VLOOKUP 函数非常相似。区别在于：HLOOKUP 在第一行中搜索要查找的值，VLOOKUP 在第一列中搜索要查找的值，而 LOOKUP 根据数组维度进行搜索。

利用 LOOHUP 函数使用一个数字数组可以为测试分数指定字母等级，如图 18-127 所示。设定 0、40、60、70、80、90 分别为 F、E、D、C、B、A 等级的最低值，在 A2 单元格中输入图中所示的公式并向下填充即可为测试分数指定字母等级。

例如在数组的第一行中的 A2（35）中查找值，查找小于或等于它（35）的最大值，然后返回数组最后一行中同一列内的值（F）。以下单元格以此类推。有关数组的知识参见本章 18.12 节。

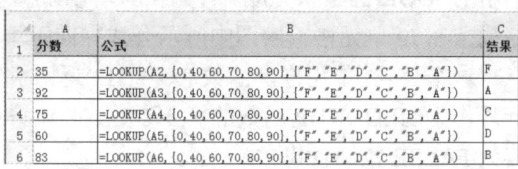

图 18-127　LOOKUP 函数为分数指定等级

18.9.7　INDIRECT 返回由文本字符串指定的引用

功能：返回由文本字符串指定的引用。此函数立即对引用进行计算，并显示其内容。

语法格式：INDIRECT (ref_text,[a1])

参数：

参　　数	说　　明
ref_text	必需。对单元格的引用
a1	可选。一个逻辑值，指定包含在单元格 ref_text 中的引用的类型

函数说明：

① 单元格引用包含 A1 样式的引用、R1C1 样式的引用、定义为引用的名称或对作为文本字符串的单元格的引用。如果 ref_text 不是合法的单元格引用，则 INDIRECT 返回错误值。如果 ref_text 是对另一个工作簿的引用（外部引用），源工作簿没有打开，则返回错误值。

② 如果 a1 为 TRUE 或省略，为 A1 引用；如果 a1 为 FALSE 或 0，则为 R1C1 引用。

第 18 章　常用函数详解

③ 如果 ref_text 引用的单元格区域超出行、列限制（1 048 576 行或 16 384 列），则返回错误值。

INDIRECT 示例如图 18-128 所示。在 A2 单元格中输入"电子表格"，在 A3 单元格输入"A2"，使用图中的 3 个公式，结果都返回"电子表格"。

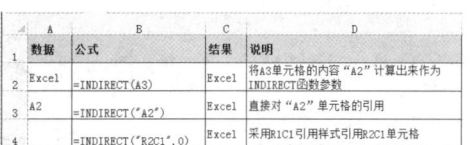

图 18-128　INDIRECT 函数示例

18.9.8　MATCH 返回查找项在单元格区域中的相对位置

功能：MATCH 函数可在单元格区域中搜索指定项，然后返回该项在单元格区域中的相对位置。

语法格式：MATCH(lookup_value,lookup_array,[match_type])

参数：

参　　数	说　　明
lookup_value	必需。需要查找的值
lookup_array	必需。要搜索的单元格区域
match_type	可选。为数字 -1、0 或 1。默认值为 1

函数说明：

① 当可选参数为 1 或省略时，函数会查找小于或等于 lookup_value（查找值）的最大值。lookup_array（要搜索的单元格区域）参数中的值必须按升序排列；当为 0 时，函数会查找等于 lookup_value（查找值）的第一个值。lookup_array（要搜索的单元格区域）参数中的值可以按任何顺序排列；当为-1 时，函数会查找大于或等于 lookup_value（查找值）的最小值。lookup_array（要搜索的单元格区域）参数中的值必须按降序排列。

② MATCH 函数会返回 lookup_array（要搜索的单元格区域）中匹配值的位置而不是匹配值本身。例如，MATCH("b",{"a","b","c"},0)会返回 2，即"b"在数组 {"a","b","c"} 中的相对位置。

③ 查找文本值时，函数 MATCH 不区分大小写。

④ 如果函数 MATCH 查找匹配项不成功，则返回错误值#N/A。

⑤ 当 match_type（可选参数）为 0 且 lookup_value（要查找的值）为文本字符串，可以在 lookup_value 参数中使用通配符（问号"?"和星号"*"）。问号匹配任意单个字符；星号匹配任意一串字符。如果要查找实际的问号或星号，可在该字符前键入波形符 (~)。

MATCH 函数查找的示例如图 18-129 所示。

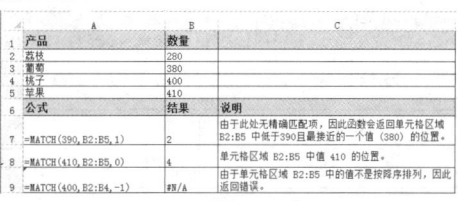

图 18-129　MATCH 函数示例

【例 18-34】利用 MATCH 函数判断一列数据是否有重复值

利用 MATCH 函数的定位功能，还可以判断一列数据是否有重复的情况。如图 18-130 所示的工作表，A 列为资格证编号，每个资格证编号在表格中应该是唯一的，为了避免出现错误，可以在 E2 单元格输入图中所示的公式并向下填充判断是否有重复编号。

公式中，MATCH 函数是 IF 函数的一个参数，利用查找当前行的资格证编号在工作表中的位置进行判断，如果相等，则是唯一记录，不作任何提示，否则提示"编号重复"，如 E6 和 E12 都提示"编号重复"。

图 18-130　MATCH 判断编号的唯一

393

18.9.9 INDEX 返回特定区域单元格的值或引用

INDEX 函数有两种形式：数组形式和引用形式。数组形式通常返回数值或数值数组；引用形式通常返回引用。

1. 数组形式

功能：返回指定单元格或单元格数组的值。如果 INDEX 的第一个参数是数组常量，则使用数组形式。

语法格式：INDEX(array, row_num, [column_num])

参数：

参　　数	说　　明
array	必需。是一个单元格区域或数组常量
row_num	必需。选择数组中的某行，函数从该行返回数值
column_num	可选。选择数组中的某列，函数从该列返回数值

函数说明：

① 如果同时使用了 row_num（行参数）和 column_num（列参数），INDEX 将返回行和列交叉处单元格中的值。

② 如果将 row_num（行参数）或 column_num（列参数）设置为 0（零），函数 INDEX 则分别返回整个列或行的数组数值。如果要使用以数组形式返回的值，需将 INDEX 函数以数组公式形式输入，对于行以水平单元格区域的形式输入，对于列以垂直单元格区域的形式输入。要输入数组公式，需按<Ctrl+Shift+Enter>组合键。有关数组公式参见 **18.12 节**。

③ row_num（行参数）和 column_num（列参数）必须指向数组中的一个单元格，否则，函数 INDEX 返回错误值 #REF!。

2. 引用形式

功能：返回指定的行与列交叉处的单元格引用。如果引用由不连续的选定区域组成，可以选择某一选定区域。

语法格式：INDEX(reference, row_num, [column_num], [area_num])

参数：

参　　数	说　　明
reference	必需。对一个或多个单元格区域的引用
row_num	必需。要从中返回引用的引用中的行编号
column_num	可选。要从中返回引用的引用中的列编号
area_num	可选。选择引用中的一个区域以从中返回交叉区域

函数说明：

① row_num (行编号)、column_num（列编号）和 area_num（引用中的一个区域）必须指向 reference（引用区域）中的单元格；否则，函数 INDEX 返回错误值 #REF!。

② 如果省略 row_num 和 column_num，函数 INDEX 返回由 area_num 所指定的引用中的区域。

INDEX 函数引用示例如图 18-131 所示。

	A	B	C
1	22	36	55
2	11	86	67
3	55	39	89
4	66	68	36
5	99	87	19
6	29	72	27
7	公式	结果	说明
8	=INDEX(A1:C6, 3, 2)	39	区域 A1:C6 中第3行和第2列的交叉处单元格B3的内容。
9	=INDEX(A1:C6, 5, 3)	19	区域 A1:C6 中第5行和第3列的交叉处单元格C5的内容。

图 18-131　INDEX 函数引用示例

【例 18-35】利用 INDEX 函数和 MATCH 函数在工作表中进行多条件组合查询

图 18-132 所示的工作表是 PVC 线管不同产品和规格的价格表，利用 INDEX 函数和 MATCH 函数可以方便地查找不同产品不同规格的价格。具体操作如下。

1　在工作表中建立产品查询区域，并利用 "数据有效性" 分别设置 "查询产品" 和 "查询规格" 为序列，并从价格表中导入序列，如图 18-133 所示。

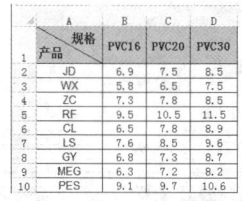
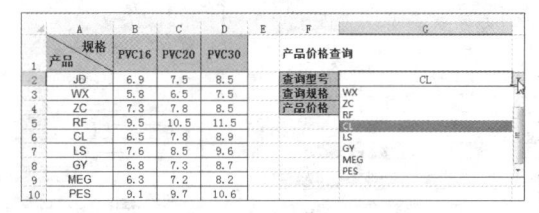
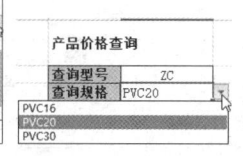

图 18-132　产品价格表　　　　　　图 18-133　建立产品价格查询区域

2　在 G4 单元格输入以下查询公式：

=INDEX($B$2:$D$10,MATCH($G$2,$A$2:$A$10,0),MATCH($G$3,$B$1:$D$1,0))

上面的公式是一个嵌套函数公式，其中 INDEX 函数的第 2 和第 3 参数是 MATCH 函数，第 2 参数用 MATCH 函数返回要查询产品在单元格区域中的位置即行编号，第 3 参数用 MATCH 函数返回产品规格在单元格区域中的位置即列编号，行编号和列编号交叉的区域即为要查询产品的价格。

从查询产品的下拉列表中选择产品，从查询规格下拉列表中选择规格，便可方便查询不同产品和规格的价格，如图 18-134 所示。

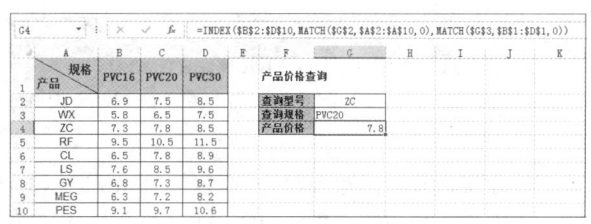

图 18-134　产品价格查询

18.9.10　OFFSET 通过给定偏移量得到新的引用

功能：返回对单元格或单元格区域中指定行数和列数的区域的引用。返回的引用可以为一个单元格或单元格区域，并可以指定返回的行数或列数。

语法格式：OFFSET(reference, rows, cols, [height], [width])

参数：

参　　数	说　　明
reference	必需。作为偏移量参照系的引用区域
rows	必需。相对于偏移量参照系的左上角单元格，上（下）偏移的行数
cols	必需。相对于偏移量参照系的左上角单元格，左（右）偏移的列数
height	可选。要返回的引用区域的行高，必须为正数
width	可选。要返回的引用区域的列宽，必须为正数

函数说明：

① 如果行数和列数偏移量超出工作表边缘，函数 OFFSET 返回错误值 #REF!。

② 如果省略 height（行高度）或 width（列宽度），则假设其高度或宽度与 reference（引用区域）相同。

③ 函数 OFFSET 实际上并不移动任何单元格或更改选定区域，它只是返回一个引用。函数

OFFSET 可用于任何需要将引用作为参数的函数。

【例1】函数 OFFSET 可用于任何需要将引用作为参数的函数，如图 18-135 所示。例如，A9 单元格的公式，表示将计算单元格 B2 靠下 1 行并靠右 2 列的 3 行 1 列的区域的总值。

【例2】如图 18-136 所示，输入 A8 单元格所示的公式，返回的结果显示错误值。因为 OFFSET 函数是对区域的引用，所以在单元格中显示的函数结果为 "#VALUE!"，如果要查看引用的内容，可以在编辑栏选中公式，然后按<F9>键，即可显示引用的内容。

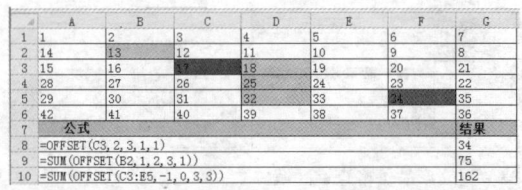

图 18-135　OFFSET 函数示例

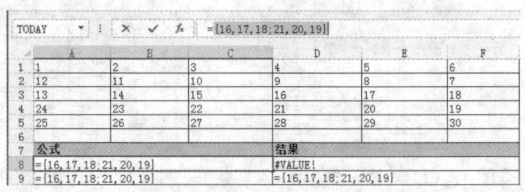

图 18-136　显示引用的区域

18.9.11　FORMULATEXT 以字符串的形式返回公式

功能：以字符串的形式返回单元格或区域中的公式。可以引用自身单元格而不会出现循环引用。

语法格式：FORMULATEXT(reference)

参数：reference 对单元格或单元格区域的引用。

说明：

① 如果选择引用单元格，则 FORMULATEXT 函数返回编辑栏中显示的内容。

② 在下列情况下，FORMULATEXT 返回错误值 #N/A：用作 reference 参数的单元格不包含公式；单元格中的公式超过 8 192 个字符；无法在工作表中显示公式，例如，由于工作表保护；包含此公式的外部工作簿未在 Excel 中打开。

③ 输入的无效数据类型将生成错误值 #VALUE!。

④ 当参数不会导致出现循环引用警告时，在要输入函数的单元格中输入对其的引用。FORMULATEXT 将成功将公式返回为单元格中的文本。

如图 18-137 所示。C1 单元格的值为 256，包含公式 =A1*B1，当 FORMULATEXT 函数引用 C1 单元格时，结果以字符串的形式返回 C1 单元格中的公式。

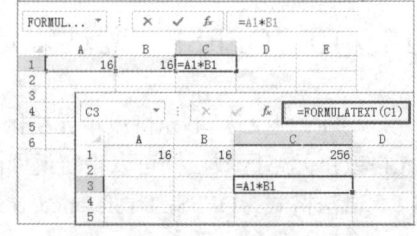

图 18-137　FORMULATEXT 函数示例

 此函数为 Excel 2013 新增函数。

18.10　财务函数

财务函数作为 Excel 中的常用函数之一，为财务和会计核算（记账、算账和报账）提供了很多方便。

18.10.1　PMT 计算在固定利率下贷款的等额分期偿还额

功能：用于计算基于固定利率及等额分期付款方式下贷款的分期付款额。

语法格式：PMT(rate, nper, pv, [fv], [type])

参数：

参　　数	说　　明
rate	必需。贷款利率
nper	必需。该项贷款的付款总数
pv	必需。现值，也称为本金
fv	可选。未来值，即在最后一次付款后希望得到的现金余额，如果省略，表示一笔贷款的未来值为 0
fv	可选。数字 0 或 1。0 表示各期的付款时间在期末，1 表示付款时间在期初

函数说明：

① PMT 返回的支付款项包括本金和利息，但不包括税款、保留支付或某些与贷款有关的费用。

② 应确保指定的 rate（贷款利率）和 nper（付款总数）单位一致。如果要以 12%的年利率按月支付一笔四年期的贷款，如果按月支付，rate（贷款利率）应为 12%除以 12，nper（付款总数）应为 4 乘以 12；如果按年支付，rate（贷款利率）应为 12%，nper（付款总数）为 4。

 如果要计算贷款期间的支付总额，则用 PMT 返回值（即每期的付款额）乘以 nper（付款总数）。

【例 18-36】PMT 计算在固定利率下贷款的等额分期偿还额

如图 18-138 所示，如果 6 个月至 1 年的贷款年利率为 8%，要计算贷款 100 000.00 元在 10 个月中每月的还款月支付额，在 B4 单元格输入图中所示的公式，计算结果为-10 370.32 元，即还款月支付为 10 370.32 元。因为贷款年利率为 8%，所以计算按月偿还额应将年利率转换为月利率，即 8%除以 12。

如图 18-139 所示，如果指定月还款期限为"期初"，在 B4 单元格输入图中所示公式，该公式计算结果为-10 301.64，即每月期初应还款 10 301.64 元。

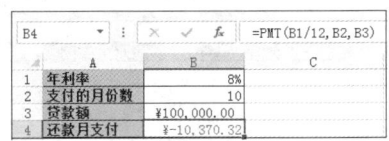

图 18-138　计算还款月支付

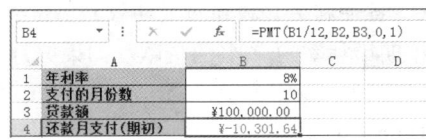

图 18-139　计算还款月（期初）支付额

18.10.2　EFFECT 函数返回年有效利率

功能：利用给定的名义年利率和每年的复利期数，计算有效的年利率。

语法格式：EFFECT(nominal_rate, npery)

参数：

参　　数	说　　明
nominal_rate	必需。名义利率
npery	必需。复利期数

函数说明：

① 所有参数必须为数值型，否则函数 EFFECT 将返回错误值 #VALUE!。

② 如果 nominal_rate（名义利率）≤0 或 npery（复利期数）<1，函数 EFFECT 返回错误值 #NUM!。

③ 如果复利期数包含小数，则只取整数部分进行计算。

EFFECT 函数示例如图 18-140 所示。

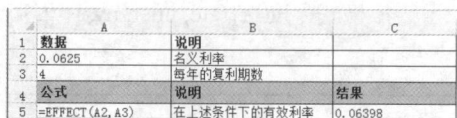

图 18-140　将名义利率转化为实际利率

18.10.3　IPMT 函数计算给定期数内的支付利息

功能：基于固定利率及等额分期付款方式，返回给定期数内对投资的利息偿还额。

语法格式：IPMT(rate, per, nper, pv, [fv], [type])

参数：

参　　数	说　　明
rate	必需。各期利率
per	必需。用于计算其利息数额的期数，必须在 1 到 nper 之间
nper	必需。年金的付款期总数
pv	必需。现值，或一系列未来付款的当前值的累积和
fv	可选。未来值，或在最后一次付款后希望得到的现金余额
type	可选。数字 0 或 1，用以指定各期的付款时间是在期初，还是期末

函数说明：

① 如果省略 fv（未来值），则假设其值为 0（例如，一笔贷款的未来值即为 0）。

② type 值为0或省略时，指定各期的付款时间为期末，type 值为 1 时，指定各期的付款时间为期初。

③ 对于所有参数，支出的款项，如银行存款，表示为负数；收入的款项，如股息收入，表示为正数。

④ rate（各期利率）和 nper（期数）单位要一致。例如，四年期年利率为 12%的贷款，如果按月支付，rate 应为 12%/12，nper 应为 4*12；如果按年支付，rate 应为 12%，nper 为 4。

【例 18-37】IPMT 函数计算给定期数内的支付利息

假如贷款 5 年期的年利率为 6.55%，贷款年限 5 年，贷款金额 15 万，要计算相关利息，如图 15-141 所示。

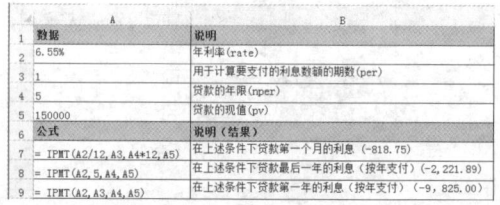

图 18-141　IPMT 函数应用实例

18.10.4　PPMT 函数返回某一给定期间内的本金偿还额

功能：在固定利率及等额分期付款方式下，返回投资在某一给定期间内的本金偿还额。

语法格式：PPMT(rate, per, nper, pv, [fv], [type])

参数：

参　　数	说　　明
rate	必需。各期利率
per	必需。用于指定期间，且必须介于 1 到 nper 之间
nper	必需。年金的付款总期数

续表

参　　数	说　　明
pv	必需。现值，即一系列未来付款现在所值的总金额
fv	可选。未来值，或在最后一次付款后希望得到的现金余额
type	可选。数字 0 或 1，用以指定各期的付款时间是在期初还是期末

函数说明：

rate（各期利率）和 nper（期数）单位要一致。如果贷款为期四年（年利率 12%），每月还一次款，则 rate 应为 12%/12，nper 应为 4*12。如果对相同贷款每年还一次款，则 rate 应为 12%，nper 应为 4。

【例 18-38】PPMT 函数计算某一给定期间内的本金偿还额

假如贷款 5 年期的年利率为 6.55%，贷款年限 5 年，贷款金额 15 万，要计算第一个月本金支付、最后一年的本金支付，第一年的本金支付如图 18-142 中的 A7、A8、A9 单元格的公式所示。

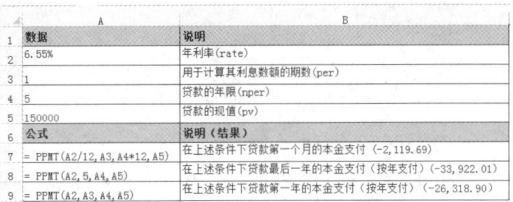

图 18-142　PPMT 函数应用实例

18.10.5　ISPMT 函数计算普通贷款支付的利息

功能：计算特定投资期内要支付的利息。

语法格式：ISPMT(rate, per, nper, pv)

参数：

参　　数	说　　明
rate	必需。投资的利率
per	必需。要计算利息的期数，必须介于 1 到 nper 之间
nper	必需。投资的总支付期数
pv	必需。投资的现值。对于贷款，pv 为贷款数额

函数说明：

① rate 和 nper 单位要一致。

② 对所有参数，都以负数代表现金支出（如存款或他人取款），以正数代表现金收入（如股息分红或他人存款）。

【例 18-39】ISPMT 函数计算普通贷款支付的利息

例如向银行贷款 300 000 元，年利率是 6.55%，贷款年限是 5 年。要计算第一个月偿还的利息及第一年偿还的利息，如图 18-143 所示。

在实际应用中，ISPMT 函数可以计算年利息、月利息，同时还可以计算投资的回报值。

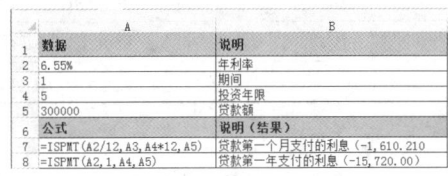

图 18-143　ISPMT 函数应用实例

18.10.6　FV 函数计算固定利率投资的未来值

功能：基于固定利率及等额分期付款方式，返回某项投资的未来值。

语法格式：FV(rate,nper,pmt,[pv],[type])

参数：

参　　数	说　　明
rate	必需。各期利率
nper	必需。年金的付款总期数
pmt	必需。各期所应支付的金额，其数值在整个年金期间保持不变
pv	可选。现值，或一系列未来付款的当前值的累积和
type	可选。数字 0 或 1，用以指定各期的付款时间是在期初，还是期末

函数说明：

① 通常 pmt 包括本金和利息，但不包括其他费用或税款。如果省略 pmt，则必须包括 pv 参数。

② 如果省略 type，则假设其值为 0，还款时间在期末。type 值为 1，还款时间在期初。

③ rate 和 nper 单位必须一致。

【例 1】FV 函数示例如图 18-144 所示。

【例 2】如果以年金方式投资，要计算未来值终值，如图 18-145 所示。

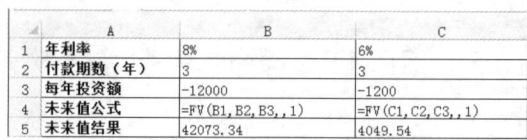

图 18-144　FV 函数示例 　　　　　　　　　图 18-145　FV 函数示例 2

18.10.7　PV 函数计算投资的现值

功能：返回投资的现值。现值为一系列未来付款的当前值的累积和。例如，在贷款时，贷款额就是支付给贷款人的现值。

语法格式：PV(rate, nper, pmt, [fv], [type])

参数：

参　　数	说　　明
rate	必需。各期利率
nper	必需。年金的付款总期数
pmt	必需。各期所应支付的金额，其数值在整个年金期间保持不变
fv	可选。未来值，或在最后一次支付后希望得到的现金余额
type	可选。数字 0 或 1，用以指定各期的付款时间是在期初还是期末

函数说明：

① 如果省略 pmt，则必须包含 fv 参数。

② 如果省略 fv，则必须包含 pmt 参数。

假如投资年利率为 8%，如果希望 5 年后获得一笔 200 000 元资金，要计算投资现值，如图 18-146 所示。

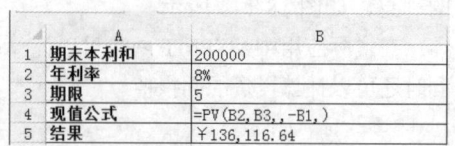

图 18-146　PV 函数示例

特别说明：其中第 3 参数代表每期等额支付金额，本例为年金计算，包含未来值参数，所以省略了第 3 参数。

18.10.8 PDURATION 函数返回投资到达未来值所需的期数

功能：返回投资到达未来值所需的期数。

语法格式：PDURATION(rate, pv, fv)

参数：

参　　数	说　　明
rate	必需。每期利率
pv	必需。投资的现值
fv	必需。所需的投资未来值

函数说明：

① PDURATION 要求所有参数为正值。

② 如果参数值无效，则 PDURATION 返回错误值 #NUM! 。

③ 如果参数没有使用有效的数据类型，则 PDURATION 返回错误值#VALUE! 。

PDURATION 函数示例如图 18-147 所示。

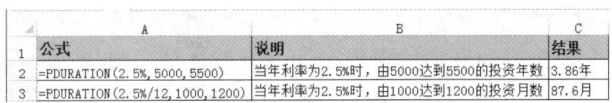

	A	B	C
1	公式	说明	结果
2	=PDURATION(2.5%,5000,5500)	当年利率为2.5%时，由5000达到5500的投资年数	3.86年
3	=PDURATION(2.5%/12,1000,1200)	当年利率为2.5%时，由1000达到1200的投资月数	87.6月

图 18-147　PDURATION 函数示例

18.10.9 DB 函数计算一笔资产在给定期间内的折旧值

功能：使用固定余额递减法，计算一笔资产在给定期间内的折旧值。

语法格式：DB(cost, salvage, life, period, [month])

参数：

参　　数	说　　明
cost	必需。cost 为资产原值
salvage	必需。salvage 为资产残值，即资产在折旧期末的价值
life	必需。life 为资产的折旧期数（有时也称作资产的使用寿命）
period	必需。period 为需要计算折旧值的期间。必须使用与折旧期数相同的单位
month	可选。month 为第一年的月份数。如省略，则假设为 1 年

【例 18-40】DB 函数计算一笔资产在给定期间内的折旧值

假如某公司 6 月购置资产原值为 1 500 000 元设备，该设备使用寿命为 6 年，资产残值为 120 000 元，利用 DB 函数计算设备每一年的折旧值，如图 18-148 所示。

	A	B
1	1500000	资产原值
2	120000	资产残值
3	6	使用寿命
4	5	月份
5	公式	说明（结果）
6	=DB(A1,A2,A3,1,7)	计算第一年 7 个月内的折旧值 (301,000.00)
7	=DB(A1,A2,A3,2,7)	计算第二年的折旧值 (412,456.00)
8	=DB(A1,A2,A3,3,7)	计算第三年的折旧值 (270,571.14)
9	=DB(A1,A2,A3,4,7)	计算第四年的折旧值 (177,494.67)
10	=DB(A1,A2,A3,5,7)	计算第五年的折旧值 (116,436.50)
11	=DB(A1,A2,A3,6,7)	计算第六年的折旧值 (76,382.34)
12	=DB(A1,A2,A3,7,7)	计算第七年 5 个月内的折旧值 (20,877.84)

图 18-148　DB 函数应用实例

Excel 2013 使用详解（修订版）

18.11　统计函数

对工作表数据进行统计分析是用户使用 Excel 最常见的操作，Excel 提供的丰富的统计分析函数可以满足统计分析的需求。

18.11.1　AVERAGE 返回参数的平均值

功能：返回参数的平均值（算术平均值）。

语法格式：AVERAGE(number1, [number2], ...)

参数：

参　　数	说　　明
number1	必需。要计算平均值的第一个数字、单元格引用或单元格区域
number2, ...	可选。要计算平均值的其他数字、单元格引用或单元格区域，最多可包含 255 个

函数说明：

① 逻辑值和直接键入到参数列表中代表数字的文本被计算在内。

② 如果区域或单元格引用参数包含文本、逻辑值或空单元格，则这些值将被忽略；但包含零值的单元格将被计算在内。

③ 如果参数为错误值或为不能转换为数字的文本，将会导致错误。

AVERAGE 函数示例如图 18-149 所示。

提示　计算"平均值"的"AVERAGE"函数公式可以从"功能区"快速输入。选定要输入公式的单元格，如 I5 单元格，单击"开始"选项卡的"编辑组"中的求和"下拉"按钮Σ·，在下拉菜单中单击"平均值"命令，拖动鼠标选取计算平均值的单元格区域，如 H1:J3，然后按"Enter"键或单击编辑栏上的"输入"按钮✓即可，如图 18-150 所示。

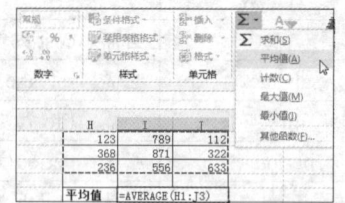

图 18-149　AVERAGE 函数示例　　　　　图 18-150　快速输入"AVERAGE"函数公式

18.11.2　AVERAGEIF 返回满足给定条件的单元格的平均值

功能：返回某个区域内满足给定条件的所有单元格的平均值。

语法格式：AVERAGEIF(range, criteria, [average_range])

参数：

参　数	说　明
range	必需。要计算平均值的一个或多个单元格，其中包括数字或包含数字的名称、数组或引用
criteria	必需。用来定义计算平均值的条件
average_range	可选。计算平均值的实际单元格组。如果忽略，则使用第一参数值

函数说明：

① 忽略区域中包含逻辑值 TRUE 或 FALSE 的单元格。

② 如果可选参数（average_range）的单元格为空单元格，函数将忽略它。

③ 如果区域中没有满足条件的单元格，则返回 #DIV/0! 错误值。

④ 在条件中可以使用通配符（问号“?”和星号“*”）。问号匹配任一单个字符，星号匹配任一字符序列。

AVERAGEIF 函数应用的示例如图 18-151 所示。

【例 18-41】计算高于或等于平均分的各科的总平均分

在对学生的成绩进行分析时，除了分析各科的平均分，还可以计算各科高于或等于平均分的总平均分。如图 18-152 所示的工作表，利用 AVERAGE 函数可以快速计算各科的平均分，如果成绩分析时要计算高于或等于平均分的各科的总平均分，可以在 C18 单元格输入以下公式。

```
=AVERAGEIF(C$2:C$16,">="&AVERAGE(C$2:C$16))
```

这个公式限定了只计算 C2:C16 单元格区域语文成绩高于或等于平均分的总平均分，将公式向右填充，可以得到数学、英语等学科高于或等于平均分的总平均分，如图 18-152 所示。

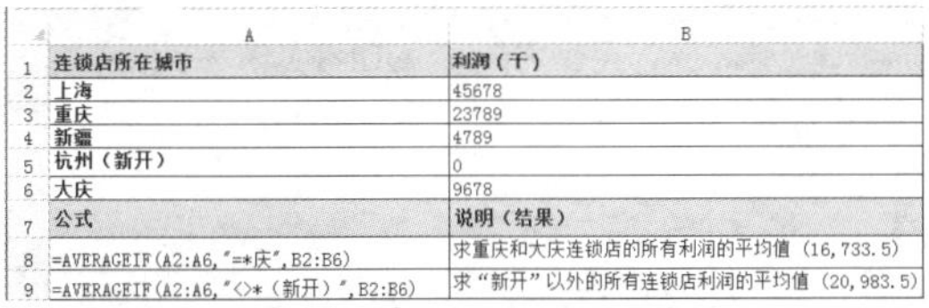

	A	B
1	连锁店所在城市	利润（千）
2	上海	45678
3	重庆	23789
4	新疆	4789
5	杭州（新开）	0
6	大庆	9678
7	公式	说明（结果）
8	=AVERAGEIF(A2:A6,"=*庆",B2:B6)	求重庆和大庆连锁店的所有利润的平均值（16,733.5）
9	=AVERAGEIF(A2:A6,"<>*（新开）",B2:B6)	求“新开”以外的所有连锁店利润的平均值（20,983.5）

图 18-151　AVERAGEIF 函数应用示例

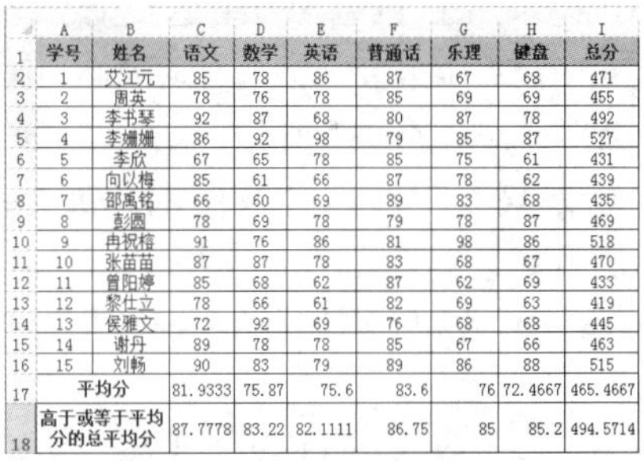

	A	B	C	D	E	F	G	H	I
1	学号	姓名	语文	数学	英语	普通话	乐理	键盘	总分
2	1	艾江元	85	78	86	87	67	68	471
3	2	周英	78	76	78	85	69	69	455
4	3	李书琴	92	87	68	80	87	78	492
5	4	李姗姗	86	92	98	79	85	87	527
6	5	李欣	67	65	78	85	75	61	431
7	6	向以梅	85	61	66	87	78	62	439
8	7	邵禹铭	66	60	69	89	83	68	435
9	8	彭圆	78	69	78	79	78	87	469
10	9	冉祝榕	91	76	86	81	98	86	518
11	10	张苗苗	87	87	78	83	68	67	470
12	11	曾阳婷	85	68	62	87	62	69	433
13	12	黎仕立	78	66	61	82	69	63	419
14	13	侯雅文	72	92	69	76	68	68	445
15	14	谢丹	89	78	78	85	67	66	463
16	15	刘畅	90	83	79	89	86	88	515
17	平均分		81.9333	75.87	75.6	83.6	76	72.4667	465.4667
18	高于或等于平均分的总平均分		87.7778	83.22	82.1111	86.75	85	85.2	494.5714

图 18-152　计算高于或等于平均分的总平均分

18.11.3　COUNT 计算区域中包数字的单元格个数

功能：计算包含数字的单元格以及参数列表中数字的个数。使用函数 COUNT 可以获取区域或数字数组中数字字段的输入项的个数。

语法格式：COUNT(value1, [value2], ...)

参数：

参　数	说　明
value1	必需。要计算其中数字的个数的第一项、单元格引用或区域
value2	可选。要计算其中数字的个数的其他项、单元格引用或区域，最多可包含 255 个

函数说明：

① 如果参数为数字、日期或者代表数字的文本（则将被计算在内）。

② 逻辑值和直接键入到参数列表中代表数字的文本被计算在内。

③ 如果参数为错误值或不能转换为数字的文本，则不会被计算在内。

COUNT 函数示例如图 18-153 所示。

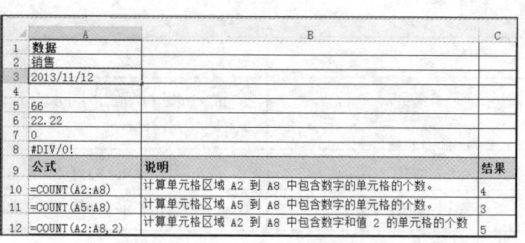

图 18-153　COUNT 函数示例

18.11.4　COUNTA 计算区域中非空单元格的个数

功能：计算区域中不为空的单元格的个数。

语法格式：COUNTA(value1, [value2], ...)

参数：

参　　数	说　　明
value1	必需。表示要计数的值的第一个参数
value2 ...	可选。表示要计数的值的其他参数，最多可包含 255 个参数

函数说明：

① COUNTA 函数可对包含任何类型信息的单元格进行计数，这些信息包括错误值和空文本("")。例如，如果区域包含一个返回空字符串的公式，则 COUNTA 函数会将该值计算在内。COUNTA 函数不会对空单元格进行计数。

② 如果只希望对包含数字的单元格进行计数，则使用 COUNT 函数。

COUNTA 函数示例如图 18-154 所示。

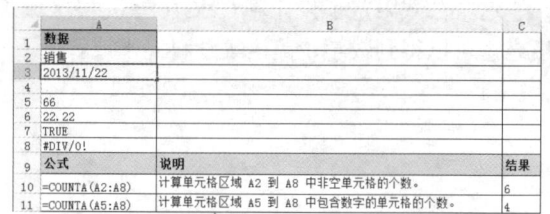

图 18-154　COUNTA 函数示例

18.11.5　COUNTIF 计算区域中满足给定条件的单元格数目

功能：COUNTIF 函数对区域中满足单个指定条件的单元格进行计数。

语法格式：COUNTIF(range, criteria)

参数：

参　　数	说　　明
range	必需。要对其进行计数的一个或多个单元格，其中包括数字或名称、数组或包含数字的引用。空值和文本值将被忽略
criteria	必需。用于定义将对哪些单元格进行计数的数字、表达式、单元格引用或文本字符串

函数说明：

① 在条件中可以使用通配符（问号"?"和星号"*"）。问号匹配任意单个字符，星号匹配任意一系列字符。若要查找实际的问号或星号，需在该字符前键入波形符 (~)。

② 条件不区分大小写。

③ 使用 COUNTIF 函数匹配超过 255 个字符的字符串时，将返回不正确的结果 #VALUE!。

COUNTIF 函数示例如图 18-155 所示。

【例 18-42】统计普通话测试各等级人数

统计普通话测试各等级人数，如图 18-156 所示。注意在公式中直接输入条件要加" "，而引用单元格就不需要加" "。

图 18-155　COUNTIF 函数示例　　　　　图 18-156　COUNTIF 函数统计各等级人数

18.11.6　MAX 返回一组值中的最大值

功能：返回一组值中的最大值。忽略逻辑值及文本。

语法格式：MAX(number1, [number2], ...)

参数：

参　　数	说　　明
number1	必需。找出最大值的 1 个数字参数
number2...	可选。要从中找出最大值的 2 到 255 个数字参数

函数说明：

① 参数可以是数字或者是包含数字的名称、数组或引用。

② 逻辑值和直接键入到参数列表中代表数字的文本被计算在内。

③ 如果参数为数组或引用，则只使用该数组或引用中的数字。数组或引用中的空白单元格、逻辑值或文本将被忽略。

④ 如果参数不包含数字，函数 MAX 返回 0（零）。

⑤ 如果参数为错误值或为不能转换为数字的文本，将会导致错误。

如图 18-157 所示，在单元格 F1 中输入图中所示公式计算 A1:C3 单元格区域中的最大值，结果为 13213。

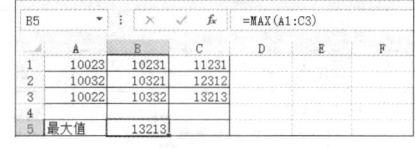

图 18-157　MAX 函数示例

提示 计算"最大值"函数公式可以从"功能区"快速输入。选定要输入公式的单元格，如 A5 单元格，单击"开始"选项卡的"编辑组"中的求和"下拉"按钮 Σ·，在下拉菜单中单击"最大值"命令，拖动鼠标选取计算最大值的单元格区域，如 A1:C3，然后按<Enter>键或单击编辑栏上的"输入"按钮 ✓ 即可。

【例 18-43】查找销售额最高的销售员

如果要查找销售额最高的销售员，使用公式，如图 18-158 所示。

本示例中的公式是一个嵌套函数，先使用函数 MAX 得到金额的最高记录，然后利用 MATCH 函数得到此数值的行号，最后利用 INDEX 函数返回"B2:B13"列中与此值同一行的值。

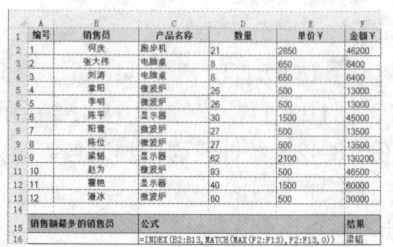

图 18-158　MAX 函数示例

18.11.7　LARGE 返回数据集中第 k 个最大值

功能：返回数据集中第 k 个最大值。使用此函数可以根据相对标准来选择数值。例如，可以使用函数 LARGE 返回第一名、第二名或第三名的分数。

语法格式：LARGE(array,k)

参数：

参　数	说　明
array	必需。数组或数据区域
k	必需。返回值的位置（从大到小排）

函数说明：

① 如果数组为空，函数 LARGE 返回错误值 #NUM!。

② 如果 $k \leq 0$ 或 k 大于数据点的个数，函数 LARGE 返回错误值 #NUM!。

③ 如果区域中数据点的个数为 n，k 为 1 时返回最大值，k 为 n 时返回最小值。

LARGE 函数示例如图 18-159 所示。

	A	B	C	D	E
1	数据		公式	说明	结果
2	6789	6798	=LARGE(A2:B5,1)	区域中第一个最大值	9678
3	6879	7689	=LARGE(A2:B5,2)	区域中第二个最大值	7896
4	6978	9678	=LARGE(A2:B5,3)	区域中第三个最大值	7689
5	6897	7896	=LARGE(A2:B5,5)	区域中第五个最大值	6897

图 18-159　LARGE 函数示例

18.11.8　MIN 返回一组值中的最小值

功能：返回一组值中的最小值。

语法格式：MIN(number1, [number2] ,...)

参数：

参　数	说　明
number1	必需。要找出最小值的第 1 个数字参数
number2 ,...	可选。要找出最小值的第 2 到第 255 个数字参数

函数说明：

① 参数可以是数字或者是包含数字的名称、数组或引用。

② 逻辑值和直接键入到参数列表中代表数字的文本被计算在内。

③ 如果参数为数组或引用，则只使用该数组或引用中的数字。数组或引用中的空白单元格、逻辑值或文本将被忽略。

④ 如果参数中不含数字，则函数 MIN 返回 0。

⑤ 如果参数为错误值或为不能转换为数字的文本，将会导致错误。

MIN 函数示例如图 18-160 所示。

 提示　MIN 函数也可以从"开始"选项卡的"编辑组"的求和"下拉"按钮中选择"最小值"快速输入。

【例 18-44】计算产品不合格率最低的员工

要计算产品部合格率最低的员工，使用公式如图 18-161 所示。

本示例中，先使用 MIN 函数在数据区域"E2:E6"中查找不合格率的最小值，然后利用 MATCH 函数得到该最小值的行号，再利用 INDEX 函数返回"B2:B6"列中与该最小值同一行的姓名。

	A	B	C	D
1	数据	数据	公式	结果
2	12356	12365	=MIN(A2:B4)	11223
3	12336	12223	=MIN(B2:B4)	12223
4	11223	12266	=MIN(A2:B4,11111)	11111

图 18-160　MIN 函数示例

	A	B	C	D	E
1	员工工号	姓名	月生产产品数量	不合格产品数量	不合格率
2	DZ001	陈旺	150	6	4.00%
3	DZ002	郑长	139	5	3.60%
4	DZ003	刘江	155	8	5.16%
5	DZ004	王雨	123	2	1.63%
6	DZ005	张均	126	3	2.38%
7					
8	不合格率最低的员工		公式		结果
9			=INDEX(B2:B6,MATCH(MIN(E2:E6),E2:E6,0),1)		王雨

图 18-161　MIN 函数示例 2

18.11.9　SMALL 返回数据集中的第 k 个最小值

功能：返回数据集中第 k 个最小值。使用此函数可以返回数据集中特定位置上的数值。

语法格式：SMALL(array,k)

参数：

参　　数	说　　明
array	必需。需要找到的第 k 个最小值的数组或数值数据区域
k	必需。要返回值的位置（从小到大）

函数说明：

① 如果 array 为空，函数 SMALL 返回错误值 #NUM!。

② 如果 $k\leq0$ 或 k 超过了数据点个数，函数 SMALL 返回错误值 #NUM!。

③ 如果 n 为数组中的数据点个数，k 为 1 时等于最小值，k 为 n 时等于最大值。

SMALL 函数示例如图 18-162 所示。

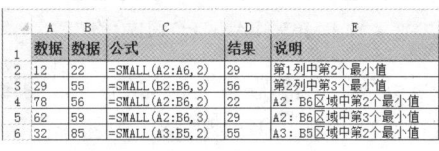

	A	B	C	D	E
1	数据	数据	公式	结果	说明
2	12	22	=SMALL(A2:A6,2)	29	第1列中第2个最小值
3	29	55	=SMALL(B2:B6,3)	56	第2列中第3个最小值
4	78	56	=SMALL(A2:B6,2)	22	A2:B6区域中第2个最小值
5	62	59	=SMALL(A2:B6,3)	29	A2:B6区域中第3个最小值
6	32	85	=SMALL(A3:B5,2)	55	A3:B5区域中第2个最小值

图 18-162　SMALL 函数示例

18.11.10　RANK.EQ 返回某数在数字列表中的排位

功能：返回一个数字在数字列表中的排位，其大小与列表中的其他值相关。如果多个值具有相同的排位，则返回该组数值的最高排位。

语法格式：RANK.EQ(number,ref,[order])

参数：

参　数	说　明
number	必需。需要找到排位的数字
ref	必需。数字列表数组或对数字列表的引用
order	可选。为一数字，指明数字排位的方式

函数说明：

① order 为 0（零）或省略，按照降序排列，如果 order 不为零，按照升序排列。

② 函数 RANK.EQ 对重复数的排位相同，但重复数的存在将影响后续数值的排位。例如，在一列按升序排列的整数中，如果数字 10 出现两次，其排位为 5，则 11 的排位为 7（没有排位为 6 的数值）。

RANK.EQ 函数示例如图 18-163 所示。

【例 18-45】计算参赛选手最后得分的排名情况

计算参赛选手最后得分的排名情况，最后得分是在 6 位评委所打得分中去掉一个最高分和一个最低分，然后计算剩下 4 个得分的平均分，保留 2 位小数，将平均分按降序排列，如图 18-164 所示。

说明：在图 18-164 中，计算最高分可以选中 I2 单元格，输入以下公式，然后向下填充：

```
=MAX(C2:H2)
```

计算最低分，可以选中 J2 单元格，输入以下公式然后向下填充：

```
MIN(C2:H2)
```

计算实际得分，可以选中 K2 单元格，输入以下公式然后向下填充：

```
=(SUM(C2:H2)-I2-J2)/4
```

上面公式计算去掉一个最高分和一个最低分后的平均成绩。

	A	B	C	D
1	数据	公式	结果	说明
2	12	=RANK.EQ(A2,A2:A6,1)	1	A2按升序在A2：A6中排第1
3	26	=RANK.EQ(A2,A2:A6)	5	A2按降序在A2：A6中排第5
4	26	=RANK.EQ(A3,A2:A6,1)	2	A3按升序在A2：A6中排第2
5	29	=RANK.EQ(A5,A2:A6,1)	4	A5按升序在A2：A6中排第4
6	36	=RANK.EQ(A5,A2:A6)	2	A5按降序在A2：A6中排第2

图 18-163　RANK.EQ 函数示例

L2　=RANK.EQ(K2,$K$2:$K$8,0)

	A	B	C	D	E	F	G	H	I	J	K	L
1	编号	姓名	评委A	评委B	评委C	评委D	评委E	评委F	最高分	最低分	实际得分	排名
2	QGS001	李邱	9.85	9.58	9.12	8.98	9.22	9.15	9.85	8.98	9.27	2
3	QGS002	王邗	9.65	9.75	8.56	9.11	9.16	9.55	9.75	8.56	9.37	1
4	QGS003	林杰	9.23	9.32	8.56	8.63	8.71	9.73	9.73	8.56	8.97	7
5	QGS004	赵敏	9.56	8.58	9.23	9.35	8.66	9.56	9.56	8.58	9.20	3
6	QGS005	文雪	8.78	8.64	8.78	9.12	9.56	9.34	9.56	8.64	9.01	6
7	QGS006	刘华	9.23	9.12	9.78	8.23	8.75	8.98	9.78	8.23	9.02	5
8	QGS007	周坤	9.56	8.77	8.97	9.43	9.11	8.14	9.56	8.14	9.07	4

图 18-164　RANK.EQ 函数计算成绩

计算排名情况，高分排在前面，用降序，L2 单元格的公式，使用 RANK.EQ 函数返回 K2 中的值在数据区域“$K$2:$K$8”中的排位，“0”表示将数据区域“$K$2:$K$8”中的值按降序排列。

常用功能案例索引